대한민국 군사전략의 변천

1945–2000

이 병태 (李炳台)

저자 약력

육군사관학교 졸업 (#17기, 1961)
육군대학 졸업 (1967)
U.S. Army War College 졸업 (1979)
Columbia University East Asia Institute 동아시아 연구 (1982)
Rand Corporation 동아시아 연구 (1983)
West Virginia University 공공행정학 석사 (1997)
Tufts University, Fletcher School of Law and Diplomacy
국제정치학 박사 (2004)

제26사단장 (1985-87)
제1군단장 (1989-90)
합참작전본부장 (1990-92)
주 호놀룰루 총영사 (1992-93)
국가보훈처장 (1993)
제31대 국방부장관 (1993-94)

대한민국 군사전략의 변천 1945-2000

초 판 발 행 2018년 5월 7일
개정판 발행 2018년 5월 15일

인 지 생 략

저 자 이 병 태
발행자 신 대 영
발행소 양 서 각

주 소: 서울시 도봉구 도봉로 135길 10
전 화: 02) 991-6234~5
FAX : 02) 907-2114
등 록: 1992년 4월 30일 제3-412호

ISBN 978-89-5568-475-9 [정가 25,000원]

대한민국 군사전략의 변천

1945-2000

이 병태 (李炳台)

양 서 각

초록 대한민국 군사전략의 변천 1945-2000

1948년 한반도에 두 나라가 생긴 이래, 이질적인 두 정치체제가 생존과 정통성을 위한 무서운 경쟁에 돌입했다. 정반대되는 이 두 정권은 각각의 군대를 창설했고, 이 군대는 각각의 국가 생존과 우위를 추구하는 수단으로 이용되었다. 북한군대는 소련의 풍부한 지원으로 한국군보다 강한 전투력을 갖추었는데, 이는 북한이 1950년에 일으킨 6·25 전쟁으로 명백하게 드러났다. 그 이후 수십년 동안에도 북한군은 계속 한국의 안보에 엄청난 군사적 위협이 되었고, 한국은 북한의 위협에 대응할 적절한 군사전략을 모색해야만 했다.

대한민국 군사전략발전에 영향을 미친 요소는 북한정권이 가하는 군사위협, 한국에 대한 미국의 전략적 영향력, 그리고 한국사회의 내부여건 등 세 가지다. 10년을 시대 단위로 구분해서 보면, 이 세 요소들은 대한민국 군사전략발전에 시대마다 다른 유형으로 영향을 주었다.

1950년대에는 한국이 자기 나름의 바람직한 고유한 군사전략을 수립하지 못했는데, 이는 북한의 압도적 군사력과, 신생 대한민국에 대한 미국의 전방위적인 책무와 영향력, 그리고 아직 성숙되지 않은 한국정부의 지도력과 국정운영기술 탓이었다. 1960년대에도 한국이 북한의 심각한 군사적 도발사건들에 직면하는 가운데, 동맹국 미국은 근본적으로 월남전에 집중해야 했고 한국도 월남파병을 하는 상황이 계기가 되어 한국은 군사전략에 있어 자기주장의 태아기를 맞게 된다. 1970년대는 닉슨 닥트린에 의거한 주한미군의 일부철수 등 안보상황 변화로 말미암아 획기적인 전투력강화계획 추진과 방위산업구축 등 자주국방 전략을 선택해야만 했다. 1980년대는 점증하는 서울과 수도권의 전략적 중요성으로 인해 한국은 수세적 전략을 탈피하고 적극적인 공-수 양면 즉응반격전략을 수립했다. 그리고 1990년대 후반에는 대한민국의 신장된 경제력을 바탕으로 한 국가전략인 대북포용정책이 동맹국 미국의 전략적 영향력에서 독립하려는 경향을 보였다. 그런데 갑작스럽게 등장한 이 정책의 부산물로서 한국의 전통적 군사전략은 혼란과 당황스러움을 겪고 급기야 방향감각이 흐려지기까지 했다.

감사의 말

이 책은 내가 미국 Tufts University의 국제법·외교학 전문대학원 Fletcher School of Law and Diplomacy에 영문으로 제출했던 박사학위 논문을 일부 보완후 국어로 옮기고, 영어 원본은 책의 제 2부로서 붙인 것이다.

학문의 세계는 새로운 도전과 힘든 일을 부과한다. 이를 극복하려면 무엇보다 첫째 진실한 지도자와 믿고 의지할 친구가 있어야 한다. Fletcher School 박사과정위원회 Robert L. Pfaltzgraff, Jr. 위원장은 내가 과정을 이수하는 동안 늘 자상하게 지도해 주시고 지혜를 일러주셨다. 늦깎이로 박사과정에 달려든 나를 위해 시간과 열정을 아낌없이 배려해 주심에 마음속 깊이 감사드린다. 학문의 길로 들어선 나에게 진정으로 훌륭한 안내자이셨다. 그리고 논문심사위원 Richard H. Shultz 교수님과 Sung-yoon Lee 교수님은 원고를 읽고, 수정하고, 논평하는 번거롭고도 힘든 일을 마다하지 않으셨다. 내가 친구로서 의지했던 이 두 분 신사 학자들께 진심으로 고마울 뿐이다. 또한 논문에 대해 동료평가를 해주셨고 내가 언제든 마음 푸근하게 다가갔던 현역 대령 Bill Mott 4세 박사께도 실로 많은 빚을 졌으며 심심한 고마움을 전한다.

그리고 나의 아내 김성기. 그 오랜 시간 이국땅에서 공부하는 어려움을 견뎌내었다. 그건 결코 돈이나 권력이나 권위 같은 세속적 가치를 얻고자 함이 아니었음에도, 아내는 학문을 향한 새롭고 진취적인 정신을 포용해 주었다. 내 연구가 마무리될 즈음 아내는 C형 바이러스라는 사악한 침입자들과 싸워야 하는 몸이 되었다. 허나, 건강을 지켜야 하는 싸움에서 아내가 보여준 인내와 용기는 바로 불굴의 정신이었다. 아픈 몸으로도 아내는 절대 나약해지지 않았고 내 연구를 끝까지 도와주었다. 내가 학위를 받은 모든 명예와 자부심을 아내에게 돌린다. 아내는 한 평범한 군인을 박사로 만들어 냈다.

아울러, 이 책의 출간을 제안하고 틀을 잡아주신 김형석 교수님과 전체 내용을 교열하면서 감수해 주신 조승옥 교수님께 진심으로 감사드린다. 또한, 번역은 제2의 창작이라는 믿음으로 나의 논문을 연구하면서 우리말로 옮긴 김성경 육사 교수께 감사하며, 전략을 연구하는 학도들을 위해 이 책을 흔쾌히 출판해 주신 양서각의 신대영 사장님께도 사의를 표한다.

이 병 태

차 례

제 1 장
서 론

1. 연구를 수행하게 만든 한국의 역사적 배경

한반도의 지리적 조건은 지금까지 한국의 국가안보를 어렵게 만든 가장 중대한 원천이었다. 아시아 대륙 끝에서 광대한 태평양과 인접한 반도의 공간적 위치 때문에 한국은 오랜 세월 중국, 러시아, 일본 같은 주변 열강들과의 접촉을 피할 수 없었다. 이렇듯 불가피한 외부세력과의 접촉은 불행했던 수많은 역사적 사건들에 잘 나타난다. 예컨대 13세기 몽골제국의 침범, 16세기 일본의 침노, 17세기 만주족 청나라의 침입, 그리고 20세기 일제에 의한 한반도 강점 등은 기록된 2천년 역사 동안 900회가 넘었던 외적의 침공 가운데서 단 몇 개를 열거한 것일 뿐이다.

한국의 지리적 조건으로 말미암은 한 가지 두드러진 결과는 국제관계, 국내정치, 사회문화 영역에 걸쳐 중국이 한국에 지대한 영향을 미쳤다는 점이다. 한국은 전통적으로 중국에 조공을 했다. 허지만 신중한 외교자세인 사대주의,[1] 즉, '대국을 섬기는 외교정책' 덕분에 19세기 전반까지 중국으로부터 비교적 자치적인 정치적 독립을 유지했다.

이상 언급된 바를 개념화해서 말하자면, 한국역사에서 두 가지 정치적 힘, 또는 동기가 한국으로 하여금 주변 열강들과 접촉하도록 만들었다. 즉, 주변 열강의 개입으로부터 주권과 정치적 독립을 유지하려는 한국 자신의 욕구, 그리고 한반도를 다른 세력들과의 완충지대로 삼으려는 인접 열강들의 욕구

---

1 이기백, 『韓國史新論』, (A New History of Korea, Edward W. Wagner와 Edward J. Shultz 공역), 서울: 일조각, 1987, p. 189. 저자는 사대주의 개념을 소개하면서 "이씨 조선왕조는 '사대' 즉, '대국을 섬김'이라는 용어를 사용해서 중국 명나라에 대한 외교정책을 표현했으며, 중국과 선린관계를 유지하려고 모든 노력을 기울였다"고 말한다. 사대주의는 조선의 시조 이성계가 역성혁명으로 세운 새로운 왕조정권의 정통성을 중국으로부터 인정받아야 할 필요성에서 시작되었다. 조선왕조는 중국과 원만한 관계를 유지할 길을 닦아 나아가려고 매년 정기적으로 사신 3명을 명나라에 파견했기에 중국과의 관계는 전반적으로 만족스럽게 진행되었다. 사신파견은 또한 문화적으로 앞선 중국과 교역을 하는 기회로도 이용되었다.

다. James W. Morley는 한국과 주변 열강들의 관계를 네 가지 간명하면서도 부정적인 관점에서 요약한다.[2]

첫째, 지리적으로 한국은 강대국의 접경지역이 되었다. 오랜 세월 중국과 접경했고, 근세에는 러시아와도 접경하고 일본제국과도 인접하게 되었다.

둘째, 각 인접 열강은 한국에 개입하지 않을 수 없다고 판단할 때가 있었는데, 이는 한국을 적의 수중에서 떼어내고, 가능하면 자기편으로 끌어들이기 위해서였다.

셋째, 한국은 너무 작고 약해서 그러한 열강들이 개입하겠다고 결심만 하면 그로 인해 독립을 유지할 수 없었다.[3]

넷째, 한국의 운명은, 그게 평화나 전쟁이든, 정치적 지지든, 아니면 분단이나 합병이든, 한국이 접경한 강대국들 간의 세력균형에 달려 있었다.

19세기 말부터 전술한 두 가지 정치적 힘 또는 동기가 한반도와 그 주변에서 역사적 사건들을 불러일으키는 데 필수적 역할을 했다. 예컨대, 1894년의 청일전쟁, 1904년 노일전쟁, 1910년 한일합병, 1945년 미국이 성급하고 현명치 못하게 북위 38도선으로 한반도를 분할한 것,[4] 1948년 한반도에 두 이질적인 별개 국가가 생겨난 것, 1950-53년의 6·25전쟁과 그로 인한 미국과 공산 중국의 전쟁개입, 1953년의 휴전협정, 그리고 그 이후 끝을 모르고 지속되

---

2 James W. Morley, "The Dynamics of the Korea Connection," *The U.S.-South Korean Alliance: Evolving Patterns in Security Relations,* (편), Gerald L. Curtis와 Sung-joo Han (한승주) (Lexington, MA: LexingtonBooks, 1983), 제 2장, p. 10.

3 Don Oberdorfer, *The Two Koreas : A Contemporary History* (New York : Basic Books, 2001), p. 7. Oberdorfer는 한국의 국제적 입장에 관해 이와 비슷하게 다음과 같이 평가했다. "한국은 지금까지 잘못된 장소에 있는 잘못된 크기의 나라였다. 즉, 그만하면 주변 국가들에게 상당한 가치가 있을 정도로 충분히 크고 좋은 위치에 있어서 싸워서 획득하거나 책략을 꾸며볼 만한 대상이었으되, 한편으론 너무 작다고도 할 수 있어서 극소수의 경우를 제외하곤 모든 경우에 자신보다 강한 국가들의 우선적 관심을 끄는 대상이 못 되었다."

4 앞 책에서 인용. Don Oberdorfer는 그의 저서 *The Two Koreas*에서 1945년 미국이 한반도를 분할하기로 결정한 비논리성에 관해 Gregory Henderson이 말한 바를 이렇게 인용한다. "오늘날 전 세계에서 어떤 나라의 분단의 기원이 한국분단처럼 놀라운 예가 없다. 분단이 이루어지는 시점에서 그 국가 자체내의 여건과 정서와는 그토록 무관하게 이루어진 적이 없다는 것이다. 지금껏 그 어떤 경우도 그처럼 아무 설명 없이 분단된 적이 없다. 실수와 계획상의 허물이 그같이 중대한 원인으로 작용한 사례가 없다. 결국, 한국의 분단에 대해서처럼 미국정부가 그러한 무거운 책임을 짊어져야 할 그런 분단의 예가 또 없다는 말이다.

는 북쪽 정권과 남쪽 정부 간의 생존과 정통성을 위한 싸움 같은 것들이다.

이러한 당대의 역사적 사건 가운데 특히 한국의 군사력 성숙과 관련해 한반도라는 무대에서 안보 논쟁의 중심역할을 한 세 배우들이 있다. 미국과 북한정권과 한국정부다.

미국은 1882년 조선왕국과 공식 외교관계를 체결한 첫 서방국가였지만 한반도에 대해서 진지한 국가이익을 느끼지는 않았다. 미국은 1905년 필리핀을 식민지화하려는 미국의 이해관계를 일본이 존중한다는 약속을 교환조건으로 일본이 대한제국을 보호령으로 만드는 것을 묵인하고 용인했다. 서울주재 미국공사관 직원들은 대한제국이 일본의 보호령임이 선언되자 지체없이 서울을 떠났다. 이같은 한미 두 나라간의 별 중요하지도 않고 빈약했던 관계는 1910년부터 1945년 태평양전쟁이 끝날 때까지 이어진다. 종전 후 1945년 9월 미군은 북위 38도선 이남 한반도의 절반 지역에 진주해 일본의 항복을 받았다. 그리고는 1948년 8월 대한민국정부 탄생 때까지 군정을 실시했다. 하지만 미군은 효율적인 군정을 위한 적절한 정치적 지침과 행정적 준비 없이 남한지역에 들어왔었다. 그럼에도 미국은 태동기의 한국군대 창설을 포함해 국가적 지위를 가진 대한민국을 탄생시키는 데 필수적인 조언자가 되었다. 무엇보다도 미국은 1950년 북한의 남침으로 거의 소멸할 뻔한 한국의 자유민주주의 정치체제를 구원해냈다. 미국이 6·25전쟁에 대규모로 발을 들여놓은 것은 2차대전 후 전세계적 패권다툼에서 소련의 팽창주의를 봉쇄하려는 전략에 따라 지체 없이 이루어진 것이다. 이렇듯 미국은 한국이 당면할 모든 국내외적 문제에 전략적으로 영향력을 미칠 고유하고도 유리한 위치에 있었다.

한편, 1945년 8월 38도선 이북 북한지역에 진주한 소련군은 분명한 정치적 목표가 있었다. 즉, "북한지역의 소련군 정책은 처음부터 전혀 모호함이란 건 없이 솔직했다. 동유럽 국가들을 소련의 위성국으로 만든 방법을 똑같이 채택했던 것이다."[5] 소련군의 지령과 보호 아래 북한전역에 걸쳐 인민위원회가 조직되었는데, 이는 북한정권의 전신이었다. 소련군은 공산당 창건에 필수적 역할을 했는데, 공산당은 그후 북한에서 정치적 중력의 중심이 되었다. 또한 소련군은 북한 정치판의 수많은 내부 권력투쟁에서 김일성이 승리하도록 만들어 줌으로써 그를 이북 정권의 지도자로 만드는 데 전적인 지원을 했다.

5 양호민, 『한반도 분단의 재인식』 (서울: 나남출판사, 1993), p. 33.

이북정권은 일련의 민주적이라고 하는 개혁에 착수했다. 예컨대 모든 친일파, 파시스트, 반동세력들을 숙청하고, 북한정치에서 공산당을 강화하며, 토지개혁을 단행한 것이다.[6] 이 혁명적 조치들의 의도는 북한을 미래에 한반도를 통일하기 위한 혁명기지로 만들려는 것이었다.[7] 이같은 정치적 변천들과 더불어 이북정권의 군대인 조선인민군 창설이 1948년 2월 8일 정식으로 선언되었다. 이는 동년 9월 9일 북한정권 조선민주주의인민공화국 자체의 탄생보다 7개월이나 앞서는 것이다. 38도선 이남의 남한지역 상황과는 극명하게 대조적으로, 조선인민군은 훈련과 전투장비, 군수, 군사고문단 같은 영역에서 소련의 넉넉한 지원을 받았다.[8]

그러나 남한지역에서 미군은 1945년부터 48년까지 적절한 정치적 지침이나 건실하게 결정된 정책들이 없이 행정적으로 거의 준비되지 않은 채 군정을 실시했다. 말하자면, "일본의 항복후 한반도에 대한 미국의 정책은 어떤 면밀한 계획도 없이 우발상황에 대처하는 조치들과 상황별로 적응하는 식으로 시행되었다."[9] 한반도에 대한 미국의 주된 정책은 4대 연합국인 미국, 영국, 중국, 소련이 일본의 식민지배로부터 해방된 한반도를 4년간 신탁통치하자는 것이었는데, 남한지역에서는 이를 결사반대했다. 미국과 소련이 한국문제 해결방도를 찾는 정치적 합의에 실패하자, 미국은 이 문제를 UN에 위임해 해결책을 찾고자 했다. 1947년 11월 17일 UN총회에서 한국독립을 위한 근본적 해결책이 통과되었다.[10] 여기에 채택된 내용은, 한국독립 추진업무를 담당할

---

6 Robert A. Scalapino와 Chong-Sik Lee (이정식), *Communism in Korea*. Part I: The Movement (Berkeley, CA: University of California Press, 1972), pp. 342-343. 저자는 다음과 같은 점을 확실히 각인시켜준다. 즉, "농경사회의 소유권과 통제력 구조가 심오하게 변하면 모두 엄청난 사회적 정치적 의미를 가짐을 아시아 공산주의자들은 재빨리 깨닫는다." 토지소유권은 1945년 해방당시 일본인들과 일부 농촌지역 상류계층에 심하게 편중되어 있었다. 그리고 토지를 소유한 상류층은 소작농 집단에 대해 대단히 강력한 영향력을 행사했다. 또한, 한국내 경작가능한 농지의 거의 75%는 소작농들이 일구고 있었다. 전에 일본인들이 소유했던 땅과 소유주가 직접 경작하지 않는 땅, 그리고 12.12에이커, 즉, 15,000평을 초과해 개인이 소유한 땅은 몰수되고 그 땅을 경작할 사람들에게 이전되었다. 상류층으로부터 정치적 영향력을 빼앗아버리는 것이 북한에서 북한정권이 초기에 권력을 공고히 하기 위한 최고의 목표였다.

7 앞의 책, p. 342, p. 359, p. 361.

8 앞의 책, pp. 390-395.

9 Kim Jung-Ik, *The Future of the U.S.-Republic of Korea Military Relationship* (New York: St. Martin's Press, Inc., 1996), p. 9.

10 The United Nations, *United Nation's Official Record of the Second Session of the General*

UN한국임시위원단 구성, 국회 구성을 위해 한국에서 전국적으로 시행할 총선거 감독, 국회에 의한 정부조직편성 지원, 그리고 국가 경비대 창설 지원이다. 그런데 북한정권이 UN한국임시위원단의 북한지역 진입을 거부함으로써 전국적인 총선거는 한반도의 남쪽 절반에서만 1948년 5월 10일 실시되기에 이른다.

그리하여 1948년 8월 15일 이승만 대통령을 수반으로 한 최초의 정부, 즉, 대한민국이 출현했으며, 그의 통치 관할권은 한반도의 남쪽 절반에 국한됐다. 한국정부는 1940년대 말 북한 군사력의 불길한 성장 때문에 예민한 위협을 느끼기 시작하면서 신속히 군대를 창설하고 확장하고자 했다. 하지만 현실적으로 한국의 국내여건은 그러한 신속한 군사력 창건에 알맞은 상태가 아니었다. 군사적 전통의 결여, 불충분한 재정재원, 경험있는 지휘관의 부족, 대립된 이념으로 인한 사회적 분열 등이 문제였다. 이런 가운데 미국은 한국의 토착군대 창설을 도와줄 수 있는 유일한 나라였다.

이렇듯, 한반도에는 서로 다른 두 나라가 1948년부터 각각의 후견세력의 도움을 받아 출현했으며, 그 이후 줄곧 생존과 정치적 정당성을 위해 지금껏 싸우고 있는 것이다.

2. 대한민국 군대와 북한군의 창설

정치분야의 발전 이외에도 북한정권의 군사분야 준비작업은 1945년 38선 이북에 소련군이 진주하자마자 소련군의 의도적 후견과 감독 아래 착수되었다. "처음에는 그같은 준비작업이 1946년 2월 8일 소련군의 지령으로 설립된 임시인민위원회보위국이 후원하는 형식으로 진행되었다."[11] 38도선 이북의 정권은 이미 1945년 10월 20일 초기 보안군을 태동시켰었는데, 이것이 해방 이후 나타났던 여러 가지 비정규 군사조직들을 대체했다. 그리하여 1946년 8월 15일, 보안간부훈련대대부를 창설하는데, 이는 북한의 군사적 성장에 획기적인 사건으로서 그 임무는 기존 훈련소들과 간부양성 학교들을 지휘하는 것이

Assembly Resolutions, 16 September-29 November 1947 (Lake Success, New York: United Nations Publications, December 1948), p. 16.

11 Scalapino와 Lee, *Communism in Korea*, p. 390. 전술한 바처럼 인민위원회는 북한에 진주한 소련군사령부의 지령으로 설립되어 활동을 시작했다.

었다. 이 대대는 1947년 5월 17일 인민집단군으로 개칭되면서 사실상 북한군의 비공식 출발을 알렸다. 소련군이 조종하는 38도선 이북의 정권은 각 지역 인민위원회에 징집인원 쿼터를 할당해 청년들을 동원하는 방식으로 1948년 말까지 병력 60,000명을 양성했다 (1949년 무렵에 이르러서는 군병력 소요가 급격히 증가해 기존 징집제도는 더 개방되고 확대된 징병제로 바뀐다). 이같은 북한군 성장의 대단원으로서 김일성은 1948년 2월 8일 조선인민군 창설을 공식 선언하는데, 이는 전술했듯이 북한의 공식 '건국일'보다 7개월 앞서는 것이었다.

소련군은 북한군의 성장에 필수적 역할을 했다. 10,000명에 이르는 군간부와 기술자들을 훈련시키고, T-34 전차와 야크 전투기 및 갖가지 화기들을 공급했으며, 각 사단에 약 20명씩 소련군 군사고문관들을 파견했다.[12] 공산 중국도 북한군 성장에 기여했다. 그 일환으로 한인 혈통 제대군인들인 '조선의용군' 약 40,000명의 북한송환에 합의하는데, 이들은 중공인민해방군과 함께 1940년대에 대일본전에서 그리고 반장개석 군대로 싸운 자들이었다. 1950년 6·25전쟁 발발시 북한군은 10개 보병사단, 1개 전차사단, 1개 비행사단으로 무장되었고, 총병력은 15만 내지 20만에 이르렀다.[13]

이와 대조적으로 남한 지역에서 군대 창설의 시작은 매우 미온적이었다. 재조선미육군사령부군정청은 1946년부터 경찰예비대 형태로 부대를 창설하기 시작했는데, 이는 주로 국내질서와 치안유지의 필요성 때문이었다. 군정청의 최초 복안에 따라 남한 지역 8개 도마다 1개 연대를 편성했고, 나중에 이들은 각각 사단 규모로 확대편성되었다. 6·25전쟁이 터질 때 한국군은 10개 보병사단으로 총병력 약 10만은 되었으나, 애석하게도 이들은 전차나 중포병, 대전차 무기, 전투기 같은 효과적인 전투장비가 없는 상태였고, 심지어 전투작전을 지속적으로 수행할 탄약조차 충분치 않았다. 비록 각종 한국군 부대에 미군사고문관들이 총 500명가량 근무중이었으나, 한국군의 부대훈련과 리더십의 정도는 만족할 만한 군사적 수준에 훨씬 못 미쳤다. 그 10개 한국군 사단이란 것은 기껏해야 이름만의 사단이었다고나 할까.

12 앞의 책, p. 383.
13 앞의 책, p. 393.

3. 북한의 군사적 위협과 미국의 전략적 영향력

지금껏 살펴보았듯이 남북한은 1948년 각각 정식 정부로 탄생되기 전부터도 국가생존과 정통성을 위한 싸움에 휘말려 있었다. 1945년 일본 식민지배에서 해방되자 남과 북은 각각의 후원자인 미국과 소련으로부터 정치, 경제, 군사적 지원을 받았다. 소련의 북한정권 지원은 38도선 이북지역에 공산주의 국가를 세우고 두드러진 군사력을 양성한다는 분명한 목적이 있었다. 한편, 미국의 한국 지원은 미미했고 체계적이지는 못했으나, 남한지역에 국가의 기틀을 닦고, 취약한 경제나마 유지시키며, 한국군 창설에 도움을 준다. 그러는 동안 미국은 한국의 정치와 국민생활 전반에 중요한 영향력을 발휘하기 시작했다.

한 가지 더, 한국은 1948년 정부수립 이래 연속적으로 다른 유형의 정부를 갖게 된다. 1950년대는 이승만의 반공반일주의 정부, 1960년대와 70년대는 군사정변으로 탄생한 박정희의 개발성장지향 정부, 1980년대는 또 다른 군사정변에 의한 전두환 정부, '북방정책'을 펼친 노태우 정부, 그리고 1990년대의 양 김씨(김영삼, 김대중) '문민정부'가 이어졌다.[14]

한국에 대한 미국원조의 역사적 과정과 한국에 존재해온 상이한 시대의 상이한 정부들의 대미 국방외교 정책들을 염두에 두면 다음과 같은 몇 가지 기본적 질문이 제기된다.

하나, 한국에 대한 미국의 막강한 영향력에 비춰볼 때, 한국은 자신의 고유한 독자적 군사전략을 세울 여지가 있었나?

둘, 북한군의 성장과 그 군사적 기량은 어떤 식으로 한국의 군사전략 발전에 영향을 주었나?

셋, 시대마다 성격이 상이했던 한국의 정부들은 각각 상이한 군사전략을 세웠는가? 아니면 모든 시대를 통틀어 성격이 동일한 전략을 유지했나?

넷, 만약 한국의 상이한 정부들이 각각 상이한 군사전략을 세웠다면 그 차별성의 이유는? 만약 상이한 정부들이 동일한 군사전략을 유지했다면 그

14 여기서 장면 국무총리 정부와 최규하 대통령 정부는 포함시키지 않았다. 왜냐하면 전자는 1960-61년에 걸쳐 단지 8개월간 지속했고, 후자는 1980-81년에 역시 비슷하게 단기간 존속하여 한국의 국가발전이라는 맥락에서 매우 짧게 존재함으로써 한국 근대사에 중요한 의미를 남기지 않았던 탓이다.

유사성의 이유는?

다섯, 미국과 한국은 북한 군사력으로부터 오는 위협에 대해 동일한 인식을 공유했나? 그렇다면 위협에 대한 인식의 동일함이 한국의 군사전략 발전에 어떤 식으로 영향을 주었나? 그런데 만약 두 나라가 위협에 대해 상이한 인식을 했다면 그 점이 한국의 군사전략에 어떤 식으로 영향을 미쳤나?

위의 기본적 질문들을 유기적으로 요약하여 이 연구를 위해 다음 질문을 구체화했다. "북한의 군사적 위협과 미국의 전략적 영향력은 각각 대한민국 군사전략 발전에 영향을 줌에 있어서 어떤 역할을 했나?"

4. 연구의 핵심

그림 1에서 보듯이, 이 연구는 대한민국 군사전략이 세 가지 요소에 의해 좌우되었음을 일관되게 주장하고 있다. 즉, 북한정권의 군사적 위협, 한국에 대한 미국의 전략적 영향력, 그리고 다양한 양상의 한국 국내여건들이다.

그림 1. 연구를 위한 개념적 틀

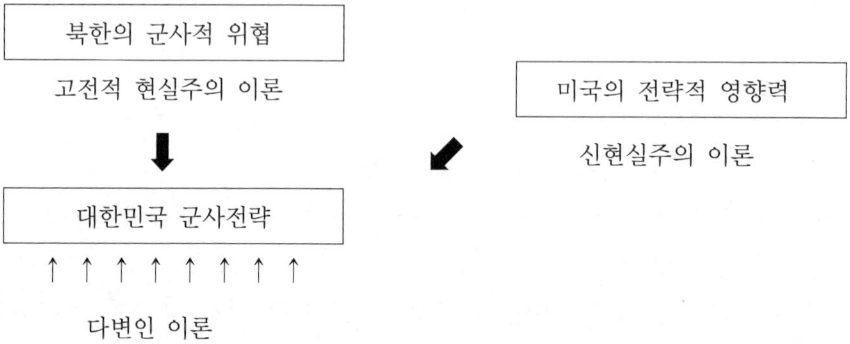

북한의 군사적 위협		
고전적 현실주의 이론		미국의 전략적 영향력
⬇	⬋	신현실주의 이론
대한민국 군사전략		
↑ ↑ ↑ ↑ ↑ ↑ ↑ ↑		
다변인 이론		

그림 1의 사각형 '북한의 군사적 위협'에서 수직으로 밑에 있는 사각형 '대한민국 군사전략'으로 향하는 두터운 화살표는 전자가 후자에 영향을 미쳤다는 뜻이다. 또한, 사각형 '미국의 전략적 영향력'에서 비스듬하게 좌하방 사각형으로 향하는 화살표도 전자가 후자에게 영향을 주었다는 표시다. 그리고 사각형 '대한민국 군사전략' 바로 밑에 가는 선으로 된 화살표들은 한국의

다양한 국내여건들이 한국의 군사전략에 영향을 끼쳤음을 의미한다.

이렇듯, 세 요소가 (즉, 북한의 군사적 위협과 미국의 전략적 영향력과 한국의 국내여건들이) 독립변인(獨立變因)들이고, 이들로 인한 최종결과인 대한민국 군사전략이 종속변인(從屬變因)이 된다. 이 연구는 독립변인들이 종속변인에 가한 영향력의 강도를 규명하려는 것이다. 따라서 이런 개념적 틀로써 다음 세 가지 가설을 시험하는 데 초점을 맞추고자 한다.

1. 동맹국 간에 위협에 대한 인식의 공통성이 많을수록 그들의 군사전략은 더욱 일치한다.
2. 동맹국 중 더 강한 나라가 더 약한 나라의 안보에 압도적 기여를 할수록 약한 나라는 강한 나라의 군사전략을 맹목적으로 따른다.
3. 약한 동맹국이 위협을 가해오는 적에 대항할 충분한 힘을 기르면 약한 동맹국의 군사전략은 더 강한 동맹국의 영향으로부터 독립하게 된다.

5. 관련 이론들

대한민국 군사전략 발전에 영향을 준 주역배우들인 세 가지 요소를 이해하려면 다음 네 가닥의 이론들을 응용할 수 있겠다. 첫째, 고전적 현실주의 이론은 북한에 의한 군사적 위협의 증가가 한국의 군사전략에 미친 영향을 규명한다. 둘째, 신현실주의 이론은 한국에 대한 미국의 전방위적인 영향력이 한국의 군사전략 변천을 야기하는 양상을 분석한다. 셋째, 다변인이론(多變因理論)은 한국 국내여건들과 한국 군사전략의 인과관계를 다루며, 넷째, 전략이론은 한 국가가 국가전략과 군사전략을 발전시키는 과정을 설명해 준다.

고전적 현실주의 사고의 핵심에는 몇 가지 중심적 가설이 있다.[15] 먼저, 국가들은 국내외의 무대에서 가장 중요한 배우들이라는 것이다. 다음, 국제관계의 특징은 세계를 한 나라처럼 다스릴 수 없는 국제적 무정부 상태의 환경 속에서 각 나라가 힘을 구축하고 겨룬다는 것이다. 또한 국가는 스스로를 돕고 자립해야만 자신을 위한 생존능력을 갖출 수 있고, 국가들의 생존능력은

---

15 James E. Dougherty와 Robert L. Pfaltzgraff, Jr., *Contending Theories of International Relations: A Comprehensive Survey*, 제 4판 (Reading, MA: Addison Wesley Longman, Inc., 1997), p. 58.

그 차이를 등급매길 수 있다. 그리고 국가들은 이성적이며 한 단위로 이루어져 있으며, 마지막으로, 한 국가의 행동을 이해하고 예측함에 있어 '힘'은 가장 중요한 요소라는 것이다. 남북한은 모두 국가생존과 힘의 증강을 추구함으로써 적의 위에 군림하고 자신의 정치체제의 존속을 보장하고자 했다. 또한 각자의 대내외적 행동에 있어서 힘을 유지하고 힘을 증강시키고 힘을 과시하려고 노력했다. 말하자면, 남북한은 정확히 고전적 현실주의의 중심가설들에 따라 행동해 온 것이다. 고전적 현실주의 사고야말로 논리적으로 남북한이 상대방에게 보여준 행동과 그 영향을 이해할 수 있게 해준다. 이러한 사고는 Thucydides,[16] Morgenthau,[17] Dougherty와 Pfaltzgraff, Jr.[18]의 연구에 잘 나타난다.

신현실주의 이론은 한 국가의 대외적 행동을 결정하는 데 더 중요한 것은 국내여건이라기보다는 국제관계적 요소라고 강조한다. 한 국가의 다양한 국내여건들이 그만큼 똑같이 다양한 대외적 행동을 일으키는 건 아니다. 그리고 Kenneth N. Waltz가 밝히듯이, "상이한 국가들은 대부분 상이한 결과들을 만들지만, 때로는 유사한 결과를 만들기도 한다. 또, 유사한 국가들은 대부분 유사한 결과들을 만들지만, 때로는 상이한 결과들을 만들기도 한다."[19] 신현실주의의 사고에 따르면 한국의 군사전략 수립은 국내여건들만의 결과가 될 수 없다. 오히려, 그것은 예컨대 한미관계에서 미국과 한국이 상호간 처해 있는 국제관계의 산물이다. 미국은 한국의 국내문제에, 특히 군사문제에 엄청난 영향력을 미쳐왔다. 미국은 한국군을 창설시켰고, 장비를 갖춰주고, 훈련시키고, 전투력을 유지시켰다. 이와 유사하게, 북한의 행동도 국제관계의 요소에 의해, 특히 소련의 지원에 의해 영향을 받았다. 따라서 신현실주의 이론으로써 한국의 군사전략 변천에 미국이 영향을 미쳤음을 설득력 있게 이해시킬 수 있겠다. 신현실주의 논점은 Waltz의 연구에 전형적으로 나타난다.

다변인 이론은 한 국가의 행동은 고전적 현실주의 사고만으로, 또는 신현

---

16 Thucydides, *The History of Peloponnesian War*, (편) M. I. Finley와 (역) Rex Warner (Hammonsworth: England Penguin, 1972).

17 Hans J. Morgenthau, *Politics among Nations: The Struggle for Power*, 제 5판, 수정판 (New York: Knopf, 1978).

18 Dougherty와 Pfaltzgraff. Jr., *Contending Theories of International Relations*, pp. 58-89.

19 Kenneth N. Waltz, *Theory of International Politics* (Reading, MA: Addison Wesley Publishing Company, 1979).

실주의 이론만으로는 설명할 수 없고, 이 두 이론을 통합함으로써 제일 잘 설명할 수 있다고 본다. 즉, 국가의 행동은 외부영향과 내부여건 모두의 결과라는 것이다. 구체적으로 부언하면, 대한민국 군사전략은 북한이 가해오는 (외부적) 군사위협, 한국에 대한 미국의 (외부적) 전략적 영향력, 그리고 한국의 (내부적) 국내여건들의 영향이 합쳐진 결과다. 오늘날 국제관계 이론의 경향은 대체로 다변인 이론이 주장하는 바를 따르고 있다. Thucydides,[20] Barry Buzan,[21] 그리고 Laurrie M. Johnson Bagby[22] 등은 다변인 이론의 대표적 학자들이다.

끝으로, 군사전략이론도 전략연구에 중요하다. 국제관계이론에 비해 군사전략이론은 단순하며 복잡하지 않다. 즉, 한 나라의 광범위한 국가이익이 국가대전략을 결정한다는 것과, 다양한 국가이익들은 우선순위들이 매겨진다는 것, 그리고 우선순위가 매겨진 각 국가이익을 위한 적절한 수단이 선택되는데, 그 수단으로 군사력 사용이 선택되면 군사전략은 목표완수를 위한 가장 좋은 군사적 수단을 찾는다는 것이다. 그리고 군사전략은 네 가지 요소를 포함한다. 군사력운용, 군사력전개, 전력발전(戰力發展), 그리고 전술한 세 요소들을 연계 조화시키는 것이다. 군사력운용은 위협에 대한 인식상태에 따라 광범위한 거국적 맥락에서 군사력 사용을 결심하는 것이고, 군사력전개는 특정 국가이익을 성취하기 위한 구체적 방식, 규모, 강도, 행동지역 따위에 관한 것이며, 전력발전은 군사력을 사용한다는 결심과 군사력전개에 맞추어 병력, 무기, 물자 등 전쟁수행 능력을 구축하는 것이다. 마지막으로, 세 요소들의 연계와 조화는 군사력 사용의 결심, 군사력전개, 그리고 전력발전이라는 요소들 간의 조화와 일치성을 확보하기다. 군사전략에 관해 여기까지 말한 내용들이 Clausewitz[23]나 Drew와 Snow[24]의 연구에 자세히 설명되어 있다.

---

20 Thucydides, *Peloponnesian War*, p. 118.

21 Barry Buzan, Charles Jones, 그리고 Richard Little, T*he Logic of Anarchy: Neorealism and Structural Realism* (New York: Columbia University Press, 1993).

22 Laurrie M. Johnson Bagby, "Father of International Relations? Thucydides as a Model for the Twenty-First Century," *Thucydides' Theory of International Relations: A Lasting Possession*, (편) Lowell S. Gustafson (Baton Rouge: Louisiana University Press, 2000), p. 30.

23 Carl von Clausewitz, *On War*, (편)(역) Michael Howard와 Peter Paret, (index 포함한 편집) (Princeton, NJ: Princeton University Press, 1984).

24 Dennis M. Drew와 Donald M. Snow, *Making Strategy: An Introduction to National Security Process and Problems* (Maxwell Air Force Base, Alabama: Air University Press, 1988).

6. 연구 방법론

이 연구는 Alexander L. George[25]가 명시한 '통제된 비교' 방법론을 사용한다. 이 방법의 특성과 장점으로 말하자면, 우선 모든 정보와 자료를 다 검토하느니보다 특정한 '사건들의 종류' 또는 '현상들의 유형'에 초점을 맞춰 분석한다. 따라서 연구를 함에 있어 어떤 일반적 변인들을 사용해 서술하고 설명한다. 그리고 사례들을 취급함에 있어 선별적으로 결정하고 특정 부분에 집중함을 허용한다. 즉, 사례들의 적절한 양상을 선별할 수 있는 자유재량이나 허용치를 인정한다.

연구의 사례들은 상이한 10년 단위 기간마다, 즉, 1950년대, 60년대, 70년대, 그리고 1980-90년대의 대한민국 군사전략이다. 여기서 살펴보려는 것은 세 가지 독립변인인 북한의 위협, 미국의 영향력, 그리고 한국의 국내여건들이 종속변인인 대한민국 군사전략에 미친 영향이다. 각 독립변인에는 몇 가지 지표들이 포함되는데, 이들은 상이한 10년 단위마다 공통적으로 존재하던 것들로서, 부대의 수, 병력의 수, 장비, 또는 상이한 기간에 존재한 특정 부대들이다. 이러한 공통된 지표들을 사용하면 10년마다 나타난 특정한 양상들을 계량화하여 비교할 수 있다.

연구의 주 과제는 종속변인의 형성에 작용하는 독립변인들의 강도와 비중을 측정하는 것이며, 구체적으로 다음 세 가지를 수행한다. 하나, 관련지표들의 강도를 정량적으로 또는 정성적으로 살펴본다. 둘, 모든 관련지표들의 영향력을 총합해 봄으로써 독립변인의 강도를 구한다. 셋, 종속변인에 대한 상이한 독립변인들의 영향들을 비교한다.

7. 기대되는 연구 결과와 효용성

이 연구는 다음과 같은 의미에 가치를 두고 있다. 즉, 이전의 연구들은 어떤 두 동맹국의 상호관계, 예컨대 한미관계에서 우세하고 강한 파트너와 약하고 의존적인 파트너 사이의 정치, 경제, 문화, 이념 등에 관련된 양상에 주

---

25 Alexander L. George, "Case Study and Theory Development: The Method of Structured, Focused Comparison," *Diplomacy: New Approaches in History, Theory, and Policy*, (편) Paul Gordon Lauren (New York: Free Press, 1979), p. 50.

안점을 맞추었다. 하지만 이 연구는 그러한 두 동맹국이 세우는 '군사전략'의 성격과 상호관계를 처음으로 규명하려는 것이다.

그리하여 세 가지 연구 목표를 세웠다. 먼저, 연구의 처음에 제시한 세 기본가설의 타당성을 시험하고, 이에 따라, 특히, 대등하지 않은 두 동맹국, 예컨대 한국과 미국이 각자의 군사전략을 선택할 때의 상호관계와 상호영향에 관한 이론을 수립하며, 마지막으로, 북한정권이 한국에 가해온 군사적 위협의 실체 및 본성에 대응하여 한국정부가 수립한 국가전략과 군사전략 사이에 어떤 개념적 합치나 괴리가 있었는지 밝히는 것이다.

또한, 명백히 강조해야 할 것은, 대한민국의 국가전략 및 군사전략에 불합리성과 결함이 있었다면 이에 대한 주의를 확실히 환기시켜야 한다. 그러지 않는다면 분명히 한국의 안보와 안녕이 위태로워질 것이다. 본 연구자는 개인적으로는 한국인으로서 그러한 유감스러운 현상이 발생하지 않도록 국민들을 향해 경각의 목소리를 높여야 한다는 도의적 책무감을 느끼게 된다.

제 2 장

역사적으로 본 시대적 동향과 이론적 관점

1945년 한반도 분단 이후 대한민국이 정치체제로서 생존하는 데는 두 가지 현실적이고 부정할 수 없는 힘이 결정적 영향을 미쳤는데, 그것은 북한의 군사적 위협과 미국의 전략적 영향력이다. 사실 많은 군인들과 학자들은 그러한 북한의 위협과 미국의 영향력이 가하는 막중한 압박 하에 과연 한국이 자체의 군사전략을 수립하고 발전시킬 수 있었을지 의문을 제기해 왔다. 어떤 이들은 심지어 한국이 독자적 군사전략 같은 걸 수립하려고 시도라도 할 가능성조차 부정해 왔다.[1] 그러나 일단 어떤 국가가 출범해서 기능을 발휘하면, 무릇 역사상에 생긴 국가들의 국민생활 역사가 보여주듯, 국가생존을 위해 국가차원의 평가와 계획을 준비하고 집행해야 한다. 군사전략도 그런 평가와 계획의 하나여야 한다.

제 2장에서는 대한민국이 건국 이후 첫 50여 년간 어떤 군사전략을 발전시켰는지의 문제를 다음 네 가지 관점에서 살펴본다. 우선, 대한민국이 외부로부터 받은 군사적 위협과 전략적 영향력의 기원 및 규모에 초점을 맞춰 그 역사적 동향을 논의한다. 다음, 대한민국 군사전략 변천과정을 설명하는 시발점이 될 세 가지 가설을 제시한다. 이어서 이론적 관점에서 연구문제가 나타내는 현상을 설명한 다음, 마지막으로, 가설들을 입증하기 위한 독립변인과 종속변인 및 변인들의 강도를 나타내는 지표들을 선정한다.

---

1 대한민국 정부와 그 군대를 이처럼 폄하하고 혹평하는 부류의 태도는 1948년 한반도에 북한정권이 수립된 이래 북한의 선전에도 집요하게 나타나는 것이다. 북한정권은 한국정부를 괴뢰정권이라 부르고 한국군을 괴뢰군이라 한다. 북한정권은 한국정부와 그 기관 및 기구들의 정통성을 한 번이라도 인정한 적이 결코 없다. 그래서 북한정권은 한국의 군사조직과 제도 및 군사전략의 존재의미나 의의를 인정할 수가 없는 것이다. 1972년과 2000년에는 남북한 상호간 평화공존 시기가 간헐적으로 약간 있기는 했었다. 허나, 근본적으로는 2000년 6월 김대중 대통령과 북한 김정일 국방위원장 간에 열린 평양 정상회담에도 불구, 한국의 체제나 제도에 대해 북한이 호전적 교전상태 같은 태도를 보이는 경향은 지금껏 계속되고 있다.

1. 시대적 동향 설명

1948년 한반도의 남과 북에 두 나라가 건국된 후 북한은 한국의 안보에 대해 실제적이고도 부인할 수 없는 정치적 위협과 군사적 위협을 가했다. 이 두 나라의 총체적 군사력 차이는 처음부터 늘 북측에 유리한 상황이었고, 이는 정치적 위협도 현저함을 강조하는 것이었다. 북한의 군사위협에 대응할 국력수준이 낮은지라 한국은 국가존속을 위해 미국의 정치, 경제, 군사원조에 매달려야 했다. 국내적으로는, 태동기인 한국의 정치리더십이 나라를 지킬 독자적이고 유능한 국가전략이나 방어전략을 수립해 실행해 볼 만한 형편이 아니었다. 그러면 이번 장의 첫 부분에서는 다음 세 가지를 살펴보자.

첫째, 북한 위협의 실체화와 동향
둘째, 한국에 대한 미국의 전략적 영향력의 형성
셋째, 국가전략과 군사전략을 수립하는 한국 정치리더십의 역량과 수준

북한에 의한 군사적 위협의 동향: 기원과 규모

1950년 6·25전쟁 발발시 남북한군의 전투력 차이는 도표 1에서 보듯 매우 뚜렷했다. 그 중 유난히 눈에 띄는 점들이 있는데, 무엇보다 총병력에서 북한이 한국보다 거의 두 배 많은 군대를 유지하고 있었다. 특히 지상군 병력에서 두 배의 우세를 누렸다. 게다가 북한군 사단들은 중화기로 무장되었으나 한국군은 단지 소화기들로 경무장된 실정이었다. 이같은 지상군 전투력 차이를 극명하게 예시하는 것으로 북한은 소련제 T-34 주력전차 242대나 운용했으나 한국군은 전차라곤 단 한 대도 없었다. 그리하여 북한군은 화력면에서 4:1의 우세를 유지했는데, 이러한 수량적 우세 말고도 북한군 포병은 한국군에 비해 무기성능면에서 질적으로 더 우수했다. 북한군은 또 전술항공기 200대 이상을 운용했으나 한국군엔 공군력이라는 게 아예 없었다.

한편, 부대의 전투경험과 훈련수준에서 북한군은 남쪽의 경쟁자에 비해 또 다른 두렷한 우위에 있었다. 북한군은 한인 후예들로 편성되었던 동북의용군 출신을 대거 흡수했는데, 이들은 중국 국공내전 기간중 중국공산당 인민해방군 편에서 함께 싸웠던 자들이다. 이 역전의 용사들이 북한 지상군의 거의 1/3을 구성했다.

부대훈련의 수준차이는 북한군에게 유리한 점 또 하나를 안겨주었다. 북한군은 국경경비만 전담하는 부대들을 별도로 운용할 수 있어서, 대부분 다른 지상군 부대들은 대규모 제병연합 부대훈련에 노력을 기울일 수 있었다.

도표 1. 1950년 6월 남북한 군대의 전투력

한국군	북한군
육군	육군
8개 경보병 사단 (21개 연대)	7개 정규 사단
1개 독립연대 (기타 지원부대들)	3개 예비사단 (총 10개 사단 30개 연대)
	1개 전차여단
	기타 부대들 (기계화 보병여단, 특수부대들, 제38경비대)
병력: 94,974 명	병력: 182,680 명
경장갑차량 약간	T-34 전차 242대
	장갑차량 54대
105mm 곡사포 9문	122mm 곡사포 172문
	SU76 자주포 176문
81mm 박격포 384문	82mm 박격포 1,142문
60mm 박격포 576문	61mm 박격포 360문
	76mm 박격포 380문
	120mm 박격포 226문
57mm 무반동총 140문	45mm 대전차포 550문
2.36 인치 로켓포 1,900문	37mm 고사포 24문
대공 화기: 없음	85mm 고사포 12문
	14.5mm 대공기관포 (수 미상)
해군	해군
해안경비정 28척	해안경비정 30척
병력: 7,715 명	병력: 4,700 명
해병대 1,166명	해병대 9,000명
공군	공군
훈련용 경비행기 22대	전투기 220대 (야크-9, IL-10, 등)
총병력: 105,702 명	총병력: 198,350 명

출처: 전쟁기념사업회, 『한국전쟁사』2 제 2권: 「전쟁의 근원」 (서울: 행림출판, 1992), p. 510.

북한군의 우위는 1960년대에서 70년대를 거쳐 80년대까지 지속되었다. 이러한 군사적 우위는 자연히 남북한 간의 정치적 관계에서 북한으로 하여금 자기주장을 강력하게 드러내도록 촉발시키고, 한국에 대한 공격적인 군사전략을 세우게 만들었다. 그 공격성을 전형적으로 나타낸 역사적인 예로서, 1950-53년의 6·25전쟁, 1968년 김신조 특공대의 청와대 습격 기도, 70년대에 북한의 군사역량을 급속히 제고하려고 계획된 '4대 군사노선'[3] 그리고 80년대에는 군사제도의 완전한 현대화라는 야심찬 정책 등이 있었고, 90년대에 들어서면 핵무기 자체생산 능력을 습득하겠다는 계획을 은밀히 추진하기에 이른다.

북한 군사력의 불길한 우세 경향이 지속된 결과는 2000년도에 영국의 한 전략문제연구소가 출간한 『The Military Balance, 2000-2001』[4] 을 보아도 알 수 있다. 주력전차와 경전차 숫자에서 북한의 4,060대와 한국의 2,250대, 포병과 다연장로켓포와 박격포는 북한이 19,000문 한국이 10,696문, 전투기는 북한 645대 한국 555대, 그리고 현역 정규군은 북한이 총 1,082,000명이고 한국은 683,000명이다. 한국군이 보유한 군사력 자산의 총합을 북한군과 비교하면 북한군이 한국군의 거의 두 배임이 분명하다.

한국에 비해 북한 군사력이 역사적으로 늘 우위에 있었음은 네 가지 관점에서 설명이 된다.

첫째, 정치적 관점에서, 북한의 공산주의식 리더십은 1945년 일본의 식민통치에서 해방된 직후부터 소비에트 사회주의 국가건설에 모든 노력을 체계적으로 지향했다. 이 정치목표를 위해서는 북한지역에서 사회주의 국가건설을

---

2 전쟁기념사업회 편찬『한국전쟁사』는 총 6권이며, 주요목차는 ① 요약통사, ② 전쟁의 근원, ③ 북한군 침공과 한국군 방어, ④ 낙동강에서 압록강으로, ⑤ 중공군 개입과 새로운 전쟁, ⑥ 한국전쟁의 영향 등이다.

3 이 용어는 북한의 군사노선을 지칭한 표현으로 한국에 널리 알려졌으며, 그 네 가지는 다음과 같다. ① 전인민의 무장화, ② 전지역의 요새화, ③ 현역 및 예비역 인원들의 광범위한 훈련을 위한 전군 간부화, 그리고 ④ 무기, 교리, 전술의 발전을 위한 전군 현대화인데, 북한정권은 이같은 개념들을 1960년대 초에 정립했다. 김일성은 1969년 1월 6일-14일에 있었던 제 4차 조선인민군 당대회의 제 4차 확대총회 폐회사로서 상기 노선들이 성공적으로 시행되었음을 보고했다. 김일성은 그 후에도 국가안보와 군사준비태세를 중복 강조하는 맥락에서 4대 노선을 수많이 언급했다. 각주-5 참조할 것.

4 The International Institute for Strategic Studies, *The Military Balance, 2000-2001* (London: Oxford University Press, 2000), pp. 202-204.

지원할 강력하고 충성스러운 군사력이 꼭 필요했으며, 그러한 명백하고 일관된 정치목표가 있었기에 북한의 군사력은 급속도로 강화되었다. 정치목표 달성에 북한군이 기여한 구체적 예로서 '조선인민군'이 북한의 정부수립보다 앞서 창설되어 활동했음에 각별히 주목해야 한다.[5] 정부의 통제를 받아야 할 군대가 정부 자체의 탄생보다 먼저 생겼다는 사실은 북한정권이 혁명적으로 국정을 운영한다면서 얼마나 군사력에 의존했는지 명백하게 보여준다.

둘째, 북한 정치지도부는 군사력 창건, 유지, 운용에 대해 교리적으로 명확히 이해하고 있었다. 김일성은 1970년 11월 조선노동당 제 5차 당대회[6] 연설에서 군사교리 및 군사기술과 정치교화교육, 그리고 총체적 전쟁준비 간에 '통일성'을 갖추는 것이 타당하고 필요함을 강력히 역설했다. 조선노동당이 바라는 군대는 몇 가지 필수적 특성이 있다. 혁명의 대의에 이념적으로 충성하고, 공세적으로 행동과 작전을 지향하며, 남북한 간의 전쟁에서 신속하고 완벽하게 상대를 파괴할 압도적 전투력을 갖추는 것이었다.[7]

셋째, 국가 최고지휘부가 조선인민군에게 내린 임무는 분명했고 전혀 모호함이 없었다.[8] 즉, 북한정권의 업적들을 경쟁자인 한국의 방해로부터 보호하라는 것, 국가와 인민을 적의 기습공격으로부터 막으라는 것, 그리고 노동자들의 이익을 보호하고 방어하라는 것이다. 북한군 임무의 이러한 명료성은 북한군대의 권위와 힘을 급속하게 강화하는 데 결정적으로 기여했다.

---

5 Kim Il Sung, *Selected Works of Kim Il Sung*, Vol. 1 (평양: 조선로동당 출판부, 1967), p. 185. 1948년 2월 8일 북한군 창설을 맞아 김일성의 축사가 "조선인민군의 활동개시에 즈음하여"라는 제목으로 이 책에 실렸다.

6 Kim Il Sung, *Selected Works*, Vol. 5 (평양: 외국어출판소/Foreign Language Publication House, 1971), pp. 430-432, pp. 466-468. 이정민(Chung Min Lee)은 1988년 Fletcher School of Law and Diplomacy에 제출한 박사학위논문 *Prevailing in Future Conflict: Conventional Deterrence and Defense Strategies with Special Reference to the Defense Planning of the Republic of Korea* 의 246쪽에서 북한군의 제도적 특성들을 자세히 분석했다. 그는 "북한인민군이 무엇보다도 공세를 으뜸 교리로 조직화되었는데, 공세개념은 군 기본훈련으로부터 상급군사학교들의 훈련에 이르기까지 일관되게 강조되는 개념이다"라고 주장했다.

7 북한의 군사 사상가인 김철만은 속전속결에 관한 생각을 그의 유명한 논술 "현대 전쟁의 성격과 요소"에서 피력했다. 이 논술은 1976년 8월 간행된 『근로자』 6쪽에 실렸는데, 여기서 그는 다음과 같이 말했다. "현대전이 장기전이라는 말은 전쟁을 질질 끌라는 말이 아니다. 전반적 관점에서, 현대전은 분명히 장기소모전이 되리라. 허나 각 작전과 전투는 대량파괴무기와 신속한 기동력을 지닌 장비로써 치러야 한다. 교전쌍방은 이같은 유리한 수단을 사용해 신속한 결정력으로 전쟁을 끝내고자 할 것이다."

8 Kim Il Sung, *Selected Works*, pp. 186-191.

넷째, 한국군을 무장시킴에 있어서 보인 미국의 인색한 지원과는 달리, 소련은 북한군에게 1급 주력전차들과 최신 포병화기, 그리고 전투에서 성능이 입증된 항공기들을 관대하고 넉넉하게 제공해 주었다.

지금까지 보았듯이, 1940년대 후반부터 본 연구의 범위인 1990년대 말까지 북한군은 한국의 영토, 시설, 인명, 재산 등의 물리적 안전과 국가생존에 엄청난 위협을 가했음이 분명하고도 명백하다.

한국에 대한 미국의 전략적 영향력

1882년 미국은 조선왕국과 외교관계를 체결했지만 조선이란 나라에 진지한 관심을 보였던 건 아니다. 조선이 지리적으로 너무 멀리 떨어져 있고, 큰 이익을 낼 수 있는 교역조건도 없어서 미국의 수출에 단지 미미한 시장 잠재력밖에 없었던 탓이다. 이처럼 미국은 조선을 매력있는 무역 상대로 인식하지 않았기에 두 나라의 접촉은 1945년 태평양전쟁이 끝날 때까지 생산성 없는 상태로 있었다. 그러다가 종전 후 미국은 한국에 전략적 관심을 보이기 시작하는데, 이는 동아시아에서 소련의 팽창주의를 봉쇄해 국제적 세력균형을 관리하는 것이 주목적이었다.

소련에 대한 봉쇄전략은 1950년 미국으로 하여금 어느 순간 갑자기 막대한 인적·물적 자원을 동원해 6·25전쟁에 발을 들여놓게 만들었고, 미군은 33,000명이 넘는 희생을 감수했다. 1953년에 휴전은 되지만 전쟁의 두 주역 교전 당사자인 미합중국 군대와 중국 공산 '의용군'은 어느 한 쪽도 결정적 승자로 남지 못했다. 그 이후 미국은 한국에 상당한 군사력을 주둔시키는데, 이는 동아시아에서 미국의 힘과 영향력을 유지하고 이 지역에서 미국의 이익을 증진시키기 위함이었다. 이렇듯 한국에 대한 대규모 경제적, 군사적 원조와 더불어 미군을 한국에 주둔시킴으로써 미국은 한국의 정치, 경제, 군사 문제에 엄청난 영향력을 미치게 되었다.

그러면 다음 네 영역에서 1950년대 이후 전개된 역사적 흐름을 살펴보자. 즉, 미국의 국가이익과 국가전략, 동아시아 지역에 대한 미국의 이해관계와 전략, 한국에 대한 미국의 이해관계와 한반도 전략, 그리고 한국에 대한 미국의 전략적 영향력이 발휘되는 양상이다.

미국의 국가이익과 대전략

한 국가의 국가전략을 만들어내는 작업은 국가이익의 식별로부터 시작한다. 그런데 국가이익은 모호한 말로 표현되거나 다소 추상적이고 규범적인 용어 구성으로 이루어지는 경향이 있다. 그러나 Robert J. Art는 미국의 국가이익을 매우 분명하게 잘 제시했다.[9] 즉, 외부 공격으로부터 미국본토를 보호하기, 개방된 세계시장경제를 기반으로 한 지속적인 번영, 페르시아만 석유자원에 대한 접근권 보장, 유럽과 아시아 열강 간의 전쟁방지와 이스라엘과 한국의 독립보전, 그리고 가능한 지역에서, 민주적 정부들의 탄생과 유지가 촉진되고 주민을 대량학살하는 정부들이 타도되는 것이다.

기본적인 미국적 가치관과 국가이익과 정책목표 여섯 개도 『NSC 68』[10]에 나타나 있다. 좀더 완벽한 연방국가를 만들고, 정의를 실현하고, 국내의 평온을 보장하며, 공동체의 안전을 지키고, 공공복지를 증진시키며, 현 세대와 후손들을 위한 자유의 축복을 보장하는 것이다. 이 여섯 가지는 미합중국 건국의 근본목표로서 헌법전문에 포함되어 있으며, 국가안보와 경제적 번영과 자유개방적 가치관 같은 기본 개념을 강조한다.

『NSC 68』의 내용을 보면 제 2차대전 후 소련의 팽창주의 성격을 미국정부가 어떻게 인식했는지가 나타나고, 소련의 도전에 대응하는 미국의 국가전략이 제시되어 있다. 『NSC 68』을 검토 평가하는 과정에서 미국 정책수립자들은 "미국안보에 대한 최대위협은 소련의 적대적인 숨은 기도와 엄청난 힘, 그리고 소비에트식 공산주의 체제의 성격에서 연유한다."[11]라고 인식하기에 이른다. 따라서 1950년대 초 미국이 세계적 차원에서 갖고 있던 국가이익은 전세계에서 미국에 매우 중요한 지역들, 특히 서유럽과 일본에 소련이 정치적, 군사적으로 팽창해 들어감을 방지하는 것이었다. 따라서 미국의 대전략은 전후 국제정치에서 소련의 힘과 영향력을 약화시키고, 가능하다면 제거하는

9 Robert J. Art, "A Defensible Defense: America's Grand Strategy after the Cold War," *The Use of Force: Military Power and International Politics*, (편) Robert J. Art 와 Kenneth N. Waltz (Lanham, MD: University Press of America, Inc., 1993), p. 480.

10 The National Security Council, *NSC 68: United States Objectives and Programs for National Security, 14 April 1950* (Washington, D.C.: University Publication of America, Inc., 1980), p. 5. (마이크로필름 Reel II, Frame 0745), 제 2장 "The Fundamental Purposes of the United States"에서 미국의 국가이익에 관해 자세히 다루고 있다.

11 앞의 책, p. 60.

데 초점을 맞추었다. 결국, 50년대 미국의 대전략은 봉쇄전략이라는 이름을 얻었다.

소련 팽창주의에 대한 봉쇄정책은 1960년대까지 계속되는 가운데 미국은 NATO조약을 체결해 유럽과 다자간 동맹을 맺고, 아시아-태평양 국가들과 나라별로 일련의 방위조약들을 쌍무협정으로 체결했다. 그리하여 미국은 '자유세계 (Free World)'라고 명명된 전세계적 동맹체의 리더가 된다. 말하자면 이는 60년대 "미국의 세계전략 구현"이었다.[12]

1970년대에는 미국의 국제정치에 한 새로운 전략적 요구사항이 발생한다. 미국의 동맹국들이 여러 가지 형태로 소련과의 긴장완화를 추구했는데, 이로 인해 특히 나토에 위기가 왔다. "최악의 경우 나토의 생존을 위협하는 것이었고, 적어도 대서양 양안 국가들의 안보를 위한 나토의 유용성을 감소시키는 것이었다."[13] 그리하여 미국은 국력을 "수축"시킴으로써 새로운 국제적 세력균형을 지지하는 정책을 택해야 했다. 즉, 당시 형성중이었던 유럽연합, 경제대국이 된 일본, 그리고 미국 간에 3자간 전략적 동반자 관계를 구축하고, 중화인민공화국과는 화해하여 서로 사실상의 정치적 인정을 꾀하는 세계의 다극체제를 받아들여야 했다. 이 정책의 실제 산물로서 1969년 닉슨 닥트린이 선언되는데, 이는 미국의 동맹국간 안보부담을 보다 더 균등하게 나눠 갖는 데 주안점을 두었다. 닉슨 닥트린은 특히 한국 방위에 불리한 영향을 끼쳤다. 당시까지 한국에 주둔해 오던 2개 보병사단 중 하나를 철수한 것이다. 비록 미국 지도자들은 닉슨 닥트린이 아시아에서의 미국의 힘을 축소시키고자 하는 것이 아니라고 설득하려 했지만, 아시아 국가들은 이 지역에서 미국의 힘이 빠져나간다고 느끼지 않을 수 없었고, 이는 결국 한국을 포함한 아시아 국가들로 하여금 일련의 자주적인 방위전략들을 수립하게끔 만들었다.

1980년대 미국의 세계전략은 소련과의 대결에서 두 가지를 강조했다. 전통적으로 서방 동맹국들과 의존관계를 유지하고, 미국 자신의 능력을 일방주의적으로 독주하면서 재건하는 것이다. 또한, 80년대 미국의 전략은 군사적 요소 말고도 정치·이념·경제적 성격도 띠고 있었는데, 이는 융통성 없고 비

---

12 Robert L. Pfaltzgraff, Jr., "U.S. Strategy for National Security," *Understanding U.S. Strategy: A Reader*, (편) Terry L. Heyns (Washington, D.C.: National Defense University Press, 1983), p. 224.

13 앞의 책, p. 226.

효율적인 소비에트 체제의 취약성을 이용하려고 계획된 것이었다. 이와 같은 전략의 효과는 1990년대 초 소련과 동유럽 위성국들의 갑작스런 붕괴로 확실히 증명되었다.

동아시아에서의 미국의 국가이익과 지역전략

동아시아 지역에서의 미국의 국가이익과 관련해 Amos A. Jordan 등은 다음 세 가지를 간명하게 설명한다.[14] 첫째, 거부(拒否)할 권리 추구, 즉, 이 지역에서 어느 국가든 또는 어떤 국가동맹체든 이 지역의 주민과 자원들을 지배할 수 없게 한다는 것. 둘째, 지역의 안정 추구, 즉, 지역패권의 출현을 방지하고 지역에서의 힘의 공백상태를 제거하는 것. 셋째, 균형 있는 장기적인 경제적 관계, 즉, 이 지역에서의 투자개방 기회와 시장 및 원자재에 대한 접근성을 강조하는 것이다.

미국정부의 실제 정책 입안과 관련해,『NSC 48』시리즈는 동아시아에 대한 미국의 인식의 흐름을 보여준다. 1949년 12월 23일『NSC 48/1』에 따르면[15] 미국에 대한 아시아의 전략적 가치는 세 가지였다. 그 하나는 소련의 아시아 지배를 거부함으로써 소련이 전쟁을 일으킬 잠재력을 증가시키는 걸 방지하는 것. 둘째, 아시아 국가들의 독자적 군대들이 소련의 팽창을 봉쇄하는 걸 도울 수 있어서 미국경제의 손실을 줄일 수 있다는 것. 셋째, 미국은 아시아 지역 천연자원과 시장에 접근할 수 있다는 것이다.

아시아가 지니는 이같은 이해관계와 가치에 대한 시각에 기초해 미국 정책 수립자들은『NSC 48/1』의 "아시아에서의 미국의 안보목표"[16]라는 부분에서 아시아 전략을 다음 세 가지로 완성했다. UN헌장의 목적과 원칙에 부합해서 안정적이고 지속적으로 국가와 국민생활을 발전시키고, 아시아에서 소련의 우세한 힘을 점진적으로 축소시키면서 궁극적으로 제거하며, 소련이 어떤 나라와 군사적 제휴관계를 맺어 그 나라가 미국과 아시아 동맹국의 안보를 위

---

14 Amos A. Jordan, William J. Taylor, 그리고 Lawrence J. Korb, *American National Security*: Policy and Process, 제 4판 (Baltimore, MD: The Johns Hopkins University Press, 1993), p. 357.

15 The National Security Council, NSC 48/1: *The Position of the United States with Respect to Asia, 23 December 1949* (Washington, D.C.: University Publication of America, Inc., 1980), p. 18. (마이크로필름 Reel II, Frame 0068).

16 앞의 책. p. 28.

협하는 것을 막는 것이다. 이러한 지역전략을 이행하려고 미국이 택한 두 가지 전략적 방안도 살펴볼 만하다. 첫째, 미국은 서쪽 유럽에서 전략적 공세를 펴는 데 주된 노력을 기울이면서 동쪽 아시아에서는 최소비용으로 전략적 수세를 취하며, 따라서 아시아에 대한 미국의 최소한의 전략은 대륙의 동쪽 끝 태평양 연안의 일본과 오키나와 열도와 필리핀을 잇는 도서들의 사슬을 유지하는 것이었다.

한국에 대한 미국의 이해관계와 한반도 전략

한국에 대한 미국의 이해관계는 서유럽이나 일본처럼 전략적으로 두드러진 지역들과 비교할 때 보기에 따라 상대적이고 양면성을 띠며 딱히 뭐라 할 수 있는 구체성이 없었다. 한국은 중동 석유나 아프리카 전략광물 같은 주목할 만한 천연자원이 없고, 중국처럼 광대한 시장을 가진 것도 아니었다. 또한, 산업발전의 잠재력이나 일본 같은 전략적 가치도 보이지 않는 형편이었다. 그리고 미국으로부터 멀리 떨어진 지리적 위치와 낮은 수준의 국력 때문에 한국의 안보가 미국 안보에 어떤 실질적 위협을 초래할 요소가 없는 듯했다.

미국이 한국을 주목하게 만든 단 두 가지 이유나 동기는 거부와 국제적 세력균형 개념이었다. Jordan 등이 주장한 거부의 개념을 응용해서 설명하자면, 미국 외의 다른 세력이 한반도에서 정치적 우세를 확립하게 놔둔다면 미국이 동아시아에서 국가이익을 추구하는 데 심각하게 해로웠다. 1954년 12월 22일의 미국정부 기획문서인 『NSC 5429/5』를 보면 미국이 한국의 전략적 가치를 상대적으로 어떻게 생각했는지가 명백하다. 즉, 미국은 일본, 오키나와 열도, 대만, 필리핀, 호주, 그리고 뉴질랜드를 잇는 연안도서 사슬의 안전보장의 중요성만 강조했다. 이 “최소한의 (전략적) 사슬”에 한국이 포함되지 않았다는 사실은 한국에 대해 미국이 느끼는 가치가 상대적으로 낮았다는 뜻이다.

국제적 세력균형과 관련해 말하자면, 미국이 자신의 안보에 대한 인식체계에서 한국의 전략적 가치를 어떻게 보았는지는 아시아-태평양 지역에서의 미국의 주된 목표와 한국이 지닌 전략적 가치의 상관관계를 평가해봐야 알 수 있다. 1950년대 초 한국의 전략적 가치는 소련과의 대결에 대한 미국의 계산에 의해 결정되었다. 미국의 주목표는 소련의 팽창을 견제하고 억제하는 것이었기에, 한국의 가치는 그런 목표들에 한국이 얼마나 기여할 수 있느냐에 달려 있었다. 만약 한국이 소비에트 진영에 떨어졌었다면 미국의 아시아 지역 전략목표를 달성하는 능력이 심각하게 저해되었을 것이다.

『NSC』 시리즈에는 한국에 대한 미국의 인식이 진화된 과정과 미국의 정책과 전략의 관점이 담겨 있다. 태평양전쟁이 끝나고 미국은 한국과 접촉을 시작하면서 한국에 관련된 광범한 정책목표들을 수립하는데, 이는 1948년 4월 2일의 『NSC 8』[17]에 명백히 보이듯이 합리적이긴 했지만 한국에 대해 그리 큰 관심을 보인 건 아니었다. 한국에 대한 미국의 목표는 정책문서에 나타난 다음 네 요소를 포함한다. 하나, 통일되고 자치적이며 외부세력의 지배로부터 독립되고 UN회원국이 될 수 있는 한국을 세운다. 둘, 중앙정부는 한국국민의 의사를 충분히 대표할 수 있게 해야 한다. 셋, 독립된 민주주의 국가에 필수적 기반인 건실한 경제를 이룩하도록 지원한다. 넷, 이상 세 목표들로부터 파생한 목표로서, 실행 가능한 범위 내에서 조속히 한국에 대한 미국의 군사적 책무를 종결하겠다는 것이었다.[18]

한국에서 군사적 책무를 마무리한다는 정책과 관련해 미국합동참모본부는 "미국은 현재 한국에 주둔한 부대와 기지들을 계속 유지할 전략적 관심이 거의 없다"고 명백한 견해를 천명했다.[19] 미합참의 평가로는 극동에서 전쟁이 나면 주한미군은 군사적 책임거리가 될 것인지라, 어떠한 지상작전도 한반도를 우회할 개연성이 높았던 것이다. 이와 같은 논리는 한국에 대한 물질적, 정신적 지원을 정당화하기에 충분한 전략적 가치를 한국이 갖고 있지는 않다고 미국이 인식했음을 보여준다.

한국이 전략적 가치가 거의 없다는 인식은 『NSC』 시리즈 중 1948년 4월 8일의 『NSC 8』부터 1949년 3월 16일의 『NSC 8/1』까지, 그리고 1949년 3월 22일의 『NSC 8/2』까지 시리즈를 통해 지속적으로 나타났다. 이 시리즈는 두 가지 평가에 사로잡혀 그 요지를 강조하고 있음이 특징이다. 즉, 한반도는 미국에 전략적으로 중요하지 않다는 점과, 주한미군은 가능한 한 빨리 철수해

17 The National Security Council, NSC 8: *The Position of the United States with Respect to Korea, 2 April 1948* (Washington, D.C.: University Publication of America, Inc., 1980), p. 1. (마이크로필름 Reel I, Frame 0132).

18 미국은 1945년 9월부터 남한지역에 남아있던 일본군의 항복을 접수하려고 남한지역에 1개 군단 규모인 주둔군 20,000명을 유지하고 있었다.

19 The National Security Council, *NSC 8*, p. 8.

야 한다는 것이었다.

그러나 한국의 가치를 부정적으로 보던 경향은 『NSC 48』 시리즈부터 바뀌기 시작하는데, 이는 아시아에서 소련의 팽창주의에 대해 기선을 제압하는 것이 긴박했던 까닭에서다. 1949년 12월 23일의 『NSC 48/1』[20]은 미국이 그 이전의 대외정책에서 취한 입장에서 현저하게 벗어났음을 세 가지 면에서 분명히 하고 있다. 즉, 아시아를 미국의 우방으로 발전시키고 안정시키면 미국의 전세계적 입장을 강화하리라고 보았고, 반대로, 어떤 한 국가 또는 국가연합이 자기 세력의 확대나 강화를 목적으로 아시아를 지배하게 되면 아시아와 미국의 안보에 위협이 된다고 보았으며, 따라서, 목전의 당면 목표로서 미국은 아시아에서 소련의 힘을 봉쇄하고 감소시켜야 한다고 본 것이다. 소련의 팽창주의에 대한 억지가 긴급함을 깨닫고 미국정부는 한국정부를 적극 지원하는 정책을 세운다.[21] 우선, 한국정부는 소련 지배하의 북한정권으로부터 발생하는 공산주의의 위협을 성공적으로 봉쇄할 수 있어야 했고, 다음, 한국정부는 한반도 전체를 민주적 방식에 기초해 궁극적으로 평화통일하는 중심 세력이 돼야 한다는 것이다. 이 정책목표들의 성공을 보장하기 위해 미국은 1949년 12월 30일 『NSC 48/2』에서 한국에 대한 미국의 지원과 원조 내용을 향상시키겠다고 다음과 같이 공식적으로 밝혔다. "미국은 한국정부에 대해 정치적 지지와 경제적, 군사적, 기술적 지원 및 기타 분야에 대한 지원을 계속하겠으며, 각종 지원 프로그램들의 실제적 시행은 전후 미국의 대외원조기구인 경제협조처 (ECA), 상호방위지원계획 (MDAP), 그리고 미국평화연구소 (USIP) 활동에 의해 추진되어야 한다."[22]

1950년대 초 한국에 대한 미국 정책방향의 반전과 그에 따른 전략변화는, 말하자면, 적극성 없는 무관심으로부터 적극적 지원과 개입으로의 반전이었으며, 이는 1950년 6·25전쟁이 터지자 왜 미국이 돌연히 대규모 병력으로 참전했는지 설득력 있게 설명하는 것이다.

---

20 The National Security Council, NSC 48/1: T*he Position of the United States with Respect to Asia, 23 December 1949* (Washington, D.C.: University Publication of America, Inc., 1980), p. 2. (마이크로필름 Reel II, Frame 0068).

21 앞의 책, p. 7.

22 The National Security Council, *NSC 48/2*: *The Position of the United States with Respect to Asia, 30 December 1949* (Washington, D.C.: University Publication of America, Inc., 1980), p. 12. 이 언급은 보고서의 "결론" 부분에 나타난다.

한국에 대한 미국의 전략적 영향력의 유형

미국의 영향력이 한국에 대해 어떤 형태로 미쳤는지 그 진면모나 특징을 알려면 미국정부의 한국문제 대책위원회가 펴낸 공식 보고서 "The Report of the Task Force on Korea"[23]를 참조하면 되겠다. NSC는 1961년 6월 13일 제 485차 회의에서 이 보고서를 검토했는데, 대통령을 포함한 NSC의 모든 위원들은 보고서의 건의에 모두 동의했다. 그러므로 이 보고서가 당시 한국에 대한 미국정책의 공식적 표현이라고 생각해도 괜찮으리라.

보고서에 따르면, 미국은 향후 세 가지 방식으로 영향력을 발휘하고자 했다. 물질적 유인, 도덕적 설득, 그리고 정치·심리적 압박이다. 물질적 유인은 군사원조 형식으로 이루어졌다. 예로써, 서울주재 "미국대사는 1961 미회계년도의 (한국)방위지원기금 잉여분 약 2,800만 달러를 미국이 (한국에 들어선 박정희 군사정부에) 기꺼이 마저 내어줄 의향이 있음을 공개해도 되는 권한을 위임받았다."[24] 물질적 유인의 또 다른 예로, 전력산업 인프라 확대와[25] 경제개발 5개년계획을 위한 기술지원 및 재원원조가 있었다. 이러한 유인책들이 정권의 정통성 문제를 해소하고자 경제개발 5개년계획에 최대역점을 두고 있던 박정희 정부에 제시되었다. 그리고 물질적 유인으로 적합하게 분류되지는 않겠지만, 미국 케네디 대통령이 한국 군사정부의 리더 박정희 장군을 워싱턴으로 초청한 것도 예가 된다. 이 초청은 정치적 정통성 문제로 박정희 장군이 겪는 곤경을 상당히 완화해 주었으니까.

도덕적 설득의 예로, 1979년 한국에 "신군부" 정권이 등장하자 미국은 서울주재 글라이스틴 미국대사에게 신군부 지도자들이 궁극적으로 대의정치제도와 헌법에 보장된 자유를 회복시키겠다는 의도를 공개적으로 재천명함이

---

23 이 문서는 국가안전보장회의 (NSC) 지시로 구성된 특별프로젝트 팀이 펴낸 것인데, NSC의 임무는 1961년 5월 16일 군사정변 이후 한국의 정치상황을 분석해 군사정변 후의 한반도 안보관리에 관련한 정책건의서를 제출하는 것이었다.

24 The National Security Council, *NSC Action 2430, Korea, 13 June 1961* (Washington, D.C.: University Publication of America, Inc., 1980), p. 2. (마이크로필름 Reel V, Frame 0000). 이 정책문서는 1961년 6월 13일의 제 485차 국가안보회의(NSC)가 내린 조치들을 기록하고 있다. 당시 미국정부는 1961년 한국에서 일어난 군사정변에 대한 불쾌감 때문에 한국에 대한 원조예산 집행을 거부했었다.

25 1950년대 초 한국은 전력난이 심했다. 그 전에는 남한지역에 필요한 대량의 전력을 북한에 있는 수력발전소로부터 공급받았었는데, 1945년 남북분단으로 인해 더 이상 공급받을 수 없게 되었던 것이다.

한미양국 이익에 부합한다고 설득하라고 지시했다. 실제로 미국대사는 한국이 민주정치 체제를 선택하는 것이 도덕적으로 우월하고 현실적으로도 유리함을 신군부 정권에 강조했다.

강력한 설득작업이나 위압적인 수단으로 정치적, 심리적 압박을 가하는 것은 미국이 취한 기타 많은 행동과 계획과 제안에 드러났던 듯하다. 만약 한국의 새로운 정부가 미국이 바라는 바에 부응하지 않으면 제안된 대부분의 유인책들과 미국원조 제공 내용들이 철회되리라고 여러 경로의 정책보고서에 암묵적으로 은근히 암시되었다. 보고서의 문단마다 나타나는 조건을 단 문장들은 미국이 새로 형성된 한국정부에 대해 조건을 제시하면서 정치적, 심리적 압박을 하려 했음을 분명히 말해준다.[26]

미국은 한국의 정치, 경제, 군사, 행정의 거의 모든 활동영역에 걸쳐 전략적인 영향력을 미쳤다. 즉, 한국사회의 구석구석에 미국의 영향력이 전방위적으로 미쳤다는 말은 한국의 국내적, 국제적 행동에 미국의 영향이 광범위하고도 효과적이었음을 의미한다.

정치영역에서, 1948년 한국이 명실공한 국가로서 탄생한 것은 미국의 후원 및 열렬한 지원으로 이루어졌다. 미국은 한국정부를 수립한다는 목표달성을 위해 UN을 효과적으로 이용했다. 즉, 1947년 11월 14일 UN총회에서 결의문이 통과되도록 확실한 배후 지원을 했던 것이다.[27] 1948년 8월 한국정부의 조직이 골격을 갖추자 미국은 "이렇게 수립된 한국정부는 '1947년 11월 4일

---

26 예로써, National Security Council 이 작성한 *NSC Action 2430*의 2쪽에 다음 같은 문구, 즉, "…… 만약 상기 1항과 2항에서 논의될 문제와 관련해 확답을 해준다면, 그리고 한국정부가 어떤 필수적인 개혁들과 관련해 즉각적인 행동을 취해준다면 ……"이라는 표현이 나오고, 또 "만약 양국이 합의한 계획과 프로그램들을 한국이 기꺼이 수행할 의지와 능력이 있다는 증거에 (주한) 미국대사가 만족할 수 있을 정도라면, 대사에게 (……와 같은 사항을 조치할) 권한을 위임해 준다"라는 문구도 있다.

27 The United Nations, *United Nations Official Record of the Second Session of the General Assembly Resolutions, 16 September-29 November 1947* (Lake Success, New York: United Nations Publications, December 1948), p. 17. 1947년 11월 14일의 UN총회결의안은 "The Problem of the Independence of Korea" 라는 제목이 붙었으며, 통일된 '한국정부'수립을 위한 필수적 기본 결의사항인 Resolution 112 (II)를 제시했다. 결의안의 핵심으로 포함된 것은 다음 사항들이다. ① 한국독립을 추진할 유엔한국임시위원단/UNTCOK 설치 (A-2항), ② 국회구성을 위해 UNTCOK가 총선거를 추진하고 관찰함 (B-2항), ③ 국회에서 정부조직을 편성함 (B-3항), ④ 국가치안유지군 편성 (B-4-a항), ⑤ 신생 '한국정부'가 남북한 지역에 주둔중인 미·소 양국 각 군사령부의 통치권을 이양받음 (B-4-b항), ⑥ '한국정부'는 남북한 주둔군 부대들의 철수작업을 처리함 (B-4-c항).

UN총회결의안'이 계획한 '대한민국정부'로 간주될 자격이 있다"는 견해를 공식적으로 발표했다.[28] 1948년 12월 12일 미국은 UN한국임시위원단의 보고서를 인정하는 UN총회 결의안을 후원해서 통과되도록 도왔는데, 이 보고서는 한국정부를 한반도의 유일하고 정당하고 합법적인 정부로 인정하는 것이었다.[29] 1949년 1월, 미국은 한국에 대한 정치적 지지의 대단원으로서 한국정부를 완전히 인정한다는 선언을 했다.

경제분야에서 미국은 1948년 8월 한국정부 수립 이전부터도 한국경제 문제를 예의주시했다. 미국정부는 "점령지역 행정 및 구호 계획과 1949 회계년도 부흥프로그램을 통해 한국의 경제적 붕괴를 미연에 방지하는 걸 돕기로" 결정했다.[30] 또한, 1953년 7월, 6·25전쟁 휴전협정이 맺어질 무렵 미국정부는 휴전을 전략상 비협조적으로 고집스럽게 반대하는 이승만 대통령의 심기를 누그러뜨리고자 휴전 후 한국에 대한 경제지원이라는 다음과 같은 유혹책을 내놓았다. "휴전에 의해 절약되는 전비는 한국을 위한 경제지원금으로 전환되어야 하고, 원조식량도 휴전이 될 경우 궁핍한 한국민들에게 즉각 분배될 터인즉, 이러한 사항들을 이행하겠다는 미국의 의도를 한국 대통령에게 알려주어야 한다."[31]

1953년 7월 휴전협정 조인 후 미국 정책수립자들은 한국이 전쟁을 재개하려는 독자적 행동을 할 가능성을 우려했다. "미국정부는 한국이 전쟁행위를 단독으로 재개하지 못하게 단념시키거나 방지할 정책집행 방안들을 일목요연하게 정리할 필요가 있었다. 이에 미국 대통령은 한국경제 강화프로그램을 신속히 진척시키고자 했다."[32] 이상 살펴본바 역사적 문건에 나오는 진술들이

---

28 The United Nations, *United Nations Official Record of the Third Session of the General Assembly Resolutions, Part 1, 21 September-12 December 1948* (Palais de Chaillot, Paris: United Nations Publications, December 1948), "Resolution 195 (III)," p. 25. 이밖에도, NSC 8/1: The Position of the United States with Respect to Korea, 7쪽을 참조할 것.

29 앞의 책, p. 8.

30 The National Security Council, *NSC 8*, p. 11.

31 The National Security Council, *NSC Action 860*: *The Situation in Korea, 23 July 1953* (Washington, D.C.: University Publication of America, Inc., 1980), p. 6. (마이크로필름 Reel V, Frame 0000). 이같은 미국의 의도는 상기 보고서의 "한국경제의 강화 (Strengthening of the Korean Economy"라고 제목이 붙은 부분에 포함되어 있다.

32 The National Security Council, *NSC 949*: *U.S. Courses of Action in Korea in the Absence of an Acceptable Political Settlement, 29 October 1953* (Washington, D.C,: University Publication of America, Inc., 1980), p. 1. (마이크로필름 Reel V, Frame 0000).

분명히 증언하는 것은 미국이 한국의 지도층을 설득하는 수단으로, 그리고 한국에서 미국의 이익을 증진하는 도구로, 경제지원 정책을 폈다는 사실이다.

군사영역에서 미국은 한국에 다양한 방식으로 영향력을 발휘했는데, 이는 세 가지로 분류할 수 있다. 미국 군사자문기구의 영향력, 예산 및 물자통제와 군사적 지원을 통한 개입, 그리고 기타 행정적 통제다.

군사자문기구의 영향력으로 말하자면, 1948년 4월 2일 『NSC 8』은 이렇게 밝혔다. "미군이 한국에서 철수한 뒤에는 미국의 이익을 보호하고 한국경제 정책에 관한 건의를 할 미국 외교사절단을 가동해야 한다. 이 사절단은 군사고문단을 포함해야 하며, 그 임무는 한국자체의 안정을 꾀하고 한국에서 미국의 이익증진에 기여할 정책들을 한국정부가 따르게끔 설득하는 것이다."[33] 이 고문단은 주한미군사고문단으로 구체화되는데, 그 고문관들은 나중에 한국군 사단급 제대에까지 배치되었다. 이렇듯, 고문단의 기능은 한국의 군사문제에 미국의 영향력을 발휘한다는 기본개념에 기초했다.

예산 및 물자통제에 있어서, 1950년에는 한국의 국방비 지출액 대부분을 미국이 짊어질 정도로 미국의 경제원조는 한국의 정부 재정수지와 경제유지에 필수적이었다. 군사문제에 있어서 미국의 물자통제를 살펴보면, 미국정부의 한 정책문서는 "미군철수 6개월 전에 한국군 65,000명을 위한 군사장비와 보급품 비축량을 한국군에 이관해야 한다"고 명시했다.[34] 이 군사지원정책이 의미하는 바는 신생 한국군은 단 6개월밖에 기능을 발휘할 수 없었다는 사실이다. 이처럼 한국의 국가경영을 지탱시키는 미국의 경제적, 군사적 지원의 엄청난 규모와 지배적인 역할은 한국의 정치, 군사문제에 관한 한 이의를 제기할 수 없게 확실한 미국의 영향력이 형성되는 데 기여했다.

행정적 통제 방식 면에서는, 미국은 무기, 장비, 보급품 및 재고 충족을 위한 재보급품 등 군수 문제를 포함, 한국군 창설에 대한 전반적인 기획을 주도했다. 1949년 4월 16일 『NSC 8/1』에 보면, 미국정부가 구상한 한국군 병력은 총 114,000명으로서 국방경비대를 모체로 한 육군 65,000, 경찰 45,000, 공군 1,200이었는데,[35] 이 병력들은 미군이 제공한 소화기들과 구형 일본제 무

33 The National Security Council, *NSC 8*, p. 12.

34 The National Security Council, *NSC 8/1*: *The Position of the United States with Respect to Korea, 16 March 1949* (Washington, D.C.: University Publication of America, Inc., 1980), p. 17. (마이크로필름 Reel I, Frame 0147), 상기한 언급은 이 정책보고서의 "결론" 부분에 나옴.

기들로 무장하도록 되어 있었다. 『NSC 8/1』은 또 한국군을 유지하겠다는 의지를 이렇게 명시했다. "이들 국방경비부대들을 현재와 적어도 가까운 장래까지 효과적으로 유지하기 위해서는 미국의 군사적, 경제적, 기술적 지원에 전적으로 의존할 것이다."[36] 이처럼 한국군을 보유한다는 최초계획수립과 창설, 무장, 그리고 그 군사력의 유지를 미국이 주도적으로 맡음으로써 미국은 한국의 유아기 군사조직에 대한 엄청난 통제력과 행정력 발휘를 위한 지렛대 같은 힘을 갖게 된 것이다.[37]

이 밖에도, 한국 군사문제에 대한 미국의 세세한 행정통제의 예가 있다. 1953년 1월 29일 "추가되는 한국군 사단들"이라는 제목의 『NSC Action 703』에 이렇게 적혀 있다. "(미국 대통령은) 한국군에 현재 있는 12개 사단에 추가로 2개 보병사단을 증편해 육군 총병력을 415,210명에서 460,000명으로 늘여주자는 국방장관의 건의를 인가했다."[38] 한국의 군사문제에 대해 미국이 세세한 행정통제를 한 또 다른 증거는 1953년 4월 22일 『NSC Action 765』에 나타나는데, 이는 한국육군을 14개 사단에서 16개 사단으로 증편해 총병력 460,000에서 525,000으로 늘이는 것을 인가한 조치였다.[39] 그 뒤에도 1953년 5월 13일의 『NSC Action 787』도 한국에 대한 유사한 행정통제로서 한국군을 20개 사단으로 늘이도록 인가했음을 증언하고 있다.[40] 이같은 세세한 통제방

---

35 앞의 책, p. 9.

36 앞의 책, p. 9.

37 The National Security Council, *NSC 8/2: The Position of the United States with Respect to Korea, 22 March 1949* (Washington, D.C.: University Publication of America, Inc., 1980), p. 15. (마이크로필름 Reel I, Frame 0168). 이 정책문서에서 한국군 창설과 관련해 좀더 분명하게 나타난 미국정부의 동기를 찾아볼 수 있다. 즉, "대한민국 국방경비 부대들을 훈련하고 장비를 갖춰주고 보급품을 대 주는 것은 외부의 공격을 억지하고 내부의 질서를 보증하는 것이다"라고 명시되어 있다.

38 The National Security Council, *NSC 703: Additional Republic of Korea Divisions, 29 January 1953* (Washington, D.C.: University Publication of America, Inc., 1980), p. 3. (마이크로필름 Reel V, Frame 0000).

39 The National Security Council, *NSC 765: Additional Republic of Korea Divisions, 22 April 1953* (Washington, D.C.: University Publication of America, Inc., 1980), p. 3. (마이크로필름 Reel V, Frame 0000).

40 The National Security Council, *NSC Action 787: Analysis of Possible Courses of Action in Korea, 13 May 1953* (Washington. D.C.: University Publication of America, Inc., 1980), p. 4. (마이크로필름 Reel V, Frame 0000). 이 보고서에 보면 미국은 한국 해병대 수를 19,880명에서 23,500명으로 늘이고, 해군은 9,401에서 10,000으로, 공군은 7,034에서 9,000으로 병력 실링을 늘이도록 인가했는데, 이처럼 미국정부의 행정적 통제가 극히 세부적이었다.

식으로 인해 한국 군사문제에 대한 미국의 영향력은 지극히 실질적이어서 거부할 수도 없는 것이 되었다.

이처럼 광범위한 미국의 지원과 절대적 영향력은 한국 전문직업군인들의 자부심을 상하게 했을 터이다. 하지만 그들은 당대의 현실을 받아들여야만 했다. 한국의 미약한 국력으로는 스스로 필요한 능력을 구축할 수 없다는 것, 한국이 북한의 위협하에 국가생존을 위해 투쟁하는 데 한국을 도와줄 외부의 지원이 미국밖에는 없다는 것, 그리고 미국의 지원이 미국의 국가이익에 근거해서 나온다는 사실을 한국군 간부들은 분명히 인지하고 있었으리라.

한 『NSC』 문서보고에는 이런 말도 공개표명되어 있다. "가용한 모든 평화적 수단으로 한국통일을 지지하고 한국의 (독자적) 공격행동을 막을 적절한 보호장치를 유지하면서, (미국은) 미국의 안보이익에 부합하고 한국의 협조를 얻어내야 하는 군사·경제 지원프로그램들을 계속해야만 한다."[41]

한국군 간부들은 이 공개표명 내용의 핵심과 숨은 동기를 충분히 이해했다. 즉, 미국은 미국 자신의 전략적 이익에 기초해 한국을 돕고 있고, 한국은 미국이 선호하는 바에 역행하여 운용할 수도 있는 공격 능력을 지녀서는 안 되며, 한국도 미국이 전세계를 대상으로 하는 정치적 책략과 그 전략목표들에 부응해야 한다는 것이었다.

한국 군사전략의 실질적 형성

역사적 사실과 동향들이 보여주는 또 하나 중요한 양상은 1950년대 초 한국이 군사전략을 수립할 때의 국내여건들이다. 당시 육군본부는 한국방어작전계획을 세웠다.[42] 이 계획은 해군과 공군 부분을 보완한 뒤 1950년 3월 25일 '육군본부 작전명령 제 38호'로 발행되었다. 이는 그 시절 한국에서 군사기획이나 군사전략에 관한 유일한 문서였다고 생각된다. 이 외에 국가방위를 위한 노력을 정립하려고 작성된 또 다른 국가전략이나 군사전략이 존재했다는 어떠한 증거도 찾을 수 없다.

육본 작전명령 제 38호의 주개념은 간단하다.

---

41 The National Security Council, *NSC 5429/5: Current U.S. Policy toward the Far East, 22 December 1954* (Washington, D,C.: University Publication of America, Inc., 1980), p. 4. (마이크로필름 Reel IV, Frame 0332).

42 전쟁기념사업회, 『한국전쟁사』 (서울: 행림출판, 1992), p. 24.

1. 방어의 중심은 의정부 축선이다. 일반 방어 지역은 38도선을 따라 구축된다.
2. 방어 지역은 경계진지, 주방어진지, 예비진지로 구성한다. 만약 적이 경계지역과 주방어진지에 침투하면 사단은 자체 역습공격으로 방어지역을 탈환한다.
3. 예비진지들은 최후방어선이며, 가용한 모든 수단으로 고수되어야 한다. 만약 예비진지들이 무너지면 육군 예비대를 운용해서 탈환한다.
4. 전투가 벌어지면 주방어진지 전면 도로와 교량들을 파괴해 적의 전진을 지연시킨다. 적 지연을 위해서는 이 밖의 다른 장애물도 설치할 수 있다. 적을 저지하고 있는 작전단계에서 수도경비사령부 및 3개 사단이 전방부대들을 증원한다.

육본작명 38호는 일부 부대들의 전개 배치를 부분적으로 서술했다는 점에서 나름 군사전략의 성격이 좀 있기는 했다. 하지만 이는 군사력 운용이나 전쟁수행능력 구축 같은 전력발전에 관한 세부적 사항들을 폭넓게 고려한 것이 아니었고, 국가전략과 군사전략의 연계성도 결여됐다. 이 '명령'은 군단급 전술계획은 될 수 있을지언정, 한 국가의 군사전략이라 할 수는 없었다. 국가의 군사전략은 두 가지 뚜렷한 속성이 있다. 첫째, 국가전략으로부터 군사전략으로 다가가는 데는 논리적 사고의 흐름이 있다. 즉, 국가이익을 식별하고, 각종 이익들의 우선순위를 매기며, 우선순위별 이익을 성취할 수단을 선택하고, 군사적 수단으로 달성할 목표를 명시한다. 둘째, 군사기획과 전술작전 간에 일관성 있게 중점을 일치시킨다. 즉, 국가목표들로부터 할당된 몫을 달성하는 군사력 운용의 기본방식이 있고, 군사력 전개의 구체적 방법이 나오고, 전력운용과 전력전개를 위해 선택된 수단을 이행하고 지원하는 전력발전 단계가 있으며, 전력의 운용과 전개와 발전 간의 조화를 이룩하는 것이다.

작명 38호는 상기한 바와 같은 바람직한 군사전략적 성격이 없었다. 이처럼 한국의 국가전략과 군사전략이 불만족스럽고 불완전하게 수립된 데는 두 가지 까닭이 있다. 신생 국가의 정치적 미숙과 이에 따른 걸음마 정부의 취약한 행정능력이다.

이종학은 그의 책 『기로에 선 한반도의 군사문제』에서 한국이 적절한 전략을 못 세웠던 취약함의 원인을 국가 지도층의 정치적 미성숙으로 돌렸다.

그의 주장은, 당시 이승만 대통령의 깊은 애국심과 열렬한 반공반일 감정은 널리 알려졌지만, 한국군의 능력을 강화시킬 필요성과 그 중요성에 대해 미국 당국자들을 설득하지 못한 중대한 정치적 약점이 있었다는 것이다.[43] 이 대통령은 한반도의 군사적 상황에 있어서 한미 양국의 국가이익들이 서로 합치함을 미국인들에게 보여주었어야만 했었다. 만약 한국의 군사력을 충분히 향상시킬 기회가 있어서 북한의 남침의도를 억지할 만한 힘을 갖추게 되었다면 1950년 6·25전쟁을 방지했을지도 모른다. 그같은 실제적 억지력은 없었지만, 이 대통령과 그의 참모들은 '북진통일'[44]이라는 좀 공허하고 수사학적인 정치적 슬로건을 내세웠는데, 이는 물론 현실과는 맞지 않았기에 실행 가능한 것은 아니었다. 반 공식적인 어느 역사 기록에도 비슷한 비판이 있다. "이 대통령은 정치가로서는 재능이 탁월했으나 신생국가의 군대유지와 운용에 필요한 경험과 지식이 없었다. 당시 신성모 국방장관이 그같은 공백을 채워주어야만 했으나, 그 역시 군대를 지휘하고 통제할 능력이 부족했다. 그의 국방 관련 경험은 매우 제한된 것이었다.[45]

국가전략과 군사전략을 수립함에 있어서 한국이 지녔던 행정적 취약성은 세 가지 중요한 양상으로 나타났다. 첫째, 한국의 군사조직은 그 태동기에 급하게 서둘러서 창설되었고, 창설 후에도 급격히 확장되었다. 애초의 창설계획으로는 남한지역 8도에 각 도마다 1개 연대씩 총 8개 연대를 만드는 것이었고, 이는 1946년 말까지 이루어졌다. 그리고 단지 3년 5개월 뒤 1950년 6·25 전쟁이 발발했을 때는 육군이 8개 보병사단으로, 즉, 22개 연대로 커졌다.[46] 국군창설과 그 후의 확대는 아주 짧은 기간에 완료된 것이기에 전략과 교리, 편제, 전술 같은 군사적 문제에 관해 차분히 전문직업적인 생각을 해볼 시간이라고는 도무지 없었다. 오직 군대창설이라는 목전에 닥친 일만이 문제였다.

둘째, 한국군은 갓 태어난 유아기 시절에 공산 세력의 수많은 군내침투를 경험하고 그 전복책동으로 인해 고생을 했다.[47] 이런 사회전복책동들은 한국

---

43 이종학, 『기로에 선 한반도의 군사문제』 (서울: 형설출판사, 1981).

44 앞의 책, p. 420. 이 슬로건은 당시 모든 한국인들에게 친근한 구절이었다.

45 전쟁기념사업회, 『한국전쟁사』, p. 28. 신성모 장관의 가장 주된 과거 경륜은 어떤 상선의 선장을 한 경험이었다.

46 국방부, 『韓國戰爭史』 (개정판) 제 1권 (북한괴뢰정권의 남침과 개전초기의 전쟁상황 발전) (서울: 국방부 전사편찬위원회, 1977), p. 75.

47 앞의 책, p 75, pp. 158-160.

군의 적절한 역량 발전을 방해했다. 신생 한국군은 그러한 책동에 대응하는 데 있는 힘을 다 쏟아 붓느라 국가전략과 군사전략처럼 더 깊이 있는 문제들을 연구해 볼 여지가 없었다.

셋째, 군대를 급속도로 창설하고 확대하느라 군사훈련의 수준은 기껏해야 기초적인 단계를 벗어나지 못했다. 원래, 연대급 훈련은 1950년 9월까지 완결하려고 했었으나 갖가지 장애물 때문에 부대훈련을 계획대로 진행하지 못했다. 각 사단은, 대체로, 1950년 6·25전쟁을 맞이했을 때 중대급 부대훈련만 마쳤을 뿐이었다. 이같은 태동기의 군대로는 합리적이거나 만족할 만한 군사전략을 세우리라고 기대할 수 없지 않은가. 사실, "대한민국 정부수립 후 한국군은 8개 사단을 유지하게 되고 간부들의 자질향상과 부대훈련수준 개선에 모든 노력을 기울인다. 허나, 군대의 규모가 확대되면서 장교들의 계급 인플레이션도 생겼지만, 그들의 전문 직업능력과 실제 경험은 절대적으로 불충분했다."[48]

1950년대의 태동기를 지나 60년대 한국군의 군사전략 발전은 월남전 파병 결정으로 특징적으로 나타난다. 국군의 해외 원정계획은 일찍이 1964년부터 시작했고, 실제로 대규모 부대들을, 즉, 2개 보병사단과 1개 해병여단을 파월한 것은 1965-66년 기간이었다. 국군의 월남전 파병은 한국의 군사전략 맥락에서 몇 가지 의미있는 측면이 있다. 우선, 국가전략과 군사전략 간의 연결이 파병 결정을 숙고하는 과정에 분명히 나타났다. 대통령, 내각, 국회, 군간부회의 같은 의사결정 기구들이, 그리고 어느 정도 국민여론의 영향도 파병 의사결정에 참여했던 것이다. 또한 이와 유사하게, 전반적인 국가이익들이 파병 결정 과정에서 합리적으로 숙고되었다. 예컨대 그러한 결정이 한국 자체의 방위에 미칠 수 있는 영향, 또는 한국의 미래 경제에 기여할 가능성 등이었다. 그리고 미국정부의 압박 같은 외부적 요소가 파병 결정에 강한 영향을 주었다. 하지만 한국군 전투부대를 월남전에 참전시키고자 하는 미국을 상대하면서 한국군 지도자들은 자국의 국가이익을 증진코자 미국의 영향력으로부터 독립된 협상 자세를 취하는 걸 배웠다.

1970년대 한국의 군사전략은 '자주국방' 운동으로 표현될 수 있겠는데, 이는 1969년 7월 닉슨 닥트린의 선언으로 촉발된 것이다. 70년대의 한국 군사

48 앞의 책, p. 81.

전략은 다음과 같은 이론적으로 주목할 만한 특성들이 있었다.

첫째, 한국의 군사문제는 닉슨 닥트린의 개념에서 출발한 아시아-태평양 지역으로부터의 미국의 군비축소라는 거대한 정치적 파고를 반영하지 않을 수 없었다. 동맹국들은 미국과 균등하게 방위비 부담을 지도록 요구받았다. 동맹국들은 실행 가능한 한 자체의 방위책임을 지는 한편, 미국은 토착지역 동맹국이 감당할 수 없는 영역에서 도와준다는 것이었다. 이런 맥락에서 미국정부는 한국에 주둔해 왔던 2개 사단 중 하나를 철수하기로 결정한다. 이에 한국은 제7보병사단의 철수로 인한 억지력의 공백 부분을 보상할 단호한 군사조치 혹은 군사전략을 강구해야만 했다. 제7사단 철수결정은 외부 영향이 한국 군사전략에 영향을 미친 경우를 적절히 예시하는 것이다.

둘째, 70년대 한국 군사전략 수립에 영향을 준 또 다른 예는 60년대 말엽 북한이 가한 위협의 여파였다. 1968년 1월 북한군 무장특공대 일단이 박정희 대통령을 암살하려고 청와대 습격을 기도하다 일망타진되는데, 미국은 이 극단적 도발행동을 적절히 다루지 않았다. 왜냐하면 이 습격도발 바로 이틀 뒤 북한이 미해군 정보함 푸에블로호를 북한 연안 공해상에서 납치했는데, 미국은 그 승무원들의 송환문제에 몰두하고 있었던 터였다. 이에 한국은 새로운 판단을 내리고 결의를 다진다. 한 나라의 방위는 그 자신의 능력으로 짊어져야겠다는 것이다. 이 결의는 국가재원의 새로운 투자와 국방문제에 대한 새로운 사고, 그리고 국방에 관련된 새로운 제도확립을 요구하는 '자주국방' 운동 개념의 배경이 되었다.

셋째, 지금까지와 비슷한 논리로, 북한이 가해오는 군사적 위협, 예컨대, 북한의 공격적인 4대 군사노선은 한국 군사전략에 중요한 영향을 미쳤다. 군사능력을 철저하게 향상시킨다는 북한정권의 야심찬 계획, 즉, 전인민 무장화, 전지역 요새화, 전군 간부화, 그리고 전군 현대화 계획은 한국에 심각한 경종을 울렸다. 아시아-태평양 지역에서 미국의 힘이 축소됨을 인지한 마당에 북한의 이같은 군사력 향상은 한국의 정치·군사 지도층이 충격으로 받아들이면서 새로운 결의를 하게 만들었다. 요컨대, 북한이 군사력 향상에 주도적으로 나온 것이 한국의 자주국방 운동 시작에 기여한 것이다.

한국의 1980년대 군사전략은 두 가지 특징이 있다. 우선, 기본적으로 자주국방을 강조함에 있어서 70년대 전략과의 연속성이 있었다. 즉, 80년대를 통해 군현대화를 위한 국방비 투자의 증가 경향이 지속되었다. 그 다음, 1979년 한미연합사령부 (CFC) 창설이 촉진제가 되어 한국군 지도층은 80년대에 한반도 군사문제의 정책결정과정에 더욱 활발히 참여하게 된다. CFC의 양국 군사지도자들 간의 긴밀하고 정기적인 접촉은 한반도 상황에 관련한 군사전략을 숙고하고 강구하며 시행하는 특유한 기회를 제공했다. 다시 말해, 새로운 연합사령부는 전략 발전 영역에서 한국군 간부들의 자질과 역량을 향상시키는 기회였다.

2. 세 가지 가설

이 연구의 맥락은 공격적인 공산주의 국가 북한의 심각한 위협에 끊임없이 직면해오면서 타국에 의존해야 하는 약소국 한국이 보여준 자기보전 노력이다. 국가생존을 위해 한국은 영향력 있는 강대국 미국의 정치, 경제, 군사적 지원을 받아왔다. 이 연구는 이들 세 당사자인 한국과 북한과 미국 사이에 내재한 안보관계의 성격을 규명하되, 특히 남북한 간의 대립투쟁에서 한국이 보인 자기보전 노력, 즉, 한국의 군사전략을 다루고 있다.

연구의 세 가지 가설들은 이미 제 1장에서 제시했듯이 간단하고 쉽다.

1. 힘이 차이가 나는 두 동맹국 간에, 즉, 지배적인 동맹국과 약하고 의존적인 동맹국 간에 위협에 대한 인식의 공통성이 많을수록 그들의 군사전략은 더욱 일치한다.
2. 동맹국 중 더 강한 나라가 더 약한 나라의 안보에 압도적 기여를 할수록 약한 나라는 강한 나라의 군사전략을 맹목적으로 따른다.
3. 약하고 의존적인 동맹국이 위협을 가해오는 적에 대항할 충분한 힘을 기르면 약한 동맹국의 군사전략은 더 강한 동맹국의 영향으로부터 독립한다.

3. 이론적 관점

여기서 분석하려는 것은 역사적인 사실들과 이를 해석하는 관련 이론들이며, 분석을 통해 세 가지 문제를 규명한다. 첫째, 어떤 이론을 사용해야 역사적 동향들을 설득력 있게 이해하고 해석할 수 있는가? 둘째, 연구의 개념적 기반이나 개념적 틀은 무엇인가? 셋째, 연구 개념의 기반은 관련 이론들과 이론적으로 조화를 이루는가?

제반 이론들을 원용하여 대한민국 군사전략 변천을 이해함에 있어서는 네 가지 이론의 응용 가능성을 검토하겠다. 즉, 군사전략이론, 현실주의 이론, 신현실주의 이론, 그리고 문제점을 더 잘 이해하기 위해 현실주의 이론과 신현실주의 이론을 종합하는 것이다.

군사전략이론의 응용 가능성

군사전략은 국가 대전략의 한 구성 부분이며, 대전략은 정치·경제·사회·문화전략 같은 여러 분야의 전략들을 다 포함한다. Dennis M. Drew와 Donald M. Snow에 의하면 군사전략은 국가목표들 전체를, 또는 그 중 어떤 특정 목표를 달성코자 군사력을 가장 적절하게 사용하는 방안이다.[49]

한 국가의 대전략은 다음과 같은 요소들을 결정하는 과정에서 나오는 산물임을 상기할 필요가 있다. 즉, 나라의 광범한 국가이익들, 상이하고 다양한 각 이익들 간의 우선순위, 그리고 우선순위를 매긴 국가이익을 추구하는 데 사용할 가용한 국력의 형태 선정이다. 대전략의 수립은 필연적으로 정치적 성격을 띤다. 왜냐하면 시급한 국가이익들을 식별하고, 그 시급성의 정도를 판단하며, 그에 수반된 위험 요소들을 평가하는 등의 공공정책 선정과 관련되기 때문이다. 군사력은 통상 국가의 사활이 걸린 이익이나 사활의 차원을 넘는 이익들을 추구하려고 사용하는 것이므로, 국가전략과 군사전략의 결정 과정은 언제나 정치·사회적 논쟁을 불러일으킨다. 이는 또 왜냐하면 사활이 걸린 이익과 사활의 차원보다 낮은 이익들의 경계가 분명치 않기 때문이다.[50]

군사전략은 네 가지 요소를 포함한다는 점도 이미 밝힌 바 있다. 즉, 군사력 운용, 군사력 전개, 전력발전, 그리고 이들 세 요소들의 연계·조화다.[51] 군사력 운용은 위협에 대한 인식상태에 따라 광범위한 거국적 맥락에서 군사력 사용을 결심하는 것이다. 즉, 군사력을 어디에다 운용할지, 누구에게 사용할지 결정하는 단계다. 군사력 전개는 군사력 운용의 구체적 방식, 규모, 강

49 Dennis M. Drew와 Donald M. Snow, *Making Strategy: An Introduction to National Security Process and Problems* (Maxwell Air Force Base, Alabama: Air University Press, 1988).

50 앞의 책, p. 43.

51 앞의 책, p. 81.

도, 그리고 행동 지역 따위에 관한 것이다. 전력발전은 군사력을 사용한다는 결심과 군사력 전개에 맞추어 병력, 무기, 물자 등 전쟁수행 능력을 구축하는 것으로서, 미리 평화시부터 장차 필요한 군사력의 종류와 형태를 구축해 놓는 것이다. 마지막으로, 세 가지 요소들의 연계·조화는 군사력 사용의 결심, 군사력 전개, 그리고 전력발전 간의 조화와 일치성을 확보하는 것이다. 즉, 수많은 행동 방책 가운데서 가장 적절한 후보를 선정하기다. 이 마지막 단계는 특히 중요하다. 세상의 그 어떤 나라도 무한한 자원을 가질 수는 없고, 당면하는 모든 위기와 돌발상황마다 늘 군사력만을 사용하려 들지는 않기 때문이다.

선진국들이 군사전략을 수립하는 과정과 방식은 통상 다음과 같이 정리할 수 있다.

1. 국가이익의 식별이 전략수립의 시발점이다.
2. 상이하고 다양한 국가이익들 간의 우선순위 분별이 대전략 수립의 첫 과제다.
3. 다양한 국력수단들을 평가하고, 그 중에서 우선순위가 매겨진 각 국가이익을 달성할 적절한 수단을 선정하는 것이 대전략 수립의 다음 단계다.
4. 대전략에서 모든 국가이익들 전체나 그 일부를 달성할 수단으로서 군사력 사용을 결정하면 군사전략의 과제가 작동하기 시작한다.
5. 군사전략이 할 일은 군사력 운용과 군사력 전개와 전력발전과 이들의 조화 및 조정 영역에 걸쳐 가용한 다양한 행동 방책들을 수립해 놓고 그 중에서 적절한 후보를 분별해 내어 평가하는 것이다.

군사전략의 특유한 성격은 간단함과 명쾌함이다. Drew와 Snow의 주장처럼, "군사전략의 근본은 유사 이래 변한 것이 없다."[52] 다만 두 가지 면에서 작은 논제를 제기해 볼 수는 있겠다. 즉, 군사전략이론을 발전된 선진 국가들의 경우에 응용해 보듯이, 20세기 후반의 한국 같은 신생국에도 적용할 수 있는지의 문제, 그리고 국력이나 정부형태 차이 같은 국가별 특성에 무관하게 이론을 적용할 수 있는지의 문제다. 이 두 문제를 제기하는 것은 나라마다 국가이익이 달라 무력행사의 방식, 규모, 강도 및 중점이 다름을 반영하려는 것이

52 앞의 책, p. 1.

다. 하지만 군사전략의 가장 기본적인 이론은 어느 나라도 받아들일 수 있는 평범하고 보편적이고 실용적인 지혜다. Clausewitz는 모든 전략에 일반적으로 중요한 부분으로 정신적 요소들을 논하면서 당대 유럽 국가들의 군사적 관행의 보편성과 공통성을 다음과 같이 강조했다.

> 오늘날 유럽 국가들의 군대는 훈련과 기율이 공통된 수준에 이르렀다. 좀 철학적으로 말해, 전쟁수행 방식은 전쟁의 보편적 자연법칙을 따라 발전해 왔다. 즉, 대부분 군대에 공통적인 방식을 발전시켜 왔는데, 이는 지휘관으로 하여금 어떤 특수한 계략을, 예컨대 프러시아 프리드리히 대왕의 '사선(斜線) 전투대형'을 지칭할 때와 같은 의미의 책략을 한번 운용해 효과를 보게 할 여지마저 더 이상 허용치 않게 되었다.[53]

따라서 원칙적으로 군사전략이론은 한국 지도층의 경륜과 국정운영기술 미숙으로 인한 군사전략 수립의 일관성 결여를 논외로 하면, 대한민국 군사전략 변천사에도 적용할 수 있겠다.

고전적 현실주의 이론의 개념 정립과 응용성

한 국가의 대외적 행동에 대한 분석은 역사적으로 국제관계에 관한 두 가지 전통적인 사고, 즉, 현실주의와 자유주의에 의존해 왔다. 현실주의는 아주 오래된 개념들에 기초하는 것이다. 예컨대, 무릇 국가들에 있어서 힘의 중요성, 국가이익의 원리, 세계를 한 나라처럼 다스릴 수 없는 국제적 무정부 상태의 불가피성, 인간성의 타고난 약점, 또는 국제무대 어디에나 존재하는 분쟁에 대한 비관주의 같은 관념들이다. 이와 대조적으로 자유주의는 유토피아적이라고도 부르는 이상주의 사상들로부터 나왔다. 예컨대, 인간 본성의 유연함과 근본적으로 선량함, 국가이익들의 평화로운 조화, 국제적 차원의 윤리규범과 기준의 적용 가능성, 또는 세계 평화와 안정을 추구하는 국제 기구들의 운영 가능성 따위를 믿는 사상들이다.

남북한 간의 적대행위와 이 때문에 한국이 북의 위협으로부터 생존해 가기

53 Carl von Clausewitz, *On War*, (편)(역), Michael Howard와 Peter Paret (색인이 붙은 편역판임). (Princeton, NJ: Princeton University Press, 1984), p. 186. 이 책의 Book Three「On Strategy in General」의 제 4장 "The Principal Moral Elements"의 내용이 이 연구가 다루는 내용과 관계가 있다.

위한 군사전략을 수립했다는 사실은 현실주의적 관점이 타당함을 말해준다. 그런데 여기서 고전적 현실주의 이론과 신현실주의 이론의 차이를 살펴볼 필요가 있다. 고전적 현실주의는, 말하자면, 국제무대에서 배역을 맡았다고 할 수 있는 각 배우들, 즉, 개별 국가들의 역할 자체에 초점을 맞추고, 신현실주의는 국제관계를 설명함에 있어 각 배우의 역할보다는 국제관계를 끌고 가는 체계적 구조에 더 집중한다.

그림 1은 이 연구의 주제인 대한민국 군사전략 형성에 영향을 미친 요소들과 이를 설명하는 이론들의 관계를 개념화한 도식이다.

그림 1. 연구를 위한 개념적 틀

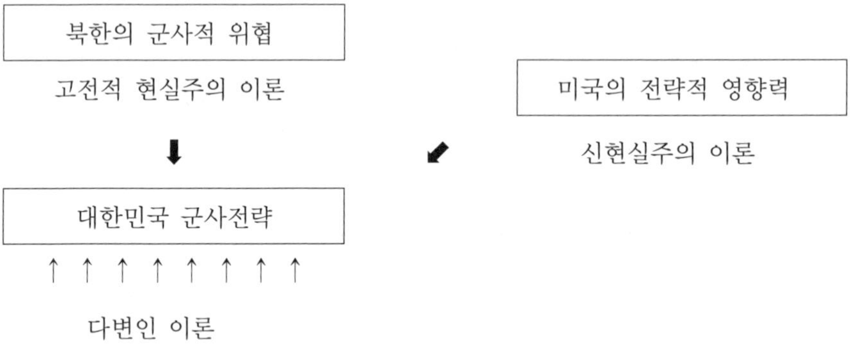

북한의 군사적 위협		
고전적 현실주의 이론		미국의 전략적 영향력
⬇	⬋	신현실주의 이론
대한민국 군사전략		
↑ ↑ ↑ ↑ ↑ ↑ ↑ ↑		
다변인 이론		

제 1장에서 이미 소개했듯이, 그림 1의 사각형 '북한의 군사적 위협'에서 수직 하향의 사각형 '대한민국군사전략'으로 향하는 두터운 화살표는 전자가 후자에 강한 영향을 미쳤음을 말한다. 즉, 북한의 군사적 위협에 대응함으로써 생존하는 데 최우선적인 노력을 경주해야만 했던 한국의 군사전략을 고전적 현실주의 시각에서 설명하는 것이다. 한편, 사각형 '미국의 전략적 영향력'에서 좌하방으로 향하는 두터운 화살표는 한국에 대한 미국의 영향력이 한국의 군사전략 변천에 지대한 영향을 주었다는 표시로서, 한국의 군사전략 변천을 분석함에 있어 신현실주의적 사고를 적용한다는 뜻이다.

그리고 사각형 '대한민국 군사전략' 바로 밑에 화살표 여러 개가 있는데, 이는 한국의 군사전략은 한국의 다양한 내부여건들, 예컨대 특정 시기 군사적 리더십의 자질이나 국가 정치 환경 같은 복합적 여건들의 산물이기도 하다는 표시다. 이 화살표들의 이론적 의미는, 펠로폰네소스 전쟁 때 아테네가 보여준 정책결정 과정을 Thucydides가 설명하면서 제시했듯이, 한 국가의 행동을 설명할 때는 복합적 인과관계를 규명해야 한다는 것이다.

대한민국 군사전략의 변천을 분석할 때 고전적 현실주의 이론을 응용할 수 있는 근거는 두 가지다. 첫째, 고전적 현실주의는 다음과 같은 중심 가설들을 포함하기 때문이다.[54] 즉, 국내와 국제무대에서 각 국가는 주역배우들이고, 세계정부가 없는 국제정치는 무정부 상태의 환경에서 대립하면서 벌이는 패권투쟁이며, 각 국가는 자력갱생을 실행하면서 각자의 생존을 위해 자신의 능력에 의존한다. 그리고 국가 간에는 능력의 등급이 있고, 국가들은 이성적이며 한 단위로 이루어져 있으며, 한 국가의 행동을 이해하고 예측하는 데 있어 '힘'은 가장 중요한 요소라는 것이다.

한국은 1948년 국가로 태어난 후 북한으로부터 엄청난 군사위협에 직면해 왔었고, 자력으로 그 생존을 보장할 길을 찾아야만 했다. 북한의 공격성을 억제하고 견제할 국제정치의 심판 같은 것이 존재하지 않았던 까닭이다. 남북간에는 또 엄청난 군사력 격차가 있었고, 이 격차는 두 나라가 생겨난 후 줄곧 북한에 유리하게 전개되었다. 이같은 남북간의 정치·군사 상황이 제시하는 바는 남북간 관계를 평가하는 데 고전적 현실주의 이론을 적절히 적용할 수 있다는 것이다. 요컨대, 고전적 현실주의 이론이라는 프리즘을 통해 한국이 선택한 행동을 설명하고, 동시에 그 군사전략이 수립되어 가는 양상을 살펴볼 수 있다.

대한민국 군사전략 변천의 분석에 고전적 현실주의 이론을 적용하는 두 번째 근거로, '힘'의 요소가 한국에 대한 북한의 행동을 설명할 수 있기 때문이다. 고대 B.C. 400년경, 그리스의 Thucydides는 한 나라 안에서 힘을 가진 편과 그 힘에 무방비로 노출된 편이 어떻게 행동했는지를 보여주었다. 즉, "강한 편은 그들이 힘을 가지고 하고자 하는 일을 하고, 약한 편은 그들이 받아들여야만 하는 것을 받아들인다."는 것이었다.[55] 그러면 오늘날은 어떤가? Hans J. Morgenthau는 "무릇 정치 조직체라는 것은 힘을 유지하든지, 힘을 증강하든지, 아니면 힘을 과시한다"고 설파했다.[56] 고전적 현실주의가 주장하는

54 Dougherty와 Pfaltzgraff, *Contending Theories*, p. 58.

55 Thucydides, *The History of the Peloponnesian War*, (편) M. I. Finley, (역) Rex Warner (Harmondsworth: England Penguin, 1972).

56 Hans J. Morgenthau, *Politics among Nations*: *The Struggle for Power and Peace*, 제 5판, 개

바는 한 국가가 일단 세워지고 기능을 발휘하면 무정부적인 국제환경에서 그 적자생존력을 보장하려고 가차없이 있는 힘을 다해 국력을 사용한다는 것이다. 북한은 1940년대 말에서 50년대 초까지 바로 그런 고전적 현실주의의 모습을 보여 나아갔다. 먼저, 북한은 소련의 군사물자 지원 덕에 한국을 훨씬 능가하는 군사력 구축에 성공했었다. 이에 새로 공고히 다져진 정권의 지도자 김일성은 사회주의 교리 하에 남북을 통일한다는 야심을 오랫동안 지녀왔는데, 그 야심은 북한의 사회주의 후원자인 소련과 중화인민공화국의 지지를 받았다. 그리하여 북한정권은 그 정치적 깃발 아래 한국을 압도할 군사적 침략을 체계적으로 준비했던 것이다. 1950년 6월 24일 저녁, 한국에 대해 다음날 새벽 기습공격을 할 준비가 완벽히 마무리되었다. 북한정권은 그 월등한 군사력을 이용하여 한반도 전체의 통일을 이룩하려 했고, 일단 통일이 되면 남쪽의 정치적 경쟁세력이 제거됨으로써 한반도 전체의 지배권을 거머쥔 북한의 힘은 대폭 증가했으리라.

이렇듯, 고전적 현실주의 이론으로 한국의 군사전략 수립과정과 그 배경이었던 북한의 공격성을 적절히 설명할 수 있으며, 또한 고전적 현실주의의 관점에서 '힘의 논리'에 의거 북한의 행동을 평가해 볼 수 있다.

신현실주의 이론의 개념정립과 응용성

앞서 그림 1에서 좌하방으로 향하는 화살표는 대한민국 군사전략 수립에 미친 미국 군사전략의 영향을 표시한다. 이러한 외부 영향력을 평가함에는 신현실주의 이론이 가장 알맞다.

국제정치를 이해하고 한 국가의 대외적 행동동기를 평가하는 데는 환원주의식 접근과 체계파악식 접근이 있다. 환원주의 접근은 한 국가의 내부적 특성들을, 예컨대 지리적 조건, 정치 경제적 제도, 정치 리더십과 군사 리더십, 사회의 주류 이념, 군사력 등으로 낱낱이 쪼개서 면밀히 검토한다. 그리고 이들 특성들 간의 상호작용들을 분석한 후, 그 국가의 대외적 행동의 동기들을 국가 내부여건들의 특정 상호작용 탓으로 대체로 환원시켜 파악한다. 전술한 고전적 현실주의 사고도 환원주의 접근법의 예다.

한편, 체계파악식 접근은 국제관계의 체계적 구조가 어떻게 되어 있으며

정판 (New York: Knopf, 1978), p. 36.

그것이 한 국가의 행동에 어떻게 영향을 주는지를 강조한다. 환원주의 접근 방법은 단순하고 일반대중에게 심리적 친근감을 줌으로 매력이 있긴 하다. 그러나 한 국가의 대외적 행동의 원인과 복잡한 국제정치의 결과를 밝혀내는 방식으로는 불충분하다. 이유는 두 가지, 상이한 국가들이 상이한 결과뿐 아니라 유사한 결과들도 낳았으며, 유사한 국가들이 유사한 결과뿐 아니라 상이한 결과들도 낳았기 때문이다. 다시 말해, 국가들의 내부여건의 다양함과 대외적 행동의 다양함이 서로 필적할 만큼 같지 않다는 것이다. Kenneth N. Waltz는 다양한 국내요인들에 의해 다양한 대외정책이 나타난다고 보는 환원주의식 접근을 "inside-out variety" 즉, 속이 뒤집혀 겉으로 나타난 다양함이라면서 폄훼하듯 비판했다.[57]

신현실주의 사고에 의하면, 대한민국 군사전략은 한국 내부여건만의 산물이 될 수 없다. 그보다는 한미양국 관계의 산물이기도 하다. 미국은 정치, 경제, 군사, 사회, 문화 그리고 심지어 종교 등 국민생활의 모든 면에서 한국에 엄청난 영향력을 미쳤다. 특히 군사문제에서 한국군 창설과 무장, 상비군 유지, 간부 교육훈련 등 한국은 미국에 깊이 고마워해야 할 입장이었다. 그래서 군사사상의 발전도 역시 주한미군의 가르침에 영향을 받았다.

북한의 행동 또한 국제정치와 국제관계에서 오는 제약사항들의 산물이 아닐 수 없었다. 김일성은 북한 국가전략과 군사전략의 중대국면에서 소련의 결정적 지지를 받았다. 1948년의 국가체제 수립, 태동기의 북한군 무장, 1950년 북한의 6·25전쟁 남침을 소련과 중국이 묵인한 것, 동년 9월 UN군의 반격으로 북한이 완전한 붕괴에 직면했으나 중국군의 참전으로 모면한 것, 그리고 전술적 교착상태로 전세가 반전돼 결국 1953년 휴전협정에 이르게 된 것 등은 모두 소련의 힘과 중재 덕분이었다. 역사상 나타난 이 모든 현상들이 제시하는 바는 북한의 행동이 국제적 세력배열의 산물이었다는 것이다.

따라서, 고전적 현실주의 말고도 신현실주의 사고가 1948년 건국 이래의 대한민국 군사전략 수립과정을 분석하는 데 논리적으로 응용될 수 있겠다.

---

57 Hans J. Morgenthau, *Politics among Nations*: *The Struggle for Power and Peace*, 제 5판, 개정판 (New York: Knopf, 1978), p. 36. (제 2장에서 논하는 신현실주의 이론의 요체는 Waltz의 책 18-40쪽에 나오는 내용을 따온 것이다.

통합이론의 개념정립과 필요성: 다변인 접근방식[58]

고전적 현실주의와 신현실주의는 각 이론 하나만으로도 국제관계에서의 국가들의 행동과 그들 간의 관계를 설명할 수 있다고 주장한다. 그러나 국제관계 이론이 발전해 가는 한 경향에 의하면 그같은 주장은 너무 자만스럽고 편향된 느낌을 준다. 각 이론이 국제관계의 어떤 중요 부분들을 설명해 주긴 하지만 관련 현상들을 모두 다 설명할 수는 없다. 이 두 이론이 경직되게 각자 분리되어 나름의 주장을 한다면 다음과 같은 불합리한 결론들에 도달하리라. 즉, "한국의 군사전략은 오직 그 국내여건들의 산물"이라고 하든지, 아니면 "한국의 군사전략은 오직 한국에 대한 미국의 영향력의 결과"라고 하든지, 아니면 "한국의 군사전략은 오직 북한의 군사적 위협에 영향을 받았다"라고 말해야 되지 않겠는가.

하지만, 분명한 것은 대한민국 군사전략 수립이 북한의 위협과 미국의 영향력과 한국의 내부여건들의 결합된 효과에 영향을 받았다는 사실이다. 앞서 그림 1이 나타내듯이, 본 연구의 개념적 토대는 상기 세 요소들을 동시에 고려할 필요가 있다는 점이다. 즉, 수직 하방으로 향한 굵은 화살표로 표시된 북한의 위협과, 좌하방으로 향한 굵은 화살표가 뜻하는 미국의 영향력, 그리고 위로 향한 가는 화살표들이 상징하는 다양한 한국 국내여건들이다.

고대 아테네와 스파르타의 예로, Thucydides는 그의 책 『펠로폰네소스 전쟁』에서 당시 도시국가들이 내포한 다양한 변인들을 사용하여 국제관계의 구조를 설명하는 방법론을 제시했다. 그 변인들은 국가의 내부적 특성들 (아테네의 민주주의 정권과 스파르타의 과두정치), 국민성 (아테네인의 쉴 줄 모르는 활기와 개혁지향 및 바다를 향하는 기질과 스파르타인의 느림과 나태함과 보수주의 및 농업기반 경제), 그리고 각 국가의 개별 지도자들의 자질이다.[59] 저자는 헬레닉 동맹과 펠로폰네소스 동맹의 중요성을 특히 강조한다. 분석의 방법면에서 볼 때, 저자는 국제관계적 요소들과 국내적 요소들을 결

58 "다변인"이라는 용어는 *Thucydides' Theory of International Relations: A Lasting Possession,* (편) Lowell S. Gustafson (Baton Rouge: Louisiana State University Press, 2000)에 실린 Laurrie M. Johnson Bagby의 논문 "Father of International Relations? Thucydides as a Model for the Twenty-First Century"에서 사용된 것이다.

59 Thucydides, *The Peloponnesian War*, (역) Steven Lattimore (Indianapolis: Hackett Publishing Company, Inc., 1998), p. 15 (Book I, Chapter 23).

합하여 국제정치를 설명함으로써 이론적 종합을 달성한다고 하겠다. Laurrie M. Johnson Bagby는 이와 관련해 평하기를, "Thucydides의 이야기를 들어보면 국제관계의 구조를 변인으로서 고려해야 한다고 생각했음을 알 수 있다. 하지만 그 제시된 구조로부터 나온 최초의 결론과 상충할 수도 있는 사실들이 많이 남아있는데, 이런 것들도 알아내고 분석해야겠다."라고 말한다.[60]

최근의 학자로는 Barry Buzan, Charles Jones, Richard Little 같은 사람들이 분석의 대상이 되는 개별 국가의 국내여건들의 차원과 국제관계의 체계적 구조 차원을 결합하는 균형된 방식으로 국제정치를 이해하려 한다.[61] Dougherty와 Pfaltzgraff, Jr.는 이런 학자들의 생각을 간명하게 요약해서, "그들은 체계-구조 차원을 분석하는 엄격성만큼 개별 국가의 국내여건을 엄격하게 분석하는 국제관계 이론을 주장하는 것이다."라고 한다.[62] 사실, Buzan 등은 분명히 말하기를, "국가의 의사결정자들이나 의사결정기구들은 국제적 체계의 구조가 부과하는 제약사항들뿐 아니라 각 국가 자체의 내부구조가 부과하는 제약사항들도 직면하고 있다"는 것이다.[63] Bagby도 국제정치를 균형된 시각에서 이해해야 할 필요성에 있어서 Buzan 등의 생각에 동의하면서, "그들은 다른 변인들도 분석에 고려해야만 국제관계 구조의 변화를 설명할 수 있다고 보는 학자들이다"라고 말한다.[64] 이렇듯 오늘날 국제정치 이론들이 통합되고 균형있는 접근을 하는 분명한 경향이 있다. 그러므로 한국의 군사전략을 분석할 때 그 인과관계를 단일한 원천에서 규명하는 이론으로 일방적으로 치우치지 말아야 한다.

그런데 한국 군사전략 수립에 미친 북한의 군사위협과 미국의 영향력의 상대적 규모를 비교하는 문제는 이 연구의 범위를 벗어나며 지나치게 학문적으로 엄밀해지려는 태도라 하겠다. 이 두 요소는 원래 성질이 다른 요소들이라 나란히 놓고 비교해서 측정할 수 없다.

그러나 이 연구에서 분석에 관련된 원칙들은 명백히 말하건대 다음과 같

60 Bagby, "International Relations," p. 30.

61 Barry Buzan, Charles Jones, 그리고 Richard Little, *The Logic of Anarchy: Neorealism and Structural Realism* (New York: Columbia University Press, 1993).

62 Dougherty와 Pfaltzgraff, Jr., *Contending Theories*, p. 86.

63 앞의 책, p. 87.

64 Bagby, "Father of International Relations?" p. 30.

다. 즉, 두 외부적 요소인 북한의 위협과 미국의 영향력은 분명히 한국 군사전략 변천에 영향을 미쳤고, 이 두 요소 중 하나가 다른 하나를 확실히 압도했을 때는 그 압도적인 요소가 한국 군사전략 수립에 결정적인 주된 영향력을 행사했으며, 한국의 군사전략은 지도자들의 능력, 국군창설의 과정, 당시 물질적 능력의 한계, 군사력 운용에 나타난 특유한 국내 정치상황 같은 내부 여건들의 제약을 받았다는 것이다. 이 세 원칙들은 Thucydides와 Buzan 등이 주장한 균형있고 종합된 관점의 논리를 반영하는 것이다.

결론적으로, 대한민국 군사전략 변천 평가에 있어서 국내여건들의 특성과 외부의 영향을 종합하는 균형있는 접근방식으로, 국제무대에서 배역을 맡은 각 주역의 역할과 국제관계의 체계적 구조를 동시에 고려하여 연구를 위한 개념적 틀의 이론적 기반을 세울 수 있다.

4. 변인(變因)과 지표(指標)의 선정

세 가지 독립변인인 북한의 군사위협과 미국의 전략적 영향력과 한국 내부 여건들의 힘과 강도를 나타내는 지표들은 많다. 그런데 갖가지 지표들도 공통적 특징과 유사한 행동범주를 비교해 볼 수 있는 가능성이 있어야겠다. 비교를 위한 그런 공통성이 있다는 것은 갖가지 독립변인들이 공유한 유사한 지표들의 역할과 힘을 비교 대조할 수 있다는 말이다.

북한의 군사적 위협 측정지표: 논리

북한의 군사위협을 나타내는 지표들을 식별하기 전에 다음과 같은 독립변인의 성격과 기능을 생각해 보자. 즉, 독립변인은 어떤 기간에 걸쳐 변화하는 것이고, 변인들의 변화는 객관적 측정이 가능해야 하며, 이런 변화는 종속변인 형성에 영향을 준다. 따라서 이 연구에서 북한 군사력의 변화는 전술한 세 변인, 즉, 북한의 영향과 미국의 영향과 한국의 국내여건 중 하나를 구성하고, 한국의 군사전략 변천은 그 종속변수가 된다.

도표 2에는 북한의 군사위협을 측정할 네 가지 지표가 선정되어 있는데, 이들은 전술한바 지표의 특성들을 충족한다. 즉, 변화하고, 측정 가능하며, 종속변인에 영향을 준다. 이 네 지표 말고 다른 요소도 분석을 위한 지표로 간

주할 수 있겠다. 예컨대 북한의 군사전략, 북한군의 이념적인 강인함, 북한 정치지도자들의 국정운영 기술의 효율성 등인데, 이런 것들은 과학적으로 측정할 수 없기에 연구에서 제외했다.

도표 2. 북한의 군사적 위협 측정지표

독립변인	지표
북한의 군사위협	1. 군사력 2. 군사력 전개 3. 지휘권 행사 방식 4. 군사적 리더십 역량

종속변인인 한국의 군사전략 수립에 독립변인인 북한 군사위협의 영향은 다음과 같은 논리로 설명할 수 있다. 첫째, 적이 군사적으로 강하면 강할수록 위협을 받는 국가에 더 많은 두려움을 야기한다. 적의 군사력 기량에 대한 두려움이 증가하면 위협을 받는 국가는 자력으로 자신의 방위대책을 향상시키지 않을 수 없다. 둘째, 위협받는 국가의 정치리더십이 적의 군사위협의 중대성을 인지하는 능력이 모자라면 그 나라의 방위대책은 충분한 효과를 볼 수 없다. 셋째, 위협받는 국가가 자력으로 적의 군사위협에 대응하지 못하면 필요한 방위력을 외국의 도움으로 확보하려고 한다.

미국의 군사적 영향력 측정지표: 논리

도표 3은 미국이 한국에 전략적 영향력을 발휘하는 다양한 방식을 사용했음을 보여준다. 여기서 미국 영향력의 성격과 방식들은 다음 다섯 가지로 범주화할 수 있다. 도덕적 설득, 정치·군사·심리적 압박, 선진기술과 축적된 지식 및 경험, 물질적 유인책, 그리고 한반도에 주둔하는 미군 병력이다. 이러한 영향력의 방식들에 내재한 기본 본질로부터 한국에 대한 미국의 영향력을 측정할 지표들이 도출되어 다음 도표에 제시되었다.

도표 3. 한국에 대한 미국의 군사적 영향력 측정지표

독립 변인	지표
미국의 전략적 영향력	1. 주한미군의 존재: 억지력 제공
	2. 전략정보와 전술정보 제공
	3. 한국군 간부 교육훈련 제공
	4. 군사적 경험과 기술 제공
	5. 장비 및 기타 전투물자 제공

독립변인인 미국의 군사전략이 종속변인인 한국의 군사전략 변천에 미친 영향은 다음의 논리로 설명할 수 있다. 첫째. 지배적 힘을 가진 동맹국이 약하고 의존적인 동맹국에 영향력을 발휘하면, 전자가 끼치는 영향력의 강도가 후자의 군사사상 변천을 결정한다. 둘째, 전자와 후자 사이에 뚜렷한 국력 차이가 있으면, 그 격차의 정도는 전자가 후자의 군사 사상에 미치는 영향의 정도를 결정한다. 셋째, 후자의 지리적 위치에 대해 전자가 갖는 국가이익의 범위와 깊이는 전자가 후자에 미치는 영향력의 정도를 결정한다. 넷째, 후자는 현실 속의 수많은 정치, 경제, 군사적 어려움에도 불구하고 자신의 노력으로 고유한 전략을 세우고 군사적 역량을 구축하려고 시도한다. 다섯째, 후자는 자신의 필수적 국가이익인 생존을 위해 전자의 전략적 영향력과 지배를 묵인한다.

한국의 내부여건 표시지표: 논리

미국의 영향력과 북한의 군사위협이라는 두 요소가 독립변인으로서 종속변인인 한국 군사전략 형성에 중요한 역할을 했다. 그런데, 한국의 군사전략 형성과 관련된 세 번째 요소로서 한국의 정치·경제·사회·군사 상황 같은 국내여건들을 또한 고려해야 한다. 원칙적으로 말해, 군사전략은 국가지도자와 군사지도자들의 의식적 사고의 산물이다. 국가방위 분야에서 군사전략 수립의 책임을 진 사상가나 당국자의 자질과 능력이 군사전략의 건전성을 결정한다. 이런 맥락에서 한국군 간부들의 자질을 독립변인의 하나로서 면밀히 살펴봐야 하겠다.

도표 4의 세 가지 지표들은 독립변인의 하나인 한국 국내여건들의 강도와 역할을 보여준다. 물론 여기서 다른 요소들도 가용한 지표로 선정할 수 있다. 이를테면 남북한 간의 적대행위에 대한 정치지도자들의 인식, 그들의 군대관리 및 통솔력, 그리고 군대를 유지하기 위한 국가경제력 현황 같은 요소다. 하지만 이런 것들은 과학적으로 객관성 있게 실증적으로 측정하기 곤란해서 연구에서 제외했다.

도표 4. 군사전략에 영향을 준 한국의 국내여건 표시지표

독립 변인	지표
한국의 국내여건들	1. 한국군 간부의 기본자질
	2. 군간부의 전문직업군인으로서의 역량
	3. 한국군이 처한 상황과 자체의 여건

5. 분석의 틀

그림 2는 세 가지 독립변인들에 포함되는 세부 지표들을 보여준다. 첫 번째 독립변인 북한의 군사위협은 지표 네 개가 있고, 두 번째 독립변인 미국의 영향력에는 지표 다섯 개, 그리고 세 번째 독립변인 한국 국내여건에는 지표 세 개가 있다.

그림 2의 분석 도식의 주제는 세 가지 독립변인들이 각각 종속변인에 어떤 식으로 영향을 주었는지 그 논리적 관계를 보여주는데, 이를 각각 순차적으로 다루어 보자.

우선, 북한의 군사위협은 네 개 지표로 구체화되며 한국 군사전략 형성에 영향을 준다. 이러한 북한의 위협은 한국사회에 상당한 정도로 두려움을 불러일으키며, 한국사회가 느끼는 두려움이 한국 군사전략의 성격에 영향을 주는 것이다. 1950년대에 한국은 국력의 결핍으로 국가방위를 위해 미국의 능력에 의존해야 했다. 60년대, 70년대, 80년대에는 한국의 군사전략이 대미 의존도를 감소시키는 특성을 보이기 시작하며, 국방력의 자주적 향상 경향을 나타낸다. 이러한 경향의 일반적 흐름을 앞으로 살펴보겠다.

그림 2. 연구를 위한 분석의 틀 개념도

독립 변인 / 시대별 한국 군사전략

북한의 군사위협

지표 — 50년대 60년대 70년대 80년대 90년대

1. 군사력
2. 군사력 전개 ➔두려움을 불러일으킴
3. 군 지휘방식
4. 지도자 역량

➘

미국의 전략적 영향력

지표

1. 군사적 지원
2. 주한 미군의 존재
3. 한국군 간부훈련 ➔다양한 정도의 영향력 ➔50년대 전략➔60년대 전략➔70년대 전략➔80년대 전략➔90년대 전략
4. 선진 군사기술과 축적된 기술/기법
5. 군사적 지휘구조

한국의 국내여건 ➚

지표

1. 장교의 기본자질 ➔자력(自力)에 대한 의식
2. 장교의 전문역량
3. 한국군이 처한 상황

다음, 한국에 대한 미국의 영향력도 또 다른 특유한 경향을 보인다. 미국의 영향력은 한국의 방위 문제를 지배했다. 1950년대 초 한국은 국가방위를 위해 미국의 군사원조 제공에 거의 전적으로 의존했다. 60, 70, 80년대로 시간이 흐름에 따라 자주 국방력을 향상시키려는 한국의 노력이 증가하며, 미국의 지원에 의존하는 비중은 점차 감소한다. 이러한 경향도 면밀히 검토하고자 한다.

그리고, 한국의 내부여건들, 특히, 군간부들의 자질 향상과 국가방위부담의 자립도 증가는 전술한 두 독립변인들과 비슷한 영향을 미쳤다. 한국사회는 군사력 자력증강의 필요성을 민감하게 느끼며, 이는 국가방위를 미국의 능력

에 의존하던 경향을 줄이고 자력증강 노력을 증가시키게 만든다. 이러한 경향도 논의하려고 한다.

상기한 세 가지 독립변인들은 각각 미국의 영향력이 감소되고 한국의 자력증강 노력이 증가되는 일반적 경향을 낳는 데 기여했다. 이 일반적 경향이 한국의 군사전략 수립에 상당한 영향을 미쳤는데, 바로 이 점이 연구의 분석틀에서 제일 중요한 부분이다.

6. 세부적 방법론 설명

이 연구에서 사용된 Alexander L. George의 '통제된 비교' 방법론[65]의 특징과 장점은 연구의 분석적 구조와 그에 수반하는 변인 및 지표들의 선정방식에 대한 개요와 아주 잘 일치한다. 통제된 비교방식의 장점은 세 가지다.

먼저, 통계수치를 사용해 상대적으로 배열하여 드러내는 비교방식과는 달리, 통제된 비교 방법의 제어된 비교배열은 묘사와 설명을 함에 있어 일반성 있는 변인들을 선별적으로 사용하거나 특정 부분에 집중함을 허용한다. 따라서 이러한 분석방식은 미국과 북한과 한국 간의 안보관계에 있어서 어떤 일반화를 해본다는 연구의 목적과 잘 부합한다.

다음, 연구문제와 관련된 모든 정보와 자료를 다 검토하느니보다 어떤 '사건들의 종류' 또는 '현상들의 유형'에 초점을 맞춘다.[66] 이 방법은 어떤 지정된 영역에서 집중적 분석을 하려고 고안되었으며, 설명을 보다 더 설득력 있게 해준다.

그리고 이렇게 함으로써 사례들을 취급함에 있어 선별적으로 집중할 수 있다. 즉, 관심분야에 따라 사례를 묘사하고 설명하는 데 필요한 적절한 양상을 선별할 여지를 갖게 됨으로써 일반적인 초점이나 일반적인 접근방법을 추구할 수 있겠다.

연구에서 사용된 기법을 설명하려면 연구의 주요 개념들에 관해 다시 간략히 제시할 필요가 있다. 즉, 사례 선정, 변인들의 선정과 개념 틀, 분석의 틀

---

65 Alexander L. George, "Case Study and Theory Development: The Method of Structured, Focused Comparison," *Diplomacy: New Approaches in History, Theory, and Policy*, (편) Paul Gordon Lauren (New York: Free Press, 1979), p. 50.

66 앞의 책, p. 50.

과 변인 및 지표들이다.

이 연구는 사례연구 방식을 사용해 종속변인인 대한민국 군사전략을 1950년대, 60년대, 70년대, 80-90년대에 걸쳐 검토하고 특유한 성격과 모습들을 식별한다. 즉, 10년 단위로 상이한 각 기간 동안의 한국 군사전략들이 연구의 사례들로 선정된 것이다.

연구 분석의 틀은 그림 2에 명시되었는데, 여기에는 독립변인들과 종속변인의 상호작용이 잘 나타난다. 당대의 역사적 동향과 본 저자의 개인적 관찰에 따르면, 종속변인인 대한민국 군사전략의 형성은 세 가지 독립변인들에 의해, 즉, 북한의 위협, 미국의 영향력, 그리고 한국의 내부여건에 의해 크게 영향을 받아왔었다.

각 독립변인은 몇 가지 지표들을 포함한다. 그림 2는 연구의 분석적 구조를 보여주며, 이것은 상이한 10년 단위 기간마다 종속변인인 한국의 군사전략 형성에 독립변인들과 그 지표들이 미친 영향과 강도를 추적하는 것이다.

결국 이 연구에서 주요한 현실성 있는 과제는 종속변인의 형성에 독립변인들이 미친 영향의 강도를 측정하는 것이다. 따라서 그 주요 과제로서 다음 세 가지를 수행할 것이다. 첫째, 계량적 방식이나 질적 연구방식으로 각 지표들이 행사한 힘과 강도를 살펴보고, 둘째, 각 독립변인의 지표들 전체의 힘을 합산해서 각 독립변인의 총합된 힘을 제시하며, 셋째, 종속변인의 형성에 미친 세 가지 독립변인의 영향력 강도를 서로 비교한다. 이런 방식으로 비교하면서 독립변인들과 종속변인의 상호관계를 재구성해 보자.

7. 제 2장의 맺음말

1948년 대한민국이 국가로서 탄생한 이후, 북한의 군사위협, 한국에 대한 미국의 전략적 영향력, 그리고 한국의 내부여건들이 한국 군사전략 변천에 미친 영향의 방식과 강도와 결과가 이 연구의 개념적 기반이다. 이 개념에 따라 한국의 군사전략은 종속변인이고, 세 가지 요인인 북한의 위협, 미국의 영향력, 한국의 내부여건은 독립변인이 된다.

세 가지 독립변인들이 역사상 보여주는 동향은 다음과 같다. 맨 먼저, 과거부터 그랬듯이, 북한은 1990년대가 지나가는 시점에까지도 한국의 생존에 엄청난 군사적 위협을 주고 있었으며, 북한이 계속 가하는 위협의 중대성은 한국 군사전략의 성격과 모습에 지속적으로 영향을 미쳤다.

다음, 미국은 한국에 정치·경제·군사적 지원을 하면서 한국의 국내외적 행동에 막중한 전략적 영향력을 지속적으로 미쳤으며, 이러한 미국의 지배적인 영향은 한국 군사전략의 성격과 모습에 상당한 영향을 주었다.

마지막으로, 1950년대 태동기를 지나는 한국군의 지도자들은 군사전략을 발전시키면서 자신들의 역량을 향상시켰다. 이들은 반세기를 지나 90년대를 거치면서 전반적인 국가이익의 범위와 국가이익 추구에 수반하는 군사전략의 역할에 대해 더 잘 이해하게 되었다.

앞에서 말한 역사적 동향들은 세 가지 관련 이론들을 통해 이해할 수 있다. 즉, 고전적 현실주의 이론은 한국의 군사전략 발전에 북한의 위협이 미친 영향을 설명해 준다. 한편, 신현실주의 이론은 한국 군사전략 수립에 미국의 영향이 미친 효과를 밝혀준다. 그리고 이들 두 이론을 종합한 다변인 이론은 한국의 군사전략 발전과정에서 군간부들의 자질과 역량이 개선되는 계기를 평가해 줄 수 있다.

이 연구는 이미 제시된 바처럼 다음 세 가지 가설을 시험해 본다. 첫째, 힘이 차이가 나는 두 동맹 간에, 즉, 지배적인 동맹국인 미국과 약하고 의존적인 동맹국인 한국 간에 위협에 대한 인지의 공통성이 많을수록 두 나라의 군사전략은 더욱 일치한다. 둘째, 동맹국 중 더 강한 동맹국이 더 약한 동맹국의 안보에 압도적으로 기여할수록 약한 동맹국은 강한 동맹국의 군사전략을 따르거나 복제하는 경향이 있다. 그리고 셋째, 약하고 의존적인 동맹국이 위협을 가해오는 적인 북한에 대항할 충분한 힘을 기르면 약한 동맹국의 군사전략은 더 강한 동맹국의 영향으로부터 독립을 시도한다.

종속변인에 대한 독립변인들의 영향은 관련 지표들이 보여주는 힘과 강도로써 측정되고 비교될 것이다. Alexander L. George가 제안한 '통제된 비교' 방법이 연구를 위해 선택되었는데, 이는 갖가지 상이한 독립변수들이 공유한 유사한 지표들을 비교할 수 있는 방법이다. 연구과제로서는 1950년대, 60년대, 70년대, 그리고 80-90년대의 역사적 사건들에서 선별된 사례들을 다룬다. 상이한 시대별 사례들에, 즉, 각 시대의 한국 군사전략에 독립변인들이 미친 영향들을 밝히는 것이 제 3장부터 다룰 과제다.

제 3 장

1950년대 대한민국 군사전략 발전에 영향을 준 세 가지 독립변인들의 역할[1]

1. 1950년대와 그 이전 한반도를 둘러싼 주변상황

한국이 서방세계에 대해 자각하게 된 배경

1945년 태평양전쟁이 끝나기 전 한국과 미국의 관계는 멀고 낯선 이방이었다. 멀었다는 것은 지리적으로 멀리 떨어졌다는 뜻이고, 낯설었다는 건 민족, 문화, 역사적 배경이 그랬다는 의미다. 그래서 멀고 낯섦에 대한 인식이 같았다. 말하자면, 두 나라는 서로 먼 감정을 지니고 있었다. 그래서, 일본과 중국은 동아시아에서 분명하게 미국인들의 눈에 띄었으나 한국의 존재는 거의 눈에 들어오지 않았고, 한반도의 전략적 성격, 즉, 대륙세력과 해양세력의 교차점이라는 사실은 그 때까지도 미국 정책수립자들의 주목을 끌지 못했다.

한반도의 지리적 조건은 동아시아 역사의 여명기부터 한반도의 정치적 운명을 정해왔다. 한반도는 인접하는 북쪽 대륙세력과 남쪽 해양세력 간의 각축장이라는 특유한 성격을 지니고 있었던 것이다. 이를 입증하는 역사적 사건들은 얼마든지 있다. 기원전 2세기 중국 한나라의 한반도 서북지역 점령, 7세기 당나라의 한반도 정세개입, 13세기 몽골의 침입, 16세기말 일본의 침노, 그리고 20세기 초 군국주의 일본의 잔인한 대한제국 병합 등이 있다.

근대에 와서 국제무대에서의 세력관계가 주역배우들로 하여금 한반도에 대한 정치적 패권을 놓고 전쟁을 불사하게 만든 사례가 1894년 청일전쟁과 1904년 노일전쟁이다. 한국과 그 주변에서 대륙세력과 해양세력이 충돌했던 이 두 역사적 사건은 한반도의 전략적, 지정학적 중요성을 제시하는 것이다.

---

1 제 2장에서 설명한 바처럼 세 가지 독립변인들은 ① 한국 안보에 대한 북한의 군사위협, ② 한국에 대한 미국의 전략적 영향력, ③ 당시 한국의 내부여건들이다. 그리고 한국 군사전략의 발전은 종속변인이다. 본 연구의 요체는 이 세 독립변인들이 종속변인인 한국 군사전략에 어떻게 작용했는지를 규명하는 것이다.

그러나 19세기 말 미국은 한국을 전략적으로 중요하다고 인식할 상황에 있지 않았는데, 두 가지 단순한 이유에서였다. 첫째, 미국이 한국의 전략적 중요성을 어느 정도 인식했다 하더라도 동아시아의 두 거인 중국과 일본의 존재가 그러한 미국의 인식을 왜소하게 보이게 만들었다. 둘째, 교역으로 큰 이익을 내거나 자국의 산업화에 꼭 필요한 천연자원 획득 같은 일에 미국이 뛰어들게 만들 현실적 동기를 한국은 제공하지 못했다. 한반도의 전략적 중요성에 대한 이같은 인식 때문에 미국은 세계정책의 일환으로 한국의 위치를 다룸에 있어 무관심과 비일관성과 준비미흡이라는 결과를 낳게 된다.

한국을 별거 아니게 간주한 미국정책의 무관심성을 확연히 보여주는 사실로 노일전쟁이 끝난 이듬해인 1905년 미국 루즈벨트 (Theodore Roosevelt) 대통령이 포츠머스 비밀조약을 중재한 것을 들 수 있다. 여기서 미국은 한반도에 대한 일본의 최우선적인 정치·경제·군사적 이해관계를 공식 인정했고, 그 대가로 일본은 필리핀에 대한 미국의 절대적 지배권을 인정했다. 한국은 단지 두 강대국의 국가이익 추구에 잡힌 저당물이었음이다.[2]

미국의 전략에 일관성이 없었음은 애치슨 (Dean Acheson) 미국무장관의 선언과 관련한 이야기에 너무나 선명하게 나타난다. 그는 1950년 1월 한국은 미국의 서태평양 방어권역에서 제외된다고 말했으나, 불과 다섯 달 뒤 6·25 전쟁이 터지자 미국은 뜻밖에 신속히 대규모 병력을 전쟁에 투입했다. 이같은 미국정책의 비일관성은 분명히 김일성이 1950년 6월 한국을 기습남침하는 빌미를 제공한 것이다.

한편, 미국의 대한정책이 준비미흡이었다는 전형적 예는 태평양전쟁 종료 후 남한지역에 군정을 집행한 제24군단장 하지 (John R. Hodge) 중장이 그의 상관에게 한 불평에 나타난다. James Schnabel은 다음과 같이 지적했다. “하지 장군은 한국의 궁극적 독립이나 다양한 정파들을 다루는 방식들, 또는 경제나 기타 방면에서 한국을 일본의 영향에서 분리하는 일 같이 힘들고 곤란한 문제들에 관해 지시사항을 받은 것이 거의 없거나 전무했다. 만약 워싱턴 당국이나 일본 주둔 연합군총사령부가 한국문제에 관해 많은 건설적인 생각

2 James F. Schnabel, *United States Army in the Korean War: Policy and Direction, the First Year* (Washington, D.C.: Office of the Chief of Military History, United States Army, 1972), p. 1. “저당물 (pawn)”이라는 말은 저자가 그의 책 제 1장 “Korea, Case History of a Pawn”에서 사용했다.

을 했었다고 해도 그것이 24군단장에게 내리는 행정명령에는 반영되지 않았다."[3]

한국에 대한 미국 정책의 무관심과 비일관성과 준비미흡은 한국문제에 대한 개입여부에서 두 상반된 극단적 입장을 주기적으로 왔다갔다하는 결과를 낳았다. 이를테면, 1945년 미군의 한반도 진출과, 1950년 6·25전쟁에 불쑥 참전한 것과, 1953년 휴전협정 후 미군의 한국주둔이 극단적 행동에 해당했다면, 1949년 38선 이남 남한지역 주둔 미군의 철수와 1969년 닉슨 닥트린 선언 후의 주한미군 1개 사단 철수가 또 따른 극단적 행동이었다.

비록 미국은 1882년 한국과 외교조약을 맺은 첫 서방국가였지만, 그 미미한 양국관계로 인해 제국주의 일본이 1905년 강제로 한국을 일본 보호령으로 종속시키자 미국은 즉각 서방 사절단들 중 맨 먼저 미국 공사관 직원들을 서울에서 철수시켰다. 이처럼 일본의 한반도 장악을 미국이 묵인한 태도는 1905년 미육군장관과 일본 총리가 비밀리에 교환한 태프트-카추라(Taft-Katsura) 각서 내용이 1924년 세상에 드러나면서 확인되었다. 기본적으로, 한국과 미국의 이같은 미미한 관계는 1945년 태평양전쟁이 끝날 때까지 전혀 달라지지 않았다.

냉전의 시작

1948년과 49년에 일어난 사건들은 공산 진영의 숨은 의도를 '자유세계'에 대한 위협이라고 보는 미국의 인식을 공고히 해 주었다. 1948년 체코슬로바키아가 공산화되고 같은 해 소련군이 서방진영 지상군의 서베를린 접근을 봉쇄하자 전세계에 걸친 공산주의의 위협에 대한 인식이 고조되었다. 1948년 8월에는 소련이 서방진영의 예상보다 몇 년 빠르게 첫 핵무기를 시험 폭발시켰다. 또한 1949년 말에는 중국 공산주의자들이 중국본토 전역을 완전히 정복하는데, 이로써 외관상으로 중부유럽에서 동아시아까지 뻗친 거대한 단일 공산주의 정권이 만들어졌다.

이러한 공산주의 진영의 전략적 공세에 직면해 미국 정책수립자들은 소련에 대해 더 강력한 입장을 취하기로 결정했다. 소련이 그 서쪽과 남쪽의 인

3 앞의 책, p. 14. Schnabel의 저서에 의하면, 여기에 인용된 부분은 하지 중장과 그의 군단 참모진이 개인적으로 인정해준 바 있었던 내용이었다.

접 국가들에게 압력을 가하는데다, 특별히 규모가 막강한 재래식 소련군의 존재가 서유럽 안보에 대한 우려를 확산시키고 증가시켰던 것이다. George F. Kennan이 보고한 바처럼, "소련의 팽창경향에 대한 장기적이고도 인내심 있고, 굳건하고도 방심하지 않는 봉쇄"[4]가 요구되는 때였다. 그리하여 1949년 4월 북대서양조약기구/NATO가 결성되기에 이른다.

원래 Kennan은 미국의 국가이익을 반드시 보호해야 할 지역에서 "정치적, 경제적" 수단으로 소련을 봉쇄하라고 건의했었다. 그런데 그 뒤 『NSC 68』에 나타났듯이, 세력경쟁이 치열한 지역들에서 이 정책의 실제집행은 '군사적' 봉쇄 형태를 띠었다. 1950년 6·25전쟁은 이같은 중점 변화를 가속시켰고, NATO도 원래 의도했던 조약동맹국들 간의 정치적 신뢰구축에 중점을 둔 기구에서 군사적이고 전략적 억지를 위한 기구로 변했다.[5]

동아시아에서도 미국은 2차대전이 끝나자 곧바로 소련과의 냉전 태동기에 휘말려든다. 일본은 태평양전쟁 때 싸웠던 옛날의 적으로서보다는 이제 중요한 동맹국으로서 냉전 무대에 등장했다. 만약 소련이 패전한 일본의 산업능력을 습득했다면 소련의 전쟁수행능력은 대폭 향상되었을 테고, 이는 또한 이 지역에서 심각하게 미국의 안보이익을 위태롭게 만들었으리라. 이상적으로 말해, 일본은 아시아-태평양 지역에서 친미적인 요새가 되어야 했다. 미국의 전략적 욕구에 따라 일본에 대한 리모델링 정책의 일환으로 일본점령 미군 당국은 1947-50년까지 노동조합의 활동을 제한했고, 정부관료와 대학교수직에서 공산주의자의 등용을 금지했다. 또한 일본의 정치적 안정과 반공의 기조를 유지시키려고 일본제국 시절의 정치지도자들을 복직 및 복권시켰다.

동시에, 미국은 중국 공산주의 세력이 대만을 무력으로 탈취하지 못하도록 제어하고자 대만해협에 미해군 함정들을 전개시켰다. 만일 대만이 중국 공산세력의 수중에 떨어졌다면 공산주의 진영은 자원의 보고인 중동과 동남아에서 산업생산기지인 일본으로 가는 항로들을 장악하는 데 성공했으리라. 이러한 전망을 해본다면 그것은 공산주의 팽창을 봉쇄한다는 미국의 세계전략에 지극히 해로운 것이었다. 이런 와중에 애치슨 미국무장관은 1950년 1월의 공

4 Kennan의 생각에 대한 권위 있는 설명을 보려면 John Lewis Gaddis의 *Strategies of Containment* (Oxford: Oxford University Press, 1982), 제 2장과 제 3장을 참고하라.

5 Terry L. Deibel과 John Lewis Gaddis, (편) *Containment: Concept and Policy (Washington,* D.C.: National Defense University Press, 1986), p. 199.

개 선언에서 미국의 아시아-태평양 지역 방어권역이 알류샨 열도에서 일본 열도와 오키나와 열도를 거쳐 필리핀에 이른다고 말했다. 이 방어개념에서 보면 한국과 대만 같은 지역들은 제외된 것으로 보였다. 애치슨은 선언에서 부언하기를, 미국의 방위권역 이외의 다른 지역들이 외침을 받았을 때 이에 대응할 최초의 책임은 공격을 받은 그 지역민들에게 있다고 했다. 그같은 외부의 침략이 있은 뒤 그들의 안보는 UN 헌장의 정신으로 편성된 국제군의 힘에 의존하리라는 것이었다.

많은 아시아 국가들, 특히 한국은 애치슨 선언이 김일성으로 하여금 아시아-태평양지역 상황을 다루면서 미국의 전략적 의도를 잘못 해석하게 만들어 1950-53년의 6·25전쟁을 유발시켰다고 비난했다.

한국에 진주한 미군과 주한미육군군정청 (USAMGIK)

1943년 12월 카이로회담, 1945년 2월 얄타회담, 1945년 7월 포츠담회담, 그리고 Charles H. Bonesteel 대령과 Dean Rusk 소령이 북위 38도 선을 따라 미군과 소련군이 한반도를 남북으로 분할점령한다고 서둘러서 진행한 작전계획이 있은 후 소련군과 미군은 1945년 8월과 9월에 각각 한반도 북부와 남부에 진출했다. 일단 남한지역에 상륙하자 제6, 제7, 제40보병사단으로 편성된 하지 중장 지휘하의 미육군 제24군단이 공식적으로 재조선미육군사령부군정청을 출범시켰으며, 군정청의 활동은 한국에 대한 미국의 전략적 영향력이 발휘되기 시작했음을 뜻했다. 그리고 군정청이 설립됨으로써 장차 한국의 발전과 관련된 수많은 정치적, 군사적 시행착오 과정들이 발생하기 시작했으며, 어떤 것들은 생산적이었지만 어떤 것들은 지극히 비합리적인 착오들이었다.

무엇보다도 우선, 제24군단은 당시, 쉽게 말해, 한국에 대한 군정을 수행할 준비가 분명히 제대로 안 된 상태였다. 24군단은 한국 상황에 대한 정확한 정보를 받지 못했다. 아직 한국땅에 잔류해 행정업무를 수행하던 일본제국 정부 당국이 1945년 9월초 오키나와에 있던 24군단장에게 보낸 전문을 보면, 한국인 공산주의자들과 독립 선동자들이 평화와 질서를 전복할 음모를 꾸미는 중이라면서, 각종 태업 같은 방해공작과 폭력행사의 가능성을 경고했다.[6]

6 Carter J. Eckert, *Korea Old and New: A History* (Seoul: Iljokak Publishers, 1990), p. 337. 이 내용은 Eckert의 책 제 18장 “Liberation, Division, and War, 1945-1953”에 포함돼 있다.

오키나와를 떠나기 직전까지도 24군단 요원들은 한국인들의 반식민주의적 행동동기와 그들의 국내정책에 대해 부정적 인상을 갖고 있었다. 군단 요원들은 남한지역의 토착 정치활동들은 소련이나 공산주의자들에 의해 유발되었다고 믿게끔 되었으며, 그렇다면 이는 미국의 이익에 해로울 것임이 분명했다. 여하튼, 24군단은 한국 상황을 다룰 구체적인 정치적 정보 안내나 훈련은 받지 못했다.[7]

한국인들은 자치에 익숙했던 적이 없었기에 각양각색의 비정상적 정치집단들이 혼돈의 현장 속에 등장했다. 게다가 한국인들은 모두 일본의 잔혹하고 기나긴 식민통치가 끝나자 독립의 황홀경에 빠져 있었다. 또한 당시 한국사회는 보수우익과 사회주의 내지 공산주의 좌익세력으로 거의 균등하게 분열돼 있었다. 이 두 정치적 분파의 이념은 전혀 달랐지만, 두 진영이 한국독립을 바라는 희망은 모두 진지했다. 그러나 주한미군정청은 독립을 향한 한국인의 그같은 열렬한 욕구를 포용할 건전하고 합리적인 정책이 없었다.

두 번째 지적할 것은, 한국인들이 보기에 미군정청은 중대한 정치적 과오를 범했다. 그것은 주로 법과 질서유지라는 행정 편의만을 목적으로 옛 식민지 정부 일본 관리들을 재기용하려 했다는 것이다. 군정청의 이런 시도는 한국인들의 전국적인 봉기를 촉발시켰다. 한국인의 견지에서는 옛 일본 관리들을 임시로나마 재임용한다는 건 정치적으로 가당치도 않은 조치였으니까. 결국, 이 논란은 “주일본 군정장관 맥아더 장군을 경유해 전달된 트루먼 대통령의 명령으로 문제가 해소된다. 주한 미군정장관 하지 장군은 그의 애초 계획을 버리고 일본인 관리들을 미국인이나 한국인으로 대체하기 시작했다.”[8] 하지만 미군정에 대한 한국인들의 첫인상은 완전히 부정적인 것이 돼버렸다.

세 번째, 이와 대조적으로, 미군정청의 한국 경비대 창설은 한국의 국가방위를 위한 긍정적인 조치였다. 군정청은 1945년 11월 13일 국방사령부를 창설했는데, 그 관할업무는 경찰청과 새로 설치된 군사업무국에 대한 통제였다. 국방사령부 창설과 연계하여 군정청은 1946년 1월 15일 남조선국방경비대를

---

7 Carl Berger, *The Korean Knot: A Military-Political History* (London: Oxford University Press, 1964), p. 48. 이 내용은 Kim Jung-Ik의 저서 *The Future of the U.S.-Republic of Korea Military Relationship* (New York: St. Martin's Press, Inc., 1996)의 9쪽에 인용된 것이다.

8 Lee Suk Bok, *The Impact of U.S. Forces in Korea* (Washington, D.C.: National University Press, 1987), p. 10.

현역 편제화했다. 이러한 국방관련 부서들 및 경비대 창설과 병행하여 군정청은 1946년 1월 21일부로 거의 30개에 이르는 각종 사설 군사단체들을 공식적으로 폐지했다. 그 뒤 국방사령부는 그 이름을 국방부로 바꾸었고, 남조선국방경비대는 조선경비대로 개칭했다.[9]

경비대의 규모로서는, 국방사령부의 Champeny 준장이 그다지 많지는 않은 25,000명 정도의 경찰예비대를 보병계열과 연계시켜 훈련시키자고 제안했다. 그의 구상은 소위 '뱀부계획 (Bamboo Plan)'으로 구체화되는데, 남한지역 8도의 각 도마다 1개 중대 규모로 일단 창설하고 나중에 중대를 연대 규모로 확장한다는 것이었다.[10] 이와 더불어 군정청은 간부양성을 위한 '군사영어학교 (Military Language School)'을 창설해 갖가지 미국식 군사관행을 교육하고 기본적인 군사영어에 친숙해지게 만들었다.

주한미군정청의 경비대 창설은 장차 한국군 발전을 위해 커다란 유산을 남겼다. 그 의미와 의의를 세 가지 면에서 들여다보자. 먼저, 한국군 규모의 확대는 뱀부계획이 구상했던 것과 거의 똑같은 진로를 밟았다. 당시 한국 국내상황을 보면 뱀부계획은 합리적인 면들이 있었다. 조선경비대의 규모가 적절했고, 그 창설 시점이 옳았으며, 합리적인 부대배치 방식으로 전개되었다. 이 계획이 시행되지 않았다면 한국군의 발전은 매우 다른 길을 밟고 훨씬 더 긴 시간이 소요되었으리라.

둘째, 한국군 창설이 외국군 장교의 계획으로 잉태되고 그 기능도 경찰예비대로서 시작했다는 사실은 한국군 간부들의 자존심을 계속해서 상하게 했다. 남북한이 생존경쟁을 벌여오는 동안 북한정권은 한국군의 '취약함'을 이용해 정치선전에서 유리한 위치를 차지해 왔다. 즉, 한국군은 외국인의 손에 의해 태어난 "하인" 또는 "괴뢰"라고 부를 수 있는 구체적 실례라는 것이었다. 군인출신 학자 이석복은 이 점을 애통해하며 말했다. "많은 한국인들은 왜 미군당국이 '대한민국 임시정부'를 인정하고 활용하기를 거부했는지 이해 못한다. 김구가 이끈 이 망명정부는 중국에 있었고 그 자체의 군대로서 '광

---

9 대한민국 국방부, 『韓國戰爭史』 제 1권, 개정판 (서울: 국방부전사편찬위원회, 1977), p. 72.

10 Robert K. Sawyer, *Military Advisors in Korea*: *KMAG in Peace and War* (Washington, D.C.: Office of the Chief of Military History, U.S. Department of the Army, 1962), pp. 13-14. 이 내용은 Lee Suk Bok의 저서 T*he Impact of U.S. Forces in Korea*, 11쪽에 인용되어 있다.

복군'을 보유하고 있었으며, 1919년 이후 내내 일본식민통치에 항거하는 독립투쟁의 중심이었다. 이 조직을 도외시한 것이 '대한민국' 수립 과정에서 나타난 치명적 과오 중 하나다."[11] 미군정청이 한국군의 전신으로서 광복군의 뿌리를 인정했었다면 좀처럼 사라지지 않던 국군의 정통성 문제 및 지위와 관련된 심리적 난제가 좀 일찍 해소되었을지 모르겠다.

세 번째로, 1946년 조선경비대 창설은 한국에 대한 미국 영향력의 시발이라는 의미가 있다. 경비대 조직의 골격이 미군장교에 의해 구상되었다는 사실과, 부대장비와 무기를 미군정 당국이 제공했다는 사실, 그리고 경비대 간부들이 미군 군사교리로 교육받았다는 사실은 한국의 군사업무에 대해 누구도 부정할 수 없는 미국의 영향력을 입증하는 것이다. 또한, 미군정청 국방관련 부서의 주요 정책결정 직위들을 미군장교들이 맡았기에 한국의 국방문제에 대한 미국의 영향력 발휘가 용이했다.

두 이질적 정치체제의 출현: 대한민국과 조선민주주의인민공화국

1943년 11월 카이로회담, 1945년 2월 얄타회담, 1945년 7월 포츠담회담 같은 2차대전 막바지 단계의 국제관계의 세력정치 과정을 거치면서 한국의 미래 운명이 모습을 갖추기 시작했다. 그 전반적인 윤곽은, 일본제국의 강점기간 내내 "한국인들이 겪는 노예상태"를 고려해서 "적당한 절차를 밟아" 한국을 해방시키고 독립시키겠다는 것이었다.[12] 그런데 미국의 주된 생각은 미·영·중·소 4대 강국이 적당한 기간 한국을 신탁통치하자는 것이었는데, 이는 미국 루즈벨트 대통령이 특별히 관심을 갖고 선호한 개념이었다.[13] 한편 소

11 Lee Suk Bok, *The Impact of U.S. Forces in Korea*, p. 10.

12 여기 인용된 구절들은 미국 국무부가 출판한 *Foreign Relations of the United States, 1945*, Vol 1, East Asia (Washington, D.C., U.S. Government Printing Office, 1969)의 6: 1,098쪽에 나오는 문구로서, Bruce Cumings의 책 *The Origins of the Korean War: Liberation and the Emergence of Separate Regimes, 1945-1947* (Princeton, NJ: Princeton University Press, 1981)의 106쪽에 인용된 것이다.

13 앞의 Bruce Cumings의 책, 109쪽. Cumings의 서술에 의하면, 1945년 2월 8일 얄타회담에서 루즈벨트는 필리핀에서의 미국의 경험을 자주 예로 들었는데, 필리핀인들이 자치능력을 갖추려면 미국의 보호교육 50년이 필요하다는 평가를 했었다는 것이다. 이와 유사하게 한국도 국제적 강대세력들에 의한 신탁통치가 20 내지 30년 필요하리라고 보았다. 루즈벨트는 영국과 프랑스의 식민주의에 반대를 나타냈는데, 전후의 세계정세 재편성을 다루는 그의 공식은 과거의 식민지들에 대한 신탁통치 추진이었다. 하지만 그의 생각은 영국과

련의 스탈린은 얄타회담에서 루즈벨트의 생각에 미지근하게나마 구두로 동의했으나 당장의 급한 전쟁 상황들 때문에 한국에 대한 신탁통치안은 구체적 계획으로 발전되지 못했다.[14]

신탁통치 문제는 1945년 12월 미국, 소련, 영국의 외무장관들이 참가한 '모스크바 3상회의'에 다시 정식으로 부쳐져 한국 신탁통치를 "5년 이내"로 한다는 잠정합의가 이뤄졌다. 그런데 모스크바 합의는 한국에서 민족주의 우익과 사회주의 또는 공산주의 좌익 진영 모두로부터 격렬한 반대에 부딪쳤다. 하지만 이 협정에 따라 미국과 소련은 1946년에서 47년에 걸쳐 한국분할 문제를 해결하려고 서울에서 미·소공동위원회를 열었는데, 두 나라의 상반된 전략적 이해관계로 인해 공동위원회는 아무런 생산적 결과도 낳지 못했다.

미·소간에 한국문제를 놓고 정치적 해결을 못 이루고 교착상태에 빠지자 미국 트루먼 대통령은 1947년 한국문제를 UN토론회장에 위탁하도록 지시할 수밖에 없었다. 남북한을 재통일하고 점증하는 서로간의 적대행위를 종식시키고자 UN총회는 1947년 11월 14일 한국정부수립을 위한 결의안을 통과시킨다.[15] 동시에, UN총회는 9개국으로 구성된 UN한국임시위원단을 창설하기로 투표했는데, 그 주된 업무는 한국의 국회를 세우기 위한 총선거 감독이었고, 이 국회가 나아가 한국의 정부를 수립하도록 되어 있었다.

그런데 북한지역에서 군정을 시행중이던 소련은 처음부터 UN한국임시위원단의 개념과 운영방식에 극구 반대했던지라 동 위원회는 북한지역에 들어가는 것을 거부당했는데, 이는 북한지역에서 총선거를 실시하는 공무집행이 불가능했음을 뜻했다. 그리하여 총선거는 실시 가능한 남한지역에서만 1948년 5월 10일 시행된다. 이렇게 복잡한 국제적 세력간 상호작용의 결과 1948년 8월 15일 대한민국이 공식 수립되고 선포되었다.

프랑스가 반대했다. 한편, 소련의 스탈린은 루즈벨트의 생각을 진지하게 환영하지 않았는데, 그렇다고 열렬히 이의를 제기하지도 않았다.

14 이 시점에서 "급한 전쟁 상황들"이란 다음과 같은 것들이었다. 즉, 1945년 8월 6일과 9일 일본에 대한 원자폭탄 2기 투하, 8월 9일 소련의 대일본 선전포고와 태평양전쟁 개입, 8월 11일 한반도를 북위 38도선으로 분할한다는 결정, 8월 15일 예상 밖으로 빨랐던 일본의 붕괴와 항복, 8월과 9월 소련군과 미군의 남북한 진입과 그 후 소련군과 미군이 남북한에서 각각 실시한 군정실시 같은 상황발전을 말한다.

15 UN General Assembly Resolution 112 (II) of November 1947, *The Problem of Independence of Korea*. 이 결의안은 한국의 독립과 통일을 위한 기본 공식을 구현한 것이다. 제 2장 각주 27번을 참조하라.

한편, 북한지역 상황도 예정된 코스를 밟아가고 있었는데, 이는 의도적으로 주도면밀하게 계획된 정치적 목적에 따라 이끌어진 것이었다. 소련 점령군 당국은 북한지역에 진입하자마자 각 도에 인민위원회를 조직하도록 조종했고, 이 과정을 거쳐 1945년 11월 19일 북조선5도행정국을 수립했는데,[16] 이는 1946년 2월 8일 발족한 북조선임시인민위원회의 전신이다.[17] 이 임시위원회 설립은 공산주의 파당이 북한에서 정치권력을 굳게 다졌음을 반영하는 것이다. '인민에 의한 통치'를 확립해 가는 과정에서 소련 점령군 당국은 서서히 민족주의 성향의 정치 엘리트들을 제거하고 공산주의 성향의 정치 엘리트들을 활용했는데, 특히 장차 북한정권의 바람직한 리더로서 김일성을 돋보이게 만들고자 예의주시했다.

1948년 8월 25일 임시인민위원회는 북한전역에서 최고인민회의를 구성할 대표들을 뽑는 선거를 실시했고, 여기서 북한정권의 국가헌법을 채택하여 김일성을 이 정치체제의 수반으로 선출했다.[18] 북한지역 정치세력들에 대한 소련점령군 당국의 이같은 조작과 정치적 지원을 거쳐 북한정권은 1948년 9월 9일 조선민주주의인민공화국으로 정식 탄생했다.

이리하여 1948년부터 한반도의 북과 남에 상반된 정치체제가 들어서니, 김일성이 수반인 북쪽의 공산주의 정권과 이승만을 대통령으로 한 남쪽의 대한민국이다. 북한정권은 국가로서의 출발을 위해 소련으로부터 넉넉한 정치적, 군사적 지원을 받았다. 한국도 국가로서의 탄생과 그 이후의 유지를 위해 미국의 정치, 경제, 군사적 지원의 덕을 크게 입었다. 하지만 미국과 소련이라는 타협과 양립이 불가능한 두 후견자들의 속성으로 인해 한반도의 두 정치체제는 분단된 땅의 재통일을 바라는 모든 사람들의 열렬한 염원에도 불구하고 서로에게 적개심과 호전성을 보이는 성향을 갖게 되었다.

한국문제와 국제간 세력형세

미국 정책수립자들의 평가로는, 한국문제는 독립된 별개의 특징적 중요성을 지닌 문제가 아니었다. 그 전략적 중요성이 있다면 그건 친미적인 일본의

---

16 대한민국 국방부, 『韓國戰爭史』 제 1권, 1977, p. 46.
17 같은 책, p. 46.
18 한국전쟁기념사업회, 『한국전쟁사』 제 1권 (서울: 행림출판, 1990), p. 73.

계속적인 유지나, 동아시아에서의 소련의 팽창주의 억제 또는 공산주의 중국의 세력확대 저지 같은 국제간 세력 계산과 관련된 것이어야 했다. Michael Yahuda는 한국의 전략적 중요성과 당시 국제적 상황전개의 관련성을 다음과 같이 간결하게 요약하고 있다.

> 중국 국공내전 상황에 대한 실망은 북위 38도선 이남의 한국에 미군을 유지한다는 미국의 국가이익을 재고하게 만들었다. 사실, 1947년에서 48년에 이르는 동안 주한미군을 철수한다는 결정이 내려졌었다. 이즈음, 미국은 일본을 자유진영과 더불어 발전하도록 북돋아 줘야할 나라로서 뿐만 아니라 미국의 잠재적 동맹으로서 그리고 동북아시아 안정의 한 근원으로서 재건되어야 할 나라로 간주하기 시작했다.[19]

이와 비슷한 논리로, James E. Dougherty와 Robert L. Pfaltzgraff, Jr.는 한국의 전략적 중요성과 주변의 국제적 상황전개의 관계를 명확하게 설명했다.

> 미국과 소련 어느 측도 상대측의 지원으로 한국이 통일됨을 허용치 않으리라는 것이 곧 분명해졌다. 그럼에도, 워싱턴 측은 한국에 대해서 완전한 책임을 짊어진다는 열의는 전혀 없이 서유럽에 대한 소련의 위협문제에 점점 더 사로잡혀 가던지라 한국에서 미국의 존재를 무난하게 지워 나아갈 방도를 찾고 있었다. 그러면서도 또한, 트루먼 행정부는 한반도 전체가 공산주의자의 손에 들어감은 원치 않았다. 그렇게 되면 일본과의 관계에 엄청난 손상을 가져오리라 생각했던 까닭에서다.[20]

미국 정책수립자들의 눈에 비친 한국의 전략적 중요성의 상대성 또는 부차적 성격을 알려면 한국에 대한 미국의 진정한 이해관계를 분석해야만 하겠다. Thomas W. Robinson은 국가이익을 몇 가지 범주로 분류한다. 그 본질적 성격을 구분하기 위해 "최우선적, 부차적"으로 분류하고, 적용가능 시점에 따라 "영구적, 가변적"으로 구분하며, 적용가능 분야에 따라 "일반적, 특정적"으로 나누고, 여러 나라간의 관계에 적용하는 경우에 따라 "동질적, 상호보완

---

19 Michael Yahuda, *The International Politics of the Asia-Pacific*, 1945-1995 (New York: Routledge, 1996), p. 24.

20 James E. Dougherty와 Robert L. Pfaltzgraff, Jr., *American Foreign Policy: FDR to Reagan* (New York: Harper & Row, Publishers, Inc., 1986), p. 79.

적, 상충적"으로 범주화할 수 있다.[21] 김철범의 해석에 따르면, 1940년대 말과 1950년대 초 한국에 대한 미국의 이해관계는 "부차적-영구적-일반적" 이익이었다.[22] 이런 식의 논리가 일본에 적용된다면, 일본에 대한 미국의 이해관계는 "최우선적-영구적-특정적" 이익이라고 할 수 있었다. 다시 말해, 한국이 미국의 "최우선적-영구적-특정적" 이익에 기여할 여지가 있었다면, 예컨대 냉전에서 미국에 보탬이 된다든지 친미적 일본의 유지에 필요했다면, 단지 그 기여의 정도만큼만 미국 전략수립자들에게 의미있고 중요한 나라였다.

국제무대에서 한국의 전략적 중요성이 갖는 위치는 상이한 배우에 의해, 그리고 상이한 시점에 의해, 상이하게 등급이 매겨질 수 있다. 예로써, 소련은 2차대전 후 한반도에 높은 전략적 중요성을 부여했고,[23] 미국의 인식은 정치상황의 변화와 그에 수반된 국가이익의 우선순위 변화에 따라 이랬다저랬다 했다.[24]

하지만 몇 가지 점은 분명하다. 첫째, 미국은 태평양전쟁이 끝나기 전에는 한반도의 전략적 중요성을 덜 인식했다. 둘째, 한국의 전략적 중요성에 대한 미국의 인식은 해당 시기 미국 국가이익의 순위에 의해 결정되었다. 셋째, 일단 미국이 한반도에 높은 전략적 우선순위를 매기면 미국은 한국에서의 우선적 이익달성을 위해 국가적 노력과 자원을 대거 투입했다. 넷째, 미국은 한국에서 국가이익 추구과정을 통해 한국사회에 전략적 영향력을 미쳤다. 다섯째, 한국도 모든 노력을 기울여 미국의 전략적 영향력을 활용함으로써 군사문제를 포함한 영역에서 자신에게 유리하고 자신을 향상시키는 길을 추구했다.

---

21 Thomas W. Robinson, "National Interest," *International Politics and Foreign Policy: A Reader in Research and Theory*, (편) James N. Rosenau (New York: The Free Press, 1969), pp. 184-185. Robinson의 글은 이 책 제 17장에 수록되어 있다.

22 김철범, "미국의 대한정책과 주한미군의 철수,"『한국전쟁사』제 2권 (전쟁기념사업회), 「전쟁의 근원」(서울: 행림출판사, 1990), pp. 530-531. 김철범의 글 "전쟁의 원천"은 이 책의 제 10장으로 편집되어 있다.

23 Bruce Cumings, *The Origins of the Korean War: Liberation and the Emergence of Separate Regimes 1945-1947* (Princeton, NJ: Princeton University Press, 1981), p. 245. 소련이 한반도의 중요성을 강조한 것은 1946년 3월 20일 미소공동위원회 회담에서 소련측 선임대표 Shtikov 장군이 한 다음과 같은 개회사에 잘 나타난다. "소련은 한국이 소련에 우호적인 진정한 민주주의 독립국가가 되어 장차 소련에 대한 공격의 기지가 되지 않아야 한다는 데 깊은 관심이 있다."

24 앞의 책, p. 113.

2. 북한정권의 성격

북한정권의 기본 특성

1950년대 한국에 대한 북한 군사위협의 규모와 기량을 평가하려면 당시 북한정권의 기본특성들을 분석해야 한다. 북한이 주장하는 바로는, 북한군 창설은 1930년대 남만주 일대에서 수행된 항일독립투쟁에 깊이 뿌리박고 있다. Bradner가 간명하게 분석하듯이, "김일성의 세계관은 그가 게릴라 전사로서 일본에 맞서 싸운 젊은 시절의 경험으로 형성된 것이었다. 그것은 "싸우고 대화하고, 싸우고 대화하라"는 레닌의 금언과 아돌프 히틀러의 『Mein Kampf (나의 투쟁)』에 표현된 말, 즉 "싸우지 않는 생명체는 죽는다"는 사상이 교차된 것 같았다. 따라서 정신세계의 중앙에 자리잡은 이러한 군사적 사고방식은 그야말로 아무리 강조해도 지나치지 않으리라."[25] Robert A. Scalapino와 Chong-sik Lee는 『Communism in Korea』에서 게릴라 사고방식과 북한정권의 속성들의 상호관계를 불가분하게 연결된 것으로 정의했다. 이와 비슷한 맥락에서 Suk-ho Lee도 북한 공산당과 군부의 관계를 다음과 같이 분석하면서 북한정권의 속성에 대해 동일한 주장을 했다.

> 일말의 의심도 없는 신의와 충성심이 생존의 결정요인이었고, '당'은 전적으로 군대 같은 성격을 띠어서 작지만 기율과 위계질서가 결연하고, 종종 필사적인 동지애로 서로 단단히 섞여 짜여 있었다.[26] 게릴라 대장에서 시작해 당을 통치하게 되었다는 것은 사고방식의 작용 스타일에 변화가 있었다기보다는 사고의 대상이 되는 통치 범위가 변했다는 걸 의미했다.[27]

Bradner도 북한 지도자들이 정부와 군부의 역할을 어떻게 인식했는지 이렇게 설명한다. "김일성에게 경제란 전쟁의 도구를 생산하기 위한 것이고, 교육은 유능한 군인을 길러내는 것이며, 이념은 주민들에게 전쟁의 필연성

25 Stephen Bradner, "North Korea's Strategy," *Planning for a Peaceful Korea*, (편) Henry E. Sokolski (Carlisle, PA: The Strategic Studies Institute, U.S. Army War College Publication and Production Office, Feb. 2001), p. 23.

26 Robert A. Scalapino와 Chong-Sik Lee (이정식), *Communism in Korea: Part I, the Movement* (Berkeley, CA: University of California Press, 1972), p. 783.

27 Suk-Ho Lee (이석호), *Party-Military Relations in North Korea* (Seoul: Research Center for Peace and Unification of Korea, 1989), pp. 231-251.

을 설득하고 궁극적으로는 절대 확실한 무오류의 신적인 존재로 찬양받을 군사 지도자에게 절대복종할 것을 주입시키는 것이었다."[28] 요컨대, 북한정권의 통치방식과 군사력 증강은 서로 구별될 수 없다. 정권의 기능과 군부의 기능은 둘 다 북한전역에 만연된 북한정권의 혁명적, 군국주의 이념에 바탕을 두고 있다.

한국 정부를 보는 북한정권의 시각

한국에는 얼음과 숯은 서로 섞이지 않는다는 오래 된 속담이 있다. 즉, 아무리 노력한다 해도 두 상반된 물질인 얼음과 숯은 서로를 받아들일 수 없다는 말이다. 인구가 밀집한 한반도에 대한민국과 북한이라는 두 정치체제가 있다는 것은 바로 속담의 경우와 비슷하다. Bradner는 이들의 관계를 분석하기를, "김일성 정권은 남쪽 한국에 존재한 그 어떤 정권에 대해서도 절대적인 적개심을 보이면서 탄생하고 성장했으며, 한국을 단지 미국의 식민지로 간주하고, 그 관리들은 그들이 섬기는 식민지 주인의 하인에 지나지 않는다고 본다."[29] 대한민국 체제에 대한 북한정권의 이같은 적대적 인식은 한국에 대한 호전적 태도를 촉발시켰다. 이를테면, 한국은 기피해야 할 대상일 뿐이고, 그 기반을 흔들어 약화시켜야 할 존재며, 가능하면 파괴해야 할 표적이라는 것이다. 이토록 집요한 적개심의 결과, "평양은 정권수립 후 50년이 넘도록 단 한 번도 한국 관료집단에 관해 좋게 말한 적이 없다. 그리고 한국의 정부는 그 어떤 특별한 정통성도 없는, 한국내의 수많은 조직체들 가운데 하나일 뿐이라고 간주해 왔다."[30]

북한정권이 역점을 둔 군사력 창건

1945년 일제 식민통치에서 해방된 뒤 북한정권은 북한지역에서 국력을 기르기 위해 세 가지 계획을 추진했다. 북한이 발행한 공식적인 6·25전쟁사에 의하면, 첫째, "미제국주의자들과 남쪽 괴뢰들의 전쟁준비책략에 맞서기 위해, 시대가 요구하는바 '혁명을 위한 민주 기지' 즉, 북한의 정치·경제·군

---

28 Bradner, Korea's Strategy," p. 24.
29 앞의 책, p. 24.
30 앞의 책, p. 24.

사적 역량을 증대해야 하는데, 이는 혁명의 업적들을 보호하고 조국통일을 위한 힘을 보장하기 위한 것이다."[31] 둘째, 정치역량 증진을 위해 사회전역에 걸쳐 당의 정치적 힘을 강화하도록 노력한다. 셋째, 경제능력 강화를 목표로 '주체사상' 실현을 위한 노력을 경주하며, 이를 토대로 국가자립경제를 위한 경제적 기반을 다진다는 계획이었다.

북한정권은 특히 군사분야에 역점을 두었다. "위대한 지도자로서 김일성은 인민군대의 힘을 증강시키는 것이 전반적인 국가안보역량 향상에 그 무엇보다도 필요하다고 사람들의 머릿속에 각인시켰다. 그는 또 현명하게 리더십을 발휘해 이념적 원칙과 군사기술적 전문성으로 인민군을 튼튼하게 무장시켰으니, 이렇게 길러진 인민군은 '일당백'의 숙련된 혁명군대가 될 수 있었다."[32] 즉, 군사역량의 증진에는 이념적 교화와 군사적 기술의 숙달이라는 두 가지 노력이 있었다. 전자는 보통 젊은이를 충성스럽고 헌신적인 혁명전사로 탈바꿈하고, 후자는 부대를 현대전의 특성과 장비에 숙달시키는 것이었다. 군사력 향상을 위한 이같은 방향의 정치적 역점이 조선인민군 창설 후 급속한 성장을 가능케 한 토대였다.

3. 1950년대의 한국에 대한 북한정권의 군사위협

북한군의 규모와 병력

부대의 병력 수는 한 국가가 보유한 군사력의 전투력을 구성하는 기본요소다. 하지만, 적군 병력의 정확한 수는 그 정보를 적시에 접하기 힘들어 알기가 쉽지 않다. 1950년 6월 24일 현재 북한병력의 규모는 한국 국방부의 공식 판단에 의해 198,380명으로 보고되었다.[33] 물론 상이한 자료마다 상이한 수치를 제시한다.[34] 하지만 일국의 군사력이 지닌 전투력을 평가하려면 병력의

31 허종호, 『조선인민의 정의의 조국해방전쟁사』 (평양: 사회과학출판사, 1988), p. 62.

32 앞의 책, p. 66. "일당백"이란 말은 문자 그대로 전사 한 사람이 적 백 명을 제압한다는 뜻이었다.

33 대한민국 국방부, 『韓國戰爭史』 제 1권, 1977, p. 109.

34 상기한 6·25전쟁사 자료에 의하면 한국육군은 1949년 12월 27일부 북한군 병력을 174,022명으로 추산했고 (앞의 책 각주 11과 각주 19를 참조할 것), 1950년 5월 12일부 북한군 총병력은 182,400명이라고 보았다. Roy E. Appleman은 그가 쓴 미육군의 공식 역사서 *U.S. Army in the Korean War: South to the Naktong, North to the Yalu* (Washington, D.C.: Office of the Chief of Military History, 1961)에서 6·25전쟁 직전의 북한 지상군 병

절대적 숫자보다는 다음의 요소들이 더 중요하다. 즉, 피아간의 총체적 전투력에 대한 상대적 비교, 신병을 모집해 부대에 배치하는 과정, 전투장비의 성능, 그리고 훈련의 질과 군대 사기의 수준이다.

첫 번째 비교영역인 총병력은, 한국측 공식평가에 따르면, 1950년 6월 북한군 198,380명에 비해 한국군 105,752명으로 거의 2:1로 북한이 우세했다. Appleman의 평가로는 135,000 대 94,800으로 북한이 10:7의 우위를 보였다. 이처럼 문헌자료마다 다른 숫자를 제시하지만 분명한 것은 북한이 병력인원의 총 수에 있어서, 특히 지상군 병력 수에서 견고한 우위를 누렸다는 점이다. 이러한 북한군의 숫자적 우월은 한국사회에 불안감을 만연시키고 급기야는 심각한 위협을 느끼게 만들었다.

북한정권의 군사력 창건과정에서 한 가지 주목할 것은 한국인 혈통의 참전군인들인 동북의용군을 조선인민군에 흡수한 것인데, 이들은 1940년대 중국 국공내전에서 인민해방군 편에서 싸웠던 자들이다. Appleman이 파악한 바로는, "인민해방군으로부터 돌아온 자들은 북한군 전체 병력의 거의 3분의 1을 구성했는데, 이들이 전투력의 기반을 제공했다. 8개 현역사단 중에서 5개 사단, 즉, 제1, 제4, 제5, 제6, 제7사단이 중국내전에서 혁혁한 전공을 세웠던 이들 베테랑들을 받아들인 것이다. 이들은 인민해방군에서 붙였던 계급도 그대로 달고 조선인민군에 편입되었다. 제5사단에는 인민해방군 제64사단으로부터 5,000명이 들어갔고, 제6사단에는 인민해방군 제166사단에서 온 10,000명이, 그리고 제7사단은 인민해방군 제139, 140, 141, 156사단의 12,000명이 들어갔다. 북한군의 제10, 13, 15사단 같은 부대도 인민해방군 출신을 상당히 받아들였다."[35]

한국에서 공식 출간된 전쟁사에 따르면, 북한과 중국과 소련은 1949년 1월 비밀회합을 갖고 1949년 9월까지 인민해방군 출신 한인 베테랑 28,000명을 북한으로 송환하는 문제를 논의했다.[36] 그리고 이보다 앞서 1947년 3월부터 김일성은 남만주 지역 중국 지방관헌들과도 인민해방군 한인 베테랑들의 귀

력으로 135,000을 제시한다. 그런데 한국측 계산으로는 당시 북한 지상군은 182,680명이었다. 135,000을 북한군 총병력으로 보는 일본 문헌으로서는『Chosen Senso Si』(朝鮮戰爭史) (Tokyo: The Association of Ground War Analysis and Familiarization, 1972)가 있다.

35 Appleman, *U.S. Army in the Korean War: South to the Naktong, North to the Yalu*, p. 5.

36 대한민국 국방부,『韓國戰爭史』제 1권, 1977, p. 94.

환협상을 전개해 왔었다.

이렇듯, 북한정권은 인민해방군으로부터 한인 베테랑들을 송환받는 데 확실히 성공했다. 이러한 노력은 전쟁수행에서 노련한 군인들의 역할이 중요함을 반영하는 것이다. 1950년 6월 개전초기 북한군 작전의 성공은 이들의 기여에 힘입은 것이라 하겠는데, 이들의 기여는 두 가지로 설명할 수 있다. 즉, 아직 유아기였던 북한군에 리더십을 제공한 것과,[37] 일찍이 중국에서 쌓은 전투경험을 바탕으로 편성된 지 얼마 안 된 북한군 부대들을 위해 조직의 구조적 안정과 전술지식을 제공한 점이다.

그런데 북한의 공식 역사기록은 인민해방군 베테랑들의 귀환과 6·25전쟁에서의 기여에 관해 언급하지 않고 있다. 또 이와 비슷한 역사서술 태도로서, 북한군의 수효라든지, 군사장비의 양상, 소련군이 북한군 장비와 무장에 도움을 준 방식, 또는 북한군의 전반적 전쟁준비 따위에는 침묵하고 있다. 북한의 역사서는 북한이 '혁명'의 대의를 위해 군사적인 노력을 기울였다는 식으로 선전하는 데만 열을 올리고 있는 것이다.

북한군의 창설과 그 이후의 배치

지금까지 전투력 비교의 기본요소로서 부대병력의 수를 살펴보았는데, 병력을 군사조직으로 편성해 가는 과정도 전투력 비교에 대단히 중요한 지표다. 북한정권은 일찍이 1945년 10월 20일부터 군대를 조직하기 위한 노력을 기울였다. 이때 이미 보안대를 창설했는데, 이는 치안대라든지 자위대 같은 갖가지 경비대 형태의 비정규 조직들을 대신하고 대체한 것이었다.[38] 이 보안대는 약 2천명 규모로서 나중에 모습을 갖추는 정규군의 전신이었다. 이에 뒤따라 북한 군사조직의 형성을 상징한 또 한 가지 사건은 1946년 8월 15일의 보안간부훈련대대부 창설이었는데, 그 임무는 기존 3개 훈련소와 간부양성 학교들에 대한 지휘였다.[39] 북한정권은 1947년 5월 17일 보안간부훈련대대부를 인민집단군으로 변모시키는데, 이는 북한군의 비공식적인 시작이었다.

---

37 앞의 책, p. 94. 이와 관련해 다음과 같은 기록도 있다. "인민해방군 출신 베테랑들은 주로 북한군 제1, 제4, 제5, 제6, 제7사단에 퍼져 들어갔으며, 괴뢰군 장교단의 3분의 1을 차지했다."

38 앞의 책, p. 88.

39 앞의 책, p. 90.

인민집단군은 나중에 편성되는 보병 제1사단과 제2사단 및 제3독립혼성여단의 전신들을 포함하고 지휘했다.

드디어 김일성은 1948년 2월 8일 조선인민군의 창설을 공식선언한다. 이미 제 1장에서도 언급했듯이, 북한군 창설의 공식선언은 1948년 9월 9일 북한의 정부수립 자체보다 7개월이나 앞선 사건이다. 북한군 조직을 확립하는 신속성과 그 효력은 놀랄 만했으니, 보안간부훈련대대부를 인민집단군으로 만드는 데 단 7개월이 걸렸고, 인민집단군을 조선인민군으로 발전시키는 데는 9개월이면 충분했던 것이다.

1948년 9월 9일 북한이 국가로서 탄생하자 기존 사단들은 정규군 사단으로 증강되거나 강화되었다. 3개 보병연대와 1개 포병연대로 구성된 제1보병사단은 평남, 평북, 그리고 황해도에 기지를 두고 전개되었고, 제1사단처럼 휘하에 4개 연대를 거느린 제2보병사단은 함남, 함북, 평남 지역에 전개되었으며, 역시 동일한 편성구조였던 제3사단은 제3독립혼성여단으로부터 병력증강 지원을 받아 함남과 강원도에 전개되었다. 한편, 편제가 약간 다른 제4사단은 평남과 평북 지역에 기지를 두고 전개되었다. 1949년 7월에는 중국 인민해방군 출신 베테랑들의 유입과 함께 나남과 안주에서 제5사단과 제6사단이 각각 창설되었다.[40] 1950년 3월에는 숙천에서 제10사단과 회령에서 제15사단, 그리고 같은 해 4월 원산에서 제7사단이 인민해방군 베테랑들을 받아들여 현역편제로 활동을 개시했다.[41] 마지막으로, 6·25전쟁 발발 직후인 1950년 7월 신의주에서 제13사단이 탄생한다.

이렇게 1950년 6월 25일 한반도에서 남침을 감행할 무렵까지 북한정권은 10개 정규군 보병사단 창설을 마무리했고, 이들은 북한 전역에 걸쳐 전술적으로 중요한 지역에 기지를 두거나 전개되었다.

전투장비의 탁월성

1946년 5월 북한이 1개 전차연대를 창설했는데, 이는 남북한 전투력 비교에서 가장 두드러진 양상이었다. 제115전차연대는 소련이 당시 북한에 주둔

40 The Association of Ground War Analysis and Familiarization, *History of the Korean War*, p. 6.

41 앞의 책, p. 6.

시켰던 소련제 탱크들을 이관해 준 것으로 창설되었다. 1948년 12월이 되어서 제115전차연대는 T-34 탱크 60대, SU-76 자주포 30문, (2인탑승 3륜) 사이드카 60대 및 기타 다용도 차량 40대로 완전히 장비를 갖추었다. 소련은 또한 새로 창설된 북한 전차부대 운영을 돕도록 탱크전술에 유능한 고문관 15명을 제공했다. 제115전차연대는 1946년 5월 16일 3개 전차연대로 구성된 제105전차여단이 되는데, 각 연대는 전차 36대로 편성되었다. 전차여단 휘하에는 기타 고유편제된 지원부대들도 있었는데, SU-76급 64문으로 편성된 1개 자주포대대, 사이드카 200대로 된 1개 기동정찰대대, 1개 통신대대, 1개 공병대대, 그리고 1개 기계화보병연대 등이었다.

1950년 4월말이 되면 북한 전차여단은 몸집을 몇 배나 더 불려서, T-34 탱크 242대, SU-76 자주포 154문, 사이드카 560대 및 기타 다용도 차량을 380대나 보유했고,[42] 6·25전쟁 발발직후인 1950년 7월 5일 여단은 사단급으로 격상되어 제7전차사단이 된다.[43] 한편, 비교조차 해볼 수 없는 황량한 현실로서, 38선 남쪽의 경쟁자는 전쟁이 터졌을 때 단 한 개 전차부대도 없었다.

전투력의 두 주요 요소는 화력과 기동이다. 지상전에서 전차의 힘은 화력과 기동을 겸비하며, 포병은 화력을 상징한다. 그래서 북한군의 화력을 알려면 북한군 포부대의 편성과 성능의 분석도 필요하다. 북한군 1개 보병사단은 우선 휘하 보병부대들 자체가 고유하게 보유한 박격포 화력으로서 구경 61mm 박격포 108문이 있었는데, 이는 한국군 사단내 보병들이 가진 60mm 박격포 81문보다 1.3:1의 우위를 누렸다. 또한 북한군 사단내 보병은 82mm 박격포 81문을 보유했고, 한국군 사단의 보병은 81mm 박격포 36문으로서 이 역시 2.3:1로 북한의 우세. 이 밖에도 북한군 사단내의 보병은 120mm 박격포 18문이 있었지만 한국군 사단 보병에는 그 정도 대구경 박격포는 없었다. 한편 보병사단 내에 편제되어 전방의 보병전투에 화력을 지원하는 포병을 비교해 보면, 북한군 보병사단은 76mm 곡사포 12문과 76mm 평사포 36문을 운용했으나, 한국군 보병사단은 이 정도 구경의 경포병도 없었다. 북한은 또 122mm 곡사포 12문이 있었지만 이에 필적할 포병화력 역시 한국군에는 없

---

42 대한민국 국방부, 『韓國戰爭史』 제 1권, 1977, p. 96.

43 The Association of Ground War Analysis and Familiarization, *History of the Korean War*, p. 6.

었다. 한국군이 대포라고 해서 가졌던 것은 일부 전방사단들에 15문씩 배치되었던 M-3형 105mm 견인식 곡사포가 모두였고, 남북한이 보유했던 포병화기들을 전체 숫자로만 비교해도 4:1로서 북한군이 압도적으로 우세했다.

대전차 무기들로 말하자면, 북한군 사단은 45mm 대전차포 42문을 보유했다. 한편 한국군 사단은 37mm 대전차포 16문과 수효미상의 57mm 견착식 무반동총, 그리고 견착식 대전차 로켓발사기 약 200문이 있었으나 이들 모두는 6·25전쟁 초기 남진하는 북한군 탱크들을 파괴하는 데는 전혀 효과가 없음이 판명되었다.

북한군의 전투력 향상을 위한 노력에서 또 한 가지 중요한 발전은 소련제 전술항공기 도입이다. 북한공군의 창설은 소련이 북한의 군사력을 강화시키는 과정에서 두드러지게 역점을 둔 부분이다. 6·25전쟁을 일으킬 즈음까지 북한은 소련제 YAK-9 전투기 40대, IL-10 전폭기 70대, 정찰기 10대, 그리고 YAK 훈련기 60대를 소련으로부터 인수했다.[44] 이 항공기들은 세 번에 걸쳐 북한에 운송되었는데, 첫 번째는 1949년 3월 김일성이 모스크바에서 회담한 이후였고, 두 번째는 1950년 4월, 마지막은 6·25전쟁 터지기 일주일 전인 1950년 6월 18일이었다. 이 중 마지막 운송은 소련군 조종사들이 직접 비행기를 몰고 흥남 연포비행장에 착륙한 것이다. 이 최신예 항공기들을 가지고 북한은 6·25전쟁 기습남침을 개시할 때까지 조종사 200명과 정비사 400명을 훈련시킬 수 있었다.

북한공군의 창설을 보면 소련이 고성능 전투장비 제공에 진정으로 적극적이었음을 알 수 있다. 하지만, 당시 한국의 항공능력이라 해 봐야 한국민들의 모금으로 장만한 경훈련기 10대였고, 미국은 그 어떤 정교한 장비나 공격용 장비도 한국에 제공하기를 주저했다. 남북한 간의 이 엄연한 격차를 일컬어 대비시키자면, "'소련항공학교'를 나오고 2차대전 폭격기 조종사였던 왕용 소장이 지휘하는 북한의 프로펠러 추진 공군력은 한국 공군력과는 비교할 나위도 없이 우월한 것이었다."[45]

1950년대 남북한간 전투력에 나타난 이 격차의 배경에는 두 가지 요소가 있었다.

---

44 Harry G. Summers, Jr., *Korean War Almanac* (New York: Facts on File, Inc. 1990), p. 202.
45 앞의 책, p. 202.

첫째, 미국과 소련은 한국에 대한 정책에 있어 근본적 차이가 났다. 소련은 북한이 장차 분단된 한반도를 통일할 수 있도록 소련의 강력한 위성국이 되게 만들고자 했다.[46] 태평양전쟁 종료 후 일본과 미국의 견고한 동맹을 생각하면, 사회주의 세력에 의한 한반도 통일은 동아시아에서 소련의 국제적 지위를 향상시킬 수 있었다. 즉, 소련이 한국을 전략적 요충지로 보았다는 것이다. 이처럼 소련 정책수립자들의 눈에 비친 한반도의 전략적 중요성이 그들로 하여금 북한에 주력전차들과 전투성능이 입증된 항공기와 최신예 포병화기 같은 무기들을 관대하게 많이 제공하도록 만들었다.

둘째, 북한정권의 지도부는 필요하다면 군사력을 사용해서라도 한반도를 정치적으로 통일한다는 목표를 일관되게 유지했다. 이 정치목표를 이루려고 김일성은 북한의 큰 동맹국인 소련과 중국 지도자들과 일련된 회담을 했고, 두 동맹국은 결국, 다소 주저하면서도 김일성의 남침계획을 지지한다. 국내적으로 북한정권은 세 가지 방식으로 남침을 체계적으로 준비했다. 맨 먼저 군사력 증강, 그 다음 한반도 북부의 '혁명기지' 공고화, 마지막으로 한국내의 사회전복책동 선동이다. 통일을 향한 김일성의 열렬한 야심은 정치적 정통성 문제와 연관돼 있었다. 그는 자기처럼 일본의 식민지배에 대항해 싸웠던 자들만이 민족의 진정한 애국자들이고, 오직 그들만이 미래 한국의 정치에 참여할 자격이 있다고 주장했다. 그들 외에는, 일본에 협력했든, 해방 후 미국을 위해 일했든, 모두가 나라를 팔아먹은 '매국노'나 반혁명적 '반동분자'일 뿐이었다. 따라서 이 두 범주에 드는 한국 지도자들은 한국의 정치에 나설 어떤 자격도 없다는 것이다. 그들은 다만 타도해야 할 표적이었으니까. 이런 식의 사상이 김일성으로 하여금 북한의 군사력 증강에 매진하게 만들었다.

북한군의 정신력

북한군 정신력의 제일 중요한 원천은 북한정권의 세계관에 나타난 그럴 듯한 논리와 단순한 대중을 세뇌하는 효과적인 정치적 교화교육이었다. 북한정권이 열렬히 신봉하고 열심히 선전한 것들을 네 단계로 나눠 짚어보자.

하나, 이 세계는 혁명세력과 반혁명세력 간의 격렬한 대결의 장이었는데, 혁명세력은 소련과 중국 같은 사회주의 국가들로 대표되었다. 반혁명세력은

46 Bruce Cumings, *The Origins of the Korean War*, p. 113.

영국, 프랑스, 독일, 이탈리아, 그리고 제국주의 일본 같은 나라들이 전형적인 본보기였고, 이들의 경제체제는 주로 자본주의 형태를 띠었으며, 2차대전 후에는 이들 옛 식민주의 세력들을 대체하면서 미국이 현대적 제국주의 반혁명 세력의 주장으로 등장했다.[47]

둘, 전후의 국제적 세력형세를 보면, 사회주의 국가들의 정치적 힘은 강해진 반면 자본주의 국가들의 정치적 힘은 약화되었다.[48] 미국은 제국주의 진영의 주장이 되어 "세계를 정복함으로써" 전 세계에 대한 통제력을 회복하고자 열렬히 희망했다.[49] 동아시아 지역, 특히 전략적으로 중요한 한반도는 미국의 세계정복에 제일 중요한 목표다.[50]

셋, 자본주의 국가들은 저개발 국가들을 식민지화했던 제국주의 세력이며, 사회주의 국가들은 옛 식민지 국가들의 민족해방운동을 지원했던 나라들이다.[51] 따라서 자본주의 세력은 역사적으로나 도덕적으로나 잘못된 것이었고, 사회주의 세력과 민족해방운동은 역사적으로나 도덕적으로 옳은 것이었다.

넷, 미국이 현대 제국주의와 반혁명세력의 주장이 된 세계정세 속에서 북한은 제국주의에 대항함으로써 민족독립을 위한 길을 걸어왔다.[52] 즉, 북한은 자본주의의 착취와 어떠한 과거 내지 현대적 제국주의에도 대항하면서 사회주의 혁명을 이룩한다는 목표를 갖고 있었다. 그런데 이와 반대로 한국은 미국의 패권지배 하에 "식민지"로 아니면 "괴뢰"로 남는 길을 따라갔다.[53]

이런 식의 추리는 순진하고 미숙한 것이지만 1950년대 초 북한의 단순한 대중들에게는 먹혀들어갔다. 북한정권은 그 혁명의 운영기술로서 일반대중의 정신력, 또는 정치적 신념에 상당한 중점을 두었는데, 특히 일상적인 군복무 중 정치적 신념이라는 요소는 그 무엇보다도 중시되었다. 이 논리는, 비록 아무리 편향된 것이었다 할지라도, 북한 군인들에게 바라는 정치적 확신에 이

47 Huh Jong-Ho (허종호), *Joseon Inmineui Jeong-euieui Joguk Haebang Jeonjaengsa* (History of the Just War of Fatherland Liberation by the People of Korea). (Pyongyang: The Social Science Publications, 1988), p. 9.

48 앞의 책, p. 9.

49 앞의 책, p. 15.

50 앞의 책, p. 19.

51 앞의 책, p. 16.

52 앞의 책, p. 4.

53 앞의 책, p. 24.

르도록 하는 데 도움이 되었다. 무엇보다도 한민족이 제국주의 일본의 지배하에 엄청난 고통을 겪었었다는 단순한 이유만으로도, 민족해방을 부르짖고 제국주의를 강렬히 반대하는 "정의로움"을 주장하는 것은 젊은 북한군 병사들의 감수성 강한 마음을 끌었으리라.

북한정권이 6·25전쟁을 보는 관점은 북한에서 공식 출판된 전쟁사의 서두에 분명히 적혀있다. "조선인민에 의한 전쟁의 승리는 우리에게 귀중한 진리를 가르쳐 주었다. 나라와 인민이 아무리 작다 해도 인민들이 위대한 지도자와 무적의 당 아래서 일치단결해 싸우면 제국주의자들과의 투쟁에서 반드시 승리를 쟁취하며, 민족의 자결권을 보호할 수 있다. 전쟁의 결과를 가져오는 결정적 요소는 숫적 우위나 군사적 기술적 우세가 아니라 정신적 정치적, 그리고 전략적 전술적 기량이다."[54] 이 인용문 중 마지막 문장은 북한정권이 군사문제에 있어서 정신력에 역점을 두었음을 반영한다.

불굴의 정신적 용기의 한 두드러진 요소인 정치적 신념은 분명히 북한군인들 사이에서 군사적 기량으로서 가장 확연히 나타나는 양상이라고 칠 수 있겠다. 김일성은 정신적 측면을, 이를테면, 혁명적 사고방식을 반복해서 이렇게 강조했다. "그 무엇보다 우리는 우리의 모든 전사들을 당의 혁명정신으로 무장시켜야만 한다. 그리함으로써 우리의 군대를 혁명의 군대로, 당의 군대로, 그리고 노동자들의 군대로 만들 수 있다. 물론, 전술훈련과 요새화 작업도 중요하다. 하지만 우리 군대에서 제일 중요한 것은 전사들 사이의 정치적 과업, 즉, 정치적 교화교육을 향상시키는 일이다."[55]

가공할 만한 북한의 군사적 위협

지금까지 논한 바처럼, 1950년대 한국안보에 대한 북한정권의 군사위협은 실존하는 위협으로서 가공할 만한 것이었고 다음과 같은 정치·군사적 상황으로부터 유래한 것이었다.

첫째, 소련이 한반도의 중요성을 긍정적으로 인식하면서 1945년 해방후 북

54 앞의 책, p. 5.

55 조선로동당 중앙위원회 력사연구소, 『김일성 저작 선집』 제 3권 (평양: 조선로동당 출판사, 1968), p. 461. 김일성은 1963년 2월 8일 "우리 인민군대는 로동자 계급의 군대며, 혁명의 군대다. 정치교육과 교화교육 계획이 계속적으로 향상되어야 한다"라는 제목으로 연대급 이상 부대의 정치장교들에게 연설을 했다.

한정권에 관대하게 대규모로 정치적, 군사적 지원을 했다. 태평양전쟁 후 미국과 일본의 긴밀한 동맹을 주시하면서, 소련은 한반도에 공산주의를 지향하는 강건한 위성국가를 확립시키고 싶었던 것이다. 이와 대조적으로 미국은 자국의 서태평양 방어계획에서 한국을 제외시킴으로써 북한정권으로 하여금 동아시아에서의 미국의 전략적 의도를 잘못 해석하게 만든다. 게다가, 1949년 모택동이 이끈 중국 공산주의자들의 국공내전 승리는 북한정권으로 하여금 무력으로라도 남북한을 통일하겠다는 야심을 품게 사주하는 결과를 낳았다.

둘째, 그렇지 않아도 김일성의 리더십 아래 오랫동안 북한정권은 군사력으로 한반도를 통일한다는 정치적 야심을 버리지 않았으며, 이 정치목표를 이루기 위한 과업을 체계적으로 준비해 왔었다. 효과적인 당 체제를 확립해 북한사회에서 정치적 힘을 공고히 하고, 정치목표에 기여할 목적으로 놀랄 만한 속도와 효율성으로 군사력을 창건하고 향상시켰는가 하면, 남침을 결행해도 그 예상되는 결과는 긍정적이라고 내다보면서 두 거대 공산주의 동맹국인 소련과 중국을 설득하는 데 성공했다.

셋째, 이같이 치밀한 정치적 계획하에 조직된 북한군은 몇 가지 두드러진 특징이 있었다. 앞서 말한 대로, 규모와 병력수의 괄목할 만한 급성장으로 한국군을 훨씬 앞선 데다 중국 국공내전에서 싸운 한인 베테랑들의 전투경험과 전술기량을 활용했고, 소련이 관대하게 제공해준 군수물자 덕에 전투력이 한국군에 비교할 필요도 없이 탁월했으며, 효과적으로 '먹혀들어가는' 정치적 이념교육으로 북한 젊은이들을 모병하는 데 성공했다. 이같은 정치·군사적 상황 발전으로 1950년대 북한정권이 한국에 가한 군사위협은 잠재적 위협의 정도가 아닌 명백하고 실존하는 위협으로서 가공할 위력을 갖추게 되었다.

4. 한국에 대한 미국의 전략적 영향력

미군의 한국전선 투입: 신속성과 대규모 병력

미군이 한국전선에 들어오게 되는 일련의 전후 상황, 병력규모, 투입방식을 사건의 발생순서에 따라 살펴보면 한국의 군사문제에 미군이 얼마나 큰 전략적 영향력을 미쳤는지 알게 된다. 1949년 6월 미군은 한국철수 후 몇 개 소부대만 잔류해 주한미군사고문단 요원으로 태동기의 한국군을 도왔다.[56]

6·25전쟁이 터지자마자 미국이 한국에 보낸 첫 부대는 John H. Church 준장이 단장인 '연합군총사령부 주한 전방지휘소 및 연락단' 또는 ADCOM이라고 하는 전황파악을 위한 파견대였다. 1950년 6월 27일 한국에 도착한 연락단은 도쿄의 연합군총사령부 소속 일반참모와 특수참모 13명과 병사 2명으로 구성되어 규모는 작았지만 주한미군사고문단을 통제하고 북한군의 전진을 저지함에 있어 한국육군에 가능한 지원을 하라는 중요한 임무를 부여받았다. 그 첫 번째 주목할 만한 조치는 한국군 육군참모총장 채병덕 장군에게 다음과 같은 조언과 제안을 한 것이다. 즉, 서울에서 시가전을 벌이라는 것과, 참모총장의 지휘본부를 연락단 사무실이 있는 수원에 함께 위치시킬 것을 제안했으며, 낙오자 집결소를 서울과 수원 사이에 설치하자고 건의했다.[57] Church 준장이 채병덕 장군에게 한 조언들은 미국의 정치적 군사적 권능을 공식적으로 나타낸 것으로서, 북한의 남침에 맞서는 한국에 대해 미국이 중요한 영향력을 처음으로 행사한 것이라 하겠다. 그리고 6월 30일 처치 단장이 채병덕 총장에게 한 조언은 분명한 명령처럼 보였다. "처치 장군은 채병덕 장군에게 북한군을 (한강의) 강변에서 역공하라고 지시했으나 적의 포사격 때문에 한국군 부대들은 그 명령을 이행하지 못했다."는 기록이 있다.[58]

미국이 한국전선에 급파한 첫 전투부대는 406명으로 편성된 스미스 특수임무부대다. 북한군의 남침개시 엿새 뒤 7월 1일 일본에서 한국으로 공수되었는데, 지휘관 스미스 중령은 제24보병사단 21연대 1대대장이었다. 그런데 이 부대의 병력현황을 보면, 편제정원에 미달하는 2개 소총중대와 정원의 절반뿐인 본부중대, 그리고 역시 정원의 절반인 통신소대가 있었다. 주요 공용화기를 보면, 구경 75mm 무반동총 4정을 보유한 화기소대와 4.2인치 박격포 4문, 2.36인치 대전차 바주카포 팀들과 60mm 박격포 4문이 있었다. 각 병사는 개인화기용 실탄으로 고작 120발과 이틀 분 전투식량(C-레이션)을 지급받았다.[59] 이 급조 편성된 부대는 어마어마한 북한군에 맞서 싸우기에는 부적절

56 Roy E. Appleman의 책 *U.S. Army in the Korean War: South to the Naktong, North to the Yalu* (Washington, D.C.: Office of the Chief of Military History, Department of the Army, 1961) 472쪽에 보면, 1950년에 KMAG의 500개 직책 중 미 군사요원 472명이 근무했다.

57 앞의 책, p. 43.

58 앞의 책, p. 55.

59 앞의 책, p. 61.

한 전술 방식으로 한국전선에 투입되었고, 논리적 필연의 결과라는 말처럼, 완벽한 패배의 운명을 맞이한다. 그리고 부대의 패배와 파멸은 한국인들에게 엄청난 경악과 실망을 안겨주었다. 세계최강 미국의 군사력에 의한 결정적인 전술적 승리를 기대했었던 탓이다. 스미스 부대로는 처내려오는 침략자의 계속되는 맹공을 저지하는 데 실패할 수밖에 없었고, 그것도 완전한 실패였다.

이후의 미군 증강병력은 더 커진 규모로서, 일본에 주둔한 제24보병사단 전체가 한국전선에 투입된다. 6월 30일 맥아더 장군은 사단장 William F. Dean 소장에게 신속히 한국전선에 들어가 싸우라는 명령을 내렸다. 사단의 병력은 부족한 병력을 다른 부대의 인원들로 급히 다시 충원해 15,965명이 되었고, 보유 차량은 4,773대였다.

하지만 이 병력과 장비는 일거에 단호한 조치로써 전선에 들어온 것이 아니다. 제34보병연대 1,980명은 7월 2일 부산항에 도착, 7월 5일 전선에 투입되었고, 제21보병연대는 7월 7일에, 그리고 제19보병연대는 7월 11일이 되어서야 각각 전선에 진을 칠 수 있었다. 물론 혹자는 제24사단이 이렇게 찔끔찔끔 축차적으로 전선에 투입된 것을 비판할 수도 있겠다. 그러나 북한군 최정예 제3사단과 4사단의 남진을 3일간이나 지연시켜 우군에게 시간을 벌어준 효과는 긍정적으로 인정해야 한다. 태평양전쟁 종료 후의 상황을 고려해 보면, 즉, 종전 후 미군의 동원해제 가속화와 주일미군의 평온한 생활 분위기 등을 생각하면, 갑자기 터진 한반도의 전쟁에 준비가 덜 된 전투부대들이나마 긴급 투입한 미국의 행동은 전술적으로 매우 적절했다고 봐야 한다.

비슷한 방식으로, William B. Kean 소장 지휘하의 제25보병사단도 일본으로부터 한국전선에 투입되었다. 사단지휘부는 7월 8일에, 제27보병연대는 7월 10일에 부산에 도착했고, 제24보병연대는 7월 12일, 제35보병연대는 7월 13일과 15일 사이에 부산에 상륙했다.

Hobart R. Gay 소장이 지휘하는 제1기갑사단도 보병제24사단과 25사단처럼 서둘러 한국전선에 들어왔다. 제8기갑연대와 제5기갑연대는 7월 18일 포항에 상륙했고, 제7기갑연대와 제82야전포병대대는 7월 22일 해안에 상륙했다. 이들 3개 기갑연대 중에서는 제8연대와 5연대만 방어작전에 투입되어 대전부근 영동에 있던 미군 제24보병사단의 제21보병연대와 임무교대를 했다.

이렇게 미군이 한국전선에 뛰어드는 역사적 과정을 통해 무엇을 알 수 있

는가? 무엇보다 신속한 대규모 병력투입에 주목해야겠다. 그 신속성과 대규모성은 한 달도 안 되는 짧은 기간에 이룩한 병력증원 내용을 보면 금세 알 수 있다. 1950년 7월 19일 현재 한국에 전개된 미군은 도표 5-1과 같다.

도표 5-1. 1950년 8월 현재 한국전선에 투입된 미군 병력

총병력	39,439
주한 미8군	2,184
군사고문단	473
제1기갑사단	10,027
제24보병사단	10,463
제25보병사단	13,059
부산 기지	2,979
ADCOM	163
기타	91

출처: Roy E. Appleman, *U.S. Army in the Korean War: South to the Naktong, North to the Yalu* (Washington, D.C.: Office of the Chief of Military History, Department of the Army, 1961), p. 197.

6·25전쟁 발발 전 미국이 한국에 대해 취했던 미온적인 정책기조를 생각하면, 예컨대 1950년 1월 애치슨 국무장관이 한국이 제외된 미국 서태평양 방위권역을 선언한 것을 상기하면, 신속하고 대규모적인 미군의 한국전선 투입은 실로 놀라운 현상이었다. 그도 그럴 것이, 한국방어에 1차적 책임을 진 한국군은 사실상 붕괴상태였기에, 미군 증원부대들은 남침하는 북한군에 정면으로 막아서서 공격의 예봉을 꺾어야 했고, 신속한 대규모 미군 투입은 한국의 군사문제에 미국의 절대적 영향력이 구체화되는 계기가 되었다. 게다가, 도표 5-1이 보여주는 현황의 시점보다 불과 약 20일 뒤인 8월 4일의 (아직 미군 위주로 편성되어 있던) UN군 현황인 도표 5-2에는 미군증원의 대규모성과 신속성이 또다시 나타난다. 8월 4일 현황에서 특히 네 가지 사실이 관심을 끈다. 우선, 미군 제2보병사단과 제1해병여단이 UN군사령부 휘하에 추가되었고, 다음, 미군과 한국군은 각각 약 6만과 8만으로 비슷한 규모가 되었으며, 다음, 미공군력 자산으로서 상당한 전투력이 한국전선에 들어왔다. 또한, 미국은 전쟁을 위한 보급과 재보급의 책임을 대부분 떠맡고 있었다.

도표 5-2. 1950년 8월 4일 현재 한국전선의 미군과 한국군 병력

미군 총병력	59,238
육군 총병력	50,367
주한 미8군	2,933
군사고문단	452
제1기갑사단	10,276
제2보병사단	4,922
제24보병사단	14,540
제25보병사단	12,073
부산 기지	5,171
제1해병여단 (잠정)	4,713
극동 공군 (한국)	4,051
기타	107
한국 육군 (추산)	82,570

출처: Roy E. Appleman, *U.S. Army in the Korean War,* p. 264.

미군의 증강 노력은 더욱 탄력을 받았다. 예로써, 도표 5-3에서 보듯이, 약 한 달 뒤 9월 초에는 미군이 주축이 된 UN군이 약 9만 명 선으로 증가했다.

도표 5-3. 1950년 9월 1일 현재 한국전선의 미군과 한국군 병력

미군과 한국군 총병력	179,929
UN군/주한미군 총병력	88,233
미8군 (육군)	78,762
제2보병사단	17,498
제24보병사단	14,739
제25보병사단	15,007
제1기갑사단	14,703
미1해병여단	4,290
영연방 제27보병여단	1,578
미5공군	3,603
한국 육군	91,696

출처: Roy E. Appleman, *U.S. Army in the Korean War,* p. 382.

당시 한국군은 극심한 전술적 곤경에 처해 있었던 반면, 미군은 화력과 기동력에 있어 전투력의 우세와 주도권을 쥐고 있었음을 생각하면 6·25전쟁은 거의 전적으로 미군이 주도해서 싸운 것이라고 간주할 수 있다. 이렇듯, 미국이 전장에서의 대부분 책임을 떠안음으로 해서 한국의 군사문제에 대한 미국의 정치적, 군사적 영향력은 커져만 갔다.

특히 9월 15일 맥아더 원수의 그야말로 눈부신 인천상륙작전 성공은 두 가지 결정적 효과를 가져왔다. 우선, 군사면에서 전술적 대포위망을 달성함으로써 전략적 역공을 하는 결정적인 모멘텀을 제공했다. 대포위망의 형성으로 인해 북한지역으로부터 한반도 남단 낙동강 유역에 이르도록 길게 연장된 남침부대의 병참선은 그 중앙이 절단되었고, 침략군은 남한지역에서 더 이상 공격을 할 기세를 상실했으며, 그때까지 전술적 주도권을 거부당했던 UN군과 미군은 드디어 그 주도권을 차지하게 된다. 실로, 인천상륙작전의 결행으로 북한군은 군사적 대재난의 운명을 만났던 것이다.

다음, 정치적 측면에서 볼 때, 북에서 처내려온 침략군으로부터 군사적 주도권을 뺏음으로써 미국의 권위는 확연하게 올라갔다. 서울탈환 다음 날인 9월 29일 환도식에서 맥아더 원수는 빼앗겼던 수도 서울을 이승만 대통령과 그 정부에 되돌려주는 의식을 거행했다. 대한민국 수도를 다시 수복했다는 것은 군사적 의미와 정치적 의미에서 모두 미국이 지닌 힘의 효과를 명백히 상징하고 있었다. 결국 이같은 미국의 권위 상승은 한국문제와 관련해 결코 부정하지 못할 미국의 영향력이라는 현실적 결과를 낳았다.

작전지휘권 체계

한국군을 통합된 단일 UN군 작전통제 하에 들어가게 하고 싶다는 이승만 대통령의 희망에 따라 미육군 제8군사령관 Walton H. Walker 중장이 1950년 7월 13일 한국전선 전체에 걸친 작전지휘권을 맡았다. 한국군 육군본부는 미8군 사령부가 있는 대구에 함께 위치시키기로 결정했고, 같은 날, UN군에 소속한 사령부가 되었다는 상징으로 워커 장군은 자신의 8군사령부 건물에 게양할 UN기를 수여받았다. 또한 이 대통령은 7월 14일 맥아더 원수에게 보낸 개인 통신문에서 자신의 희망을 전했고, 맥아더 원수는 전 한국전선에 걸쳐 선임 미국군 장군이 책임을 맡는 통합작전통제권 구상을 정식으로 수용했다.

이리하여 한국군 전체의 통제를 포함한 한국 전장의 UN군 통합지휘가 구체화되고 공식화되었다.

UN군 전체에 대한 통합지휘권 행사는 몇 가지 중요한 의의가 있었다. 먼저, 작전지휘체계 재편은 전투수행에 있어서 미군의 주도적 역할과 책임이라는 전술적 현실을 올바르게 반영했고, 다음, 전 한국전선에 걸쳐 효율적이고 통합된 전쟁수행을 가능케 했으며, 그 결과 전쟁수행 자체와 한국의 군사문제에 대한 미국의 영향력이 확고히 굳어졌다.

미국의 군사지원 규모

한국은 1950년대에 여러 가지 면에서 미국의 덕을 본 것이 많았다. 무엇보다도 미국은 한국이 국가로서 태어나는 과정에서부터 전반적인 정치적 지원을 했고, 한승주의 말처럼, "마침내 미국은 대한민국의 제일 중요한 후원자와 지원자가 되었다."[60]

또한 미국은 한국이 질적으로 취약한 자원조건들을 극복하도록 필수적인 경제적 지원을 했다. 그리고 가장 결정적으로는, 1950년 6월 북한이 기습남침을 하자 대한민국을 구원해 준 것이다. 전쟁이 끝나고도 한국은 북한이 또 다른 남침을 기도하지 못하도록 주한미군과 미공군 및 해군의 힘에 의지해 왔다. 이 밖에도 "한국군이 6·25전쟁 전과 전쟁중에 거의 전적으로 그 존속과 작전운영방식을 미국에 의존하는 상황에서 미국은 한국군의 장비, 훈련, 편성, 전술적 능력을 위한 군사적 지원을 했다."[61]

그렇다면 구체적으로 1950년대 한국을 위한 미국의 지원은 그 규모와 영향력이 어느 정도였는가? 이를 위해 두 가지 면에서 수치로 나타난 미국원조의 규모, 즉, 당시 한국정부의 일반세입에서 미국원조가 차지한 비율과 한국 국방예산에서 미국의 지원이 차지한 비율을 알아보자. 먼저, 경제기획원이 출간한 『1954-1964 예산개요』를 보면 도표 6이 제시하듯, 1957년에서 59년까지 한국정부의 일반세입에서 차지한 미국 원조액이 나타난다.

60 Sung-joo Han (한승주), "South Korea and the United States: Past, Present, and Future," *The U.S.-South Korean Alliance: Evolving Patterns in Security Relations*, (편) Gerald L. Curtis와 Sung-joo Han, 제 9장 (Lexington, MA: LexingtonBooks, D. C. Health and Company, 1983), p. 201.

61 앞의 책, p. 202.

도표 6. 한국정부의 일반세입 동향 (단위: 백만원)

	1957		1958		1959	
	액수	%	액수	%	액수	%
세금	11,590	27.3	14,349	30.1	21,598	47.4
기타	2,981	7.0	3,902	8.2	3,682	8.1
합계	14,571	34.3	18,251	38.3	25,280	55.5
채권	1,526	3.6	1,800	3.8	500	1.1
산업재건공채	2,964	7.0	348	1.8	210	0.5
차용	950	2.3	2,230	4.7	640	1.4
합계	5,437	12.8	4,879	10.2	1,350	3.0
대충자금	22,451	52.9	24,580	51.5	18,910	41.5
총합계	42,490	100.0	47,710	100.0	45,540	100.0

출처: 대한민국 경제기획원, 『1954-1964 예산개요』, Roy W. Shin의 논문으로부터 재인용함. Roy W. Shin, *The Politics of Foreign Aid: A Study of the Impact of United States Aid in Korea from 1946 to 1966,* University of Minnesota 박사학위 논문 (Ann Arbor, Michigan: University Microfilm, Inc., 1969), p. 122.

대충자금(對充資金)이라는 용어는 미국 공법 480호에 의거 미국이 원조한 잉여농산물을 한국시장에서 팔아서 누적한 원화 자산인데, 이 자산은 가용한 일반세입 규모를 늘이려고 한국정부의 원장(元帳: ledger)에 추가한 것이다. 도표 6이 분명히 말하듯이, 한국정부 총세입에서 미국의 원조액이 1957년도에 52.9%, 58년도 51.5%, 59년도 41.5%나 되었으니 그야말로 어마어마한 몫을 점했다. 바로 이 계량화된 사실은 한국의 국가경영과 정치에 있어서 미국의 영향력이 어느 정도였는지 증언하는 것이다.

한편, 도표 7은 한국의 국방비에서 차지한 미국 원조액의 비율이다. 이 자료도 도표 6의 출처인 경제기획원 『1954-1964 예산개요』에 나타나며, 50년대 한국의 재정능력 한계로 미국이 한국 국방비의 거의 절반을 감당해 주었음을 보여준다. 그러나 이 자료는 미국이 직접 물자로써 해준 군사원조, 예컨대, 탄약, 소화기, 전투차량 및 수송용 차량, 배, 미사일, 항공기 등의 값어치는 포함하지 않은 것이다.[62] 따라서, 한국 국방예산에서 미국이 재정적으로

62 Roy W. Shin, *The Politics of Foreign Aid: A Study of the Impact of United States Aid in Korea from 1946 to 1966*, p. 128. 한국에 대한 미국의 군사원조는 기본적으로 두 가지 형

부담한 비율은 도표의 내용보다 훨씬 더 높았으리라고 생각할 수 있다. 즉, 한국을 위해 미국이 맡았던 두드러진 재정적 역할은 한국의 군사업무에 미친 미국의 영향력이 그만큼 컸음을 분명히 나타낸다.

도표 7. 세입원천별 국방비 조달 (단위: 백만원)

연도	국방비 지출	외국원조	차입	세금 및 기타
1954	5,992	2,070	2,320	1,602
1955	10,638	5,120		5,518
1957	11,246	4,883	950	5,463
1958	12,732	4,830	2,230	5,672
1959	13,919	5,300	640	7,979

출처: 대한민국 경제기획원, 『1954-1964 예산개요』, Roy W. Shin의 논문으로부터 인용함. Roy W. Shin, *The Politics of Foreign Aid: A Study of the Impact of United States Aid in Korea from 1946 to 1966,* p. 128.

도표 8은 안보분야 전문학자 하영선이 1950년대 미국의 대한원조 내용 중 직접적 군사물자 원조와 수원국에 대한 '방위지원'이나 '안보지원계획'을 모두 합산해 산출한 것이다. 여기에는 세 가지 의미있는 사실이 담겨 있다. 첫째, 미국은 1950년대에 한국을 위해 큰 짐을 졌다. 하영선에 의하면, 1955년에서 60년까지 한국방위에서 미국이 떠맡은 비율은 한국 국방비의 76.8%로 지극히 높았고, 국방비가 미국원조에 이처럼 무겁게 의존하던 경향은 70년대 중반까지 지속되었다. 둘째, 미국은 한국을 위해 큰 짐을 짐으로써 자연히 한국의 군사업무에 대한 전략적 영향력을 소신껏 발휘하게 된다. 미국의 지배적 영향력은 전략과 작전 같은 전투수행 영역뿐 아니라 군수나 간부들의 인사관리 같은 행정영역에도 미쳤다.[63] 셋째, 미국에 "총체적 의존"[64]을 하던 환

태가 있었다. '직접적 군사원조'와 '방위지원' 또는 '안보지원계획'이다. 전자는 직접 물자로 해준 원조, 예컨대, 탄약, 소화기, 전투 및 수송용 차량, 배, 미사일, 항공기 등이고, 후자는 수원국의 경제 및 안보능력을 모두 향상시켜 주려고 '대충자금'이라는 형태로 구체화되었다. 이 자금은 미국잉여농산물을 한국시장에서 판 대금으로 충당되었다.

63 본논문의 저자는 1960년대 말 한국육군본부 장군인사실에서 근무한 적이 있다. 그 때 개인적으로 확인한 것은 1950년대에 막강하던 미국의 영향력이 남긴 유산이었다. 즉, 장관급 장교들의 진급이나 좋은 보직배정을 결정하려면 한국군이 그같은 인사조치에 관한 공개발표를 하기에 앞서 통상 미군사고문단 (KMAG) 측의 공식적 동의를 거쳐야 했다.

64 "총체적 의존" (total dependence)라는 용어는 김정익 (Kim Jung-Ik)의 저서 *The Future of*

경은 한국군 간부들이 한국의 고유한 군사전략을 구상하게 허용하지 않았다. 다시 말해, 한국군을 창설, 무장, 훈련, 편성하고 지휘까지 했던 미국의 막중한 역할과 지배력이 엄존하는 상황에서, 한국군 간부들은 자신들의 고유한 군사전략을 발전시키는 깊은 사고를 할 위치에 있지를 않았다. 다만 미국의 전략을 받아들이든지, 아니면 따라야 했다.

도표 8. 1955-81년 한국 전체 국방비에서 차지한 미국의 군사원조 비율

연도	국내 자체자금	미국의 예산지원	미국의 직접물자지원
1955-60	23.2	17.9	58.9
1961	1.0	31.7	67.3
1962	14.3	39.2	46.5
1963	9.0	24.4	66.6
1964	16.4	24.7	58.9
1965	17.9	31.5	50.6
1966	17.3	30.7	52.0
1967	23.0	28.4	48.6
1968	31.0	16.2	52.8
1969	53.5	14.2	32.3
1970	56.8	12.7	30.5
1971	50.3	4.6	45.1
1972	65.2	2.8	32.0
1973	72.4	1.1	26.5
1974	87.7	-	12.3
1975	91.4	-	8.6
1976	95.9	-	4.1
1977	99.7	-	0.3
1978	100.0	-	-
1979-81	100.0	-	-

출처: Young-Sun Ha, "American-Korean Military Relations: Continuity and Change," *Korea and the United States: A Century of Cooperation,* (편) Youngnok Koo (구영록)과 Dae-Sook Suh (서대숙) (Honolulu: Univ. of Hawaii Press, 1984), p. 119.

---

the U.S.-Republic of Korea Military Relations (New York: St. Martin's Press, Inc., 1996) 31쪽에 나온다. 저자는 한국이 기울인 방위노력의 성격을 네 가지 시대순으로 범주화했다. ① 6·25전쟁중과 그 전후의 "총체적 의존" ② 월남전 후의 "자각" ③ 미군사원조 삭감과 한국군 현대화계획 시절의 "부분적 독립" 그리고 ④ 미래를 위한 "자립 지향"이다.

한미상호방위조약의 효과

1953년 7월 6·25전쟁의 두 교전 당사자들 간의 휴전협정 체결은 1950년대에 한미양국에게 가장 의미 깊었던 사건의 하나로서 다음과 같은 양상에 주목할 만하다. 휴전은 공산 세력과 미국이 주축이 된 UN 간의 싸움에서 명백한 승자가 없이 전쟁을 일단 끝낸 것인데, 이는 전략적 교착상태라는 냉전의 성격을 적절히 반영하는 것이었으며, 전세계적 차원에서나 동아시아 차원에서나 국제정치에 있어서의 신생 중화인민공화국이 지닌 영향력의 위상을 높여주었다.

그리고 휴전협정의 체결은 근본적으로 미국 젊은이들이 더 이상 피흘리게 하지 말라는 미국 국내정치의 지상명령으로 촉발되었다. 또한 휴전은 두 나라의 상반된 국가 의지간 타협의 산물이었다. 즉, 북진통일을 해야겠다는 한국정부의 열렬한 열망과, 더 이상의 미국인의 피와 자원을 낭비하지 말자는 미국의 실용적인 바람이었다.

휴전협정은 현대적 국제분쟁에 대한 이해도 바꾸어 놓았다. 즉, '제한전쟁'(limited war)의 개념이 적에 대한 절대적 승리라는 종래의 개념을 대체하는 현대전의 한 규범으로 받아들여진 것이다. 사실, 휴전은 미국의 힘과 영향력에도 한계가 있음을 정확히 보여주었고, 동시에 새로 등장한 중화인민공화국이 지역의 한 강력한 배우로서 목소리와 영향력을 주장하는 새로운 시대의 막을 열어주었다.

이러한 국제관계의 맥락 속에 1953년 10월 1일 워싱턴에서 한미상호방위조약이 체결된다. 휴전협상 초기에 이승만 대통령은 휴전에 일단 단호히 반대했고, 휴전을 달성하려는 미국은 강력하게 이 대통령을 설득하고자 했다. 결국, 휴전 후 한국의 안보를 보장해 주겠다는 미국의 제의를 이승만 정부가 받아내고 휴전은 성사된다.

미국은 이승만 정부의 휴전 동의에 대한 네 가지 보상책을 제시했다.[65] 무엇보다도 첫째, 북한의 또 다른 남침을 억지하기 위한 한미상호방위조약 체결이었고, 둘째, 한국군의 군사적 역량을 실질적으로 향상시키는 일, 셋째, 장기적인 미국의 경제원조 시행, 넷째, 휴전 후 정치회담에서 한국의 평화 통일

---

65 Kim Jung-Ik (김정익), *U.S.-Republic of Korea Military Relationship*, p. 15.

을 위한 아무런 진전도 이루어지지 않으면 회담시작 후 90일이 지나 회담으로부터 미국측이 철수하는 데 동의한다는 조건이었다. 따라서 한미상호방위조약은 두 상반된 국가 의지의 충돌의 산물이었지만, 동시에 상반된 국가 의지의 궁극적 타협이었다.

상호방위조약의 제일 중요한 성격은 장차 있을 수 있는 북한의 침공으로부터 한국의 안전을 보장하는 것이었다. 조약문 제 3조가 명시하듯, "태평양 지역에서 타당사국에 대한 무력공격은 …… 바로 자신의 평화와 안전에도 위험한 것"으로 인정하며, 따라서 "각자의 헌법이 정한 절차에 따라 공동의 위험에 대처하도록 행동한다."고 선언했다.[66] 여기서 "각자의 헌법절차에 따른다"는 소위 19세기 초 먼로 닥트린에 쓰였던 공식 같은 조약문구의 제한에도 불구, 상호방위조약은 지금껏 한미상호안보체제를 떠받치는 기둥이 되어왔다.

한편, 미국은 이처럼 방위조약 체결을 통해 한국의 미래 안보를 공식적으로 보장함으로써 한국의 정치적, 군사적 문제에 영향력을 발휘하는 실질적인 지렛대를 갖게 되었다. 한승주는 강한 어조로 이렇게 말한다. "미국은 종종 한국에 매우 중대한 결과를 가져온 정책들을 일방적으로 결정하여 한국의 대내외 정책수립에 상당한 영향을 미쳤다. 예로써, 1960년 4·19혁명 후 이승만 대통령이 하야하는 데 미국의 역할이 있었고, 1963년 군사정부에서 민간정부로 바뀐 것, 1965년 한국군 전투부대들의 대규모 월남파병, 그리고 1976년 프랑스로부터 핵재처리 공장을 구입하려던 한국정부의 계획을 취소하게 만든 사례들이 있다."[67]

또한, 한미상호방위조약은 한국의 국가안보에 대한 동맹국 미국의 서약이 흔들리는 게 아닌가 하는 한국인들의 어떠한 불평이나 불만이나 걱정도 누그러뜨릴 수 있는 매우 편리한 수단으로도 쓰였다. 사실, 수많은 역대 미국 대통령들은 한국을 지켜주겠다는 미국의 서약에 대해 한국인들이 불확실해 하고 불안해 할 때마다 미국의 일관된 의지를 재천명하고 재확신시키고자 이 상호방위조약을 인용하곤 했던 것이다.[68]

---

66 소위 먼로 닥트린 (Monroe Doctrine)에 나오는 공식, 즉, 미국의 개입은 자국의 헌법절차에 따라 이루어지리라는 조항이 상호방위조약에 포함된 것은 한국인들 간에 불만족의 표적이 되었다. 한국인들은 북대서양조약기구 (NATO)의 공식처럼 유사시 미국이 자동개입하는 것을 선호했다.

67 Sung-joo Han, "South Korea and the United States: Past, Present, and Future," p. 202

한국의 모든 영역에 파급된 미국의 전략적 영향력

지금까지 고찰했듯이, 1950년대의 미국은 한국의 국민 생활과 대외적 국가 경영의 광범위한 영역에 걸쳐 깊은 전략적 영향력을 미쳤다. 이제 한국에 대한 이와 같은 미국의 심오한 영향을 세 가지 면에서 요약해 중간 결론을 맺고자 한다.

첫째, 공산주의 소련에 대응하는 냉전의 발전은 미국으로 하여금 한반도에 일단 전념하도록 만들었다. 2차대전중 미국과 힘을 합쳐 싸웠던 옛 동맹국 시절의 협조적인 태도와는 달리, 소련은 1948년부터 중부유럽과 동유럽뿐 아니라 동아시아에서도 그 이념적 팽창주의 성향을 드러내기 시작했고, 미국의 정책수립자들은 소련을 전후 세계 세력경쟁에서 최대의 적으로 인식하지 않을 수 없었다.

게다가 1949년 중국 공산주의자들마저 중국 대륙을 완전히 정복하자, 미국 정책수립자들은 중부 유럽에서 동아시아까지 거대하게 한 덩어리로 뻗은 공산주의 정권과 맞닥뜨려야만 했고, 이같은 팽창주의에 대응하기 위해 미국은 일본과 한국에서 친미적 정치체제를 만들어내고자 했던 것이다. 그리하여 북한 공산정권이 1950년 6월 대한민국을 기습 남침하자 미국은 한국에 대한 그 때까지의 미온적 정책기조를 버리고 즉각 한국을 구원하기 위해 대규모 군사력을 투입했다.

둘째, 미군은 1950년 7월 초부터 대량의 병력과 물자로 한국 전선에 개입했는데, 이는 한국에 대한 미국의 전략적 영향력 발휘가 확대되는 시발점이었다. 미국은 한국의 군대를 창설해 주었을 뿐 아니라, 장비와 무장을 갖추게 했고, 훈련시키고, 보급품을 주고, 새로 태어난 한국군을 6·25전쟁 동안 지휘까지 했다. 이 밖에도 미국은 신생 대한민국을 위해 또 다른 여러 가지 정치·경제·군사적 지원을 했으니, 이렇게 폭넓은 영역에 걸친 원조는 정치·경제·사회·군사·문화 그리고 심지어 종교 분야 등 한국사회의 모든 구석 구석에 걸친 미국의 영향력을 절대적인 것으로 만들었다.

---

68 1961년 11월 케네디 대통령은 박정희 한국 국가재건최고회의 의장과의 회담 공동성명에서 한미상호방위조약을 언급했다. 그 뒤 존슨 대통령은 한국군 월남참전과 관련해 1965년부터 68년까지 매년 언급했고, 닉슨 대통령은 주한 미군 1개 사단 철수와 관련해 박정희 대통령과의 공동성명에서, 포드 대통령은 1974년 박 대통령과의 공동성명에서, 레이건 대통령은 1981년 전두환 대통령과의 공동성명에서 상호방위조약을 언급했다.

셋째, 특히 한국의 군사문제 영역에서 미국의 영향력에 폭과 깊이가 더해졌다. 한국군 간부들은 미군 군사교리에 따라 교육과 훈련을 받았기에 군사업무에 관한 그들의 사고방식은 미국군대의 전통이 지닌 교리와 사상을 받아들인 것이다. 그리고 1950년대 한국의 현실은 내우외환의 계속이었다. 국내에서 암약하던 공산주의자들이 선동한 사회전복책동 사건들, 남한지역 전역에 걸친 빨치산 게릴라 활동, 그리고 북한정권의 6·25 기습남침으로 인해, 한국군 간부들은 한국의 고유한 독자적 군사전략 수립과 발전 같은 전문적 군사업무에 정신을 쏟아볼 여유가 없었다. 현실이 늘 이렇듯 급박하다보니 한국군 간부들은 미군 군사전략을 수용하거나 맹목적이다시피 따라야 했고, 또 그것이 상책이었다.

5. 한국군의 시작

한국군의 규모와 병력

한국 국방부 공식 역사기록으로는 1950년 6월 24일 한국군 총병력은 105,752명으로서 지상군 94,974명, 해군 7,715, 공군 1,897, 해병대 1,166명이었다.[69] 지상군은 주로 8개 보병사단의 22개 보병연대를 말하는 것이었는데, 각 사단은 2개 연대나 3개 연대로 편성돼 있었기에 1개 사단의 병력은 6천에서 대략 만 명에 이르는 것까지 각각 달랐다. 이 밖에 각종 지원부대들과 특수부대들도 있었다.

앞서 보았듯이, 한국군 창설은 주한미군정청 정책의 산물이었다. 특히 미군정청 소속 국방사령부 Champeny 준장의 뱀부계획을 따른 것인데, 이 계획에 의거 전국 8도에 각 도마다 1개 연대씩 8개 연대를 만들었고, 이 연대들은 나중에 각각 사단급으로 확대 편제화되었다.

역시 국방부 기록으로, 당시 북한군 총병력은 198,380명으로서 지상군 182,680명, 해군 4,700, 공군 2,000, 그리고 해병대에 상당하는 병력 9,000명이었다.[70] 지상군은 주로 10개 보병사단 (30개 보병연대) 및 전투지원부대들과 군수지원부대들로 되어 있었다. 특히 북한군에는 T-34 탱크 242대를 보유한

---

69 대한민국 국방부, 『韓國戰爭史』 제 1권, 1977, p. 109.
70 앞의 책, p. 109.

제105전차여단이 있었는데, 이 부대는 나중에 6·25전쟁에서 탁월한 공격력을 발휘했다.[71]

남북한 군대의 총병력 비교를 보면 평균 2:1로 북한 우세였는데, 특히 지상군 전투부대를 자세히 비교한 자료를 보면 북한이 2.6:1로 강했다.[72] 북한군 전투력이 두드러지게 뛰어났다는 사실은 남북한의 군사 역량을 비교하는 가장 중요한 요소다. 특히 북한의 우월한 지상군 전투력은 한국인들 사이에 불안감을 촉발시켰으며, 6·25전쟁 개전단계에서 북한군의 초기작전 성공에 결정적 기여를 했다.

한국군 간부들의 자질

1946년 주한미군정청이 국방경비대를 조직하기 시작할 때 장교단 입대 지원자들의 개인적인 출신배경은 각양각색이었다. 어떤 이들은 일본 제국군 장교였거나 징병되었던 병사 출신이었고, 어떤 이들은 중국에서 활동했던 무장 독립운동 조직인 광복군 간부였다. 또 어떤 자는 중화민국 국민정부군, 세칭 '장개석군대'에서 복무했는가 하면, 또 어떤 자는 일본군의 만주 방면 관동군에서 싸운 자들이었다.

이처럼 출신배경이 이질적인 사람들이 30개도 넘는 사설 군사단체들에 흩어져 있었던 것이다. 당시 남한 사회의 정치적 경향과 유행을 반영하듯, 이들은 또한 저마다 선호하는 정치이념적 색채에 따라 보수적 민족주의 '우익'과 혁명적 사회주의 '좌익'으로 갈라져 있었다. 이들 중 일부는 미군정청의 후원으로 개교한 군사영어학교 (Military Language School)에 들어가고 졸업하기도 했다.[73]

이러한 개인적 출신배경과 이념적 이질성들은 필연적으로 새로 만드는 군

71 전쟁기념사업회, 『한국전쟁사』, p. 115.

72 앞의 책, p. 114.

73 군사영어학교는 주한미군정청 국방사령부의 Champeny가 1945년 12월 5일 문을 열었다. 학교의 목표는 장교후보생에게 미국식 군사관행을 소개하고 기초적 군사영어에 숙달시키는 것이었으며, 110명이 졸업하고 임관했다. 후보생들의 출신배경은 매우 다양해서, 87명은 제국일본 육군출신 (이 중 13명은 일본육사 졸업생, 68명은 징병되었던 병사들, 6명은 자원입대했던 병사들), 21명은 만주관동군 출신, 2명은 중국 국민당 정부군 출신이었다. 이 자료의 수치들은 안용현의 『韓國戰爭祕史』 (서울: 경인문화사, 1992)의 48쪽에서 인용했다.

대의 정신적 기반에 심각한 문제를 가져왔다. 장교단 내의 정신적 분열, 군대의 정통성 문제 야기, 그리고 간부들의 전문직업적 역량에 관한 사항들이다.

일본제국 육군 장교출신과 광복군 간부 출신들은 서로 어쩔 수 없는 냉엄한 분열을 보였다. 광복군 출신은 일본제국의 지배에 대항해 싸웠던 지난날에 깊은 정신적 자부심을 갖고 일본을 위해 봉직한 일본군 출신들을 경멸했다. 광복군 출신들은 주장하기를, "새로운 나라의 군대에 역사적 정통성을 구축하려면 새로운 군대조직 편성에 광복군이 중심역할을 해야 한다. 일본제국 육군이나 만주군 장교들처럼 일본을 위해 일하고 일본의 지배로 득을 보았던 친일 파당들과는 함께 일할 수 없다"고 했다.[74]

하지만, 현실은 좀 달라서, 미군정청은 구 일본제국의 육군 장교 출신들을 기용하기로 했다. 그들이 현대적인 군사행정 업무에 더 경험이 많았다는 단순한 실용주의적 이유에서다. 이처럼 광복군 간부들이 여타 일본군과 만주군 출신 장교들을 좋아하지 않았고, 또 결국 새로 창설되는 여러 가지 군사조직에 합류하기를 주저함으로써, 신생 군대의 정신은 분열되고 효율성은 낮아질 수밖에 없었다.

사태가 이런즉 정통성 문제는 예민한 논쟁거리가 되었다. 한국인들은 지나온 35년간 일본의 가혹한 지배로 고통을 받았고, 이제 한국인 스스로 새로운 나라를 세우고 새로운 군대를 만들 때가 온 것이다. 새 나라의 새 제도들은 일본 제국주의를 절대 배격한다는 확신에 기반을 둬야 한다. 새 나라의 정통성은 반일 정신에 분명히 기초해야 하는데, 일본군 장교 출신들이 새로운 군대 창설에 참여한다면 적절치 못한 것이 아닌가.

그러나 결국 현실은 새로운 장교단의 대부분이 일본군 장교 출신들로 구성되었음이다. 이렇듯 새 국가 건설이라는 이상과 당면 과업을 위한 간부단 편성이라는 현실 사이에 벌어진 간극은 한국이 정치, 군사적 정통성을 정립하려던 노력이 처한 진퇴양난 같은 딜레머였다. 훗날 어느 젊은 한국인 군인-학자가 날카롭게 목소리 높여 주장했다. "(1930년대부터 중국에서 항일 투쟁을 벌이며 자체의 군대인 광복군을 보유했던) '대한민국 임시정부'를 소홀하게 보아 넘긴 것은 대한민국 건국 과정의 치명적 과오다. 임시정부의 의의를 배제함으로써 신생 한국정부의 신뢰성과 정통성이 줄어들어 버렸다."[75]

74 안용현, 『韓國戰爭祕史』 (서울: 경인문화사, 1992), p. 48.

간부들의 전문직업적 역량도 심각한 문젯거리였다. 한국군 합동참모본부 공식 역사기록에는 한국군 지도부의 전문성이 매우 부족했다고 나타난다. "1940년대 말에서 50년대 초 한국군 사단장들 중에는 현대전에서 중대장 또는 그 이상 어떤 상급 제대의 지휘관을 경험한 사람이 없었다. 특히 육군참모총장 채병덕 장군은 일본제국 육군에서 병기 장교로 훈련받았었기에 전투작전 지휘 임무에는 분명히 적합했다고 할 수 없다. 당시 한국에 정치 엘리트들은 많았다. 그러나 대규모 군사작전 수행 능력이 있는 군간부는 결코 존재하지 않았다."[76]

열등한 전투장비

한국군 간부들의 리더십 수준 말고도 남북한군 전투장비의 수량과 질적 수준에는 엄청난 격차가 났다.[77] 지상군 화력면에서 보면, 한국군은 단지 구경 105mm M-3형 곡사포 88문밖에 없었다. 반면, 북한군은 122mm 곡사포 172문, 76.2mm 평사포와 곡사포 380문, 76.2mm 자주포 176문, 그리고 전차에 탑재된 85mm 포 242문이 있었다. 보병이 운용하던 박격포를 비교해도 한국군이 한참 열세였다. 한국군은 60mm 박격포 575문에 81mm 박격포 384문이 있었으나, 북한군은 61mm 1,142문과 82mm 950문 외에도 120mm 226문이나 있었다. 대전차 화기에 있어서는, 한국군은 보병이 운용하는 57mm 무반동총 140문이 있는데 비해 북한군은 45mm 대전차포가 1,142문 있었다. 이밖에도 북한군은 85mm 또는 37mm 대공포 36문을 운용했다. 총체적으로 한국군은 지상군 포병화력 장비숫자에서 4:1의 열세에 있었다. 특히, 북한군은 소련제 T-34형 탱크를 242대나 운용했지만 한국군은 비교할 전차가 아예 단 한 대도 없었으며, 공군 자산으로도 북한은 전투기 211대가 있었으나 한국군은 연락기 같은 경비행기 22대가 모두였다.

한국군은 전투장비의 숫적 열세 말고도 무기의 질적인 면에서도 문제가 많

---

75 Lee Suk Bok (이석복), *The Impact of U.S. Forces in Korea* (Washington D.C.: National University Press, 1987), p. 10.

76 국방부 합동참모본부, 『韓國戰史』 (서울: 국방부, 1984), p. 325. 이 내용은 전쟁기념사업회가 저술한 『한국전쟁사』 제 1권 (서울: 행림출판, 1990), 116쪽에 인용된 것을 재인용한 것이다.

77 전쟁기념사업회, 『한국전쟁사』 제 1권, 1990, p. 115.

았다. 북한군 포병의 성능은 한국군을 앞섰는데, 이를 하나씩 비교해 보자. 우선, 북한의 122mm 곡사포는 유효사거리가 11,710미터였고, 76mm 자주포는 11,260미터, 76mm 포는 13,090미터였는데 한국군의 M-3형 105mm 곡사포 유효사거리는 고작 6,525미터였다. 다음, 남북한군 지상군 화력장비의 숫적 비교가 4:1의 위험수준으로 북한군이 우세했음은 이미 언급되었는데, 1분당 발사할 수 있는 화력의 양적 비교는 10:1이 넘는 위태로운 격차로 북한군이 압도했다.[78] 그리고 박격포의 비율 2.4:1도 중요한 의미가 있다. 언덕과 골짜기가 많은 한국의 굴곡진 산악지형에서 곡사화기인 박격포의 전술적 활용효과가 컸던 것이다. 이렇듯 지금까지 보았듯이, 4:1로 북한군이 우세한 포병화기의 숫적 비교에 더해 그 화기들의 질적 성능을 또 고려해야 한다면, 남북한군의 총체적 화력을 한번 비교라도 해 보자는 이성적인 마음이 생기지 않으리라.[79]

한국군 전투력의 이같은 냉엄한 열세는 한국에 대한 미국의 근본적인 태도에 그 뿌리가 있다. 비록 미군정청이 1946년부터 남한 지역의 보안군 창설에 착수하지만 갖가지 정치적인 이유 때문에 새로 탄생한 그 부대는 경비대(Constabulary)라는 이름으로 경찰예비대의 성격을 지녀야 했다.

이렇듯 경비대의 낮은 지위는 부대와 간부단의 사기에 적지 않은 문제를 야기했다. 게다가 더 불만스러운 것은, 국방차원의 임무를 수행할 수 있을 정도의 전투장비를 경비대에 제공하는 것을 미국이 꺼려했다는 점이다. 미군정청은 단지 경비대원들이 개인무장에 쓸 소형무기들만 제공했다. 분명히, 미국은 미국의 세계전략 계산범위를 벗어나 한국이 공격능력을 획득하는 것을 우려하고 있었음이다. 소련이 북한정권에게 고성능 전투장비들을 대량으로 관대하게 제공해 준 것과 비교하면, 미국이 한국에 소형 경화기들만을 이관해 준 것은 "작고 궁핍한 나라에 베푼 강대국의 지나친 인색함"이라고 할까? 여하튼 이것이 남과 북의 전투력에 냉혹한 격차를 불러온 가장 중요한 이유다.

한국군의 창설과정

개괄적으로 보아, 한국군 창설은 세 단계를 거쳤다. 맨 처음, 1946년에서

78 앞의 책, p. 14.
79 앞의 책, p. 14.

48년까지 주한미육군군정청이 부대창설 아이디어를 고안해서 시행했고, 다음, 1948년에서 50년까지 국내 전역에서 공산주의자들의 사회전복책동에 대항해 싸우며 성장했으며, 마지막으로, 1950년 북한의 남침으로 군대의 규모가 급속히 확대되었다.

첫 단계에는 부대 초창기의 갖가지 활동들이 있었다. 1945년 말부터 미국 정부는 한국에 국내 치안유지군을 창설하면 당시 남한지역에 주둔중인 미군의 철수가 용이하리라고 추산했다. 그러나 소련과의 협조에 관한 전략적 관심 때문에 미국은 정식 정규군 부대보다는 필리핀 스타일 경찰예비대에 해당하는 '경비대'를 만들고자 했다.[80]

이같은 미국의 생각은, 앞서 언급했듯이, '뱀부계획'으로 구체화된다. 미군정청 국방사령부 챔프니 준장이 구상한 이 계획은 남한지역 치안유지군 창설이 목적이었으며, 전국 8도에 각 도마다 중대 규모로 1개 부대를 만들고 나중에 모든 중대들을 각각 연대규모로 확장시킨다는 목표였다. 궁극적으로는 이 8개 연대들은 각각 사단급으로 커졌다. 대체로, 뱀부계획은 그 원래 개념대로 시행되어 1945년 8월 대한민국 정부수립 때까지 15개 연대가 현역 편제화되었고, 정부수립 뒤에도 계속 7개 연대를 더 만들었다. 그리하여 한국군은 3년 5개월이라는 비교적 짧은 기간이 지나 1950년 6·25전쟁이 일어난 시점에는 외관상으로 22개 연대를 거느린 8개 보병사단을 갖고 있었다.

1948년부터 50년까지의 한국군 창설 두 번째 단계에서 신생 국군은 공산주의자들이 일으키는 각종 반란과 사회전복책동을 진압하느라 고통에 시달렸다. 반란과 전복책동들은 서둘러서 실시한 모병방식 때문이었다. 즉, 모병과정에서 지원자들의 이념적 건전성이나 개인적 출신배경들을 시간을 갖고 잘 분별해내지 못했던 탓이다.

반란과 전복책동들의 주요 예만 몇 개 들어보자.[81] 1946년 한 연대에서 정당한 지휘권에 거역해 공산주의자들이 선동한 병사들의 반란이 있었다. 같은 해 또 다른 연대에서는 공산주의 사상의 영향을 받은 병사들이 정당하게 임명된 연대장을 거부했다. 1947년에는 공산주의에 물이 든 한 연대장이 간부들 사이에 공산당의, 즉, 남로당의 영향력을 증대시키려는 시도를 했으며,

---

80 앞의 책, p. 14.

81 대한민국 국방부, 『韓國戰爭史』 제 1권, 1977, p. 155.

1948년에는 공산주의자 간부들이 조직적으로 연대규모의 반란을 획책하여 한국의 남부지역 거의 전체를 혼란으로 몰아넣은 '여수-순천 반란폭동'이 터졌다. 급기야 1949년에는 역시 공산주의에 빠진 두 고향 친구 보병대대장들이 각자의 대대를 끌고 같은 날 38선을 넘어가 북한정권에 항복하는 웃지 못할 사건마저 벌어졌다.

이같은 반역과 전복책동과 반란들은 결국 두 가지 현상을 수반했다. 즉, 일련된 사건들의 여파로 빨치산 게릴라 활동이 널리 퍼지고, 한국정부는 신생 군대조직에 대한 치유책으로 '숙군(肅軍)'을 단행한다. 한국군 내의 공산주의 이념에 젖은 간부와 병사와 그들의 동조자들은 색출되고 축출되었다. 숙군의 소용돌이는 그야말로 군 전체를 휘말았고, 자연히 한국군의 바람직한 발전도 그 만큼 지연되고 있었다.

뿐만 아니라, 남한지역에서 생겨난 빨치산 게릴라들 말고도 북한정권은 1948년부터 1950년 초까지 10회에 걸쳐 연속적으로 무장 게릴라를 남파했는데,[82] 이들의 규모는 적게는 15명, 많게는 700명이나 되었다. 신생 한국군은 국내 전역에서 빨치산 게릴라들을 진압해야 하는 힘겨운 임무를 떠맡았으니, 이 또한 한국군의 바람직한 발전을 저해했다.

한국군 창설이 마무리되는 마지막 과정은 1950년 6·25전쟁 발발부터 1953년 한미상호방위조약이 체결되는 때까지라 하겠다. 한국군은 창설 초 8개 경보병사단으로 6·25전쟁을 맞이했는데, 전쟁을 치러가면서 12개 사단으로 늘었고, 1953년 1월에는 14개 사단, 4월에는 16개 사단으로 늘었으며, 동년 5월 드디어 20개 사단으로 불어난다.

이렇게 군대가 확장되다 보니 두 가지 부작용이 일어났다. 급성장으로 인해 안 좋은 효과가 나타나고 미국의 지원부담도 커진 것이다. 군대가 급히 몸집을 불리다보니 자연히 제대로 된 발전이 될 수 없었다. 간부양성 교육을 위한 시간이 없는데다 부대훈련 여건이 부족하고, 군수 및 행정지원이 어려웠다. 바로 이렇듯 급하게 확장되는 부대들의 무장과 장비에 필요한 군수물자를 미국이 제공해야 했다는 사실이 한국의 군사문제에 대한 미국의 영향력을 더욱 무겁게 만들었다.

82 앞의 책, pp. 160-161.

1950년대 한국 군사전략의 진면모

1950년대 한국은 대내외적인 위급상황들을 직면하던 때라, 선진국들이 발전시켰던 것과 같은 명확하고 잘 기록 보존된 국가전략 또는 군사전략을 한국이 갖고 있었으리라 기대하지 못할 수도 있겠다. 허나, 군사전략이란 것은 무력으로써 어떤 특정 국가목표를 이루는 방법이라고 정의한다면, 국가가 아무리 작고 새로 태어났다 해도 자신의 국가전략이나 군사전략을 가질 권리가 있다.

1950년 초 한국군 육군본부는 국가방어를 위한 작전계획을 수립했다.[83] 앞서 제 2장에서 소개했듯이, 해군과 공군 작전을 마저 보완한 이 계획은 1950년 3월 25일 '육군본부 작전명령 제 38호'로 하달되었다. 이것이 그 당시 한국에 존재한 유일한 방어계획 또는 군사전략이었다고 생각된다. 국방을 위한 구체적 계획을 규정한 이 밖의 또 다른 국가 대전략이나 군사전략의 기록은 남아 있지 않으며, 그런 기록이 있었다는 증거도 없다. 육본작전명령 38호의 개념은 간단하다.

1. 방어의 중심은 의정부 축선이다. 일반 방어 지역은 북위 38도선을 따라 구축된다.
2. 방어지역은 경계진지, 주방어진지, 예비진지로 구성한다. 만약 적이 침투하면 사단은 자체 역습공격으로 방어지역을 탈환한다.
3. 예비진지들은 최후방어선이며, 가용한 모든 수단으로 고수되어야 한다. 만일 예비진지들이 무너지면 육군 예비대를 운용해서 탈환한다.
4. 만약 전투가 벌어지면 주방어진지 전면 도로와 교량들을 파괴해 적의 전진을 지연시킨다. 적 지연을 위해서는 이 밖의 다른 장애물도 설치한다. 적을 저지하고 있는 작전단계에서 수도경비사령부 및 3개 사단이 전방부대들을 증원한다.

육본작명 38호는 부대들의 전개방식에 관한 설명 같은 군사전략의 성격을 부분적으로나마 보여준다. 하지만 국가전략과 군사전략 간의 연결을 거시적으로 고려한 것은 아니다. 또한 군사력 운용과 전력발전(戰力發展)을 위한 필

83 전쟁기념사업회, 『한국전쟁사』 제 1권, 1990, p. 24.

요요건들을 논리적으로 설명한 것도 아니다. 요컨대, 이 작전계획은 군단급 전술계획은 되었겠지만 한 국가의 군사전략이라고 부를 수는 없다. 본격적 군사전략을 수립하지 못한 취약성에는 어쩔 수 없는 현실적 이유가 있었다. 당시 한국의 군사제도는 겨우 유아기였고, 군간부들의 리더십과 전문직업적 역량이 부족한 데다 정치지도자들의 국정운영 기술 또한 성숙하지 못했다.

하지만, 비록 한국에 자세하게 기록되었거나 공식적으로 발행된 군사전략이 없었다고는 하나, 한국이 당시 구상했을 군사전략의 일반적 개요를 여기서 한번 합리성 있게 재구성해 볼 수는 있겠다. 첫째, 군사력을 신속히 창건한다. 둘째, 강력한 동맹국인 미국을 설득해 필요한 군사 장비를 제공받는다. 셋째, 북한의 군사위협을 억지하고 그에 대항해 방어할 역량을 기른다. 이 군사전략은 다른 나라들의 군사전략처럼 잘 문서화된 것은 아니지만, 한국은 그 나름대로 이 전략 목표를 달성해내고자 부지런히 노력했음은 분명하다.

첫 번째, 신속한 군사력 창건 전략으로 말하자면, 한국은 표면적으로나마 성공을 거둔다. 1946년 1월 15일 처음으로 1개 연대를 편성한 후 3년 5개월 만에 적어도 외형상으로는 8개 사단의 20개 연대를 만들어 냈다.[84] 이 전략은 특출한 장점이 있었다. 신속히 군대를 창설함으로써 한국사회에 난무했던 각종 사설 군사단체들의 영향력을 없애버렸던 것이다.

그런데 신속한 군사력 창건은 중대한 약점들도 있었다. 먼저, 군사력 창건의 아이디어가 미군정청의 구상으로 출발했다는 사실은 일국의 군사력 창건이 외부의 영향력으로, 즉, 외국의 주도로 추진되었다는 지적이다. 다음, 새로 발족한 군사조직들은 공산주의자들이나 그 동조자들이 조직에 들어오는 것을 분별해 내지 못했다. 무분별하게 수행된 모병으로 나중에 체제전복 활동들이 일어났으며, 이는 신생 군사조직들이 제대로 된 길로 발전하는 것을 저해했다.[85] 마지막으로, 그렇잖아도 입대하는 간부들의 개인적 역량에 근본적 취약점이 많은데 군대창설 기간이 짧아 간부양성 교육기간도 부족했고, 자연히 군사지도자들의 리더십이 결여되었다. 리더십의 취약성은 후일 6·25전쟁 수행과정에서 확연히 드러났다.[86]

---

84 대한민국 국방부, 『韓國戰爭史』 제 1권, 1977, p. 75.

85 앞의 책, p. 75.

86 Robert T. Oliver, *Syngman Rhee and American Involvement in Korea, 1942-1940: A Personal Narrative* (Seoul: Panmun Book Company, Ltd., 1978), p. 367. 저자는 이승만 대통령과 절친

두 번째, 군수물자 획득전략을 보면, 이것도 이상적이지는 않은 결과를 낳았다. 이승만 대통령은 전투장비를 제공해 달라고 미국에 끊임없이 간청했다. 이 대통령의 절친한 친구 Robert T. Oliver는 이렇게 증언했다.

> 이 대통령의 입장은 자신의 나라가 생존을 지속하는 데 지극히 심각한 위협을 받고 있다는 것이었고, 따라서 소련이 훈련시키고 무장시킨 북한의 육해공군과 싸워 자신을 방어할 충분한 군사력이 꼭 있어야만 한다고 했다. 이는 주권이 있는 나라에게는 최소한의 필요성이었다. 한국이 필요한 훈련을 받고 장비를 획득할 수 있게 해주는 아마 유일한 원천은 미국이었기에, 이 대통령은 이미 한국 내에 비축되어 있는 미군 군수물품들을 확보 유지하려고 그가 생각해낼 수 있는 모든 압박을 다 행사했다.[87]

그러나 한국의 새로운 군대에 무엇이 얼마만큼 필요했는지에 관해 미군정청장 하지 중장과 이 대통령의 생각이 서로 달라 미국으로부터 군사물자를 해결하려던 전략은 의도한 결과를 내지 못했다. "제일 중요한 차이점은 다른 게 아니라 단지 한국내 창고들에 쌓여 있는 군수물자로부터 한국정부가 '얼마나 많이' 얻어낼 것인가였다. …… 이 대통령은 가능한 한 많이 확보하기를 간절히 바랐고, 하지 장군은 한국 말고 다른 지역을 위해 가능한 한 많이 보존해 두는 것이 자신의 의무라고 느꼈다."[88]

게다가 한국의 새 군대의 궁극적 역할에 관해 한미간에 근본적 의견차이가 있었다. "하지 장군의 주장은 미국이 한국군의 확대에 동의하지 않는 한, 그리고 무엇보다 특히 현존 '경비대'를 균형잡힌 정식 군대체제로 전환하는 데 동의하지 않는 한, 비축된 상당히 많은 군사물자들이 한국정부에는 불필요했다는 것이다. …… 이 쟁점은 대한민국의 군사적 위상에 관련한 아주 근본적인 문제였다. 북한의 공격을 받았을 때 혼자 힘으로도 자신을 방어하도록 충분한 인력과 물자를 꼭 지금 제공받아야만 하는가?"[89] 결국, 미국으로부터 필

한 사이였으며, 대통령에게 이렇게 보고했다. "한국군이 할당된 진지들을 지킬 수 있는 군대라고 안심하고 의존할 수 없다는 리즈웨이 장군의 견해를 밴플리트 장군이 인정하지 않을 수 없었습니다. 리즈웨이 장군은 한국사람들의 전투력과 정신력의 질을 나무라는 것이 아니었습니다. 한국군의 무기와 훈련의 부족, 그리고 훈련된 경험있는 리더들이 결여되었다는 뜻이었습니다."

87 앞의 책, p. 193.

88 앞의 책, p. 192.

요한 전투물자를 획득하려던 전략은 극도로 불만족스럽고 터무니없이 비현실적인 결과를 가져왔다. 전차 한 대 얻은 게 없었고, 항공기도 대전차무기도 중포병도 하나도 없었으니, 도대체 북한군의 막강한 공격력에 맞설 상대가 될 수 없었다.

이렇듯, 미국의 대한정책은 구체적이거나 확실한 목표가 없었다. 6·25전쟁이 날 때까지 미국은 한반도 자체만으로는 전략적 가치가 있다고 판단하지 않았다. 한국의 가치는 오직 어떤 상대적 관계에서만 있었다. 즉, 친미적인 일본의 방어와 유지에 도움이 되느냐였다.

한국에 대한 이런 이중적 자세가 한국군에 대한 미국의 미온적 지원정책으로 이어진데다, 그 무렵 급속히 진행되던 북한 군사력의 증강을 바라보면서 한국정부는 1949년 4월 조병옥 특사를 워싱턴에 보낸다. 전차와 항공기 등 본격적인 중무기로 군사원조를 늘려달라고 간청하려 했던 것이다. 허나 미행정부는 "만약 중무기가 한국에 제공되면 전면전의 가능성이 발생할 것이다."라는 이유를 대면서 한국정부의 요청을 거부했다. 그 대신 미국정부는 한국군 50,000명분을 위한 경장비와 그에 따르는 다음 6개월치 보급품 비축량을 제공했다.[90]

이처럼 한반도의 전략적 중요성에 대한 미·소간의 상반된 인식의 결과 남북한 간의 군사력 차이도 극명한 격차로 벌어졌다.[91]

한편, 세 번째로, 간부들의 전문직업군 역량을 제고한다는 전략은 그 실질적 노력이 반영되어 긍정적 결과를 도출했다. 우선, 육군사관학교(KMA)를 창설했는데, 이는 그때까지 누적된 간부 군사교육의 경험들, 즉, 군사영어학교와 조선경비사관학교의 교육경험을 기반으로 한 것이었으며, 이제 유능한 전문직업군 장교양성을 시작하게 되었음을 뜻했다.

간부교육의 중점도 수개월 간의 단기 훈련위주 과정에서 점차 4년제 장기

89 앞의 책, p. 193.

90 대한민국 국방부,『韓國戰爭史』제 1권, 1977, p. 99.

91 한국의 장래와 전략적 중요성에 대한 소련의 인식은 1946년 3월 20일 서울에서 열린 '미·소공동위원회' 회담에서 소련측 선임대표 슈티코프가 한 연설에 나타난다. 그가 강조한 것은 한국의 독립, 일본의 잔해 청산, 그리고 반동 반민주적 집단들의 제거가 바람직하다는 것이었다. 그는 한국해방의 분위기에 한껏 영합하면서 연설했는데, 이 점에선 미국은 소련의 적수가 결코 못 되었다. Bruce Cumings, *The Origins of the Korean War*, pp. 244-245.

학부교육 과정으로 바뀌었다. 제1기생에서 6기생까지 졸업한 인원은 모두 1,237명이었고, 8기생의 경우는 유별하게 많아 한 기에 1,264명이나 배출된 다.[92] 다음, 전문특기별 간부훈련을 위한 각 병과 학교를 개교했는데, 보병학교, 포병학교, 공병학교, 통신학교, 병기, 병참, 경리, 군의, 정보학교, 그리고 육군참모학교와 중화기훈련소 등이 문을 열었다.[93]

그리고, 간부들을 위한 개인교육과 특정 복무영역에서의 개인별 역량제고에 더해 부대훈련도 강조되었다. 비록 수많은 공비소탕작전 투입이라든지 미군 야전교범 번역의 어려움 같은 갖가지 현실적 장애요소들이 계획된 부대훈련의 순조로운 진행을 방해했지만, 이 전략은 유능한 장교단을 기르고 전투준비가 된 군대를 만들어내는 데 역점을 둔 것으로서 기본적으로 옳은 전략이었다.

1950년대 한국 군사전략의 특이성

북한의 엄청난 군사적 위협과 미국의 압도적인 전략적 영향의 압박을 받아 1950년대 한국의 군사전략은 '의존적' '반응적' '부정적'이라는 세 가지 특이성을 띠었다.

먼저, 의존성은 신생국의 국정운영이 유아기적이었던 데서 비롯되었다. 한국군은 일국의 방위를 위한 정식 군대가 아닌 경찰예비대 형태로 시작했다. 자연히 경찰예비대라는 지위는 군대 존재의 정당성 확립과 군대 사기에 불리한 영향을 끼쳤다. 그리고 군대의 창설과 훈련, 무장 등이 한국에 있던 미군당국의 물질적, 정신적 공여에 의존했기에 한국의 군사전략은 미군과 언제어디서나 연합방위를 하는 것이었다. 즉, "국군이 형태를 갖추기 시작하면서 국방의 기본목표는 미국의 힘과 합해서 북한정권의 군사위협을 억지한다는 개념이었고, 갖가지 부대창설 임무 중 육군의 전투력이 최우선 사항이었다."[94] 연합방위라는 말은 한국군이 미국의 물질적, 정신적 제공에 어쩔 수 없이 의존했던 성향을 뜻하는 것이다.

둘째, '반응적'이라는 말은 한국의 군사전략이 북한이 가하는 위협의 강도

92 대한민국 국방부, 『韓國戰爭史』 제 1권, 1977, p. 79.

93 앞의 책, p. 79.

94 대한민국 국방부, 『解放과 建軍』, p. 310. 이 부분은 전쟁기념사업회 출판 『한국전쟁사』 제 2권 「전쟁의 근원」(서울: 행림출판, 1990) 504쪽에 인용된 것을 재인용한 것임.

가 변해감에 따라 그에 대응하는 반응 자세를 보였다는 의미다. 북한군의 급속한 확장은 한국의 방위준비 태세에 몇 가지 영향을 미쳤다. 한국은 불완전한 정보력 때문에 북한군의 확장에 관한 정확한 자료에 접할 수 없었지만, 국방 관계자들은 북한군의 급작스러운 확장을 감지하거나 아니면 '낌새'를 맡을 수 있었고, 북한군의 증강 동향은 한국사회에 심각한 두려움의 대상이 되었다.

이에 북한의 군사위협에 대처할 방책들이 두 가닥으로 잡혔다. 방위력을 개선할 자기 노력과 미국의 지원을 받기 위한 노력이다. 우선 한국은 자신의 가용한 수단의 범위 내에서 방위력을 증진하고자 했다. 앞서 말했듯이, 한국 국방 당국은 유능한 전문직업군 간부양성 교육을 위한 노력을 기울였고, 이와 동시에 부대훈련도 역점 과업으로 삼았다. 부대훈련의 애초 계획은 1950년 9월까지는 모든 한국군 사단들이 연대급 훈련 연습을 완료해야 한다는 것이었다.

군대의 전투력은 교육과 훈련 같은 노력만으로는 달성될 수 없고, 효과적인 전투장비 획득 같은 물질적인 면도 충족되어야 한다. 그러나 재정상의 제약으로 한국은 필요한 전투장비를 자체예산으로 제때에 구입할 능력이 없었다. 한국 스스로 구매한 유일한 장비는 캐나다산 T-6형 훈련기 10대였는데, 이는 1950년 5월 14일 일반국민들의 전국적인 모금으로 사들인 것이었다. 한국정부는 적어도 상징적으로나마 이 경비행기들에게 "건국호 (建國號)"라는 상서로운 이름을 붙여주었다.[95]

북한의 군사위협에 대처해 세운 방책 중 두 번째 가닥으로서 미국이 한국에 중장비를 지원하도록 설득하려던 노력에 관해 얘기해 보자. 한국정부는 미국이 전차와 항공기 같은 중장비를 제공해 줄 것을 설득해보는 데 주력했다. 앞서 언급했듯이, 한국정부는 1949년 4월 조병옥 특사를 워싱턴에 보내 한국군이 절박하게 필요로 하는 중장비들을 제공해달라고 탄원했다.

그런데, 이미 말했다시피, 미국은 한국의 요청에 냉담한 반응을 보였다. 한국은 재삼재사 미국정부에 설명했다. 북한군 공격력의 급속한 증강으로 한국군이 전차와 항공기와 구경 155mm 곡사포 같은 중무기를 획득해야 할 다급한 필요성이 생겼음을.[96] 1949년 10월 신성모 국방장관은 북한군이 이미 소련

95 대한민국 국방부, 『韓國戰爭史』 제 1권, 1977, p. 99.

제 T-34 탱크들을 보유했음을 인지하고 주한미군사고문단에 3개 전차대대 규모인 M-29형 전차 193대의 제공을 요청했다.[97] 이런 종류의 한국의 요청에 대한 미국의 전형적인 응답은 당시 군사고문단장이던 William A. Roberts 준장의 주장에 잘 나타난다. "한국의 야전 자연조건들, 예컨대 지형이나 도로망, 교량구조는 전차를 효과적으로 운용하기에 적합하지 않다. 북한군이 보유한 전차들은 옛 일본육군이 남겨놓고 간 것들 같다. 따라서 그런 전차들이라면 걱정할 필요가 없다."[98]

한국의 공식 역사기록에 보면 1948년에서 49년에 걸쳐 미국이 한국에 해준 군사원조가 얼마나 가혹할 정도로 엄격했는지 가슴에 사무치게 애통해 한 구절이 있다. "105mm 곡사포와 57mm 무반동총은 미국이 제공해준 가장 강력한 전투장비라고들 생각했다. 허나, 그 대부분은 미군에서는 거의 '낡고 쓸모없는' 상태로 분류된 것들이었다. 당시 미군이 장비하고 있던 더 성능 좋은 M-2형 155mm 곡사포와 75mm 무반동총은 한국군으로 이관된 장비 중엔 단 하나도 없었다. 이런 중전투장비를 그토록 절박하게 필요로 하고 있는 작고 약한 나라에게 어찌 그런 부유하고 큰 대국이 그토록 지독히 인색할 수 있었단 말인가?"[99]

세 번째로, 한국 군사전략의 특유한 성격 중 하나였던 '부정적' 성격이란 무엇일가? 부정적이란 말은 한국의 전략이 어떤 목적을 위해 일부러 부정적 성격을 띠는 것을 상황이 허용하는 한 효험이 있었다는 뜻이다. 예를 들면, 1953년의 6·25전쟁 휴전 같은 미국의 정책목표에 이승만 정부가 극렬히 반대하면서 '북진통일'을 주장한 맞불 전략은 미국이 휴전을 최우선적으로 갈망하며 추구하는 상황에서는 역설적으로 적절하고 타당한 전략이었다. 그러나 미국으로부터 얻을 것은 얻고, 위급한 상황이 끝나자 (이를테면 휴전협정이 체결된 뒤엔) 그 같은 한국의 부정적 전략의 유용성과 영향력은 더 이상 기대하지 않아야만 했다.

패권적 강대국의 영향력을 무력화시키겠다고 위협한 것도 부정적 전략의

96 앞의 책, p. 102.

97 The Association of Ground Warfare Analysis and Familiarization, *History of the Korean War*, p. 15.

98 앞의 책, p. 15.

99 대한민국 국방부, 『韓國戰爭史』 제 1권, 1977, p. 99.

예가 된다. 1953년 6월 이승만 대통령은 당시 진행중이던 휴전회담에서 잠정 합의된 종전 후의 포로교환 방식을 거부하고 한국군과 UN군이 수용하고 있던 반공포로 2만 7천여 명을 독단적으로 석방해 버린다. 미국은 몹시 화가 났고, 거의 마무리 단계에 들어온 미·영·중·소 등 강대국들의 휴전 협상 노력이 물거품이 될 지경까지 되었다. 결국, 휴전 협정 체결 전에 먼저 한미 상호방위조약을 체결하자는 이승만 대통령의 요구를 미국측이 수용하자 위급한 상황이 끝난다. 그리고는 한국의 '부정적' 전략도 그 용도가 사라지게 되었다.

어처럼 어떤 사안에 대해 '부정적' 태도로 맞서는 한국의 군사전략은 기본적으로 한국의 국력이 미국의 국력보다 너무나 약했다는 데서 연유했기에 한국의 국가전략도 그와 유사한 특색이 있었다. 한승주는 이를 간명하게 분석하고 있다. "이승만의 힘은 그 성격이 부정적인 것이었다. 그 힘은 위기가 왔을 때 제일 효과가 빛났다. 필시 그의 위협 전략은 이 세계가 한국문제들을 잊어버리지 않게 하려고 그가 끊임없이 투쟁을 벌이는 한 수단이었으리라. 목전의 위기가 지나가면 그러한 이승만의 힘은 한미관계에서 더 이상의 주요 역할은 하지 않곤 했던 것이다."[100]

6. 역사적 사실과 이론적 틀의 일치

제 2장에서 이 연구를 위한 개념적 틀의 요점이 다음과 같이 제시된 바 있다. 즉, 세 가지 요소가 한국의 군사전략 발전에 영향을 미치는데, 북한의 군사위협과 미국의 전략적 영향력과 한국의 내부여건들이다. 이론적으로는, 북한의 군사위협은 고전적 현실주의 이론으로 해석할 수 있고, 미국의 전략적 영향력은 신현실주의 이론으로, 그리고 한국 국내여건들의 영향은 다변인 이론으로 이해할 수 있다.

그러면 여기서 지금까지 제 3장에서 제시한 역사적 사건들과 제 2장에서 설명한 연구의 개념적 틀 사이의 일치 정도를 규명해 볼 필요가 있다.

우선, 한국에 대해 북한이 가한 심각한 군사위협은 고전적 현실주의 이론에 따라 다음과 같은 논리로 해석해 보자. 고전적 현실주의 사고는 국제관계

---

100 Curtis와 Han, *U.S.-South Korean Alliance*, p. 206.

의 맥락이 기본적으로 적자생존의 무정부적인 상태임을 으뜸으로 각인시킨다. 혁명적 정치체제의 보전에 최고 가치를 부여하면서 북한정권은 있는 힘을 다해 정권을 유지하려고 했다.

또한 고전적 현실주의는 힘의 역할과 행사를 존중한다. 북한은 압도적인 군사력을 준비했고, 이는 북한이 정치적 야심을 위해 군사력을 사용할 개연성이 있었음을 가리킨 것이다. 고전적 현실주의는 또 힘의 증강에 역점은 둔다. 북한 지도층은 공개적으로 한국을 무력통일 하겠다는 의도를 선언했고, 이 명분은 과감한 정치력 증대로 이어지게 되었다. 자립자조에 초점을 두는 것도 고전적 현실주의의 두드러진 양상 가운데 하나다. 국가로서의 실체를 보전하고자 남북한 모두 군대 창설과 확장, 그리고 믿을 만한 외세와의 동맹을 포함한 자립자조의 방식에 의존했다.

다음, 1950년대 미국은 한국에 대해 전방위적인 전략적 영향력을 미쳤다. 한국 군사전략에 미친 미국의 영향은 신현실주의 논거로 설명해 보자. 신현실주의는 국제관계의 체계적 구조가 한 국가의 행동에 영향을 준다는 논리를 존중한다. 한국의 군사 사상은 미국 군사교리와 물자제공에 결정적 영향을 받았다. 또한 신현실주의는 한 국가의 의사결정에 외부로부터 오는 제약의 영향을 중시한다. 1950년대 한국의 고유한 독자적 군사전략 수립 노력은 미국의 압도적 영향력으로 인해 구현되지 못했고, 한국은 미국의 한국 관련 전략을 복제해야만 했다. 그리고 신현실주의 사고는 한 국가의 행동결정에 그 국가 내부여건들이 미치는 영향은 상대적으로 덜 중시한다. 한국의 내부여건들은 한국 군사전략발전에 불리하게 작용했지만, 고유한 전략발전의 빈약함을 설명할 유일한 요소는 아니다. 미국의 압도적 영향력이나 북한의 위협 같은 외부적 요소들도 전략발전을 불리하게 만드는 큰 역할을 했다.

마지막으로, 50년대 한국은 외부적 영향과 국내적 여건들로 인한 중대한 정치적, 군사적 도전을 경험했다. 한국의 군사전략 발전은 다음과 같은 다변인 이론으로 이해할 수 있다. 다변인 이론은 이론의 종합을 중시한다. 즉, 한 국가의 행동결정 배경을 설명하기 위해 국제관계의 체계-구조라는 요소와 개별 국가에 내재한 요소를 융합하는 것이다. 50년대 한국의 군사전략 발전은 그저 최소한의 수준이었다. 한국 고유전략의 빈약성은 두 가지 요인의 결과였다. 국제적으로 미국의 절대적 영향력 하에서 목전의 북한의 위협을 막는

데 몰두해야 했고, 국내적으로는 군간부들의 역량이 미흡한데다 신생 한국의 국가운영이 미숙했다.

또한, 다변인 이론의 근간은, 외부적 요소와 내부적 요소 중 어느 하나가 다른 하나를 절대적으로 압도하면 그 절대적인 요소가 종속변인의 결과에 결정적 영향을 준다는 것이다. 분명히, 한국은 군간부들의 낮은 역량과 국정운영의 미숙으로 고생을 했다. 그러나 눈앞의 위협적인 북한 군사력의 우세와 한국사회 도처에 만연해 있는 미국의 전략적 영향력이라는 외부 요소들이 한국으로 하여금 차분하게 고유전략을 개발하지 못하게 한 주된 원인이었다.

따라서 제 3장에 제시된 역사적 사실들과 연구의 개념적 틀은 이론적 모순이나 충돌이 없이 합치되며 조화를 이룬다고 분명히 말할 수 있다.

7. 세 가지 가설의 타당성

누누이 언급했듯이, 1950년대 한국에 대한 북한의 군사위협은 부정할 수 없는 실존하는 현실이었다. 그 중대한 군사위협에 맞서고자 한국정부는 나름의 방위력 증강에 주력했다. 즉, 신속하게 군대를 창건하고, 군간부의 역량을 제고했으며, 갓 태어난 군대의 장비와 훈련을 위해 미국의 원조를 유도했다. 이러한 전략들의 효험 여부를 떠나, 적어도 한국은 북한의 엄청난 군사위협에 맞서려는 성실한 노력을 기울였다는 뜻이다. 특히 6·25전쟁이 시작된 뒤 두 동맹국 한국과 미국의 인식은 동일한 결론에 도달한다. 한국은 북한군을 국가생존에 가장 큰 위협으로 보았으며, 미국은 북한의 남침을 소련 팽창주의의 연장으로 보고 이것이 미국의 전세계적 이해관계와 국지적 이익을 절대적으로 해치는 것이라고 간주했다. 두 동맹간 그같은 인식의 합치는 북한에 대해 효과적으로 결속된 행동을 촉발시켰다. 이런 뜻에서 50년대 한국 상황은 연구의 첫 번째 가설, 즉, “동맹국 간에 위협에 대한 인식의 공통성이 많을수록 그들의 군사전략은 더욱 일치한다.”는 것과 조화를 이루었다.

한국에 대한 미국의 전방위적인 전략적 영향력에 대해 말하자면, 미국은 일본 항복후 한국의 경제를 지탱시킨다든지, 한국군 창건 작업을 맡는다든지, 1948년 대한민국 정부수립을 돕는 등 없어서는 안될 역할을 했다. 또 무엇보다도, 1950년 북한의 기습남침으로 나라가 붕괴되기 일보 직전 한국에 출병해 구원해 주었다. 그리하여 한국에 대한 미국 영향력의 깊이와 폭은 한국사회의 정치, 경제, 군사 등 모든 구석구석에 닿았다. 더군다나, 한미관계의 특유한 성격은 그것이 어쩔 수 없이 일방적이었음이다. "대개, 미국과 한국은 상호적이라기보다는 일방적으로 지원하고 영향력을 발휘하는 관계를 맺어왔으니, 미국은 제공자, 한국은 수령자였다. 미국은 또 한국에 심각한 결과를 안겨주는 정책들을 일방적으로 결정했으며, 그것은 한국의 대내외적 정책에 상당한 영향을 주었다."[101] 그래서 한국 군사전략의 내용도 미국 군사전략이 한국에 미치는 충격에 깊이 영향을 받았다. 미국이 앞장선 모든 군사적 조치들은, 예컨대 미국 군사교리 적용, 미국식 군사훈련, 미국이 제공한 장비와 무기, 미국이 주도한 부대창설과 미군이 이끈 지휘구조 같은 것들이 한국군 조직의 모든 영역에 퍼져 들어갔고, 결과적으로 군사문제에 관한 사고방식을 결정했다. 그러므로 1950년대 한국 상황은 연구의 두 번째 가설, 즉, "동맹국 중 더 강한 나라가 더 약한 나라의 안보에 압도적 기여를 할수록 약한 나라는 강한 나라의 군사전략을 따른다."라는 것과 조화를 이루었다.

1953년 6·25전쟁이 휴전된 후 나머지 50년대 기간중 한국의 당면과제는 전후복구 문제였다. 그런데 50년대 후반까지 중국군이 북한에 있었고, 북한정권의 군사력 재건 노력이 성공했다는 사실을 보면 북한의 군사위협은 여전히 존재했다고 하겠다. 사실, 휴전이 된 후 50년대의 마지막까지도 남북한의 군사력에는 북한의 현격한 우세가 상존했다. 격차가 나는 남북한 군사력의 균형을 잡고자 미국은 상당한 규모로 미군을 한국에 주둔시키기로 했으며, 이에 더해 한국에 경제적, 군사적 지원을 함으로써 미국의 전략적 영향력은 계속되었다. 요컨대, 북한의 군사위협은 판연하게 상존했고, 미국은 한국에 대해 최우선적인 전략적 영향력을 계속 발휘했으며, 한국은 전후복구에 버거운 노력을 쏟느라 50년대가 다 가도록 북한과 군사력의 균형을 이룰 여력이 없었다. 그러므로 연구의 세 번째 가설, 즉, "약하고 의존적인 동맹국이 위협을 가해오는 적에 대항할 충분한 힘을 기르면 약한 동맹국의 군사전략은 더 강한 동맹국의 영향으로부터 독립한다."라는 것은 휴전 후 1950년대 나머지 기간 동안의 한국 정세에는 적용할 수 없다.

---

101 앞의 책, p. 202.

제 4 장

1960년대 대한민국 군사전략 발전에 영향을 준 세 가지 독립변인들의 역할

1. 한반도와 그 주변의 국내 및 국제적 상황

1960년대의 역사적 중요성: 네 가지 주요 변화

1960년대 한반도와 그 주변 국내외 정세는 50년대와는 다른 네 가지 주요 변화를 드러냈다.[1] 한반도에서 다투는 남북한 두 당사자들 사이의 균형이 변화하고, 미국이 대외관계에 임하는 자세가 바뀌었으며, 중·소분쟁의 시대가 도래했고, 미·중관계에도 변화가 왔다.

첫째, 제일 주목할 변화는 한국의 변모였다. 한국은 50년대의 비효율적이고 정체되고 미국에 의존하던 정권에서 군사적으로 개선되고 경제적으로 역동적이고 정치적으로 일단 안정되는 국가체제로 그 모습을 바꾸었다.[2] 한국은 박정희 정부 아래에서 정치적으로 안정되자 인상적인 경제발전에도 성공해서 1964년부터 국민총생산 (GNP) 연평균 12%의 성장을 달성했다. 군사면에서도 50년대와는 주목할 만하게 달라졌다. 60년대 중반에 약 2.5개 사단 병력을 월남전에 파병했고, 북한과 대치하는 휴전선 155마일 비무장지대 모든 구간을 한국군만으로 지키는 책임을 맡았다.

북한정권에도 주목할 변화가 있었다. 김일성은 북한정치에서 그 누구도 넘볼 수 없는 개인적 힘을 구축하는 데 성공했다. 그런데, 50년대 말 북한의 경

---

1 Morton Abramowitz, *Moving the Glacier*: *The Two Koreas and the Powers*, Adelphi Papers, No. 80 (London: The International Institute for Strategic Studies, 1971). 1960년대의 변화하는 양상들은 Abramowitz의 글에서 인용한 것이다.

2 서방의 자유민주주의 인사들은 박정희에 대해 주로 다음과 같은 면을 비판했다. ① 1961년 군사정변을 일으켜 헌법에 의한 문민정부를 중단시켰고, ② 군부와 정보기관들의 노골적인 힘으로 권위주의 통치를 했으며, ③ 1972년 유신헌법으로 영구집권을 계획했다는 것이다. 그렇다 해도, 특히 적어도 박정희 정부 초기에 한국이 정치적, 사회적, 경제적으로 특유하게 역동적인 나라가 되었음은 현실적으로 인정할 수 있겠다.

제성장은 한국을 훨씬 능가했으나 60년대에 들어와 과도한 군사비용과 그릇된 경제정책으로 성장률이 지체된다. 군사적으로는, 북한정권이 심한 인력부족을 겪었으나 군수산업에서 상당한 고유 자체능력을 갖추었고, 60년대에 공군력도 눈에 띄게 대폭 증강시켰다.[3]

둘째, 미국도 두 가지 주요한 변화를 맞이했다. 외국에서 일어난 사태에 함께 빠지는 미몽 같은 상황에서 깨어난 것이 그 하나인데, 이는 미국사회의 인구구성 변화와 월남참전 부담으로 인한 염증으로 촉발된 것이었다. 또 하나 변화는 빈곤, 범죄, 사회적 불평등 같은 극심한 국내문제들이나 제대로 해소하자는 국민들의 열망이 고조되었다는 것. 자연히 이 두 변화는 미국인들로 하여금 미국의 대외적 개입에 대해 심각한 회의를 품도록 만들었다. 국내사안들에 눈을 돌려야 할 이같은 필요는 1969년 닉슨 닥트린에 반영되는데, 이는 외부의 위협에 대응함에 있어 미국만이 혼자 과도한 짐을 지느니보다 각 동맹국의 자체 방어책임도 강조한 것이었다. 한국에서의 경우, 이러한 미국의 변화는 필연적으로 주한미군 철수 문제를 불러왔는데, 한국인들은 주한미군을 북한의 위협으로부터 국가의 생존을 유지시켜주는 필수적인 보호자로 생각해 왔었다.

셋째, 중·소분쟁이 일어나면서 두 가지 역설적 효과가 나타났다. 우선 한국에게는 거대한 단일 공산주의 블록의 위협이 줄어든 것으로 인지되었고, 공산주의 진영의 힘이 갈라진 듯이 보였다는 이유만으로도 공산주의 위협에 대항하는 심리적 자신감이 좀 생겨났다. 한편 중·소의 균열로 김일성은 두

---

3 영국의 전략문제연구소가 펴낸 *The Military Balance 1963-1964* (London: The International Institute for Strategic Studies, 1963) 10쪽에 "북한공군은 병력 약 30,000과 항공기 약 500대가 있는데, 주로 미그-15형이다"라고 나온다. 같은 책 1965-1966년판 11쪽에는 북한공군은 "총병력 20,000, 항공기 약 500대인데, 여기에는 미그-15, 미그-17과 Il-28 기종들이 포함된다"고 했고, 같은 책 1966-1967년판 11쪽에는 "총병력 20,000, 항공기 약 500대이고, 최대 추산 5개 비행사단이 미그-15와 미그-17로 무장되었고 미그-21기도 몇 대 있을 가능성이 있으며, Il-28 경폭격기 약 50대, An-2 및 Li-2 수송기들과 Mi-4 헬리콥터 몇 대가 있고 Yak-9, Yak-11, Yak-18, 미그-15, 그리고 Il-28 훈련기들이 있다"고 나온다. 같은 책 67-68년판 13쪽에는 "총병력 20,000. 전투기 460대, Il-28 경제트폭격기 40대, 미그-21 제트요격기 25대, Yak-9, Yak-11, 미그-15, Il-28 훈련기들이 있다"고 나온다. 같은 책 68-69년판 13쪽에는 "총병력 30,000, 전투기 590대, Il-28 제트경폭격기 60대, 미그-21 요격기 30대, 미그-19 요격기 50대, MG-15 및 미그-17 전폭기들과 An-2 및 Li-2급 수송기들과 Mi-4 헬리콥터, Yak-9, Yak-11, 미그-15 및 Il-28 훈련기들이 있다"고 되어 있다.

거대 공산주의 동맹국 사이에서 행동의 자유를 얻었다. 이제 김일성은 북한이 필요로 하는 경제적 군사적 지원을 두 동맹국으로부터 모두 받을 수 있는 유리한 기회를 갖게 된 것이다. 소련과 공산 중국은 둘 다 북한과 상호방위조약을 체결했고 북한정권과 더 가까운 관계를 맺으려고 경쟁했다.[4] 그러고 보니 북한과 그 두 거대 후견자 간에 더 가까워진 안보 결속은 한국의 안보에 불이익을 주는 형국 같았다.

넷째, 미국은 공산 중국과의 전혀 새로운 전략적 관계를 구상하기 시작한다. 중국과 화해한다는 생각을 하면서 그때까지는 상상할 수 없었던 온화한 전략적 상호관계를 상정하게 되었고, 이는 미국의 전통적인 정면대결식 자세로부터 벗어난 역사적 변화였다. 그 무렵까지도 대부분 아시아 국가들은 미·중간의 극심한 적대적 관계를 피할 수 없는 영구적 현실로 받아들여 왔었다. 미국의 희망은 냉전의 싸움을 하는 마당에 공산진영의 힘을 분열시키는 중·소분쟁을 이용하자는 것이었다. 이 천지개벽 같은 미국의 대중관계는 남북한의 안보에 두 가지 긍정적 효과를 가져왔다. 한국 입장에서는, 북한의 위협이 어느 정도는 줄어들리라고 기대했다. 왜냐하면, 한반도를 무력통일 하겠다는 북한정권의 성급한 명분을 중국이 지지하는 데 더욱 신중해지리라 보았기 때문이다. 한편 북한정권도 미국의 동아시아 정책에 중국이 중재적 영향을 미침으로써 북한의 안보에 대한 '미국의 위협'이 완화되리라고 내심 기대했을 터이다.

박정희 정부의 출현

한국에서는 1961년 5월 16일 박정희 소장과 그를 지지하는 일부 육군 장교단에 의한 군사정변과 더불어 60년대의 여명이 밝았다. 이승만 초대 대통령은 1960년 전국적인 대규모 학생 시위들로 12년에 걸친 권좌에서 물러났었다. 그 시위들은 이승만 정부의 만성적 부패와 1960년 3월의 대통령 선거 부정개표가 드러나면서 촉발된 것이다. 이 대통령이 하야하자 정치는 내각책임제로 바뀌고 장면 국무총리가 이끄는 정부가 출범했는데, 장면 정부는 국정운영에 심각한 약점을 드러냈다. 국가 앞날의 분명한 모습을 제시하는 선견

4 북한과 소련의 상호방위조약은 1961년 7월 6일 체결되었고, 이와 비슷한 '상호원조조약'이 1961년 7월 11일 북한과 중화인민공화국 간에 맺어졌다.

지명이 부족한데다 정치적 리더십을 효과적으로 발휘하지 못했다. 또한 극심하게 침체된 국가경제를 건져낼 만한 행정능력이 없었으며, 학생들은 정치문제에 끼어들어 연일 목청높이 비논리적인 주장을 하면서 전국적 가두시위를 하는 등 극심한 사회혼란이 계속되었던 것이다.

박정희 소장의 군사정변 거사에는 몇 가지 목표와 공약이 있었다. "반공을 국시의 제 1의로 삼고, 미국을 위시한 자유우방과의 유대를 더욱 공고히 하며, 부패와 사회적 구악을 일소하고, 건전한 국민정신과 청신한 사회기풍을 진작하고, 국가 자주경제를 재건하고, (그리고 군사정변 지도부의 거취로 말하자면) 이같은 임무를 완수한 뒤 자신들의 본연의 부대업무에 복귀하며, 참신하고 양심적인 민간인 정치가들에게 정권을 이양한다"는 것이었다.[5]

서방진영의 학자들과 일반여론은 5·16 군사정변을 세 가지 자유민주주의적 기준에 근거해 비판했다. 즉, 민주적 절차에 의하지 않고 국가권력을 빼앗은 것, 헌정질서와 문민통치 관행을 파괴한 것, 그리고 국민의 분명한 동의 없이 스스로 임명된 군부 엘리트들이 마음대로 권력을 행사한 것이다. 비판의 요지는 한마디로, 어떠한 군사정변도 한국 정치에서 정당한 정치적 합법성이 없었음이다.

이러한 정치적 정통성 결여를 보상하고자 박정희 정부는 1960년대에 두 가지 방면에 최우선적으로 노력했다. 무엇보다도, 어려운 국가경제를 구하고 향상시키기 위해 '경제개발 5개년계획'을 연속적으로 추진해 나아갔으며, 한편으로는 군사정부를 현실로서 받아주는 정치적 지지를 미국으로부터 끌어내는 데 힘을 기울였다.

군사정변 주체 세력의 시각에서 보면, 당시 군사정변의 "불가피성"을 정당화하고 이해시키고자 하는 두 가지 명분이 있었다. 그 하나는, 한국은 만성적인 가난과, 국가의 수치스러운 지난 역사들, 그리고 대물려 받은 타성과 무력증에서 벗어나야 할 "혁명적인" 정치적 추진력이 필요했다는 것이다. 또 하나는, 당시 문민 정치 지도자들은, 장면 정부의 미온적인 통치에서 보았듯이, 목전의 국가적 과제들을 해결해 달라고 국민이 바라는 그러한 리더십이 없었

---

5 이상은 1961년 5월 16일 군사정변 직후 군부지도부에 의해 6대 '혁명공약'으로 선언되었다. 그 내용은 국제적으로 국내적으로 나중에 열띤 논쟁을 불러일으켰다. 특히 군사정변 지도부가 본연의 부대로 복귀한다는 공약 제 6조가 그랬다. 왜냐하면 박정희 장군은 결국 1963년 실시된 대통령 선거에서 민간인 신분 후보로 출마해 당선되었기 때문이다.

다는 것이다. 반면, 군사정변의 주체 세력은 자신들은 애국적 결의가 되어 있고, 역사를 내다보는 안목과 의식이 있으며, 나라의 희망찬 앞날을 열기 위한 현실적인 선견지명 같은 "비전"이 있다고 확신했다. 요컨대, 군부 지도자들은 자신들이 진취적인 새로운 나라를 이끌어 나아갈 활기찬 에너지를 지녔다고 믿었다.

군사적으로 한국은 50년대에 그랬듯이 60년대에도 북한의 군사위협 아래 있었다. 그러한 위협의 예는 얼마든지 있다. 60년대 초부터 북한정권은 가공할 '4대 군사노선'을 채택했고, 1968년 1월에는 무장특공대를 남파해 대통령 관저습격과 대통령 암살을 기도하는가 하면, 동해의 공해상에서 미해군 정보함을 나포했고, 같은 해 11월에는 동해안 삼척지역에 무장공비 130명을 침투시켰으며, 1969년에는 동해 상공에서 미공군 정보수집기 EC-121기를 격추시켰다. 북한의 도발이 이렇듯 자행되자 한국은 60년대 후반에 갖가지 자력구제 조치들을 내놓았다. 향토예비군 편제화, 특별방위세 도입 같은 자주국방태세 확립, 그리고 한국군 월남전 파병 같은 한·미간 긴밀한 안보협력 등이 이루어진 것이다.

지금까지 살펴본 상황들을 감안할 때, 60년대 한반도의 정치적, 군사적 정세는 "국제적 경향을 반박하는 국지적 비타협"이라고 표현할 만했다. 다시 말해, 패권을 다투는 강대국들의 파워게임은 옛 적들 간의 화해와 데탕트의 길을 개척하고 있었다. 허나, 한반도의 국지적 정면대결은 이렇다 할 아무런 우호적 변화도 없이 그저 집요하게 계속되었다.

2. 1960년대 북한의 정치 · 군사적 상황

1960년대 북한 정치의 중요성

북한에서 일어난 몇 가지 정치적, 경제적, 군사적 사건들을 보면 북한정권에 대해 60년대가 갖는 특별한 성격이 드러난다. 북한 정치에서 김일성의 개인적 힘과 절대적인 정치권력이 공고화되었고, 국정운영에서 군사·경제 병진노선을 강조했으며, 군사면에서 4대 군사노선을 개시하고 시행했다.

1961년 9월 11-18일에 있은 조선노동당 4차 전당대회에서 김일성은 그가 정적들을 효과적으로 제거함으로써 자신의 절대적이고 개인적인 힘을 구축하는 데 성공했음을 보여주었다. 조선노동당의 공식 기록을 보자.

> 1945년 해방 후 경애하는 김일성 지도자께서 당을 창건하시자 반일 혁명 동지들이 당의 기반을 닦았다. 당시 상황을 감안해 지도자께서는 갖가지 파벌 및 출신 배경과 지역 연고가 다른 자들을 받아들여야 하셨다. 그런데 올바른 혁명 노선을 따르라고 지도자께서 그들을 끊임없이 교육하셨음에도 파벌주의자들은 파벌주의의 악습을 떨쳐버리지 못하고 단지, 직접적으로 또는 간접적으로, 당의 정책에 반하고 반혁명적인 행동만 저질렀다. 그들의 치명적인 행동은 당의 발전에 주요 장애물이 되었다. 그렇지만 제 3차 전당대회 이후 지도자께서 현명하신 지도력을 발휘하시고 장기간에 걸친 당내 투쟁을 하신 덕분에 파벌주의의 쓰레기는 제거되었고, 파벌주의자들의 영향력을 숙정한다는 바람직한 결과도 달성되었다. 파벌주의의 영향이 제거되자 당 창건을 위해 지도자께서 세우신 창조적 정책들이 당이 추진하는 노력의 질을 제고함에 있어서 아무런 장애 없이 진행될 수 있었다.[6]

'조선인민군'은 당의 무력도구이므로 김일성은 북한정치에서 발군의 존재감을 드러낸 이날 제 4차 전당대회 이후 북한의 군사문제에 관한 유일한 결정권자로 자리매김했다. 따라서 60년대가 시작하면서부터 북한군은 김일성의 전략적 구상과 개인적 의지에 따라 운용되고 활용되었다.

북한군 병력의 증강

연구자들이 북한군 병력 변화에 관한 정보를 얻기는 지극히 어렵다. 북한정권의 엄격한 비밀보호 관행 때문이다. 다만, 국토통일원이 낸 한 문서에는 북한군 병력 변화에 관해 얼핏이나마 살펴볼 수 있는 것이 있다. 3급비밀 자료인 『북한편람』에 보면 1953년에서 72년까지의 북한군 병력이 도표 9와 같이 나온다.

60년대 북한군 병력 증가는 83,532명이다. 1959년 말 382,540명에서 1969년 말 466,072명으로 늘어난 것이다. 북한이 50년대 중반에 전쟁의 피해에서 회복해야 했던 긴급한 사정을 고려해 보건대, 군사력의 대폭 증강은 60년대에 와서야 이루어졌던 것이리라.

---

6 조선로동당, 『조선로동당 략사』 (평양: 조선로동당 출판사, 1979), pp. 521-522.

도표 9. 1953-1972년 북한군 병력의 변화

연도	지상군	해군	공군	합계
12/31/1953	377,350	14,400	18,450	410,250
12/31/1954	377,350	14,350	18,450	410,150
12/31/1955	420,650	14,350	20,650	445,650
12/31/1956	417,027	7,384	20,650	445,061
12/31/1957	354,500	7,973	31,000	393,473
12/31/1958	339,900	10,741	31,000	381,461
12/31/1959	343,300	6,340	32,500	382,540
12/31/1960	355,000	7,173	33,000	392,173
12/31/1961	355,300	7,632	35,000	397,932
12/31/1962	346,390	7,932	35,000	389,322
07/ 1963	332,000	8,100	35,000	375,100
12/31/1964	366,786	9,542	35,000	411,542
12/31/1965	366,786	9,542	35,000	411,542
04/01/1966	367,000	9,642	35,000	411,642
09/ 1967	367,000	10,454	35,000	412,302
12/ 1968	387,963	10,500	40,000	438,463
09/ 1969	393,516	12,400	45,000	450,900
12/31/1969	408,577	12,400	45,000	466,072
09/01/1970	408,677	13,585	45,000	467,262
06/01/1972	408,677	14,520	45,000	468,197

출처: 대한민국 국토통일원, 『북한편람』 (서울: 국토통일원, 1973), p. 417.

이번에는 영국의 한 전략문제연구소가 발행한 『The Military Balance』 에 제시된 60년대 북한군의 병력을 도표 10에서 한번 보자. 총병력의 증가는 74,000명이었다. 1963-64년의 310,000에서 1968-69년의 384,000명으로 늘어난 것이다. 도표 9와 도표 10의 북한군 병력이 서로 다르게 집계되었지만 두 도표는 모두 주목할 만한 동일한 경향을 제시한다. 즉, 60년대에 북한군 병력이 상당히 확대되었다는 것이다. 국토통일원 자료는 북한군 83,000명의 증가를, 그리고 영국의 전략문제연구소도 74,000명의 증가를 제시한 것이다. 60년대 북한군의 이같은 분명한 확장 동향은 한국민들 사이에 심각한 위협감을 자아내었다.

도표 10. 1960년대 북한군 병력의 변화

연도	지상군	해군	공군	합계
1963-64	280,000	-	30,000	310,000
1965-66	325,000	8,800	20,000	353,000
1966-67	340,000	8,000	20,000	368,000
1967-68	340,000	8,000	20,000	368,000
1968-69	345,000	9,000	30,000	384,000

출처: The IISS, *The Military Balance 1963-1964* (London: The Institute of Strategic Studies, 1963), p. 10.; *1965-1966,* p. 11; *1966-1967,* p. 11; 1967-*1968,* p. 13; *1968-1969,* p. 13.

북한군 전투장비의 증강

1960년대 북한정권은 전투력 증강에 주력했다. 국토통일원 자료에 보면 60년대에 북한 지상군 주요 전투장비의 증강이 도표 11처럼 나와 있다.

도표 11. 1953-1971년 북한군 주요 전투장비의 증강

종류	수량 (7/1953)	수량 (12/31/1971)	증감
72.6mm 포		1,162	
100mm 포		108	
122mm 포		596	
130mm 포		360	
203mm 포		24	
합계	734	2,250	+1,516
82mm 박격포		2,242	
120mm 박격포		1,483	
160mm 박격포		144	
합계	1,269	4,069	+2,440
견인탱크 (towing tank)		42	
장갑차량		27	
SU-76/100 자주포/전차		451	
T-34/54/55 전차		565	
JS-2/3 전차		36	
PT-76 수륙양용전차		36	
합계	480	1,257	+777

출처: 대한민국 국토통일원, 『북한편람』, p. 418.

북한군은 1950-53년에 걸친 6·25전쟁에서 원래 보유했던 지상군 전투장비의 파괴로 심대한 장비고갈을 겪었다. 그리하여 북한정권은 60년대에는 파괴된 전투장비 보충에 주력했고, 그 주안점은 화력과 기동력 증강이었다.

무엇보다 눈부신 개선은 공군력의 질적 증강이다. 도표 12에서 보듯, 60년대에 나온 『The Military Balance』 에는 북한공군의 확장과 고성능화가 일목요연하게 나타난다. 즉, 양적으로만이 아니라 질적 성능에서도 확장과 개선을 이룩했음을 알 수 있다. 낡은 기종인 미그-15와 17은 신형전투기인 미그-19와 21로 대체하기 시작했고, Il-28도 점점 더 보유하게 되었다.

도표 12. 북한 공군 전투력 확대

연도	공군 병력수	항공기 종류와 보유대수
1963-64	30,000	주로 미그-15기 500대
1965-66	20,000	주로 미그-15기와 미그-17기 및 Il-28기 500대
1966-67	20,000	주로 미그-15기와 미그-17기 및 미그-21기 약간과 Il-28기 50대 등 총 500대
1967-68	20,000	전투기 460대 (미그-15와 미그-17기 460대, 미그-21기 25대, Il-28기 40대)
1968-69	30,000	전투기 590대 (미그-21기 30대, 미그-19기 50대, 미그-15기와 미그-17기 450대, Il-28기 60대)

출처: The International Institute for Strategic Studies, *The Military Balance 1963-1964; 1965-1966; 1966-1967; 1967-1968; 1968-1969.*

역사적으로 본 북한정권의 군사전략 발전

1960년대 북한정권의 군사전략을 정확히 이해하려면 김일성이 북한정권을 세운 이후 자신의 군사전략을 발전시킨 역사적 과정을 보아야 한다.

북한정권의 군사전략은 네 단계의 시간적 순서를 거쳐 발전되었다. 먼저, 항일무장투쟁의 경험, 거의 맹목적이던 소련식 군사교리 습득, 뼈아픈 6·25전쟁의 경험, 그리고 쿠바혁명과 월남전과 수차례 중동전에서 확인한 군사적 교훈 등을 토대로 했다.[7] 이 중 6·25전쟁이 김일성에게 가장 뼈저린 교훈을

7 이종학, 『기로에 선 한반도의 군사문제』 제 7장 ("북한의 군사전략과 군사역량증진을 위한 의도") (서울: 형설출판사, 1981). p. 121.

주었다. 1950년 12월 북한군이 압록강까지 쫓기던 시기에 자강도 만포시에서 열린 조선노동당의 소위 "별오리 회의"에서 김일성은 북한정권의 전쟁수행방식의 여덟 가지 약점들을 솔직히 시인했다. 즉, 예비대 부족, 전술적 난관을 극복 못하는 군간부들의 미숙, 전반적 군기해이, 적의 능력을 절멸시키기보다는 맹목적인 정면공격에 주력함, 적의 우월한 해공군 화력에 적절한 대응책을 세우지 못한 것, 적 후방에 게릴라부대로 제2지상전선을 형성하지 못한 것, 불충분한 보급과 재보급, 그리고 군부대에서 애국적 혁명정신을 위한 정치적 교화교육의 기강이 해이된 것이었다.[8]

이 회의에서 김일성은 특히 두 가지 극히 중요한 약점에 대해 한탄스러워했다. 예로써, 1950년 9월 UN군의 대역습과 반격이 성공했을 때와 같은 예상밖의 전술적 곤경에 처해 북한군의 군기가 해이해진 것을 개탄했고, 전쟁수행에 있어 자력에 의한 '주체'정신이 필요했다고 말했다. 첫 번째 지적인 군기해이는 1950년 9월 북한군의 전술적 와해와 패주의 제일 중대한 원인이었다. 두 번째 지적인 자력에 의한 주체적 스타일의 전쟁수행은 한반도의 특유한 자연조건을 이용하기를 강조했다. 즉, 특유한 전법을 개발하고 고유한 지형적 특성을 활용하는 것으로서, 예를 들어 산악지역이나 요새화된 지역에서의 새로운 전투방식과 야간전투를 위한 새로운 전술 개발을 독려한 것이다.

4대 군사노선의 배경과 내용

6·25전쟁의 교훈에 기반을 두고 김일성은 다음 시대를 위한 자신의 국가전략과 군사전략을 만들기 시작한다. 1960년대 초부터 군사와 경제 분야를 동시에 발전시키는 정책을 채택했는데, 조선노동당 공식 역사는 군사·경제 병진논리를 이렇게 설명하고 있다.

> 제국주의가 존재하는 한 침략현상과 전쟁의 위협은 사라지지 않을 것이다. 만약 한 국가가 경제건설에만 일방적으로 기울어진 정책을 펴고 군사적 대비의 중요성을 무시한다면, 그 국가는 사회주의 체제의 건설은 고사하고 제국주의 침입으로부터 조국을 방어할 수도 없고 혁명의 업적을 보호하지도 못한다. 반면, 전쟁이 일단 일어나면 모든 것이 파괴되리라는 가정

8 앞의 책, p. 122. 저자 이종학은 이 여덟 가지 약점들을 1950년 12월 김일성이 "별오리 회의"에서 한 연설에서 인용했다.

하에 경제건설을 등한시하면 부유한 나라를 만들고 인민생활수준을 향상시키는 것이 불가능할 것이다. 이런 태도의 정책은 진실된 것이 아니다. 왜냐하면 그것은 이 세상에 제국주의가 존재하는 한 사회주의 건설은 불가능하다는 그릇된 논리에 기초하기 때문이다.[9]

또한 북한정권은 당시의 국제정세를 군사·경제 병진정책의 촉매제라고 해석했다. 1962년 미·소간의 쿠바미사일위기가 있었고, 동남아에서 긴장감이 고조되었으며, 한·일 외교관계가 정상화되었다. 이같은 국제정세의 전개는 전세계에 걸친 제국주의적 계략과 동남아 지배의 야심을 가진 미국이 부채질한 것이라고 북한은 간주했다. 그래서 북한정권은 국제정세의 발전으로부터 심각한 외부적 위협이 증대하고 있다고 느꼈고, 4대 군사노선도 바로 그러한 외부적 위협이 증가하고 있다고 북한정권이 믿었다는 표시였다.

그리하여 4대 군사노선은 전쟁준비 강화에 국가적 노력을 배가할 것을 촉구했다. 이른바, 전군 간부화, 전군 현대화, 전인민 무장화, 전지역 요새화가 그것이다.

군사노선의 첫 번째 강조사항은 말 그대로 모든 군인을 간부로 만드는 것. 현대전은 각 제대에 군사지도자들의 대규모 소진을 요구한다. 이를 예상해 모든 제대를 위해 미리 군사지도자들을 양성할 것을 주문한 것이다. "일단 돌발사태가 발생하면 병사에서 장군에 이르기까지 각자 한 단계 더 높은 과업들을 수행할 준비가 돼 있어야 한다."고 했다.[10] 말하자면, 전쟁발발시 이들 준비된 군간부들이 노동적위대 같은 예비군에 배치되어 가능한 짧은 기간에 예비군 부대들이 정규군 부대로 싸울 수 있도록 만들게 한다는 의도였다.

두 번째 강조사항 전군 현대화의 의미는 자명하다. "방위산업의 자력기반 덕분에 조선인민군은 현대무기와 전투장비로 강건하게 무장되어 왔고, 인민군의 그 누구라도 각자 현대무기를 능숙하게 조작할 수 있으며, 각자는 또한 현대적 군사기법을 다룰 능력이 있고 현대 군사과학에 친숙해졌다"는 것이다.[11] 그러나 군현대화 노선은 군사·경제 병진정책과 더불어 북한주민들의 두 어깨를 모두 너무나 무거운 짐으로 누르고 있었다.

---

9 조선로동당, 『조선로동당 략사』, p. 540.
10 앞의 책, p. 542.
11 앞의 책, p. 542.

세 번째와 네 번째 노선인 전인민 무장과 전지역 요새화에 관해 노동당의 공식 역사는 공개적으로 이 두 정책의 결과를 자랑했다. "나라의 국방력은 효과적인 노동적위대 조직과 진일보된 정치·군사 교화교육으로 인해 괄목할 만큼 향상되었다. 모든 사람들이 군사적 관행들을 배웠고 군사훈련에 적극 참가했다. 또한 튼튼한 방어요새들이 전방과 해안지대 뿐 아니라 후방내륙 깊은 곳까지 구축되었다. 온 나라가 '철옹성'으로 변모했도다."[12]

분명히, 전인민 무장화는 김일성이 6·25전쟁중 예비대가 부족했음을 한탄했던 데에 뿌리를 두고 있다. 그리고 전지역 요새화는 전쟁중 UN군의 엄청난 공군력에 당했던 피해를 반영한 듯하다.

4대노선 중 전군 간부화와 전군 현대화는 북한의 군사력이 갑작스럽게 성장한 원천이었고, 이 두 노선의 성공에 대한 만족감을 북한정권은 공개적으로 드러냈다. "전군간부화와 현대화 노선으로 인해 우리 인민군대는 어떠한 불리한 조건에서도 우리가 이룩한 사회주의 업적을 방어할 능력을 갖추었다. 우리 군대는 정치·이념적, 군사·기술적 준비태세를 갖춘 '일당백'의[13] 간부화된 군대가 되었다. 우리 군대는 강화된 공격능력과 방어능력을 지닌 무적의 혁명군대로 변모한 것이다."[14] 이처럼 북한의 군사역량이 갑작스럽게 향상되었음이 드러났다는 것은 바로 한국의 안보에 심각한 위협이 고조되고 있었음을 말한다.

절정에 달한 북한정권의 군사전략

1960년대 김일성 군사전략의 대단원은 "현대 정규전과 혁명 게릴라전술의 배합(配合)"이었는데, 이는 북한정권의 공식 권위를 지닌 군사전략이었다. 1969년 1월 김일성은 주장하기를, "현대전 승리의 결정적 요소는 정규전 방식과 게릴라식 전투의 배합 능력이므로, 우리는 대부대와 소부대를 모두 갖고 있어야 한다. 그러므로 경보병 부대와 정규군 부대의 작전을 배합하는 것이 중요하다."라고 말했다.[15]

---

12 앞의 책, p. 543.

13 "一當百" 즉, 한 사람이 백 사람과 싸워 이긴다는 말로, 북한 인민군의 정예화를 강조하고 있다.

14 조선로동당, 『조선로동당 략사』, pp. 542-543.

15 이종학, 『기로에 선 한반도의 군사문제』, p. 124.

김일성식 배합전략 개념은 그가 겪어오던 대외정세와 내부여건들에 대한 철저한 평가에서 나온 것이다. 무엇보다도, 60년대 초부터 김일성은 주력 동맹국인 소련의 신뢰성이 약화됨을 느끼기 시작했다. 1962년 쿠바미사일위기 때에 나타났던 바처럼, 소련은 수정주의적 사회주의 태도로 미국과 타협을 하고 있는 데다, 두 주요 공산주의 동맹국인 소련과 중화인민공화국은 양립할 수 없는 분열과 경쟁의 진흙탕에 빠져 있었다. 이에 김일성은 '집중, 화력, 기동, 포위, 기습, 섬멸' 같은 소련식 군사교리에서 졸업하고, 모택동식 '인민전쟁' 전략도 떨쳐버릴 적절한 시기가 왔다고 판단했다. 그는 북한정권의 안전을 보장할 전혀 새롭고 자립적인 군사전략의 필요를 절실히 느꼈다.

또한, 6·25전쟁의 경험은 김일성에게 잊을 수 없는 교훈을 주었다. 외국식, 또는 소련식 군사교리로써만 싸워서는 바람직한 결과를 얻을 수 없었다. 한반도에서는 한반도에 맞는 전략으로 싸워야 한다. 그러려면 한반도의 독특한 조건들, 이를테면, 고유한 지형조건을 이용하고 야간전투나 근접전투나 요새지역 전투 같은 특수한 전투방식을 활용해야 한다고 김일성은 믿었다.

그리고, 월남전쟁의 진행도 김일성에게 한반도 상황에 대한 새로운 시각을 제공했다. 즉, 남베트남에서 정치적 저항세력인 베트콩이 형성돼 독자적 작전을 하면서 생존할 수 있으니까 외부의 지원세력, 즉, 북베트남의 지원이 지속된다는 조건 하에 자신보다 훨씬 강한 적인 미군에 대해 게릴라전을 계속할 수 있는 가능성을 인지하게 되었다. 김일성은 이와 똑같은 논리가 한반도에도 적용 가능하다고 보았다. 만약 북한이 견고한 난공불락 혁명기지로 변모하고, 한국내에서 생존력 있는 반정부 혁명세력이 활동한다면, 북한정권은 그 반정부 게릴라들을 지원해 한반도를 통일할 수 있으리라 계산한 것이다.

이렇듯 대내외적 정세들이 종합평가되자 김일성의 배합전략의 본질적 요점이 드디어 모습을 드러냈다. 그는 자신의 정치목표 달성을 위한 두 가지 군사적 능력이 필요했다. 우선 미국과 한국의 정규군과 맞설 정규군 부대들이 있어야 했고, 동시에 남한지역 내 주민의 반정부 저항세력을 북한의 대남투쟁전선으로 끌어들여 남한지역에서 전술적 효과를 배가할 수 있는 날렵한 게릴라형 부대들이 있어야 했다. 김일성은 이 두 가지 전쟁능력의 배합이야말로 한반도를 자신의 깃발 아래 통일한다는 정치목표 달성에 필수라고 보았다.

1960년대 북한이 야기한 군사적 위협의 중간 평가

지금까지 보았듯이, 1960년대 북한정권은 한국에 대해 심대한 군사위협을 계속 가했다. 통상, 적의 군사적 위협에는 물리적 군사력 자체와 책략적 의도가 있다. 북한군의 물리적 군사력은 60년대에 괄목할 만하게 확장되고 향상되었다. 그리고 책략적 의도로 말하자면 김일성의 정규군-비정규군 배합전략이나 4대 군사노선에서 보는 바와 같은 전략을 말한다. 북한정권은 한국에 대해 이 두 가지 위협을 모두 다 가했던 것이다.

김일성이 북한 정치에서 절대적인 힘을 공고히 한데다 국제 정세가 자신의 정권에 유리하게 전개되고 있다고 해석하는 등, 북한의 이 두 가지 대내외적인 상황도 한국에 대한 군사위협의 압력을 가중시키는 요소들이었다. 또한, 김일성이 자신의 개인적 의도로 인민군을 운용할 수 있다는 점과, 북한의 두 공산주의 동맹국 중국과 소련이 북한과 더 가까운 관계를 맺고자 경쟁하고 있었다는 점도 북한 군사위협의 심각성을 증폭시켰다.

4대 군사노선에도 나타나듯이, 김일성의 군사전략은 가공할 면모를 띠었다. 특히 그 가운데서도 전군 간부화와 전군 현대화는 그 가공할 면모를 두드러지게 하는 것이었다. 김일성 군사전략의 정점인 정규군 작전과 게릴라식 전술의 배합은 한국인들 사이에 심각한 안보관련 불안감을 불러일으키는 타격을 입혔다.

그 뿐인가. 북한정권은 전술한 모든 군사적 역량을 갖추고 전략을 세심하게 가다듬었을 뿐 아니라, 한국에 대해 드러내놓고 도발적인 행동으로 그들의 힘을 행사했다. 1968년 박정희 대통령 암살을 목적으로 청와대 습격 특공대를 밀파했고, 바로 이틀 뒤 미해군 정보함 푸에블로호를 동해의 공해상에서 나포했으며, 같은 해 강원도 일대 한국 영토에 무장공비 130명을 침투시켰다. 실로 60년대 한국인들에게는 안보에 관련한 걱정거리들이 당장의 생존을 걱정하게 하는 현실의 위협으로 나타났다.

필연적으로 북한이 자행한 적나라한 위협의 과시는 한국정부로 하여금 향토예비군 창설과 특별방위세 신설 등 국가생존과 사회안정을 위한 자구적 대응책들을 만들어내게 했다.

3. 1960년대 미국이 직면한 세계정세와 국지적 상황들

케네디 행정부와 존슨 행정부 시대의 국제정세 및 미국내 상황

미국에서 1960년대는 '이상주의 추구'라는 말로 역사에 자리매김할 케네디 행정부의 도래와 함께 시작을 알렸다. 그런데 60년대에도 미국은 50년대에 그랬듯이 여전히 소련과의 세계적 패권경쟁을 계속했다. 1961년 동서진영이 분할점령중이던 동·서베를린 간에 소련이 장벽을 설치했을 때와, 1962년 소련이 미국을 겨냥한 핵미사일을 쿠바에 배치하려던 때의 위기는 모두 다 미·소간의 세계패권 경쟁이라는 근본적 성격을 갖고 있었다. 1960년 미국 대통령선거전 기간중 John F. Kennedy 민주당 후보는 소련에 대응해 오던 Eisenhower 공화당 행정부의 정책을 비판했다. 즉, 그 당시 미·소간에는 소련에 유리하게 핵미사일 보유격차가 있었다는 것과, 아이젠하워 정부가 냉전의 중대한 문제들을 다룸에 있어 소련의 행동에 순전히 피동적으로 대응하는 정책수립 유형을 타파하지 못했다는 것, 그리고 동맹국들과 저개발국들에 대한 대외정책도 이와 비슷한 피동적 대응성을 못 벗어났다고 주장했다.[16]

케네디 행정부는 두 가지 근본적인 전략적 사고의 변화를 맞이했다. 첫째, 적의 본격적 공격을 받으면 스스로 선택한 방법과 장소에서 즉각 대규모 핵무기로 응징한다는 '대량보복전략'의 효능에 대한 의문이 만연되었고, 둘째, 독립과 번영을 향한 제3세계의 열망을 품어줄 흡인력 있는 참신한 정책 고안이 필요해졌다. 케네디 행정부 전략가들은 미국의 다양한 모든 국가이익 추구에 있어 꼭 핵무기를 쓰는 것이 효과가 있을지 의문을 갖기 시작했다. 그래서 미국을 향한 다양한 수준의 위협에 대해 대응 등급을 매긴다는 개념을 제시했다. 결국, 대량보복전략의 유용성에 대한 의문과 전략적 유연성을 갖추어야 할 필요성은 '유연대응전략'의 도입으로 이어졌다.

제3세계의 민족주의를 포용하는 전략으로서 케네디 행정부는 뉴프런티어(New Frontier/새로운 개척지) 철학을 도입했다. 이를 위해 국제개발기구(AID) 재편과 활성화, 평화동맹 (Alliance for Peace) 및 평화봉사단 (Peace Corps) 창설, 그리고 미국 공법 480호의 이행으로서 평화식량계획 (Food for

---

16 James E. Dougherty와 Robert L. Pfaltzgraff, Jr., *American Foreign Policy: FDR to Reagan* (New York: Harpers and Row, Publishers, 1986), p. 142.

Peace Program) 등을 통해 빈곤한 제3세계 나라들에게 식량을 제공했다. 이와 동시에, 모든 수준 및 단계에 걸친 외부위협과 싸우고, 제3세계에 만연하는 경향이 있던 내부 봉기와 반란에 대처하고자 미 특수군 부대들의 내란기도 진압능력을 갖추게 하는 전략적 유연성을 탐색했다. 이러한 전략적 유연성은 소련이 제3세계를 후원하고 지원하려는 태도에 자극받은 것이다. 소련 수상 흐루시초프는 "민족독립을 향한 정의로운 전쟁을 아낌없이 지원한다"라는 유명한 미사여구로 제3세계에 대한 후원자라는 이미지를 과시하고 있었다.

국제관계를 이해하는 이론으로서 유산처럼 전해 내려오던 '도미노' 개념이 있었는데, 이는 케네디 자신을 포함해 당대 미국 정책수립자들의 의식을 지배하고 있었다. 만약 제3세계의 한 국가가 공산주의 위협에 굴복하면 그 옆에 있는 나라가 계속적이고 전염병적인 공산주의자들의 공격에 휩싸인다는 이론이다. 이 전략사상에 따라 미국은 동남아시아가 공산주의의 전염으로 잠식되는 것을 막으려고 다소 주저하면서도 월남(남베트남)을 계속 원조하는 정책으로 치달았다.

이와 대조적으로, 1960년대 초 미국은 동북아시아는 주목할 만한 변화가 없다고 판단했다. "대일본 관계는 케네디가 전혀 머리 쓰지 않았고,"[17] 중국문제, 즉, UN에 가입하겠다던 중국의 연례 요구도 동북아 지역에 대한 미국의 전략적 계산에 그리 성가신 문제가 되지 못했다. 중·소간의 균열은 서서히 벌어지는데 미·소간의 데탕트는 꽃봉오리가 맺히고 있었음이다.

케네디 다음 존슨 행정부의 대외정책은 근본적으로 케네디 정책을 계승했다. 존슨 대통령은 무엇보다 케네디 때의 주요 정책수립자들을 물려받았고, 미국은 여전히 소련과의 냉전에서 벗어나지는 못했으며, 제3세계의 지지를 얻고자 하는 미국의 정책노력에 도미노식 이론이 계속 지배하고 영향을 주었다. 하지만 케네디는 미국의 월남정책을 저울질하다가 결국 깊은 수렁 같은 상황을 존슨에게 물려주었던 것이다.

> 한 쪽에는 끊임없이 증가하는 미국의 정치적 공약과 군사개입이 올라와 있었고, 또 한 쪽에는 예상된 (또는 적어도 희망하는) 미군의 단계적 철수가 올려져 있었다.[18]

17 앞의 책, p. 188.

비록 케네디도 미국을 월남의 수렁에서 건져내기를 바랐을지 모르지만,[19] 존슨이 대통령에 취임하기 전에 이미 단계적 확전이 급속히 진행되고 있었다. 존슨은 동남아시아의 공산화를 막겠다던 케네디의 강력한 약속을 자신이 계승한다고 확신했다. 이같은 존슨의 생각은 당시 미국의 지역적 이해관계와 전략적 계산에 도미노 이론이 미친 두드러진 또 하나 예라 하겠다.

존슨은 근본적으로 월남문제를 다룸에 있어 서로 대립하는 두 가지 생각에 갇혀 있었다. 월남에서 정치적 우세를 이루기 위해 압도적 인력과 자원으로 전쟁을 지속하느냐, 아니면 미국의 명예와 권위를 손상시키지 않은 채 월남에서 손을 떼느냐였다. 허나, 진퇴양난인 것은 이 두 극단적 선택 사이에 적절한 중간 대안이 없었음이다. 존슨 행정부는 점점 깊이 전쟁의 늪에 끌려들어갔다. 매파는 더 많은 병력과 화력과 기동력을 남월남에 투입하고 북월남에는 무자비할 만큼 공중폭격을 하라고 밀어붙였다. 미국은 또한 더 많은 동맹국들을 전쟁에 동참시키는 노력을 기울였고, 1966년 현재 호주와 뉴질랜드, 필리핀, 태국, 그리고 한국군 전투부대들이 남월남에서 작전을 하고 있었다.

한편, 동북아시아 상황을 보면, 1968년 1월 존슨 행정부는 극도의 창피를 당한다. 동해의 국제수역에서 일상적 정보수집 활동을 하던 미정보함 푸에블로호를 북한이 나포해 억류한 것이다. 바로 그 이틀 전 1월 21일, 북한정권은 특수훈련된 무장특공대 31명으로 하여금 비무장지대를 가로질러 서울 한복판에 침투해 박정희 대통령 암살을 기도하게 했었다. 이 두 도발행동에 대한 미국의 대응과정을 보면 미국과 한국이 견지했던 상이한 인식이 드러난다. 미국은 한국 대통령을 암살하려던 북한정권의 너무나도 충격적인 기도에 대해서는 말을 삼가거나 침묵했지만, 북한이 나포해 억류한 미 해군 83명을 귀환시키고자 한국인들에게는 등을 돌린 채 북한과의 직접협상에 열중했다.

한국군 전투부대를 파월해 달라는 미국의 진지한 촉구에 한국이 응해주었지만, 한국과 어떠한 상의도 없이 미국은 북한에게 푸에블로호가 첩자활동을 했고 북한영해를 침범했다고 인정하고 공개사과했다. 한국 대통령을 암살하려던 북한의 말도 안 되는 도발에 대한 응당한 징벌이나 보복이 한국인들에게는 국가 권위와 생존이 달린 문제였지만, 미국에게는 미해군 83명을 되찾

18 앞의 책, p. 225.
19 앞의 책, pp. 225-226.

아오는 것이 미국의 국내문제 우선순위에서 나온 중대한 정치문제였다.

그리하여, 미국이 푸에블로호 사태를 다룬 방식은 가까운 맹방인 한국의 권위를 경시하고 한국인에게 상처를 주었다. 그리고 푸에블로 사태가 다루어지는 그 과정 자체는 한미간에 국가적 우선순위들이 서로 달랐음을 표면 위로 터놓고 명명백백하게 드러낸 것이었다.

6 · 25전쟁 후 한국에 주둔한 미군의 존재

6·25전쟁에 참전한 미군병력이 최대였던 때는 8개 사단이 주축이 된 327,000명이었다. 1953년 10월 한미상호방위조약이 체결되자 주한미군은 부분적으로 철수를 시작해, 1954년 3월과 6월 제40사단과 제45사단이 철수했고, 동년 8월 4개 사단이 더 철수한다고 발표되었다. 해병 제1사단은 철수가 계획되었던 마지막 부대로서 1955년 5월에 떠났다.

계획된 철수 후 한국에 남은 미군 전투부대는 제2보병사단 (비무장지대 서부 18.5마일 방어 담당), 제7보병사단 (후방 예비대로 배치), 그리고 이들을 지휘하는 제1군단 사령부가 있었고, 전투지원 부대 및 전투근무지원 부대들로는 미육군 미사일 사령부, 미공군 전술미사일 부대 및 계속해서 순환근무식으로 한국에 배치돼 교대근무하는 공군 부대들이 있었다.[20] 1965년 현재, 주한미군은 약 55,000명이었다.[21] 미군병력 수준은 다소 오르내림이 있었지만, 기본적으로는 전술한 병력구조가 60년대 동안 계속 한국에서 유지되었다.

미군이 한국에 주둔한 법적 근거는 1954년 11월 발효된 한미상호방위조약 제 14조로서, "한·미간 동의로 결정된 대로 미국 지상군과 공군과 해군이 대한민국 영토내와 주변에 배치되는 권리를 한국은 미국에 부여하고 미국은 그 권리를 받아들인다."라고 되어 있다.

한국에 남은 제2사단과 제7사단은 북한군의 재침에 대한 억지력을 보장했

---

20 U.S. Department of State, Bureau of Public Affairs, Office of Historian, *Foreign Relations of the United States, 1958-1960*, Vol. XVIII, Japan/Korea (Washington, D.C.: U.S. Government Printing Office, 1994), p. 703. 여기에 설명된 주한미군은 1960년 6월 30일 현재의 것이지만, 이와 대등한 미군 병력구조가 6·25전쟁이 끝나고 1954-55년 사이 미군철수가 완료된 뒤 이후로도 유지되었으리라고 논리적으로 추정할 수 있겠다.

21 U.S. Department of State, Bureau of Public Affairs, Office of Historian, *Foreign Relations of the United States, 1958-1960, 1964-1968*, Vol. XXIX, Korea (Washington, D.C.: U.S. Government Printing Office, 2000), p. 115.

다는 이유 하나만으로도 한국에 대한 미국의 전략적 영향력의 원천이 되었다. 뿐만 아니라, 1953년과 54년의 미군철수 기간중 한국인들은 철수계획을 강렬히 반대했다. 바로 이 사실, 말하자면, 의존적인 나라인 한국이 자국 영토에 우월한 힘을 가진 나라인 미국 군대가 주둔하기를 바랐다는 사실도 한국에 대한 미국의 영향력의 확실한 원천을 제공했다.

반대로 가는 미국 군사원조의 경향: '군사지원 프로그램 이관 프로그램'

1954년 출범한 미국 아이젠하워 행정부는 두 가지 뚜렷한 개념으로 전세계적인 각종 위협에 대처하려고 했는데, 그 하나는 '대량보복'이라는 군사전략이고, 또 하나는 '새로운 조망 (New Look)'이라는 정치전반에 걸친 정책개념이었다. 이 개념들은 당시 미국의 국내상황이 필요로 했던 것으로서, 미국정부는 재정적자에 짓눌려 있는데다 한국에서 전쟁이 3년을 끌자 미국인들 사이에 "우리 아이들을 집에 데려오라"는 여론이 들끓었던 터였다.

새로운 전략의 요체는, 소련의 위협에 대처함에 있어 미국은 자신의 고유한 강점인 '기술'을 최대로 유리하게 사용하라는 것이었다. 대규모 재래식 군사력을 유지하는 인건비와 비교하면, 기술력은 돈이 덜 들고 언제 어디서나 손쉽게 행사할 수 있는 이점이 있었다. 즉, 대규모 재래식 군사력을 그대로 유지해 재정적 짐을 지기보다는 핵무기의 힘에 의존하라는 것이다. 적이 일단 공격해 오면 미국은 핵능력을 대량 사용해서 보복한다. 이 개념에서 보면, 미국 핵의 대량 보복에 의한 섬멸의 공포 때문에 적의 기도가 억지된다.

1950년대 후반기 미국정부가 겪은 재정적자로 인해 60년대는 작은 나라들에 대한 미국의 군사지원 정책에 변화가 왔다. 미국의 군사지원 초기 주목표는 피지원국이 외부의 침략을 억지하고 내부의 반란과 사회전복책동을 효과적으로 제압하는 데 충분한 자체 군사력을 구축시키는 것이었다. 이 군사원조 계획이 진행되어 가자 점차 그 계획을 좀더 장기적 목표로 지향해야 할 필요가 생긴다. 미국의 군사원조는 피지원국을 외부침략과 내부전복으로부터 보호하는 것뿐 아니라, 그 원조가 피지원국의 물질적, 경제적 발전에 도움이 되어 피지원국 스스로 자신의 군사력을 지원하게 하는 데에도 초점을 맞추기 시작했다.

1950년대 말, 미국 정책수립자들은 한국군 20개 보병사단이 취약한 한국경제에는 너무 버거운 짐이라고 보았다. 사실, 이들은 피지원국 군사능력을 그 나라의 경제능력에 걸맞게 만들어 주고 싶었다. 군사능력 향상은 미국 정책 목표의 다른 영역들, 예컨대 피지원국 경제의 건전성이나 사회 안정에도 부합하는 것이어야 했으니까. 그리하여 나온 정책이 '새로운 군사전망 (New Military Outlook)'인데, 이를 Robert J. Donovan이 간명하게 설명했다.

> '새로운 군사전망'의 목표는, 속담 말처럼, 군사준비태세의 봉우리와 골짜기를 평탄해지게 깎고 메우는 것이었다. '유동적 작전개시일' (floating D-Day) 개념에 기초한 이 정책은 경제에 큰 타격을 입히지 않으면서 무기한으로도 상비군으로서 보유할 수 있는 그런 병력수준을 유지하자는 것이었다.[22]

이 새로운 사고방식에 따라 미국의 대외원조 담당관들은 한국정부가 특히 한국군 경상유지비 면에서 앞으로 더 큰 짐을 나누어 져야 하겠다고 제안했다. 물론 한국정부는 미국으로부터 한국으로 떠넘겨져야 할 추가적인 군사적 짐을 떠맡기를 주저했다. 미국은 재정적 부담을 떠넘길 간접적 압박수단으로 1959년도 이래 '군사지원 프로그램 (MAP) 이관 프로그램'의 시행을 요구했다. 이 프로그램은 미국의 군사지원 내용 중 어떤 특정 항목들을 한국정부의 책임으로 점진적으로 이관하도록 계획한 것인데, 그 항목들이란 한국군 유지를 위해 한국내에서 자체 조달 및 지불이 가능한 것들이었다.[23]

MAP이관 프로그램이 한국에게는 유쾌한 것이 아니었지만 어찌됐든 시행되기에 이르며, 그 첫 단계로 1961년에 2,050만 달러, 1962년에 역시 2,050만 달러가 한국정부 부담으로 이관되었다. 이관 프로그램은 1966년도에 이르면 석유를 제외한 모든 물자를 자체조달하기로 되어 있었다. 결국, 한국정부는 한국군을 유지하는 재정 부담으로 약 3,600만 달러어치 소모품을 1965-70년도 기간에 떠맡기로 했다.[24] 만약 이관 프로그램을 계획했었던 대로 계속 시

---

22 Robert J. Donovan, *Eisenhower: The Inside Story* (New York: Harper and Brothers, 1956), p. 52. "floating D-Day"라는 말은 한 국가의 군사준비태세는 어떤 고정되고 한정된 기간 동안이 아니라 장기적 관점에서 늘 유연한 준비상태에 있어야 한다는 뜻이다.

23 ROK Economy and Science Council, *Proceedings of ESC* (Seoul: Economy and Science Council Publications, 1964), p. 9.

24 ROK Bank of Korea, *Economic Statistics Yearbooks, 1961-66* (Seoul: Bank of Korea, 1961-66).

행해 나갔다면 한국 국방비 연간지출에서 약 600만 달러의 증가를 가져왔을 터인데 이는 1966년도의 애당초 국방예산의 7%에 해당했다. 이러한 미국의 군사지원 감소와 MAP이관이 계속된다면 한국으로서는 국방예산 확대나 군병력 감소 말고는 다른 대책수단이 없었으리라. 하지만, 북한의 위협이 얼마나 컸던지 생각한다면 군병력 감소는 한국에게는 있을 수 없는 일이었다.

MAP이관 프로그램의 진행과정을 분석해 보면 한국에 대한 미국의 전략적 영향력에 관해 중요한 통찰을 할 수 있다. 미국은 다음 두 가지 단계의 경우에 모두 전략적 영향력을 발휘했다. 지원을 제공하는 첫 단계와, 지원을 감축하는 전도된 단계다. 첫 단계에서는 우세한 힘을 가진 강국이 도움을 필요로 하는 나라에 풍요로운 지원을 하며, 자연히 강국은 자원을 받는 나라에 대한 영향력을 획득한다. 그런데 두 번째 단계에서는 강국이 기존 지원 규모를 감축함으로써도 의존적인 나라에 계속 영향력을 미칠 유리한 기회를 갖는다. 1960년대의 한국 상황은 미국이 지원을 감축하는 두 번째 단계에 해당했다. 이렇듯, 미국은 두 가지 단계의 경우 모두 한국에 전략적인 영향을 주었다.

이제 결론적으로, MAP이관을 중심으로 진행된 한미관계의 손익계산서를 Roy W. Shin이 예리하게 분석한 대차대조표를 한번 들여다보자. "결국, 60년대 한국정부의 대미정책 주목표는 한국에 군사 및 경제지원을 계속한다는 미국의 보장을 받는 것이었다."[25] 이를 잘 보여주는 예로써, 한국군의 월남전 파병이 낳은 한 가지 주요 결과는 "월남 전장에서 상당한 한국군 병력이, 다시 말해 적어도 2개 사단이 작전하는 한"[26] 미국이 MAP이관 프로그램을 보류하게 된 것이었다.

1960년대 미국의 아시아-태평양 지역 군사전략

1960년대 미국의 아시아-태평양 지역 국가전략과 군사전략의 특색은 다섯 가지로 요약된다. 즉, 아시아의 민족주의를 지지하느냐 공산주의의 팽창을 봉

25 Roy W. Shin, *The Politics of the Foreign Aid: A Study of the Impact of United States Aid in Korea from 1945 to 1966*, University of Minnesota 박사학위논문 (Ann Arbor, Michigan: University Microfilms Inc., 1969). p. 252.

26 U.S. Department of State, Bureau of Public Affairs, Office of Historian, *Foreign Relations of the United States, 1964-1969*, Vol. XXIX, Part 1, Korea (Washington, D.C.: U.S. Government Printing Office, 2000), p. 159.

쇄하느냐의 기로에서 정책결정이 곤경에 빠졌고, 도미노 이론이 여전히 지배했으며, 군사적 개입 여부 결심과정에서 얼버무리는 불분명한 태도를 보이고, 제한전쟁 개념을 적용하고자 했고, 또, 무엇보다 미국이 아시아 민족주의의 힘을 제대로 이해하지 못했던 점들이다. 첫째, 미국의 정책수립자들은 아시아 민족주의를 지지하는 이상주의와 공산주의 확장을 방지해야 한다는 현실 중에서 하나를 선택하는 고통을 받았다. 이상주의 원칙에 뿌리를 둔 나라인 미국은 인도차이나의 프랑스, 인도네시아의 네덜란드, 서남아시아의 영국 같은 유럽세력에 의한 종전의 식민주의 부활을 보고 싶지 않았다. 하지만 공산주의 확대를 막아야 하는 눈앞의 현실 때문에 미국은 유럽 세력들에 의한 옛 식민지 지배력 복구를 꺼리면서도 그들을 지원하지 않을 수 없었다. 1950년대 월남에서 벌인 프랑스군의 작전을 미국이 지원한 것은 미국이 처했던 그러한 딜레마의 전형적 예다.[27]

둘째, 전술한 정책선택의 고통과 관련해, 50년대에 그랬던 것처럼 도미노 이론에 기초한 국제정세 인식이 여전히 미국 정책수립자들의 마음속에 자리잡고 있었다. Yahuda가 이 점을 간략하게 짚어준다. “아이젠하워는 대통령직을 떠날 준비를 하면서 후임자 케네디에게 라오스는 핵심 도미노이기 때문에 라오스에서 단호한 입장을 취하라고 강력 권고했다.”[28] 본질적으로 아이젠하워의 그러한 경고는 도미노식 인식의 전형적 표현이었다. 옛 프랑스 식민지 인도차이나 지역 국가가 공산주의자에게 떨어지면 말레이시아, 태국, 버마가, 그리고 결국 동남아시아 전체가 굴복한다는 것이었다.

셋째, 미국은 대하소설 같은 월남전 개입 과정 동안 내내 공산주의의 최후의 승리를 수용하느냐 아니면 더 깊이 더 직접적으로 싸움에 파고드느냐의 선택에 직면했다. 이 두 군사적 방안 사이에서 미국 정책수립자들은 확실한 방향을 잡지 못하면서도 결국 점점 더 미국이 전쟁에 깊이 개입하도록 이끌었다. 월남 전쟁기록에서 보듯, 존슨 대통령도 미군 전투부대들을 단계적으로 증가시키는 방식으로 전쟁에 투입했고, 1965년 3월에는 자유진영이던 남월남

27 Michael Yahuda, *The International Politics of the Asia-Pacific, 1945-1995* (New York: Routledge, 1996), p. 128. 저자는 다음과 같이 적고 있다. “월남내 프랑스의 군사작전에 대한 미국의 지원은 꾸준히 증가되어 1954년 무렵에 이르면 미국은 프랑스 전쟁경비 80% 이상을 지불하고 있었다.”

28 앞의 책, pp. 129-130.

의 사기진작을 위해 북월남에 대한 지속적인 공군폭격 작전도 개시했다.

넷째, 한국에서처럼, 미국은 월남전쟁도 제한적 방식으로 수행하려고 했다. 월남에서 제한전쟁이라 하면 공산 중국이나 소련과 직접 정면대결하는 걸 피하는 것이다. 따라서 미국은 북월남을 침공하지 않고, 중국 남부를 폭격하지 않으며, 핵무기를 쓰지 않으려고 결정했다. 그렇다면 유일한 방도는 북월남에 대한 등급을 매긴 단계적 폭격과 남월남에 미군투입을 증가시키는 것이었다. 미국은 북월남이 군사적 수단으로는 결국 승리할 능력이 없음을 인정하고 협상테이블에 나오리라고 희망했다. 그러나 그 희망은 쉽게 현실화되려는 기색이 보이지 않았다.

다섯째, 외부세력에 의한 제국주의나 식민주의 경험이 없는 서양세력들은 독립과 자존심 회복의 열망에 불타는 제3세계 국가들의 민족주의가 지닌 끈기와 무서운 힘을 잘 이해 못하는 본질적 어려움이 있었다. 아시아 민족주의의 끈기는 1949년 중화인민공화국이 세워지는 걸 보아도 알 수 있었다. 1834년 영국과 치른 치욕적 아편전쟁 이래 중국은 서양세력으로부터 받은 굴욕을 오랫동안 참아 왔었다. 그러다가 중국인들의 억눌린 기운과 쌓인 원한이 자신들의 나라를 다시 일으키는 과정에서 폭발했는데, 미국 정책수립자들은 이때 공산주의가 팽창한다는 데만 신경을 썼다. 아시아인들의 독립운동에서 이념적 요소는 오직 보충적 역할만을 했음을 알아야 했다. 극단적으로 말해, 중국 지도자들은 중국의 재건 과정에서 공산주의 이념을 단지 빌려서 활용했을 뿐이다. 이렇게 보면, 1960년대 월남상황은 1930년대 중국과 닮았었다. 미국 지도자들을 포함한 서방 정책수립자들은 종종 이처럼 특유하고도 두드러진 아시아 민족주의의 힘과 끈기와 불굴의 근성을 간과했던 것이다.

한반도에 대한 미국 군사전략

1960년대 미국은, 50년대의 봉쇄전략에서도 보았듯이, 냉전에서 공산주의 세력들을 이기는 데 대체로 노력을 기울였다. 그런데 미국이 직접 맞닥뜨린 목표는 목전에서 벌어지고 있는 월남전 승리였다. 미국이 이해하기로는, 두 가지 요소가 월남전을 장기소모전으로 끌어가고 있었다. 그 하나는 북월남 하노이 정권이 전쟁을 지속하도록 소련과 공산 중국이 이념적, 물질적 지원을 하고 있었다는 점이고, 또 하나는 전세계적으로 공산주의 세력과의 정면대결에서 도미노 이론의 영향이 계속되고 있었다는 점이었다.

공산세력의 북월남 지원이라는 첫 번째 요소와 관련해 1960년대의 미국방장관 맥나마라 (Robert S. McNamara)는 “중국 공산주의자들이 지원하고 부추기는 북월남은 남월남 군대를 파멸시키고 그 정부를 전복시키려는 전면 대공세를 기도했다. 북월남에서 남월남으로 인적, 물적 침투만 가속화된 게 아니라 북월남의 정규군 부대들도 공격에 합세하고 있다.”[29]라고 주장했다. 이념적 측면에서는, 하노이 정권의 지도급 인사들은 중국식 ‘민족해방전쟁’[30]을 주장한 중국 국방부장 린빠오(林彪)의 수사학적 미사여구에 격려를 받았다. 그러나 60년대 중반 미국 정책수립자들은 중·소분열의 중대성을 확실히 깨달았다. 맥나마라 장관의 말에 의하면, “중·소분열을 공개된 국제무대의 장에서 숨기려는 소련의 책략은 실패했고, 이들의 균열은 점점 더 벌어지고 격렬해졌다.”[31]

두 번째 요소인 도미노 이론은 미국 정책수립자들로 하여금 월남전에서 미국의 결정적인 국가이익이 위태로워졌음을 인정하도록 만들었다. 1967년 맥나마라 국방장관이 분명하게 한 말을 들어보자.

> 월남전쟁은 중국 공산주의식 ‘민족해방전쟁’의 또 하나 시험 사례이기도 하다. 즉, 중국이 전 세계를 휩쓸고자 벌이고 싶어 하는 일련의 분쟁들 가운데 하나다. 이것이 성공하면, 폭력적 정치변화를 일삼는 빨치산 게릴라들이 그들의 특수한 공산주의 건설방식을 전세계 모든 저개발국에게 확대 적용하려고 자극받을 것이다.[32]

따라서 월남전에서 이기는 것이 그 당시 미국의 최우선 목표이자 미국 국

---

29 U.S. Department of Defense, *Statement of Secretary of Defense Robert S. McNamara before the House Subcommittee on Department of Defense Appropriations on the Fiscal Year 1967-71 and 1967 Defense Budget* (Washington, D.C.: Department of Defense, 1966), p. 9.

30 U.S. Department of Defense, *Statement of Secretary of Defense Robert S. McNamara before a Joint Session of the Senate Armed Services Committee and Senate Subcommittee on Department of Defense Appropriations on Fiscal Year 1968-72 Defense Program and 1968 Defense Budget* (Washington, D.C.: Department of Defense, 23 January 1967). p. 8.

31 앞의 책, p. 8.

32 U.S. Department of Defense, *Statement of Secretary of Defense Robert S. McNamara before the House Subcommittee on Department of Defense Appropriations on the Fiscal Year 1967-71 and 1967 Defense Budget*, p. 9.

가전략 및 군사전략의 핵심이었다.

그런데 동북아시아 정세는 미국의 안보이익을 위해 다소 긍정적으로 진행 중이었다. 우선, 미·일간의 협조는 계속 잘 되어가는 데다 한·일간 정식 외교관계도 마침내 수립되었고, 중·소간 경쟁은 두 공산세력이 자유세계를 향해 연합된 힘을 사용하리라는 가망성을 배제했으며, 미국의 진지한 촉구를 받아들여 한국이 2개 사단 이상의 전투병력으로 월남전에 합류했다. 요컨대, 동남아시아의 위협에 대한 미국의 인식과는 대조적으로, 동북아시아에서의 위협은 그리 위험하지는 않은 것으로 미국인에게 비쳤다.

미국 전략가들이 보기에, 1960년대 이전의 동북아시아에서 유일하게 중요한 위협은 북한이었다. 맥나마라 장관도 말하기를, "북한의 군사적 위협은 여전히 상당하며, 비무장지대에서 북한군에 의한 정전위반 행동들이 계속되고 있음이 그들의 호전성을 증명한다. 중국 공산군이 한반도에 다시 진입할 능력이 있음을 무시할 수도 없다."고 했다.[33]

북한의 위협에 대응하고자 미국은 다음 여섯 가지 군사전략을 채택했다.[34]

1. 한국에 충분한 미군 전투부대와 지원부대들을 유지함으로써, 한국에 대한 어떠한 침략에도 유엔군사령부가 즉각 효과적으로 대응할 수 있도록 보장한다. (2개 미육군 보병사단의 한국 주둔)
2. 6.25전쟁 휴전협정을 계속해서 관찰하고 지지한다. 단, 공산군의 휴전협정 위반으로 이 의무가 해제된 곳은 예외다. (비적대적 휴전상태 유지)
3. 한국 안보를 보장하는 미국의 책무를 계속 실행하기 위해 한미상호방위조약에 명시된 안보준비태세들을 유지한다. (한국에 대한 안보조치 제공)
4. 공산군과 비교해 충분한 힘의 균형을 유지하도록 계속적으로 미군의 장

---

33 U.S. Department of Defense, *Statement of Secretary of Defense Robert S. McNamara before a Joint Session of the Senate Armed Services Committee and Senate Subcommittee on Department of Defense Appropriations*, p. 19.

34 U.S. Department of State, Bureau of Public Affairs, Office of Historian, *Foreign Relations of the United States, 1958-1960*, Volume XVIII, Japan/Korea (Washington, D.C.: United States Government Printing Office, 1994), pp. 703-705. 여기 나오는 미국 군사전략은 "Draft Statement of U.S. Policy toward KOREA"라는 제목의 내용을 1960년 11월 28일 출간된 『NSC 6018』로부터 인용한 것이다. 이 보고서는 전략목표들과 주요 정책지침을 망라하고 있으며, 여기 인용된 군사전략은 "Safeguarding the ROK (한국보호)"라는 제목이 붙은 부분에 나와 있다.

비를 개량된 신형들로 대체한다. (주한미군의 역량 향상 또는 현대화)

5. 한국군에게 군사적 지원을 하고, 한국군의 리더십 능력을 발전시키며, 한미양국 정부가 동의하는 규모의 한국군 감축에 대해 한국정부와의 합의에 도달하고, 한국군 간부들에게 정치적 중립, 민간인 정부 지지, 부패 청산 지원 같은 군의 비군사적 역할을 강조한다. (한국군 지원 및 민주국가에서의 군의 자세 제시)
6. 공산군이 한국에서 적대행위를 재개하면 즉각 반격한다는 책무를 이행한다. 또한, 만약 중국 공산군이 새로운 적대행위에 가담하면 이를 효과적으로 저지하고 미국의 목표들을 달성하기 위해 필요한 모든 직접적 군사 행동을 단행한다. (적의 의도를 억지하지 못하면 기꺼이 싸운다)

한국에 대한 미국의 군사전략은 당시의 미국 국가전략에서 나왔다. 국가전략의 장기적 목표는 "한국이 통일된 정부를 세우는 것이며, 이 정부는 자립경제를 달성하고, 자유롭고 독립되고 민의를 대표하고 친미적이어야 하겠으며, 국내적 안정을 유지하고 외부로부터 공격을 받으면 강력하게 반격할 수 있는 능력을 갖추어야 한다."는 것이었다.[35] 이 장기적 목표를 위해 중간목표 여섯 개가 또한 수립되었다.[36] 하나, 한국이 국민의 열망에 부응하고, 부패를 최소화하며, '자유세계'의 이상을 실현하는 강력하고 안정된 정부를 갖는다. 둘, 외부의 경제적 군사적 지원에 덜 의존하도록 경제를 발전시킨다. 셋, 미국과 밀접한 동맹을 맺고 UN에 완전히 협조한다. 넷, 한국이 UN회원국이 된다. 다섯, 공산주의의 팽창이나 전복 책동에 대응해 영토를 보전하고 정치적 건실성을 유지한다. 여섯, 한국군이 국내의 안정을 보장하고 미군과 함께 공산 침략을 억지할 능력을 확보하게끔 지원한다. 요약해 말하자면, 미국의 정책과 전략은 북한의 재침에 대한 신뢰할 만한 억지력을 갖추는 것이었다.

한국인들에게 주한미군 2개 사단의 존재는 지극히 중요했다. 미군의 한국주둔은 1953년 체결된 한미상호방위조약의 미약한 측면을 보상해주는 것이었다. 조약문 제 3조는 북한이 일으키는 재침에 대해 북대서양 조약기구인 NATO의 경우와 같은 미국의 자동개입을 보장하지 않고 있으며, 단지 "각 당사국은 각자의 헌법이 정한 절차에 따라 행동한다."라고만 언급하고 있다. 이

35 앞의 책, p. 700.
36 앞의 책, pp. 700-701.

런 사정인지라 한국인들은 주한미군을 미래에 있을 수 있는 북한의 침략을 억지하는 차선의 보장책으로 간주했다. 미군이 북한의 남침공격 축선에 걸터앉듯이 배치되면 미군은 말하자면 자동 인계철선 (引繼鐵線 / trip wire) 역할을 하게 된다. 그리하여 주한미군은 남침억지라는 문제에 있어서 한국인들에게 심리적 안정감을 안겨주었다.

1960년대 말 북한정권은 일련된 도발책동을 감행한 바 있다. 이미 말했듯이, 1968년 1월 박정희 대통령을 암살하려는 남파 특공대의 청와대 습격 기도가 있었고, 이틀 뒤 미해군 정보함 푸에블로호 나포, 동년 11월 무장공비 130명 남파, 1969년 미공군정찰기 EC-121 격추사건 등이 터지자 전술한 미국의 정책 조치들은 한국의 안보 보장에 불충분하고 비효과적임이 드러났다. 한국의 안보에 관한 이러한 불충분성과 비효과성을 미국이 간과했던 이유는 당시 미국전략의 초점이 월남전 승리에 있었던 탓이다. 하지만 월남전 승리는 미국이 바라는 대로 실현되지 않고 점점 더 깊은 진퇴양난의 곤경에만 빠질 뿐이었다. 존슨 대통령 때 클리퍼드 (Clifford) 국방장관은 1970년도 국방비를 의회에 요청하면서 솔직히 말했다.

> 요컨대, 우리가 이제 군사적으로 질 수 없지만, 총체적인 군사적 승리를 우리 손에 넣을 수 있는 것도 아니다. 이것이 우리가 파리(평화회담)에 가 있는 이유다. 이것은 또 적이 파리에 가 있는 이유다. 쌍방은 모두 더 적은 비용으로 각자의 목표를 추구하고 싶어 한다.[37]

'베트남 딜레머'는 1969년 7월 닉슨 닥트린의 내용에 반영되는데, 이는 월남전 수렁에서 헤어 나오려는 전략으로 간주될 수 있었다.

여기까지 한국에 대한 미국의 전략을 이야기했는데, 이제 그 잠정 결론에 도달해 보자. 첫째, 한국의 안보는 미국의 전세계 안보계획의 단지 일부였고, 둘째, 어떤 적, 예컨대 북한의 위협에 대한 인식은 보는 입장에 따라, 예로써, 미국 또는 한국의 입장에 따라 다를 수 있었으며, 셋째, 우세한 힘을 가진 동맹국의 전략적 의도가 결국 약한 동맹국이 바라는 권위와 국가생존의 욕구를 압도하는 경향이 있었다. 1968년 북한에 의한 청와대 습격 기도나 미정보함

37 U.S. Department of Defense, *Statement of Secretary of Defense Clark M. Clifford, the Fiscal Year 1970-74 Defense Program and 1970 Defense Budget* (Washington, D.C.: Department of Defense, 15 January 1969), p. 12.

푸에블로호 나포 같은 도발행동에 대한 미국의 미약한 교정조치들은 근본적으로 미국이 아시아에서 제2 지상전선을 펴는 것을 주저한 전략에 입각한 것이었다.

1960년대 한국에 대한 미국의 영향력 중간 평가

미국이 60년대에 그 전략의 초점을 월남전에 지향시켰지만 여전히 한국에 대해 엄청날 정도의 전략적 영향을 미쳤다. 그러한 영향력은 다음과 같은 사실들로부터 유래했다. 즉, 한미상호방위조약이 합당한 정도의 한국안보를 보장했고, 미국이 2개 보병사단을 전쟁억지력으로서 계속 한국에 주둔시켰으며, 주한미군 총사령관이 UN군 총사령관의 지위에서 한국군에 대한 작전지휘권을 계속 갖고 있었다. 이 밖에도, 미국의 대한원조가 60년대 초부터 줄기 시작했지만 미국은 한국에 경제적, 군사적 지원을 계속하고 있었다.

60년대에는 또한 미국이 50년대처럼 봉쇄를 전제로 한 전략으로 전세계에 걸쳐 소련과 경쟁을 했다. 하지만 역시 미국 전략의 주 초점은 진행중인 월남전 승리에 맞추어져 있었다. 68년도의 청와대 습격 게릴라 특공대 남파나 푸에블로호 나포 같은 북한의 도발들이 있었지만, 미국 전략가들의 눈에는 동북아시아 지역은 미국의 안보이익을 진정으로 해칠 위협으로까지는 비치지 않았던 것이다.

그리하여 미국과 한국 사이에는 위협에 대한 인식에 있어 피할 수 없는 차이가 나타나기 시작했다. 예를 들면, 미국은 북한이 청와대 습격을 위한 특공대를 남파한 것은 대응관리가 가능한 전형적인 국지적 사건이라고 본 반면, 한국은 그것을 국가생존을 위해 사활이 걸린 문제로 간주했다.

그러나 약하고 의존적인 동맹국인 한국은 크고 우세한 동맹국의 전략을 묵종 내지 묵인하고 수용해야 했다. 즉, 북한에 보복하려던 한국의 바람은 실행가능성이 없었다. 이유는 단순히 미국이 아시아에서 제2 지상전선을 펴는 데 주저했고 또 그럴 수도 없어서였다.

그런데, 위협에 대한 인식과 그에 따른 전략이 두 동맹국 간에 차이가 있었지만, 미국은 한국에 대해 간단없는 전략적 영향력을 미쳤다. 그 방식 중 하나는, 비록 규모가 상당히 축소되고 있었지만, 미국의 경제적, 군사적 지원이었다. 전술한 대로, 미국은 애초에 원조를 시작하고 나서 뿐 아니라 그 원조가 역방향으로 가는 과정, 즉, 원조가 감축되는 시기에도 한국에 영향력을 발휘했다. 또한 미국이 한국으로 하여금 대규모 전투부대를 파월하도록 설득할 수 있었다는 사실도 한국에 대한 미국의 영향력이 효과가 있었다는 증거 아닌가.

4. 1960년대 한국의 대내적 여건

한국의 정치 · 군사적 여건: 한국군의 상황

60년대 한국의 정치적, 군사적 상황의 특유한 성격들을 매우 적절히 나타낼 수 있는 말은 자주정신 또는 자립정신이라 할 수 있다. 분명히, 자기 힘에 의존하려는 열망은 1945년 일제로부터 해방되고 6·25전쟁을 겪는 동안 국가생존을 위해 외세에 기대야만 했던 기나긴 불행에서 연유했다. 박정희 대통령은 이 자주적인 모습을 진지하게 강조하면서 말했다. "몇 년 전 내가 민족 '자주'의 목소리를 높이고 나의 '민족적 민주주의' 교리를 꺼내 들었을 때 많은 사람들이 '자주'는 우리가 도달할 수 없는 먼 데 있는 것이고, 우리는 외부의 지원이 없으면 없어져버릴 것이라고 믿었다."[38]

한국인들을 자주정신으로 무장시키고 싶었던 박 대통령의 열망은 주로 1968년 북한정권의 청와대 습격을 목표로 한 특공대 게릴라 남파와 이틀 뒤의 푸에블로호 나포 사건에 주로 자극받은 것이었지만, 그가 자주정신을 외친 것은 군사문제뿐 아니라 정치 전반에 걸쳐서도 커다란 반향을 일으켰다. 그는 기탄없이 털어놓았다. "솔직히, 그 때 정치인들은 한국을 위해 가용한 미국의 원조액에만 관심이 있었고, 우리 스스로 벌어들일 수 있는 외화 액수에는 거의 관심이 없었다."[39]

군사문제에 있어서도 비슷하게, 사회 전반적으로 한국군의 취약성에 대한 자기탐구가 있었다. 박 대통령조차도 한국군의 자체 방어능력을 비관적으로 보았고, 이와 유사한 부정적 견해를 일반국민들이 공유하고 있었다. "박 대통령 측근 참모로 한국군의 고유한 방어능력 향상에 핵심역할을 한 오원철의

38 Shin Bum Shik (신범식), *Major Speeches by Korea's Park Chung Hee* (Seoul: Hollym Corporation Publishers, 1970), p. 190.
39 앞의 책, p. 190.

말을 빌리면, 박 대통령은 한국군이 구형무기와 장비들을 가지고서는 나라를 지킬 능력이 없을 뿐이라고 믿었다."[40]

북한의 위협에 대응하는 한국의 군사전략도 국민들에게 확실한 신뢰감을 주지 못했다. 게다가 전략을 수립할 권한도 UN군사령관 겸 주한미군사령관의 손에 있었다. "기존 전략계획은 근본적으로 방어작전 문서였으며, 적대행위 발발시 한국군과 미군으로 하여금 수도 서울을 남북으로 양분하는 한강으로 축차적 단계별로 후퇴하라는 것이었다."[41]

박 대통령의 마음속 깊이 자리잡은 '자주'에 대한 확신이 정책으로 구체화되자 한국의 정치·군사 영역에 중요한 결과가 현실화되기 시작했다. 박 대통령은 1969년 1월 신년사에서 자주정신이 낳은 결과 몇 가지를 자랑했다.

> 가장 괄목할 성취 중 하나는 공산주의 위협에 대항할 전투력 증강을 위해 250만 향토예비군을 창설한 것입니다. 지난해 말 해상 경로로 삼척과 울진에 침투상륙한 공산 게릴라들을 격멸 소탕하는 데 향토예비군이 중심적 역할을 했다는 사실을 아무도 부인하지 못할 것입니다. 나는 향토예비군 창설이 한국의 국가방위 역사에 전환점이 되었다고 생각합니다.[42]

자주정신에 대한 박 대통령의 열렬한 신념은 '자주국방'이라는 새로운 용어로 나타났다. 그는 이 말의 개념을 단순하고 쉽게 설명했다.

> 나라를 지킴에 있어서 우리는 자력에 의한 방위능력을 달성하는 노력을 강화해야 합니다. 자력에 의한 방위라는 것은 마을 사람들이 스스로 마을을 지키고 직원들이 스스로 직장을 지키듯이, 우리도 똑같이 우리 자신의 영토를 지키는 것입니다. 국민이 자신의 힘으로 나라를 지키는 것은 국민의 제일 중요한 의무입니다. 외부의 침략을 우리 스스로 격퇴하지 못하면 외세의 지원을 요청하게 될지도 모릅니다. 자주정신으로 우리가 국방력을 기른다면 외부의 도움 없이 나라를 지킬 수 있습니다. 이것이 내가 의미하는 자주국방의 자세입니다.[43]

---

40 Don Oberdorfer, *The Two Koreas: A Contemporary History* (New York: Basic Books, 2001), p. 68.

41 앞의 책, p. 61.

42 Shin, *Major Speeches by Korea's Park Chung Hee*, p. 207.

43 앞의 책, p. 209.

이처럼 1960년대 한국 군사전략은 두 가지 특징이 있었다. 자주정신을 분명히 표시했음과, 북한정권의 위협이 강렬해진 데 대해 한국이 민감성을 분명히 드러냈음이다. 박 대통령은 1968년 4월 1일 향토예비군 창설식에서 말했다. "6·25전쟁의 비극을 언급할 것도 없이, 우리가 우리 방위력을 기르지 못하면 침략을 분쇄하지 못할 것임은 자명합니다. 우리나라를 지키는 제1차적 책임은 우리에게 있으며, 그것은 국민 각자의 신성하고 피할 수 없는 의무입니다. 김일성과 그 추종자들은 월남에서와 같은 상황을 한국에서도 만들어낼 수 있다는 망상을 키우면서 미친 듯 전쟁준비를 하고 있습니다. 전면총력전을 위해 게릴라전도 고안해서 약 2만 명이나 되는 특공대가 이미 조직되었으며, 최근 서울로 침투한 무장공비들은 이 특공대의 분견대입니다."[44]

60년대 한국의 전략이 나타내는 또 한 가지 특성은 국가전략의 전체적 배열에서 군사전략이 높은 위상을 차지했음이다. 60년대 대중사회의 슬로건 "싸우며 일하고, 일하며 싸우자"는 한국의 국정운영에서 군사전략이 국가전략과 잘 혼합되었음을 판연히 보여준다.

박 대통령은 이처럼 외부의 영향으로부터 독립하고 자유로워지겠다는 열망이 있었지만, 군사전략을 수립하는 실상은 한국군의 월남전 파병에 관련한 활동과 전략 외에는 그리 활발하지 않았다. 한국의 고유한 군사전략을 활발하게 발전시키지 못한 뚜렷한 까닭이 있다. 이미 언급했듯이, 작전통제권을 UN군/주한미군 총사령관이 쥐고 있었던 탓이다. 1950년 작전통제권을 이양받은 이래 UN군/주한미군 총사령관은 1960년대 내내 전방 방어담당 한국군 야전군에 대한 통제권을 계속 유지했다. 그리고 한국군은 미군이 수립한 총체적 전쟁수행계획인 '작계 5027'을 충실히 이행했다. 자연히, 이 점이 한국군의 자체 군사전략 발전에 부정적 영향을 준 것이다.

1960년대 한국군의 병력

한국군은 1953년 7월의 6·25전쟁 휴전협정 당시와 비슷하게 도표 13-1에서 보는 군병력 수준을 60년대에도 유지했다. 1958년 4월 4일자 미국대사와 유엔군총사령관 합동보고서에 명시된 이 병력은 미국이 지원할 의향이 있었고 한미 양국정부가 동의한 것이었다.

---

44 앞의 책, pp. 230-231.

도표 13-1. 주한 미국대사와 유엔군사령관이 보고한 1960년대 한국군 병력

총병력	630,080
육군	566,960
해군	16,680
해병대	24,000
공군	22,400

출처: U.S. Department of State, *Foreign Relations of the United States 1958-1960,* Volume XVIII, Japan/Korea (Washington, D.C.: U.S. Government Printing Office, 1994), p. 452.[45]

한편, 영국의 전략문제연구소가 펴낸『The Military Balance』는 한국군 병력의 수를 도표 13-2처럼 조금 다르게 기록하고 있다.

도표 13-2.『The Military Balance』에 나온 1960년대 한국군 병력

총병력	620,000
육군	550,000
해군	17,000
해병대	23,000
공군	23,000

출처: The International Institute for Strategic Studies, *The Military Balance 1968-1969* (London: The International Institute for Strategic Studies, 1968).[46]

---

45 도표의 수치들은 1958년 4월 4일자로 발송된 "Telegram from the Commander in Chief, United Nations Command (Decker) to the Department of State"에 나오는 것이다. 여기서 UN군사령관 Decker 장군은 한국군의 규모, 구성, 인가병력 실링을 논했다. 그러나 그 수치들은 고정된 것들이 아니었다. 즉, 한국정부는 UN군사령관과 상의한 후 4개 군 사이의 병력수를 부분적으로 변경할 수 있었다. 다만 총병력이 최고한도인 630,000을 넘지 않는다는 조건에서다. 그리고 이 수치에는 미육군에 증강된 한국군 병력인 KATUSA 약 2,000명과 '한국인 노무단' (Korean Services Corps) 약 8,000명도 포함되어 있었다. 이 도표로써 한국군 병력의 일반적 성격과 구성을 파악할 수 있다.

46 『The Military Balance』는 한국군 병력에 관해 매년 다른 수치를 보이고 있다. 예로써,『The Military Balance』 1963-64년 판에는 총병력 627,000, 육군 570,000, 해군 17,000, 해병 25,000, 공군 15,000이다.『The Military Balance』 1965-66년도 판은 총병력 604,000, 육군 540,000, 해군 17,000, 해병 27,000, 공군 20,000이고, 같은 책 66-67년도 판은 총병력 571,600, 육군 500,000, 해군 16,600, 해병 30,000, 공군 25,000이며, 67-68년도 판은 총병력 612,000, 육군 54,000, 해군 17,000, 해병 30,000, 공군 25,000이다. 그리고 68-69년도 판에는 총병력 620,000, 육군 550,000, 해군 17,000, 해병 23,000, 공군 23,000이다.

한국군 병력에 관한 UN군사령관의 공식 전보와 영국 전략문제연구소의 수치가 다른 것은 카투사와 한국인 노무단 인원을 한국군 병력에 포함하느냐 않느냐의 집계 방식 차이 때문이었던 것으로 보인다.

이 병력으로 한국은 18개 육군사단 및 1개 해병사단을 포함 총 19개 현역사단과 10개 예비사단을 지상군으로 유지했다. 한국 해군도 함정 79척을 목표로 했으며, 군함들은 미국으로부터 차용했다. 공군도 제트전투기 150대로 된 2개 전투비행단과 단발엔진 재래식 항공기 29대의 1개 전술항공통제단, 그리고 제트기 10대의 1개 전술정찰 비행대대를 구축하려고 노력하고 있었다.[47] 이 밖에도 전투지원부대와 전투근무지원부대들이 편성되어 전투부대들을 지원했다. 1960년대 말 한국군 파월을 보상하려고 3개 사단이 추가로 현역 편제화될 때까지 한국군 병력수준은 거의 같은 수준이었다.

1950년대와 60년대 한국군의 성장을 분석할 때 세 가지 면을 살필 수 있다. 우선, 미국이 한국군 확대 과정 논의에서 한국군 병력상한선(ceiling)을 통제하던 행정적 영향력이었다.[48] 이러한 행정통제로도 미국은 한국의 군사업무에 영향력을 미쳤다. 다음, 한국인들 중에는 세계적으로도 매우 대규모인 60만 명이 넘는 병력 동원을 위한 징병제도에 눈에 띄게 저항하는 사람이 거의 없었다. 이는 많은 젊은이들을 강제로 군에 입대시키는 제도로서, 한국내 모든 영역에 퍼져있는 반공주의 분위기가 이러한 대규모 군사적 동원을 용인했다. 마지막으로, 6·25전쟁에 대한 집단 기억이 60년대에도 여전히 생생했기에, 한국인들은 북한의 계속되는 군사위협으로 인해 안보에 관한 한 항상 심각하게 우려하고 있었다.

한국의 독자적 군사전략 발전

1950년대와는 달리 60년대 한국의 국가전략과 군사전략은, 특히 월남파병

---

47 U.S. Department of State, *Foreign Relations of the United States 1958-1960*, pp. 453-454.

48 앞의 책, pp. 452-453. 이 문서의 다음 사항을 주목할 필요가 있다. ① "달력 연도 1959년 초부터 한국군이 최대상한선에 정해진 병력을 유지하는 걸 미국은 도울 것이다." ② "한국군 육해공 및 해병대 각각의 병력, 편제, 구성은 …… 한국 국방부와 UN군사령관이 합동으로 검토할 것이고, 한국군 3군 및 해병대의 모든 구성은 각군 편제표에 따라 이행되고 유지될 것이며 …… 이는 UN군사령관의 승인이 있어야 한다." 이와 비슷한 맥락에서 제 3장에서도 논했듯이, 미국정부는 1953년 1월 29일 NSC 조치에 의해 한국군 병력실링을 415,210명에서 460,000명으로 확대해 주었다. 그 뒤 또 한 번 비슷한 조치로서, 1953년 4월 22일 NSC 조치-765호는 한국군 병력실링을 460,000에서 525,000으로 올렸다.

과 관련한 문제에 있어서, 더 적극적이고 더 목적의식이 분명하고 합리적이게 변했다. 60년대 한국에게는 뚜렷한 두 가지 도전이 다가왔다. 그 하나는 미국의 지원감소가 진행되고 있었음이고, 다른 하나는 미국이 월남에 얽혀들어 있어 한국에 대한 안보공약이 감퇴되지 않을까 하는 우려가 증대하고 있었음이다.

한승주는 한국에 대한 미국의 지원감축을 간략히 설명했다. "미국의 군사지원은 점점 더 줄어들어서 1964 회계년도에는 2억 1,400만 달러로 내려갔는데, 이는 1956년 이후 사상 최저치였다. 1956-61 회계년도 기간중에 연평균 2억 3,200만 달러였던 군사원조는 1962-65년도 기간에 1억 5,400만 달러까지 떨어졌다."[49] 그뿐 아니라 월남에서 함께 전투할 수 있는 동맹국 부대들이 가용하지 않으면 2개 주한 미보병사단 중 하나 또는 그 이상을 월남으로 이동시키는 방안을 미국이 계획하고 있다는 보도마저 나돌았다.[50]

이처럼 심각한 안보불안을 해소하려고 한국은 새로운 국가전략과 군사전략을 짜야 했고, 이 전략은 두 가지 요구사항을 충족해야만 했다. 우선, 한국방어를 위한 현존 주한미군의 군사력을 보전시키면서, 동시에 미래 한국군의 고유한 군사능력을 향상시키는 것이다. 한국군 파월은 이같은 안보 요구사항들의 해결책으로 나타났으며, 당시의 한국 국가전략과 군사전략의 필수 구성요소였다.

1960년대 한국 군사전략에는 두 가지 주요 테마, 즉, 의도와 주장이 있었다. 국방문제에 있어 자립적이고 자신감 있는 대응을 해야겠고, 한국에 대한 미국의 군사지원을 확보하기 위해 계속적으로 미국에 협조하고 또 의존한다는 것이다. 자립의 테마로 말하자면, 한국은 향토예비군 창설, 특별방위세 도입, 직업군인 보수의 합리적 인상 같은 갖가지 자주적 대응책을 마련했다.

자신감 있는 적극성의 발로로, 1968년 2월 박정희 대통령은 미국 존슨 대통령에게 보낸 서한에서 북한 특공대의 청와대 습격기도와 미해군 푸에블로호 나포 등 북한의 광폭한 도발들을 응징보복할 필요성과 논리를 피력했다.

---

49 Sung-joo Han, "South Korea and the United States: Past, Present, and Future," *The U.S.-South Korean Alliance*: *Evolving Patterns in Security Relations*, (편) Gerald L. Curtis와 Sung-Joo Han (Lexington, MA: LexingtonBooks, D. C. Heath and Company, 1983), p. 209.

50 Princeton N. Lyman, "Korea's Involvement in Vietnam," *Orbis* (Summer 1968), p. 564.

> 다시 말씀드려, 오늘 우리가 직면한 상황은 북한이 저지른 휴전협정 위반에 우리가 효과적인 행동으로 대응하지 않아서 나온 것이라 생각합니다. 따라서 북한이 응징받지 않고서는 공격적 행동을 저지를 수 없음을 우리가 단호한 자세와 결의로써 보여주어야 합니다. 이렇게 하는 것만이 북한의 상습적 공격행동을 바로잡을 수 있는 조치임을 잊지 말아야 하겠습니다.[51]

비록 아시아에서 지상 전선을 또 하나 펴는 데 미국이 주저해 북한에 대한 보복은 현실화되지 않았지만, 북한정권을 응징해야 한다는 박 대통령의 주장은 적극성 있는 전략을 자신감 있게 표출한 웅변이었다.

그리고, 주한미군지위협정(SOFA)의 문제점을 개선하려는 한국의 진지한 노력도 전략적 적극성을 보여주는 것이었다. 박 대통령과 김성은 국방장관은 끊임없이 그리고 강력하게 미국 정책수립자들에 이 문제를 제기했다.[52] 결국, 주한미군에 대한 형사재판권과 미군부대내 한국인 근로자의 파업권 문제를 제외하고는 한미양국이 적정한 수준으로 합의하게 된다. 한국의 지도자들이 이렇게 일국의 주권을 강조했다는 사실은 60년대의 한국 군사전략의 적극적인 단면을 예시하는 것이다.

미국에 협조하고 의존한다는 전략적 테마로 말하자면, 한국은 아직도 현실적인 제약을 피할 수 없어서 미국의 경제적, 군사적 지원에 기대야만 했다. 박 대통령이 이 점을 간명하게 짚어서 말했다는 기록을 한번 보자.

> 박 대통령은 대한민국이 60만 대군을 갖고 있다고 말했다. 그는 이 군대가 사실상 미군의 일부를 형성하는 것이며, 공산주의에 맞서 싸울 준비가

---

51 U.S. Department of State, Bureau of Public Affairs, Office of Historian, *Foreign Relations of the United States, 1964-1968*, Volume XXIX, Part 1, Korea (Washington, D.C.: United States Government Printing Office, 2000), p. 330. 이 서한은 1968년 1월 21일의 북한특공대 남파와 23일의 푸에블로호 피랍 직후인 1968년 2월 5일자로 발송되었다. 여기서 박 대통령은 미해군 함정 나포에 대해 보복할 필요성을 주장하면서, 위기상황 대응에 미국이 침묵자세를 보인 데 대해 분개와 좌절감을 역력히 표시했다.

52 앞의 책, p. 101. 박정희 대통령 미국방문시의 한국측 대표들과 러스크 국무장관을 포함한 미국 관리들 간의 담화록이 이 책 101쪽에 실려 있다. 1965년 5월 박 대통령은 워싱턴 방문시 존슨 대통령을 포함한 미국 관리들에게 주한미군지위협정 문제를 강력히 제기했다. 결국, 미군 범법자에 대한 형사재판권과 미군부대에서 일하는 한국인 근로자들의 파업권에 관한 것을 제외하고는 한미양측이 합리적 수준의 합의에 이르렀다. 여기에도 한국이 미국에게 적극적으로 의사표시를 한 자신감의 양상이 분명히 나타난다.

되어 있음을 존슨 대통령이 알아주기를 바랐다. 전쟁이 나면 이 군대는 미국과 함께 할 터였지만, 동시에 그들은 미국의 지원에 의존하고 있었다.[53]

한국군의 처지가 이와 같았기에, 당면했던 국방관련 문제들, 즉, 주한미군을 철수하지 않겠다는 약속과 한국군에 대한 미국의 계속지원과 한국군 장병 급여 인상 같은 문제들 때문에 한국은 미국에 대한 의존자세를 이어가지 않을 수 없었다.[54]

지금까지 보았듯이, 1960년대 한국 군사전략의 여러 가지 특유한 면모들은, 특히 전술한 두 가지 안보관련 군사적 테마를 다룸에 있어서, 50년대의 전략과 대조를 이룬다. 우선, 전략을 고안하는 과정에 더욱 거국적인 참여가 있었다. 국군의 월남출병 환송식에서 박 대통령이 말했다. “다행히, 국군 월남파병 같은 이처럼 중대한 문제를 결정할 헌법적 권한을 가진 국회가 우리의 요청을 승인했습니다. 그러므로 한국군의 파월은 국민적 합의로 결정된 것입니다.”[55] 사실, 국회뿐 아니라 언론과 학계를 포함한 다른 공공단체들도 한국군 파월에 관한 토론 과정에 내내 밀접하게 관여했다. 다른 공공기관들의 관여는, 본질적인 것은 못 되었었다고 한다면 적어도 형식에 있어서는, 매우 의미있는 것이었다.

또한, 국가전략과 군사전략의 연결이 명확하게 보였다. 정부의 국정운영 미숙과 갑작스런 6·25전쟁 발발로, 앞서 이승만 정부와 장면 정부에서는 국가전략이 제대로 규정되지 못했었고, 따라서 국가전략이 군사전략을 위한 명확한 지침을 제공할 수 없었다. 그러다가 60년대에는 국정을 기획하는 과정이 바람직한 모습을 갖추기 시작한다. 예로써, 박정희 정부는 국군 파월과 관련해 국가이익을 폭넓게 심사숙고했고, 파월로 인한 정치, 군사, 경제적 결과들을 면밀히 분석했으며, 미국정부를 상대로 적극적 협상전략을 마련했다. 그

---

53 앞의 책, pp. 107-108. 1965년 5월 18일 워싱턴 회담시의 존슨 대통령과 박 대통령의 담화록.

54 앞의 책, p. 107. 다음 내용을 참고하라. “존슨 대통령이 말하기를, 그는 그 전날 박 대통령과 몇 가지 주제에 관해 의견을 나누었는데 그가 생각하기로는 그 주제들은 박 대통령과 한국인들이 가장 관심을 갖는 것들이었다. 거기에 포함된 것들은 주한미군지위협정, 한국통일, 경제지원, 한국군 지원, 그리고 적어도 한국정부의 이해를 구하지 않고는 미국이 주한미군을 철수하지 않는다는 보장이었다.

55 Shin Bum Shik (신범식), *Major Speeches by Korea's Park Chung Hee*, p. 237.

노력의 결실로 한국은 정치적으로나 군사적으로 유리한 이점들을 획득했을 뿐 아니라, 상당한 경제적 이익도 챙길 수 있었다.

또 한 가지, 국군 파월을 놓고 미국과 협상하는 내내 한국은 자신감 있는 적극적 자세를 견지했다. 한국 내에서는 한국군이 UN군/주한미군 사령관의 작전통제 체제에 들어 있었지만, 주월 한국군은 월남전에서, 국지적 작전에 제한되었지만, 작전통제권을 행사하도록 되었다. 이렇듯 적극적인 협상 전술에서 나온 결과들은 실감할 수 있게 상당하고 실질적이었으니, 미국이 동의한 내용을 모두 자세히 열거해 볼 가치가 있다.[56]

1. 미국은 향후 수년에 걸쳐 새로 편성되는 한국군 3개 사단의 완전한 장비를 제공하고, 현존 17개 육군사단과 1개 해병사단의 현대화를 신속히 진척시킨다.
2. 월남에 전개된 한국군 부대들에게 무기를 포함한 모든 장비를 제공하고, 한국정부의 예산상 재정부담이 있으면 모두 없애도록 재정지원을 한다.
3. 한국군의 대침투작전 능력을 향상시킨다.
4. 현재 한국군을 위한 탄약 보급의 상당량을 미국이 제공하고 있음을 감안해, 한국내 탄약 생산량 확대에 필요한 설비와 장비를 제공한다.
5. 한국정부와 주월한국군 사이의 통신시설을 제공한다.
6. 한국군이 상당한 병력으로 월남에 남아있는 한 'MAP이관 프로그램'을 유예하며, 주월 한국군을 위한 한국산 (비미국산) 상품과 보급품과 용역과 장비를 달러화로 구입하여 한국의 외화보유고가 증가되게 한다.
7. 월남에서 농촌건설과 평정작전과 구제활동과 군수 및 행정에 사용할 물건들을 한국에서 구입한다.
8. 월남에서 미국이 맡은 건설사업에 한국기업들의 참여기회를 확대한다.
9. 한국에 AID차관을 추가 제공한다.
10. 한국의 수출증진을 위한 기술지원을 하고, 월남에 대한 한국의 수출을 지원하는 1,500만 달러 프로그램을 제공한다.

그리고 제일 중요하게, 한국은 미국이 주한미군을 감축하거나 철수하지 않

56 U.S. Congress, Senate, Committee on Foreign Relations, Subcommittee on United States Security Agreements and Commitments, *United States Security Agreements and Commitments Abroad: Republic of Korea: Hearing before the Subcommittee on United States Security Agreements and Commitments*, 91st Cong., 2nd Sess., 7 December 1970.

겠다는 약속을 받아냈다. 주한미군총사령관 Dwight E. Beach 장군과 William G. Brown 주한미국대사는 그들의 공동 서한에서 확실하게 못 박았다. “주한미군 병력 수준을 감축하지 않는다는 미국의 결정은 변함이 없다. 그리고 어떠한 미국군 부대도 대한민국과 사전협의 없이는 철수하지 않는다.”[57]

마지막으로, 한국이 60년대에 전투부대 파월을 한 것은 국가전략과 군사전략의 공식적인 시작이었다. 박정희 정부는 국정운영에 있어 논리적 단계들을 밟았다. 파병문제와 관련된 국가이익들을 분석했고, 여러 가지 가용한 선택사항들과 결과들에 관해 심사숙고했으며, 야전군 부대들에게 합당한 임무를 부여함으로써 상당히 실질적인 결과를 도출했던 것이다. 국군 파월과 관련해서는, 국가전략과 군사전략 추구 과정을 통해 두 가지 긍정적 양상이 나타났으니, 자신감과 물질적 이익이었다. 여기서, 자신감의 고조는 실로 단 한 가지 요소로부터 생긴 것이다. 주월한국군은 미국군과 대등한 전문직업군답게 싸우고 관리하고 지휘할 능력이 있음을 과시하지 않았는가. 이 자신감은 한국의 군대가 후일 한국의 고유한 군사전략을 세우는 데 소중한 밑거름이 된다.

1960년대 작전통제권 체계

작전통제권 체계는 1950년대에 시작된 이래 60년대까지도 달라진 내용이 없었다. 북한군이 6·25전쟁 발발 후 파죽지세로 남진하던 1950년 7월 체결된 ‘대전협정’에 따라 한국에 복무중인 선임 미국군 장군이 한반도에 있는 미군을 포함한 모든 UN군과 한국군에 대한 작전지휘권을 갖게 되었다. 그런데 1961년 5월 박정희 소장의 군사정변은 UN군/주한미군 총사령관과 한국정부 간에 작전지휘권에 관한 전례없는 협상을 촉발했다.

1961년 UN군/주한미군 총사령관 Carter B. Magruder 장군은, 이론적으로 자신의 휘하에 있던 한국군 몇 개 부대가 자신이 알지도 못하는 사이에, 자신의 승인 없이, 군사정변에 동원되었다는 사실에 크게 동요했다. 군사정변 그룹의 대표는 그 부대들은 한국의 국내문제와 관련된 상황에서 불가피하게 사용되었다고 강력하게 설명했다. 결국, 반복을 거듭한 협상에서 미국측과 박정희 ‘혁명정부’ 간에 합의가 이루어졌다.

---

57 Stanley Robert Larsen과 James Lawton Collins, Jr., *Allied Participation in Vietnam* (Washington, D.C.: Department of the Army, 1975), pp. 125-127.

1. UN군/주한미군 총사령관은 공산주의 침략이 있을 때 한국방어를 위한 작전지휘권을 행사한다.
2. '군사혁명'에 운용되었던 한국군 해병여단과 한국군 제6군단 포병은 UN군사령부의 작전계획에 합치되게 원래의 국가방위 임무에 돌아간다.
3. UN군/주한미군 총사령부는 '수도경비사령부'를 설치하는 데 동의하며, 이 부대는 후에 현역 편제화되어 한국정부의 직할통제를 받게 한다.

UN군/주한미군 총사령부와 한국정부의 협정은 두 가지 뜻이 있다. 즉, 미군에 의한 지휘체계에서 예외적 상황이 한국군의 군사정변을 통해 나타났음과, 국내의 정치적 요소들과 국제적 군사협정의 충돌은 위의 협정에서 보다시피 상호 수용과 타협으로 이어졌음이다.

한국 국내여건의 중간 평가

지금까지 이야기했듯이, 한국이 계속 북한의 군사위협 아래 있었지만 1960대 초부터 한국인의 생활은 정치적 자주사상과 경제적 자립, 사회적 원기회복, 그리고 군사적인 각성으로 가득 찼다. 이러한 진취적 정신은 분명하게 표명되었고, 나중에 박정희 정부의 리더십으로 힘차게 추진되었다. 진취적 정신의 핵심은 가난, 무력함, 외세의존 같은 한국적인 만성적 약점들을 벗어던지고 한국사회에 새로운 힘을 불어넣는 것이었다. 허나, 국가운영의 경륜 미숙이라든지 경제의 취약한 기반 등 갖가지 현실적 제약으로 혁신적 정신은 바라는 만큼 금세 열매를 맺지는 못했다.

자주자립과 사회적 원기회복의 정신으로부터 의미있는 열매를 그런대로 수확한 것은 국가전략과 군사전략 영역에서였다. 국군 월남파병이라는 중차대한 역사적 과업을 놓고 한국지도자들은 비록 태동기 단계였지만 국가전략과 군사전략에 초점을 맞추기 시작했다. 그들은 전반적인 국가이익을 계산했고, 갖가지 선택방안들을 숙고했으며, 위험부담과 경비를 저울질한 다음 가장 좋은 대안을 선택하려고 최선을 다한 후, 일을 수행할 수 있는, 군대를 포함한, 적절한 정부 부서에 임무를 부여했다. 그리고 군대의 간부들은 지배적인 힘을 가진 나라의 정책관료들과 협상하기 위한 실행 가능하고 성공할 수 있는 전술을 짜내었다.

다시 말해, 국가전략과 군사전략의 연결이 한국의 국가경영에서 처음으로 이루어진 것이었다. 대내외적 상황들로 인한 제약의 영향으로, 즉, 미국과 맺은 구속력 있는 협정들과 한국의 국정운영 경륜 부족 때문에, 전략입안의 최종결과들은 선진국들의 전략처럼 상세하고 정제되고 많은 것을 포괄하지는 않았다. 하지만 월남파병 과정에서 보았듯이, 파병협상으로 얻은 수확물은 신생국 군대에게는 상당히 실질적이고 큰 것이지 않았던가.

이렇듯, 월남파병으로부터 생긴 한 가지 긍정적 현상은, 재차 강조하건데, 한국군 간부들의 정신적 자신감 획득이다. 그들은 자신들이 월남의 전쟁터에서 다른 동맹국들만큼 훌륭하게 싸웠음을 알았다. 이 자신감이 미래 한국의 고유한 군사전략 발전에 기초가 되었다.

5. 역사적 사실과 이론적 틀의 일치

제 3장에서 연구의 이론적 틀을 제시한 바 있는데, 그 요점을 다시 상기해 보자. 세 가지 주요 요소가 한국의 군사전략 발전에 영향을 미쳤다. 북한의 군사위협과 미국의 전략적 영향력과 한국의 국내여건들이다. 이론적인 시각에서, 고전적 현실주의 사고는 북한 군사위협의 작용을 설명하고, 신현실주의 이론은 미국의 전략적 영향력을 해석하며, 다변인 이론은 한국 국내여건들이 한국 군사전략 발전에 미친 영향을 명시한다.

첫째, 북한은 1960년대 한국의 안보와 생존에 심각한 군사적 위협을 계속 가했다. 고전적 현실주의는 다음과 같은 추론에 입각해 북한의 군사위협을 설명한다. 먼저, 각 국가는 무정부적인 국제관계의 분위기에서 각자의 생존을 걸고 힘을 유지하며 증대시키고 과시한다는 점을 강조한다. 북한은 60년대에 군사력 증대에 주력했는데, 특히 야심찬 4대 군사노선과 급속한 공군력 증강을 통해서였다. 다음, 고전적 현실주의는 힘의 행사를 중시한다. 1968년 1월 북한정권은 박정희 대통령을 암살하려고 대담하게 특공대를 밀파했고, 심지어 동해의 국제수역에서 일상적 정보수집 활동중이던 미해군 푸에블로호를 불법 나포했다. 뿐만 아니라, 한국사회를 혼란에 빠트리고자 한국영토에 130명이나 되는 무장공비를 침투시켰다. 이와 같이 북한은 가장 도발적인 방식으로 그 군사력을 한국에 대해 과시하거나 투사하기를 주저하지 않았다.

둘째, 미국이 계속해서 한국에 중요한 전략적 영향력을 미쳤음을 신현실주의 이론으로써 해석해 보자. 신현실주의는 한 국가의 대외정책 및 전략수립

결정과정에 외부적 요소들이 미치는 영향을 중시한다. 미국은 한국이 전투부대를 파월하도록 압박했고, 한국은 그러한 현실적 외부압력에 대응하면서 나름대로 얻는 바 있고 생산성 있는 자신의 전략을 고안해야만 했다. 결국, 한국은 미국의 희망사항을 수용해 2.5개 사단 규모로 전투부대를 파월했다. 동시에 한국은 그 대가로 주한미군을 한국에 붙잡아 두고 한국군 현대화 지원을 받는 등 안보관련 이익을 보면서 경제적 이득도 챙겼으니, 한국의 외화보유고가 높아지고 남월남의 부흥사업에 한국 기업체들이 대거 참여하는 성과를 올렸다. 신현실주의는 또한 내부적 상황들의 영향은 외부적 상황들의 영향보다 통상 덜 중요하다고 생각한다. 예를 들어보자. 한국은 북한정권이 광폭한 도발들을 감행한 데 대해 응징하려고 국내차원의 거국적 결의를 다졌지만, 미국의 최우선적인 전략적 우선순위에 밀려 독자적으로는 그 결의를 실행할 수 없었다. 미국은 전략상 아시아에서 제2 지상전선을 펴기를 바라지 않았고, 소련이나 공산 중국과의 정면대결도 피하고 싶었던 것이다.

마지막으로, 그렇다고 해서 한국의 군사전략은 외부의 힘에만 영향을 받은 것이 아니고, 내부적 여건들의 작용에도 그 원인이 있었다. 다변인 이론은 이러한 내부적 원인과 외부적 원인의 2원화된 인과관계로 한국의 군사전략 발전을 설명해 준다. 우선, 박정희 대통령의 리더십으로 고질적으로 불안했던 정치가 비교적 안정을 이루었고, 이는 군간부들로 하여금 군사제도 개선을 위한 전문직업적 노력에 집중할 수 있게 해 주었다. 군간부들 사이의 만성적 파벌도 진정되자 전문직업적 장교단이 형성되었다. 구세대의 때묻은 원로 장군들은 속속 전역되고, 중요한 책무들이 새로운 젊은 장교단에게 맡겨졌다. 이렇게 해서 군사전략을 발전시켜 볼 기반 여건이 60년대에 다져졌다. 그러다가 국군파월과 함께 한국군 간부들은 군사문제에 관한 식견을 넓힐 기회를 맞았고, 이는 한국 군사전략을 정제되고 개선된 것으로 만들어가는 데 기여했다. 또한, 한국의 민간 관리들과 군장교들은 처음으로 지배적인 힘을 가진 동맹국의 관리들과 대등한 위치에서 한국의 국가이익을 놓고 주장을 펼쳤으며, 군간부들은 국가이익을 달성할 효과적인 방법이 될 군사전략에 집중해야 했다. 하지만 미국은 여전히 한국에 전방위적인 영향을 미쳤다. 북한이 도발한 군사행동들을 한국이 징벌하고 싶었지만 혼자서 이를 실행하는 것은 불가했다. 이미 지적했듯이, 미국이 전략상 아시아에서 제2 지상전선을 펴는 걸

주저했고, 그 대신 북한에 나포돼 억류된 푸에블로호 승무원들을 되찾아온다는 미국 국내정책이 우선했기 때문이다. 이 밖에, 미국의 원조감축도 계속 중요한 영향을 미쳤다. 미국이 대한군사지원을 축소해 가는 과정은 역설적으로 오히려 더 주한미군의 존재의의나 미국의 영향력을 실감케 했기 때문이다.

지금까지 말했듯, 한 국가의 군사전략 발전은 외부의 자극뿐 아니라 내부의 여건들에도 달려 있으므로, 이에 관한 합리적 이해를 하려면 종합적인 이론이 있어야 한다. 즉, 내부적 요소들과 외부적 요소들의 융합이다.

요약컨대, 1960년대 한국에서 전개된 역사적 사실들과 정황들은 연구의 이론적 틀로 제시된 바와 일치한다. 한국의 군사전략은 연구의 이론적, 개념적 틀이 제시해 놓은 길을 그대로 밟아 갔다.

6. 세 가지 가설의 타당성

1960년대 한반도에서 전개된 정치적 군사적 상황들은 연구의 첫 번째 가설인 "동맹국 간에 위협에 대한 인식의 공통성이 많을수록 그들의 군사전략은 더욱 일치한다."는 것을 분석하는 데 적절한 소재다. 60년대에 미국은 월남전의 수렁에 빠져들어 있었기에 국가정책의 우선순위는 전쟁을 승리하고 전쟁의 짐 때문에 생긴 국내문제들을 해소하는 데 초점이 맞추어져 있었다. 반면, 한국은 1968년 북한 특공대의 청와대 습격기도나 미해군 푸에블로호 나포에 나타난 북한의 공격성 등, 심각한 도발위협에 직면해 있었다.

북한의 도발사건들은 한국에게는 국가생존이 걸린 문제였으나, 미국에게는 단지 국지적 또는 제 2차적 중요성을 띠는 것이었기에, 미국과 한국은 위협에 대한 공통된 인식이나 세계적 또는 지역적 상황들에 대한 공통된 평가를 공유한 것이 아니었다. 따라서 위협에 대한 상이한 인식은 두 동맹국으로 하여금 상이한 전략을 수립하게 만들었다. 미국은 월남전 문제와 나포된 푸에블로호 승무원들을 되찾아 데려오는 데 주력했고, 한국은 북한정권에 대한 징벌이나 보복 문제에 집중했다. 물론, 전술한 바 있듯, 한국은 푸에블로 문제를 해결하는 데 미국이 취한 정책기조를 묵인 내지 묵종하기는 했다.

위협에 대한 인식이 서로 달라 두 동맹국 간에 다른 군사전략이 나왔으니 연구의 첫 번째 가설로부터 필연적인 논리가 귀결된다. 즉, "위협에 대한 동맹국 간의 상이한 인식은 그들의 상이한 군사전략으로 이어진다."는 것이다.

이 논리적 귀결은 첫 번째 가설의 원래 테마를 일반적 의미에서는 지지하는 것이겠지만, 첫 번째 가설의 절대적 타당성을 말 그대로 정확히 증명하는 건 못 되며, "첫 번째 가설은 틀린 것이 아니다."라는 것을 증명한다고는 하겠다. 따라서 이 논리가 첫 번째 가설과 정확히 일치하지는 않지만, 1960년대 상황의 전개는 첫 번째 가설의 테마와 일반적 의미에서 조화를 이룬다고 단언해도 무방하리라.

두 번째 가설은 "동맹국 중 더 강한 나라가 더 약한 나라의 안보에 압도적 기여를 할수록 약한 나라는 강한 나라의 군사전략을 맹목적으로 따른다."는 것이다. 60년대 미국의 경제 및 군사적 지원의 규모는 여전히 상당해서 한국이 살아나가는 데 중요한 역할을 했지만, 한국의 국정운영에 미친 영향력은 상대적으로 50년대만큼은 크지 않았다. 영향력 감소의 원인이라면, 1964년도 이래 한국이 괄목할 경제발전을 이루고, 미국이 MAP 이관프로그램으로 대한 군사지원 감축을 시작했으며, 50년대보다 한국이 미국과의 공동방위 노력에서 그 몫을 더 떠맡았기 때문이었다.

게다가, 1968년 북한특공대의 청와대 습격기도 사태 때 미국이 보인 애매한 태도는 도발 획책자들에게 단호하게 대응하지 않은 데 대한 경악과 좌절감을 불러일으켰다. 한국인에게 국가생존의 문제였던 특공대의 습격은 당시 월남전의 수렁에서 진창이 된 미국에게는 작은 국지적 사태였다. 이처럼 위협에 대한 인식과 상황에 대처하는 우선순위가 서로 달라 60년대 미국과 한국의 전략도 뚜렷하게 서로 다른 모습으로 나타났다.

요컨대, 한국은 국군파월을 놓고 1964년 미국과 협상을 하면서 미국의 영향력에서 독립하려는 자세를 처음으로 갖추어 보였다. 따라서 첫 번째 가설에서 그랬던 것처럼, 두 번째 가설로부터도 또 하나 필연적인 논리가 귀결된다. 즉, "더 강한 동맹국의 지원 감축은 약한 동맹국이 전자로부터 독립하려는 초기 행동을 유발한다." 이 논리적 귀결도 두 번째 가설과 말 그대로 동일한 뜻은 아니지만, 두 번째 가설의 일반적인 전제를 지지하는 것이다. 따라서 1960년대의 상황전개는 두 번째 가설과 조화를 이룬다고 말할 수 있다.

세 번째 가설은 "약한 동맹국이 위협을 가해오는 적에 대항할 충분한 힘을 기르면 약한 동맹국의 군사전략은 더 강한 동맹국의 영향에서 독립하려는 경향이 있다."고 했다. 60년대에 한국은 여전히 북한으로부터 다가오는 위협적인 징조들에 직면하고 있었다. 김일성은 누구도 넘볼 수 없는 개인적 카리스마와 정치적 권력을 확고히 다졌고, 북한공군은 공산주의 후견세력들의 지원으로 엄청나게 증강되었으며, 김일성은 또 그의 특유하고 무서운 전략인 정규군과 비정규군의 배합전략과 4대 군사노선을 완성했다. 한국은 북쪽의 경쟁자와 맞겨룰 능력을 갖추려고 국가적 자원을 동원하고 힘을 기울였지만, 바라는 군사력의 밸런스를 맞추는 데는 아직 멀어보였다.

그러므로, 세 번째 가설은 1960년대의 상황에 적용할 수 없고, 이에 따라 그 타당성도 60년대의 상황으로는 입증할 수 없다.

제 5 장

1970년대 대한민국 군사전략 발전에 영향을 준 세 가지 독립변인들의 역할

1. 국제관계에 있어서 1970년대의 중요성

제 5장에서는 먼저 미국과 한국이 70년대에 들어와 직면한 60년대와는 확연하게 달라진 국제적 환경을 개괄해 보자.[1] 2차대전 후 전세계의 국가 수는 1945년도의 51개국에서 1968년 130개국으로 급격히 늘었다. 국제간 통신 유형도 엄청난 변화를 거듭했다. 정보는 한순간에 전파되는 것이 정상이 되었고, 지구상 모든 정치적 독립국가들은 세계정세가 변할 때마다 거의 동시에 그 변화에 개입하거나 관련되는 형세가 되었다.

일본, 서유럽, 중국은 새로운 강대세력으로 등장해 미·소·중·일·서유럽이라는 국제적 5극체제가 탄생했고, 이 구조는 다시 미·소·중의 전략적, 정치적 3각관계와 미·일·서유럽의 3자간 경제관계로 쪼개졌다.

한편 미국은 경제와 군사력에서 상대적인 축소를 경험했고, 소련과는 군사역량이 전략적으로 동등한 상태에 이르렀으나, 이기지 못할 월남전쟁을 치르면서 좌절하고 약화되었다. 장기화된 월남전은 미국인들 사이에 강렬한 반전, 대외개입 반대 정서의 파고를 일으켰다.

그리고 양대 공산주의 세력인 소련과 중국의 격렬한 분열과 경쟁이 계속되었는데, 이는 공산주의 이념의 일체적 단결력을 고려하면 전에는 생각할 수 없었던 일이었다. 미국은 중·소분열을 미국에 유리하게 이용할 수 있다고 판단했고, 이는 중국과의 유순한 전략적 관계구축을 가능케 하리라고 보았다. 그리고 미국과 중국의 새로운 관계는 공산주의 진영 내부의 싸움에서 소련에 대응하는 중국의 입지를 강화해 줄 수 있었다.

---

1 James E. Dougherty와 Robert L. Pfaltzgraff, Jr., *American Foreign Policy: FDR to Reagan* (New York: Harper and Row, Publishers, Inc., 1986), pp. 240-244. 저자들은 1970년대의 새로운 국제관계 구조와 닉슨 닥트린의 출현배경에 관해 폭넓게 설명하고 있다.

미국은 또한 소련과도 정면대결에서 긴장을 완화하는 소위 '데탕트'로 더욱 성숙한 관계를 발전시킬 수 있다고 보았다. 시간이 흐르면 소련에게 각종 정치적, 경제적, 문화적 보상책을 제공하거나 그만두든지 함으로써 소련의 행동을 바꿀 수 있으리라는 것이었다.

이렇듯, 70년대 국제관계의 구조 변화를 세 가지 양상으로 정리할 수 있겠다. 세계적으로 힘이 확산되어 다극화되면서, 미국의 군사력과 경제력이 상대적으로 축소되었고, 그럼에도 미국은 경제력과 군사력을 모두 보유한 초강대국의 유리한 위치에 있었음이다.

이상과 같은 변화들은 미국으로 하여금 대외정책에서 좀더 현실적인 태도를 취하게 만들었다. 즉, 세계적 경쟁에서 '힘의 균형' 정치를 하는 것이다. 1969년에 시작한 닉슨 행정부는 국제정세의 변화에 대처할 미국의 대외정책에 새로운 주도권의 시대를 열었다. 2차 세계대전 후 패권경쟁을 벌인 대외정책을 벗어나 1970년대 미국의 대외정책은 현실을 수용하고 국제정세를 노련하게 이용하는 모습을 보였다. 본질적으로, 이 같은 미국의 정책을 한마디로 요약하면 "약해졌지만 여전히 힘을 쓰려 한다"는 것이다.[2] 미국은 이 미묘한 정책을 추진하면서 중국과 전략적 관계를 맺는 등 국제정세를 현실적으로 받아들이는가 하면, 제3세계 국가들에 대한 군사적 책무를 적절히 절제하는 등 국가 재원을 신중하게 절약하였다.

이러한 국제관계의 구조적 변화들이 70년대 국제정세와 닉슨 닥트린의 배경이었다. 그렇다면 이런 변화가 한국 같은 작고 의존적인 제3세계 나라들에게는 어떤 의미가 있었나? 한국은 이런 변화에 부수적으로 나타난 다음 네 가지 변화들에 필연적으로 직면했다.

먼저, 미국이 갑자기 공산주의 중국과 화해한 것을 두고 일본인들은 상투어로 매우 적절하게 "닉슨 쇼크"라고 표현했다. 한국인들도 비슷한 충격을 받았다. 한국이 제일 중요하게 믿는 맹방인 미국이 6·25전쟁 이래 한국의 최대 적이었던 나라의 '친구'가 되는 것을 보고 갑자기 망연자실했던 것이다. 한국이 자신의 안보와 관련해 새롭게 전개되는 국제환경의 진정한 의미를 충

---

2 이 구절은 다른 학자의 말을 인용한 것이 아니고, 본 연구자가 1970년대의 국제관계를 진지하고 깊이 생각한 다음 만들어낸 말이다. 이 구절을 만든 동기는 다음 두 가지다. ① 1970년대의 복잡다단한 국제관계의 분위기를 묘사할 간명한 표현이 있어야 했고, ② 이 표현은 70년대에 미국이 처했던 미묘하고 어려웠던 상황을 나타내는 것이어야 했다.

분히 이해하는 데는 꽤 시간이 걸렸다.

다음, 닉슨 닥트린의 주테마는 미국의 대외공약들을 합리적으로 조정하고 그에 소요되는 재원들을 절약해야겠다는 것이었다. 한국에게 이러한 전제는 주한미군 감축이나 철수 가능성을 의미했다. 전통적으로 한국인들은, 주한미군의 존재가 증명해주듯, 북한의 위협에 대한 미국의 방위공약에 심리적으로 의지해 왔었다. 이러한 신뢰도는 닉슨 닥트린의 구체적 조치가 이행되기 시작하자 어쩔 수 없이 흔들리기 시작했다.

그리고 이제 당연한 귀결로서, 자주국방 문제가 한국사회에 활발히 제기된다. 자기를 보호해 주는 강대국에게만 기대지 말고 근본적으로 자기 힘에 의존하자는 믿음이 번져나가면서, 자주국방의 국민정서가 한국 군사전략 발전에 매우 긍정적인 역할을 했다.

결국, 미·중화해의 여파로 한반도에서도 1972년 7월 4일 '남북공동성명'이 채택되었듯이, 남북한 정치체제 간에도 미니 데탕트가 오는 듯했다. 허나 유감스럽게도, 서로 겨루는 두 당사자 간의 평화로운 듯한 분위기는 오래가지 못한다. 깊이 누적된 상호 불신과 전혀 이질적인 정치목표, 그리고 판이한 국가이익 때문이었다.

2. 1970년대 북한의 정치 · 군사적 상황

국내 및 국제적 상황에 대한 북한의 평가

북한정권은 60년대처럼 70년대에도 혁명주의적 세계관을 유지했다. 즉, '진보세력'인 공산주의/사회주의 세력과 미국이 주도하는 '제국주의/반동 세력'인 자유민주주의/자본주의 세력 간의 투쟁이 국제정세가 전개되는 제일 주요한 특징이라고 보았다. 특히, 아시아에서는 반제국주의, 반반동주의 투쟁이 올바른 역사의 방향이라고 간주하고, 북한이 이러한 투쟁의 챔피언이라고 자칭한 것이다. 그리고 그들은 제국주의/반동 세력이 월남전의 실패로 현저하게 약해졌다고 생각했다. 그래서 70년대에 미국이 아시아에서 공을 들이는 노력은 동남아시아에서의 실패를 만회할 새로운 정책방향 개척에 목적이 있다고 보았다. 예컨대 미국이 추진한 '새 아시아 정책' 또는 '평화전략'[3]이 바

3 The History Research Center of Social Science Academy (사회과학원 력사연구소), 『조선전

로 그러한 시도였다는 것이다.

이와 비슷한 맥락에서 북한정권은 계속해서 한국을 미국 제국주의의 식민지라고 말했고, 한국정부는 미국의 제국주의적 지시에 맹목적으로 복종하는 "하인"이라 했다. 그러한 즉, 북한정권에게는 두 가지 역사적 사명이 있다는 것이다. 미국의 한국 "점령"을 축출해 종식시키고 한국의 정치체제를 파괴해버리는 것이다. 북한정권이 판단하기로는, 한국사회의 혁명세력이 60년대에 한국정부에 심각한 손상을 입힐 만큼 성장했기에, 혁명세력의 반정부투쟁을 70년대에도 계속 지원하는 데 높은 정책우선순위를 두었다.[4]

70년대 북한의 가장 중요한 내부여건 세 가지를 들면, 김일성의 개인적 힘이 최고조에 달해 국정운영에서 그의 정치사상이 공식 채택되었다는 것과, 제조산업의 기본능력이 달성된 것, 그리고 국정운영에서 국가경제와 군사준비태세 병진정책을 강조한 것이다.

첫 번째, 김일성의 힘과 정치사상의 공식집행은 1972년 12월 새로 채택된 '사회주의 원칙에 기초한 헌법'[5]에 명확히 나타난다. 새 헌법은 김일성의 역할을 북한의 '수령'이라고 규정하고, 북한정권의 공식철학으로서 '주체'사상을 채택했다.

> 새 헌법이 '주석'[6]의 직위를 만든 것은 특별한 의미가 있다. 이는 국가발전에서 '지도자'에게 필요한 직위와 역사적 역할이 요구됨을 반영하는 것이다. 주석의 직위는 지도자에게 유일한 절대적 지도력을 보장해 준다. 그 절대적 지도력의 보장을 위해 주석의 특권이 규정되었다. 주석은 중앙인민위원회에 공화국 사상을 친히 교육하고 위원회를 인도하며, 필요시 내각을 소집하며, 군최고사령관으로서, 그리고 국방위원회 위원장으로서 전 인민군을 이끌고 지휘한다.[7]

사』(朝鮮全史]), 현대사, "History of Socialist Construction" (사회주의 건설사) (평양: 과학백과사전 출판사, 1982), p. 17. 이 책에서 말하는 '새 아시아 정책'은 월남전 종결 평화협정이 체결된 후 70년대에 닉슨 닥트린에 나타난 미국의 새로운 대외정책을 가리키는 듯하다. 책의 16쪽에 보면, 닉슨이 소련과 데탕트를 이루고 중국과 화해한 것을 미국의 '평화전략'이라 칭하고 있다.

4 앞의 책, p. 13.

5 앞의 책, p. 120. 북한 새 헌법의 정식명칭은 '조선민주주의공화국 사회주의 헌법'이다.

6 '주석'이란 용어는 영어의 'President'와 똑같은 의미는 아니다. 주석은 의장, 최종결정권자, 최고지도자 따위의 뜻과 어감을 지닌 것이다. 그러나 본 연구자는 이 논문의 영문판에서 주석을 President라고 호칭했다.

우리 공화국은 경애하는 지도자의 눈부신 혁명전통을 물려받아 국가가 나아가는 데 필요한 주된 지침으로서 영구히 이어져 갈 '주체' 사상을 채택했다. 이것은 우리 공화국이 독립하고 자립한 사회주의 국가라는 근본적인 성격을 나타내는 것이다.[8]

이처럼, 70년대는 김일성 개인에게 정치권력이 절대적으로 집중된 시기로서, 그의 주체사상이 북한사회 정치생활의 모든 면에 파고들어갔다. 김일성의 독재 권력은 평양에서 1970년 11월 2일부터 13일까지 열린 조선노동당 제 5차대회에서 확인되었다. 새 헌법이 김일성의 비상한 직위와 권한을 공식적이고 합법적인 절차로 인정한 것이다.

그러면 김일성의 권력집중은 한국과 북한의 대치국면에 어떠한 군사적 의미를 갖는가? 한 사람에게 권력이 집중됨으로써 북한군은 이제 김일성의 세계관과 정치적 목표와 전략적 개념에 부합하게 운용될 수 있게 되었으니, 그것은 바로 한국의 정치체제 파괴였다. 따라서 북한군은 김일성의 정치적 도구로서 한국의 존재에 중대한 위협의 징후로 다가왔다.

두 번째, 북한의 제조산업 기본능력 달성은 6개년 (1971-76) 경제계획 목표에 명확히 드러나는데, 1976년에 도달할 세부 목표들이 명시되어 있다. 전력생산은 시간당 28-30억 kw, 석탄 생산 5,000-5,300만 톤, 철광석 생산 350-380만 톤, 강철 380-400만 톤, 압착강철 280-300만 톤, 화학비료 280-300만 톤, 시멘트 750-800만 톤, 직물 5억-6억 미터, 수산물 160-180만 톤, 곡물 700-750만 톤, 그리고 농업용 트랙터 생산 21,000 대였다.[9] 이 목표들은 대부분 계획된 예정일보다 앞서 달성된다. 북한정권의 공식 역사는 앞서의 7개년 (1963-69) 경제계획의 "눈부신" 성취를 이렇게 자랑하면서 홍보했다. "현대식 제조공장들과 사업체들은 각자의 생산품을 만들어 내기 시작했다. 6천톤 용량의 프레스머신, 25톤형 자동차, 기타 대용량 기계류, 그리고 각종 정밀기계들이 1970년 조선노동당 제5차 대회가 있기 전에도 노동자 계급의 창조적 노력으로 제작되었다."[10]

7 『조선전사』 (朝鮮全史), p. 126.
8 앞의 책, p. 121.
9 앞의 책, pp. 29-30.
10 앞의 책, p. 18.

북한정권의 기초 기계류 제조능력은 무기생산 능력의 향상을 암시했다. 자동차, 정밀기계, 농업용 트랙터 생산능력은 전차, 포, 전투차량, 통신장비 같은 유사한 군사장비 생산능력과 직접 관련된 것이니까. 북한의 군사무기 제조능력은 당연히 한국의 안보에 또 하나 더 심각한 위협을 안겨주었다.

세 번째, 국가경제와 군사준비태세의 동시 강조는 다음과 같은 설명이 가능하다. 북한정권은 아시아 정세를 두 적대적 세력간의 다툼이라고 평가하여 군사·경제 병진정책을 채택해야만 했다. 사회주의 세력의 일원으로서 북한은 '제국주의-반동 세력'의 위협을 느낀 것이다. 북한 주민의 일상생활을 위한 경제발전이 중요했지만, 국가안보를 최우선시해야 했기에 군사준비태세를 소홀히 할 수는 없었다.

김일성의 평가로는, "남반부 당국자들은 말로만 '평화통일' 운운해오면서 실제로는 전쟁준비와 군사도발을 도모하고 있으며, '군현대화'라는 위장된 미명하에 각종 현대 무기류와 공격장비를 도입하고 있고, 북반부의 공화국을 흔들기 위해 끊임없이 군사도발과 전쟁연습을 감행하고 있다"는 것이다. 그래서 북한은 "중대한 전쟁 상황에 직면해 있는데, 전쟁은 어느 때라도 일어날 수 있고, 남반부 괴뢰들의 호전적 책략 뒤에는 미국이 이러한 상황의 발전을 조종, 조작하고 있다"는 것이었다.[11]

기본적으로, 이같은 평가하에 1960년대부터 4대 군사노선이 채택되었다. 제4장에서 다루었듯이, 4대 노선은 전군 간부화, 전인민 무장화, 전지역 요새화, 전군 현대화다.[12]

김일성의 평가는 다음 논리로 이어진다. "사회주의 경제건설을 향해 최대한 노력을 경주하면서, 동시에 우리는 적의 예기치 않은 공격에 대응하도록 국가보위능력을 끊임없이 향상시켜야 한다."[13] 이처럼 군사준비태세를 강조한 정책의 구체적 결과는 1972년 4월 25일의 소위 '조선인민군 창건 40주년' 기념식에 실감나게 드러났다. 북한의 역사기록에 이렇게 씌어 있다. "무서운 위용을 과시하는 무적의 군부대들과 무기들이 군사분열식에 참가했다. 고성능 다연장로켓포, 대전차포, 박격포, 곡사포와 평사포, 대공포병, 자동화 도하부

---

11 앞의 책, pp. 369-370.
12 앞의 책, pp. 372-373.
13 앞의 책, p. 370.

대, 수륙양용 인원수송장갑차, 전차부대, 여군 대공포부대들이" 지나갔다.[14] 그런데 이처럼 눈에 보이는 전투장비들의 과시 자체보다 한국인들을 더 놀라게 한 것은 그 대부분 장비들을 북한이 독자적 산업기술로 제조했다는 사실이었다. 북한 역사 기록을 다시 한 번 보자. "우리의 방위산업은 수없이 많은 현대무기와 전투방비들을 우리 자신의 노력과 기술과 기본 물자들로 만들 수 있게 되었으며, 이는 우리 군대의 현대화를 분명히 가속화시킨 것이다."[15]

북한군의 병력: 규모의 확대 동향

1978년 1월 Hubert Humphrey와 John Glenn 미국 상원의원이 주한미군 철수 문제에 관해 상원외교위원회에 제출한 보고서에 1970년대 북한군 확대 동향이 명확하게 나온다.[16] 도표 14에서 보듯, 총병력과 지상군 전투장비 및 해군과 공군이 크게 증강되었다. 병력은 1970년에 40만이던 것이 77년도에 52만이 되었고, 전차는 600대에서 무려 1,950대로, 포병도 3,300문에서 4,335문으로 늘었다. 제트전투기는 555대에서 655대로, 해군함정 또한 7년 사이에 425척이 450척이 되었다.

도표 14를 통해 한눈에 봐도 알 수 있는 결론이 나온다. 즉, "전차, 장갑차, 돌격용 총포 같은 기동화 공격무기와 포병, 다연장로켓포, 박격포 같은 포화기의 화력들을 합친 것을 비교해보면 이 두 가지 무기 종류면에서 북한군이 한국군보다 2:1의 우위를 누렸다. 북한은 또한 제트전투기에서도 2:1의 우세였고, 대공포와 해군 전투함정에서는 4:1 이상으로 앞서 있었다."[17] 이렇듯, 70년대 북한의 군사력 확대는 한국의 존재에 대해 점점 더 만만치 않은 현실적 위협이 되었다.

---

14 앞의 책, pp. 374-375.

15 앞의 책, p. 374.

16 Senators Hubert H. Humphrey and John Glenn, *U.S. Troop Withdrawal from the Republic of Korea*, Report to the Committee on Foreign Relations, United States Senate, 95th Cong., 2nd Sess., 9 January 1978 (Washington, D.C.: Government Printing Office, 1978), p. 27. (Y4. 76/2: T75). 원래 한국군 병력도 북한군과 비교할 수 있게끔 옆에 나란히 제시되었으나, 본 연구자는 1970-77년 기간에 북한군이 확대된 부분만 보여주기 위해 도표 14에서 북한군에 관한 통계 부분만 인용했다. "삭제"라고 한 부분은 원래 자료의 기밀사항들을 보호하기 위해 쓴 말이다.

17 앞의 책, p. 27.

도표 14. 1970년대 북한군 규모의 확대 동향

	1970	1977
병력		
현역	400,000	520,000
예비역	1,200,000	1,800,000
기동사단	20	25
지상군		
전차	600	1,950
인원수송장갑차	120	750
공격용 포	300	150
대전차포	(삭제)	24,000
포 화력		
포병/다연장로켓포	3,300	4,335
지대지 미사일 (수자미상 대대)	(삭제)	2-3
박격포	(삭제)	9,000
공군 현황		
제트전투기	555	655
기타 군사용 항공기	130	320
대공포 (AAA 중기관총)	2,000	5,500
지대공 미사일 (수자미상 대대/포대)	(삭제)	38-40
해군 전투함정	190	425-450

출처: Hubert H. Humphrey and John Glenn, *U.S. Troop Withdrawal from the Republic of Korea,* p. 14.

1970년대 북한정권의 군사전략[18]

북한정권의 근본적인 국가전략목표

전략에서 가장 중요한 것은 목표다. 목표를 정한 다음 목표를 위한 수단을 생각한다. 즉, 과업을 맡을 기관이나 당사자를 결정하고, 과업을 위한 자원을 분배하며, 과업을 집행할 갖가지 방식과 접근법을 생각한다. 동시에, 과업에 수반할 이익과 위험 요소들을 판별하여 분석하고, 상이한 과업수행 방식이나 접근법에서 나올 상이한 결과들을 비교한다.

---

18 이 제목으로 이정민은 다음의 책에서 자세하고 유익한 논의를 하고 있다. Chung Min Lee, *Prevailing in a Future Conflict: Conventional Deterrence and Defense Strategies with a Special Reference to the Defense Planning of the Republic of Korea*, 박사학위논문, 1988년 7월, Fletcher School of Law and Diplomacy, Tufts University, Medford, MA 02155, p. 252.

따라서 70년대 북한정권의 국가전략과 군사전략의 근본목표들을 이해하는 것이 긴요하다. 북한정권의 근본목표는 60년대와 다르지 않았다. 그것은 북한정권의 정치적 교리에 의한 한반도 통일로서, 세 가지 중간목표들이 있었다. "북반부의 공화국을 신뢰할 수 있는 혁명 기지로, 즉, 공산주의 기지로 구축하고,"[19] "한국인들의 반파시스트 민주주의 투쟁을 모든 가능한 수단과 방법으로 지원하여 군사 파시스트 독재정권을 무너뜨리고 미제국주의자들을 몰아내게 하며,"[20] "전세계의 혁명세력들과의 유대를 더욱 공고히 한다."[21]는 것이었다.

북한정권의 전략목표는 이러한 근본목표들과 중간목표들을 달성하려고 발전되어 왔었고, 70년대에도 이러한 논리에서 벗어나지 않았다. 김일성이 "모든 가능한 수단과 방법으로"라고 말한 것은 남북한 통일을 위해서라면 무력도 사용하겠다는 그의 확실한 의지를 엿볼 수 있게 하는 부분이다.

김일성 군사전략의 일반적 강조사항

1970년 11월 조선노동당 제 5차 대회와 더불어 김일성은 군사 운용과 전반적 전쟁준비태세에 있어서 '배합'의 중요성을 강조했다. 그 핵심개념 네 가지를 요약해 보자.[22]

1. 북한의 모든 군사기구와 부대는 군인들의 정치.이념적 의식증대 원칙을 굳게 유지해야 하며, 이 의식을 군사 기술적 과업과 올바르게 배합해야 한다.
2. 북한은 4대 군사노선을 계속 받들어서 전인민 무장화, 전지역 요새화, 전군 간부화, 전군 현대화를 성취해야 한다.
3. 한반도의 지형적 조건의 유리함을 최대로 이용해 산악전술을 운용하는 데 역점을 두어야 한다. 대부대와 소부대들을 배합하는 전술과 정규

19 Kim Il Sung, *Kim Il Sung Works*, Vol. 32 (January-December 1977) (Pyongyang: Foreign Language Publishing House, 1988). p. 481. 김일성은 1977년 11월 30일 조선인민군 정치지도원 제 7차 대회에서 다음과 같은 제목으로 연설했다. "효과적인 정치적 작업으로 인민군의 힘을 구축하자." 김일성이 세운 중간목표 세 가지는 이 연설문에 포함되었다.

20 앞의 책, p. 482.

21 앞의 책, p. 484.

22 Kim Il Sung, *Selected Works*, Vol. 5 (Pyongyang: Foreign Language Publication House, 1972), pp. 430-432, pp. 466-467.

군 전투와 게릴라 전술을 배합하는 기술도 매우 중요하다.

4. 조선인민군은 나라의 실제 현실에 가장 알맞은 군사병법을 터득한 상태가 되도록 전투훈련을 받아야 한다. 또한, 조선인민군은 북한의 상황에 고유한 군사과학과 기술을 충분히 발전시켜야 된다.

이상 보았듯이, 김일성은 맑스-레닌주의와 '주체'사상의 특유한 혼합으로 북한 전지역을 요새화할 것을 강조하기 시작했고, 60년대 말까지 기술과 교리 같은 현대전의 양상보다는 전쟁의 정치·이념적 차원을 앞세웠다. 하지만, 70년대 초에 이르러 역점의 전환점이 왔고, 김일성은 "완전히 현대화된" 군대가 되도록 북한군의 전문직업화를 강조했다.

한국을 압도하기 위한 북한군의 작전전략

군사전략 실행을 위해 북한정권은 다음과 같은 공격 시나리오를 채택하고자 했다.

> 한국을 공격할 때 북한은 시간과 장소를 선택하는 유리함을 확보할 것이다. 북한군은 이미 확보된 강력한 화력의 우세로써 사전경고 없이 또는 거의 없이 한국군 제1군단을 00개(삭제) 사단으로 공격한다. 군사 분석가들은 북한군의 공격은 개성-문산-서울을 잇는 종격실 지형으로 주공을 택하리라고 보았으며, 조공은 철원 계곡, 그리고 견제 공격은 동부전선에 지향하리라고 예상했다. 이 공격은 거의 2,000대에 달하는 전차를 동원한 충격효과와 화력에 크게 의존할 것이었다.[23]

북한군 전략가들은 북한군이 지닌 13가지 주요 군사적 장점들을 활용할 수 있으리라고 보았다. 즉, 더 많은 지상군 전투사단, 더 강한 지상군 화력, 더 많은 기갑 자산, 우월한 해군력, 우월한 공군력, 더 성능 좋은 대공방위 체계, 더 많은 군수품 생산, 더 향상된 군사력 산출, 기습 능력, 공격부대 집중운용 능력, 서울까지의 짧은 공격로, 더 많은 특공대, 그리고 주요 동맹국들의 인접성이었다.[24] 이러한 군사적 유리점을 최대로 이용한 북한의 군사전략은 "7일만의 한국 압도 전략"이라는 이름으로 열매를 맺었다.[25]

---

23 앞의 책, pp. 28-29.

24 앞의 책, p. 28.

1970년대 북한의 군사적 위협에 대한 중간 평가

여기까지 논했듯이, 북한정권은 한국의 안보에 세 가지 면에서 현실적이고 부정할 수 없는 군사위협을 가했다. 우선, 북한정권은 누구도 넘볼 수 없는 김일성의 개인적 힘에 끌려 군사력을 사용해서라도 남북한을 통일한다는 정치목표를 계속 떠받들었다. 다음, 군사물품을 생산하는 산업능력을 괄목할 만큼 끌어올려 군사적 공격능력을 증폭시켰다. 그리고 군사력 운용방식에 있어서는 남북한 통일을 위한 '공격적' 군사전략을 완벽하게 수립했다.

한국인들은 특히 김일성에 대해 심각하게 우려했다. 그는 북한의 군사문제의 근본요소들을 명확히 파악하고 있는 듯했다. 기회 있을 때마다 그가 했던 말들을 상기해 이 점을 한번 요약해 보자. 비록 조선인민군 창설은 1940년대 소련의 관대한 군사원조 덕을 보았지만, 사실은 인민군의 형성과 발전과 전투력 개선은 김일성의 계시로써 이루어졌다고 보겠다. 그리고 그가 남쪽의 경쟁자를 격파하여 그의 정치적 깃발 아래 한반도를 통일한다는 자신의 정치목표를 열렬하게 가차없이 추구함으로써 한국에 대한 북한 군사력의 위협이 확실하게 드러났다고 하겠다. 또한, 공산주의 국가 지도자들의 리더십이 경직되어 있다는 일반적 믿음과는 달리, 김일성은 새로운 환경에 적응하는 상당히 영민한 정신적 능력을 갖추고 있었다. 그는 정치·이념적 전쟁양상에 대한 모택동식 관념을 대담하게 일축하고 전쟁의 기술적, 전문직업적 양상과 군사적 현대화의 중요성을 포용했던 것이다.

3. 1970년대 미국이 서태평양 지역에서 맞이한 정치·군사적 상황

닉슨 닥트린: 서태평양 지역 국제관계에서 천명된 요인

서태평양 지역 국제정세는 닉슨 대통령이 1969년 7월 괌에서 닉슨 닥트린을 선포한 다음 1970년대를 맞이했다. 닥트린의 세 가지 요점은, 미국은 지역 동맹국들을 위한 안보공약을 매우 존중하며, 핵보유 세력이 미국 동맹국의 자유를 위협하면 미국의 핵우산을 제공하며, 기타 다른 형태의 침략이 있으면 미국은 군사 및 경제 원조를 제공하되 위협을 직접 받은 당사국들은 자신

25 이러한 북한군 작전전략은 한국군 간부들에게 널리 알려지고 토론되었다. 특히, 한국군 간부들은 북한군 공격계획의 속도감과 대규모성에 놀랐다.

들의 방위에 제1차적 책임을 져야 한다는 것이었다.[26]

닉슨 닥트린의 개념은 60년대 국제정세의 몇 가지 변화에 그 뿌리가 있었다. 첫째, 미국이 겪은 월남전의 쓰라린 경험, 둘째, 새로운 중·소 경쟁의 진전을 이용하려는 미국의 새 전략, 셋째, 이 두 가지 상황변화의 필연적 결과로서, 공산 중화인민공화국과 어떤 식으로든 전략적 관계를 맺어야 할 필요성이었다. 닉슨은 1967년 국제관계 평론저널인 『Foreign Affairs』에 기고한 그의 논단 "America After Vietnam"에서 미국의 동아시아 정책의 새로운 방향을 내다보는 자신의 생각을 드러냈다. 닉슨 닥트린은 국제관계에서의 새로운 기회에 대한 그의 명석하고 재빠른 이해를 나타낸 것으로서, 당시 미국인들의 열망으로부터 나온 국내정치의 우선순위를 예리하게 인식한 결과였다.

닉슨 닥트린 선언 직후 한국인들은 그것에 관해 오해를 약간 하고 있었다. 6·25전쟁과 한국군 파월 같은 두 나라 간의 특별한 관계도 있었고 해서, 닥트린 적용에서 한국은 빠지지 않겠냐는 것이 한국 지도층의 기대였다. 그러면서도 한국은 은근히 안보에 관한 다섯 가지 우려를 하고 있었다. 미래에도 미국이 강력한 맹방일지, 닥트린으로 인해 미국의 대한원조는 어찌 될지, 북한에 대한 미국의 기본 입장이 어떤 것일지, 북한의 도발에 미국이 어떤 태도로 나올지, 그리고 월남에서 미국이 어떤 정책을 쓸지에 관해서였다.[27]

아니나 다를까, 그 뒤의 사건들은 한국이 내심 기대했던 바와는 전혀 다르게 전개된다. 미국은 한국을 닉슨 닥트린 적용의 첫 번째 시범적 케이스로 삼겠다는 것이 아닌가. 한국에 정곡을 찌르는 충격이 돌아왔으니, 1971년에 주한미군 중 2만 명을 철수한다는 것이었다. 미국의 전략적 의도는 이해할 수 있었으나 한국인들은 당혹스럽기만 했다. "미국은 월남에서 후퇴하는 것으로는 보이지 않으면서 월남에서 발을 빼고자 했다. 그래서 닉슨 닥트린이 아시아 전역에 적용된다는 것을 보여주고, …… 주한미군 감축시기를 1971년으로 한 까닭은 1969년의 괌 선언을 되도록 빨리 정당화하면서, 한국이 월남 이외 지역에서 닉슨 닥트린을 시행할 제일 좋은 지역으로 생각된다고 말해야

---

26 U.S. Congress, House, Committee on International Relations, Subcommittee on International Organizations, *Investigation of Korean-American Relations*: *Hearing before the Subcommittee on International Organizations*, 95th Cong., 2nd Sess., 22 June 1977 (Washington, D.C.: U.S. Government Printing Office, 1978), p. 59.

27 앞의 책, p. 60.

만 했다."[28] 그래서 70년대는 주한미군 철수와 그 후속 치유책을 둘러싸고 한미 양국이 줄다리기를 한 시기였다고 특징지을 수 있겠다.

전세계에 배치된 미군 전체병력, 지역별 병력 및 한반도 주둔 병력

도표 15. 1948-1980년 전세계에 배치된 미군 병력

연도	전세계 (총계)	미본토	해외 (소계)	아시아-태평양 (한국)	유럽	중동/아프리카	중남미	기타
1948	1,445.0	1,044.2	400.8	227.8 (33.5)	145.3	2.4	31.9	3.2
1950	1,460.3	1,117.4	342.9	180.0 (0.5)	124.1	8.1	23.8	6.9
1953	3,555.1	2,338.4	1,216.7	655.7(325.3)	436.1	22.1	70.7	32.4
1955	2,935.1	2,067.8	867.3	337.5 (85.5)	457.9	20.6	42.8	8.5
1956	2,806.4	1,993.6	812.8	301.7 (74.6)	456.0	18.9	30.0	6.3
1957	2,795.8	1,996.6	799.1	277.1 (69.8)	438.1	20.4	53.8	9.6
1958	2,600.6	1,867.0	733.6	230.7 (51.9)	446.1	20.4	29.7	6.6
1959	2,504.3	1,805.3	699.0	199.3 (50.3)	429.7	19.7	28.1	22.1
1960	2,476.4	1,778.9	697.5	190.2 (56.1)	428.0	16.4	31.2	31.8
1961	2,483.8	1,780.7	703.0	207.7 (57.9)	430.7	15.1	30.5	18.8
1962	2,807.8	2,037.9	769.9	224.9 (57.3)	474.8	14.5	29.8	25.9
1963	2,699.7	1,937.8	761.9	233.3 (57.0)	445.3	12.9	41.4	28.9
1964	2,687.4	1,932.5	754.9	253.1 (62.7)	431.4	9.3	35.3	25.9
1965	2,655.4	1,877.3	788.1	278.4 (61.6)	415.6	8.7	36.9	38.6
1966	3,094.1	2,080.7	1,013.3	543.3 (52.1)	380.1	8.1	45.1	36.8
1969	3,460.2	2,264.7	1,195.5	851.4 (56.0)	319.1	10.0	25.0	-
1970	3,066.3	1,996.6	1,069.7	700.9 (60.0)	304.9	10.0	25.0	34.4
1971	2,715.0	1,880.3	834.7	448.8 (43.0)	298.9	4.2	21.0	37.8
1972	2,323.1	1,694.9	628.6	286.0 (41.0)	301.0	3.0	21.0	17.2
1973	2.252.8	1,673.8	579.0	215.2 (42.0)	322.0	1.0	20.0	20.9
1975	2,127.0	1,630.0	497.0	155.0 (42.0)	311.0	1.0	15.0	15.0
1976	2,081.0	1,618.1	462.9	132.1 (40.4)	297.9	2.0	15.8	15.1
1977	2.074.0	1,584.0	490.0	143.5 (40.5)	315.7	1.8	15.9	13.1
1979	2,025.0	1,544.3	480.7	131.6 (39.0)	327.2	0.4	15.1	6.4
1980	2,045.0	1,542.4	502.6	124.4 (38.8)	333.8	1.3	14.9	28.2

출처: C. H. Murphy and G. L. Evans, *U.S. Military Personnel Strength by Country of Location Since World War II, 1948-1980* (Washington, D. C.: Congressional Research Service, 13 November 1980), pp. 1-10.

미군은 도표 15처럼 1948년부터 1980년까지 미본토와 4개 해외 전구 및 몇 군데 외떨어진 지역에 전개되었다.[29] (도표의 단위는 1,000명)

---

28 앞의 책, p. 60.

주한미군은 1953년 최대 325,300명에서 1980년의 최소 38,800명으로 꾸준히 감소했는데, 1960년대는 평균 6만 명을 유지했다. 70년대 초에는 닉슨 닥트린의 영향으로 2만 명이 줄어 평균 4만 명 선이 되었다. 대체로 70년대에 들어와서는 아시아-태평양 지역 미군보다 유럽주둔 미군이 두 배 정도 많았다. 월남전의 장기화로 아시아-태평양 미군 병력은 기복이 심했으나, 유럽에서는 60-70년대를 통해 약 3만 명 대를 꾸준히 유지했다. 이러한 경향으로 미루어 미국의 세계전략의 우선순위 정책을 엿볼 수 있다. 즉, 유럽은 미국의 우선순위에 항시 중요한 곳이었고, 아시아의 중요성은 시기와 상황에 따라 변했다.

1970년대 미국 군사전략

세계적 시야와 국지적 시야

1970년대 국제정세 변화로 미국의 군사전략 개념도 60년대와는 판이하게 달라졌다. 1975 회계년도 연례 국방예산보고에서 슐레신저 (James Schlesinger) 국방장관은 그 같은 변화의 맥락과 내용을 밝혔다.

> 1960년대에는 아는 바와 같이, 우리가 채택한 전략과 병력구조로써 유럽에서 발생하는 전쟁의 초기단계와 아시아에서의 전쟁 초기단계 및 기타 어느 한 지역의 작은 우발상황을 동시에 대처할 수 있었다. 1969년부터는, 중·소분열이 명시적으로 인정되고 대통령은 소련과 공산 중국과 세부적 협상을 개시함에 따라, 전략개념도 다음과 같이 바뀌었다 ……. 우리는 이제 우리 군대가 유럽에서 발생할 주요 전쟁 또는 아시아에서 일어날 주요 전쟁 중 하나에 대응하고 기타 어느 한 지역의 작은 우발상황을 동시에 대응하게끔 계획하고 있다. 따라서 우리가 동시에 대응해야만 했던 두 주요 우발상황 중 하나에서는 손을 떼며, 1960년대에 유지했던 2와 1/2전쟁 전략 대신 1과 1/2전쟁 전략을 채택했다.[30]

이 전략개념에 따르면, 미국은 두 주요 위협에 대처한다. 바르샤바 조약군

---

29 Charles H. Murphy와 Gary Lee Evans, *U.S. Military Personnel Strength by Country of Location Since World War II, 1948-1980* (Washington, D. C.: Congressional Research Service/의회조사국 (Library of Congress 산하 입법·심의 연구 기구), 13 November 1980), pp. 1-10.

30 U.S. Department of Defense, *Report of the Secretary of Defense James R. Schlesinger to the Congress on the FY 1975 Defense Budget and FY 1975-1979 Defense Program* (Washington, D.C.: U.S. Government Printing Office, March 4 1974), p. 85.

에 의한 NATO 공격과, 주요 강대국들이 직접 가담하는 동북아시아나 동남아시아에서의 공격이다.[31] 아시아에서의 경우, 슐레신저 장관은 전략개념 변경 후 일어난 상황들을 설명했다. "1969년부터 아시아에 주둔한 우리 군대의 상당한 감축이 진행되어 왔다. 이러한 감축은 지난 수년간, 특히 공산 중국 등 아시아 국가들과 우리의 관계 변화라든지, 남월남으로부터의 미군철수라든지, 우리의 아시아 동맹국들의 역량 발전으로 인한 것이다."[32] 전략개념 변경에 따른 정책 조치에 포함된 미군감축을 예로 들면, 1964년에 16⅓개 현역 육군 사단이 있었는데, 1973년에 13개 사단으로 줄었다.

그러나 이 전략개념은 미국의 우방에 대한 군사지원 책무를 아시아로부터 완전히 자동적으로 덜어버리는 것은 아니었다. 미국은 이 지역에서의 관여에 융통성을 유지하고 싶었다. 아시아의 불안정이 계속되었기에 언제든 미국이 관여하는 일이 발생할 수 있었다. 그 같은 상황에서 미국이 얼마든지 행동할 능력이 있음을 가시적으로 보여 줄 수 있다면 그 억지력을 통해 장차 또 군사개입의 필요가 발생하는 걸 피할 수 있지 않겠는가? 만약 더 이상 대규모로 또는 급속하게 서태평양 미군을 감축하면 이 지역을 불안하게 만드는 결과가 생길 수 있다. "그러므로," 슐레신저 장관은 한국의 경우에 대한 결론을 내렸다, "우리는 한국에 육군 1개 사단을 계속 전개할 것이다."[33]

1970년대 후반, 이러한 흐름의 미국 방위개념이 카터 행정부의 군사전략에도 반영되었다. 그 하나는 회전 (Swing) 전략이다. 만약 유럽에 전쟁이 나면 아시아에 있는 미군을 그리고 돌리는 것이다. 두 번째 전략은 신속전개군 (Rapid Deployment Force) 즉, 새로 발생하는 소규모 긴급상황에 대응하도록 일정한 편제 없이 사태의 필요에 따라 기존 부대들과의 조정을 통해 편성해서 급파하는 부대다. 결국, 1980년 소련이 아프가니스탄에 돌연 개입함에 따라 미국의 방위개념은 카터 닥트린으로 발전되는데, 이는 만약 소련이 석유의 보고 중동지역 침범을 시도하면 핵무기로 보복하겠다고 선언한 것이다. 그런데 카터가 1980년 대통령 선거에 지는 바람에 그의 닥트린이 실제 시행될 기회도 사라졌다.

31 앞의 책, p. 86.
32 앞의 책, p. 91.
33 앞의 책, p. 92.

미국의 한국 전략: 전진방어 전략

1974년 이전의 UN군/주한미군 군사전략은 수동적인 것이었다. 적의 남침시 한강선까지 단계적 철수를 하고, 상황이 요구하면 작전상 서울을 적에게 내준 다음 UN군/주한미군이 재결집해 반격해서 되찾는다는 시나리오였다.

그러나 1960년대 한국의 국력발전으로 인해 상황이 변했다. 수도 서울은 경제활동의 중심이 되었고, 전 인구의 1/4이 활동하는 공간이었기에, 당연히 군사전략에 서울의 정치적 중요성을 반영할 필요가 생겼다. "1974년 Stilwell 장군과 Hollingsworth 장군은 적이 서울에 도달하기 전에 격퇴하는 수도권 전진방어개념을 수립했는데, 이는 몇 가지 중요한 결과를 낳았다. 강력하고 종심 깊은 증강된 방어진지들과, 집중적인 화력, 기동력, 탁월한 통신능력, 전술항공지원, 향상된 공중방어, 그리고 적의 공격개시 전 충분한 경보시간 확보 등이었다, 또한, 잠시나마 서울이 적에게 점령되는 것을 더더욱 받아들일 수 없다고 보았다. 심리적으로도 그랬고, 한국군의 개전 초 재결집 능력이 있음을 고려해도 그랬다."[34]

그럼에도 불구하고 현실은 한국군이 아니라 오직 주한미군만이 전진방어 개념을 실현하는 데 필요한 요소들의 대부분을 제공할 수 있었음이다. 그 요소들을 한번 짚어보자.

1. 조기경보를 보장하는 정보 획득 및 분석 능력
2. 한국군 화력의 열세를 상쇄할 고도로 기동화된 기갑 및 대기갑 예비대
3. 제공권을 확보하고 결정적인 전술항공지원을 할 수 있는 공군력
4. 의사소통에 문제점이 없이 공습을 지시할 경험 있는 전방항공통제관
5. 효과적인 통신 및 군수작전
6. 한국 밖의 해외기지로부터 육해공군 예비대들을 불러들이는 능력
7. 고강도 현대식 전투경험이 있는 지휘관[35]

1970년대 한국에서 수립한 미국의 군사전략을 중간 평가해 보면 다음과 같

---

34 앞의 책, p. 39.

35 앞의 책, p. 39. 일곱 가지 "전진방어 전략을 위한 요소들"은 원래 출처에는 약간 다른 용어들로 표현되어 있지만, 본 연구자가 그 주요 의미들을 인용하면서 쉬운 말로 대체했다.

다. 수도 서울은 정치적으로 없어서는 안될 위치에 존재하기에 잠시라도 적의 수중에 들어갈 수 없었다. 그래서 UN군/주한미군 사령부는 적의 서울 점령을 거부하는 바람직하고 합리적인 수도권 전진방어 전략을 고안했다. 그러나 한국군의 자체 군사능력으로는 그러한 전진방어를 시행할 수 없었으며, 따라서, 한국방어를 위해서는 두 가지가 필수적이었다. 즉, 한국 내에서 미군의 방어력을 그대로 유지시키고, 한국군의 고유한 자체 군사능력을 향상시키는 것이다.

한국내 미군의 방어력을 유지시켜야 할 절박한 필요가 있었다는 사실은 미국이 한국에 영향력을 끊임없이 발휘하는 데 기여했다. 또한 이러한 흐름의 논리는 필연적으로 카터 대통령의 1977년 미군철수계획에 대한 논란을 유발시켰고, 70년대 후반 한국이 자주국방의 새로운 계획을 주도적으로 착수하게 만들었다.

주한미군의 역할: 전략적 기능과 영향력

1970년대 주한미군은 병력 수에서 크게 눈에 띄는 변화가 없었으나, 질적인 면에서는 대단히 발전했다. 특히, 공세적 방어의 한 형태로서 공지전투(air-land battle) 개념을 채택했는데, 이는 적의 후방부대 깊숙이 타격하는 것을 강조했다. 이 개념을 충족하기 위해 향상시킨 갖가지 능력을 꼽자면, 사정거리 120km인 Lance 미사일 배치, 다연장로켓포 체계 도입, 신형전차 지급, 육군항공자산의 향상, 항공지원능력 증강, 그리고 C^3I 체계의 자동화 등이 이루어졌다.[36] 주한 미공군도 능력이 향상되어, F-16 Fighting Falcon 전투기와 A-10 Thunderbolt 근접항공지원 전투기, 그리고 OA-37 전방통제 정찰·공격기들이 도입되었다. 동아시아에서 미해군 제7함대도 능력이 증강되어, 소련을 압박하는 전략계획을 세웠다. 즉, 소련이 유럽이나 중동에서 전쟁을 일으키면 제2 전선을 펼친다는 계획이었다.

그러면 주한미군은 한반도와 동아시아에서 어떤 전략적 기능이 있었을까? 세 가지로 나눠 보면, 억지와 방어와 통제다. 제일 중요한 기능은 미래 한반도에서 일어날 수 있는 전쟁을 억지하기다. 미국은 1953년의 한미상호방위조

36 Robert W. Sennewald, *General Sennewald's Statement to the House Armed Services Committee*, U.S. Policy Series, No. 4 (Seoul: USIS, April 1983).

약 체결에 따라 미군을 한반도와 그 인근에 주둔시킴으로써 억지력을 제공했다. 한국에서 분쟁이 다시 일어나는 것을 막아 이 지역에서 소련의 군사적 영향력 확대를 저지할 수 있었고, 이는 동아시아에서 유리한 군사적 균형을 유지하는 길이었다. 동시에, 한반도에서 전쟁이 억지되면, 일본을 외부 위협으로부터 보호할 수 있고, 이는 또 일본의 재무장을 방지하는 길이었다. 억지력이 작동하려면 두 가지 조건이 필요했다. 한반도에서 휴전협정 운영체계를 미국이 유지할 책임과, 한반도에서 적대행위 발발시 미국의 자동개입을 받아들인다는 것이다.

두 번째 기능, 방어는 억지가 실패하면 침략을 격퇴하기다. 주한미군은 이 같은 기능을 위해 인원과 장비를 갖추고 훈련을 받고 싸울 준비가 되어 있었으며, 미국은 억지와 방어 두 영역에서 한국에 방어지원을 할 책임이 있었다.

세 번째, 통제기능은 한국정부가 협조·조정을 거치지 않고 북한에 대해 일방적으로 군사행동을 하는 것을 통제하기다.[37] 6·25전쟁 초기 한미간에 합의된 한미 양국군에 대한 통합지휘체계는 (나중에 '작전통제'로 개념이 바뀌었지만) 국지적 분쟁이 세계대전으로 확대됨을 미국이 매우 우려했음을 반영한 것이다. 한미 양국의 국가이익은 근본적으로 차이가 났다. 미국은 세계정세의 안정을 목표로 했고, 한국은 지역분쟁에서 생존을 추구했다. 이렇게 미국은 주한미군의 존재와 정치, 군사, 경제 원조를 통해 한국군의 독자적 행동을 통제할 능력을 보유하고자 했다.

이상 짚어 본 주한미군의 세 가지 기능을 통해 미국은 한국에 전략적 영향력을 계속 발휘할 위치에 있었다. 그리고 한국정부는 평등하지 않은 양자관계를 받아들여야만 했다. 이것은 결국 두 나라 사이의 거대한 국력 차이에서 오는 것 아니었겠는가.

1970년대 한국에 대한 미국의 군사적 지원

도표 16은 미국의 대한군원 규모가 축소되는 중에도, 70대 동안 미국이 경제/군사 지원 프로그램을 통해 한국에 영향력을 계속 미쳤음을 보여준다.[38]

---

37 Senators Humphrey and Glenn, *U.S. Troop Withdrawal from the Republic of Korea*, (Washington, D.C.: U.S. Government Printing Office, 1978), pp. 41-42.

38 앞의 책, p. 44.

도표 16. 1971-1981년 미국의 대한 군원 (단위: 백만 달러)

항목	1971	1972	1973	1974	1975	1976	1977	1978	1979	1980	1981
증여	541.2	515.2	338.8	100.6	82.6	59.4	5.5	800	0	0	0
차관	15.0	17.0	24.2	56.7	59.0	126.0	286.5	275	275	275	275
합계	556.2	532.2	63.0	157.3	141.6	185.4	292.0	1,075	275	275	275

출처: Senators Humphrey and Glenn, *U.S. Troop Withdrawal from the Republic of Korea,* (Washington, D.C.: Government Printing Office, 1978), p. 44.

도표 16에서 한 가지 경향이 특히 눈에 띤다. 우선, '71 회계년도부터 군사원조 중 무상증여 부분이 지속적으로 줄어들어 '78 회계년도가 지나면서 종료되었다. 대신 '71 회계년도 이후 대외군사판매 (FMS) 차관이 늘어났다. FMS 차관은 미국정부로부터 빌리는 형태로서, 나중에 규정된 이자를 붙여 갚는 것이었다. 그런데 이는 미국이 영향력을 발휘하는 지렛대처럼 매우 돋보이는 도구였다. 약소국가들이 즉시 지불할 현금 능력이 없어도 필요한 군사장비를 일단 획득할 수 있도록 해 주었기 때문이다.

1970년대 미국의 직접적인 군사지원을 보여주는 두드러진 사례는 주한미군의 2개 보병사단 중 하나인 제7보병사단의 철수에 대해 미국이 보상해 준 것이다. 제7사단 철수는 닉슨 닥트린 이행을 위한 후속조치 가운데 하나였다. 도표 17은 7사단 철수에 대한 보상으로서 미국이 15억 달러 규모의 5개년 (1971-75) 한국군 현대화계획(MOD)을 지원하겠다고 한국정부와 합의한 내용을 나타낸다.[39]

도표 17. 제7사단 철수를 보상하는 '한국군 현대화계획' (단위: 백만 달러)

항목	1971-75	1976-77	합계
증여	918	70	988
FMS 차관	116	412	528
합계	1,034	482	1,516
진행 (%)	69	31	100

출처: Senators Humphrey and Glenn, *U.S. Troop Withdrawal from the Republic of Korea,* p. 44.

39 앞의 책, p. 44.

한국군 현대화계획이 2년 지체되고 무상증여보다 차관이 더 많아 한국정부는 불만을 나타냈지만, 이것은 한국군 개선과 현대화의 전신이 되었다. 70년대 미국의 군사지원은 60년대와 동일한 경향을 보였다. 미국은 뒤바뀐 상황에서도, 이를테면 처음에 한국에 군대를 투입하고 상당한 원조를 책임지던 때에 그랬던 것처럼, 이제는 병력을 일부 철수하고 원조를 줄이는 상황으로 변해서도, 한국에 대해 동일한 영향력을 유지하고 있었다.

작전통제권 문제: '한미연합사령부' 창설

1978년 11월 한미연합사 (CFC: Combined Forces Command) 창설 전에는 미군 지휘계통이 미군과 한국군 전체의 작전지휘권을 독점적으로 갖고 있었다. (나중에 이는 '작전통제권' 개념으로 바뀜). 미군 지휘계통은 미국 대통령으로부터 국방장관에게, 그리고 합동참모본부로, 태평양지역사령부로, 그리고 최종적으로 주한 UN군사령부로 내려오는 것이었으며, 주한미군사령관을 겸하는 UN군사령관은 한국군 전체의 작전지휘권도 있었다. 그 다음 하위 제대인 한·미1군단집단 (1st ROK-U.S. Corps Group) 사령관도 비무장지대 서부전역을 방어하는 한국군 군단 전체에 대한 작전지휘를 했다. UN군사령관과 한·미1군단집단 사령관이 모두 미국 군인이어서, 작전지휘문제는 미국의 전략적 의도에 따라 결정되어 집행되었고, 여기에 한국군인은 누구도 참여하지 않았다. 이런 보기 드문 특수한 군사지휘체계는 6·25남침이 시작돼 국군이 밀리기만 하면서 와해될지 모르는 상황이던 1950년 7월 대전협정으로 이승만 대통령이 맥아더 장군에게 요청해서 생긴 것이었다.

1978년 11월 7일 한미연합사 창설은 한국에서 안보상의 채비와 군지휘체계에 세 가지 전략적 의의를 부여했다. 제일 먼저, 연합사는 한반도에서 안보문제의 차원이 변했음을 뜻했다. 전에는 비록 명목상 형식이었지만 UN이 군사지휘권을 행사할 책무를 졌다. 그런데 이제 그 지휘권이 한미연합사에 이양되었다. 즉, 지휘체계가 UN의 관여가 없는 단지 한미간의 쌍무관계로 바뀌었고, UN군사령부는 오직 한반도에서 휴전협정을 유지시킬 책임만을 지기 위해 한국에 남았다. 이는 한반도의 휴전체제를 가능하다면 어떤 영구적 평화체제로 전환하고 UN의 명목상 영향력을 종식시킬 정치적 필요성을 반영한 것이었다.

다음, 연합사 창설은 한국군 간부들이 작전통제권 문제에 관여할 작은 기회의 창을 열어주었다. 연합사는 '한미군사위원회'로부터 전략적 지시와 임무를 받는데, 이 군사위원회는 한미양국의 국가지휘 기구에서 상호발전시킨 정치적, 군사적 지침을 받도록 되어 있었다. 군사위원회 구성원은 한국 합참의장과 미국 합참의장, 한국측 대표 1인, 미태평양사령부 사령관과 한미연합사 사령관 등이다. 이 같은 위원회 구성으로 한국은 한미연합사의 작전에 자신의 전략적 희망사항을 반영할 수 있게 되었다.

또한, 연합사는 한미간의 입장 사이에서 왔다갔다하는 상호안보관계를 반영했다. 연합사의 개념은 주한미군을 철수하려는 카터 행정부의 의도와 자주국방을 하려는 한국의 계획이라는 두 가지 상황에서 발전되었다. 미국 전략가들은 미국이 한국에 대한 관여에서 벗어난 뒤에라도, 그리고 한국방어를 위한 UN의 명목상 관여가 감소해 버린 후에도 계속해서 한국군을 미군의 작전통제에 두는 통제체계를 유지하고자 했다. 이채진과 Hideo Sato의 비판적 분석에 따르면, "한미연합사는 미국으로 하여금 그 지상군 전투부대들이 철수한 후에도 한국군에 계속해서 작전상의 영향력을 발휘하도록 허용했다. 이처럼 한미연합사령부 창설은, Vessey 장군이 말했듯이, 미국이 어찌 됐든 한국을 버리지 않는다는 것을 보여주는 심리적 조치였다."[40] 다시 말해 연합사는 바로 이같은 미국의 희망을 읽을 수 있게 해주는 징후였다. 또한, 연합사 체제는 한국측으로 하여금 수십 년간 지속되어온 작전통제 문제에 참여할 여지를 줌으로써 한국인의 강렬한 민족주의 국민정서를 가라앉히려고 기획된 측면도 있었다.

1970년대 한국에 대한 미국의 영향력 중간 평가

미국의 세계전략 개념에는 70년대에 중대한 변화가 있었다. 그때까지의 적들과 화해 및 긴장완화를 했고, 미국의 대외 군사공약을 합리적으로 조정했으며, 동맹국들 자신의 고유한 방위 책임을 현실성 있게 강조했다. 닉슨 닥트린은 이런 전략적 변화를 적절히 포용했다.

하지만 닉슨 닥트린의 구체적 이행 과정에서 한국은 안보에 관련해 여러가

---

40 Chae-Jin Lee와 Hideo Sato, *U.S. Policy toward Japan and Korea: A Changing Influence Relationship* (New York: Praeger Publishers, 1982), p. 122.

지 어려움을 겪어야 했다. 미국은 주한미군을 감축하고, 경제 및 군사 지원액을 줄였으며, 이같은 조치들로 인한 결과를 치유해준다는 보상책으로서 임시방편적인 군사원조 프로그램을 시행하고자 했다.

그런데 70년대의 특유한 성격을 요약하자면, 병력 감축과 지원 감소 등 부정적 조치에도 불구, 미국은 한국에 대해 지속적인 영향력을 미쳤다는 점이다. 예로써, 한국인들은 1971년 미군 제7보병사단의 철수를 격렬하게 반대했는데, 이는 어떤 의미로는 그 반대하는 의도에 정반대되는 결과를 낳아 한국에 대한 미국의 영향력이 계속되게 만들어준 셈이 되었다. 뿐만 아니라 한국인들은 미국의 지원 감축도 반대했는데, 이 또한 역설적으로 미국의 영향력을 계속시킨 요인으로 작용했다.

미국은 이처럼 한국에 대해 취한 부정적 조치들의 보상 조치로 '한국군 현대화계획' (MOD) 같은 치유책을 실행하여 영향력을 발휘하는 또 다른 기회를 만들어 냈으니, 결론적으로 70년대 한국에 대한 미국의 영향력은 60년대와 마찬가지로 중요한 의미가 있었다.

4. 1970년대 한국이 직면한 정치 · 군사적 상황

1970년대 한국의 국내여건

일반적인 정치 상황

1960년대는 박정희 대통령의 정치적 힘이 시행착오를 거쳐 공고화된 시기로 보였다면, 70년대는 그의 정치권력이 영속화를 지향하는 시기였다. 비록 그는 1961년 군사정변 이후 안정되지 않은 정치적 진로를 밟아 왔었지만, 1963년과 1967년에 민간인 신분으로 비교적 근소한 차이지만 두 번 대통령 선거에서 승리했다. 1969년 9월 매우 비정통적이었던 헌법개정은 합법적으로 대통령 3선 당선의 길을 열어주었고, 이는 후에 국민투표로 비준되었다. 1971년 박정희 후보는 세 번째로 대통령에 출마하여 3차이자 마지막인 대통령직에 당시 시행중이던 헌법에 의해 당선되었다.

박 대통령은 그가 치른 대통령 선거들을 통해 심각한 "불편과 비효율성"을 경험했다고 말했다. 그는 이러한 불편과 비효율이 국정운영의 효율을 저해한다고 보았고, 민주적 절차들, 즉, 선거들이 귀중한 국민적 에너지와 자원과

시간을 허비한다고 느꼈다. 그러나 무엇보다 학생들의 반정부 시위와 지성인층 및 노동운동단체들의 정치적 저항 같은 자유주의 운동들이 박 대통령의 통치방식에 강렬히 반발했다.

게다가 박 대통령은 안보문제와 관련한 외부의 정세발전에 대해 깊이 우려했다. 우선, 1969년의 닉슨 닥트린이 아시아 국가들의 자체적인 방위노력을 더욱 요구하는데다, 그 후속조치로 1971년 주한미군 제7보병사단이 철수했으며, 갖가지 국제정세의 전개도 심상치 않았다. 이를테면, 1972년 미국과 공산중국의 전략적 화해, 연이은 일본과 중국의 국교정상화, 일본-대만의 국교단절, 월남의 전황 악화, 그리고 무엇보다, 1971-72년 남북대화 과정 동안 한국측이 알게 된 북한정권의 통치효력이었다. 박정희 정부의 김성진 대변인이 말했다. "우리는 북한과 대화하기 위해 일치단합해야 합니다. 북한정권은 북한주민들이 말하고 행동하는 모든 것에 대해 완전한 통제를 하는 마당에 우리는 우리의 정치적 단합을 위태롭게 할 수가 없는 것입니다."[41]

경제여건: 국방비 지출과의 관계

한국의 국민경제는 60년대처럼 70년대에도 계속 향상되었다. 1961년 100달러도 안 되던 1인당 국민소득이 1976년 700달러로 올라섰고, 1961년 국민총생산 (GNP) 대비 11%였던 제조업 부문은 1976년에 35%로 늘었으며, 1965년 1억 7,500만 달러였던 수출은 1977년 100억 달러로 부풀었다. 사실, 한국은 저임금으로 고도의 수출진흥 전략을 채택했고, 이로써 개발도상국들 가운데 전대미문의 경제적 성공을 이룩했다.

한국의 경제적 성공은 박정희 정부가 시작한 경제개발 5개년계획이 연속으로 맺은 열매였다. 경제성장률은 제1차 5개년계획(1962-66) 때 평균 7.7%이던 것이 2차 5개년계획(1967-71) 때 10.5%로 급가속했고, 3차계획(1972-76) 종료시는 10.9%로 올랐으며, 4차 5개년계획은 평균 9%대의 꾸준한 성장과 국민생활 분야의 계속적 발전을 목표로 했다.

한편, 북한은 국민총생산 대비 14 내지 30%를 군사비로 할당했다고 알려졌는데, 한국은 도표 18에서처럼 그보다 훨씬 적은 비율을 국방비로 바쳤다.

41 The New York Times, 20 October 1972.

도표 18. 1970년대 한국의 GNP 대비 국방비 지출율 (단위: 백만 달러)

연도	국방비	GNP 대비 %
1970	239	4.3
1971	387	4.4
1972	442	4.9
1973	461	3.1
1974	734	4.0
1975	914	4.7
1976	1,525	6.5
1977 (추정)	2,005	6.5

출처: Senators Humphrey and Glenn, *U.S. Troop Withdrawal from the Republic of Korea,* p. 75.

주한미군은 호전적 북한정권에 의한 재남침을 결정적으로 억지하는 데 기여했다. 주한미군이 가져다 준 전쟁억지는 한국의 국민총생산에서 국방비가 차지하는 몫을 상대적으로 낮춰주는 것을 보장했으니, 70년대 한국의 지속적인 경제성장은 그같은 낮은 국방비 부담 덕에 가능했다. 하지만, 닉슨 닥트린이나 미군철수, 북한군의 역량 향상 같은 외부적 상황은 한국으로 하여금 더 많은 자원을 국방비에 지불하도록 압박을 가했으니, 이는 분명히 한국의 경제계획이 의도한 지속적인 경제성장을 저해하는 바 있었으리라고 본다.42

요약하자면, 1970년대의 외부적, 내부적 상황들로 말미암아 한국은 경제성장이냐 국가안보냐의 기로에서 늘 선택하지 않을 수 없었지만, 어쨌든 이 두 가지 모두 다 국가생존을 위해 없어서는 안될 것들이었다.

1972년 박정희 정부의 유신체제

상기한 모든 상황 전개로 인해 박정희 대통령은 1972년 10월 유신헌법 채택을 결심한다. 유신체제의 몇 가지 정치적 면모를 훑어보면, 대통령직은 훨

42 Senators Humphrey and Glenn, *U.S. Troop Withdrawal from the Republic of Korea*, p. 75. 험프리-글렌 보고서는 한국의 경제성장과 국방비 지출의 관계를 분석했다. "지속적인 GNP 성장은 중요한 외화차관서약 확보에 필요하다. 또한, 연평균 9% GNP 성장은 실업률이 현재 수준보다 올라가지 않게 하는 데 필요하다. 미국 관리들의 추산으로는, 현재 계획중인 1978년 한국 국방예산 26억 달러가 36억 달러로 증가하면 (GNP의 9%가 되면), 실질 GNP 성장은 9%보다 훨씬 아래로 떨어지리라 한다. 이렇게 내려가면 고용률에 나쁜 영향을 주고, 정치적 안정과 국내의 치안에도 영향을 미칠 가능성이 있다.

씬 더 확대된 권력을 갖게 됐는데, 이는 정부의 다른 어떤 기관보다 압도적으로 우월한 권한이었다. 대통령은 6년 임기였고, 명목상 기능만 있는 통일주체국민회의에서 사실상 반대 없이 선출하게 되었으며, 새 헌법에 따라 몇 번이고 제한 없이 재선될 수 있었다. 대통령은 또 국회의원의 1/3을 임명하는 특권이 있었다. 뿐만 아니라 긴급조치 선포권한도 있었는데 이는 법률과 동등한 효력을 지녔다. 특히 1974년 긴급조치 제 9호 하에서, 인가되지 않은 학생들의 모든 정치활동과, 유신체제에 대한 어떠한 비판도 금지되었다.

박정희 정부는 북한의 위협으로부터 국가를 보호한다는 절대명제를 내걸고 유신조치들을 정당화했다. 이 주장에는 어느 정도 설득력이 있는 듯했다. 그러나 점차 한국인들은 정치인 박정희의 정치적 야심에 국가안보가 이용되는 게 아닌가 하는 의구심을 품기 시작한다. 그리고 유신조치들은 필연적으로 미국식 정치적 가치관이나 관행과 충돌하게 되었다.

박정희 정부의 대북 정책: 배경과 이유

1970년대 초 한국은 다음의 예에서 보듯, 비적대적이고 성숙한 대북접근을 시작했다. 1970년 8월 15일 박 대통령의 8·15선언, 1971년 8월 남북적십자회담, 1973년 6·23선언, 1972년 남북조절위원회 설치, 그리고 이같은 평화적 접근의 정점으로, 1972년 7월 4일 남북공동성명 발표 등이 있었다.

8·15선언의 요체는, 북한정권이 무력혁명과 사회주의 교리 하에 통일한다는 정책을 포기하면 한국은 더욱 성숙한 방식으로 북한을 대할 의지가 있다는 것이고, 이런 현실적 자세로부터 1971년 남북적십자회담이 열렸다. 한편, 6·23선언은 한국의 국정운영에 평화적 개념을 몇 개 도입했다. 남북은 각자의 내부문제에 간섭하지 않고, UN 기구들에 남북이 동시가입하며, 한국은 대외정책에서 북한이 수교한 국가들과는 수교하지 않겠다던 홀슈타인 (Holstein) 원칙을 포기한다는 것이었다. 1972년 남북조절위원회 설치와 그에 수반된 7·4남북공동성명은 한반도 긴장완화 체계를 제도화하고자 성사된 것이다.

지금까지 보았듯, 국제적, 국내적 상황발전은 한국으로 하여금 고유한 정책수립을 주도하게 만든 촉매제였다. 1977년도에 수출 100억 달러에 1인당 소득 1,000 달러라는 업적을 달성한 박정희 정부는 국가운영에 자신감이 넘쳤다. 경직된 남북대결이 계속되면 나라의 미래 발전이 저해되겠기에 국가발전을 위한 새로운 탄력과 계기를 찾기 시작했다. 이에 더해, 미·소 데탕트와 미·중화해 등 근자의 국제정세는 지난날의 정면대결식 세계관에서 벗어나게 만들었다. 이제 한국의 지도자들이 한반도에서도 긴장을 완화시켜보고자 한 것은 그래야만 나라의 정치적, 경제적 발전에 더 유익하리라는 판단에서였다.

한국군의 군사적 역량 성장

1970년대 한국군은 전투력이 상대적으로 강했던 시점과 약했던 시점 사이를 오가는 경험을 했는데, 이는 한반도 주변 안보상황 변화와 북한정권의 위협 때문이었다. 70년대 한국군의 능력을 포괄적으로 평가하려면 70년대 초에 벌어진 소란들을 상기해 봐야 한다. 1971년 주한미군 제7보병사단이 철수했고, 이에 대한 보상으로 1971-75년 기간 동안 미국이 제공하겠다고 책정한 15억 달러짜리 일괄군원 패키지인 '한국군 현대화계획'이 진행되었으며, 1976년부터 미국 카터 행정부의 주한미군 철수계획이 논란이 되었고, 그리고 대외적 여건의 변화에 대처하기 위한 한국정부의 자주국방 노력으로서 1974-81년 사이의 '전투력 증강계획' (FIP) 수립이 있었다. 60년대 말과 70년대 말의 한국군 역량을 비교하면 10년 새 한국의 노력으로 방위력이 개선되었음을 알 수 있다. 도표 19는 두 비교 시기의 병력 분포와 주요 부대 구성이다. 43

도표 19. 1970년대와 1960년대의 한국의 군사적 역량 비교

	1979-80	1968-69
총병력	619,000	620,000
육군	520,000	550,000 (특수장갑차 탑승 46,000 포함)
	1개 기계화사단	
	17개 보병사단	19개 전방 보병사단
	2개 기갑여단	2개 기갑여단 (M-47/48)
	5개 특수전여단	기타 4개 기갑 예비대대
	2개 방공포 여단	40개 야전포병대대
	7개 기갑대대	1개 Honest John (로켓포) 대대
	30개 야전포병대대	2개 SAM (Hawk) 대대
	1개 SSM (Honest John 미사일) 대대	1개 SAM (Nike-Hercules) 대대
	2개 SAM (Hawk, Nike-Hercules) 여단	2개 보병사단, 공병부대들 (SV탑승)

43 The International Institute for Strategic Studies, *The Military Balance 1968-1969* (London: Adlard & Son Ltd., Bartholomew Press, Dorking, 1968), p. 38; The Military Balance 1979-1980 (London: Adlard & Son Ltd., Bartholomew Press, Dorking, 1979), p. 68.

해군 47,000 전(前) 미해군 구축함 9척 전 미해군 Frigate 소형구축함 7척 전 미해군 Corvettes 소형호위함 6척 대형 초계정 10척 연안 초계정 23척 MSC 268/294 해안기뢰제거선 8척 전 미해군 상륙함정 22척	17,000 구축함 3척, 호위 구축함 4척 프리기트 구축함 4척 쾌속 수송함 3척 중형전차 양륙함 20척 연안 호위함 15척 해안기뢰제거선 11척
해병대 20,000 1개 상륙사단 2개 여단 상륙 장갑차 (LVTP-7 APC)	30,000 1개 신규편재 사단 1개 여단 (SV 장갑차 탑승)
공군 32,000 전투기 254대 9개 전투폭격기 중대 3개 중대에 F-4D/E 37대 4개 중대에 F-5E 135대 2개 중대에 F-86F 50대 1개 정찰중대 (RF-5A 12기) Sidewinder/Sparrow AAM	23,000 전투기 195대 F-5 전술전투기 54대 F-86D 요격기 (Sidewinder) 36대 F-86F 요격기 95대 RE-86F 정찰기 10대
예비대 280만 향토예비군 운용	민병대식 조직 2백만을 편성중이었음

출처: The IISS, *The Military Balance 1968-1969* (1968), p. 38;
The Military Balance 1979-1980 (1979), p. 68.

한국군의 지상군 전투 장비도 도표 20처럼 70년대에 양과 질에서 모두 상당한 개선을 이룩했다.[44] 대전차 장비와 대공 무기의 절대적 수량 증가를 포함해 방어능력이 실질적으로 개선되었으며, 이러한 개선은 1974-81년 사이의 전투력 증강계획, 1975년 특별방위세 도입, 그리고 1968년 향토예비군 창설 같은 한국정부의 단호한 결의와 노력이 밑받침이 된 것이었다. 그리고 비록 1971-75년에 걸친 한국군 현대화계획은 2년 지연되었으나 이 역시 한국군 방어능력 향상에 기여했다.

44 앞의 책 (1979), p. 68.

도표 20. 1970년대 한국군 전투장비의 증가

M-60 전차 60대
M-47/-48 중형 전차 880대
M-113/577 장갑인원수송차 500대
Fiat 6614 장갑인원수송차 20대
구경 105mm, 155mm, 175mm, 203mm 견인식 포 2,000문
M-109 155mm 곡사포 76문
M-107 175mm 곡사포 12문
M-110 203mm 자주 곡사포 16문
82mm 와 107mm 박격포 5,300문
Honest John 지대지 미사일
M-18 76mm 자주 대전차포 80문
M-36 90mm 자주 대전차포 100문
57mm, 75mm, 106mm 무반동총
TOW/LAW 대전차 유도탄
20mm Vulcan포 66문
40mm 대공기관포 40문
Hawk 지대공 미사일 80기
Nike-Hercules 지대공 미사일 45기

출처: The International Institute for Strategic Studies, *The Military Balance 1979-1980* (1979), p. 68.

결국, 두 가지 요소가 한국군의 개선에 작용했다. 한국의 자체적인 독자적 방위 노력과 미국의 군사지원이다. 전투력 증강계획의 재정부담은 한국 자체 재원으로 76.8%를 충당했고, 외부의 재원으로서는 미국의 대외군사판매 차관액이 23.3%였다.

그러나 북한정권은 아직도 군사적으로 갖가지 유리한 우위를 누렸다. 지상군 전투사단이 더 많았고, 지상전 지원화력이 더 강했으며, 전차부대나 공군자산도 더 많았다. 또한 방공체계가 더 우월했고, 특공대형 부대들이 훨씬 많았으며, 공격력 집중능력과, 또, 가장 중요하게는 기습 능력이 있었다.[45]

기습의 요소와 관련해 험프리-글렌 보고서는 "군사 방정식에서 가장 결정적으로 중요한 요소 하나는 경고시간이다."라고 강조했다.[46] 한국군의 능력은 1970년대에 상당히 개선되었지만 정보 능력이 아직 없었다. 광범한 정치·군사적 선행지표들을 수집할 전략적 경고 능력이라든지, 임박한 공격징후의 정

45 Senators Humphrey and Glenn, *U.S. Troop Withdrawal from the Republic of Korea*, p. 28.
46 앞의 책, p. 30.

밀한 증거를 수집하는 전술경고 능력을 말한다.

70년대 북한은 도표 21처럼 공군력이 한국보다 양적인 우위를 누렸다.[47]

도표 21. 1970년대 남북한 공군자산 비교

	북한		한국	
구형	미그-15/17	328대	F-86F	100대
	미그-19	118대	F-5A/B	70대
신형	미그-21	121대	F-5E	72대
	SU-7	22대	F-4D/E	45대

출처: Senators Humphrey and Glenn, *U.S. Troop Withdrawal from the Republic of Korea,* p. 28.

비록 한국공군 조종사들이 훈련시간 면에서 좀 유리했을지는 모르나, 북한 공군력의 숫적 우위는 크게 문제되는 점이었다. 북한 공군기지에서 휴전선 이남 표적까지의 거리는 너무 짧아 분을 다투는 것으로서, 만약 북한이 선제 공격으로 전투기 약 500대를 운용하면 한국군 방어력을 거의 완전 파멸할 수도 있었다. 이같은 전술상황에서 경고시간을 앞당기고 외부로부터 미군의 신속한 증원을 받는 것이 반드시 이루어져야 할 문제로 다시 떠올랐다. 그런데 조기경고와 증원군 문제는 오직 주한미군을 유지할 때만 가능한 것이었다.

한국의 군사전략: '전투력 증강계획'과 방위산업 구축

한 국가의 군사전략은 네 가지 두드러진 요소로 구성된다. 전력 발전, 부대 전개, 부대 운용, 그리고 이들 세 요소의 조정이다.[48] 전력 발전은 부대 운용과 부대 전개에 의해 직접적으로 영향을 받고 세부적으로 기술된다. 즉, "무엇을 해야 하며 (what), 어디에 그것이 필요하며 (where), 어떻게 그것을 해야 하는지 (how)"를 말한다.[49] 따라서 전력 발전 전략은 자원과 관계가 있다. "얼마나 많이, 무슨 종류로, 그리고 어떻게 이러한 자원들을 융합하고 결합해서 전력 구조로 형성하느냐가 전력을 개발하고 발전시키는 과정이다."[50]

---

47 앞의 책, p. 28.

48 Dennis M. Drew와 Donald M. Snow, *Making Strategy: An Introduction to National Security Process and Problems* (Maxwell Air Force Base, Alabama: Air University Press, 1988). p. 81.

49 앞의 책, p. 85.

50 앞의 책, p. 85.

이런 맥락에서 한국이 결정했던 두 가지 사항은 국가의 군사전략 구현이었다. 하나는 1974-81년 사이의 전투력 증강계획 시행이고, 또 하나는 1970년대 초 독자적 방위산업 구축에 착수한 것이다. 한국의 특유한 군사적 환경에서는 미국이 전략적 문제에 있어 절대적으로 우세한 결정권을 갖고 있었고, 미군당국이 부대 운용과 전개를 관장하고 있었다. 즉, 미국이 구체적인 군사력 사용을 책임졌고, 한국은 주로 전력 발전 부문에 관여했다.

'전투력 증강계획'의 배경과 내용

국제정세 발전과 한반도의 상황들, 예컨대, 1968년 북한군 특공대가 박정희 대통령을 암살하겠다고 청와대를 습격하려 했던 기도나, 북한에 의한 미해군 푸에블로호 나포, 또는 북한 무장공비 130명의 침투 같은 사건들이 한국의 전투력 증강계획의 촉매제가 되었다. 자주적

또한, 1976년부터 카터 행정부의 주한미군 철수 의도가 나타날 때 한국인들은 1969년 닉슨 닥트린으로 촉발된 1971년 주한미군 1개 사단 철수로 얼마나 불안하고 어리둥절했었는지 기억이 너무나 생생했다. 이같은 불리한 대내외적 정세 속에서 한국은 남북한 간의 심각한 군사력 불균형에 대처하고자 전투력 증강계획에 착수한 것이다. 1970년대 초반 계량화해서 산출한 한국의 군사적 역량은 북한의 50.8%였다.

한국군의 상대적 열세는 험프리-글렌 보고서를 보면 명확하다. "미군 제1군단장 Cushman 중장은 한국군에게는 더 많은 대전차무기, 전차, 포병, 그리고 강화된 통신·지휘 및 통제시설이 필요하다고 믿었고 ……, 그 밖에도 전방 방어진지 개선, 지뢰지대 조기설치, 도로망 개선, 군수능력 향상, 정보능력 향상, 공지전투 (air-land battle) 협조체계 발전, 그리고 한국군 일반참모부의 유연한 전장대응 능력 제고도 필요하다."라고 말했다.[51] 이렇듯, 한국군은 물질적인 것에서 정신적인 것까지 한국군이 가진 모든 것을 다 개선해야만 했다.

박정희 대통령은 1974-81년 동안의 한국군 전투력 증강계획을 1973년 4월 19일 출범시켰는데, 도표 22처럼 그 목표는 육해공 3군 모두의 필요를 포함한 것이었다.[52]

---

51 Senators Humphrey and Glenn, *U.S. Troop Withdrawal from the Republic of Korea,* p. 43.
52 앞의 책, p. 45.

도표 22. 1976-1980년 '전투력 증강계획'의 목표

	범주	총경비 (총경비 삭제됨)
육군	방공 장비	
	전차/대전차무기	
	소화기/장비개선	
	야전포병	
	통신 및 정찰장비	
	예비군 계획	
해군	함정	
	미사일과 탄약	
	대잠수함전 항공기	
	통신, 장비 및 기지시설 개선	
	예비군 계획	
공군	항공기	
	조기경보 레이더 및 기타 각종 레이더	
	전쟁 예비 비축품 및 전자장비	
	통신 및 전자장비	
	공군기지 및 전술 건설공사	
	기타 공군력 및 예비군 계획	
일반사항	장비 대체, 등	

출처: Humphrey and Glenn, *U.S. Troop Withdrawal from the Republic of Korea,* p. 45.

전투력 증강을 위해 한국은 1974-81년 사이에 상당한 자원을 투입했다. 8년간 3조 6,070억 원을 들였는데, 이 중 2조 7,700억 원은 한국정부 조세 세입으로, 8,370억 원은 미국의 대외군사판매 (FMS) 차관으로 감당했다. 후에 FMS 이자 4,670억 원을 갚고 나니 군사력 향상에 투자된 실제 몫은 3조 1,400억 원이었고,[53] 이 투자액은 총국방비의 31.2%였다. 여기서 주목할 것은, 국방비에서 높은 비율을 차지한 이 투자는 현존 한국군의 현상유지에만 귀중한 자원을 낭비하지는 않겠다는 박 대통령의 강한 의지를 반영했음이다.

상기 통계수치들로부터 두 가지를 알 수 있다. 한국은 국내 조세수입으로 전투력증강 비용의 대부분인 76.8%를 떠안았으나, 한편으로는, FMS 차관이 23.2%였듯이, 계획사업 시행에 아직도 미국의 협조가 필요했다. 어쨌든, 박 대통령의 강력한 자주국방 의지와 더불어 60년대부터 계속된 탁월한 경제성

53 국방군사연구소『건군 50년사』(서울: 국방군사연구소, 1983,), p. 30.

장은 그토록 야심찬 전투력 증강계획을 현실로 만들어 주었다. 그리고 이 계획에 수반하여 한국정부는 1975년 특별방위세 도입과 1968년 창설한 향토예비군 운용 같은 자주국방 조치들을 지속적으로 보강하고 집행했다. 미국도 전투력 증강에 협조하겠다고 동의했다. 또한, 미군철수계획으로 미2사단이 떠난다면 사단이 사용중이던 꽤 많은 장비를 한국에 이양하겠다고 약속했다. 전투력 증강계획의 성과는 도표 23에서 보듯이 상당히 실질적이었다.[54]

그런데 전투력 증강계획은 상당한 성과가 있었음은 사실이나, 완전하고 완벽한 것은 아니었다. 갖가지 시행착오와 투자분야에서 중복이 있었다. 북한군의 능력을 기계적으로 따라잡는다며 맹목적이다시피 뛴다는 비판도 받았다. 그리고 그토록 귀중한 자원을 지속적으로 투자하고도 한국군의 열세를 크게 개선하지는 못했으니, 상대적인 군사력 비율은 8년간의 전투력증강에도 불구, 아직 북한군의 60% 수준에 머물렀다. 뛰는 자 위에 나는 자 있었음이다.

도표 23. '전투력 증강계획' 의 성과

육군	M-16 소총과 M-60 기관총 M-48 A3/A5 전차 ROKIT (ROK Indigenous Tank/한국형 고유모델) 실전배치 시작 신형 야전 포병화기 육군 항공자산
해군	한국형 고유모델 구축함 신형 소형 프리기트 구축함 도입 고속 미사일함 (대형 및 중형 유도탄 고속정, PK 미사일 초계정) 수중탐지능력 개선, 대잠수함전 항공기, 대잠수함전 헬리콥터
공군	F-4D/E 도입 및 F-5 E/F 국내 한미 공동생산과 F-16 획득 개시 레이저 유도 미사일과 확산폭탄 (CBU) 및 Maverick 미사일 폭탄 Sidewinder (적외선 추적 단거리 공대공 미사일) Sparrow (레이더 호밍 유도방식 공대공 미사일) Chaff (적의 대공 미사일 방어용 전파방해 장치) 방공체계 자동화

출처: ROK MND, *The Past and Present of the Force Improvement Program,* pp. 36-37.

54 도표 23의 '전투력 증강계획'의 성과들은 다음 두 출처에서 뽑아 재구성했다. ① ROK Ministry of National Defense, *The Past and Present of the Force Improvement Program*, pp. 36-37. ② 국방군사연구소 『건군 50년사』 (서울: 국방군사연구소, 1983,), p. 303. 무기와 장비의 수량은 비밀로 분류된 수치들을 보호한다는 분명한 이유로 제시되지 않았다.

한국의 독자적 방위산업 구축

한국이 독자적 방위산업을 육성하게 만든 추동력은 전투력 증강계획의 배경이나 동기와 같은 것이다. 당시의 대내외적 정세를 보면, 첫째, 1971년 주한미군 제7사단의 철수는 70년대의 국제적 상황이 한국의 안보에 우호적이지 않으리라고 경고하고 있었다. 닉슨 닥트린은 미국의 아시아-태평양 지역 동맹국들이 각자 자국의 방위에 더 많은 책임을 떠맡으라고 분명히 밝혔다. 더군다나 카터 행정부는 1976-77년도부터 주한미군을 또 한 번 철수시킨다는 말을 꺼냈다. 둘째, 한국군 전투장비는 아직도 낡은 것들이었다는 전형적인 예로, M-1 소총이나 카빈 소총 같은 보병부대용 화기는 2차대전 생산품들을 여태 쓰고 있었다. 셋째, 북한정권은 1960년대 말부터 한국에 가차없는 군사적 압력을 가했다. 누누이 언급했듯이, 북한은 1968년 특공대를 남파해 청와대 습격과 박 대통령 암살을 기도했고, 동해의 공해상에서 미해군 푸에블로호를 나포했으며, 이듬해에는 동해에서 미공군 EC-121 정보수집기를 격추시켰다. 그리고 북한정권은 60년대 초부터 필요한 대부분 전투장비의 자체생산 능력을 확보하기에 이르렀다. 넷째, 불길한 대내외적 정세로 인해 한국정부는 자주적인 방위산업을 구축해야 할 다급한 상황에 맞닥뜨렸던 것이다.

1978년이 되면 방위산업은 상당한 성공을 거두어 M-16 소총, 소구경 박격포, AN/PRC-77 육해군 휴대용 무전기, AN/VRC-12 육해군 차량탑재 지휘용 무전기, SB-22 야전교환기, 그리고 소화기 탄약 등을 생산하기에 이른다. 구경 105mm와 155mm 곡사포의 시제품도 1973년과 74년에 생산되어 선을 보였다. 그러나 미국측 제조회사들과 한국측 생산자 사이의 기술적 조정이 결여되어, 이들 포병무기 원형들의 제조과정과 재료, 그리고 품질관리에 있어 중대한 결함들이 나타났다. 한국이 한국군 기갑 자산의 개량이나 시스템 전환을 계획했을 때는 막대한 전환용 재료나 기술 지원은 미국으로부터 구입하도록 되어 있었다. 그러나 한국은 전환용 부품 중 최대 30%까지 생산하기로 했다. 항공기 공동생산 건에 있어서는, 한국은 3개 미국 회사들과 협조하면서 F-5 전투기 공동조립을 하기 시작했다. 헬리콥터 성능 향상으로서는 1976년부터 Hughes 500MD 25대가 TOW 미사일 발사장비를 갖추기로 되었고, 1972년부터는 HAWK와 Nike-Hercules 방공미사일체계의 정비창급 정비능력을 발전시켰다.

물론 한국은 방위산업을 구축하면서 수많은 전략적 문제들과 현실적 장애물을 만났다. 방위장비 생산자를 다변화할 필요성, 방위생산품 포화물량을 다른 나라에 팔기, 원생산자로부터 기술을 습득하기, 특허생산의 권리와 의무에 관한 분쟁해소 같은 문제들이었다. 하지만, 독자적 방위산업 건설은 자신의 나라를 책임지고 지키겠다는 한국인들의 의지를 나타낸 것이며, 한국의 자주적 군사전략의 면모를 행동으로 보여준 것이다.

한국군 작전통제: '한미연합사령부' 발족의 의의

전술했듯이, 1970년대 후반 한국 전구에서 한미양국 군대에 대한 작전지휘권 체계에 중요한 변화가 왔다. 6·25전쟁 이후 작전지휘권은 미국정부의 일방적 의도와 결정의 후원 하에 UN군/주한미군 총사령관만이 갖고 있었다. 그러다가 1978년 11월 한미연합사령부 창설로 한국군 간부들도, 부분적이기는 하나, 작전지휘권 행사에 참여하게 된다.

한미연합사의 기능과 편제는 한국 입장에서 볼 때 몇 가지 긍정적 측면이 있었다. 우선, 부사령관 직책을 한국군 장군에게 맡김으로써 군사문제 결정과정에 한국의 국가 지휘체계의 전략적 희망사항을 반영하게 되었다. 다음, 한미양국 장교들이 똑같은 숫자로 연합사 참모부를 구성함으로써 한반도 전구의 전략적 결정과 작전전술 문제에 한국군 참모들이 참여할 수 있었다. 또 한 가지, 비록 주요 결정 권한은 미군장교들 손에 쥐어져 있었지만 한국장교들이 연합사 참모부에 있음으로써 한국군 간부들의 민족주의적 열망이나 자주적 결정에 대한 갈망, 또는 불만을 어느 정도 수용하거나 가라앉히는 효과가 있었다.

연합사의 이같은 긍정적 양상들은 한국의 고유 군사전략과 작전전술 발전에 원동력으로 작용했다. 한국군 간부들은 미군참모들이 그들의 군사관리 기술로써 일을 평가, 계획, 결심, 집행하는 방식을 비판적으로 그리고 객관적으로 관찰할 기회를 얻었음이다. 특히, 정보와 지휘통제와 최신무기류 부문 같은 한국군의 취약점들에 예리하게 주목했다. 이처럼 연합사 창설은 한국군 간부들이 선진 외국군에게서 배우고 독자적 군사제도를 개선하겠다는 결의를 새롭게 하는 실로 유익한 계기가 된 것이다.

한국 국내여건이 군사전략 발전에 미친 영향의 중간 평가

무엇보다도 첫째, 1970년대 진보적 자유를 제한한 유신 정치체제가 국방문제에 어떤 영향을 주었는가? 정치지도자 개인의 영향이 단연코 확실하게 군대에 미쳤으니, 박정희 대통령은 군사적 결정을 하는 데 절대적인 위치에 있었다. 대개의 경우 그는 스스로가 국방에 관련된 어떤 개념을 제안하고는 그에 따른 시행을 확인 감독했다. 이 현상은 소위 전형적인 원맨쇼 같은 것이었다. 다만 다행하게도 국방에 관한 그의 정책방향이 대부분 건전하고 합리적이었음은 자주국방 태세를 갖추고 전투력 증강계획을 추진한 것을 봐도 알 수 있다. 하지만 이상적으로 말해, 다른 군간부들의 전문직업적 참여도 군사전략을 포함한 한국군 발전에 더욱 기여했던바 컸으리라.

둘째, 상기한 현상의 한 가지 긍정적인 귀결은 국가전략과 군사전략의 통일이다. 박 대통령이 직접 두 가지 전략을 다 관리했기에 두 전략 사이의 틈이나 분립이 없었다. 그의 과거 군사경력과 효과적인 관리자로서의 개인적 기질이 성공적인 군사전략 발전에 기여한 것이다. 특히 전투력 증강계획과 방위산업 문제의 접근방식에 있어서 그러했다.

셋째, 박 대통령의 자유주의에 반하는 정치성향은 일단 접어두고 얘기한다면, 한국의 군사전략, 특히 전투력 증강계획과 방위산업 육성이 이행된 것은 그의 강한 의지와 행정 능력에 기인했음이 인정되어야 한다. 구체적인 예로, 그는 연간 국방비 지출액의 31%가 넘는 돈을 전투력 증강계획에 실질 투자해야 한다고 강력히 주장하고, 이를 극력 집행했다. 현존 군사력을 일상적으로 현상유지만 하는 데에 귀중한 자원을 써버리는 것을 그는 혐오했다.

5. 역사적 사실과 이론적 틀의 일치

제 4장까지 각 장에서 연구의 이론적 틀이 제시되었는데, 제 5장에서도 그 요점을 다시 정리해 보자. 한국의 군사전략 발전에 세 가지 요소가 영향을 주었다. 북한의 군사위협, 미국의 전략적 영향력, 그리고 한국의 국내여건들이다. 그리고 이 세 요소가 한국의 군사전략에 미친 영향을 세 가지 이론들로 설명했다. 고전적 현실주의 이론은 북한 군사위협의 작용을 설명했고, 신현실주의 이론은 한국에 대한 미국의 전략적 영향력에 관해 서술했으며, 다

변인 이론은 한국 국내여건들의 영향을 밝히는 데 뒷받침했다.

첫째, 1970년대 북한은 계속해서 한국에 심각한 군사위협을 가했다. 고전적 현실주의 이론은 한국 군사전략 발전에 북한의 위협이 미친 영향을 쉽게 설명할 수 있다. 고전적 현실주의는 무정부주의적 국제환경에서 각 국가의 생존이 가장 으뜸이 되는 명제임을 분명히 강조한다. 70년대 북한은 국가로서의 지위를 계속 강화하고 향상시켰다. 우선 중·소경쟁의 틈바구니에서 독립된 위치를 유지하려고 노력했고, 국가의 근본적 기반으로서 북한정권은 북한을 혁명기지로서 공고히 하는 데 주력했으며, 북한이 남북한의 모든 주민을 대표하는 한반도의 유일 합법국가라면서 정치적, 역사적 정통성을 선전했다.

고전적 현실주의는 또한 각 국가가 생존을 위해 힘을 유지하고 증대시키고 과시한다는 점을 강조한다. 70년대에 북한은 다년간의 연속적인 경제발전계획들로 국력 신장을 시도했는데, 이로써 기본적인 산업생산 능력을 갖출 수 있었다. 또한 공세지향적 군사력을 구축하고는 축적된 힘을 믿고 1976년에 판문점에서 도끼만행사건으로 미군을 살해하는가 하면, 기타 비무장지대 도발들을 일으켜 힘을 과시하는 데 주저하지 않았다.

둘째, 70년대에도 미국은 한국에 전략적 영향력을 지속적으로 미쳤음을 신현실주의 이론으로 설명해보자. 신현실주의는 한 국가의 대내외적 행동결정에 있어서 국제관계의 체계적 구조가 미치는 영향을 중시한다. 70년대 국제정세의 변화는 한국의 군사적 노력이 지향하는 바에 영향을 주었다. 미국이 중국과 새로운 동반자 관계를 수립하고 닉슨 닥트린으로 시발된 주한미군의 일부 철수가 있자 즉각 한국은 적절한 대응전략을 세운다. 그래서 채택한 새로운 전략이 전투력 증강계획과 독자적 방위산업 구축이었다.

신현실주의는 한 국가의 대내외적 행동결정에 있어 내부적 상황들의 영향은 외부적 상황들의 영향보다 대체로 덜 중요하다고 생각한다. 경제발전의 초기단계에 있던 한국은 자신이 가진 자원의 주요 부분을 국내 경제성장에 바쳐야 했지만, 가진 자원의 상당한 부분을 버거울 정도로 국방비에도 할당해야만 했다. 다시 말해, 신현실주의 이론이 주장하듯, 외부적 상황들이 미치는 영향과 추동력이 국내적 필요사항들을 압도했던 것이다.

이렇듯, 신현실주의 사고는 국가의 정책수립에 외부적 제약사항들이 작용함을 중요하게 인식한다. 미국 영향력의 주된 방식이던 경제·군사 지원이

70년대에 들어와 지속적으로 감소 경향을 보일 때도 미국은 '전도된' 지원의 논리를 통해 영향력을 그대로 유지했다. 즉, 원조가 감축되는데도 원조가 감축된다는 이유때문에 오히려 더, 약소국 동맹국에 대한 미국의 영향력이 상당히 유지되었다는 말이다. 그리하여, 한국은 1978년 미국의 전략을 반영해 창설된 한미연합사의 새로운 지휘체계에 진지한 자세로 적극 참여했다.

마지막으로, 전투력 증강계획과 방위산업은 한국의 70년대 군사전략이 구체적 현실이 된 것이었다. 이는 다변인 이론이 잘 설명해 준다. 전투력 증강계획과 방위산업은 어느 한 가지 원동력에서 나온 산물이라기보다 두 가지 요인에서 나온 것이다. 외부적 자극제와 내부적 여건이다. 동맹국의 자체 방위책임도 강조한 닉슨 닥트린이나, 주한미군 등 아시아 지역 주둔미군의 철수 같은 70년대 국제정세의 제약들, 그리고 60년대 이후 축적된 한국의 경제력이나 지도자의 정세판단 같은 내부여건들이 모두 함께 한국의 군사전략이 나아갈 길을 잡아주었다.

다변인 이론의 근간은, 외부적 요소와 내부적 요소 중 어느 하나가 다른 하나를 절대적으로 압도하면 그 절대적 요소가 국가의 행동에 결정적 영향을 준다는 것. 70년대 한국경제는 첫 도약단계였기에 자원의 대부분 큰 몫을 경제발전에 집중해서 더욱 더 바쳐야만 했다. 그러나 닉슨 닥트린은 약소국인 동맹국들에게 스스로의 방위책임을 강조하면서 어마어마한 압박을 가했으며, 한국처럼 약한 나라의 힘으로는 막을 길이 없었다. 1971년, 한국사람들의 거센 반대도 아랑곳없이 아리랑을 사단가로 부르던 주한미군 제7보병사단은 떠나간다. 이제 그 냉혹한 결과, 한국은 금쪽같은 자원의 상당한 부분을 전투력 증강과 방위산업 쪽으로 밀어 넣어야 했다.

여기까지의 분석처럼, 제 5장에 논의된 역사적 사실들과 이 연구의 개념적 틀은 서로 이론적으로 합치된다. 따라서 연구를 위해 선정된 이론들은 1970년대의 역사적 사실들을 분석하는 데 적용할 수 있다고 해도 되리라. 그리고 한국의 군사전략 발전은 연구의 이론구조에 제시된 과정을 밟아 나아갔다고 말하겠다.

6. 세 가지 가설의 타당성

연구의 첫 번째 가설은 "동맹국 간에 위협에 대한 인식의 공통성이 많을수록 그들의 군사전략은 더욱 일치한다."는 것이었다. 1970년대에 한국과 미국은 위협에 대한 판단이나 국제정세에 대한 평가에서 공통된 인식을 공유하지 않았다. 미국은 공산 중국과 소련과의 새로운 전략적 관계를 맺는 데 열중했고, 한국은 한반도에서의 위협에 대응하는 데 여전히 집중했다. 두 나라의 이 같은 전략적 평가의 차이는 각자의 군사전략의 차이를 낳았다. 미국은 두 공산주의 세력과 긴장 완화나 화해의 전략을 채택했으나, 한국은 북한의 군사위협에 대처할 자주국방 전략을 선택했다.

제 4장에서 다룬 1960년대의 경우에도 그랬듯이, 70년대의 경우에도 첫 번째 가설이 전도된 새로운 가설을 결론으로서 얻는다. 즉, "위협에 대한 동맹국 간의 상이한 인식은 그들의 상이한 군사전략으로 이어진다."는 것이다. 그런데 이 전도된 가설은 원래가설이 주장하는 전제를 일반적 의미에서는 지지하지만, 첫 번째 가설의 시공을 초월한 절대적 진실을 증명하지는 못한다. 전도된 가설이 확인해 주는 것은 첫 번째 가설이 '틀리지 않았다'는 것이지만, 그렇다고 첫 번째 가설이 '항상 그리고 완전히 옳다'고 증명하지는 않는다. 그런즉, 비록 이 전도된 논리가 첫 번째 가설과 정확히 동일하지는 않지만, 60년대의 경우처럼 70년대 상황의 전개도 첫 번째 가설의 전제와 일반적 의미에서 조화를 이루고 그 전제를 포용한다고 인정할 수 있을 것이다.

두 번째 가설은 "동맹국 중 더 강한 나라가 더 약한 나라의 방위에 압도적 기여를 할수록 약한 나라는 강한 나라의 군사전략을 맹목적으로 따른다."고 했다. 1970년대 미국은 여전히 한국에 대해 상당한 영향력을 미치고 있었지만, 미국의 아시아 동맹국들에 대한 행동에는 두 가지 두드러진 부정적 경향이 있었다. 첫째, 닉슨 닥트린의 충격파로 미국은 한국을 포함한 아시아 대륙으로부터 서서히 손을 빼는 모양새였다. 둘째, 한국에 대한 경제 및 군사 원조도 급속히 감축되었다. 6·25전쟁 때의 상황과는 대조적으로, 70년대 미군의 한국 주둔과 한국 지원은 그 성격에 있어서 "압도적"인 것이 아니었다. 오히려 그 규모가 축소되고 있었다.

이처럼 주한미군이 감축 또는 철수되고 한국에 대한 경제, 군사적 원조가 감소되듯, 한국 방위에 대한 미국의 기여가 부정적으로 진행되는 경향을 보이면서, 두 동맹국은 각각 서로 상이한 군사전략을 선택했다. 미국은 아시아 대륙으로부터의 이탈이나 비개입 전략을 채택했고, 한국은 북한의 위협에 대해 군사적 경계전략을 여전히 유지했다. 그런즉, 여기서 전도된 논리가 또 한 번 귀결된다. 즉, "동맹국 중 더 강한 나라가 더 약한 나라의 방위에 기여하는 바가 축소되어 갈 때 두 동맹국은 상이한 군사전략을 선택한다."는 것. 이 전도된 논리적 귀결도 두 번째 가설과 동일한 것은 아니다. 그러나 첫 번째 가설의 경우처럼 이 전도된 논리도 두 번째 가설 자체를 증명하는 것으로 인정되어야 한다.

마지막 세 번째 가설은 "약한 동맹국이 위협을 가해오는 적에 대항할 충분한 힘을 기르면 약한 동맹국의 군사전략은 더 강한 동맹국의 영향에서 독립하는 경향이 있다."고 했다. 70년대 한국은 항상 그랬듯이 북한의 가공할 군사적 위협과 마주하고 있었다. 김일성은 북한에서 개인적 힘을 공고히 다지고 무력으로라도 한반도를 통일하겠다는 무서운 정치목표에 매달려 있었다. 그리고 상대적인 군사력을 비교하면 70년대 초반에 한국의 군사력은 북한의 58%에 불과했기에 한국이 아직 한참 불리한 처지였다. 이미 살펴보았듯이, 북한정권은 70년대에 특히 괄목할 만큼 공격력을 증강시켰던 것이다.

결국, 세 번째 가설은 1970년대의 상황에도 적용되지 않는다. 따라서 가설의 타당성을 알 수가 없고 입증할 수 없다.

제 6 장
1980-90년대 대한민국 군사전략 발전에 영향을 준 세 가지 독립변인들의 역할[1]

1. 1980년대와 90년대의 특성 설명

1980년대의 전략 환경과 사상의 변화

1980년대 초 미국 레이건 행정부가 시작할 때 많은 국제정치학자들이 생각하기를 미국은 그때까지 누렸던 국력과 용맹성에 손상을 입기 시작하리라고 했다. 이유는 미국이 지닌 세계를 위한 경찰, 은행, 기업가, 그리고 교사로서의 역할이 쇠약해져 왔다는 것이다. 닉슨 닥트린이 선언되고, 월남에서 미군 철수가 이행되고, 카터는 주한미군도 철수하려는 시도를 한 데서도 보았듯이, 1970년대 내내 오랫동안 힘이 쇠하고 약해진 미국은 이제 활기를 되찾은 강력한 세계국가로서 그 힘을 재천명해야 했다. 레이건 행정부는 미국이 전세계에 너무 방대하게 관여하고 있어서 그 군대가 감당하기 힘든 짐을 지고 있다는 견해를 단호히 일축했다. 레이건 닥트린[2]이 강조했듯이, 미국은 공산주

1 제 5장까지 반복 설명했듯이, 세 가지 독립변인들은 한국에 대한 북한의 군사위협, 한국의 국정에 대한 미국의 전략적 영향력, 그리고 해당 시기의 한국 국내여건들이다. 종속변인은 한국의 군사전략 발전이다. 본 연구는 기본적으로 1950년대부터 90년대까지 한국 군사전략발전에 미친 독립변인들의 영향을 밝히는 것이다.

2 James M. Scott, *Deciding to Intervene: The Reagan Doctrine and American Foreign Policy* (Durham and London: Duke University Press, 1996), pp. 14-21. 레이건 닥트린은 1950년대의 James Burnham의 보수주의 이념을 계승했는데, 그의 사상은 소련을 '수동적'으로 봉쇄하는 정책보다는 소련에 대한 궁극적 승리를 옹호하는 것이었다. 봉쇄정책은 허약한 패배주의적 사고라고 보았음이다. 그리고 소련이 지배하는 지역, 특히 동유럽을 되찾는 것을 지지했다. 레이건 대통령과 그의 보좌관들은 Burnham의 보수주의 견해를 이어받았다. 이는 근본적으로 이 세계를 '선'과 '악'의 두 진영으로 구분했는데, 사악한 소련제국이 미국의 안보와 번영을 심각하게 위협하고 있었다는 것이다. 레이건 닥트린이 제3세계에 대한 구체적인 정책을 분명히 나타낸 첫 선언으로서 1983년 '국가안보회의 지시사항 (NSCD)-75'는 다음과 같이 밝혔다. "미국의 정책은 소비에트권 제3세계 동맹국들과 소련 간의 관계를 약화시키거나, 가능하다면 그 기반을 흔드는 것을 목표로 할 것이다. 미국의 정책에는

의자들의 반란으로 위협받는 나라들을 방어할 뿐 아니라, 세계 어디서든 반공의 자유투사들을 지원하겠다고 선언했다. 그리고 공산주의는 "악(惡)"의 사상이 낳은 산물이므로, 미국의 의무는 공산주의를 봉쇄하는 것뿐 아니라 그것을 제거하는 것도 포함한다고 역설했다. 즉, 레이건 행정부는 소련에 대해 힘을 바탕으로 "유리한 입장에서 협상한다"는 외교적 자세를 추구했다.

이렇듯, 1980년대 시작 무렵의 주된 정치적 분위기는 소련에 비해 미국의 군사력에 취약점이 있다는 느낌으로 팽배했고, 미국의 국가안보와 방위능력을 심각하게 우려하는 기류도 있었다. 신보수주의자였던 레이건이 1980년 대통령 선거에서 카터에게 이긴 것은 미국사회에 내재하던 그같은 우려를 반영했다. 그래서 레이건과 카터 두 후보자 모두 일단 소련에 대한 새로운 봉쇄정책을 주장했던 것이고, 이는 냉전시대의 봉쇄정책과 유사한 내용이었다. 그런즉, 80년대 초의 국제관계 체계는 잠정적 냉전체계 또는 새로운 냉전체계였다고 특징을 부여할 수 있겠다. 이같은 정면대결 자세로의 회귀는 특히 1979년 소련의 아프가니스탄 침공으로 촉발되었다. 그러나 정면대결의 강도는 1980년대의 데탕트와 힘의 다극화라는 근본적인 국제관계 체계를 파괴할 정도는 아니었다.

레이건 행정부의 한반도 정책은 긴장 완화와 전쟁재발 방지에 목표를 두었다. 미국은 한국방위를 위한 한미연합 군사력을 강화하겠다고 공약하면서, 카터 스타일 주한미군 철수는 더 이상 없으리라고 했다. 레이건 행정부는 한국에 대한 미국의 확고부동한 군사적 공약이 이완되는 적이 없으리라는 점을 한국과 북한이 알기를 바랐던 것이다. 이를 증명해 보이듯, 레이건은 새 행정부의 첫 외국원수 초청으로 일본 수상에 앞서 한국의 전두환 대통령을 백악관으로 공식 초대했다. 그 이전에는 새 행정부가 시작하면 일본수상을 초청한 다음 한국대통령을 초청하던 것이 관례였다.

한국안보에 대해 레이건 행정부가 단호하게 인식한다는 상징으로, 1983년 한미정상회담 공동성명에서 레이건 대통령은 미국의 국가이익에 한국이 지니는 전략적 가치를 "필수적 (vital)"이라고 규정했다. 또한 한국의 안보는 미국의 안보에 직결된다고 명시했다.

이들 나라에서 민주주의 운동과 그 세력이 정치적 변화를 일으키도록 우리가 격려해 주는 적극적 노력이 포함되어 있다."

1990년대의 전략 환경과 사상의 변화

현대 역사에서 가장 중대한 경험 중 하나는 1990년대 초 공산주의 진영의 와해와 그에 따른 미·소경쟁의 종식이었다. 소비에트 연방체제가 붕괴된 근본 원인은 그 국민을 먹여살릴 능력이 없는데다 미국과 군사적 경쟁을 지속할 힘이 없었음이다. 소비에트식으로 중앙정부가 경제를 지도하는 경직되고 침체된 명령경제 혹은 계획경제는 민첩한 의사결정과 경쟁의 원리에 따르는 자본주의 경제의 역동성에 더 이상 상대가 되지 못했다. 지나간 80년대 레이건 행정부가 새로운 냉전 방식으로 구축한 주도권은 다방면의 전략적 도전을 시도했다. 예로써, 소비에트식 정치·경제 체제의 약점들을 최대한 이용했고, 최첨단기술을 응용해 소련의 핵미사일을 비행도중 격추시키는 300억 달러짜리 10개년 전략방어계획인 SDI (Strategic Defense Initiative), 일명 "별들의 전쟁 계획"을 추진했다. 이로써 소련은 도저히 미국과 경쟁을 지속할 수 없음이 드러난 것이다. 결국 소련 지도부는 1980년대 후반부터 공산주의 체제의 무능력과 패배를 인정해야만 했다. 이렇게 인정한 마당에 이제는 경제개혁만이 소련의 최우선적이고 필연적인 국정운영의 초점이 되었고, 이는 소련의 군사비 지출과 전략을 다시 생각해 보는 계기가 된다. GNP의 15-17%에 이르던 군사비는 그간의 느리고 둔했던 경제적 진전의 주범으로 지목되었다. 그런즉, 군사비를 대폭 감축하고 이에 따라 군사전략도 더욱 방어적이고 보수적으로 재수립하지 않을 수 없었다.

새로운 군사전략적 사고의 결과 소련은 1989년 아프가니스탄에서 소련군 철수를 완료했고, 1990년에는 중·소 국경배치 부대 중 20만 명을 삭감했다. 이 무렵 동남아시아에서 소련의 핵심 맹방이던 베트남도 캄보디아 주둔병력 26,000명을 모두 철수했다. 소련은 또 미국과 맺은 중거리 핵미사일 협정의 일환으로 해당 탄도탄 436기를 동아시아 지역에서 제거했는데, 여기에는 중국, 일본 및 기타 이 지역 국가들에게 위협이었던 SS-20 대륙간 탄도탄 200기도 포함되었다.

요약하건대, 어느 날 소련의 급작스런 붕괴로 미국은 국제적 각축 무대에서 유일한 초강대국으로 남게 되었으니, 이 같은 형세를 가리켜 "새로운 세계질서"라는 말로 규정할 수 있었다. 동아시아에서 상당히 긴장이 완화되고 안정의 가능성이 향상된 것은 냉전종식 덕분이었다. 그런데, 냉전이 끝나자 미국은, 백악관이 발행한 보고서처럼, 또 다른 새롭고 다양한 안보위협에 마주친다.

> 민족 분규와 갈등이 퍼져나가고 있고, 이른바 불량국가들이 전세계의 수많은 구석 구석에서 지역 안정에 심각한 위험으로 도사리고 있다. 대량파괴무기의 확산문제는 우리 안보에 주요 도전과제가 되었다. 급속한 인구증가로 더욱 나빠진 대규모 환경오염은 많은 지역과 나라에서 정치적 안정기반을 악화시키고 있다. 조직화된 테러 세력들과 국제범죄, 그리고 마약유통이 우리의 개방된 자유사회에 가하는 위협은 더 커졌다. 왜냐하면 기술혁명이, 미래의 혁명을 약속하면서도, 파괴적인 세력들로 하여금 우리 사회에 도전하게 할 새로운 수단을 부여하기 때문이다. 우리의 안보에 대한 이러한 위협은 국경이 없다. 그래서 분명한 것은 21세기에 미국의 안보는 우리의 국경 안과 밖에서 도발하는 불량세력들에 대한 우리의 대응이 성공하느냐에 달려 있다는 것이다.[3]

본질적으로, 위협의 성격은 분명하고 명확한 것이었으나 이제는 알 수 없고 예측할 수 없는 것으로 바뀌었다. 과거에는 미국에 대한 소련의 군사위협처럼 위협의 성격이 확실하고 눈에 보여서 사전탐지가 가능했다. 그러나 냉전이 지나자 국제적 테러나 국지적 민족분규나 대량파괴무기의 확산처럼 안보에 대한 위협은 그 깊이를 잴 수 없고 예상이 불가능하게 되었다. 이처럼 위협의 성격은 알 수 없는 것, 예측할 수 없는 것, 보이지 않는 것으로 바뀌면서 위협의 억지도 불가능한 것이 되었다.

냉전이 종식되자 한반도에서도 한국의 안보에 새로운 발전이 전개된다. 한국인들은 소련을 안보에 심각한 위협으로 간주했었다. 1945년 태평양전쟁이 끝나고 소련이 북한의 군사력을 육성했기 때문이다. 게다가 소련은 김일성이 6·25전쟁 남침을 일으키는 것을, 암묵적으로 용인했다고 치더라도, 이를 인가하고 관대할 만큼 지원하지 않았던가. 그래서 한국인들은 북한의 한반도 무력통일 시도를 소련이 또 다시 지원하거나 부추길지 모른다고 우려했었다. 이러한 역사적 경험이 있었기에 소련이 붕괴하자 한국인들은 안보관련 걱정

---

3 The White House, *A National Security Strategy of Engagement and Enlargement* (Washington, D.C.: U.S. Government Printing Office, February, 1996), p. i.

거리를 어느 정도나마 덜게 되었다. 더군다나 1991년과 92년에 한국은 소련 및 공산 중화인민공화국과 각각 공식 외교관계를 수립했고, 이는 안보에 대한 우려를 상당히 감소시켜 주었다. 그 우려는 주로 소련과 중국을 믿는 구석으로 삼는 북한의 군사위협에서 연유했던 탓이다.

그런데 1990년대 북한정권은 경제적 곤경에도 불구, 지나간 수십 년처럼 한국에 대한 군사력의 상대적 우위와 공격지향성을 그대로 유지했기에 한국은 국가안위에 계속 불안을 느꼈다. 게다가 북한은 독자적 핵무기 제조능력 향상을 시도하면서 한국의 안보우려를 배가시켰다. 이렇듯 지역적 위협이 두드러지면서 한국은 미국과는 달리 한반도에서 발생하는 안보위협에 지속적으로 초점을 맞추었고, 테러나 국제간 범죄, 마약유통 같은 냉전 이후 등장한 새롭고 다양한 세계적 차원의 안보위협은 그 다음 문제였다. 위협에 대한 인식의 이같은 양분은 1990년대 한미 두 동맹국 간의 관계의 특징이라 하겠다.

2. 북한의 군사위협이 대한민국 군사전략에 미친 영향

1980년대와 90년대 북한의 정치·군사적 발전

1960년대 및 70년대와는 달리, 80년대부터 북한은 국정운영에서 세 가지 커다란 곤경에 봉착했다. 전통적인 동맹국들의 붕괴, 경제성장의 지체,[4] 그리고 북한경제의 침체와는 대조적인 한국경제의 지속적 발전이었다. 80년대 중반이 되자 북한은 경제지표의 모든 영역에서 한국에 뒤처지기 시작했다.

그리하여 북한에서 두 가지 주목할 현상이 정치와 경제면에 나타난다. 하나는 북한이 후원자 동맹국으로부터 받던 경제지원의 종식이다. "소련의 대북원조는 1980년 2억 6천만 달러였던 것이 1990년 제로로 떨어졌다."[5] 또 하

4 1990년대 북한의 경제난은 세 가지 요소에 기인했다. 즉, 공산주의식 계획경제의 경직성, 소련의 원조 종결과 대소련 교역량의 감소, 그리고 대규모 홍수 같은 거듭된 자연 재앙이었다. 경제성장의 지체는 90년대 초 몇 가지 양상으로 나타났다. 연속되는 부정적인 연간 성장률, 식량 및 에너지와 국제통화를 위한 경화(硬貨) 부족, 교통/운송능력 수축, 비료부족, 공장가동률 저하 등이었다. Eric Cornell, *North Korea under Communism: Report of an Envoy to Paradise* (New York: Routledge-Curzon, 2002), pp. 138-139.

5 David Kang, "North Korea: Deterrence through Danger," *Asian Security Practice: Material and Ideational Influences*, (편) Muthiah Alagappa (Stanford, CA: Stanford University Press, 1998). p. 244.

나 현상은 남북한 경제의 규모가 엄청난 격차로 벌어졌음이다. 1992년 한국의 국내총생산은 2,960억 달러였고 북한은 210억 달러였으니, 한국이 14:1의 비율로 우세했다.[6] 이 같은 대내외적 곤경에 처했음에도 북한정권은 1980년대에 한국에 대한 군사적 우위를 유지했다. 전투대대 병력은 2:1이었고, 전차 보유는 3:1, 포병은 2:1이 넘었고, 전투기 2:1, 해군 전투함은 3:1이었다.[7] 북한이 이처럼 군사력의 우세를 유지한 것은 그 경제적 곤경에 얽매이지 않고 오직 군사력 건설에 가차없는 노력을 퍼부은 결과였다.

북한정권은 정치적, 경제적 어려움을 안보에 역점을 두는 새로운 노력으로 타개하려 했다. 대표적인 몇 가지로서, 미국으로부터 체제안전을 보장받으려는 시도를 했고, 한국에 대한 전통적인 군사적 우위 전략을 추구했으며, 한국의 정치적 입지에 손상을 가하려고 테러전술을 활용하는가 하면, 독자적 핵무기 개발에 확연한 노력을 지향했다. 결론적으로, 80년대에 북한의 군사력은 한국의 존재와 안보에 심각한 위협을 가하는 실존하는 현실이었다. 특히, 한국의 엘리트층과 일반 국민들에 대해 천인공노할 테러를 저지른 북한의 행동으로 인해 한국인들은 북한에 대한 절대적인 반감을 갖게 되었다.

북한의 호전성을 명명백백하게 증명하는 사건으로서, 1983년 8월 미얀마 랑군을 방문중이던 한국의 최고위 관리들에게 북한의 특수요원들이 폭탄을 터뜨렸다. 여기서 장관급 관리 7명의 순직을 포함해 총 17명이나 사상되는 사건이 발생했다. 또한, 한국이 주최하는 1988년도 서울올림픽을 방해하려고 북한의 두 요원이 아부다비에서 서울로 돌아오던 대한항공 KAL-858호를 공중 폭파시켰는데, 거기에는 여러 중동국가에서 일했던 근로자 200명 정도가 탑승해 있었다. 한국이 북한의 호전성에 대해 더욱 우려했던 점은 김일성의 후계자이던 그의 장남 김정일이 이러한 끔찍한 테러작전을 기획하고 지시하는 주무자로 지명받았었다는 것이었다. 김정일은 잘 알려진 바와 같이 의사결정에 있어서 그의 비합리성과 무모함, 그리고 특이성에도 불구하고, 80년대 초부터 북한정치에서 개인적인 정치적 권력을 공고히 할 수 있었던 자였다.

전반적으로 말해서, 북한정권은 80년대에 한국에 대해 심각한 군사위협을

---

6 앞의 책, p. 245.

7 Peter Polomka, *The Two Koreas: Catalyst for Conflict in East Asia*? (London: The International Institute for Strategic Studies, 1986), Adelphi Papers, No. 208, p. 15.

계속 가했는데, 이를 세 가지 면에서 살펴보자. 역사적으로 추적해 볼 때, 1950년대에 북한은 개인 화기와 소부대 화기의 자급자족을 달성했다. 60년대에는 대구경 포와 곡사포, 그리고 다연장로켓포 같은 공격무기류를 자체 생산했다. 70년대에는 전차와 미사일 체계처럼 더욱 정밀하고 파괴력이 큰 무기들을 만들어냈다. 한국이 80년대 중반에 가서야 고유한 전차모델인 '88 전차'를 생산하기 시작했음을 고려하면, 북한의 군수산업은 한국보다 10년 이상 앞섰던 것이라 하겠다. 그러므로 북한은 적어도 방위산업 면에 있어서는 한국에 대해 전면전을 일으키고 지원할 충분한 힘을 지니고 있었다.

다음, 북한의 군사력 배치도 계속적으로 전략적, 전술적 공격지향성을 드러냈다. 지상군의 대부분을 비무장지대 바로 북쪽을 따라 배치했는데, 이는 다름 아닌 전술적 기습을 달성하려는 의도였다. 마지막으로 비대칭 군사무기 면에서, 북한정권은 화학무기와 생물학전 무기류 생산능력을 갖추는 데 성공했다. 게다가, 기만적인 '벼랑끝 전술'로 항상 국제사회를 속여가면서 기본적 핵무기 생산능력 확보에 박차를 가했다.

북한은 1990년대에도 정치적, 군사적으로 80대와 유사한 발전 경향을 보였다. 그런데 그 리더십 위계질서에 중대한 변화가 일어나는데, 그건 1994년 7월 김일성의 죽음이었다. 북한정치에서 김일성이 떠나간 것은 세 가지 큰 의미가 있었다. 우선, 그는 이념이나 정치, 군사, 경제, 사회, 국제관계 등 모든 영역의 설계자요 기본 토대였기에 그의 사후에도 북한체제는 그의 생전처럼 똑같이 돌아가리라 예상할 수 있었다. 김일성은 또한 70년대 말부터 장남 김정일을 자신의 후계자로 잘 다듬어 놓았기에 북한정치에서 후계자 갈등이 일어날 일이 없었다. 마지막으로, 전술한 바와 비슷한 맥락에서 하는 말이지만, 김일성 자신이 만들고 길러낸 조선노동당은 북한에서 정치권력의 기반이자 원천이었기에 북한 국정운영의 주된 방향은 그 정책 활동에 있어서 변치 않고 그대로일 것이었다. 다시 말해, 90년대에 소련의 붕괴와 북한 내부경제의 고민, 그리고 "위대한 수령"의 죽음에도 불구, 한국에 대한 북한정권의 군사위협도 김일성 치세가 지나서도 변치 않고 그대로일 것이었다.

1980년대 북한군의 규모와 전투력

영국의 전략문제연구소가 출간한『Military Balance』1980-1981년도 판과

1988-1989년 판을 비교하면 도표 24처럼 80년대의 북한군 성장을 꽤 정확하게 들여다볼 수 있다.

도표 24. 1980년대 북한군의 성장

	1980-1981	1988-1989
총병력	678,000	842,000
육군	600,000	750,000
	8개 군단사령부	1개 기갑군단, 3개 기계화 군단, 8개 전병과 일반군단 사령부
	2개 기갑사단	15개 기갑여단
	3개 차량화 보병사단	1개 차량화 보병사단
	35개 보병사단	25개 보병사단
	3개 방공포사단	20개 차량화 보병여단
	4개 기갑여단	4개 독립 보병여단
	4개 정찰여단	1개 특수목적군단
	4개 보병여단	(80,000/25개 여단: 3개 특공여단,
	8개 경보병여단	4개 정찰여단, 1개 도하연대,
	22개 특수전여단 (특공대)	3개 수륙양용여단, 3개 공수대대,
	2개 독립 전차연대	22개 경보병대대 포함)
	5개 독립 보병연대	포병사령부 (2개 중포병연대,
	100개 야전포병대대	2개 차량화연대, 6개 지대지
	82개 로켓포대대	미사일 대대, 기타 4개 여단:
	4개 SSM (FROG)대대	122mm포/152mm자주포/MRL 포함,
		2개 방공포사단, 7개 방공포연대)
해군	31,000	39,000
	잠수함 16척	잠수함 21척
	나진함 프리기트 4척	나진함 프리기트 5척
	초계/연안전투함 342척	초계/연안전투함 365척
공군	47,000, (전투기 615대)	53,000, (전투기 800대)
	IL-28 85대	IL-28 80대
	Su-7 20대,	Su-7 20대, Su-25 10대
	미그-15/-17 340대	Ch J-2/-4 280대
	미그-19 50대, 미그-21 120대	J-6 60대, J-6/Q-5 100대
		미그-21 160대, 미그-23 46대

출처: The International Institute for Strategic Studies, *The Military Balance 1980-1981* (London: The IISS, 1980), p. 70; *The Military Balance 1988-1989,* p. 167.

도표 24를 대충 한번 봐도 80년대 북한정권이 달성한 군사역량 향상의 몇

가지 주요 면모를 짚어낼 수 있다. 우선, 현역 총병력이 678,000명에서 842,000으로 164,000명이 늘었다. 증가분의 대부분은 지상군에서 생겼는데, 장차 있을 수 있는 남침 침공에서 주축이 될 부분의 대폭 증강이었다.

다음, 북한군은 그 공세적 전략을 이행하려고 중요한 편제개편을 했다. 예컨대, 북한군 군단의 종류와 수가 다양화되고 증가한 것은 그 같은 야심찬 편제개편을 말해주는 것이다. 1980년에 통상적인 편제의 8개 군단이 있었으나, 88년도에 이르러 12개 군단으로 늘어났고, 그 구성을 보면 1개 기갑군단, 3개 기계화군단, 그리고 전 병과들로 편성한 8개 군단을 포함하고 있었다.

또 하나 눈여겨볼 것은, 8만명이나 되는 특수목적군단이다. 'Special Purpose Corps'라고 가칭된 이 군단은 한국군의 후방침투와 사회전복책동, 요인 암살, 시설 파괴 등을 목적으로 집중훈련하는 부대로 알려졌으며, 그 휘하 25개 특수목적여단에는 3개 특공여단, 4개 정찰여단, 1개 도하연대, 3개 수륙양용대대와 3개 공수대대, 그리고 22개 경보병대대가 있었다. 이같은 군단 휘하 여단들의 종류를 보면 군단 운용의 공격적 의도가 명백히 드러난다.

한편, 2개 기갑사단은 15개 기갑여단으로 그 병력을 늘이고, 기동성 있는 여단으로 작게 나눠 기갑부대들을 편성한 것도 공격적인 전략추구를 나타낸다. 이는 또 한반도의 특유한 지형적 어려움에 처해 전술적으로 적응하려는 것이었다. 산이 많고, 이동을 위한 도로망이 부족한데다, 도로변을 따라 물이 찬 논 같은 개활지가 많아 기갑부대나 차량화부대가 대규모로 기동하는 데 장애가 컸기 때문이다.

80년대 군사능력 향상에 대해 말하건대 북한공군의 업그레이딩이야말로 가장 시선을 끄는 대목이다. 낡은 미그-15/-17/-19 전투기들을 떨쳐버리고 최신형 소련제 미그-23 다용도 전투기의 획득에 성공했으니까.

이상과 같이 80년대 북한정권에 의한 모든 면에 걸친 군사역량 향상은 한국인들의 뇌리를 떠날 날 없는 걱정거리였다. 사실, 심리전 측면에서 보아도 북한군의 전투력 증강은 한국인들 사이의 안보 불안감과 위협감을 날이 갈수록 깊어지게 만든 것이다.

1990년대 북한군의 규모와 전투력

80년대와 비슷하게, 1990년대와 2000년대 초 『Military Balance』의 집계를

보면 도표 25에서처럼 북한군 전투력의 기량을 알 수 있다.

도표 25. 1990년대 북한군의 성장

	1991-1992	2000-2001
총병력	1,111,000	1,082,000
육군	1,000,000	950,000
	17개 군단 (1개 기갑군단, 5개 기계화군단, 1개 보병군단 8개 일반군단, 2개 포병군단)	20개 군단 (1개 기갑군단, 4개 기계화군단, 12개 보병군단, 2개 포병군단, 1개 수도방위군단)
	15개 기갑여단	15개 기갑여단
	25개 보병/차량화 보병사단	27개 보병사단
	30개 차량화 보병여단	14개 보병여단
	3개 독립 보병여단	21개 포병여단
		9개 다연장로켓포 여단
	1개 특수목적군단: 60,000	1개 특수목적군단: 88,000
해군	41,000	46,000
공군	70,000	86,000
	미그-17 150대, 미그-19 100대	미그-17 107대, 미그-19 159대
	미그-21 120대, 미그-23 46대	미그-21 130대, 미그-23 46대
	미그-29 30대,	미그-29 56대,
	Su-7 20대, Su-25 30대	Su-7 18대, Su-25 35대

출처: The International Institute for Strategic Studies, *The Military Balance 1991-1992* (London: The IISS, 1991), p. 168; *The Military Balance 2000-2001,* p. 202.

도표 25에 나타난 90년대 북한군 역량 향상을 네 가지 면에서 나눠 보면 지상군 군단의 수 증가, 수도방위군단 창설, 미그-25 같은 정밀무기류의 대규모 도입, 그리고 특수목적군단의 병력 증가다.

먼저, 군단은 전술작전의 중추역임으로 1991년도에 17개였던 수가 2000년도에 20개로 늘어난 것은 의미가 크다. 어떤 전역의 총지휘관은 자신의 작전의도에 따라 정면공격, 포위, 추격, 방어, 또는 예비대 사용 같은 전술적 역할에 군단들을 운용할 수 있다. 따라서 가용한 군단이 더 많아졌다는 것은 부여된 임무의 성공을 위해 더 많은 자원을 전투에 운용할 수 있다는 뜻이다.

다음, 수도방위군단 창설도 유사한 중요성이 있다. 공격과 방어는 동전의 양면이므로 새로운 군단으로 방어력이 높아졌다는 것은 그 만큼 공격능력도 더 강해졌음을 의미한다. 다시 말해, 방어조치가 강화되면 공격부대는 후방격정 없이 온 힘을 공격작전에 전적으로 그리고 결연하게 집중한다는 말이다.

그리고, 신형 전투기 미그-29기의 최초 도입은 1990년대 초에 시작했으나 더 큰 규모의 도입은 90년대 후반 이후였다. (91년도에 미그-29기 30대 보유에서 2000년에 56대로 늘어난 것이 보인다.)[8] 이같은 공군력 향상은 특별한 의미가 있다. 북한정권은 전투작전 초기단계부터 제공권이 필요하다는 데 신경을 썼기 때문이다.

마지막으로, 91년도에 60,000명이던 특수목적군단이 2000년도에 88,000으로 늘어난 것도[9] 한국에 심각한 현실적 위협으로 다가왔다. 북한정권은 북한 군사교리의 특유한 힘인 이런 코만도형 부대들을 오래 전부터 운용하여 한국사회를 교란하고 정부를 전복시키고자 책동했다. 1968년 박정희 대통령 암살을 목표로 특수공작대를 청와대 부근까지 밀파했고, 울진-삼척 지역에 무장공비 130명을 침투시키는 등 명백히 드러난 사건들도 있지 않았던가.

이와 같이 90년대 경제적 곤경에도 불구, 북한군의 불길한 성장 동향은 80년대와 마찬가지로 계속되었고, 이러한 동향은 그전에도 늘 그랬듯이 한국인들 사이의 안보에 대한 끊이지 않는 불안감의 원천이었다. 비록 90년대 초 한국이 소련 및 공산 중국과 외교관계를 맺는 등 표면적으로 느껴지는 대외적인 변화들이 한국인의 안보 불안을 어느 정도는 덜어 주었다 하더라도, 북한에 의해 위협을 받고 있다는 물리적 느낌은 이렇듯 한국사회에 변치 않고 남아 있었다.

1980년대와 90년대 북한의 군사전략

기본적으로 북한정권의 군사전략은 60년대 및 70년대와 비교해 변한 것이 없었다. 북한정권의 생존과 한반도 통일이라는 근본정치목표 아래 그 군사전략은 두 가지를 강조했다. 2개 지상전선과 배합전략인데, 이는 김일성 자신이

---

8 『The Military Balance 2000-2001』 (London: The International Institute for Strategic Studies, 2000)에 따르면, 미그-29의 수는 "미그-29 16대로 1개 연대, Su-25 35대와 미그-29 30대(-A 25대와 -U 5대)로 1개 연대, 그리고 J-5와 J-6를 대체하기 시작하려고 미그-29 10대가 더 조립중이었다." 본 연구자는 숫자 16과 30과 10을 더해 총 대수 56을 계산했다.

9 특수목적군단 병력은 『Military Balance』의 연도별 출판본에 따라 달라진다. 1980-81년판에는 구체적 수가 안 나타나고, 82-83년판에는 100,000, 85-86년판은 90,000, 86-87년은 112,000, 88-89년은 80,000, 91-92년은 60,000, 그리고 2000-2001년은 88,000명이다. 본연구자는 이들 수자가 연도별로 다르게 나타나는 대로 해당연도의 숫자를 받아들였다.

60년대에 도입했던 것이다. 2개 전선의 뜻은 북한군이 전면남침을 개시한 뒤 한국군 전방 방어선 뒤쪽과 인구밀집지역 깊숙이 특수목적부대를 침입시켜 제2 전선을 펼쳐 교란하고 한국내 토착 '혁명세력들'과 합치게 하는 것이다.

두 번째, 배합전략은 작전의 최대 효과를 얻고자 정규군과 비정규군, 대부대와 소부대, 재래식 무기와 비재래식 무기의 배합운용을 강조한다.

이러한 전략 이행을 위해 북한정권은 4대 군사노선과 '재통일을 위한 3대 혁명세력'을 이용하는 정책에 현저하게 노력을 지향시켰다. 지난 5장까지 필요시마다 논의되었듯이, 4대 군사노선은 전인민 무장화, 전지역 요새화, 전군 간부화, 전군 현대화다. 재통일을 위한 3대 혁명세력은 재통일 과정에서 세 가지 세력을 이용하는 것으로서, 북한의 혁명세력, 한국내의 혁명세력, 국제적 혁명세력을 일컫는다. 이 세 혁명세력들이 결합해서 북한의 정치적 이념인 주체사상 아래 한반도를 재통일하는 데 기여한다는 것이다.

따라서 북한정권의 군사전략은 두 가지 요소를 두드러지게 강조한다. 외부의 침략으로부터 정권체제를 지킨다는 불요불굴의 결의, 그리고 개전 후 30일 이내에 한반도를 완전히 압도한다는 것이다.[10] 첫 번째 요소인 방어를 달성하고, 그에 기초하여 두 번째 요소인 남한지역 전역을 신속하게 장악한다는 것은 북한정권의 작전교리인 '전격전'의 진정한 성격을 보여주는 것이다. 북한식 전격전은 다음과 같은 식으로 전개된다.

북한군은 압도적 화력과 격렬함으로, 기습적 공중폭격과 함께, 한미연합군에게 충분한 사전경고 시간을 허용치 않고, 비무장지대를 넘어 대규모 남침 공격을 개시한다. 공격과 동시 전방지역 표적들에 대해 제한된 범위로 화학무기를 쓰며, 한국군과 미군의 C^3I 시설, 공군기지, 항만, 군수창고, 해상 병참선, 지상 수송망 같은 핵심 군사시설을 탄도유도탄으로 타격한다. 그러는 사이 잘 훈련된 특수부대들이 남쪽의 한국군과 미군의 후방에 제2 전선을 펼치고, 그와 동시에 한국내에 암약하는 혁명세력들이 한국인들을 선동하고 규합하여 한국정부에 대항해 봉기를 일으킨다. 이러한 공격작전의 와중에 서울은 고립되거나 포위되며, 한국영토의 기타 지역들은 한반도 밖으로부터 미군 증원군이 도착하기 전 신속히 점령된다. 이렇게 되면 이는 북한의 침공결과

10 Joseph S. Bermudes, Jr., *The Armed Forces of North Korea* (New York: I. B. Tauris & Co. Ltd., 2001), p. 9.

를 군사적으로, 국제정치학적으로 '기정사실 (fait accompli)'로 만들어 주는 것이다.

이 모든 작전 양식은 김일성의 배합전략이 응용된 것이다. 과거에도 그랬듯, 작전의 속도가, 특히 1991년 걸프전 이후, 화급을 다투는 강조사항이었다.

> 가장 최근에도 되풀이된 말이지만, 이 전략은 3일 내에 부산까지 한국 전체를 완전 점령하기로 알려진 것으로서, 김정일이 '사막의 폭풍작전'을 철저히 검토해 1992년에 지시해 만들었다고 보도되었다. 북한군이 3일 안에 한국 점령 목표를 달성한다고 믿는 것은 비현실적임을 북한군 지도부는 알지만, 정치적, 군사적 상황들이 북한군에 우호적으로 전개되면 3주나 4주 안에 목표를 이루리라고 진실로 믿고 있다.[11]

지금까지 말했듯이, 1980대와 90년대에도 북한의 군사전략 발전은 한국의 안보에 중대한 위협이었다. 이는 필연적으로 한국군으로 하여금 그 군사전략을 재조정하게 만들었고, 자주국방능력을 달성하는 전략을 채택하지 않을 수 없도록 하였다.

1980년대와 90년대 한국에 대한 북한의 군사적 위협

80-90년대 북한의 군사위협을 다섯 가지로 다시 요약해보자. 80년대의 테러전술 사용, 총병력과 지상군 및 특수목적군단 병력의 확연한 증가, 공세적 전략의 계속유지, 90년대 주요 전투부대들의 편제개편, 그리고 90년대 후반 정밀무기류 도입과 핵개발 착수다.

북한정권은 80년대에 한국의 입지를 약화시키려고 테러전술을 대담하게 채택했다. 앞서 언급했듯이, 너무나 기억에 생생한 두 사건으로서, 1983년 미얀마 방문중인 한국정부 고위관리들을 죽이려고 북한정권의 특수요원들이 랑군에서 폭탄공격을 했고, 1987년에는 중동에서 서울로 돌아오던 한국의 민간 여객기를 공중 폭파시켰다. 랑군 사건으로 순직자 7명을 포함 17명이 죽거나 부상당했다. 민간 여객기 폭파의 목적은 한국이 주최하기로 되어 있던 1988년 서울올림픽을 교란하는 것이었다.

11 앞의 책, p. 12.

북한정권은 80-90년대에 총병력과 지상군 및 특수목적군단 병력에 있어 일련의 과감한 대폭 증강을 이룩했다. 80년도에 678,000명이던 총병력은 2000년도에 무려 1,082,000이 되었으니 그야말로 대약진이었다. 지상군은 80년도에 60만 명이었는데 2000년에 95만 명으로 늘었고, 특수목적군단은 1991년 60,000이었으나 2000년에 88,000으로 증가했다.

이전의 수십 년처럼, 80년대와 90년대에도 북한정권은 공격지향적 전략을 계속 유지했다. 이미 논의되었듯이, 그 공세적 전략이 포함하는 것은 2개 전선의 전개, 배합전략, 재통일을 위한 3개 혁명세력 활용, 그리고 전투작전에서 전격전을 벌이는 것이다.

그러면 주요 전투부대들의 편제개편을 한번 보자. 전투작전에서 군단이 중심적 전투역할을 함으로, 군단 수가 81년도에 8개였으나 91년도에 17개로, 2000년에는 20개로 증가한 것은 중요한 의미가 있었다. 군단의 구성도 특별히 눈을 끈다. 81년도의 8개 군단은 중보병으로 무장한 통상적 편제의 군단들이었다. 하지만 2000년도의 20개 군단은 기갑군단 1개, 기계화 군단 4개, 보병군단 12개, 포병군단 2개, 그리고 수도방위군단으로 짜여진 진용이었다. 요컨대, 이같은 군단구성은 북한정권이 또 다른 전쟁을 일으킬 의지와 준비태세를 명백히 드러낸 것 아니었겠는가.

마지막으로, 전술했듯이 북한정권은 90년대 초부터 미그-29 같은 정밀무기를 도입해 2000년에 그 수가 56대나 되었다. 또한, 핵개발이라는 노름수를 썼다. 자체 핵무기를 이미 생산한다고 당당하게 엄포를 놓으면서 국제적 입지에서 엄청난 정치·군사적 이득을 추구했다.

지금까지 개괄한 북한위협의 다섯 가지 양상으로 인해 1980-90년대 기간 동안 한국인들은 북한의 군사적 태세가 현실에 존재하는 피할 수 없는 위협이라고 느꼈다.

3. 1980-90년대 한국의 군사전략 발전에 미친 미국의 영향력

냉전 이후 미국의 안보에 대한 새로운 인식

1990년대 초 동유럽 공산진영이 와해되면서 미국은 소련과의 오랜 냉전이 끝나자 이제 새로운 안보환경에 직면했다. 미국의 공직 전략가들이 공개적으로, “지난 반세기 동안의 미국 안보에 대한 가장 중요했던 도전인 공산주의 팽창의 위협이 사라졌다”고 자랑한 적이 있다.[12] 그러나, 미국은 갖가지 새로운 위협에 마주쳤다. 오랫동안 억눌렸던 민족간의 갈등, 불량국가들이 야기하는 지역 불안정, 대량파괴무기 확산, 환경오염 가중, 그리고 빈발하는 테러와 국제 범죄와 마약 유통 따위였다.

반면, 미국은 전례 없는 새로운 기회를 누리기 시작했다. 미국은 누구도 도전할 수 없는 힘이 있었고, 역동적인 경제의 장점을 갖추었으며, 강력하고도 설득력 있는 정치적 이상을 소유했을 뿐 아니라, 국민들이 우수한 창조력을 지니고 있었다.[13] 미국은 또한 동유럽 국가들이 민주주의적 가치관과 제도와 시장경제를 채택하는 것을 보고는 더욱 고무되었다.

그런데, 냉전 시절엔 미국안보에 대한 적의 위협은 가시적이고 계산이 가능했으나, 냉전이 지난 세계무대를 조망해 보면 새로운 위협들은 모두 흐릿해 보이기만 하고 모호한 것이 되어 버렸다. 미국의 안보에 대한 위협은 예측이 불가능하다는 불확실성 그 자체였다.

주한 미군의 규모와 능력

기본적으로, 주한미군의 규모와 구조는 90년대에도 그대로 유지되었다. 미국방부 발표에 따르면, “한국에 있는 우리의 상비 전투력은 2개 중기동여단을 포함한 제2보병사단과 1개 전투항공여단 등이다. 이 밖에도 미국은 제17항공여단과 제7공군의 1개 전술전투비행단을 전개시키고 있다”고 했다.[14]

2000년도에 나온 한 일본 출판물에 의하면 주한미군의 규모와 주요장비가 도표 26과 같이 나와 있다.[15] 주한미군은 무력으로 한반도를 재통일하겠다는 북한정권의 야욕을 억지하고 한국방어 임무를 확실히 수행할 특별한 준비태세를 갖추고 있었다.

---

12 The White House, *National Security Strategy*, p. i.

13 앞의 책, p. i.

14 U.S. Department of Defense, *United States Security Strategy for the East Asia-Pacific Region* (Washington, D.C.: Office of International Security Affairs, Department of Defense, February 1995), p. 28.

15 Kim Won Bong, *The Entire Picture of the Most Up-to-Date Military Information* (Tokyo: Kodansha, 2000), p. 227. 이 내용은 김일영 등이 인용한 것을 재인용한 것이다. 김일영과 조성렬, 『주한미군 역사 쟁점 전망』 (서울: 한울아카데미, 2003), p. 170.

도표 26. 주한 미군의 규모와 주요 장비

<u>총병력</u> 37,489

<u>육군</u> 28,300

1개 보병사단

신형 M1A1 전차 140대, M2 브래들리 전투차량 170대, 신형 구경 155mm 자주포 30문, 227mm 다연장로켓포 30문

2개 항공여단

다용도 헬리콥터 165대, AH64 아파치 공격헬기 70대, CH47 (Chinook) 전천후 중거리 수송헬기 및 UH-60 (Black Hawk) 전술기동헬기 120대

1개 지대공 미사일 대대

Patriot 지대공 미사일 48기, ATAKIMS 미사일 지하관통형 탄두 300발, Avenger 대공미사일 30기

1개 전구지원사령부

1개 의무지원 사령부

1개 헌병여단

<u>공군</u> 8,706

2개 전투비행단

F-16 전투기 70대, A-10 지상공격기 (Tank Killer) 20대, U-2 고공 전략정찰기 3대

1개 특수작전 비행대대

특수목적 헬리콥터 5대

<u>해군</u> 400 (지원 및 연락장교단)

<u>해병대</u> 80 (지원 및 연락장교단)

출처: Kim Won Bong, *The Entire Picture of the Most Up-to-Date Military Information* (Tokyo: Kodansha, 2000), p. 227.

주한미군 규모는 비교적 적은 37,489명이었지만, 화력과 기동력에서 그 전투력은 실로 막강했다. 미군이 운용하는 정밀무기체계인 최신형 자동장전식 M1A1 주력전차, 다연장로켓포, 신형 공격헬기, 패트리어트 대공미사일 체계, F-16 세대 (Fighting Falcon) 경전투기만 봐도 그 입체적 전투력이 어느 정도까지 될지 상상하기 어렵지 않았다.

이렇듯 막강한 전투력으로 주한미군은 북한의 군사적 야욕을 억지하는 필수불가결한 역할을 했다. 물론 한국군도 전투력 증강계획에 상당한 노력을 경주했지만, 아직도 화력과 기동력, 정보와 조기경보, 그리고 전투력 증원 같은 영역에서 북한을 억지하는 데 필요한 능력이 미흡했다. 미군이 이러한 한

국군의 취약점들을 보상함으로써 한반도의 전쟁재발 억지에 분명히 기여했다. 따라서 주한미군의 억지력과 방어력이 한국안보에 없어서는 안될 요소였기에, 한국의 정치와 군사 분야에 대한 미국의 전략적 영향력도 막강할 수밖에 없었다.

한편, 군사적 임무를 완수하는 데는 정보능력이 필수적 요소다. 한반도의 군사상황에서 정보획득 기능은 대부분 주한미군 참모부의 기술과 자산에 의해 운용되었다. 주한미군의 정보력이 북한의 군사적 야심을 억지하는 데 결정적 기여를 했던 것이다.

결국, 한반도에 있는 주한미군의 존재는 국지적 분쟁 억지뿐 아니라 동아시아에서 일본의 재무장 방지와 중국의 팽창을 감시하는 수단으로서도 의미가 컸다. 이처럼, 주한미군은 미본토에서 멀리 떨어진 한국에 전진해서 전개배치되어 있음으로써 미국 대전략의 기본전제인, 말 그대로, 전진 전개(forward presence) 전략을 충실히 이행하고 있었다.

1980년대 미국의 국가전략과 군사전략

1981년 레이건 행정부가 출범하자 미국은 새로운 냉전 경쟁에서 이기기 위해 국가이익 및 위협에 대한 인식도와 정치적 의지를 새로 평가해서 대전략과 군사전략을 재수립했다. 와인버거 (Weinberger) 국방장관은 미국의 국가이익을 다음과 같이 규정했다. 즉, "미국의 가장 중요한 국가이익은 우리 자신들과 전세계의 다른 사람들을 위한 평화와 자유와 번영이며, 우리는 민족자결권, 민주주의적 제도, 경제발전, 그리고 인권존중을 권장하는 국제질서를 추구한다."라고 했다.[16] 새 행정부는 외부의 위협이 점점 더 극심하고 다양해진다고 인식했다. 핵과 재래식 전력 현황은 소련에 유리하게 기울고 있었고, 소련은 그 힘을 자신의 국경보다 훨씬 더 먼 지역까지 투사하고 있었으며, 소련의 군사교리는 핵으로 정면대결하는 상황에서조차 그들의 전통적인 공세적 지향성을 여전히 유지하고 있었다. 그 밖에도, 국제테러나 마약 유통, 세계 자원공급을 어지럽히는 국지전들, 그리고 친미적인 나라들을 전복시키려

16 U.S. Department of Defense, *Report of the Secretary of Defense Casper W. Weinberger to the Congress on the FY 1986 Budget*, FY 1987 Authorization Request and FY 1986-90 Defense Program (Washington, D.C.: U.S. Government Printing Office, 4 February 1985), p. 13.

는 반란집단들이 또한 미국의 안보와 안전을 위협했다.

국가이익과 외부의 위협에 대한 이같은 인식에 기초해서 미국 전략가들은 1980년대 국가 대전략을 만들어 낸다. 그 기본목표들을 한 개씩 짚어보자. 하나, 침략과 강압으로부터 미국과 그 동맹국을 지킨다. 둘, 미국의 계속적인 대양 진출과 우주 진출을 보장한다. 셋, 해외의 미국국민을 보호한다. 넷, 에너지 공급원 및 기타 중요 자원들과 해외시장에 대한 지속적 접근을 유지하여 미국의 경제적 이익을 보호한다. 다섯, 전세계적으로 소련의 지배권과 군사적 개입의 확대를 억제한다. 여섯, 다른 나라들의 민주주의 정치제도 발전과 보전을 지원한다. 일곱, 미국과 동맹국들의 군사력을 강화해서 소련의 군사적 이점과 장점을 제한시킨다. 그리고 여덟, 균등하고 검증가능한 무기감축을 성사시켜 안정되고 안전한 군사적 균형을 이루어낸다.[17]

이러한 대전략의 목표완수를 위해 레이건 행정부 전략가들은 1980년대의 군사전략을 수립했는데, 이는 근본적으로 두 가지 핵심 요소로 구성되었다. 즉, 억지와 방어다.

억지의 개념은 1986년 미국방장관의 연례 의회보고서에 간명하게 나타난다. "억지는 미국 군사전략의 핵심이다. 즉, 잠재적 침략자가 침략을 하지 않아야겠다는 확신을 갖게 만듦으로써 우리의 안보를 추구하는 것이다. 우리를 적대하는 자들이 있다면 침략의 위험과 비용이 침략으로 얻는 것보다 클 것임을 깨닫게 만들어야 한다."[18] 이렇듯 억지의 성공을 위해 미국은 세 가지 군사역량을 갖춰야 했다. 효과적 방어수행 능력, 확전을 예상케 해서 위협을 주는 능력, 그리고 파멸적으로 보복을 가할 능력이다. 이러한 능력들은 적이 미국을 공격하지 않게 확실히 설득하는 데 필요한 기본 토대였다.

미국 군사전략의 두 번째 요소인 방어는 억지가 실패했을 때 가장 이른 시간 안에 미국과 그 동맹국에 유리하게, 그리고 미국의 대전략에 나타난 국가목표에 유리한 조건으로 분쟁을 끝내는 것이다. 여기서 "유리한"이라는 용어는 상호 적대적 행동에서 "이기는" 것을 뜻했다. 이 방어전략에는 세 가지 요점이 포함되어 있다.

맨 먼저, 미국은 두 곳 이상에서 동시 발생하는 지역분쟁에 동시 대응할

---

17 앞의 책, p. 25.
18 앞의 책, p. 26.

수 있는 군사역량을 구축해야 한다. 소련은 전세계의 여러 다른 지역에서 동시다발적 분쟁을 끌고 갈 능력이 있다고 판단되었던 것이다.

그 다음, 서유럽, 동아시아, 서남아시아처럼 중심축이 되는 지역에 미군을 전진 전개해서 배치시킬 것을 강조했다. 전진전개의 목적은 첫째, 'Fortress America' (아메리카 요새) 개념에 의존해 거기에 갇혀 있기보다 훨씬 더 효과적으로 미국을 방어할 수 있고, 둘째, 국지적 현장에 가시적으로 존재하고 있어야 더욱 확실하게 침략을 억지할 수 있으며, 셋째, 유사시 미국의 효과적이고 민첩한 대응능력을 향상시키고, 넷째, 위협과 협박에 대항하는 미국의 동맹국들을 지원해 안심시키면서 집단안보에 기여하게 만들며, 다섯째, 지역불안정 조성이나 저강도 침략책동 세력들의 의욕을 미리 좌절시킨다. 그리고 여섯째, 건설적인 외교관계를 위해 더욱 안정된 국제환경을 조성한다는 것이다.[19]

마지막으로, 미국의 방어전략은 미군 운용에 있어 유연성 있되 충분히 사용할 것을 강조했다. 분쟁 규모와 강도를 제한한다는 것은 미국정부의 변하지 않는 선택사항이었다. 하지만 상황이 피할 수 없이 요구하면, 미국은 핵심 전략 지역의 확실한 보전을 위해 일단 충분할 만큼 군사력을 유연하게 운용해야만 한다는 것이다.

레이건 행정부와 그 전의 카터 행정부의 군사전략은 두드러진 차이가 났다. 그것은 미국방장관의 말처럼, 새로운 냉전에서 공산주의를 제압하고 말겠다는 결의의 정도였다.

> 레이건 행정부의 방위 계획이 바로 전 행정부의 것과 차이나는 점은 믿을 수 있는 억지력을 위해 충분한 군사력을 보장하겠다는 우리의 결의입니다. 우리가 물려받은 방위 태세와 전략의 제일 큰 문제는 20년간 소련이 군비 확장을 하는 동안 미국은 1970년대에 20% 군비축소를 한 데서 발생한 것입니다. 전세계 군사력의 균형축이 소련에 유리한 쪽으로 움직이고 있습니다.[20]

---

19 앞의 책, p. 27.

20 U.S. Department of Defense, *Report of the Secretary of Defense Casper W. Weinberger to the Congress on the FY 1987 Budget, FY 1988 Authorization Request and FY 1987-91 Defense Program* (Washington, D.C.: Department of Defense, 5 February 1986), p. 37.

미국 군사전략 문제를 좀더 이론적으로 평가해 보면, 1980대 초에 기본적으로 두 가지 학파의 사고가 있었는데, 그것은 주변전략과 대륙전략이었다.[21] 주변전략은 전세계에 걸쳐 일어나는 폭넓고 다양한 우발상황들에 대처할 미국의 중심역할에 근거한 것이다. 미국은 다방면의 세계안보를 지킬 책임이 있으므로 핵능력 향상과 수송력 강화, 해군능력 확대, 중심축이 되는 지상군의 기동과 화력증강 같은 가장 중요한 군사력 구축에 집중해야 한다. 이같은 중심역할을 위한 전력 강화와 더불어 미국의 동맹국들도 지역적 우발상황에 대처할 책임을 져야 한다. 1970년대의 닉슨 닥트린은 이러한 학파의 사고를 반영한 것이었고, 이 전략개념에 따라 일본과 서유럽은 지역안보를 유지할 책임을 더 많이 떠맡도록 요구받았다.

한편 전진방어전략이라고도 하는 대륙전략은 서유럽과 동북아시아에 상당한 미국 군사력을 전개해서 기동화되고 숫적으로 우월한 소련군에 대처하는 것이다. 즉, 소련의 성장에 맞설 수 있도록 미국의 군사역량을 증가시키고 이를 전진방어 형태로 전개하는 것이다. 그런데 미국 동맹국들의 군사력이 증가했다고는 하나, 현실적으로 미군 전진주둔의 필요를 대체하고 보상해 줄 정도는 아니었다. 즉, 어떤 지역에서 주둔미군이 완전히 빠져나가 미국의 군사적 존재가 사라지면, 특히 서유럽과 동아시아 국가들에게는 미국의 정치적 의지의 후퇴와 방위공약의 침식으로 보일 터였다. 이 중에서도 서유럽이 소련의 침공 표적이 되기 쉬웠다. 이곳에서 군사력의 균형추가 서방에 불리하게 기울어져 있었던 탓이다.

레이건 행정부는 대체로 이상의 두 전략을 모두 포용하는 전략을 채택하고자 했다. 미국이 세계안보에 필요한 수단을 발전시켜 보전하며, 소련이나 기타 적대세력이 서유럽과 해양 주변국인 일본, 대만, 필리핀, 한국을 침범 못하게 거부하고, 소비에트식 정치체제와 계획경제 체제의 경직성과 취약점들을 부각시키고 강조해서 지적하는 것이었다.

1990년대 미국의 국가전략과 군사전략

미·소 냉전이 끝나고 90년대에 등장한 새로운 전략환경과 안보위협에 대

21 James E. Dougherty와 Robert L. Pfaltzgraff, Jr., *American Foreign Policy: FDR to Reagan* (New York: Harpers and Row, Publishers, 1986), pp. 342-343.

처할 미국의 전략에 관한 활발한 토론이 미국 국제관계 학자들 간에 벌어졌다. 이러한 토론의 전형적 예로서 Barry Posen과 Andrew Ross는 미국의 대전략으로서 다음 네 가지 대안을 제시했다. 신고립주의, 선별적 관여, 상호협력안보, 그리고 '힘의 우위 (primacy)' 전략이다.[22]

신고립주의는 잠재적 경쟁자들이 훨씬 약해졌으므로 미국은 대외분쟁에서 물러나 있어야 한다는 주장이다. 그리하여 NATO 및 기타 동맹국 문제에 대한 개입을 끝내고 미국의 재래식 군사력을 과감히 감축하라고 했다. 두 번째, 선별적 관여는 러시아, 중국, 일본, 독일을 포함한 세계 강대 세력간의 전쟁을 방지하기 위해 미국은 군사력을 이용해야 한다고 주장했으며, 또한, 북한, 이란, 이라크처럼 미국을 위협할 수 있는 나라에 핵무기가 확산됨을 반드시 막으라고 강조했다. 세 번째, 상호협력안보는 고전적 자유주의 국제관계론자들이 전제하는바, 미국은 세계평화 보전에 최우선적 국가이익이 있다는 논리에 기초한다. 이 개념에 의하면, 불량국가의 침략 억제, 군비통제 유지, 신뢰를 구축하는 정권의 수립지원, 핵확산방지 등에 있어 국제적 조직과 기구들이 중심역할을 하리라는 것이었다. 네 번째, '힘의 우위' 전략은 국제정치 무대에서 미국이 지배적으로 우세한 힘을 유지해야 한다는 의미다. 이 전략은 미국에 대적할 어떠한 강대 세력도 일어나지 못하게 하는 것이 목표였다.

냉전 후 새로운 안보 환경과 위협에 적응하고자 미국의 전략가들은 새로운 국가전략을 고안했다. 즉, 싸울 준비가 되어 있고 대외적으로 미국을 효과적으로 대표할 수 있는 군사력으로 미국의 안보를 향상시킨다는 것과, 미국 경제력의 활성화를 북돋우는 것, 그리고 해외 국가들의 민주주의를 진흥시키는 것이다.[23] 클린턴 행정부 국가전략이었던 이 세 목표는 Posen과 Ross의 대안 중 세 가지인 선별적 관여, 상호협력안보, '힘의 우위' 전략이 적정하게 반영된 것이었다.

이렇듯 새로운 안보환경에 대처해 중요한 국가이익을 보호한다는 국가전략에 기초해 미국 전략가들은 1990년대를 위한 새 군사전략을 세웠다. 그 네 기둥이라 할 것은 전략적 억지와 방어, 전진 전개, 위기 대응, 전투력 복원이

22 Barry R. Posen과 Andrew L. Ross, "Competing Visions of U.S. Grand Strategy," *America's Strategic Choices*, (편) Michael E. Brown, Owen R. Cote, Jr., Sean M. Lynn-Jones, 그리고 Steven E. Miller (Cambridge, MA: The MIT Press, 1997), p. 2.

23 The White House, *National Security Strategy*, p. i.

다.[24] 이 전략은 또한 대량파괴무기의 확산을 막고, 국제 테러와 마약 유통과 국제범죄 행동에 대응할 신중한 준비태세를 강조했다.

전략적 억지와 방어는, 비록 냉전종식 후 핵무기의 상당한 감축이 있었지만, 옛 소련과 기타 잠재적 적들이 아직도 핵무기를 대량보유하고 있었음을 염두에 둔 것이다. 미국은 현대화되고 능력이 충분하며 믿을 수 있는 전략적 억지용 핵군사력을 유지해야만 했고, 탄도탄의 위협을 방어하기 위한 전략적 도구로서 '제한공격에 대한 전세계적 방호' (GPALS: Global Protection against Limited Strikes) 계획을 운용하고자 했다. 레이건 행정부 때 미국이 최첨단기술로 소련의 핵미사일을 비행 도중 격추시키는 전략방위구상이었던 SDI가 우주에서 전지구를 커버하던 것과는 달리, GPALS는 규모를 축소시키고 우발적, 제한적 공격에 대한 방위 범위를 지역적으로 분산시킨 차이점이 있었다.

전진 전개 전략은 전세계에 배치된 미군은 각 지역에서 미국의 중요한 국가이익을 보호하고 증진하기 위한 전략이다. 해외에 주둔한 미군은 미국의 공약과 맹방에 대한 신뢰도를 나타내는 것으로서 지역 안정을 향상시켰으며, 현지에서 신속한 위기대응 능력을 제공하고, 해당지역에 대한 미국의 영향력 발휘를 가능하게 했다.

위기대응 전략은 지역 돌발상황 조치능력을 유지하는 것이다. 미군은 지역분쟁을 억지하기 위해 신속히 대응할 준비가 돼 있어야 하며, 필요하면 분쟁에 끼어들어 싸울 수 있어야 한다.

전투력 복원전략은 어떠한 적이라도 미국과 군사적으로 맞서려는 것을 미연에 방지할 능력을 항상 유지하는 것이다. 즉, 그러한 적대세력의 무장화 야욕을 억지하고, 만약 억지가 실패하면 미군은 세계 어디에서라도 싸울 수 있는 능력을 발휘해야 한다.

당시까지의 전통적 군사전략과 비교하면, 냉전 후 군사전략은 몇몇 특유한 사항을 강조했다. 대테러전, 마약유통 방지, 대량파괴무기 확산방지, 그리고 평화유지작전 참여였다. 1990년대의 이같은 미국 군사전략의 강조사항은 냉전 후의 안보환경과 새로운 위협의 성격을 반영한 것이다.

전술한 국가전략과 군사전략의 지침을 받아 미국은 동아시아와 태평양 연안의 지역전략을 완성했다. 여기에는 세 가지 주축이 있었으니, 안보추구, 공

24 앞의 책, pp. 6-7.

개시장 요구, 민주주의 확산 강조였다.

첫 번째 축인 바람직한 안보를 위해 미국은 지역별 주둔미군을 적극 유지했다. 예로써, 주한미군으로 한반도에서 북한의 재남침을 억지하고 미국의 국가이익을 보장했으며, 일본, 호주, 태국, 필리핀 같은 동맹국들과의 현존 쌍무적 안보 결속도 준수하였다. 또한 대량파괴무기의 확산 차단을 강조했다. 그 예로, 1994년 북한의 핵개발을 동결시키겠다면서, 실효성이 전혀 없는 것으로 드러나지만, 제네바 '미·북한 기본합의'를 맺기도 했다. 그리고 지역전략을 이행하고자 미국은 아시아 지역안보가 공통으로 당면한 도전에 대응하는 아세안 지역포럼 (ARF) 같은 새로운 지역별 대화에도 적극 참여했다. 동시에 중국을 국제사회의 책임감 있는 구성원으로 통합시키려고 매우 포괄적인 관계의 외교노선을 추구했다.

두 번째 축, 공개시장은 이 지역에서 경제적 번영을 계속하려는 것으로서, 다음과 같은 긍정적인 경제 관련 사실들을 봐도 알 수 있다. 즉, 이 지역은 13조 달러에 달하는 물품을 생산했고, 1조 7천억 달러어치 상품을 수출했으며, 미국은 1994년 이 지역에 1,500억 달러의 상품을 수출했는데 이는 290만개 일자리에 해당했다. 그리고 미국은 이 지역에 총 1,080억 달러나 되는 자본을 직접 투자했다.[25]

세 번째 축, 민주주의 강조는 다른 나라들과의 관계에서 미국의 전통적인 규범적 강조사항이었다. 민주주의와 인권은 인류의 보편적 가치이고 염원이기 때문이다.

1990년대 미국 군사전략의 핵심문제

냉전 이후시대의 불확실한 안보환경에서 한 국가의 군사전략을 수립하려면 그 나라의 국가이익 재확인이 필수적이다. Robert J. Art는 미국의 국가이익을 뚜렷한 두 범주로 명시했다. "vital" 즉, 필수적인 것과 "desirable" 바람직한 것이다. 필수적 이익은 미국인의 고국을 공격과 파괴에서 보호하기, 미국의 경제적 번영을 보전하기, 유라시아 대륙에서 강대국들의 전쟁을 막기, 그리고 페르시아만 석유자원 접근권 확보다.[26] 무릇 국가는 전쟁에 참여해서라도 '필

25 앞의 책, p. 41.

26 Robert J. Art, "A U.S. Military Strategy for the 1990s: Reassurance and Without

수적' 이익을 충족시키는 데는 있는 힘을 다 쏟는다. 그리고 Art가 말한 바람직한 이익에 포함된 것으로는 대량파괴무기 확산방지, 민주주의와 자유시장 경제체제의 확산 지원, 비민주주의 국가의 인권 촉진이었다.[27] 국가는 이런 '바람직한' 등급의 이익을 충족시키는 데에는 말 그대로 전력을 다 쏟지는 않으리라. 이를테면, 외교적 노력, 강압, 설득, 또는 심지어 타협 같은 수단을 쓸 수도 있다. 하지만, 필수적 이익과 바람직한 이익을 묘사하기란 사과와 배를 구분하듯 그렇게 명백한 것이 아니다.

미국 합동참모본부 공식 간행물 『National Military Strategy of the United States, January 1992』에 확인된 미국의 국가이익은 다음과 같다. 하나, 자유롭고 독립된 국가로서 미국이 생존하면서 그 근본 가치관들이 침해되지 않고 제도와 국민이 안전해야 한다. 둘, 국내와 국외에서 개인이 번영할 기회와 국가적 노력에 소요되는 자원을 보장하는 건전하고 성장력 있는 미국경제를 발전시킨다. 셋, 동맹국들 및 우방국들과 튼튼하고 협조적이며 정치적으로 활발한 관계를 유지한다. 그리고 넷, 정치적, 경제적 자유와 인권과 민주주의적 제도들이 번창하는 안정되고 안전한 세계를 건설한다.[28] 비록 합참과 Robert Art가 미국의 이익들을 묘사한 말들은 표현과 용어가 똑같지는 않지만, 그 본질적인 내용은 같은 것들이라고 여겨도 되리라.

그렇다면, 냉전 후 미국 군사전략을 수립하면서 무엇이 가장 예민한 문제였나? 그리고 냉전 후 미국의 새로운 군사전략이 한반도에 미친 영향은 어떤 것인가? 몇 가지 이론적 주제를 제기해 보자.

첫째, 미국의 안보정책에서 오래 전부터 이어져 오던 두 극단적 사조 간의 대립이다. 즉, 고립주의를 따라 '물러나 있기'와 억제 받지 않는 '자유주의적 국제주의'다. 두 주장은 다 나름대로 장단점들이 있다.

미국이 만약 고립주의 전략으로 골치아픈 국제정세에서 물러나 있기로 한다면, 미국이 주도한 현대세계의 국제질서는 더 이상 존속하게 되지 않으리라. 그러면 미국은 세계의 국가들 사이에서 그 권위와 자원과 영향력을 잃게

Dominance," *Survival*, Vol. 34, No. 4 (Winter 1992-93). p. 5.

27 앞의 책, p. 5.

28 U.S. Joint Chiefs of Staff, Colin L. Powell, Chairman, *National Military Strategy of the United States, January 1992* (Washington, D.C.: U.S. Government Printing Office, January 1992), p. 5.

될 터인즉, 그렇게 물러난다면 미국의 국가이익 성취에 해가 될 것이다.

그런데 미국이 억제받지 않는 자유주의적 국제주의를 선택한다면 인력과 재정능력과 물질적 부존량 같은 제한된 가용 자원들을 낭비하게 되리라. 미국의 제1 주적이 국제무대에서 사라졌다고는 하나, 냉전 후의 안보상황은 여전히 미국이 군사적 준비태세와 대외적 공약들을 유지하기를 요구하고 있었다. 요컨대, 전술한 두 가지 사고의 양극단 사이에서 균형점이 지극히 중요했음이다. 앞서 말한 합참보고서는 바로 그러한 균형 잡힌 신중한 정책을 선택하려는 시도였다.

둘째, 국제관계의 연구자는 냉전 후 미국 군사전략에서 무엇이 바뀌었고 무엇이 그대로였는지 알아야 한다. 바뀐 점들은, 전략의 지역별 분산, 위협의 근원을 모르는 불확실성을 전제함, 감축된 총병력 혹은 최저 기본병력 유지, 전구사령관별 작전기획 주도, 상황별 맞춤형 적응작전계획, 전략적 민첩성, 그리고 임무별 맞춤형 결정적 전투력 사용이다.[29]

전략의 지역별 분산이 필요하게 된 이유가 있다. 냉전시절에는 미국전략의 초점이 소련의 팽창을 봉쇄하는 데 지향되었으나, 소련이 붕괴하자 전략의 초점이 지역별 적대 세력들에게 맞춰져야 했다. 이는 특히 그 적들이 미국의 필수 국가이익에 중대하게 관련된 경우였는데, 이를테면 이란과 이라크에 대한 전략은 그 엄청난 석유 부존량 때문에, 그리고 북한의 경우는 핵확산 방지 차원에서 그러했다.

위협의 성격이 불확실하고 근원을 알 수 없게 되었음은 냉전종식의 필연적 귀결이었다. 냉전시절에는 미국과 소련에 의한 양극체제가 단단히 조이고 통제함으로써 소규모 민족분규들, 또는 테러집단이나 국제적 범죄집단 같은 비정부단체들의 투쟁이 미리 방지되었다. 이런 소규모, 비정부단체들의 행동은 불확실하고 예측불가능한 특징이 있었던 것이다.

미군 병력 감축도 냉전종식의 산물이다. 거대한 적이 사라지자 미군의 크기와 용적을 조정해야 되었다. 그래서 나온 개념이 축소된 미군, 즉, 기본병력이다. Robert J. Art는 냉전 후의 미군 감축을 이렇게 압축해서 말했다.

---

29 U.S. Joint Chiefs of Staff, Colin L. Powell, Chairman, *National Military Strategy of the United States*, *January 1992*, p. 26.

유럽 정치무대의 변화된 환경에 대응하려고 미국 행정부는 유럽에 전개한 미군을 30만에서 15만으로 삭감하는 계획을 세웠다. 동아시아에서는 3만 5천이 넘는 병력을 철수 계획중이다. 국방비를 줄이라는 국내의 요구에 따라 '기본병력'이라는 병력구조를 제안했다. 이에 의하면, 육군 현역 및 예비 사단을 36% 줄이고, 공군 현역과 전술전투비행단 예비대는 24% 감축, 해군 항모전투단은 20%, 함정은 16% 줄여, 말하자면 3군 총병력이 20-25% 슬림화되는 것이다.[30]

동아시아 전략구상-1 (EASI-I)은 냉전 후 아시아-환태평양 지역에 대한 미국의 군사력 조정을 구현한 것이다.[31] 이 구상의 요지는 동아시아 미군이 1990년대부터 3단계로 철수하도록 조정하는 것. 그 첫 단계로 1992년 12월 이 지역에서 미군 15,250명이 철수했다.

주한미군은 첫 단계인 1990-92년에는 90년도의 44,000명이 92년도에 37,413명으로 6,987명이 줄었다. 두 번째 단계 93-95년에는 6,500명을 줄여 95년에 30,913명으로 만든다는 계획을 세웠다. 그러나 1990년대 초반 북한이 핵개발 징후를 드러내는 바람에 Dick Cheney 국방장관에 의해 주한미군 추가 감축 전략이 유예되었다.

따라서 1992년에 전략 수정의 필요가 생겼고 EASI-II가 나왔다.[32] 이는 EASI-I과 유사했지만, 아시아 주둔 미군철수 계획을 재조정한 것이었다. 그런데 특기할 것은, 아시아 주둔 미군이 이 지역에서 미국의 이익 증진에 긍정적으로 기여하리라는 미국의 인식을 이 새로운 구상이 명시했다는 점이다. 이 전략구상에 이어서 냉전 후 최초로 포괄적인 미국 군사전략의 근본적 재검토인 "Bottom-Up Review"가 발표되었는데,[33] 여기서 분명히 밝힌 것은 미국이 그 때까지의 '2개전장 축차승리' (win-hold-win) 대신 '2개전장 동시승리' (win-and-win) 전략을 택하기로 했음이다.

---

30 Robert J. Art, "A U.S. Military Strategy for the 1990s," p. 5.

31 U.S. Department of Defense, *A Strategic Framework for the Asia-Pacific Rim: Looking toward 21st Century* (Washington, D.C.: U.S. Government Printing Office, April 1990).

32 U.S. Department of Defense, *A Strategic Framework for the Asia-Pacific Rim: Report to the Congress 1992* (Washington, D.C.: U.S. Government Printing Office, May 1992).

33 U.S. Department of Defense, Secretary of Defense Les Aspin, *Report of the Bottom-Up Review* (Washington, D.C.: U.S. Department of Defense, October 1993).

1995년 EASI-II의 수정본 '동아시아 전략보고'가 나왔다.[34] 그 요점은 아시아에서 미군 10만을 유지하고, 이 지역에서 경제적, 외교적, 군사적 문제에 모두 완전히 참여하겠다는 것이었다. 보고서가 특히 강조한 것은 미국에 대한 일본의 중요성과 주일미군의 존재의의, 한반도의 전쟁 억지력, 한미동맹, 그리고 이 지역에서의 민주주의적 이상의 증진이었다.

기타 냉전 후 미국 군사전략의 네 가지 변화인 전구사령관별 작전기획 주도, 상황별 맞춤형 적응작전계획, 전략적 민첩성, 그리고 임무별 맞춤형 결정적 전투력은 지금까지 논한 세 가지 기본적 전략변화들을 부언하거나 반복한 것이었다.

셋째, 냉전 후에도 바뀌지 않은 미국 군사전략은 미군의 '전진 전개'다. 미국정부 안보담당 부서에서 공식 언급한 다음 내용들을 보면, 세계 각 곳의 긴요한 지역에 미군이 나가 전개한다는 개념이 얼마나 중요한지 알 수 있다.

> 지난 45년간 미국의 국익에 필수적인 지역에서 매일같이 존재해온 주둔 미군은 위기상황을 미리 피하고 전쟁을 억지하는 비결이었다. 전세계에 전개된 우리 군대는 우리의 확고한 공약을 나타내고, 우리의 동맹국들에게 신뢰를 심어주며, 지역안정을 향상시킴으로써 미국의 영향력과 상호간의 밀접한 관계를 증진시킨다.[35]
>
> 2차대전 이후 미국은 아시아-태평양 지역에서 가장 강력한 국가였다. 냉전기간 동안 우리의 국가안보목표는 가능한 한 가장 전방에서부터 우리 영토를 지키고, 전세계적으로 소련을 봉쇄하며, 우방과 동맹국들을 보호하는데 집중되었다. 주로 태평양을 횡단하는 거리 문제에 영향을 받는 우리의 전략은 주둔군을 영구적 기지로, 특히 일본, 한국, 필리핀의 기지로 전진 배치시키는 것이었다.[36]

전진전개 전략은 지역 국가들과 미국 간의 상호방위조약에 의해 뒷받침되었다. 한국은 일본, 대만, 필리핀처럼 미국과 상호방위조약을 1953년 체결했

---

34 U.S. Department of Defense, Office of International Security Affairs, *United States Security Strategy for the East Asia-Pacific Region* (Washington, D.C.: U.S. Government Printing Office, February 1995).

35 U.S. Joint Chiefs of Staff, *National Military Strategy of the United States*, p. 7.

36 U.S. Department of Defense, Office of International Security Affairs, *United States Security Strategy*, p. 5.

고, 이에 따라 전진전략은 있을 수 있는 북한의 남침으로부터 한국을 방어하는 데 매우 긴요한 것이었다. 냉전이 끝나고도 미국의 전진전개 전략이 계속되었다는 사실은 두 가지 의미가 있다. 하나는 주한미군이 북한정권의 공격적 군사계획에 대한 결정적인 억지력이었다는 점이고, 다른 하나는 미국이 한국에 대해 지속적으로 정치적, 전략적, 군사적 영향력을 발휘할 수 있었다는 점이다.

냉전 이후 한국에 대한 미국의 전략적 영향력

한국에 대한 미국의 전략적 영향력이 계속되었음은 네 가지로 설명할 수 있다. 즉, 주한미군은 그 특유한 구성과 편성으로 한국군의 전술, 정보, 기술면의 취약점들을 보상해 주는 기능이 있었고, 북한이 다시 남침하려는 야욕을 억지하는 결정적인 존재였으며, 변치 않는 미국의 전진전개 전략을 강조했다. 그리고 한국군의 전투력증강계획을 기술적으로 지원할 능력이 있었고 그렇게 할 위치에 있었다.

첫째, 주한미군의 구성과 편성은 몇 가지 특유한 성격이 있다. 그 총병력은 비교적 적다고 할 37,489명이지만, 그 운용 전투력은 대단했다. 최신형 M1A1 전차가 140대, AH64 아파치 공격헬기 70대, 구경 227mm 다연장로켓포 30문, 패트리어트 지대공 미사일 48기, F-16 전투기 70대, A-10 탱크킬러 전투기 20대, 그리고 U-2 고공 전략정찰기 3대를 포함해 상당한 정보 수집 및 평가 능력을 갖추고 있었다. 미군의 이러한 특유한 능력들은 한국군의 정보능력 결여, 화력과 기동력 부족, 대공 전투력의 불충분, 그리고 군사기술의 더딘 발전 같은 만성적 취약점들을 보상해 주었다. 지역 동맹국 군대의 약점에 대한 이같은 보상은 동맹국 자신의 방어임무 수행에 없어선 안된다고 간주되었다. 따라서 미국은 한국의 군사문제에 대해 군사적 영향력을 미칠 분명히 유리한 위치에 있었다.

둘째, 막강한 군사력으로 주한미군은 북한정권의 재남침을 억지하는 필수불가결한 역할을 했다. 이 또한 미국이 한국에 영향력을 미치게 해 주는 분명한 이점이었다.

셋째, 변치 않는 미국의 정책 방향인 전진전개 전략으로 인해 한국인 대부분은 미군이 장래에도 계속 한국에 주둔하리라고 굳게 믿었다. 한국사회의 이같은 일반화된 생각도 미국이 한국에 전략적 영향력을 발휘할 수 있게 하는 우호적 분위기를 형성해 주었다.

넷째, 한국은 전투력증강계획에 귀중한 자원들을 투입했다. 허나 이러한 계획의 성공은 미국의 태도에 달려 있었다. 예컨대, 미국정부가 최신형 F-16 전투기를 시기적절하게 한국에 판매하는 걸 승인한다든지 하는 기술적, 정책적 지원을 하느냐의 여부였다. 그러므로 이 경우에도 역시 미국은 한국에 대한 전략적 영향력을 주장할 유리한 입장에 있었다.

결국, 냉전이 지나간 시대에도 한국의 군사문제에 대한 미국의 전략적 영향력은 계속되고 있었던 것이다.

4. 한국 국내여건이 1980-90년대의 군사전략에 미친 영향

1980년대 한국의 국내정치 전개에 대한 설명

1979년 10월 박정희 대통령이 중앙정보부장 김재규에게 암살되면서 70년대도 저물어갔다. 예상치 못한 대통령의 죽음은 한국사회에 두 가지 영향을 몰고 왔다. 하나는 한국인들이 자유를 제한하던 유신 체제가 조만간 폐기되리라고 생각한 것인데,[37] 그렇게 되면 더욱 온화하고 자유개방적인 정치체제가 들어설 것이었다. 또 다른 영향은, 앞으로 전개될 미래에 국내정치 무대에서 한국 군부가 어떤 정치적 역할을 하게 될지 모두들 상당히 우려 섞인 마음으로 예의주시했음이다.

박 대통령의 서거로 유신체제는 느리지만 예상했던 대로 폐기 과정을 따라갔다. 최규하 대통령권한대행은 이미 선포되어 있었던 긴급조치들을 해제했다. 그 긴급조치들은 정치적 적절성과 자유주의적 규범면에서 악명이 높았고,

---

37 1972년의 유신체제는 박정희 정부의 행정집행권을 전례 없이 강화시킨 것이다. 1972년 남북 대화과정에서 박 대통령은 다음과 같은 사항에 착안했다. ① 당시 한국정치에서 '서양식' 민주주의가 비효율적이고 낭비가 심하고, ② 북한정권은 국가경영의 지상목표와 전략을 추구함에 있어 그 국력을 집중하는 굉장한 효율성을 지니고 있으며, ③ 한국도 생존을 위해서는 모든 분야의 국력을 결합하고 집중해야 할 필요가 시급하다는 것이었다. 한국 정치현실상의 '취약점'들이라고 본 이같은 사항들을 극복하고자 박 대통령은 1972년 10월 과감하게 헌법개정을 단행했는데 여기에 포함된 핵심내용은, ① 대통령은 법률과 동일한 효과를 지니는 긴급조치를 선언할 권한이 있고, ② 국회의원 정수의 1/3을 임명할 권한이 있으며, ③ 대통령은 명목상의 조직인 통일주체국민회의에서 임기 횟수에 제한 없이 선출한다는 것이었다.

유신헌법의 결함을 비판하는 것마저 금지했던 것이었다. 결함의 대표적인 예는 입법부 국회의원 정족수의 1/3까지 임명할 수 있는 특권이 대통령에게 부여되었던 것처럼, 정치적 권력이 대통령에게 너무 크게 집중되어 있었음이다.

많은 한국인들이 의구심을 갖고 있었듯이, 새로 정치 전면에 등장한 전두환 소장이 중심이 된 소장파 군사 엘리트들은 세 단계를 밟아 정치권력을 쥐기 시작했다. 먼저, 1979년 12월 12일, 군대를 대대적으로 흔드는 조치를 단행하여 구세대의 때묻은 군사 리더십을 제거한다. 다음, 현존 사회질서와 정치관행들을 무효화하고 각종 특단적 조치들에 의존한다. 국가 정보부서의 핵심 직책들을 맡고, 국회를 해산하고, 계엄령을 선포하고, 대학교들을 휴업시키고, 학생시위를 금지하고, 정치적인 토론과 행동을 못하게 하고, 급기야 1980년 5월 광주 시민이 봉기한 민주화운동을 군대의 힘으로 진정시킨다. 마지막으로, 정치권력 획득의 대단원으로, 1980년 5월 31일 새로운 국가통치조직을 구성해서 국가보위비상대책위원회, 약칭 '국보위'라 명명한다. 사건들이 이렇게 흘러가면서 최규하 대통령은 압박을 받아 1980년 8월 16일 사임하고, 전두환 국보위위원장이 명목상 조직인 통일주체국민회의에서 대통령으로 당선되었다. 그 뒤 1980년 10월, 헌법이 개정되고, 이듬해 2월에는 새 헌법에 따라 전두환 대통령이 임기 7년 단임제의 대통령으로 재선되었다.

힘으로 정권을 쥔 데 대한 보상으로, "신군부" 엘리트들은 정치적 정통성을 얻어 국민의 인정을 받으려고 있는 힘을 다 했다. 1960년대 박정희 정부의 경우와 비슷하게, 신군부는 경제성장과 부패척결과 사회정의 및 정직성을 약속하면서 정치적 정통성을 획득하고자 했다. 이같은 기본적 조치들에 곁들여 야간의 자정 통행금지법을 해제하고 엄격한 중고등학생 두발 및 교복 의무착용 규정을 폐지해 자유화하는 등, 좀 겉치레 같은 것이지만 외견상으로나마 자유주의적인 개혁들도 도입했다.

한국사회는 5·16 군사정변이 일어난 1961년 이후 엄청난 사회·경제적 변화를 경험해 왔었다. 경제성장은 당연한 것이 되었고, 사람들은 더 많은 정치적 자유와 경제적 평등을 갈망하면서 진정한 민주주의적 방식으로 국가정책에 참여하고 싶어 했다.

그리하여, 전두환 정부는 국정운영에 있어 독특한 두 가지 도전을 만났다. 하나는 민주화와 정치발전에 대한 국민의 열렬한 욕구였고, 또 하나는 특히 북한정권이 가해 오는 외부로부터의 안보위협이었다. 이러한 대내외적 도전을 해결하고자 전두환 정부는 국정운영에 있어 국가목표들을 세 가닥으로 잡았다. 국가안보와 생존을 위해 분투하고, 경제번영을 밀고 나아가며, 미국과의 단단한 동맹관계를 확고히 한다는 것이었다.

1979년 전두환 장군이 군부의 실권을 쥘 때 전통적인 한미동맹이 급박한 군사적 위기를 일단 안전하게 잘 관리했다. 한미 양국군이 높은 수준의 방어준비태세에 들어간 가운데 미해군 특수임무 항모군단이 한국해역에서의 무력시위 명령을 받았고, 공중경보 및 감시레이더기 2대가 북한군 동향을 살피려고 날아왔다. 과거에도 그랬듯, 1979년 말의 국내 정치위기 상황에도 미국의 영향력이 효과적으로 작동한 것이다. 북한정권은 한국내의 권력공백을 이용하려는 어떠한 중대 도발행동이나 공격적인 움직임도 나타내지 않았다.

그런데 이 기간중 한국인이 미국인들을 보는 인식에 간과할 수 없는 변화가 일어나는데, 특히 젊은 세대의 반미정서 확산이었다.[38] 이들은 한국 정부군과 민간인 반대자들의 충돌을 주한 미국당국이 중재했었다면 불필요한 사상자 발생이 없었으리라고 애도했다. 또한 광주 민주화운동을 진압하는 데 한국군이 사용되는 것을 미국당국이 용인 내지 묵인했다고 믿었다. 그리고 레이건 대통령이 취임후 첫 외국 국가수반으로서 전두환 대통령을 백악관으로 초청함으로써 전두환 정권의 군사적 통치에 정치적 정통성이 부여되었다고 보았다. 이러한 인식과 판단과 반미적 정서의 씨앗이 결국 예사롭지 않은

38 전통적으로 한국인들은 말하기를, "Yankee Go Home!" 소리가 안 들리는 나라는 오직 한국이라고 했다. 이런 친미적 현상은 분명히 6·25전쟁 때 미국이 군대를 보내 도와 준 데 진정으로 감사하는 마음에서 나온 것이다. 한국인 학자 한 사람이 다음과 같은 점에 동의했다. 즉, "신기욱이 내린 결론은, 한국인의 반미주의가 자본주의와 현대문명을 대표하는 미국을 이념상으로 배격하는 것도 아니고, 미국문화를 배격하는 것도 아니다. 그보다는 '국민주의적 의식'과 '국민주의적 관심'이 반미주의의 제일 중요한 정치적 이유로 작용했다는 것이다." 주한미군지위협정/SOFA의 불합리성 문제들, 예컨대 미군병사들이 한국인 여성을 학대하는 일이 계속 보도되고, 미군이 한국땅에 주둔해서 발생하는 불편 등이 그 같은 국민주의 내지 민족주의적 의식과 관심의 방아쇠를 당긴 것이다. 거기에다, 1980년 5월 광주 민주화운동 때 한국군이 진압군으로 사용되는 것을 미국이 묵인했다고 보면서 반미주의가 정점에 오르기도 했다. Gi-Wook Shin, "South Korean Anti-Americanism: A Comparative Perspective," *Asian Survey*, *36*, No. 8 (1996). 이 인용 내용은 *Korea's Democratization*, (편) Samuel S. Kim (New York: Cambridge University Press, 2003) 135쪽에 수록된 Katherine H. S. Moon의 논문 "Korean Nationalism, Anti-Americanism, and Democratic Consolidation"에 인용된 것을 재인용한 것이다.

반미주의로까지 변해가는 듯했다.

한국에서 새로 벌어지는 정치 상황에 대해 미국은 냉정하고 부정적인 초기 반응을 보였으나 결국 전두환 정부를 묵인하고 인정하지 않을 수 없었다. 한국에서 새로운 권력이 공고화됨을 미국이 인정한 것은, 전술했듯이, 레이건 대통령이 취임 후 처음으로 공식 초대하는 외국 국가수반으로서 전두환 대통령을 백악관에 초청한 데 상징적으로 나타났다. 백악관 초청은 전두환 정권의 사라지지 않는 정치적 고뇌를 상당히 가라앉혀주었고, 어찌 됐건 국제사회에서 그리고 한국인들 간에 전두환 정부의 정치적 정통성을 높여주는 바 있었다.

전두환 정부는 경제발전의 훌륭한 채점표 같은 탁월한 국정운영 기록에도 불구하고 80년대 후반에 학생들과 일반국민으로부터 일련의 심각한 반 전두환, '군정반대' 저항에 직면했다. 조금도 수그러들지 않는 국민들의 시위와 압력으로 정부와 여당은 대통령 직선제 개헌을 받아들였다. 1987년 개헌으로 시행된 직선제 선거에서 노태우 후보는 전두환 대통령이 직접 고른 후계자라는 불리함과, 사관학교 시절부터 군문에서 전 대통령의 오랜 절친한 친구였다는 약점을 안고 있었음에도, 다른 민간인 출신 후보들을 제치고 당선되었다. 민간인으로서 선두급이던 두 김씨 김영삼 후보와 김대중 후보가 단일화를 하지 않고 유감스럽게 분립한 것이 결국 군인출신 대통령을 또 맞이하는 데 결정적 원인이 된 것이다.

노태우 정부를 특징짓는 성격 중 하나는 전두환 정부가 경험한 것과 같은 정통성 문제로 고생하지 않았다는 점이다. 외관상으로 분명히 모든 국민이 평등하게 직접 참여한 보통 비밀선거의 산물이었기 때문이다. 하지만 노태우 정부도 좀 다른 도전에 마주하게 된다. 합리적인 정치 질서와 안정을 확립하라는 국내의 압박과, 변하는 국제정세에 적응해야 할 대외적 도전, 그리고 국가경제 상황을 개선해야 할 긴급한 필요성이었다.

이러한 난제들을 일거에 타결하고자 노태우 정부는 이른바 '북방정책'을 추진하는데, 그 목표는 소련과 중국 같은 공산주의 국가들과의 외교관계 수립이었다. 그 잠재성으로 말하자면, 이 정책은 북한의 군사위협을 분명히 감소시키는 원대하고 간접적인 목적도 있었다. 한편, 국내적 상황에서 볼 때, 북방정책은 북한에 대해 더 유순한 태도를 견지해야 한다고 주장하는 한국사회의 '좌파' 또는 '진보세력'의 점증하는 목소리에 대응하는 정책조치였다.[39] 또한 한국의 기업인 사회도 북방정책에 열성적으로 참여했다. 당시 둔화되고 있던 경제상태를 벗어날 새로운 기회를 북방에서 개척하고 싶었음이다. 과연, 북방정책은 꽤 훌륭한 수확을 거둔다. 1991년 소련과, 1992년 공산 중국과의 외교시대를 열었으니까.

1990년대 민주화 이후 국내정치의 전개

1993년 김영삼 문민정부의 도래는 지나간 수십 년간의 기나긴 민주화 투쟁이 열매를 맺었음을 보여주었다. 새 정부가 혁신적으로 도입한 국내정책들로는 한국 정치무대에서 군사엘리트의 힘과 영향력을 제거하고, 금융거래실명제 도입 같은 경제 분야의 과감한 개혁,[40] 그리고 지방정부에 자치권을 부여하는 등 한국정치의 거의 모든 영역에 민주주의적 통치절차들을 시행한 것을 대표적으로 꼽을 수 있다. 하지만 새 정부도 군부의 힘에 기반을 두었던 과거 정부들의 안보국방정책 방향에서 벗어나지 않았고, 여전히 미국과의 강력한 동맹과 북한의 호전성에 확고하고 결연하게 대응하는 자세를 유지해야 한다고 역설했다.[41]

---

39 전통적으로, 서로 판이한 이념을 지닌 두 정치 세력이 한국정치 무대에서 겨루었다. 보수주의적 (또는 민족주의적 '우파') 정파와 진보주의적 (또는 사회주의적 '좌파') 정파였다. 6·25전쟁 전에는 이 두 정파가 정치무대에서 대칭적이고 균형잡힌 힘을 유지했었다. 그런데 이승만 시대와 박정희 시대 후에 한국정부의 권위주의적 장악력이 느슨해지자 진보주의적 당파의 목소리와 힘이 더 커지는 경향이 생겼다. 노태우 시대도 비슷했다. 즉, 한국사회에 만연된 자유개방주의 분위기에 편승해 진보주의적 당파가 오름세를 타던 때였다.

40 김영삼 시대 전의 한국의 경제 관행에서는 타인의 이름을 빌리든지 가명으로 금융거래를 하는 것이 허용되었었는데, 이것이 부패와 불법적 거래의 제일가는 원천이었다. 전두환 시대에도 이러한 심각한 사회 비리를 고쳐보려 했지만 '가진 자'들의 저항을 누를 수 없어 성공하지 못했다. 그러던 것을 일반국민 대다수의 지지로 김영삼 정부는 한국사회에서 '깨끗하고' 투명한 금융거래의 여건을 마련해 주는 역사적 위업을 과단성 있게 이루어냈다.

41 Victor Cha (빅터 차), "Security and Democracy in South Korean Development," *Korea's Democratization*, (편) Samuel S. Kim (New York: Cambridge University Press, 2003), 제 8장, pp. 201-219. Victor Cha는 한국인들의 안보에 관한 전통적 사고방식을 역사적 관점에서 이렇게 분석했다. 즉, ① 과거에 주변 열강들에 의한 안보상의 도전 경험에서 나온 경직된 현실정치적 (realpolitik) 관점, ② 중국과 미국 같은 강대세력과 긴밀한 동맹을 직접 맺는 양자주의/兩者主義 (bilateralism), ③ 북한 같은 적을 대함에 있어 항상 승자와 패자가 명확히 구분되는 제로썸 게임 (zero-sum game) 관념으로 특징지웠다. 따라서 새로운 김영

이와 대조적으로, 1998년에 들어선 김대중 정부의 안보와 국방정책은 이전의 정부들과는 다른 상전벽해와 같은 변화였다. 김 대통령의 북한포용정책, 일명 "햇볕정책"은 몇 가지 전략적 가정을 내포하고 있었다.

> 이 정책의 중심 전제는 북한이 가까운 장래 언제든 붕괴될 길목에 서 있지는 않다는 것이며, 동유럽과 러시아는 말할 것도 없이 전세계가 중국과 월남의 경우에 목격했듯이 북한이 시장경제로 변신하는 것은 필연적이라는 것이다. 이 정책은 또한 북한이 근본적으로 바뀌지 않는다면 한국을 위협하는 그 호전적인 교리도 바뀌는 일이 없으리라고 보고 있다.[42]

이같은 북한포용정책의 정서적 배경을 다섯 개로 요약해 보자. 하나, 한국정부가 북한정권을 바라보는 시각은 이전의 전통적이고 보수적인 관점과는 확연히 달라졌다. 북한은 적대감이나 경쟁의 표적으로만 볼 것이 아니라 평화와 상호번영을 위해 협조해야 할 형제 같은 동반자라는 것이다.[43] 둘, 식량과 에너지와 달러화 같은 경화의 만성적 부족에 허덕이는 북한정권의 경제적 고민을 생각해서, 이 정책은 북한이 역사적으로 한국에 대해 자행해온 군사위협보다는 북한이 경제적으로 필요로 하는 것들에 인도주의적 방점을 찍었다. 셋, 북한에 대한 식량과 에너지 원조처럼 해결 가능한 문제들과 한반도의 군사적 대결 같은 다루기 힘든 문제들을 차별화하려고 시도했다. 넷, 한국의 동맹국과 우방국들이 북한과 관계를 맺기를 권고했다. 즉, 국제적으로 버림받은 존재로 내버려 두지 말고 외교관계를 수립하라는 것이었다. 다섯, 이 정책의 설계자인 김 대통령은 정책이행에 있어 2개 노선 병진접근책을 구상했다. 즉, 대화와 억지다. 말하자면, 북한에 대해 '당근'(보답)과 '채찍'(억지) 둘 다 사용하는 것이지, '당근 아니면 채찍'을 쓰는 것이 아니라는 것이다.

그런데 이 정책이 시행돼 가면서 한국사회는 정책이 지닌 많은 문제점을 발견한다. 우선, 북한정권에 대한 갑작스러운 태도변화가 옳은가 라는 문제가 제기되었다. 한국사회의 전통적 관점에서 북한정권은 1950-53년 6·25전쟁

삼 정부가 안보문제에 있어 전통적인 보수적 자세를 취했음은 자연스럽고 이해할 수 있는 것이었다.

42 Sung Chul Yang (양성철), "South Korea's Sunshine Policy: Progress and Predicaments" (한국의 햇볕정책: 진전과 곤경), *The Fletcher Forum of World Affairs*, Vol. 25:1 (Medford, MA: The Fletcher School of Law and Diplomacy, Tufts University, Winter 2001), p. 33.

43 앞의 책, p. 32.

의 침략자이고, 한국에 수많은 테러행동을 자행한 범법자다. 그리고 무엇보다도, 과거 수십 년 동안 발생한 말로 형언하기 힘든 민족의 비극과 고통에 책임을 느껴야 할 주역배우였다. 그런데도 북한은 단 한마디 사과, 또는 적어도 그같은 책임에 대한 인정도 하지 않는데, 어찌 북한정권이 하루아침에 별안간 평화와 번영을 위한 우호적 동반자가 될 수 있단 말인가.[44]

두 번째, 정책의 기본가정들이 비판을 받았다. 북한정권이 북한사회를 개방한다면 어떤 식으로 개방할지, 또는 시장경제를 과연 받아들일지 누가 장담할 수 있는가? 물론 분명히 이 정책은 미래에 북한이 개방되고 부드러워지기를 바라는 여망에 따라 설계된 장밋빛 희망사항이었다. 하지만 그 결과는 결국 바라던 희망과는 거리가 먼 것으로 끝난다.

세 번째, 한국정부는 북한을 다룸에 있어 국제외교의 철칙인 호혜주의를 도외시하면서 북한으로부터 얻어내는 것은 없이 북한정권에 계속 일방적으로 물자 및 재정원조를 해 주었다. 하지만 북한을 원조한다는 결정도 국민의 공감대 형성을 위한 국회 토의 같은 적절한 과정을 거치지 못했다.

이렇듯 북한포용정책의 실제 시행과정은 한국정부가 애초에 희망하고 공언한 대로 '당근과 채찍'이라는 주도적 남북관계 설정을 이루어 낸 것이 못 되었다. 오히려 '당근과 당근'을 실천하는 데 빠져버린 모습이었으니, 이는 국제외교의 호혜주의 원칙을 구현하지 못한 명백한 예였다.

넷째, 가장 비판을 받은 점으로서, 북한포용정책은 국방문제에 매우 부정적인 영향을 주었다. 한국군은 '주적'에 대한 정신적 초점을 잃게 된 것이다.[45] 한국군에게 북한정권과 그 군대는 대한민국의 가치관과 제도를 파괴하려고

---

44 물론, 한국의 과거 정부들도 북한과 대화하기를 시도했었다. 박정희 정부는 1972년 남북공동성명을 발표했고, 노태우 정부는 1991년 남북기본합의서를 채택했다. 하지만 과거 정부들의 진정한 이면의 의도는 언제나 북한에 대해 정치적 우위를 추구하려는 것이었지, 북한에 무제한 양보하려는 것은 아니었다.

45 전통적으로 한국은 북한정권과 그 군대를 2000년도 『국방백서』 제 3판 제 1부에 쓰인 표현대로 "주적"이라고 보았다. "우리 국군의 임무는 외부의 위협과 군사적 침입으로부터 국가를 보위하는 것이다. 이는 우리의 주적인 북한의 공격으로부터 나라를 지킨다는 뜻이다." 북한정권은 주적이라는 표현에 대해 열나게 비판을 제기했다. 한국정부는 온순하게 북한의 항의에 침묵하고 있었고, 2001년도 『국방백서』 의 출간을 연기하겠노라고 선언했다. 주적이라는 용어를 계속해서 사용하고 있던 2001년도 12월 출간예정 『국방백서』 를 놓고 북한이 또 한 번 열나게 항의하리라고 한국정부는 우려했던 탓이다. 또한 한국정부는 2002년판 『국방백서』 출간도 일단 무기한 연기하리라고 발표했다.

의도하고 또 가차없이 행동한 장본인이었다. 그런데 그 효과는 차치하고 논리나 정당성이 입증되지 않은 갑작스러운 북한포용정책의 주장으로 인해 북한정권과 그 군대는 한국군 장병들의 마음속에 적도 아니고 친구도 아닌 모호한 존재가 되었다. 다시 말해, 한국군은 그 국방의 임무를 수행하는 방향감각을 잃고 있었다.

마지막으로, 한국정부는 국방문제에 있어 결연한 정신을 상실했다. 북한은 1998년 6월 잠수함을 한국영해에 침투시켰고, 7월에는 무장공비를 동해안에 밀파 상륙시켰으며, 8월에는 대포동 미사일을 발사하는 등 끊임없이 호전적인 도발을 감행했다. 그러나 한국정부는 모호하게 정의된 북한포용정책만 계속 추구했다.[46]

모든 한국인은 누구나 한국에서 전쟁이 재발하는 것을 피하고 궁극적으로는 평화로운 남북통일을 이루기를 열렬히 원한다. 그러므로 안보정책이나 통일정책은 어느 한 개인이나 한 정책 집단의 전유물이 되어선 안된다. 즉, 안보정책과 통일정책을 결정하는 데는 국민들의 참여가 있어야 한다. 북한포용정책도 국민적 심사숙고와 토론을 바탕으로 한 여론수렴을 거쳤어야 했다. 이렇듯, 1990년대 말 한국의 국내정치 전개는, 특히 북한을 다루는 국가전략으로서의 북한포용정책은 그 본래 의도와는 어긋나게 안보와 국방업무에 관련된 바람직한 군사전략 수립에는 심각한 문제들을 안겨 주었다.

1980년대 북한군과 비교한 한국군의 규모와 전투력

1980년대 한국군의 전투력을 알려면 영국의 전략문제연구소가 발행한 『Military Balance』 1988-89년 판을 봐야 한다. 도표 27에서 한국군에 관한 자료를 북한군과 비교하면 남북한군의 상대적 전투력이 한눈에 들어오며, 이로 인한 한국인의 안보에 대한 불안감도 금세 이해할 수 있으리라.

그 이전 수십 년처럼 80년대에도 남북한 군사력은 비교 자체가 무색하게 현저한 격차가 났고 북한군이 모든 면에서 확실히 우세했다. 한국군이 열세였음은 특히 세 가지로 예시된다. 총병력과 지상군 수에 있어서 그랬고, 주요 전투장비도 그랬으며, 군단이나 사단, 여단 같은 전투부대 수가 적었다.

46 Victor Cha (빅터 차), "Security and Democracy in South Korean Development," *Korea's Democratization*, p. 211.

도표 27. 1980년대 남북한 군사력 비교

	북한군	한국군
총병력	842,000	629,000
육군	750,000	542,000
	1개 기갑군단, 3개 기계화군단	2개 군 (7개 군단)
	8개 전병과 군단, 1개 특수목적군단	
	포병사령부	
	1개 차량화 보병사단	2개 기계화 보병사단
	25개 보병사단, 15개 기갑여단	19개 보병사단
	20개 차량화 보병여단	1개 독립 보병여단
	4개 독립 보병여단	7개 특수전여단
	주력전차: T-34/-54/-55/-62 3,000대, T-59 175대	주력전차: 1,500대 (88형, M-47, M-48 A5)
	경전차: T-63, T-62 300대	
	기계화보병 전투차량 BMP-1 150대	기계화보병 전투차량 (KIFV) 200대
	인원수송장갑차 (BTR-40/-50/-60/-152) 1,400대	인원수송장갑차 (M-113, Fiat 6614) 450대
	견인포: 1,600문 (100/122/130/152mm)	견인포: 3,100문 (105/155/203mm)
	자주포: 2,300문 (122/130mm/ (122/130/152/180mm)	자주포: 100문 (155/175/203mm)
	다연장로켓포: 2,500문 (107/122/ 130/140/200/240mm)	다연장로켓포 140문 (130mm)
	지대지 미사일: FROG-3/-5/-7 54기	지대지 미사일: Honest John 12기
	Scud B 15기 (미확인 소문)	
해군	39,000	54,000
	잠수함 21척 (Ch Type-03, (Ch Type-03, Sov. Whiskey급)	잠수함 3척
		구축함 11척
	프리기트함 5척 (나진함)	프리기트함 18척
	초계/연안전투함 365척	초계/연안전투함 105척
공군	53,000	33,000
	Il-28 80대, Su-7/-25 30대	F-16 24대
	Ch J-2/-4 280대, J-6/Q-5 100대	F-5A/B/E/F 260대
	미그-21 160대, 미그-23 46대	F-4 68대

출처: The International Institute for Strategic Studies, *The Military Balance 1988-1989* (London: The IISS, 1988), pp. 167-169.

1988년도 남북한 총병력을 보면 한국군이 629,000인데 북한군은 842,000이었다. 지상군을 봐도 한국군이 542,000인데 북한은 750,000이다. 그 다음 주요 전투장비를 들여다보면 한국군은 주력전차가 1,500대인 반면 북한은 주력전차 3,000대에 경전차 300대, 곡사포 및 자주포와 다연장로켓포는 한국군이 3,340문에 북한군이 6,400문, 지대지 미사일도 한국군 12기에 북한 59기, 전투기는 한국군 352대에 북한은 696대였으니 웬만한 건 다 북한군이 두 배였다. 마지막으로 전투부대 보유는, 한국군 21개 사단에 북한군 26개 사단, 한국군 8개 여단에 북한군 39개 여단 (북한군 여단 중 15개 여단은 기갑여단이었음), 그리고 전투군단도 7 대 10으로 북한군의 진용과 기량이 우세했다.

이처럼 80년대에 북한군은 한국에 대해 불길하기만 한 군사적 위협을 가하고 있었다. 피부로 느껴지는 북한의 군사위협은 결국 한국군으로 하여금 북한군 '따라잡기' 전략을 세우지 않을 수 없게 만들었고, 그래서 나온 것이 한국이 추진한 '전투력 증강계획'이었다.

1990년대 북한군과 비교한 한국군의 규모와 전투력

90년대 한국에 대한 북한의 위협을 알아보기 위해서도 당시 남북한 군사력을 비교해 보자. 도표 28은 『Military Balance』 1999-2000도 판에서 획득한 자료다. 한국군이 90년대에 북한군을 따라잡겠다며 국방력에 지속적으로 노력을 들인 결과가 좀 보이기 시작했다. 그러나 당시 북한정권의 경제적 곤경에도 불구, 남북한군은 병력수에 있어 상당한 폭의 격차가 여전했다. 특히, 총병력과 육군과 특수전 내지 특수임무 부대에서 차이가 컸고, 한국군은 전차, 포병, 미사일 등 기동력과 화력에서 열세인데다, 전투기와 전술에 운용할 군단의 수가 적었다. 총병력만 보아도 북한군 1,082,000에 한국군 672,000으로 대략 2:1로 북한군이 우세했다. 또한 지상군도 950,000과 560,000으로 북한이 약 2:1의 우세였고, 대적이 불가능해 보이는 북한 특수목적군단 88,000명에게 한국군 7개 특수전 여단은 너무나 뒤떨어져 있었다.

포병이라 해서 다를 것이 없었다. 총 포문 수에서 북한은 10,300문에 한국군은 4,696문이었으니까. 전차 수의 격차는 80년대보다 웬만큼은 좀 줄어들었으나, 북한군 3,500대와 한국군 2,130대로 여전히 큰 격차였고, 전투기도 북한 593대에 한국군 488대로 100대 이상 북한이 앞서가고 있었다.

도표 28. 1990년대 남북한 군사력 비교

	북한군	한국군
총병력	1,082,000	672,000
육군	950,000	560,000
	20개 군단, (1개 기갑군단,	
	4개 기계화군단	11개 군단
	12개 보병군단, 2개 포병군단,	3개 기계화보병사단
	1개 수도방위군단)	
	27개 보병사단	19개 보병사단
	15개 기갑여단	2개 독립보병여단
	14개 보병여단	3개 대침투 여단
	21개 포병여단	3개 지대지 미사일 대대 (NHK-I/II)
	9개 다연장로켓포 여단	3개 방공여단
	특수목적군단 (88,000)	7개 특수전여단
	주력전차: 3,500대	전차 2,130대 (88형 800대, T-80U 80대,
	(T-34/-54/-55/-62, T-59)	M-47 400대, M-48 850대)
	인원수송장갑차 2,500대	인원수송장갑차 2,500대 (KIFV, M-113,
	(BTR-40/-50/-60)	(KIFV, M-113, M-577, Fiat)
	총 포문 10,500문 (박격포 제외)	총 포문 4,696문 (박격포 제외)
	견인포 3,500문	견인포 3,500문
	자주포 4,700문	자주포 1,040문
	다연장로켓포 2,300문	다연장로켓포 156문
	박격포 7,500문	박격포 6,000문
	FROG-3/-5/-7 미사일 24기	한국형 NHK-I/II 미사일 12기
	Scud-C 및 '노동' 미사일 약 30기	대공포 600문
	대공포 11,000문	
해군	46,000	60,000
공군	86,000	52,000
	전투기 593대	전투기 488대
	미그-17 107대, 미그-19 159대	F-5E/F 195대
	미그-21 130대, 미그-23 46대	F-4D/E 130대
	미그-29 16대	F-16C/D 88대
	Su-7 18대, Su-25 35대	

출처: The International Institute for Strategic Studies, *The Military Balance 1999-2000* (London: The IISS, 1999), pp. 193-196.

그리고 무엇보다 군단 수의 격차가 문제였다. 앞서 언급한 바 있지만, 군단은 전투작전의 중추적 전술부대다. 어떤 전역의 총지휘관은 자신의 전술적 의도에 따라 정면공격, 포위 및 추격, 방어, 또는 특정지역 방어나 예비대로서의 사용을 위해 군단들을 운용하는데, 가용 군단이 많을수록 임무성공을 위한 힘과 유연성이 더 많아진다. 그런데 북한군은 20개 군단인데 한국군은 11개 군단이니, 이것도 특별히 우려되는 점이었다.

이렇듯, 90년대에 북한은 심대한 경제적 곤경을 겪으면서도 북한군의 위세는 계속해서 한국의 안보를 위협하고 있는 존재였다.

1980년대와 90년대 한국군의 군사전략

80년대 한국군의 군사전략은 70년대와는 많이 달라서, 기본적 사고에 있어서 작전의 적극성 또는 공세성을 강조했다. 80년대 군사전략은 다음과 같은 목표를 세웠다. "평시에 한국군이 수행하는 과업은 세 가지다. 전투력을 향상시키고, 전투준비태세를 유지하며, 적의 전복 의도와 행동을 무력화시킨다. 전시에는 공격해 오는 적의 주력을 서울 북방에서 격파한다. 개전 초의 짧은 방어에 이어 즉시 공세작전을 펼치며, 이는 잃었던 영토를 수복하는 데 기여할 것이다."[47] 이 군사전략에는 다시 세 가지 점이 포함되었다. 첫째, 전략의 목적은 평시에 전면전을 억지하고 적의 사회전복책동을 방지 및 무력화하며, 전시에는 수도권 지역의 안전을 보장한다. 둘째, 자주적 노력에 의한 군사역량 향상은 전략의 중요한 부분으로서 특별히 강조했다. 그리고 셋째, 작전전략의 구체적 내용으로서 적극적인 수세-공세 (defense-offense) 전략을 채택한 것이다. 이는 즉응반격전략 (卽應反擊戰略)이라 명명되었는데, 말 그대로 풀이해서, 방어국면이 끝나면 즉각 역공하는 전략이다.

90년대의 전략도 80년대와 그 기본은 다르지 않았다. 그런데 하나 상기할 점은 군사전략 수립은 적이 가해오는 구체적, 물리적 위협의 정도에 대한 인식을 바탕으로 해야 한다는 것이다. 위에서 보았듯, 90년대 북한의 군사위협에 대한 한국의 인식은, 특히 남북한 군사력 비교에서 보듯이, 그 위협이 언제나 냉엄한 현실이었음이다. 한국의 국방군사연구소 자료를 참고하면, 북한

---

47 국방군사연구소, 『건군 50년사』 (서울: 국방군사연구소, 1998), pp. 354-356. 여기서 "잃었던 영토"라 하면 북한정권의 치하에 있는 땅, 즉, 북한이었다.

은 모든 군사영역에서 한국을 앞서가고 있었다. 총병력은 995,000 대 655,000으로 앞섰고, 지상군은 868,000 대 540,000, 육군의 부대 수는 북한이 49개 사단에 65개 여단이고 한국군은 49개 사단에 16개 여단이었으며, 전차는 3,600대와 1,550대로 두 배 이상 차이가 났고, 포병도 9,500문 대 4,300문, 그리고 전투기도 850대와 520대로 큰 격차가 났다.[48] 이같은 부대 수와 전투장비 수의 우세에 추가해 북한은 또한 그간에 누적해 왔던 방어를 위한 투자, 자체적인 무기생산 능력, 그리고 특히 대규모 특공대 스타일 부대를 유지하고 있다는 유리한 입장이었다. 북한이 누리던 이 모든 우월성들은 한국인들에게는 국가안보에 관한 한 뇌리에서 사라지지 않는 걱정거리일 뿐이었다.[49]

1991년도 한국의 『국방백서』는 한국의 군사전략을 이렇게 서술했다. "평시에 세 가지 노력을 매우 강조해야 한다. 적의 전쟁도발 억지, 국가의 안보와 번영 보장, 그리고 평화적 재통일이다. 전시에는 총력을 다 해 국가를 방어하는 과업이 가장 중요하며, 적의 전쟁수행 의지를 가능한 한 조기에 무력화시키고, 기타 다른 분쟁들도 적절히 해결함으로써 국가이익을 증진한다."[50]

지금까지 한 말을 다른 말로 하자면, 90년대 한국의 군사전략은 세 가지로 구성된다. 즉, 현재의 준비태세 유지, 주한미군의 전투력과 조정하여 억지력을 확보하기, 그리고 자주국방능력 추구다.

'현재의 준비태세'는 북한의 전격전에 대비해서 요구된 것이다. 한국이 예상하기로는, 북한군이 기습, 집중, 속도, 화력의 효과를 이용한 전술로 한국의 전영토를 압도하는 동안 한국군의 후방에 특공대를 투입하고 한국내의 토착 게릴라 세력들을 전투에 가담시켜 제2 지상전선을 펼치리라고 보았다.

이같이 예상된 위협에 대응하려고 한국군은 준비태세를 위한 개념 세 가지를 잘 가꾸었다. 즉각대응 작전태세, 수도권 방어 주력, 그리고 조기경보체계의 중요성이다. 우선, 즉각대응 작전태세는 대응준비시간 단축을 위해 C^3I, 즉, 지휘, 통제, 통신, 정보 기능을 통합하는 노력을 의미한다. 이 개념이 또한 강조한 것은 예상되는 위협에 효과적으로 대처하려면 "평화시부터"[51] 방

---

48 앞의 책, pp. 108-113. 여기에 인용된 비교수치들은 영국의 전략문제연구소 IISS가 낸 『The Military Balance, 1991-1992의』 자료와는 반드시 일치하는 것은 아니다.

49 앞의 책, pp. 107-120.

50 ROK Ministry of National Defense, *Defense White Paper 1991-1992* (Seoul: Ministry of National Defense Publications, 1991), pp. 165-166.

어시설과 지상 장애물들을 준비하라는 것이다. 다음, 수도권 인구밀집 개활지 지역은 비무장지대로부터 너무 가까이 있기에 이 지역의 방어는 국가 전체의 방어가 성공하는 데 결정적이었다. 따라서 북한군이 서울에 도달하기 전에, 최전선 또는 그 부근에서 저지하거나 무력화시켜야만 했다. 그리고 조기경보 체계의 중요성은 전술한 두 가지 양상, 즉, 전술적 상황과 지형 및 지리적 조건을 감안한 필연적 귀결이다. 북한군은 남침을 다시 개시할 때 충분한 경고 시간을 허용하지 않으려고 비무장지대 바로 북쪽에 집중배치되어 있었다. 그런즉 평화시부터 항상 북한군의 예사롭지 않은 그 어떤 활동이라도 탐지해 내는 데 있는 힘을 다 쏟아야 했다.

90년대의 두 번째 한국군 군사전략이었던 '주한미군의 전투력과 조정하여 억지력을 확보하기'는 세 가지 주축이 되는 체제에 기초했다. 즉, 1953년에 체결된 한미상호방위조약, 1968년에 발족한 한미안보협의체제, 그리고 한미연합사령부의 군사지휘구조였다. 비록 한국군은 방어능력 증강을 위해 상당한 자원을 투입한 바 있었지만 여전히 많은 분야에서 미국의 협조가 긴요했다. 전략정보와 전술정보, 화력, 통신, 기동력, 공군전투력, 한반도 이외 지역으로부터의 증원군 문제, 군수물자, 그리고 기타 군사기술 등 한두 가지 분야가 아니었다. 한국은 주한미군으로부터 이러한 취약점들을 보상 받고 보충 받고자 했다.

세 번째 한국의 군사전략 개념은 자주국방능력 추구다. 지나간 1970-80년대처럼 한국은 90년대에도 전투력 증강계획에 많은 공을 들였다. 제1차(1974-81)와 2차(1982-86)에 이어서 한국군은 3차(1987-92) 계획도 추진했다. 그 규모는 상당한 것이었다. 1991년 한국의 국방예산은 7조 5,424억 원으로서 국가 총예산 26조 9,798억 원의 27.6%를 차지했다. 이 중 전투력 증강계획 투자액은 2조 6,323억 원으로 국방예산의 34.9%에 달했다.[52] 전투력 증강계획의 주안점은 세 가지 범주의 자주국방력을 기르는 것이었다. 조기경보체계 확립, 현 전투능력의 대폭 강화, 그리고 최신무기계체계 획득이다.

---

51 1953년의 6·25전쟁 휴전협정에 따르면 한반도는 엄밀히 말해 두 분쟁 당사자인 공산세력들과 UN군 사이의 적대행위의 잠정적 중단상태에 있는 것이지, 확약된 영구적 "평화" 상태에 있는 것이 아니다. 그러나 "평화시"라는 용어는 휴전협정이 체결된 뒤 지금까지 지나오고 있는 시간을 관습상으로 일컫는 말로 써 왔다.

52 ROK Ministry of National Defense, *Defense White Paper*, 1991, p. 205.

조기경보체계에 관해 국방백서는 이렇게 밝혔다. “주한미군의 역할이 (선도적 입장에서 지원임무로) 바뀔 계획이어서 우리 스스로의 조기경보체계 전략을 수립해야 한다 ……. 이를 위해 정찰기와 정보수집 장비를 획득할 계획중이다.”[53]

지상군 전투능력 증강에 포함된 것으로는 각 사단의 전투력 향상, 증강된 포병화력과 기갑전력 및 대전차전 자산, 그리고 공중기동능력 향상이 있었다. 공군력 증강으로는 1980년대에 한국과 미국이 F-5 전투기 공동생산을 하고 90년대에 전투기 F-86을 F-4와 F-5로 대체하면서 몇 가지 주요성과를 냈다. F-16 도입, 공군작전지원체계 향상, 그리고 ‘한국형 전투기사업’이다.

1991년 걸프전쟁은 최신무기와 정밀탄약 체계에 관한 많은 교훈을 남겼다. 이에 따라 한국 육해공군도 고성능 무기와 정밀탄약을 국방예산 범위내에서 획득하는 계획을 세웠다.

작전전략에 있어서는 세 가지 기본개념이 있었다. 한국군은 북한의 남침이 개시되면, 전술했듯이, 처음의 짧은 수세 국면을 지나 즉각 공세로 전환한다. 그리하여 수도권의 안전과 안정을 보장한다. 이러한 전략적 의도를 성취하기 위해서는 두 가지 요소가 필수적이었다. 자주적인 독자적 방어능력과 한미 양국군의 연합된 방어능력이다.

그리고 작전전략 성공을 위해 다음과 같은 분야의 전투력을 향상해야 했고, 이는 전투력증강계획에 제대로 반영되어야 했다. 무엇보다 첫째, 가능한 적의 기습행동과 그 의도를 빨리 탐지하고, 다음, 적의 도발행동에 대해 빈틈없는 준비와 경계태세를 갖추며, 적의 작전속도에 즉각 대응할 전술능력을 기른다. 또한 국내적으로는 충분한 전시동원을 하고 외부로부터는 미군의 시기 적절한 증원을 수용하는 보장책을 마련해놓는 것이다.[54]

1980-90년대 한국 국내여건이 한국 군사전략 발전에 미친 영향

여기까지 이야기했듯이, 1980년대와 90년대 한국 국내여건들은 한국 군사전략이 발전해 가는 과정에 세 가지 면에서 상당한 영향을 주었다. 즉, 수도권 지역이 점차 중요해짐에 따라 80년대에 수도권 북방의 적극적인 수세-공

53 앞의 책, p. 174.
54 앞의 책, pp. 165-166.

세 전략을 채택했고, 북한 군사력의 대폭증강에 대응해 80-90년대에는 전투력 증강계획에 크게 역점을 두는 군사전략을 추진했다. 그러나 90년대 후반에는 한국정부의 북한포용정책이 전통적인 '주적'에 대한 군사적 사고와 전략의 갈피를 잡기 힘들게 만들고 그 발전을 지체시켰다.

첫째, 사회발전과 전략적 사고 간에는 부정할 수 없는 관계가 있음을 알 수 있었다. 지나간 10년 동안의 경제발전으로 서울과 그 인근 수도권 지역은 80년대에 없어서는 안될 지역이 되었다. 이곳은 전체 국민의 1/4이 살고, 한국의 제조산업공단 대부분이 위치하며, 정치적 리더십과 모든 사회활동 리더십의 중앙이었다. 뿐만 아니라, 대부분 문화 활동과 교육 활동이 수도권에서 이루어졌으니, 한마디로 수도권은 한국의 중력중심이었다. 그런데 어찌 전통적인 방어위주 군사전략을 생각한단 말인가. 전쟁이 터졌을 때 시간을 번답시고 공간을 내 준다는 건 상상할 수 없었다. 북한정권의 전면남침에 수도권 포기는, 말하자면, 입에 담는 것 자체가 불가능했다. 그래서 한국이 택할 유일한 전략은 초전의 짧은 수세 국면을 끝내고 즉각 공세로 전환하는 것뿐이었다. 이것이 80년대 한국군의 적극적 수세-공세 전략, 즉, 즉응반격전략의 배경이었다.

둘째, 재삼 상기하는바, 북한정권은 공격지향적 군사력을 더욱 개선하려는 노력을 끈질기게 경주했다. 이렇게 증대하는 위협에 대처하고자 한국은 북한군 따라잡기 전략을 택해야 했고, 뭐니뭐니해도 전투력증강 전략이 한국 군사전략의 기본요소였다. 1974년부터 1992년까지 70년대, 80년대, 90년대에 걸친 19년간 한국정부는 3차에 걸쳐 전투력 증강계획 집행에 엄청난 국가자원을 밀어넣었다.

셋째, 국내여건은 재언하는바, 북한포용정책이라는 국가전략이 등장해 90년대 말엽의 군사적 사고와 전략개념이 혼미해져 갈피를 잘 잡지 못하게 된다. 북한포용정책이 핵심적으로 주장한 것은, 북한정권은 끊임없이 대한민국의 가치관과 제도들을 파괴하려고 했던 장본인으로서만 볼 것이 아니고, 또한 지난 역사에 민족의 대재앙과 비극을 초래한 극악무도한 범법자로만 인식하지도 말자는 것이었다. 이 정책에 따르면, 북한정권은 형제 같은 존재며, 한국은 가능한 모든 지원을 해주어야 한다. 이렇듯 우호적인 대북자세로의 갑작스러운 전환은 한국의 군인사회에 '주적' 논란을 불러일으켰으니, 간부들과 병사들은 주적에 대한 그같은 논리적 관념에 그저 어리둥절할 뿐이었다. 또한, 주적의 개념을 올바로 인식하는 정신적 초점이 흐려졌다. 이렇게 혼미한 상황이 한국군의 국방의무수행을 위한 방향감각을 무디게 만든 것이다. 결국, 두 가지 현상이 전개되었고, 그것은 부정적인 것이었다. 한국의 군사전략 발전은 그 지향할 바에 혼선이 생기고 발전이 지체되고 있었으며, 북한에 대해 전통적으로 단호한 자세를 일관되게 지녀오던 동맹국 미국과의 이상적이었던 협력도 빛이 바래지고 있었다.

5. 역사적 사실과 이론적 틀의 일치

제 5장까지의 각 장에서도 분석했듯이, 한국의 군사전략 수립은 세 가지 요소의 영향을 받았다. 북한 군사위협의 강도, 한국에 대한 미국의 전방위에 걸친 전략적 영향력, 그리고 한국 국내여건들의 전개였다.

이 세 요소들이 한국 군사전략 수립에 미친 영향은 세 가닥의 이론들로 설명할 수 있음도 밝힌 바 있다. 즉, 고전적 현실주의 이론은 북한의 군사위협이 미친 영향을 설명했고, 신현실주의 이론은 미국의 전략적 영향력이 한국 군사전략 발전을 이끌었음을 증명했으며, 다변인 이론은 한국 국내여건들이 어떻게 영향을 주었는지를 논의했다.

고전적 현실주의는 국정운영에 있어서 힘의 요소를 강조한다. 즉, 국가는 그 힘을 유지하고 증강시키며, 과시하는 데 주된 노력을 기울인다. 1980년대에 북한은 그 경쟁자인 한국의 힘을 약화시켜서 자신의 힘을 증대하고자 했다. 실제로 북한정권은 1983년 미얀마 랑군에서 폭탄공격을 하여 미얀마를 방문중인 한국의 수많은 정치엘리트들을 죽였고, 그리함으로써 한국정부를 약화시키려 했다. 이 공격은 한국을 약하게 만들어서 자신의 정치적 힘을 증가시키려던 것이 구체적으로 드러난 실례였다. 또, 1987년에는 북한정권의 두 특수요원이 중동에서 장기체류 근무를 마치고 귀국하던 근로자 수백 명이 탑승한 한국 여객기를 공중폭파시켰다. 이 공격은 한국이 준비중이던 서울올림픽을 교란할 목적이었으니, 이 또한 경쟁자 한국의 권위를 손상시켜 북한의 힘을 증대하려던 책동이었다.

1990년대에는 냉전이 끝난 데다 북한경제가 커다란 곤경에 빠져 있던 터라 북한정권은 표면적으로 드러나는 공격은 하지 못했지만, 공세적인 전투역량을 향상시키면서 계속해서 군사력을 확대했다. 몇 가지 두드러진 예로써, 특수목적군단 병력을 60,000명에서 88,000명으로 키웠고, 미그-29 전투기 54대 획득처럼 최신정밀무기의 수를 대폭 증가시켰으며, 지상기동작전을 할 군단의 수도 17개에서 20개로 늘였다.

뿐만 아니라, 북한정권은 심각한 경제적 어려움에도 불구, 90년대에 공격적인 군사적 성향을 계속 강조했다. 2개전선 개념, 세 가지 혁명세력의 활용, 김일성이 창안한 배합전략, 그리고 4대 군사노선은 90년대 북한 전략의 공격적 성향을 입증하는 것이며, 공격적 전략은 궁극적으로 북한군이 위세와 힘을 갖추는 데 도움이 되었다.

이처럼, 고전적 현실주의 사고는 북한 군사위협의 무게를 설명하면서 그것이 한국 군사전략 발전에 영향을 미쳤음을 이론적으로 지지하는 것이다.

신현실주의 이론은 국제관계의 영향력이 한 국가의 대내외적 행동 결정에 미치는 효과를 강조한다. 1980년대에 미국 레이건 행정부는 두 가지 정책 조치로써 한국에 대한 영향력을 급격히 증대시켰음을 상기해 보자. 전임 카터 대통령의 주한미군 철수계획을 취소시켰고, 레이건 행정부가 공식 초청하는 첫 국빈 외국 원수로서 전두환 대통령을 백악관으로 초대했다. 이 두 정책은 한국 국내정치에 두 가지 여파를 몰고 왔다. 민주화운동 인사 김대중이 즉결처형에서 종신형으로 감형되었고, 국민의 일반선거가 아니라 군부의 지원으로 권력을 획득했기에 전두환 대통령이 짊어져야 했던 정통성의 고뇌를 경감시켜 준 것이다. 군사적 영역에서 보자면, 레이건 대통령이 카터 대통령의 주한미군 철수계획을 취소한 결정은 한국에서 엄청난 사회적 안도감을 불러오고 안보문제에 있어 한숨을 돌리게 해주었다. 자연히, 한국의 군사문제에 대한 미국의 영향력은 군사전략 분야를 포함, 그 범위와 정도가 실질적으로 상당히 더 확대될 수밖에 없었다.

90년대에 미국이 국가전략의 하나인 핵확산 방지를 목표로 북한과 직접 담판한 것도 한국에 미친 영향은 충격적인 것이었다. 이 담판은 핵확산금지조약을 탈퇴한 북한이 핵무기를 획득할까봐 열렸는데, 한국은 협상 참여에서 제외되었다. 그래서 미·북담판으로 인해 미국은 한쪽으로 말리고 엉킨 듯이 미묘한 영향력으로 동맹국 한국에 대북전략에 관련된 심리적 소외감을 안겨주었다. 한국은 협상 내용에 대해 깜깜무소식인 상태에서 한국의 제1 맹방과

제1 주적이 직접협상을 했던 것이다. 표면적으로는 한국도 미·북 협상을 관찰 추적하면서 미국과의 긴밀한 실시간 협조를 통해 적절한 때에 자신이 바라는 정책을 끼워넣을 수 있었다. 하지만 국지적인 안보상의 난제를 해소할 주도적 위상을 잃었다. 이렇듯, 미국이 우군이 아닌 적을 상대하는 뒤바뀐 상황에서도 한국에 대한 미국의 전략적 영향력은 오히려 더 크게 느껴졌다.

이상과 같이 신현실주의 이론은 미국이라는 외부 존재가 국제관계에서 하는 행동이 어떻게 한국의 국가전략과 군사전략에 영향을 미쳤는지를 설명해 준다.

한편, 다변인 이론은 군사전략 수립을 포함, 한 국가의 행동은 외부의 영향과 국내여건의 영향을 모두 받는다는 점을 주장한다. 80년대 한국 군사전략의 핵심은 수차례에 걸쳐 이행된 전투력 증강계획이 표명하는 자주국방태세 추구였다. 70년대의 박 대통령이나 80년대의 전 대통령 같은 정치적 리더들의 국방에 관한 선견지명 덕분에 한국은 '전투력 증강계획'을 강력하고 효과적으로 추진했다. 이 사업에 투자된 예산비율을 보면 한국이 얼마나 공을 들였는지 알 수 있다. 1차계획(1974-81) 때 전체 국방예산의 31.2%였고, 2차계획(1982-86) 때 30.5%, 3차계획(1987-92) 때 35.8%였다. 전투력 증강에 국방예산의 30% 넘게 투자한 것은 이 계획에 대한 정치지도층의 강력한 의지와 열망을 반영한 것이었다.

그런데 이미 논의된 바처럼, 1990년대 후반에 등장한 한국정부의 북한포용정책을 다시 환기하자면, 이 정책이 북한을 바라보는 시각은 전통적 시각과는 너무도 상이했다. 북한정권은 전통적으로 비합법적인 실체였고, 그 유일한 존재목적은 한국을 파괴하는 데 있었다. 북한정권은 과거의 참혹한 민족적 고통과 비극들에 대해 전적인 책임을 져야만 했다. 즉, 북한정권은 한국의 제1 주적이었음이 엄연한 정치적 현실이었다.

그러나 새로운 대북관념에 따른 북한포용정책의 논리는 완전히 다른 것이었다. 우선, 북한정권은 한민족, 즉, 한국 사람들의 혈족이니까, 북한과 형제의 관계를 구축하는 것이 한국의 안보에 바람직하며, 북한의 형제적 위치를 생각하면 전통적인 미국과의 동맹은 그 중요성이 두 번째로 내려가야 한다. 그래서 한국은 북한이 겪는 현재의 갖가지 곤경들을 구제하기 위해서는 북한으로부터 어떠한 호혜주의적 응분의 행동도 바라지 말고 가능한 모든 정치적, 경제적, 외교적, 재정적 지원을 해 주어야 한다고 했다.

북한을 포용한다는 새로운 국가전략의 개념을 놓고 한국의 군인사회는 이게 무슨 영문인지 이해하기 어려워했다. 먼저, 한국군 엘리트들이 가진 주적에 대한 생각이 흐려지기 시작했다. 즉, 북한정권이 아군에게 위협을 가하는 적인지, 우호적 실체인지, 아니면 중립적 존재인지 그 성격에 대한 정신적 혼란이 나타난 것이다.

그 다음, 한국군 부대들은 일상적으로 발생하는 전방의 현실과 국방당국의 정책 사이에 심한 괴리를 느끼게 된다. 북한군은 비무장지대에서 수많은 도발을 계속 자행했지만, 국방당국은 이런 사태들을 각 부대에 충분히 설명하고 설득할 수가 없었으니, 현지의 군 지휘관들도 북한의 그런 도발에 적절한 대응을 할 수 없었다.

그리고 또 문제되었던 것은 국방계통의 공직자들이 국가전략과 군사전략 사이의 합리적인 연계논리를 바로 세우기 힘들었다는 점이다. 1948년 한반도에서 대한민국이 출범한 이래 대한민국 군사전략은 확고한 대전제를 기초로 했다. 즉, 북한정권은 비합법적 정치실체로서 끊임없이 한국정부를 파괴하려고 행동해 왔고, 따라서 한국군의 제1주적이었다. 하지만, 북한포용정책이 한국정부의 국가전략으로 등장하자 한국군은 그러한 근본적인 대전제를 잃어버렸다. 실로, 한국 군사전략의 성격과 내용을 규정하는 데 너무도 큰 어려움이 생긴 것이었다.

요약하면, 갑자기 등장한 북한포용이라는 국가전략이 빚은 결과로, 한국의 군사전략은 주적에 대한 전통적 개념과 새로운 대북관념 사이의 괴리로 말미암아 제대로 된 발전이 지체되었다. 다시 말해, 이 연구에서 내세운 가설과 관련해서 말하자면, 한 국가의 행동결정, 즉, '대한민국 군사전략 수립'은 국가의 '내부여건' 즉, 북한포용정책에서 나온 정치적 요구에 의해 대단히 영향을 받았음이 이론적으로 입증된 것이다.

결국, 지금까지의 논의처럼, 1980년대와 90년대에 전개된 역사적 사실들과 본 연구의 이론적 틀 사이에는 확실한 조화가 성립되었음을 알 수 있다. 이는, 연구에 적용된 세 가지 이론들이 80년대와 90년대에 안보정책에 관련되었던 역사적 사실들을 설명하고 수용할 수 있다는 뜻이다.

6. 세 가지 가설의 타당성

이 연구의 첫 번째 가설은 "동맹국 간에 위협에 대한 인식의 공통성이 많을수록 그들의 군사전략은 더욱 일치한다."는 것이다. 이 가설은 1980년대의 경우에 잘 들어맞는다. 레이건 행정부는 소련을 미국의 안보에 심각한 위협으로 보았다. 그리하여 미국의 중추적 군사력을 강화하고 동맹국들과 유대를 공고히 하는 갖가지 수단으로 공산주의 위협을 억제하는 전략을 추구했다. 한편 한국은 1983년 미얀마 랑군에서 북한 테러분자들의 폭탄공격으로 정부 각료들이 사상당하는 피해를 입고, 1987년 한국 민간여객기가 북한비밀요원에 의해 공중폭파당하는 등, 80년대에 북한의 호전적 도발로 인한 고통을 받았다. 그리고 한반도의 군사력 동향은 여전히 부정할 수 없도록 북한이 우세했고, 이는 한국인들로 하여금 북한에 의해 항상 위협받고 있다는 생각에 시달리게끔 만들었다. 요컨대, 한미양국은 80년대에 그 범위는 서로 달랐을지몰라도 위협에 대한 비슷한 인식을 공유했다. 그리하여 80년대의 미국 군사전략, 즉, 단호한 행동으로 공산주의 위협에 대응하고 작은 맹방들이 공산주의자들의 내란봉기에 맞서 싸우도록 지원하는 전략과 한국의 군사전략, 즉, 자주국방 노력과 적극적인 수세-공세 작전전략은 서로 그 성격이 일치했다. 두 나라는 공산 정권들의 팽창에서 연유하는 공통된 위협에 대한 인식을 공유했기 때문이다. 따라서 첫 번째 가설은 1980년대 상황에서 그 타당성이 입증되었다고 하겠다.

두 번째 가설은 "동맹국 중 더 강한 나라가 더 약한 나라의 방위에 압도적 기여를 할수록 약한 나라는 강한 나라의 군사전략을 맹목적으로 따른다."는 것. 1970년대 말부터 미국의 한국에 대한 경제 및 군사 지원이 종료되었기에 이 가설은 90년대의 경우에 문자 그대로 적용할 수는 없다. 그보다는 두 번째 가설이 정반대로 바뀐 가설, 즉, "약한 동맹국의 방위에 대한 강한 동맹국의 기여가 축소되면 두 동맹국은 서로 다른 군사전략을 선택한다."는 가설이 90년대의 경우 활용될 수 있으리라. 지난 5장까지도 논의되었듯이, 원래 최초에 제기했던 가설과 가설로 제시했던 상황의 변형으로 인해 전도된 새로운 가설은 정확히 동일한 것은 아니지만, 전도된 가설도 원래 가설의 전제를 일반적 의미에서는 지지한다. 90년대에 미국은 냉전 후의 안보환경을 경험하면서 그에 따르는 새로운 위협들에 직면했다. 또한, 미국의 대한군사 및 경제 원조가 70년대 말부터 종료된 상태였기에 한국의 방위에 압도적인 지원을 더 이상 하지 않고 있었다. 이와 대조적으로 한국은 수차례에 걸친 경제개발 5개년계획의 성공으로 상당한 국력을 축적했다. 대외적으로도 90년대 초에 소련과, 그리고 곧 이어서 공산 중국과 공식 외교관계를 맺었는데, 이들은 1945년 이래 북한정권을 밀접하게 지원했던 나라였다. 이렇듯, 냉전 후 미국의 군사전략은 테러나 민족분규, 자원전쟁, 지역별 패권국의 등장 같은 비재래식 위협에 집중했고, 한국은 한국군보다 월등한 격차로 우세하던 북한군의 위협에 대처하는 데 여전히 주력하고 있었다. 그러므로 두 번째 가설이 90년대의 경우에 타당성이 증명되었음을 논리적으로 단언할 수 있겠다.

이제 세 번째 가설을 보자. "약한 동맹국이 위협을 가해오는 적에 대항할 충분한 힘을 기르면 약한 동맹국의 군사전략은 강한 동맹국의 영향에서 독립하려는 경향이 있다." 80-90년대 한국은 국내총생산량, 1인당 국민소득, 무역량, 국민 소비량 등 거의 모든 영역에서 북한을 앞서 나간다고 경제지표들이 가리키고 있었다. 물론 경제적 우세가 바로 국력과 군사력의 우세라고 해석할 수는 없지만, 90년대 후반의 한국정부는 축적된 경제력을 바탕으로 북한을 껴안는 포용정책을 시행했다. 이 정책은 성격이 모호해진 군사전략을 낳는다. 무슨 말인가 하면, 북한을 포용하는 국가전략은 북한정권이 역사적으로 대한민국의 가치관과 제도를 파괴하려고 끊임없이 시도해오던 장본인이라고 그 진정한 본성을 공개적으로 지목하는 것을 지양했다. 이러한 정책을 바탕으로 한 한국정부의 군사전략은 북한정권을 한반도에 있는 고전적 개념의 적으로 보는 미국의 전통적이고 보수적인 전략과 충돌해야만 했다. 북한의 위협에 대한 인식이 다르고 북한정권의 호전적 본성에 대한 인식이 다름에 따라 한·미 두 동맹국 간에 벌어진 충돌은 다름 아닌 세 번째 가설이 타당함을 나타내는 것이다.

다시 말해, 한국정부는 한국의 군사전략이 전통적인 미국의 전략적 영향력에서 독립하게 만들고자 했다. 한국이 이처럼 미국의 영향력에서 독립하려고 시도한 것은 90년대 후반 한국이 북한에 비해 국가경제력의 월등한 우세를 달성했다는 사실 하나 때문에 가능했던 것이다. 그러므로 90년대의 경우 우리의 세 번째 가설의 정당함이 입증되었다고 공언하는 바다.

제 7 장
결 론

1. 연구 결과에 대한 개관

1948년 한반도의 남쪽에는 '대한민국'이, 북쪽에는 '조선민주주의인민공화국'이라는 나라가 생겼다. 그 이후 서로 전혀 다른 두 이질적인 정치 체제는 자신을 후원하는 세력의 보호를 받으며 각자의 생존과 정치적 정통성을 위한 무서운 투쟁을 벌여왔다. 이들은 정반대되는 정치적 신조로 인해 서로에게 결코 수그러들 줄 모르는 적대감을 나타냈다. 두 정치체제는 각자의 군대를 편성해서 보유했고, 이는 국가의 생존투쟁을 위한 도구로 쓰였다. 북한군은 남쪽의 경쟁자를 패배시켜 한반도를 통일한다는 일관된 정치목표 아래 조직되었으며, 소련의 관대한 군사지원 덕분에 더욱 강한 전투력을 갖추었다.

한국군은 주한미군정청의 주도로 창설되었다. 하지만 그 전투력은 한국에 대한 미국의 인색한 군사지원 때문에 북한군에 훨씬 못 미치는 것이었다.

월등히 강력한 군사력으로 북한정권은 사회주의 정치교리 아래 한반도를 통일하려고 1950년 한국에 대한 기습남침공격을 했으나, 대한민국이 붕괴하려던 절체절명의 시각에 미국이 대규모 군사력으로 개입해서 북한군을 막아섰다. 이번에는 북한군이 한·중 국경까지 북쪽으로 쫓기자 공산 중국이 북한정권을 구하고자 압록강을 건너왔다.

이제 전쟁은 미국과 공산 중국의 군사력이 부딪치는 국제전쟁이 되었고, 결정적 승패없이 3년을 끈 다음 1953년 휴전협정이 체결되었다. 그때 이후 남북한의 두 적대적 정치체제는 각자의 국가생존과 정치적 정통성과 군사적 우위, 그리고 더 나은 경제적 입지를 위해 죽기살기로 경쟁을 벌여왔다.

이론적으로, 남북한 간의 싸움을 고전적 현실주의 사고로 설명하자면, 두 정치체제는 힘의 논리와 자주적 노력의 원리에 따라 각자의 국가생존을 추구했다는 것이다. 한편, 신현실주의 이론은 남북이 끊임없이 각자의 후원세력과 동맹하여 힘을 증강하고 과시하려 했다는 점을 중시한다. 그리고 다변인 이론은 남북한이 각자 군대를 창설하고 유지하게 영향을 준 국내여건들과 그 일련된 과정을 설명해 주는 것이다.

2. 1950년대 한국의 군사전략

갓 태어나 걸음마 단계였던 1950년대 한국은 군사전략이라고 이를 만한 것을 갖지 않았다고 할지 갖지 못했다고 할지, 그런 것이 없었다. 하지만 개념상으로나마, 한국의 군사전략이었다고 일단 부를 만한 것을 세 가지 면으로 엿볼 수 있다. 신속히 군대를 창설해야겠다고 생각한 것과, 미국이 군사물자를 제공해 주도록 설득해야겠다는 구상과, 북한의 군사위협을 억지하고 막아야겠다는 판단이었다. 그런데 이러한 개념구상이 명확히, 또는 공식적으로 문서화되어 남아 있는 것은 존재하지 않는다.

문서에 가장 가까운 형태로 남아 있는 50년대 한국 군사전략은 1950년 3월 25일의 '육군본부 작전명령 제 38호'다. 그러나 이것은 단지 특정 전방부대들의 역할을 설명해 놓은 것이지, 한 국가의 군사전략을 구성하는 데 필요한 요소들을, 즉, 군사력 운용, 군사력 전개, 전력발전, 그리고 이들 요소들의 유기적 조정을 다룬 것이 못 된다. 그래서 육본명령 38호는 군단급 부대의 전술계획이라고 하겠다.

한국의 군사전략이 상대적으로 불완전했던 세 가지 이유가 있다. 첫째, 북한정권은 군간부와 기술자들의 훈련, 전투장비 확보, 군사고문관들의 도움 등에서 소련군의 체계적이고 관대한 지원을 받아 북한군을 급속히 성장시켰다. 또한 북한군은 1940년대 중국 국공내전에서 공산당 인민해방군 편에서 함께 싸운 한인 제대군인들을 대거 받아들였는데, 이들이 북한군 초창기의 급속한 전력 확대에 기여했다.

이 밖에도 북한정권의 지도층은 남북한을 무력으로라도 통일해야겠다는 정치적 야심과 철학을 오랫동안 품어왔었고, 공산당의 주도적 역할로 북한사회에서 정치적 힘을 공고히 다졌다. 그리고 군대양성을 위한 효과적인 인적자원 동원수단으로서 젊은이들에게 공산당의 특유한 정치이념을 선동하면서 '팔았다.'

요약하자면, 북한군은 한국군보다 두 배 많은 병력을 보유했고, 전투장비는 비교가 필요 없이 우월했으며, 훨씬 더 유능한 리더십이 이끌어가고 있었다.

한국 군사전략이 불완전했던 두 번째 이유로서, 주한미군정청이 한국 군사전략 발전에 불리하게 영향을 미쳤다. 미군정청은 1945년 9월 한반도 진주 후 효과적 군정수행을 위한 적절한 정치적 지침을 상부로부터 못 받았기에, 원활한 군정에 필요한 행정 준비가 안 되어 있었다. 소련이 북한의 전략적 중요성을 인식했던 것과는 달리, 한반도에 대한 미국의 인식은 모호하고 불분명했다.

미군정청은 1946년부터 한국군 창설계획을 세웠다. 그러나 창설된 부대는 국내질서와 안정 유지가 목적인 경찰예비대의 지위와 기능만 있었을 뿐이다. 1950년 6·25전쟁이 터지자 대규모로 투입된 미군의 광범위한 영향력으로 미국이 전쟁수행의 군사적 주도권을 갖게 되었고, 이로 인해 한국군은 조직으로서의 독립성을 갖추기 힘들었다. 게다가 한국정부는 6·25전쟁 발발 직후 와해 직전이던 한국군에 대한 작전지휘권을 1950년 7월 UN군/주한미군 총사령관에게 위임했다.

세 번째, 한국 국내여건도 바람직한 군사전략 수립에 불리하게 작용했다. 1945년 광복후 한국사회는 보수적 민족주의 우익과 혁명적 사회주의 좌익으로 정치세력이 갈라졌다. 미군정청이 창설을 추진한 한국군에 입대를 지원한 자들의 과거 군대경력과 개인적 출신배경도 다양했다. 일본제국군, 중화민국 국민정부군, 광복군, 만주군 출신 등이었다. 또 어떤 이는 장교 출신인가 하면 일본제국군에 징집되었던 학도병도 있었다. 이처럼 새로운 군대의 지원자들은 이념적으로, 정신적으로, 그리고 개인적 배경에서 서로 분열돼 있었다.

이러한 국내여건들이 한국 군사전략의 바람직한 발전을 방해했다. 또한 북한군의 급속한 성장은 한국의 재빠른 반응을 일으켜 한국군이 급히 창설된다. 이 때문에 안정된 상태에서 전문직업적인 방식으로 군사전략을 숙고해볼 여유가 없는 불리한 여건이 조성되었다. 모든 노력은 군대를 일단 창설하는 데에만 지향되었다.

1950년 6·25전쟁 발발 후 한국군의 급속한 팽창은 군사전략 발전을 오히려 더디게 만든 또 하나 이유다. 군간부들의 계급 인플레이션도 있었지만 그들의 전문성은 아직 부풀어난 계급을 따라가지 못하는 현실이었으니까.

이 연구에서 제기된 세 가지 가설의 타당성은 다음과 같이 분석되었다.

1950년대의 상황은 첫 번째 가설, 즉, "동맹국 간에 위협에 대한 인식의 공통성이 많을수록 그들의 군사전략은 더욱 일치한다."는 것과 조화를 이룬다. 한미양국은 모두 북한에 대해 적대적인 군사전략을 세워놓고 있었다. 한국은 북한을 국가생존을 중대하게 위협하는 집단으로 보았고, 미국은 소련의 팽창에 맞서는 미국의 국가이익을 북한이 심각하게 침해한다고 보았다.

50년대 한국 상황은 두 번째 가설과도 일치한다. "동맹국 중 더 강한 나라가 더 약한 나라의 방위에 압도적 기여를 할수록 약한 나라는 강한 나라의 군사전략을 맹목적으로 따른다."는 가설이다. 미국은 한국에 원조와 안보를 제공할 유일한 나라였고, 한국은 이를 일방적으로 받기만 할 처지였으니, 미국의 군사전략을 따라가는 길밖에 없었다.

그런데 세 번째 가설, "약한 동맹국이 위협을 가해오는 적에 대항할 충분한 힘을 기르면 약한 동맹국의 군사전략은 더 강한 동맹국의 영향으로부터 독립하는 경향이 있다."는 말은 50년대에는 적용할 수 없다. 한국의 50년대 국력, 특히 군사력은 아직 북한에 비해 훨씬 뒤떨어져 있었던 까닭이다.

3. 1960년대 한국의 군사전략

50년대와는 달리, 60년대 한국의 국가전략과 군사전략은 군대를 월남전에 파병했다는 점에서 더욱 적극적이고 목적의식이 확실했다. 60년대 한국 군사전략의 두 가지 골자를 꼽으라면, 국방문제에 있어 자주적이고 자기주장이 강한 조치를 취한 것, 그리고 미국과 협력을 지속하면서 동시에 한국에 대한 미국의 군사적 지원에 의존한 것이었다.

자주적이었다는 얘기는 갖가지 자주자립적인 노력을 했다는 말이다. 예로써 250만 향토예비군을 무장 편제화했고, 특별방위세를 신설 도입했으며, 직업군인의 보수체계를 합리적으로 현실화했음을 들 수 있다.

자기주장이 강했다는 얘기는, 북한정권이 자행한 도발들에 대해 단호하고 정당한 징벌조치를 해야 한다고 한국 대통령이 미국에 주장한 것이 대표적 사례다. 1968년 1월 북한군 특공대가 청와대 인근까지 침투했고, 박정희 대통령 암살을 기도하다 일망타진된 사건, 이틀 뒤 미해군 정보함 푸에블로호를 북한이 동해의 공해상에서 나포한 것, 동년 11월 북한 무장공비 130명이 동해안 한국영토에 침투한 것, 그리고 역시 동해상에서 미공군 EC-121 정찰기를 북한이 격추시킨 사건 등등, 북한정권의 도발이 그칠 새 없었다. 그러나 북한정권을 징벌해야 한다는 한국 대통령의 주장은 이루어지지 못했다. 당시 북한에 나포되어 억류된 미해군 정보함 푸에블로호 승무원들을 석방시켜 데려와야 한다는 것이 미국에게는 더 급한 목전의 의제였던 탓이다.

한미협력 문제는 한국이 미국으로부터 갖가지 지원과 협조를 받아야 할 입장에서 나온 것이다. 주한미군을 철수하지 않겠다는 약속을 미국이 해 주어야 했고, 한국에 대해 시행해 오던 군사지원 프로그램을 대폭 한국에 이관하는 계획을 미국이 완화시켜 주어야 했으며, '주한미군지위 협정'에 대한 협상에 미국이 수용적 태도를 보여주기를 바랐던 것이다. 이외에도 물론 한국군은 다방면으로 미국의 지원이 필요했다.

그러면 60년대 한국 군사전략에 영향을 준 세 가지 요소는 무엇인가? 첫째, 북한정권이 계속해서 한국의 안보와 안정을 위협했다. 북한정권은 6·25 전쟁으로 입은 피해를 대체로 원상복구하는 데 성공하고, 한국에 비해 군사력의 명백한 우위를 달성했다. 60년대에 총병력을 83,000명 증원했고, 지상군 전투장비와 공군자산의 역량을 대폭 향상시켰다. 그 뿐 아니라 4대 군사노선과 김일성이 창안한 배합전략에서 보는 바처럼 자체의 고유한 공격적 군사전략을 갈고 닦았다.

국제적 상황을 보면, 월남전도 김일성에게 한반도의 남북대결에 대한 새로운 시각을 제공했다. 만약 한국내에서도 정치적 저항세력, 즉, 한국내의 토착혁명 게릴라 세력이 형성되어 생존할 수 있으면, 그리고 외부의 세력, 즉, 북한정권이 지속적으로 지원을 해 준다면, 훨씬 강한 적에 대해, 즉, 미군과 한국군에 대해 약한 세력이 맞붙어서 싸우고 그리고 성공적으로 이길 승산이 있다고 판단한 것이다.

또한 전술한 바 있듯, 북한정권은 공격적 전략을 채택했다. 1968년 한국 대통령을 암살하려고 청와대 습격을 시도한 것과 공해상에서 미정보함을 나포한 것, 무장공비 130명을 한국영토에 침투시키고, 이듬해 미공군 정보기를 격추시키는 등 모든 도발의 공격적 성향이 확연했다. 북한정권이 도발적 전략을 감행하니 자연히 한국은 자주적이고 자립적인 군사전략의 길로 나아가게 된 것이다.

둘째, 60년대에 미국은 월남전의 수렁에 완전히 빠져 전략적으로 심각한 진퇴양난 상황이었다. 압도적 군사력으로 전쟁을 지속하느냐, 아니면 미국의 명예와 권위를 유지한 채 월남에서 발을 빼느냐의 사이에 중간의 대안이 없었다.

이렇게 월남전에 몰입되어 있던 미국이 동아시아에서 또 다른 전선을 펼칠 수 있었겠는가. 그래서 북한정권이 60년대에 수많은 도발을 획책하고 저질러도 앞서 보았듯이 그에 대한 미국의 반응은 미지근할 수밖에 없었다.

이런 상황에서 미국과 한국이 선택한 군사적 우선순위에는 극명한 차이가 표면화된다. 한국은 북한정권의 도발을 응징하고자 했고, 미국은 그같은 보복을 용인할 수 없었다. 그럼에도 불구하고 미국은 전처럼 네 가지 수단과 체계로써 한국에 막강한 전략적 영향력을 미쳤다. 한미상호방위조약, 주한미군의 존재, UN군/주한미군 사령관의 한미 양국군에 대한 군사지휘권, 그리고 비록 규모가 축소되고 있었지만 미국은 한국에 경제적, 군사적 지원을 계속하고 있었음이다.

다루기 힘든 월남전 문제를 해결하고자 미국은 한국군의 월남파병을 재촉했다. 당시 주한미군이 월남전선을 증원하려고 한국에서 철수한다는 소문도 파다했기에 한국은 한반도의 방위력 약화를 극도로 우려하던 참이었다. 결국, 한국은 전투부대 월남파병에 동의한다. 이런 와중에 한국은 미국과 병력 파월문제로 협상하면서 전례 없을 정도로 자기주장을 적극 펼쳐 관철시켰다.

미국은 또한 60년대에 정부의 재정 압박 때문에 한국을 지원해 오던 군사지원 프로그램을 대폭 한국정부 부담으로 이관하는 군사원조 축소를 주장하고 있었다. 미국 군원담당관들은 한국이 국방비의 짐을 더 맡아야겠다고 조언했다. 원조 감축을 토론하는 과정에서 미국은 또 한 번, 미국이 원조를 시작하던 때처럼, 한국의 국방정책에 영향을 주었다는 얘기다. 이렇듯, 미국이 월남전 늪에서 못 빠져나오고, 한국을 위한 경제적, 군사적 원조를 줄여가고 있었지만, 미국은 여전히 군사문제를 포함, 한국의 국가업무 전반에 상당한 영향력을 미치고 있었다.

셋째, 60년대 초부터 한국사회는 박정희 정부의 리더십으로 정치적 자기의존과 경제적 자립 및 사회적 원기회복, 그리고 군사적 각성의 정신으로 가득 찼다. 자기의존의 한 가지 주목할 결과가 국가전략과 군사전략의 재평가였다.

월남파병이라는 과업에 직면해 한국은 국가전략과 군사전략에 집중했다.

전반적인 국가이익을 계산하면서 가능한 행동 방안들을 숙고했고, 위험 요소와 소요 비용을 저울질해서 가장 유익한 방안을 선택하려고 노력했으며, 적절한 정부 부서를 골라 임무를 부여했다. 동시에, 한국군 간부들은 국군 파월을 놓고 미국의 정책담당 관리들과 마주하면서 든든한 협상전술을 배양했다.

다시 말해, 한국의 국정운영 역사에서 처음으로 국가전략과 군사전략의 연결이 이루어지기 시작한 것이다. 월남파병에 수반된 긍정적인 현상 하나는 한국군 간부들의 자신감 습득이다. 그들은 월남전에서 미군이나 기타 어느 동맹군 못지 않게 훌륭히 싸웠다고 자부하지 않았던가.

이 연구가 제기한 세 가지 가설은 60년대의 경우 그 타당성이 다음과 같이 분석되었다. 한미양국은 60년대에 위협에 대한 공통된 인식을 공유하지는 않았다. 한국은 북한의 도발들을 국가생존에 대한 가장 중대한 위협으로 간주했고, 미국은 국가이익에 대한 주변적인 위협으로 보았다. 그 때는 미국이 월남전에 집중하고 있었기 때문이다. 그래서 첫 번째 가설에서 파생한 필연적인 귀결로서 "위협에 대한 동맹국 간의 상이한 인식은 그들의 상이한 군사전략으로 이어진다."는 전제가 60년대의 상황에 적용된다 하겠다. 이 새로운 전제는 원래 첫 번째 가설, 즉, "동맹국 간에 위협에 대한 인식의 공통성이 많을수록 그들의 군사전략은 더욱 일치한다."는 것과 정확히 동일한 것은 아니다. 하지만 60년대의 실정에 대입해 볼 때 원래 가설과 동일한 가치가 있다고 우리는 받아들일 수 있으리라.

60년대는 한국에 대한 미국의 영향력이 줄어들기 시작한 시기였다. 한국이 괄목할 만한 경제성장을 하고, 미국은 한국에 대한 군사지원 감축 의사를 비추었으며, 그 결과 한국은 국방비 몫을 더 짊어졌기 때문이다. 그리하여 한국은 미국의 영향에서 되도록이면 독립하려는 태동기의 단계를 보이기 시작했다. 그런즉, 두 번째 가설에서도 필연적인 새로운 귀결이 파생된다. 즉, "더 강한 동맹국의 지원감축은 약한 동맹국이 전자의 영향으로부터 독립하려는 초기행동을 유발한다."는 것이다. 이 새로운 귀결도 원래 두 번째 가설인 "동맹국 중 더 강한 나라가 더 약한 나라의 안보에 압도적 기여를 할수록 약한 나라는 강한 나라의 군사전략을 맹목적으로 따른다."는 것과 절대적으로 동일하지는 않다. 그럼에도 이 새로운 전제는 원래 가설이 내포한 일반적 전제를 지지하는 것이다.

60년대에 한국은 여전히 가공할 북한의 위협을 마주하고 있었다. 김일성은 북한정치에서 개인적 카리스마와 힘을 확고하게 다졌고, 북한공군의 힘이 엄청나게 증강되었으며, 자신이 직접 창안한 가공할 군사전략들을 완성했던 것이다. 물론 한국이 제법 눈여겨볼 만한 경제적 성공을 거두었다고는 하나, 그 전반적인 국력은 아직 북한과 맞수가 되기 어려웠다. 특히 군사력에서 그러했다. 따라서 세 번째 가설, 즉, "약하고 의존적인 동맹국이 위협을 가해오는 적에 대항할 충분한 힘을 기르면 약한 동맹국의 군사전략은 더 강한 동맹국의 영향에서 독립하는 경향이 있다."는 것은 60년대의 상황과는 다르다. 다시 말해, 세 번째 가설은 60년대의 경우에 그 현실상의 증거를 제시할 수 없으므로 입증할 수가 없다.

4. 1970년대 한국의 군사전략

70년대 한국 군사전략을 대표하는 두 가지 개념은 1974-81년에 걸친 전투력 증강계획과 70년대 초에 시작한 방위산업 구축이다. 전술한 바, 지역정세를 긴장시킨 북한의 연속된 도발책동은 한국으로 하여금 자주국방 계획에 착수하게 만들었다.

정치적 측면에서 보아, 유신체제 시절 한국정치에서 절대적 권력을 지닌 박정희 대통령은 국가전략과 군사전략 사이의 바람직한 연결을 소신껏 이루어냈다. 구체적으로, 박정희 행정부는 강인한 의지와 행정능력으로 자주적 군사전략을 효과적으로 이행했다. 특히 전투력증강계획을 지속적으로 추진해서 성공했고, 독자적인 방위산업 건설에 착수했던 것이다.

당시 국제정세를 보면, 카터 행정부가 주한미군을 철수하겠다는 계획이 1976년부터 나돌기 시작했으며, 이것이 한국의 자주국방전략을 결정적으로 촉발시켰다.

70년대 한국 군사전략의 성격과 내용에 영향을 준 요소 세 가지를 상기해 보자. 첫째, 북한정권은 50-60년대의 혁명적 투쟁사관을 그대로 유지했다. 즉, 세계역사는 '진보세력'과 '제국주의/반동 세력' 간의 투쟁의 역사라는 것이다. 아시아에서 벌어지는 반제국주의, 반반동주의 투쟁은 올바른 역사의 방향이라고 생각하고, 북한이 이러한 역사적 투쟁의 선봉에 섰다고 자칭했다.

북한정권은 계속해서 한국을 미국의 식민지로 간주했다. 그리고는 스스로에게 두 가지 역사적 사명을 부여한다. 미국의 "한국 점령"을 종식시키고 "불법적인" 한국 정치체제를 파괴해 버리라는 것이었다.

북한에서 군사전략에 대내적으로 영향을 미친 세 가지 요소는 김일성의 개인 권력이 최고조에 달했다는 것, 산업면에서 기초적인 제조업 능력이 달성된 것, 그리고 군사·경제 병진정책이었다. 이 세 요소가 갖는 군사적 함의는, 북한군은 김일성 개인의 세계관과 의도에 따라 운용될 수 있게 되었고, 북한은 이제 기본적인 군사무기를 자체생산하게 되었으며, 그리고 북한정권은 경제상태를 끌어올리는 노력을 하면서 동시에 군사력을 증강시킨다는 오직 한 길로 매진하게 되었다는 점이다.

한편, 전지역 요새화, 전군 간부화, 전인민 무장화, 전군 현대화를 뜻하는 4대 군사노선은 60년대에 김일성이 주도한 것으로서, 북한정권이 당시의 국내외 정세를 논리적으로 평가해서 만든 정책이다. 사실, 북한군은 70년대가 되면서 병력, 전투장비, 해공군 능력면에서 한국군보다 평균 2:1로 우세해지는 놀라운 상승세를 보였다.

요컨대, 북한의 군사위협은 세 가지 양상으로 나타났다. 북한정권은 김일성이 무소불위한 개인적 힘으로 좌지우지하는 무력을 써서라도 한국을 통일하겠다는 정치목표를 계속 신봉했고, 군수물자 생산을 포함한 산업능력 향상으로 엄청나게 공격적인 군사력의 면모를 갖추었으며, 그 군사력을 운용할 방식, 이를테면, 공격적 군사전략을 완성했다는 것이다. 북한정권의 이같은 군사적 위세는 결국 70년대 한국으로 하여금 자주적인 군사전략을 시급히 모색하는 길로 나아가게 만들었다.

둘째, 미국의 전략 변화도 한국 군사전략에 영향을 주었다. 월남전 패배의 고뇌가 채 가시지 않은 데다 중·소분쟁 같은 새로운 국제정세를 이용할 필요가 생기자 미국은 70년대에 닉슨 닥트린이라는 그때까지와는 전혀 다른 국제관계의 개념을 도입하고 그 전략을 집행했다. 여기서 특별히 밝힌 내용에는, 미국은 동맹국을 위한 안보공약을 존중하고, 동맹국에 대한 핵공격 위협에는 미국이 핵우산을 제공하며, 기타 공격이 있으면 미국이 군사·경제적 지원을 하되, 공격을 직접 받는 당사국들이 자신의 방어에 가장 중요한 책임을 지라는 것이 포함되었다.

그런데 닉슨 닥트린에 따르면, 미국은 주한미군 2개 보병사단 중 제7사단

20,000명을 1971년도에 철수하기로 돼 있었다. 한국은 미군 철수를 격렬히 반대했다. 하지만 미국은 한국의 반대를 누그러트리고 그 보상으로 한국군 발전을 위한 15억 달러 규모 5개년 한국군 현대화계획을 지원하기로 약속했다.

닉슨 닥트린의 세 가지 요체는, 미국은 아시아에서 또 다른 지상전에 개입해야 할 필요가 있을 때 그 결정에 전략적 유연성을 지닐 것과, 위협을 받은 동맹국이 기본적인 방위 책임을 짊어지라는 것, 그리고 중·소분쟁을 이용하기 위해 공산 중국과 거의 동맹국 수준인 전략적 동반자관계를 맺는다는 것이다. 이처럼 일방적이고 기습적인 조치는 한국으로 하여금 미국의 방위공약과 관련해 한국의 위치를 다시 생각하게 만든다. 즉, '자주국방' 전략 선택의 불가피성이었다.

그리고, 60년대부터 한국이 산업화하면서 서울이 전략적으로 중요해지자 UN군/주한미군 사령관들은 한국방어계획을 수정했다. 전쟁이 나면 일단 후퇴하는 수동적 전략으로부터 확고한 전진방어계획으로 전환해 적이 서울에 닿기 전 수도권 북방에서 무력화시키는 것이었다.

이렇듯 70년대에 주한미군 일부를 철수시키고 대한원조를 축소하기 시작하면서도 미국은 한국에 전략적 영향력을 전과 같이 발휘하는 위치에 있었다.

셋째, 70년대 한국 군사전략 수립에는 세 가지 국내여건의 결정적인 영향도 있었다. 국가안보 업무에 있어서 박정희 대통령의 리더십, 한국정부가 더 많은 국방비를 부담할 수 있게 해 준 경제규모의 성장, 그리고 새로 창설된 한미연합사령부 지휘체계에 한국군 간부들이 참여한 것이다.

1972년 10월 공포된 유신체제는 박정희 대통령의 권한을 막강하게 확대했으며, 국내외의 자유주의적 계층으로부터 극심한 비난을 받았다. 그런데 국방문제에 있어서는 박 대통령의 정치적 권력 확대가 군사전략 발전에 긍정적 기여를 한다. 먼저, 확대되고 공고화된 정치적 권한으로 인해 한국의 국정운영에서 국가전략과 군사전략이 단단히 연결되었다. 그리고 박 대통령의 강한 의지와 결함을 싫어하는 그의 행정력은 전투력 증강계획 실천과 방위산업 구축이 말 그대로 전혀 제약받지 않고 추진되도록 해주었다.

박정희 정부가 수차례에 걸친 연속된 경제개발 5개년계획을 성공함으로써 한국경제는 1962-66년에 연평균 7.7% 성장했고, 67-71년에 10.5%, 72-76년에 10.9%, 그리고 70년대 나머지와 80년대 초에 9% 성장을 기록했다. 미국의 군사원조는 70년대 말에 사실상 종료되다시피 했기에, 확대 성장한 한국경제만이 거의 모든 국방비 지출을 감당해야 했다.

1950년 6·25전쟁 이후 한국군에 대한 작전지휘권은 미국정부의 일방적인 의도와 결정으로 오직 UN군/주한미군 총사령관만이 행사해 왔었으나, 1978년 11월 한미연합사가 창설되어 한국군 간부들도 한반도 군사문제의 의사결정과정에 미군과 거의 동등한 자격으로 참여하게 되었다. 한국군의 연합사 지휘체계 참여는 세 가지 장점이 있었다. 한국정부의 전략적 욕구사항을 군사지휘계통에 반영할 수 있었고, 한국군 간부들이 전략적인 문제를 결정하고 작전개념 문제를 다루는 데 익숙해졌으며, 군사문제에 자주적 결정권이 없다는 한국군 장교들의 불만이 누그러졌음이다.

연구에서 제기된 세 가지 가설의 타당성은 다음과 같이 분석되었다. 첫 번째, "동맹국 간에 위협에 대한 인식의 공통성이 많을수록 그들의 군사전략은 더욱 일치한다."는 가설은 70년대의 경우 적용되지 않는다. 한미양국은 위협에 대한 공통된 인식이나 국제적 상황에 대한 공통된 평가를 공유하지 않았던 탓이다. 미국은 공산 중국과 소련을 상대로 전략적 관계를 맺는 데 관심이 기울어져 있었고, 한국은 북한정권이 한반도에서 가해오는 국지적 위협에 여전히 집중하고 있었다. 다시 말해, 미국은 공산주의 세력들과의 화해나 긴장완화 전략을 채택한 반면, 한국은 끊일 날 없는 북한의 군사위협에 대처해 자주국방 전략의 길을 모색하지 않을 수 없었다. 따라서 첫 번째 가설이 전도된 필연적 귀결로서 "위협에 대한 동맹국 간의 상이한 인식은 그들의 상이한 군사전략으로 이어진다."는 가설이 70년대의 현실에 적용된다. 물론 원래 가설과 전도된 새 가설은 엄밀하게 똑같은 것이 아니지만, 전도된 가설도 원래 가설의 일반적 개념처럼 이해하고 받아들일 수 있으리라.

70년대에 미국은 한국에 대해 부정적인 정책을 시행했다. 주한미군 일부를 철수시켰고, 경제 및 군사원조를 축소했다. 그러므로 두 번째 가설, "동맹국 중 더 강한 나라가 더 약한 나라의 안보에 압도적 기여를 할수록 약한 나라는 강한 나라의 군사전략을 맹목적으로 따른다."는 것은 말 그대로 직접 적용할 수 없다. 그 대신, "약한 동맹국의 방위를 위한 강한 동맹국의 지원 감축은 두 동맹국 간에 상이한 군사전략을 낳게 한다."는 것이 70년대의 상황에 맞겠다. 이 경우도 또한 원래 가설과 전도된 새로운 가설은 완전히 동일한 것은 아니지만, 새 가설의 전제도 원래 가설의 전제와 거의 같은 것이라고 이론적으로 말할 수 있다.

한국은 상당한 자원을 군사역량 향상에 바쳤지만, 여전히 군사력 현황에서 불리한 위치에 있었다. 70년대 한국 군사력은 총체적으로 계량화했을 때 단지 북한의 58%에 이르렀을 뿐이었다. 따라서 세 번째 가설, "약한 동맹국이 위협을 가해오는 적에 대항할 충분한 힘을 기르면 약한 동맹국의 군사전략은 더 강한 동맹국의 영향으로부터 독립하는 경향이 있다."는 것도 70년대 경우와는 다르다. 즉, 세 번째 가설은 70년대에 적용할 수 없어서 그 타당성도 입증될 수 없다.

5. 1980-90년대 한국의 군사전략

한국의 군사전략은 80년대에 들어와 그 전 수십 년 동안과는 매우 다른 모습이었다. 적극적인 수세-공세 전략을 세웠는데, 이는 작전의 적극성 또는 상당한 정도로 작전에 공격성이 있었다는 말로서, 즉응반격전략이라고 했다. 좀 더 말을 풀이하면, 방어 국면에 이어서 즉각 역공하는 전략이다. 그러니까 새 전략이 지향하는 바는 개전 초 되도록 짧게 수세 국면을 끝내자마자 즉각 공세적 행동에 돌입하는 것이다. 작전의 적극성은 수도권 지역의 전략적 중요성이 점증했기에 필요했다. 서울과 그 인근에는 국가 전체인구의 1/4이 살고, 제조산업시설 대부분이 위치해 있었다. 그 전 같은 단순한 수세적 방식으로는 북한의 기습적인 재남침에 수도권의 안전을 보장할 수 없었던 것이다.

기본적으로, 그리고 공식적인 기록상으로, 90년대 한국 군사전략은 수도권이 전략상 중요하다고 계속 강조했다는 점에서 80년대와 동일했다. 그러나 90년대 전략은 조기경보체계 획득과 자주국방 능력에 80년대보다 더 큰 역점을 두었다. 주한미군의 역할이 선도적 입장에서 지원하는 입장으로 바뀜으로써 한국군 자체가 조기경보체계를 갖추고 자주국방 능력을 지속적으로 향상시켜야 했던 까닭에서였다.

그런데 90년대 말엽 한국의 국가전략인 북한포용정책은 한국의 군사전략을 이행하는 데 갈피를 잡기 힘들게 하는 상황을 불러왔다. 이 정책은 북한정권이 한국의 정치체제에 대한 역사상의 주적이라고 인식하기보다는 "피를 나눈 형제"임을 더 강조했다. 즉, 1948년 한반도에 두 나라가 탄생한 이후 북한정권은 변함없이, 그리고 집요하게, 대한민국의 가치관과 제도를 파괴하려고 기를 쓰고 있는 진정한 호전적 본성을 분명히 문제삼지 않았던 것이다. 그러니 이처럼 지향하는 바가 혼돈스러운 국가전략은 한국의 군사전략이 현실적으로 나아가게 할 올바른 지침을 제대로 제시할 수 없었으며, 한국의 군사전략도 '주적'인 북한정권과 그 군대에 제대로 집중하고 대응할 수 없었다.

그러면 지금까지 개괄관 80년대와 90년대 한국 군사전략의 변천에 원인이 되고 영향을 준 세 요소를 정리해 보자. 첫째, 그 이전과 조금도 다름없이 북한정권은 한국에 대한 끈질긴 군사적 위협의 원천이었다. 80년대에는 테러전술을 감행했고, 총병력과 지상군 및 특수목적군단 병력을 위협적으로 증가시켰으며, 한국에 대한 공격적 전략을 유지하는가 하면, 90년대에 와서는 주요 전투부대들의 전투력을 대폭 확대하는 편제개편을 했고, 90년대 말에는 정밀무기류를 대거 도입했다. 그리고 드디어 핵무기 개발에 착수한다.

80년대 북한정권의 테러전술은 1983년 미얀마 랑군에서 수많은 한국 고위관리들을 폭탄공격해서 살상한 것과, 1987년 한국 민간여객기를 공중폭파시킨 것이 대표적 사례다. 북한군 총병력은 1980년도에 678,000이던 것이 2000년도에 물경 1,082,000명이 되었다. 같은 기간 지상군도 600,000에서 950,000으로 급격히 팽창했고, 특수목적군단도 91년도의 60,000이 2000년에 88,000으로 눈에 확 띄게 늘었다. 북한정권이 공격적 전략을 잘 드러낸 것은 2개 전선 개념, 김일성이 창안한 정규군-게릴라 배합전략, 세 가지 공산주의 혁명세력 활용, 그리고 전격전 작전술이다. 북한정권은 또한 전술적 효과를 높이려고 주요 전투부대들의 병력과 무기체계 등과 관련해 편제를 공격적으로 재편했고, 90년대 초부터 미그-29 전투기 같은 정밀무기를 대량 도입했다. 그런데 이 모든 위협들의 정점에 올라설 것이 또 있었으니, 그것은 북한정권이 비대칭 위협의 결정판이라 할 핵개발 의도마저 드러내기 시작하면서 엄청난 정치적, 군사적 이점들을 챙기려고 했음이다.

여기까지 요약 정리한 북한정권의 다양한 위협들에 대처하고자, 한국은 80년대에 작전상의 적극성 또는 어느 정도의 공세적 작전개념을 군사전략에 채택했고, 90년대에는 근본적으로 자주적 방위력 증강에 노력을 집중했다.

1980-90년대 한국 군사전략 발전에 동기를 부여한 두 번째 요소는 미국의 전략적 영향력이다. 80년대에 들어서면서 미국은 외부의 위협이 더욱 격심하

고 다양해짐을 느낀다. 핵과 재래식 군사력은 소련에 유리하게 기울어 있었고, 소련은 자신의 국경 넘어 먼 지역까지 군사력을 정확히 투사할 능력이 있었으며, 소련 군사교리는 그 전통적인 공격적 신조를 핵대결 상황에서도 계속 유지한다는 것이었다. 이 밖에 다른 모습을 한 위협들도 많았다. 국제테러주의, 마약유통, 세계의 자원공급을 교란하는 지역전쟁, 친미적 국가들을 전복시키려는 반정부 봉기집단 등등이었다. 이렇듯 냉전시대의 대결을 계속하면서도 신종 위협들에 대처하고자 미국은 억지와 방어의 군사전략을 선택한다. 이 중, 방어 부문에서는 세 가지가 필요했다. 동시 발생하는 2개 이상의 지역분쟁을 감당할 군사역량을 구축하고, 전세계에 걸쳐 미군의 전진전개를 강조하며, 미군 운용에 있어 유연성 있되 모자람 없이 한다는 것이었다.

그런데 90년대가 되자 미국은 탈냉전 시대의 전혀 새로운 전략환경에 마주친다. 제일 중심되는 위협이던 공산주의 팽창은 사라졌지만, 또 다른 가지각색 신종 도전거리들이 나타났다. 오랫동안 억눌렸던 민족 간의 갈등이 터져나오기 시작했고, 불량국가들이 지역 불안정을 부추겼으며, 대량파괴무기 확산, 환경오염 가속, 빈발하는 테러, 국제범죄조직, 마약유통 등등, 마치 우후죽순 같았다. 냉전시절에는 안보에 대한 위협들이 눈에 보이고 계산이 가능했다. 헌데 냉전 후의 도전들은 그 깊이를 잴 수 없고 예측이 불가능한 양상들이었다. 미국은 신종 위협의 도전을 받아 새로운 군사전략의 판을 짰다. 그 골격을 이룬 것은 전략의 지역별 분산, 위협의 근원을 모르는 불확실성 전제, 미군 총병력으로서 최저 기본병력 유지, 전략적 민첩성, 상황과 임무별 맞춤형 작전계획 따위였다. 하지만 미군의 전진전개를 강조했던 전략은 바꾸지 않았는데, 이는 한반도를 포함, 동북아시아에 미군을 계속해서 전개해 둔다는 뜻이었다. 미군은 이 지역에서 극히 중요한 안보역할을 하게 되어 있었다.

구체적으로, 미국이 한국에 계속 영향을 미쳤던 이유는 네 가지다. 우선 주한미군은 한국군의 취약점들을 대체할 특유한 능력이 있었고, 북한의 군사적 야심을 억지할 결정적인 힘도 있었다. 또한 미군의 해외 전진전개 중시 전략이 변치 않았으며, 미군은 한국군 전투력 증강계획을 기술적으로 지원해 줄 존재였기 때문이다. 이상 네 가지 이유로 미국은 냉전 후의 환경에서도 한국에 필수불가결한 전략적 영향을 주고 있었다.

세 번째, 80-90년대 한국 국내여건도 세 가지 면에서 군사전략발전에 관계가 깊었다. 우선, 수차 언급했듯이, 수도권 방위가 전략적으로 중요해지자 80년대부터 적극적 공세적 수세 전략으로 바뀌며, 북한군 전투력이 엄청나게 강화되자 한국 군사전략에서 전투력 증강이 최대 역점과제가 된다.

60-70년대의 경제발전으로 80년대의 수도권은 없어서는 안될 생활 현장이 되었다. 인구의 1/4이 살고, 대부분 제조산업의 근거지였으며, 정치, 경제, 사회, 문화활동이 이루어지고 그 리더십이 행사되는 곳이었으니, 말 그대로 한국의 국가생존을 위한 중력중심이었다. 북한이 재침해 오는 경우 그 군사적 압력 하에서도 아무리 짧은 순간이나마 서울지역을 버린다는 것은 생각에 떠올릴 수도 없었다. 그러므로 그때까지의 수동적인 작전상 후퇴 같은 것은 설 자리를 잃었다. 남은 선택의 여지는 단 한 가지. 적이 서울에 닿기 전 가능한 한 짧게 방어 국면을 끝내고 즉각 역공작전으로 돌아서는 것이었다.

한편 북한정권은 사회주의식 계획경제의 경직성에서 야기된 곤경에 허덕이면서도 공격지향적 군사력을 지속적으로 향상시키는 데 필사적인 힘을 쏟았다. 이렇게 외길로 치닫는 북한군의 증강에 맞서고자 한국군은 북한군 따라잡기 전략을 세운다. 그리하여 전투력강화를 80-90년대 군사전략의 핵심으로 삼았고, 일련된 전투력 증강계획에 막대한 국가자원을 바침으로써, 1974-81년에 1차, 82-86년에 2차, 그리고 87-92년에 3차 계획이 결실을 맺었다.

하지만 재언하는 바, 한국정부의 북한포용정책은 90년대 후반 군사전략에 있어 갑자기 갈피를 잡기 힘든 혼란을 불러왔다. 이 정책에 의한 갑작스러운 우호적 대북자세로 인해 한국군 간부들과 병사들은 자신들의 임무가 어디를 지향해야 할지 혼란스러웠다. 과거에는 북한정권과 그 군대는 늘 한국군의 더도 덜도 아닌 "주적"이었다. 그런데 새로운 국가전략은 그 주적을 적인지 우군인지 알 수 없게 규정한 것이다. 반세기가 넘도록 변할 줄 모르는 남북간의 적대감과 교전상태 완화를 위한 대전략이라고 해도 반갑다고만 할 수는 없는 이 현상은 군사전략 발전에 부정적 결과를 수반한다. 전략이 주적에 관한 핵심 지향점을 잃었으며, 북한의 위협에 대한 한미 두 동맹국의 상이한 인식이 마찰하게 되었음이다.

이제 이 연구의 세 가지 가설이 타당한지 정리해 보자. 첫 번째 가설, "동맹국 간에 위협에 대한 인식의 공통성이 많을수록 그들의 군사전략은 더욱 일치한다."는 것은 1980년대 상황에 적절히 들어맞는다. 한국과 미국 두 나라는 공히 공산주의 국가들로부터 안보위협을 느꼈기 때문이다. 레이건 행정부는 소련을 미국의 안보에 대한 제일 중대한 위협으로 간주하고, 미국의 중추적 군사역량을 강화하고 동맹관계를 공고히 하는 등 여러 가지 정책으로 공산 위협을 제압하고자 했다. 한국도 이와 유사하게, 전술한 바 북한정권이 83년도에 랑군에서 저질은 한국 관리들에 대한 잔인한 폭탄테러라든지, 87년도에 자행한 한국 민간여객기 공중폭파 같은 끔찍한 호전적 도발위협으로 고통을 받았다. 그리하여, 단호하게 공산 위협에 대응하는 한편 약소국인 동맹국들이 공산주의자들의 도발에 맞서 싸우게 도와주는 미국과, 북한위협에 대응한 자주국방 노력으로 적극적 수세-공세 작전전략을 펼치는 한국은 80년대에 각자의 군사전략에 있어 유사성을 보였다.

한국에 대한 미국의 경제 및 군사 지원이 1970년대 전반부터 종료되어 갔기 때문에 두 번째 가설, 즉, "동맹국 중 더 강한 나라가 더 약한 나라의 안보에 압도적 기여를 할수록 약한 나라는 강한 나라의 군사전략을 맹목적으로 따른다."는 것은 90년대 상황에는 말 그대로 적용할 수 없다. 그보다는 이와 정반대로 전도된 가설, 즉, "약한 동맹국의 방위에 대한 강한 동맹국의 기여가 축소되면 두 동맹국은 서로 다른 군사전략을 선택한다."는 가설을 90년대에 적용해야 한다. 90년대에 미국은 냉전시절 주적이던 소련이 와해되자 연이어 새로운 안보위협들에 맞닥뜨렸고, 대량파괴무기확산, 자원전쟁, 지역패권국가의 출현, 테러와의 전쟁 등을 위한 새로운 전략의 판을 짰다. 한편 한국은 한반도에서 남북한의 군사력 균형이 북쪽으로 우세하게 기움으로써 야기된 위협에 대응하는 데 여전히 주력해야만 했다.

마지막 세 번째 가설, "약한 동맹국이 위협을 가해오는 적에 대항할 충분한 힘을 쌓으면 약한 동맹국의 군사전략은 강한 동맹국의 영향으로부터 독립하는 경향이 있다."는 것은 80-90년대에 적용된다. 한국은 국내총생산, 1인당 국민소득, 무역량, 국민 소비량 등 거의 모든 영역의 경제지표에서 북한보다 월등히 우세했다. 경제력의 우세를 그대로 국력과 군사력의 우세라고 해석하지 않더라도, 북한에 대한 포용정책은 이같이 축적된 경제력을 배경으로 한 것이었다. 하지만 포용정책은 전술했듯이 한국 군사전략의 성격을 애매모호하게 만들었고, 나아가 북한을 한반도에 있는 고전적 개념의 적으로 보는 미국의 전통적, 보수적 전략과 조화를 이룰 수 없었다. 이렇게 위협에 대한 동맹국의 인식들이 충돌하자 한국은 미국의 영향력에서 독립하려는 시도를 한 것이다. 즉, 90년대 말의 상황은 세 번째 가설이 유효함을 입증해 준다.

6. 세 가지 가설의 입증

이제 이 연구도 대단원의 막을 남겨놓았다. 연구 첫 머리에 제시한 첫 번째 가설은 "동맹국 간에 위협에 대한 인식의 공통성이 많을수록 그들의 군사전략은 더욱 일치한다."는 것이고, 두 번째 가설은 "동맹국 중 더 강한 나라가 더 약한 나라의 안보에 압도적 기여를 할수록 약한 나라는 강한 나라의 군사전략을 맹목적으로 따른다."는 것이다. 이 두 가설은 1950년대와 60년대, 70년대, 그리고 80-90년대를 통해 분명한 증거가 제시되고 입증되었다.

세 번째 가설은 "약한 동맹국이 위협을 가해오는 적에 대항할 충분한 국력을 쌓으면 약한 동맹국의 군사전략은 강한 동맹국의 영향으로부터 독립하는 경향이 있다."는 것인데 1950년대, 60년대, 70년대에는 적용되지 않음이 밝혀졌다. 이는 원래 가설에 오류가 있어서가 아니라, 당대의 정치, 경제, 군사면에서 한국의 객관적 국력이 가설의 조건에 해당하지 않았던 탓이다. 그러나 한국이 북한보다 월등한 국력과 군사력을 갖추는 데 성공한 80-90년대의 경우에는 이 가설이 긍정적인 증거들로 지지되고 증명되었다.

따라서 이 연구의 세 가지 가설이 과학적 연구방식으로 현실의 증거들을 통해 입증되었다고 확실하게 선언할 수 있다. 그리하여 우리의 마지막 결론은 이 연구로부터 다음과 같은 새로운 이론이 도출되었다는 것이다.

> "동맹국 간에 위협에 대한 인식의 공통성이 많을수록 그들의 군사전략은 더욱 일치하고, 동맹국 중 더 강한 나라가 약한 나라의 안보에 압도적 기여를 할수록 약한 나라는 강한 나라의 군사전략을 맹목적으로 따르며, 만약, 약한 동맹국이 위협을 가해오는 적에 대항할 충분한 국력을 쌓으면 약한 동맹국의 군사전략은 강한 동맹국의 영향에서 독립하는 경향이 있다."

참고 문헌
BIBLIOGRAPHY

국방군사연구소. 『건군 50년사』. 서울: 국방군사연구소, 1998.

김일영, 조성렬. 『주한미군 역사 쟁점 전망』. 서울: 한울아카데미, 2003.

김철만. "현대 전쟁의 특성과 승리의 요인," 『근로자』, 34-36. 1976년 8월.

김철범. "미국의 대한정책과 주한미군의 철수," 전쟁기념사업회, 『한국전쟁사』 제 2권 「전쟁의 근원」, 530-531. 서울: 행림출판사, 1990.

대한민국 경제기획원. 『1954-1964 예산개요』. 서울: 경제기획원, 1964.

대한민국 국방부. 『韓國戰爭史』. 서울: 국방부 전사편찬위원회, 1977.

대한민국 국방부. 『解放과 建軍』. 서울: 국방부 출판부, 1990.

대한민국 국방부 합동참모본부. 『韓國戰史』, 개정판. 서울: 국방부, 1984.

대한민국 국토통일원. 『북한편람』. 서울: 국토통일원, 1973.

사회과학원 력사연구소. 『조선전사』 (朝鮮全史). 평양: 과학백과사전 출판사, 1982.

안용현. 『韓國戰爭祕史』. 서울: 경인문화사, 1992.

양호민. 『한반도 분단의 재인식』. 서울: 나남출판사, 1993.

이기백. 『韓國史新論』. 서울: 일조각, 1987. (『A New History of Korea』, Edward W. Wagner와 Edward J. Shultz가 1988년 영어로 공역함).

이종학. 『기로에 선 한반도의 군사문제』. 서울: 형설출판사, 1981.

전쟁기념사업회. 『한국전쟁사』 제 2권 「전쟁의 근원」. 서울: 행림출판사, 1992.

조선로동당. 『조선로동당 략사』. 평양: 조선로동당 출판사, 1979.

Abramowitz, Morton. *Moving the Glacier: The Two Koreas and the Powers,* Adelphi Papers, No. 80. London: The international Institute for Strategic Studies, 1971.

Alagappa, Muthiah, ed. *Asian Security Practice: Material and Ideational Influences.* Stanford, CA: Stanford University Press, 1998.

Appleman, Roy E. *U.S. Army in the Korean War: South to the Naktong, North to the Yalu.* Washington, D.C.: Office of the Chief of Military History, 1961.

Art, Robert J. "A Defensible Defense: America's Grand Strategy after the Cold War." In *The Use of Force: Military Power and International Politics,* eds. Robert J. Art and Kenneth N. Waltz, 480. Lanham, MD: University Press of America, Inc., 1993.

__________. "A U.S. Military Strategy for the 1990s: Reassurance and Without Dominance." *Survival,* Vol. 34, No. 4 (Winter 1992-93), 5.

Association of Ground Warfare Analysis and Familiarization, The. *Josen Senso Si* (조선전쟁사). Tokyo: The Association of Ground Warfare Analysis and Familiarization Publications, 1972.

Bagby, Laurrie M. Johnson. "Father of International Relations? Thucydides as a Model for the Twenty-First Century." In *Thucydides' Theory of International Relations: A Lasting Possession,* ed. Lowell S. Gustafson, 30. Baton Rouge: Louisiana University Press, 1988.

Berger, Carl. *The Korean Knot: A Military-Political History.* London: Oxford University Press, 1964.

Bermudez, Joseph, Jr. *The Armed Forces of North Korea.* New York: I. B. Tauris & Co. Ltd., 2001.

Bradner, Stephen. "North Korea's Strategy" In *Planning for a Peaceful Korea,* ed. Henry D. Sokolski, 23. Carlisle, PA: The Strategic Studies Institute, U.S. Army War College Publication and Production Office, February 2001.

Brown, Michael E., Owen R. Cote, Jr., Sean M. Lynn-Jones, and Steven E. Miller. *America's Strategic Choices,* ed. Cambridge, MA: The MIT Press, 1997.

Buzan, Barry, Charles Jones, and Richard Little. *The Logic of Anarchy: Neorealism and Structural Realism.* New York: Columbia University Press, 1993.

Cha, Victor (빅터 차). "Security and Democracy in South Korean Development." In *Korea's Democratization,* ed. Samuel S. Kim, 201-219. New York: Cambridge University Press, 2003.

Clausewitz, Carl von. *On War,* ed. and trans. Michael Howard and Peter Paret, indexed edition. Princeton, NJ: Princeton University Press, 1984.

Cornell, Eric. *North Korea under Communism: Report of an Envoy to Paradise.* New York: Routledge-Curzon, 2002.

Cumings, Bruce. *The Origins of the Korean War: Liberation and the Emergence of Separate Regimes, 1945-1947.* Princeton, NJ: Princeton University Press, 1981.

Curtis, Gerald L. and Sung-joo Han (한승주), eds. *The U.S.-South Korean Alliance: Evolving Patterns in Security Relations.* Lexington, MA: LexingtonBooks, D. C. Health and Company, 1983.

Deibel, Terry L. and John Lewis Gaddis, eds. *Containment: Concept and Policy.* Washington, D.C.: National Defense University Press, 1986.

Donovan, Robert J. *Eisenhower: The Inside Story.* New York: Harper and Brothers, 1956.

Dougherty, James E. and Robert L. Pfaltzgraff, Jr. *American Foreign Policy: FDR to Reagan.* New York: Harper & Row, Publishers, Inc., 1986.

____________. *Contending Theories of International Relations: A Comprehensive Survey,* 4th ed. Reading, MA: Addison Wesley Longman, Inc., 1997.

Drew, Dennis M. and Donald M. Snow. *Making Strategy: An introduction to National Security Process and Problems.* Maxwell Air Force Base, Alabama: Air University Press, 1988.

Earle, Edward Meade, ed. *Maker of Modern Strategy: Military Thought from Machiavelli to Hitler*. Princeton, NJ: Princeton University Press, 1943.

Eckert, Carter J. *Korea Old and New: A History.* Seoul: Ilchogak Publishers, 1990.

Gaddis, John Lewis. *Strategies of Containment.* Oxford: Oxford University Press, 1882.

George, Alexander L. "Case Study and Theory Development: The Method of Structured, Focused Comparison." In *Diplomacy: New Approaches in History, Theory, and Policy,* ed. Paul Gordon Lauren, 50. New York: Free Press, 1979.

Gilpin, Robert. *War and Change in World Politics.* New York: Cambridge University Press, 1981.

Ha, Young-Sun (하영선). "American-Korean Military Relations: Continuity and Change." In *Korea and the United States: A Century of Cooperation,* eds. Youngnok Koo (구영록) and Dae-Sook Suh (서대숙), 119. Honolulu, Hawaii: University of Hawaii Press, 1984.

Han, Sung-joo (한승주). "South Korea and the United States: Past, Present, and Future." In *The U.S.-South Korean Alliance: Evolving Patterns in Security Relations,* eds. Gerald L. Curtis and Sung-joo Han, 201. Lexington, MA: LexingtonBooks, D. C. Health and Company, 1983.

History Research Center of the Central Committee of the Korea Worker's Party, The. *Kim Il Sung Jeojak Seonjip* (김일성 저작선집), Vol. 3. Pyongyang: The Korea Worker's Party Publications, 1968.

History Research Center of the Social Science Academy, The. *Joseon Jeonsa* (조선전사/朝鮮全史). "Modern Era, History of Socialist Construction." Pyongyang: Science Encyclopedia Publishers, 1982.

Holsti, K. J. *International Politics: A Framework for Analysis.* Englewood Cliffs, NJ: Prentice Hall, 1992.

Huh, Jong-ho (허종호). *Joseon Inmineui Jeong-euieui Joguk Haebang Jeonjaengsa*

(History of the Just War of Fatherland Liberation by the People of Korea). Pyongyang: The Social Science Publications, 1988.

Humphrey, Hubert H. and John Glenn. *U.S. Troop Withdrawal from the Republic of Korea,* Senators Humphrey and Glenn's report to the Committee on Foreign Relations, United States Senate, 95th Cong., 2nd Sess., 9 January 1978. Washington, D.C.: Government Printing Office, 1978. (Y4. 76/2: T75).

International Institute for Strategic Studies, The. *The Military Balance 1963-1964; 1965-1966; 1966-67; 1967-1968; 1968-1969.* London: The International Institute for Strategic Studies, 1963; 1965; 1966; 1967; 1968.

______________. *The Military Balance 2000-2001.* London: Oxford Univ. Press, 2000.

Jordan, Amos A., William J. Taylor, and Lawrence J. Korb. *American National Security: Policy and Process,* 4th ed. Baltimore, MD: The Johns Hopkins University Press, 1993.

Kang, David. "North Korea: Deterrence through Danger." In *Asian Security Practice: Material and Ideational Influences,* ed. Muthiah Alagappa, 244. Stanford, CA: Stanford University Press, 1998.

Keohane, Robert O. *Neorealism and Its Critics.* New York: Columbia University Press, 1986.

Kim, Il Sung. *Kim Il Sung Works,* Vol. 32 (January-December 1977). Pyongyang: Foreign Language Publishing House, 1988.

___________. *Selected Works,* Vol. 5. Pyongyang: Foreign Language Publishing House, 1972.

___________. *Selected Works of Kim Il Sung,* Vol. 1. Pyongyang: The Publisher of the Korea Worker's Party, 1967.

Kim, Jung-Ik (김정익). *The Future of the U.S.-Republic of Korea Military Relationship.* New York: St. Martin's Press, Inc., 1996.

Kim, Samuel S., ed. *Korea's Democratization.* New York: Cambridge University Press, 2003.

Kim, Won Bong (김원봉). *The Entire Picture of the Most Up-to-Date Military Information.* Tokyo: Kodansha, 2000.

Kissinger, Henry A. *U.S. and Soviet Policies toward Asia and Implication for the Korean Peninsula.* Seoul: Ilhae Institute, 1986.

Koh, Byung Chul (고병철). *The Foreign Policy Systems of North and South Korea.* CA: University of California Press, 1984.

Koo, Youngnok and Sung-joo Han (구영록, 한승주), eds. *The Foreign Policy of the*

Republic of Korea. New York: Columbia University Press, 1985.

Larsen, Stanley Robert and James Lawton Collins, Jr., *Allied Participation in Vietnam.* Washington, D.C.: Department of the Army, 1975.

Lee, Chae-Jin (이채진) and Hideo Sato, *U.S. Policy toward Japan and Korea: A Changing Influence Relationship.* New York: Praeger Publishers, 1982.

Lee, Chung Min. *Prevailing in Future Conflict: Conventional Deterrence and Defense Strategies with Special Reference to the Defense Planning of the Republic of Korea.* Ph.D. thesis, The Fletcher School of Law and Diplomacy, 1988.

Lee, Ki-baik (이기백). *A New History of Korea* (韓國史新論). Trans. by Edward W. Wagner with Edward J. Schultz. Seoul: Iljogak Publishing Co., 1987.

Lee, Suk Bok (이석복). *The Impact of U.S. Forces in Korea.* Washington, D.C.: National University Press, 1987.

Lee, Suk-Ho (이석호). *The Party-Military Relations in North Korea.* Seoul: Research Center for Peace and Unification of Korea, 1989.

Luttwak, Edward N. *Strategy: The Logic of War and Peace.* Cambridge, MA: Harvard University Press, 1987.

Lyman, Princeton N. "Korea's Involvement in Vietnam." In *Orbis,* (Summer 1968), 564.

Moon, Katherine H. S. "Korean Nationalism, Anti-Americanism, and Democratic Consolidation." In *Korea's Democratization,* ed. Samuel S. Kim, 135. New York: Cambridge University Press, 2003.

Morgenthau, Hans J. *Politics among Nations: The Struggle for Power,* 5th ed. New York: Knopf, 1978.

Morley, James W. "The Dynamics of the Korea Connection." In *The U.S.-South Korean Alliance: Evolving Patterns in Security Relations*, eds. Gerald L. Curtis and Sung-joo Han, 10. Lexington, MA: LexingtonBooks, 1983.

Murphy, Charles H. and Gary Lee Evans. *U.S. Military Personnel Strength by Country of Location since World War II, 1948-1980.* Washington, D.C.: Congressional Research Service, 1980.

National Security Council, The. *NSC 8: The Position of the United States with Respect to Korea.* Documents of the National Security Council, 2 April 1948. Washington, D.C.: University Publication of America, Inc., 1980. (Microfilm: Reel I, Frame 0132).

___________. *NSC 8/1: The Position of the United States with Respect to Korea, 16 March 1949.* Washington, D.C.: University Publication of America, Inc., 1980.

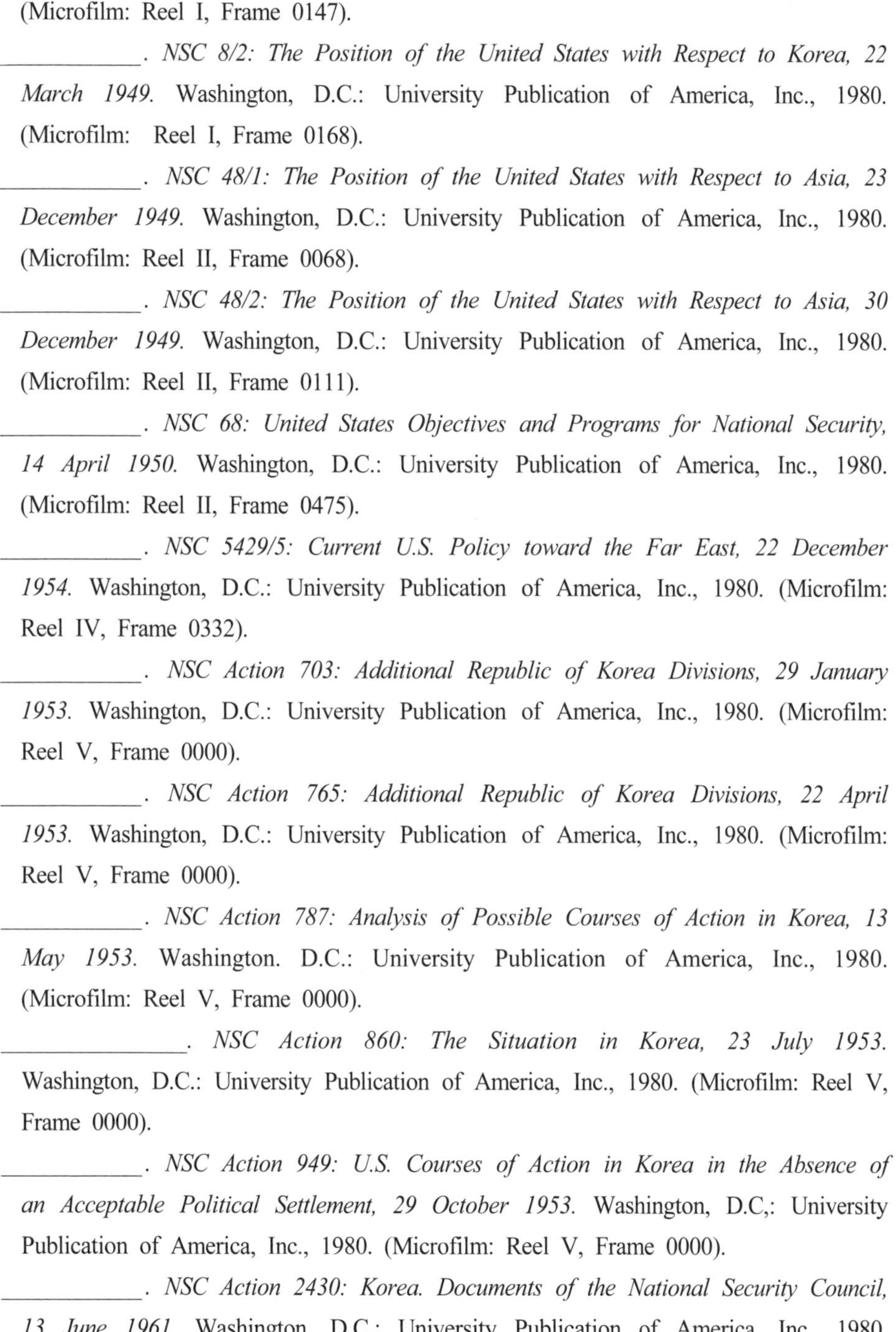

(Microfilm: Reel I, Frame 0147).

___________. *NSC 8/2: The Position of the United States with Respect to Korea, 22 March 1949.* Washington, D.C.: University Publication of America, Inc., 1980. (Microfilm: Reel I, Frame 0168).

___________. *NSC 48/1: The Position of the United States with Respect to Asia, 23 December 1949.* Washington, D.C.: University Publication of America, Inc., 1980. (Microfilm: Reel II, Frame 0068).

___________. *NSC 48/2: The Position of the United States with Respect to Asia, 30 December 1949.* Washington, D.C.: University Publication of America, Inc., 1980. (Microfilm: Reel II, Frame 0111).

___________. *NSC 68: United States Objectives and Programs for National Security, 14 April 1950.* Washington, D.C.: University Publication of America, Inc., 1980. (Microfilm: Reel II, Frame 0475).

___________. *NSC 5429/5: Current U.S. Policy toward the Far East, 22 December 1954.* Washington, D.C.: University Publication of America, Inc., 1980. (Microfilm: Reel IV, Frame 0332).

___________. *NSC Action 703: Additional Republic of Korea Divisions, 29 January 1953.* Washington, D.C.: University Publication of America, Inc., 1980. (Microfilm: Reel V, Frame 0000).

___________. *NSC Action 765: Additional Republic of Korea Divisions, 22 April 1953.* Washington, D.C.: University Publication of America, Inc., 1980. (Microfilm: Reel V, Frame 0000).

___________. *NSC Action 787: Analysis of Possible Courses of Action in Korea, 13 May 1953.* Washington. D.C.: University Publication of America, Inc., 1980. (Microfilm: Reel V, Frame 0000).

_______________. *NSC Action 860: The Situation in Korea, 23 July 1953.* Washington, D.C.: University Publication of America, Inc., 1980. (Microfilm: Reel V, Frame 0000).

___________. *NSC Action 949: U.S. Courses of Action in Korea in the Absence of an Acceptable Political Settlement, 29 October 1953.* Washington, D.C,: University Publication of America, Inc., 1980. (Microfilm: Reel V, Frame 0000).

___________. *NSC Action 2430: Korea. Documents of the National Security Council, 13 June 1961.* Washington, D.C.: University Publication of America, Inc., 1980.

(Microfilm: Reel V, Frame 0000).

New York Times, The. 20 October 1972.

Oberdorfer, Don. *The Two Koreas: A Contemporary History.* New York: Basic Books, 2001.

Oliver, Robert T. *Syngman Rhee and American Involvement in Korea, 1942-1960: A Personal Narrative.* Seoul: Panmun Book Company, Ltd., 1978.

Pfaltzgraff, Robert L., Jr. "U.S. Strategy for National Security." In *Understanding U.S. Strategy: A Reader,* ed. Terry L. Heyns, 224. Washington, D.C.: National Defense University Press, 1983.

Polomka, Peter. *The Two Koreas: Catalyst for Conflict in East Asia?* Adelphi Paper, No. 208. London: The International Institute for Strategic Studies, 1986.

Posen, Barry R. and Andrew I. Ross. "Competing Visions of U.S. Grand Strategy." In *America's Strategic Choices,* eds. Michael E. Brown, Owen R. Cote, Jr., Sean M. Lynn-Jones, and Steven E. Miller, 2. Cambridge, MA: The MIT Press, 1997.

Rhee, Byoung Tae (이병태). *The Evolution of Military Strategy of the Republic of Korea Since 1950: The Roles of the North Korean Military Threat and the Strategic Influence of the United States.* (Ph.D. thesis, Tufts University, 2004). Seoul: Yangseogak, 2018.

Rhee, Taek Hyung (이택형). *U.S.-ROK Combined Operations: A Korean Perspective.* Washington, D.C.: National Defense University Press, 1986.

Robinson, Thomas W. "National Interest." In *International Politics and Foreign Policy: A Reader in Research and Theory,* ed. James N. Rosenau, 116. New York: The Free Press, 1969.

ROK Bank of Korea, *Economic Statistics Yearbooks, 1961-66.* Seoul: Bank of Korea Publications, 1966.

ROK Economic Planning Board. *Summary of Budget: 1954-1964.* Seoul: The Economic Planning Board, 1964.

ROK Economy and Science Council. *Proceedings of ESC.* Seoul: Economy and Science Council Publications, 1964.

ROK Ministry of National Defense. *Defense White Paper 1991-1992.* Seoul: Ministry of National Defense Publications, 1991.

____________. *Defense White Paper 1993-1994.* Seoul: Ministry of National Defense Publications, 1993.

____________. *Defense White Paper 1994-1995.* Seoul: Ministry of National Defense Publications, 1994.

___________. *Defense White Paper 2000-2001*. Seoul: Ministry of National Defense Publications, 2000.

Sawyer, Robert K. *Military Advisors in Korea: KMAG in Peace and War*. Washington, D.C.: Office of the Chief of Military History, U.S. Department of the Army, 1962.

Scalapino, Robert A. and Chong-Sik Lee (이정식). *Communism in Korea* (Part I: The Movement). Berkeley, CA: University of California Press, 1972.

Schnabel, James F. *United States Army in the Korean War: Policy and Direction, the First Year*. Washington, D.C.: Office of the Chief of Military History, United States Army, 1972.

Scott, James M. *Deciding to Intervene: The Reagan Doctrine and American Foreign Policy*. Durham; London: Duke University Press, 1996.

Sennewald, Robert W. *General Sennewald's Statement to the House Armed Services Committee,* U.S. Policy Series, No. 4. Seoul: USIS, April 1983.

Shin Bum Shik (신범식). *Major Speeches by Korea's Park Chung Hee*. Seoul: Hollym Corporation Publishers, 1970.

Shin, Gi-Wook (신기욱). "South Korean Anti-Americanism: A Comparative Perspective." *Asian Survey,* 36, No. 8, 1996.

Shin, Roy W. *The Politics of Foreign Aid: A Study of the Impact of United States Aid in Korea from 1946 to 1966*. Ph.D. dissertation, University of Minnesota. Ann Arbor, Michigan: University Microfilms, Inc., 1969.

Snyder, Glenn H. and Paul Diesing. *Conflict among Nations: Bargaining, Decision Making, and System Structures in International Crises*. Princeton, NJ: Princeton University Press, 1977.

Summers, Harry G., Jr. *Korean War Almanac*. New York: Facts on File, Inc., 1990.

Tak, Jin, Gang-Il Kim, and Hong-Je Pak (탁진, 김강일, 박홍제). *Great Leader Kim Jong Il*. Tokyo: Sorinsha Publishers, 1985.

Thucydides. *The History of the Peloponnesian War,* ed. M. I. Finley, trans. Rex Warner. Hammonsworth: England Penguin, 1972.

___________. *The Peloponnesian War,* trans. Steven Lattimore. Indianapolis: Hackett Publishing Company, Inc., 1998.

United Nations, The. *U.N. General Assembly Resolution 112 (II): The Problem of Independence of Korea*. 14 November 1947.

___________. *United Nations Official Record of the Second Session of the General*

Assembly Resolutions. Lake Success, New York: United Nations Publications, December 1948.

___________. *United Nations Official Record of the Third Session of the General Assembly Resolutions, Part 1, 21 September-12 December 1948.* Palais de Chaillot, Paris: United Nations Publications, December 1948.

U.S. Congress, House, Committee on International Relations, Subcommittee on International Organizations. *Investigation of Korean-American Relations: Hearing before the Subcommittee on International Organizations.* 95th Cong., 2nd Sess., 22 June 1977. Washington, D.C.: U.S. Government Printing Office, 1978.

U.S. Congress, Senate, Committee on Foreign Relations, Subcommittee on United States Security Agreements and Commitments. *United States Security Agreements and Commitments Abroad: The Republic of Korea: Hearing before the Subcommittee on United States Security Agreements and Commitments.* 91st Cong., 2nd Sess., 7 December 1970.

U.S. Department of Defense. *Statement of Secretary of Defense Robert S. McNamara before the House Subcommittee on Department of Defense Appropriations on the Fiscal Year 1967-71 and 1967 Defense Budget.* Washington, D.C.: Department of Defense, 1966.

___________. *Statement by Secretary of Defense Robert S. McNamara before a Joint Session of the Senate Armed Services Committee and Senate Subcommittee on Department of Defense Appropriations on Fiscal Year 1968-72 Defense Program and 1968 Defense Budget.* Washington, D.C.: Department of Defense, 23 January 1967.

___________. *Statement of Secretary of Defense Clark M. Clifford, the Fiscal Year 1970-74 Defense Program and 1970 Defense Budget.* Washington, D.C.: Department of Defense, 15 January 1969.

___________. *Report of the Secretary of Defense James R. Schlesinger to the Congress on the FY 1975 Defense Budget and FY 1975-1979 Defense Program.* Washington, D.C.: U.S. Government Printing Office, 4 March 1974.

___________. *Report of the Secretary of Defense Casper W. Weinberger to the Congress on the FY 1986 Budget, FY 1987 Authorization Request and FY 1986-90 Defense Program.* Washington, D.C.: Government Printing Office, 4 February 1985.

___________. *Report of the Secretary of Defense Casper W. Weinberger to the Congress on the FY 1987 Budget, FY 1988 Authorization Request and FY 1987-91*

Defense Program. Washington, D.C.: Department of Defense, 5 February 1986.

____________. *A Strategic Framework for the Asia-Pacific Rim: Looking toward 21st Century.* Washington, D.C.: U.S. Government Printing Office, April 1990.

____________. *A Strategic Framework for the Asia-Pacific Rim: Report to the Congress 1992.* Washington, D.C.: U.S. Government Printing Office, May 1992.

____________. *Report of the Bottom-Up Review,* by Secretary of Defense Les Aspin. Washington, D.C.: U.S. Department of Defense, October 1993.

____________. *United States Security Strategy for the East Asia-Pacific Region.* Washington, D.C.: Office of International Security Affairs, Department of Defense, February 1995.

U.S. Department of State, Bureau of Public Affairs, Office of Historian. *Foreign Relations of the United States, 1945.* Washington, D.C.: U.S. Department of State, 1969.

____________. *Foreign Relations of the United States, 1958-1960,* Volume XVIII, Japan/Korea. Washington, D.C.: U.S. Government Printing Office, 1994.

____________. *Foreign Relations of the United States, 1964-1968,* Volume XXIX, Part 1, Korea. Washington, D.C.: U.S. Government Printing Office, 2000.

U.S. Joint Chiefs of Staff (Chairman Colin L. Powell). *National Military Strategy of the United States, January 1992.* Washington, D.C.: U.S. Government Printing Office, January 1992.

Waltz, Kenneth N. *Theory of International Politics.* Reading, MA: Addison Wesley Publishing Company, 1979.

White House, The. *A National Security Strategy of Engagement and Enlargement.* Washington, D.C.: U.S. Government Printing Office, February, 1996.

Yahuda, Michael. *The International Politics of the Asia-Pacific, 1945-1995.* New York: Routledge, 1996.

Yang, Sung Chul (양성철). "South Korea's Sunshine Policy: Progress and Predicaments," *The Fletcher Forum of World Affairs,* Vol. 25:1. Medford, MA: The Fletcher School of Law and Diplomacy, Tufts University, Winter 2001.

찾아보기

The Evolution of Military Strategy of the Republic of Korea Since 1950

The Roles of the North Korean Military Threat and the Strategic Influence of the United States

Byoung Tae Rhee

To My Wife, Sung Ki Rhee: A Valiant Warrior Fighting against, and Becoming Triumphant over the Vicious Minute Intruders

ABSTRACT

The Evolution of Military Strategy of the Republic of Korea Since 1950: The Roles of the North Korean Military Threat and the Strategic Influence of the United States

Since the birth of the two Korean states on the Korean Peninsula in 1948, the two disparate political entities engaged in a dire struggle for survival and legitimacy. The two antithetic regimes created a respective armed forces, which were utilized as a tool in their quest for national survival and prevalence. The Northern forces acquired a stronger combat power thanks to the Soviets' generous military assistance, which was manifested in the North-initiated Korean War in 1950. In the ensuing decades, the Northern forces continued to pose a formidable military threat on the security of South Korea. The Southern forces had to find an appropriate military strategy to counter the Northern threat.

Three factors affected the development of South Korea's military strategy: the military threat posed by the Northern regime; the strategic influence of the United States over South Korea; and the internal conditions of South Korean society. In different decades, these three factors exerted different impacts on South Korea's military strategy.

In the 1950s, South Korea could not formulate an indigenous military strategy due to North Korea's overwhelming military strength, the United States' massive commitment on South Korea, and the youngness of the Southern government's leadership and statecraft. In the 1960s, facing the Northern regime's egregious military provocations and taking advantage of the United States' fundamental focus on the Vietnam War, South Korea took an embryonic assertiveness in its military strategy. In the 1970s, affected by the Nixon Doctrine and its entailing implementations, South Korea had to opt for a self-reliant military strategy. In the 1980s, the growing strategic and geographical importance of Seoul area compelled South Korea to choose an active offensive-defense operational strategy. In the late 1990s, South Korea's North-embracing policy, or national strategy toward North Korea tried to become independent from the traditional U.S. strategic influence, but the sudden adoption of the policy confused and befuddled South Korea's military strategy, which, accordingly, experienced a state of disorientation.

ACKNOWLEDGEMENT

This book was originally my doctoral thesis written in English and submitted to the Fletcher School of Law and Diplomacy, Tufts University in 2004. The thesis was slightly modified and translated into Korean and published with its English version attached as the second half of the book.

The world of academia enjoins novel challenges and demands. To overcome the new challenges, first and foremost, one needs a truthful guider and reliable friends. Professor Robert L. Phaltzgraff, Jr., as the Chairman of the Doctoral Committee at the Fletcher School graciously provided guidance, teaching, and wisdom for my doctoral endeavor. I am thankful for his unreserved allocation of time and energy for my belated doctoral attempt. Professors Richard H. Schultz and Sung-yoon Lee of the Doctoral Committee did not refuse the onerous task of reading, correcting, and commenting on the manuscript. My sincere appreciation goes to the two gentleman scholars. I am also grateful to Colonel Dr. Bill Mott, IV, my comfortable colleague, for his priceless peer reviews. I am deeply indebted to him.

And, my wife, Sung Ki Rhee, persevered the inconvenience of living and studying in a foreign land. It did not gain any secular values—money, power, or prestige. She embraced, however, the true meaning of the new academic enterprise. In the later phase of my study, she had to fight against the vicious intruders (virus). Her valor and courage in the battle for health fully expressed her indomitable spiritual fortitude. In spite of her illness, she constantly maintained her unswerving support for my study. She deserves all the honor and pride of my becoming a doctor, since she was the Maker of the Doctor out of a simple soldier.

Finally, I extend my special gratitude to Professor Emeritus Sung-Gyung Kim of Korea Military Academy. Believing that translation is another form of creation, he translated my thesis into Korean and made possible the publication of this book. I hope this book will be of help to the students of military strategy in Korea.

Byoung Tae Rhee

CONTENTS

Chapter One
Introduction and Scheme of the Research

1. Historical Background of Korea that Prompted the Research

The geographic condition of the Korean peninsula has been the primary source of a security predicament for the nation of Korea. Because of the peninsula's physical location, at the tip of the Asian landmass and contiguous with the vast Pacific Ocean, Korea has been unable to avoid contact in past centuries with the surrounding powers, such as China, Russia, and Japan. Korea's unavoidable external contacts have been manifested in such unfortunate historical occurrences as the 13th-century Mongols' intrusion, the 16th-century Japanese onslaught, the 17th-century Manchu's invasion, and the 20th-century Japanese annexation of the Yi dynasty, just citing a few of the more than 900 foreign invasions in the two thousand years of recorded history.

One of the salient effects of Korea's geographic condition was the significant influence of China over Korea in the areas of international relations, domestic politics, and societal culture. Although Korea had traditionally paid tribute to China, due to its prudent external stance (*sadaejueui*, or the "foreign policy of serving the great,"[1]) it could manage to retain a relatively autonomous political independence from China until the early 19th-century.

---

1 Ki-baik Lee, *A New History of Korea,* trans. Edward W. Wagner with Edward J. Shultz (Seoul: Iljogak Publishing Co., 1987), 189. The author introduced the concept of *sadaejueui* (*sadae-ism*) as follows: "Yi Korea used the term *sadae* ("serving the great") to describe its foreign policy toward Ming China, and every effort was made to maintain a friendly relationship." *Sadaejueui* was initiated by Yi Seong-gye (the founder of the Yi dynasty) for his political necessity to earn a legitimacy from China for his new regime. The Yi Korea sent three regular emissaries each year to Ming China to pave a harmonious relationship. Thus, the relationship with Ming China on the whole proceeded satisfactorily. The emissary occasions were also utilized as the trade opportunities with the culturally advanced China.

Conceptually, two political forces, or motivations, have worked in Korea's historical contacts with surrounding powers. One was Korea's own desire to maintain its sovereignty and political independence from the surrounding powers' interventions, and the other was a neighboring power's desire to place the Korean peninsula as a buffer from the other powers' intervention. James W. Morley summarized relations between Korea and surrounding powers in four succinct but bleak points.[2]

1. Geography made Korea a Great Power borderland-first of the Chinese Empire and later of the Russian and Japanese Empires.
2. Each neighboring Power felt compelled therefore to intervene in Korea, certainly to keep it out of enemy hands and, if possible, to draw it to itself.
3. Korea was too small and too weak to maintain its independence against such determined intervention.[3]
4. The fate of Korea—peace or war, alignment, division or annexation—depended on the balance of power among the great Powers on whose borders it rested.

From the late 19th-century, these two political forces, or motivations, played an essential role in bringing the historical occurrences on or around the peninsula: the 1894 Sino-Japanese War; the 1904 Russo- Japanese War; the 1910 annexation of the Yi dynasty by Japan; the hasty and unwise division of the Korean peninsula along the 38th parallel by the United States in 1945;[4] the 1948 establishment of two separate states on the peninsula; the

---

2 James William Morley, "The Dynamics of the Korea Connection" in *The U.S.-South Korean Alliance: Evolving Patterns in Security Relations*, eds. Gerald L. Curtis and Sung-joo Han (Lexington, MA: LexingtonBooks, 1983), as Chapter 2, 10.

3 Don Oberdorfer, *The Two Koreas: A Contemporary History* (New York: Basic Books, 2001), 7. Oberdorfer presents a similar assessment about Korea's international position: "Korea has been a country of the wrong size in the wrong place: large and well located enough to be of s substantial value to those around it and thus worth fighting and scheming over, yet too small to merit priority attention by more powerful nations on all but a few occasions."

4 *Ibid.*, 7. Don Oberdorfer quotes, in his *Two Koreas*, Gregory Henderson's remark on the illogicality of the 1945 U.S. decision to divide the Korean peninsula: "No division of a nation in the present world is so astonishing in its origin as the division of Korea; none is so unrelated to conditions or sentiment within the nation itself at the time when the division was effected; none is to this day so unexplained; in none does

1950-1953 Korean War and the attendant involvement of the United States and the People's Republic of China in the War; the 1953 Armistice Agreement; and the contention for survival and legitimacy between the Northern regime and the Southern government since then.

In these contemporary historical occurrences, particularly with respect to South Korea's military maturation, three actors played predominant roles in the security contention on the peninsula: the United States, the Northern regime, and the Southern government:

First, although the United States was the first Western state to conclude formal diplomatic relations with the Kingdom of Korea in 1882, it did not have earnest national interests in the Korean peninsula. The United States acquiesced and condoned Korea's becoming a Japanese protectorate in 1905 in exchange for Japan's promise to respect U.S. colonial interest in the Philippines. Its Seoul legation promptly departed in 1905 as the protectorate of Korea by Japan was announced. Such a marginal and tenuous relationship between Korea and the United States continued to exist from 1910 to the end of the Pacific War in 1945. After the end of the Pacific War, the United States' military forces advanced to the southern half of the Korean peninsula in September 1945 to receive the Japanese surrender. They conducted military governance over South Korea from 1945 to the birth of the South Korean government in 1948. But the U.S. forces came to Korea without proper political guidance and administrative preparations to conduct effective military governance over South Korea. However, the United States rendered the essential mentorship in the creation of Southern nationhood, including the building of the embryonic military forces. Most of all, the United States saved the South Korean polity from certain extinction by the Northern invasion of 1950. The United States' massive involvement in the Korean War was prompted by the strategic policy of containment against the expansiveness of the Soviet Union in the global power contention after World War II. Thus, the United States was in a uniquely favorable position to exert its strategic influence over South Korea's national affairs.

---

blunder and planning oversight appear to have played so large a role. Finally, there is no division for which the U.S. government bears so heavy a share of the responsibility as it bears for the division of Korea."

Second, the armed forces of the Soviet Union advanced into North Korea in August 1945 with a definite political aim: "the policy of the Soviet forces in North Korea was unambiguous and straightforward from the outset: it adopted the same method of making the Eastern Europe countries into satellite states of the Soviet Union."[5] Under the aegis of the Soviet forces, the People's Committees were organized throughout the Northern territory, as the precursor of the Northern regime. The Soviet forces played an essential role in building the Communist Party, which would later become the center of political gravity in North Korea. Also, the Soviet forces rendered full political support in making Kim Il Sung the leader of the Northern regime, by ensuring that he prevailed over numerous internal political contentions in Northern politics. The Northern regime embarked on a series of democratic reforms, such as purging all pro-Japanese, fascist, and reactionary forces; strengthening the Communist Party in Northern politics; and the implementation of "land reform."[6] These revolutionary actions were intended to make North Korea the revolutionary base for future unification of Korea.[7] Along with these political developments, the creation of the Northern regime's armed forces (the Korea People's Army, or KPA) was officially announced on 8 February 1948, as much as seven months ahead of the birth of the Northern regime itself on 9 September 1948 (the Democratic People's Republic of Korea, or DPRK). In stark contrast to the situation of South Korea, the KPA was generously aided by the Soviets in training, combat

---

5 Yang Ho-min, *Hanbando Bundan eui Jaeinsik* (Rethinking on the Division of the Korean Peninsula) (Seoul: Nanam Publishing Co., 1993), 33.

6 Robert A. Scalapino and Chong-Sik Lee, *Communism in Korea.* Part I, The Movement (Berkeley, CA: University of California Press, 1972), 342-343. The authors inculcate that: "Asian Communists were quick to realize that any profound change in the structure of agrarian ownership and control would have massive social and political implications." Land ownership had been heavily concentrated in Japanese hands and some rural gentries at the time of the 1945 liberation, and the landed gentries constituted a very powerful influence over the mass of peasants. Also, almost 75 percent of all arable land in Korea was cultivated by tenants. Land previously owned by the Japanese, land owned by individuals who did not till it themselves, and all land individually owned in excess of 12.25 acres were confiscated and transferred to those who would till it. To extricate political influence from the gentries was the utmost aim of the Northern regime for its initial power consolidation in North Korea.

7 *Ibid.,* 342, 359, 361.

equipment, logistics, and advisors.[8]

Third, in South Korea, the United States forces conducted military governance from 1945 to 1948 without proper political guidance and soundly determined policies, and little administrative preparations: "The policy of the United States toward the Korean peninsula after the surrender of Japan was carried out not according to any deliberate plan, but by adopting contingency measures and adapting to circumstances."[9] The United States' main policy toward Korea was a four-year trusteeship by the four major Allies (the United States, the Soviet Union, China, and the United Kingdom) after liberation from Japan's colonial rule, to which the South Korean people ardently objected. Since the United States and the Soviet Union could not reach a political agreement on the way to solve the Korean question, the United States entrusted the question to the United Nations to find an appropriate political solution. On 17 November 1947, the UN General Assembly passed a fundamental resolution for Korea's independence,[10] which called for (1) forming the United Nations Temporary Commission on Korea (UNTCOK) to facilitate the independence of Korea; (2) supervising a national election in Korea to constitute the National Assembly; (3) assisting in forming the national government by the National Assembly; and (4) supporting the build-up of a national security force. Since the Northern regime denied the entry of the UNTCOK personnel into the Northern territory, the national election had to be conducted only in the Southern half on 10 May 1948.

Accordingly, the first South Korean government emerged on 15 August 1948 (the Republic of Korea, or ROK), under the leadership of President Syng-man Rhee, whose jurisdiction covered only the Southern half of the peninsula. Since the Southern government began to feel an acute threat from the ominous Northern military growth in the late 1940s, it also pursued the rapid creation, and expansion, of its armed forces. In reality, however, the

---

8 *Ibid.,* 390-395.

9 Kim Jung-Ik, *The Future of the US-Republic of Korea Military Relationship* (New York: St. Martin's Press, Inc., 1996), 9.

10 The United Nations, *United Nations Official Record of the Second Session of the General Assembly Resolutions, 16 September-29 November 1947* (Lake Success, New York: United Nations Publications, December 1948), 16.

internal conditions of South Korea (lack of military tradition, insufficient financial resource, dearth of experienced leadership, and societal division in ideology, etc.) were not ideal for such rapid creation of the national military forces. The United States was the only country to assist South Korea in creating the indigenous Southern forces.

Thus, the two disparate states emerged on the Korean peninsula from 1948 with the help of their respective patron powers, and have struggled for survival and political legitimacy since then.

2. Creation of the Two Armed Forces

Along with the political development, the Northern regime's military preparation had gotten under way as early as 1945 under the purposeful tutelage of the Soviet forces stationed in North Korea: "Initially, such [building of military forces] preparations had been conducted under the auspices of the Provisional People's Committee Security Bureau, which was formally established on 8 February 1946."[11] The Northern regime established the embryonic "Security Force" on 20 October 1945, which superseded and replaced various irregular military organizations that had appeared after the liberation. On 15 August 1946, the "Security Cadres Training Battalion Headquarters (SCTBH)" was created, which was a landmark event in Northern military growth. The mission of the SCTBH was to command the three already existing training centers and the cadre academies. The SCTBH was transformed into the "People's Grouped Army (*Inmin Jipdan Gun*)" on 17 May 1947, which was virtually the informal beginning of the Northern military forces. The Northern regime mobilized the youth through quota-allocation to local People's Committees. Using this method, the regime raised the armed forces to some 60,000 by the end of 1948. (By 1949, the military demand for men rapidly increased and the former existing system was changed into a more open conscription.) As a denouement of the growth of the Northern forces, Kim Il Sung officially declared the establishment of

---

11 Scalapino and Lee, *Communism in Korea,* 390. As noted above, the People's Committee was inaugurated by the behest of the Soviet forces command in North Korea.

the Korea People's Army on 8 February 1948, seven months before the birth of the nation itself. The Soviet Union played an essential role in the Northern forces' growth. It trained up to 10,000 military cadres and technicians; it provided advanced combat equipment, such as T-34 tanks, Yak fighters, and firepower weapons of various types; and, it provided some 20 Soviet advisors to each division.[12] The People's Republic of China also contributed to the growth of the Northern forces by agreeing to repatriate some 40,000 Korean descendent veterans (the Korean Volunteer Corps), who fought with the People's Liberation Army during the anti-Japan and anti-Chiang struggle in the 1940s. By the time of the June 1950 Korean War, the Northern forces grew to ten infantry divisions, one tank division, and one air force division, with the total strength between 150,000 and 200,000 troops.[13]

The beginning of the Southern military forces, in contrast, was lukewarm. The United States Army Military Government in Korea (USAMGIK) began to create South Korea's military forces in the form of a police reserve in 1946, mainly from the necessity of maintaining internal order and stability. By the USAMGIK's initial plan, one regiment would be formed in each of the eight South Korean provinces, which would later be expanded to a divisional strength. By the time of the Korean War, the Southern forces comprised ten infantry divisions, numbering some 100,000 troops, but they sorrowfully lacked effective combat equipment, such as tanks, heavy artillery, anti-tank weapons, and combat aircraft. Generally, the Southern forces' equipment was limited to individual small-arms. They did not even have enough ammunition for sustained combat operations. Although about 500 U.S. advisors worked in various ROK units, the degree of unit training and the proficiency of leadership were far below the level of military satisfaction. The ten ROK divisions were nominal ones at best.

3. The Puzzle and the Research Question

As witnessed above, the two Koreas were embroiled in a struggle of

12 *Ibid.,* 383.
13 *Ibid.,* 393.

national survival and legitimacy even before their respective births in 1948. From the 1945 liberation from Japanese colonial rule, both Koreas received political, economic, and military assistances from their patron allies: South Korea from the United States; North Korea from the Soviet Union. While U.S. aid to South Korea was tenuous and unsystematic, Soviet assistance to North Korea was definitely purposeful, in contributing to the building of the Northern nationhood and its salient military power. The assistance of the United States, although tenuous and unsystematic, helped to launch the nation, to sustain its weak economy, and to create the Southern military forces. Accordingly, the United States wielded significant influence on South Korea's domestic affairs.

Further, South Korea had a succession of different types of governments since its inception in 1948: Syng-man Rhee's anti-communist, anti-Japanese, civilian government in the 1950s, Park Chung Hee's coup detat-originated, development-focused government in the 1960s and 1970s, Chun Doo Hwan's another military-based government in the 1980s, and the two Kims' (Kim Young Sam and Kim Dae Jung) civilian governments in the 1990s.[14]

Several major questions arise from the historical progression of U.S. aid to South Korea and the existence of different governments in South Korea.

1. Was South Korea able to have its own indigenous military strategy in light of the heavy American influence over South Korea? Or, did the South Korean forces just follow or copy the United States' military strategy?
2. How did the Northern military growth and its military prowess affect the nature of South Korea's military strategy?
3. Did South Korea's different governments have different military strategies? Or, were they identical in nature?
4. If South Korea's different governments chose different military strategies, what was the reason of the differences? Or, if different governments retained the same military strategy, what was the reason for the similarity?

14 Here, the researcher did not include the government of Premier Chang Myon and that of President Choi Kyu-Ha: the former lasted only eight months in 1960 and 1961 and the latter existed for a similar short duration in 1980 and 1981. In the sense of South Korea's national development, the two short-lived governments did not have any significant meaning in the contemporary history of South Korea.

5. Did the United States and South Korea share an identical threat perception from the Northern military power? How did the congruence of the threat perception affect the development of South Korea's military strategy? Or, if they had different threat perceptions, how did they affect South Korea's military strategy?

From these basic questions, the following research question is cultivated and crystallized: *What were the respective roles of the North Korean military threat and the United States' strategic influence on the development of South Korea's military strategy?*

4. The Essence of the Research

As shown in Figure 1, this research forcefully maintains that South Korea's military strategy has been dictated by three factors: the Northern regime's military threat, the United States' strategic influence over South Korea, and South Korea's internal conditions in various aspects.

Figure 1. Conceptual Framework of the Research

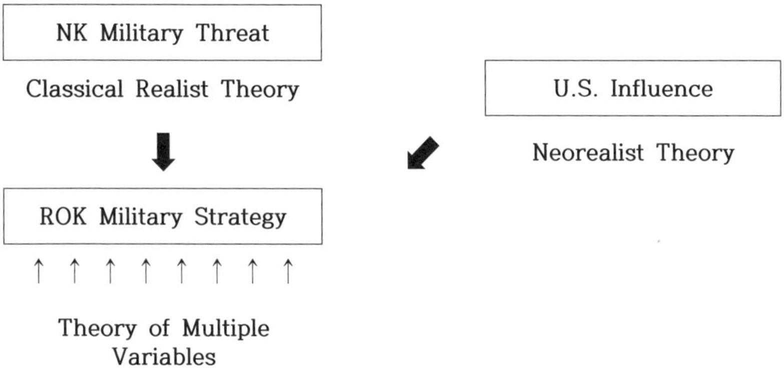

NK Military Threat

Classical Realist Theory

U.S. Influence

Neorealist Theory

ROK Military Strategy

Theory of Multiple Variables

The vertical, thick arrow from the box of "NK Military Threat" to the box of "ROK Military Strategy" means that the former has affected the latter. The oblique, thick arrow from the box of "U.S. Influence" to the box of "ROK Military Strategy" implies that the former affected the latter. The multiple thin arrows beneath the box of "ROK Military Strategy" suggest that South Korea's internal conditions influenced the development of its military strategy.

Hence, the three factors (the Northern military threat, the U.S. strategic influence, and the Southern internal conditions) constitute the independent variables, and the final outcome (South Korea's military strategy) becomes the dependent variable. The research will endeavor to find the intensity of the three independent variables' impacts on the dependent variable.

Within this conceptual framework, accordingly, the research will focus on testing the following three hypotheses.

1. *More commonality in threat perception between the allies leads to more congruence in their military strategies.*
2. *The dominant power's overwhelming contribution to the defense of the smaller ally leads to the smaller ally's blind following of the former's military strategy.*
3. *When a smaller ally accumulates enough strength vis-à-vis its threatening adversary, its military strategy tends to become independent from the dominant power's influence.*

5. Relevant Theories

Four strands of theories can be employed to understand the three actors' impacts on the development of South Korea's military strategy. First, the classical realist thought can explain the growth of the Northern military threat and its impact on South Korea's military strategy. Second, the neorealist theory can support the exertion of U.S. influence over South Korea and its effect on Southern military strategy development. Third, the theory of multiple variables can be used in understanding the effect of South Korea's internal conditions on its military strategy development. Fourth, the theory of strategy can explain a nation's development of its national and military strategy.

The gist of classical realist thought encompasses several central assumptions.[15] According to it, states are the primary actors in international

15 James E. Dougherty and Robert L. Pfaltzgraff, Jr., *Contending Theories of Inter-*

and domestic arena, and international relations are characterized by the struggle for power in an anarchic setting. Thus, states rely on their own capabilities for their survival with the practice of self-help. There are gradations of capabilities among states. States are rational and unitary actors, and power is the most important factor in explaining and predicting a state's behavior. Both Koreas pursued the goal of national survival and enhancement of power to prevail over the adversary and to guarantee the existence of their polities. They relentlessly endeavored to keep power, to increase power, and to demonstrate power in their external and domestic behaviors. The two Koreas have acted precisely in accordance with the central assumptions of classical realism. Classical realist thought can logically lead to an understanding of both Koreas' behaviors and their impacts on the other party. The works of Thucydides,[16] Morgenthau,[17] Dougherty and Pfaltzgraff[18] embody such thoughts of classical realism.

The neorealist theory emphasizes the importance of external factors rather than that of the internal conditions in deciding a state's external behavior. A state's variety of internal conditions does not produce the same variety of external behaviors. As Kenneth N. Waltz articulates, "different states have produced different as well as similar outcome; similar states have produced similar as well as different outcomes." According to the neorealist thought, the making of South Korea's military strategy could not be the product of internal conditions alone. Rather, the Southern military strategy is a product of international relations between the United States and South Korea. The United States has wielded tremendous influence on South Korea's national affairs, especially on military affairs: the United States created, equipped, trained, and maintained the Southern armed forces. (Similarly, North Korea's behavior was affected by the factor of international relations, particularly by the factor of Soviet assistance.) Therefore, the theory of neorealism can

---

national Relations: A Comprehensive Survey, 4th ed. (Reading, MA: Addison Wesley Longman, Inc., 1997), 58.

16 Thucydides, *The History of the Peloponnesian War,* ed. M. I. Finley and trans. Rex Warner (Hammonsworth: England Penguin, 1972).

17 Hans J. Morgenthau, *Politics Among Nations: the Struggle for Power,* 5th ed., revised (New York: Knopf, 1978).

18 Dougherty and Pfaltzgraff, *Contending Theories,* 58-89.

safely generate an understanding of the U.S. impact on the development of South Korea's military strategy. The argument of neorealism is typically expressed in the works of Kenneth Waltz.[19]

The theory of multiple variables argues that a state's behavior can not be explained by classical realist thought or by neorealist theory alone. A state's behavior can be best explained by a synthesis of the two concepts. That is, a state's behavior is a product of both external impacts and internal conditions. Concretely, South Korea's military strategy has been jointly affected by the impacts of the Northern military threat (external), the U.S. strategic influence on South Korea (external), and the internal conditions of South Korea (internal). The contemporary trend of international relations theory supports the argument of the theory of multiple variables. The works of Thucydides,[20] Barry Buzan, et al.,[21] and Laurrie M. Johnson Bagby[22] epitomize the argument of multiple variables.

Lastly, the theory of military strategy is critical to this research. Compared with the international relations theories, the theory of military strategy is simple and straightforward. The theory argues that a state's broad national interests dictate the determining of its grand strategy, and the broad and diverse national interests are prioritized. Then, appropriate national instruments are chosen for pursuing the prioritized interest, and, if use of military forces is chosen as the appropriate instrument for achieving a particular national interest, military strategy begins to find the best way of accomplishing the task.

Military strategy encompasses four elements: force employment, force deployment, force development, and coordination of those three elements. Force employment determines the use of force in a broad, national sense

---

19 Kenneth N. Waltz, *Theory of International Politics* (Reading, MA: Addison Wesley Publishing Company, 1979).

20 Thucydides, *Peloponnesian War,* 118.

21 Barry Buzan, Charles Jones, and Richard Little, T*he Logic of Anarchy: Neorealism and Structural Realism* (New York: Columbia University Press, 1993).

22 Laurrie M. Johnson Bagby, "Father of International Relations? Thucydides as a Model for the Twenty-First Century" in *Thucydides' Theory of International Relations: A Lasting Possession,* ed. Lowell S. Gustafson (Baton Rouge: Louisiana University Press, 2000), 30.

depending upon the threat perception. Force deployment concerns the concrete manner, size, intensity, and locality for achievement of a particular national interest. Force development builds military capability in accordance with the requirements from force employment and force deployment. The fourth element, coordination of the three elements, ensures the harmony and congruence among the three elements of force employment, force deployment, and force development. The works of Clausewitz[23] and Drew and Snow[24] represent the above-presented thought about military strategy.

6. Methodology

The research uses the method of controlled comparison as articulated by Alexander L. George.[25] The characteristics, and merits, of the method of controlled comparison are as follows. Rather than investigating all information and data, the method focuses on a certain "class of events" or "type of phenomena" for the analysis. Accordingly, the research can employ some general variables for description and explanation, and the method allows to be selective and focused in its treatment of the cases, that is, it also permits the latitude to select the appropriate aspects of the cases.

In the research, the cases are South Korea's military strategies in different decades: in the 1950s, 1960s, 1970s, and 1980s-90s. The research investigates the exertion of the three independent variables (North Korea's threat, the United States' influence, and South Korea's internal conditions) on the development of the dependent variable (South Korea's military strategy). Each independent variable subsumes several indicators, which commonly exist in the different decades (such as, number of units, strength of personnel, equipment, or strategy of the particular forces in different decades). The commonality of the indicators enables the comparison of particular aspects

23 Carl von Clausewitz, *On War,* ed. and trans. Michael Howard and Peter Paret, indexed ed. (Princeton, NJ: Princeton University Press, 1984).

24 Dennis M. Drew and Donald M. Snow, *Making Strategy: An Introduction to National Security Process and Problems* (Maxwell Air Force Base, Alabama: Air University Press, 1988).

25 Alexander L. George, "Case Study and Theory Development: The Method of Structured, Focused Comparison" in *Diplomacy: New Approaches in History, Theory, and Policy,* ed. Paul Gordon Lauren (New York: Free Press, 1979), 50.

among different decades.

The major task of the research is to gauge and weigh the intensities of the independent variables acting on the shaping of the dependent variable. Concretely, the research will perform three things: investigation of the strength of relevant indicators in either a quantitative or a qualitative manner; finding the intensity of the independent variable by aggregating the strength of all relevant indicators; and comparison of different independent variables' impacts on the dependent variable.

7. Expected Findings and the Value of the Research

The researcher aims to achieve the following three goals after the research effort. First, the validity of the three hypotheses will be tested, and thereby, a theory about the relationship between two unequal allies, particularly in choosing their military strategies, will be constructed. And further, the research will disclose and explain the conceptual correspondence or gaps between the actual Northern military threat and South Korea's national and military strategies to counter it.

The research is valuable in the sense that, although earlier studies had mainly focused on the relationship between a dominant power and a smaller, dependent state in political, cultural, economic, and ideological aspects, this study, for the first time, attempts to clarify the relationship in their military strategies.

Failure to call attention to the irrationality and defect, if any, of a nation's grand strategy and military strategy will certainly jeopardize the security and well-being of the nation in the future. As a Korean national, the researcher feels an enhanced moral obligation to voice such lamentable possibility to the public of South Korea and the United States.

Chapter Two
Historical Trends and Theoretical Perspectives

Since the partition of the Korean peninsula in 1945, the survival of South Korea as a political entity has been decidedly affected by the two real and undeniable external forces: the military threat of North Korea and the strategic influence of the United States on South Korea. Soldiers and scholars have questioned whether South Korea was able to develop and formulate its own military strategy under such heavy pressure of the Northern threat and the foreign influence. Some have even denied the possibility of any such thing as South Korea's indigenous military strategy.[1] Once a state is formed and functions, however, history of national life suggests that some sort of national estimation and planning should be prepared and executed for the survival of the state. Military strategy should be one of such national estimations and plannings.

This chapter addresses the question of what sort of military strategy South Korea developed during the first half century of its existence. Discussed in the chapter are historical trends focusing on the origin and magnitude of the external threat and influence; the three hypotheses of the research to explain the evolution of South Korea's military strategy; understanding and interpreting the research question in theoretical terms; and selection of variables and indicators to vindicate the hypotheses.

---

1 This line of disparaging and vituperative attitude toward the South Korean government and its armed forces has been persistent in North Korea's propaganda since the 1948 birth of the two Koreas. The Northern regime called the Southern government as *goe-roe-jeong-gwon* (puppet regime), and the Southern armed forces as *goe-roe-gun* (lackey army). The Northern regime has never recognized the legitimacy of South Korea's government and institutions. Thus, it can not approve the existence and propriety of the Southern military institution and the rationale for its military strategy. There were some intermittent periods of intra-Korea politics of peaceful coexistence (1972 and 2000), but in essence, the trend of the Northern belligerency toward the Southern institutions has continued to exist despite the 2000 summit between Kim Dae Jung, the Southern President, and Kim Jong Il, the Northern leader.

1. Initial Presentation of the Historical Trends

Since the 1948 foundation of the two Koreas, North Korea had imposed a real and undeniable military threat to the security of South Korea. The nature of the threat was both political and military. The gross discrepancy in military strength between the two Koreas, which was invariably in favor of the North from the outset, accentuated the salience of political threat as well. Due to the low level of national strength in countering the Northern military threat, South Korea had to rely on the United States' political, economic, and military assistance to maintain its national existence. Domestically, the quality of the embryonic South Korean leadership did not allow the formulation and execution of an indigenous, competent national strategy or defense strategy to protect the nation. This section will investigate three areas: the shaping and trend of the North Korean threat; the trend of the exertion of U.S. strategic influence over South Korea; and the status of the South Korean leadership's ability in formulating national and military strategy

Trend of North Korea's Military Threat: The Origin and Magnitude

When the Korean War started in June 1950, the discrepancy in combat power of each side was apparent. *Table 1* shows a clear discrepancy in combat power in favor of North Korea in the period immediately prior to the June 1950 Korean War. Several telling features of the discrepancy should be stressed. Foremost, the North Korean armed forces retained almost 2:1 superiority over the Southern forces in total strength. Particularly, the North enjoyed the superiority of 2:1 in the strength of ground forces. Moreover, the Northern divisions were equipped with heavy combat armaments, while the Southern ones were equipped merely with light and small arms. As a palpable example of such disparity in combat power, the North operated 242 T-34 main battle tanks, while the South had none. The Northern forces maintained a 4:1 superiority in firepower. In addition to the numerical superiority, the Northern artillery excelled in the quality of weaponry when compared with the Southern one. The North operated more than 220 tactical aircraft, while the South had no air power at all.

Table 1. Comparison of Combat Power between the North and South Korean Forces in June 1950

South Korea	North Korea
Army (strength: 94,974)	Army (strength: 182,680)
8 light divisions (21 regiments)	7 regular divisions & 3 reserve divisions (30 regiments)
1 separate regiment (other support units)	1 tank brigade
	Other units (motorized infantry brigade, special forces, 38th Security Unit)
	242 T-34 tanks
Some light armored vehicles	54 armored vehicles
	176 SU76 self-propelled guns
9 105mm howitzers	172 122mm howitzers
384 81mm mortars	380 76mm mortars
576 60mm mortars	226 120mm mortars
140 57mm recoilless rifles	1,142 82mm mortars
1,900 2.36-inch rockets	360 61mm mortars
	550 45mm anti-tank guns
Anti-air weapons: none	12 85mm anti-air guns
	24 37mm anti-air guns
	14.5mm anti-air machine guns
Navy (strength: 7,715)	Navy (strength: 4,700)
28 coastal security vessels	30 coastal security vessels
1,166 marines	9,000 marines
Air Force	Air Force
22 light training planes	220 combat aircraft (YAK-9, IL-10, etc.)

Source: The War Commemoration Foundation, *History of the Korean War,* Vol. 2, *"The Source of the Conflict"* (Seoul: Haenglim Publishing Co., 1992), 510.[2]

In the areas of combat experience of the troops and the degree of unit training, the North had another distinct advantage vis-à-vis the Southern rival. The Northern armed forces had absorbed a large number of the "Northeast Volunteer Forces" (*Dongbuk Euiyong Gun*) of Korean descendent, who had fought with the People's Liberation Army of the People's Republic of China in the Chinese Civil War. These veteran troops constituted almost one third of North Korea's ground forces.

2 This book is written in Korean. The author of the book, the War Commemoration Foundation, is *Jeonjaeng Ginyeom Sa-eophoe* in Korean. And the title of the book, *History of the Korean War,* is *Hanguk Jeonjaeng Sa* in Korean.

The degree of unit training created a further Northern advantage. Due to the employment of exclusive border-security units, the majority of the Northern ground forces were able to devote themselves to large-scale, combined-arms, unit training.

The trend of North Korea's military superiority vis-à-vis South Korea continued throughout the decades of the 1960s, the 1970s, and the 1980s. Such Northern military superiority, naturally, had precipitated assertiveness in its political relations and aggressiveness in its military strategy toward South Korea. North Korea's military aggressiveness was epitomized in the historical instances of the 1950-1953 Korean War, the 1968 commando- style raid on South Korea's presidential residence, its "Four Major Military Policies,"[3] which were designed to achieve a rapid enhancement of military capability in the 1970s, and its ambitious policy of outright modernization of military institutions in the 1980s. In the 1990s, North Korea attempted a series of gambles to acquire a nuclear weapon capability of its own production.

The result of the continuing, and ominous, trend of North Korea's military superiority can be perceived in an open publication, *The Military Balance 2000-2001*[4] in number of main battle tanks and light tanks (North Korea's 4,060 versus South Korea's 2,250); in number of artillery, and multiple rocket launchers, and mortars (North Korea's 19,000 versus South Korea's 10,696); in number of combat aircraft (North Korea's 645 versus South Korea's 555); and in number of active troops (North Korea's 1,082,000 versus South Korea's 683,000). The aggregate total of each side's military assets clearly shows that North Korea maintains almost twice the combat

3 In South Korean society, the term is widely known as *Sadae Gunsa Noseon* (Four Major Military Policies) of the Northern regime, which includes: (1) the arming of the entire population; (2) the fortification of the whole territory; (3) the extensive training of active and reserve troops to be able to function as cadres; and (4) modernization of weaponry, doctrine, and tactics. The Northern regime incepted the concept in the early 1960s. Kim Il Sung officially reported the successful implementation of the Policies at the Fourth Expanded Plenum of the Fourth Korea People's Army Party Congress, 6-14 January 1969, as a concluding speech of the conference. He made numerous references to the Policies in later years in the context of dual emphasis on national security and military preparedness. See footnote 5.

4 The International Institute for Strategic Studies, *The Military Balance 2000-2001* (London: Oxford University Press, 2000), 202-204.

power of South Korea.

North Korea's historical superiority in military strength vis-à-vis South Korea can be explained with four points. First, from a political viewpoint, North Korea's communist leadership directed its systematic efforts to build a Soviet-styled, socialist state from immediately after the 1945 liberation from Japanese colonial rule. To achieve the political aim, it was indispensable to build a strong, and loyal, military power to support the socialist nation-building in the North. The clarity and consistency of such political goals effected the rapid enhancement of North Korea's military strength. As a palpable example of the military's contribution to achieving political goals, it must be keenly noted that the North Korean People's Army was activated prior to the founding of the state itself.[5] The creation of the KPA before the establishment of nationhood itself clearly signifies the extent to which the Northern regime depended on military power in its revolutionary statecraft.

Second, North Korea's political leadership had a clear doctrinal understanding on creating, maintaining, and operating military forces. Kim Il Sung forcefully emphasized the propriety and necessity of "unity" among military doctrine, technology, political indoctrination, and overall war preparation in his noteworthy address at the November 1970 Fifth Party Congress of the Korea Worker's Party (KWP).[6] The military force that the Party desired would have several essential institutional features: ideological loyalty to the revolutionary cause, the orientation of offensiveness, and the overwhelming combat power to achieve a rapid and complete destruction of the Southern

---

5 Kim Il Sung, *Selected Works of Kim Il Sung,* Vol. 1 (Pyongyang: The Publisher of the Korean Workers' Party, 1967), 185. A congratulatory address by Kim Il Sung on the occasion of the creation of the Korea People's Army on 8 February 1948 is included in this volume under the title of "On the Occasion of the Activation of the Korea People's Army."

6 Kim Il Sung, *Selected Works,* Vol. 5 (Pyongyang: Foreign Language Publication House, 1972), 430-432; 466-468. Chung Min Lee conducted an elaborate analysis on the institutional features of the Northern Army in his 1988 doctoral dissertation at the Fletcher School of Law and Diplomacy entitled *Prevailing in Future Conflict: Conventional Deterrence and Defense Strategies with Special Reference to the Defense Planning of the Republic of Korea,* 246. Lee asserted that "the KPA is structured, first and foremost, on the primacy of offense, stressed throughout basic training up to and including the higher military schools."

enemy in the intra-Korea struggle.[7] These political requirements desired by the Northern leadership naturally contributed to the rapid enhancement of military capability of the Northern forces.

Third, the mission given to the KPA by the Northern national authority was clear and unambiguous.[8] It was to protect the achievements of the Northern regime from the hindrance of the Southern rival; to protect and defend the state and the people from foreign incursions; and to defend and support the interests of the working class. This aspect of clarity of the mission for the KPA decidedly contributed to the rapid enhancement of the Northern military might.

Fourth, unlike the stringent U.S. aid in equipping the Southern army, the Soviet Union generously provided military material for the Northern armed forces, including first-grade main battle tanks, advanced artillery pieces, and combat-tested aircraft.

As noted above, it is manifestly evident that the North Korean armed forces have posed an immense military threat to the physical security and national survival of South Korea from the latter part of the 1940s to the present.

Exertion of the U.S. Strategic Influence on South Korea

Although the United States had concluded a diplomatic treaty with the kingdom of the Yi dynasty in 1882, it had not shown its earnest interest in Korea due to Korea's remote geographic location and the unprofitable trade conditions, which rendered only a marginal market for American exports. Since the United States did not perceive Korea as an attractive commercial

---

7 Kim Chul Man, one of the most outstanding military thinkers in North Korea, disclosed his ideas on the achievement of rapid victory in his well-known article, "Hyeondae Jeonjaeng eui Seong-gyeok gwa Yoso" (Characteristics and Factors of Modern Warfare for Victory). The article is contained in the periodical, *Geulloja* (Workers), August 1976, 6. In the article, Kim articulated that " [The fact] that the modern war is a protracted war does not mean that it has to drag on. As a whole, modern war will certainly be protracted but, in conduct, each operation and each battle will be fought with various means of mass destruction and equipment with rapid mobility. Both sides of belligerent forces will attempt to utilize this advantage to end the war with quick decisions."

8 Kim Il Sung, *Selected Works,* 186-191.

target, the contact between the two countries remained sterile until the 1945 termination of the Pacific War. After the War, the United States began to show its strategic interest mainly in the postwar management of the international balance of power in East Asia: to contain Soviet expansionism in the region.

The containment strategy impelled the United States to enter the 1950 Korean War abruptly with massive resources, and to sustain 33,000 American casualties. The 1953 Armistice of the Korean War did not produce a decisive winner between the two main belligerents: the United States forces and the People's Republic of China's "volunteers." Since then, the United States has maintained significant forces in South Korea, which has served two major purposes of the United States: exerting U.S. power and influence in the region; and promoting its regional interests in East Asia. The stationing of U.S. forces in South Korea, together with the substantial economic and military aid, permitted the United States to exercise an enormous degree of influence over South Korea's political, economic, and military affairs.

This section will investigate the following four areas of historical trends since the 1950s: U.S. national interests and its national strategy; U.S. interests in East Asia and its regional strategy; U.S. interests in Korea and its strategy concerning the Korean peninsula; and the modality of the exertion of U.S. strategic influence on South Korea.

U.S. National Interests and Grand Strategy

The enterprise of formulating a national strategy begins with the identification of national interests. However, a state's national interests tend either to be expressed in ambiguous terms or hidden behind some normative wordings. But, Robert J. Art clearly presents the United States' national interests as follows:[9] protection of U.S. homeland from external attacks; continued prosperity based on the preservation of open world economy; assured access to Persian Gulf oil; prevention of war among the great

9 Robert J. Art, "A Defensible Defense: America's Grand Strategy after the Cold War" in *The Use of Force: Military Power and International Politics,* eds. Robert J. Art and Kenneth N. Waltz (Lanham, MD: University Press of America, Inc., 1993), 480.

powers of Europe and Asia, and preservation of independence of Israel and South Korea; and, where possible, the promotion of democratic governments and the overthrow of governments engaged in the mass murder of their citizenry.

The basic American values, national interests, and policy objectives appear in Chapter II of *NSC 68:*[10] to form a more perfect union; to establish justice; to insure domestic tranquility; to provide common defense; to promote general welfare; and to secure the blessings of liberty to Americans and their posterity. These points are contained in the Preamble of the Constitution as the fundamental purposes of the United States, which, essentially, emphasize three basic concepts: national security, economic prosperity, and promotion of liberal values.

The contents of *NSC 68* expressed the U.S. government's perception on the expansive nature of the Soviet Union, and presented the U.S. national strategy to counter that challenge after World War II. In the course of the estimation of *NSC 68,* the U.S. policy makers came to the perception that "the greatest threat to the security of the United States stemmed from the hostile design and formidable power of the Soviet Union and the nature of the Soviet system."[11] Accordingly, the U.S. global interest in the early 1950s lay in the prevention of the Soviet political and military expansion into the vital regions of the world, especially, Western Europe and Japan. Therefore, U.S. grand strategy focused on the weakening, and elimination if possible, of the Soviet power and influence in postwar international politics. Hence, the U.S. grand strategy in the 1950s earned the name of the "containment" strategy.

This emphasis on the containment of the Soviet expansionism continued in the 1960s, with the two security tools of multilateral alliance in Europe (institutionalized as NATO) and a series of bilateral security treaties with countries in the Asia-Pacific region. The United States became the leader of

---

10 The National Security Council, *NSC 68: United States Objectives and Programs for National Security, 14 April 1950* (Washington, D.C.: University Publication of America, Inc., 1980), 5. (Microfilm: Reel II, Frame 0745). Chapter II, "The Fundamental Purposes of the United States," elaborates on this topic.

11 *Ibid.,* 60.

the global alliance termed as the "Free World," which "represented a manifestation of American global strategy" in the 1960s.[12]

In the 1970s, a significant novel strategic requirement emerged for the United States. The alliance members pursued various forms of détente with the Soviet Union, which produced "a crisis in NATO that at worst threatened its survival and at least diminished its utility to the security of states on both sides of the Atlantic."[13] The United States had to countenance a new international balance of power induced by the "shrinking" of its national strength, which compelled Washington to accept the existence of a multipolar world—the strategic partnership among the United States, the unifying Western Europe, the strengthened Japan, and the *de facto* alignment with the People's Republic of China. As an actual policy output, this new international condition precipitated the 1969 Nixon Doctrine, which emphasized more equitable security burden-sharing among the allies.

The Nixon Doctrine had an especially adverse impact on the defense of South Korea by withdrawing one of the two U.S. divisions then stationed in South Korea. Although U.S. leaders tried to explain the Doctrine as something other than a U.S. retrenchment from Asia, Asian nations were impelled to feel the ebbing of American power in the region, which propelled a series of self-reliant defense strategies among the Asian nations, including South Korea.

The U.S. global strategy in the early 1980s stressed two elements in the confrontation with the Soviet Union: the traditional reliance on the Western alliance and the unilateralist approach of rebuilding America's own capability. The U.S. strategy in the 1980s had not only a military component but also a political-ideological-economic nature, which was designed to exploit the vulnerability of the rigid and ineffective Soviet system. The efficacy of such U.S. strategy was confirmed in the sudden collapse of the Soviet Union and its East European satellites in the early 1990s.

---

12 Robert L. Pfaltzgraff, Jr., "U.S. Strategy for National Security" in *Understanding U.S. Strategy: A Reader,* ed. Terry L. Heyns (Washington, D.C.: National Defense University Press, 1983), 224.

13 *Ibid..,* 226.

U.S. Interests in East Asia and Its Regional Strategy

With respect to U.S. regional interests in East Asia, Amos A. Jordan, William J. Taylor, and Lawrence J. Korb succinctly clarified U.S. interests in the region in three points:[14] the pursuit of denial, which means that no nation or coalition of nations should control the people and resources of the region; the pursuit of regional stability, which purports prevention of emergence of regional hegemon, or elimination of power vacuum in the region; and a balanced, long term economic relationship, which emphasizes the opportunity of open investment and the accessibility to markets and raw materials from the region. These three aspects of U.S. regional interests in East Asia generally coincide with the aforementioned global interests of the United States.

In the actual policy making of the U.S. government, the *NSC 48* series presents the flow of U.S. perception and policy toward East Asia. According to *NSC 48/1* of 23 December 1949,[15] the strategic value of Asia to the United States had three aspects. The denial of Soviet control of Asia would prevent Soviet acquisition of elements of power, that might add to its war-making potential. Thus, Asia's indigenous forces would assist the United States in containing the Soviet expansion, that would reduce the drain on the U.S. economy. In addition, the United States should have access to raw materials and markets of the region.

Based on those regional interests and the perspective on the value of Asia, U.S. policy makers completed the U.S. regional strategy in Asia in the segment of "U.S. Security Objectives in Asia"[16] in *NSC 48/1.* The strategy included the development of nations and peoples on a stable and sustaining basis in conformity with the purposes and principles of the UN Charter, the gradual reduction and eventual elimination of the preponderant power of the Soviet Union in Asia, and the prevention of power relations which would

---

14 Amos A. Jordan, William J. Taylor, and Lawrence J. Korb, *American National Security: Policy and Process,* 4th ed. (Baltimore, MD: The Johns Hopkins University Press, 1993), 357.

15 The National Security Council, *NSC 48/1: The Position of the United States with Respect to Asia, 23 December 1949* (Washington, D.C.: University Publication of America, Inc., 1980), 18. (Microfilm: Reel II, Frame 0068).

16 *Ibid.,* 28.

enable any other nation to threaten the security of the United States and other Asian allies. To implement this regional strategy, two strategic approaches of the United States merit particular attention. First, the United States would take the strategic offensive in the West as its major effort (in Europe) while opting the strategic defensive in the East with minimum expenditure (in Asia). Second, the United States' minimum position with respect to Asia, accordingly, was to maintain the chain of off-shore islands connecting Japan, the Ryukyus, and the Philippines.

U.S. Interests in Korea and Its Strategy toward Korean Peninsula

U.S. interests in Korea has been somewhat relative, ambivalent, and intangible, if compared with other strategically conspicuous regions, such as Western Europe and Japan. Korea does not have any notable natural resources such as Middle East's oil or Africa's strategic minerals. Korea does not provide any vast market as that of China. Neither does it possess the industrial potential or the strategic value of Japan. Due to its geographic location far from America and the low level of its national power, Korea does not pose any physical threat to the security of the United States.

The two concepts of (1) denial and (2) international power balance are the only reasons or motives that invite U.S. attention to Korea. Concerning the application of the denial concept, as argued by Jordan, *et al.*, establishment of political preponderance on the Korean peninsula by other powers would be critically detrimental for the United States in pursuance of its East Asian interests. A notable U.S. government planning document, *NSC 5429/5* of 22 December 1954 clearly expresses the notion of Korea's relative strategic value to the United States. It only stressed the importance of "maintenance of the security of the off-shore [islands] chain of Japan, the Ryukyus, Formosa, the Philippines, Australia, and New Zealand." The fact that Korea was not included in the "minimum chain" clearly shows the relativity of its value to the United States.

Concerning the international power balance, Korea's strategic value in U.S. security paradigm can only be found in the relational assessment of the main U.S. objectives in the Asia-Pacific region. That is, in the early 1950s, Korea's strategic value was determined by U.S. calculation of the confrontation with the Soviet Union. The main U.S. objectives were to check and curb the expansiveness of the Soviet Union in Asia. Accordingly, Korea's value lay in the degree of its contribution to those objectives of the United States. If Korea had fallen into the orbit of the Soviet bloc, it would have seriously impeded U.S. ability to achieve its regional strategic aim.

The *NSC* series provides an evolution of U.S. perception on Korea and an outlook of U.S. policy and strategy toward Korea. At the outset of its contact with Korea after the end of the Pacific War, the United States established broad policy objectives pertaining to Korea, which had a rational but indifferent nature, as manifested in *NSC 8* of 2 April 1948.[17] The U.S. objectives on Korea, as expressed in the policy document, encompassed four elements. A unified, self-governing, and sovereign Korea, independent of foreign control and eligible for membership in the United Nations was to be founded. The United States would ensure that the unified government should be fully representative of the will of the Korean people. Then, it would assist the Koreans in achieving a sound economy as an essential basis of an independent and democratic state, and, as a derivative objective, it would terminate its military commitment in South Korea as soon as practicable.[18]

Concerning the U.S. policy for the termination of military commitment in Korea, the Joint Chiefs of Staff (JCS) expressed an unambiguous opinion: "The United States has little strategic interest in maintaining its present troops and bases in Korea."[19] The Joint Chiefs of Staff estimated that, in the event of hostilities in the Far East, the U.S. forces in Korea would constitute a military liability. Any land operation, the JCS analyzed, would, in all probability, bypass the Korean peninsula. This line of reasoning suggests that the United States did not perceive Korea as having sufficient strategic merit to justify U.S. effort and resources.

This trend of perception on Korea as having little strategic value persisted

---

17 The National Security Council, *NSC 8: The Position of the United States with Respect to Korea, 2 April 1948* (Washington, D.C.: University Publication of America, Inc., 1980), 1. (Microfilm: Reel I, Frame 0132).

18 The United States had been maintaining a corps size occupation force of 20,000 troops in South Korea from September 1945 to accept the local surrender of the Japanese forces.

19 The National Security Council, *NSC 8,* 8.

throughout the *NSC 8* series: from *NSC 8* of 2 April 1948, to *NSC 8/1* of 16 March 1949, to *NSC 8/2* of 22 March 1949. The gist of the *NSC 8* series was highlighted with a preoccupation of two aspects. That is, the Korean peninsula was not strategically important for the United States, and so, the U.S. forces stationed in South Korea had to be withdrawn as early as practicable.

However, this trend of viewing Korea as having little strategic value began to change with the *NSC 48* series, due to the urgency of curbing the Soviet expansionist initiatives in Asia. *NSC 48/1* of 23 December 1949[20] articulates a noticeable departure of U.S. foreign policy from the earlier positions in three aspects. To develop and stabilize Asia as a friend to the United States would strengthen the U.S. global position. But, conversely, the domination of Asia by a nation or a combination of nations for a purpose of self-aggrandizement would threaten the security of Asia and the United States. Therefore, the immediate U.S. objective must be to contain and to reduce the power and influence of the Soviet Union in Asia.

In accordance with this new realization of the urgency to curb Soviet expansionism, the U.S. government made a policy decision to actively support the South Korean government.[21] South Korea would successfully contain the communist threat arising from the Soviet-dominated North Korean regime, and the South Korean government would serve as a nucleus for the eventual peaceful unification of the entire country on a democratic basis. To guarantee the successful achievement of these policy objectives, in *NSC 48/2* of 30 December 1949, the United States formally enhanced the U.S. support and assistance to South Korea: "While the United States should continue to provide political support and economic, military, technical, and other assistance to the government of South Korea, actual implementation of various assistance programs should be prosecuted through the agencies of ECA, MDAP, and USIE."[22]

---

20 The National Security Council, *NSC 48/1: The Position of the United States with Respect to Asia, 23 December 1949* (Washington, D.C.: University Publication of America, Inc., 1980), 2. (Microfilm: Reel II, Frame 0068).

21 *Ibid.,* 7.

22 The National Security Council, *NSC 48/2: The Position of the United States with Respect to Asia, 30 December 1949* (Washington, D.C.: University Publication of

The reversal of U.S. policy orientation toward Korea and the attendant change of strategy in the early 1950s—from a benign indifference to an active support and involvement—provide a cogent explanation of why the United States, abruptly and massively, entered the 1950 Korean War.

Modality of the Exertion of U.S. Strategic Influence on South Korea

One can witness a genuine facet, or a featured pattern, of the way the United States exerted its influence on South Korea via an official document of the U.S. government: *The Report of the Task Force on Korea.*[23] The National Security Council, at its 485th meeting on 13 June 1961, discussed the contents of the report. Members of the Council, including the president of the United States, concurred on the proposed recommendations. Therefore, one can safely regard the report as an official expression of U.S. policy toward South Korea at that time.

According to the report, U.S. influence was to be exerted through three techniques: moral persuasion, material inducement, and political and psychological pressure. To apply moral persuasion, Washington directed the U.S. ambassador in Seoul, William Gleysteen, to persuade the leaders of the new military regime that it was in their interest, and in the interest of South Korea, to reaffirm publicly their eventual intention to restore representative government and constitutional liberties. In fact, the ambassador emphasized the moral superiority and realistic advantage of choosing a democratic political system in South Korea.

Material inducement took a form of military assistance: "the ambassador is authorized to indicate U.S. willingness to release approximately $28 million in remaining defense support funds for FY 1961."[24] Other material

---

America, Inc., 1980), 12. (Microfilm: Reel II, Frame 0111). The statement is contained in the segment of "Conclusions."

23 *The Report of the Task Force on Korea* was produced by a task force, composed by the behest of the National Security Council, whose mission was to analyze the political situation of South Korea following Park Chung Hee's 16 May 1961 coup detat, and to forward a policy recommendation pertaining to the after-coup security management for the Korean peninsula.

24 The National Security Council, *NSC Action 2430, Korea, 13 June 1961* (Washington, D.C.: University Publication of America, Inc., 1980). 2. (Microfilm: Reel V, Frame 0000). This policy document recorded the actions of the 485th National Security

inducements, such as assistance on the expansion of power industry,[25] technical support and resource assistance for the Five-Year Economic Development Plan, on which the Park government placed a heavy emphasis to resolve the legitimacy problem, were also suggested to the South Korean leaders. Although not properly categorized as material inducements, another crucial inducement was the U.S. willingness to invite General Park to Washington. The invitation would considerably ameliorate Park's predicament on the problem of political legitimacy.

Political and psychological pressure through forceful persuasion, or intimidation, seemed to appear in every line of U.S. actions, plans, and proposals. If the new South Korean leadership did not conform to the wishes of the United States, it was tacitly implied that most of the proposed inducements and provision of U.S. assistance would be withdrawn.[26] The conditional clauses in every paragraph of the report make it evident that the United States intended to use both political and psychological pressure on the newly established South Korean government.

The United States exerted its strategic influence on almost all areas of South Korea's political, economic, military, and administrative activities. The multifaceted nature of U.S. influence in every corner of the South Korean society testifies to its magnitude and effectiveness in affecting South Korea's domestic and international behaviors.

In the political area, South Korea's 1948 birth as a nation itself was accomplished under the auspices, and with the ardent support, of the United States. The United States effectively used the United Nations to achieve its

---

Council meeting on 13 June 1961. The United States government had refused to implement the assistance budget because of its displeasure about the coup detat.

25 In the early 1950s, South Korea was experiencing a severe shortage of electricity. In the past, the bulk of electricity needed in the South had been provided by the hydro-power plants located in North Korea, which became no longer available due to the division of the Korean peninsula in 1945.

26 The National Security Council, *NSC Action 2430*, 2. "Provided assurances are given in respect to matters to be discussed under 1 and 2 above and that the Korean Government undertakes actions immediately with respect to certain essential reforms ...." "Provided that the [U.S.] Ambassador is satisfied with evidences of Korea's willingness and capacity to carry out mutually agreed plans and programs, the Ambassador is authorized [the followings] ...."

aim of establishing the South Korean government through ensuring the UN General Assembly's passage of the 14 November 1947 resolution.[27] After the formation of South Korea's skeletal government organization in August 1948, the United States officially expressed the view that "the Korean government so established is entitled to be regarded as the Government of the Republic of Korea envisaged by the 14 November 1947 Resolution of the UN General Assembly."[28] On 12 December 1948, the United States sponsored, and helped to pass, a UN General Assembly Resolution approving the UNTCOK report, which recognized the South Korean Government as the sole, legitimate, and lawful government in Korea.[29]

In January 1949, as a denouement of its political support for South Korea, the United States extended its full recognition to the South Korean Government.

In the economic area, the United States paid keen attention to sustaining South Korea's economy even prior to the August 1948 formation of the South Korean government. The United States Government decided to "aid in forestalling the economic collapse of South Korea with the plans of the Government and Relief in Occupied Areas (GARIOA) and the rehabilitation

---

27 The United Nations. *United Nations Official Record of the Second Session of the General Assembly Resolutions, 16 September-29 November 1947* (Lake Success, New York: United Nations Publications, December 1948), 17. The 14 November 1947 UN General Assembly Resolution, entitled *The Problem of the Independence of Korea*, provided the fundamental basis for the formation of the government of Korea (Resolution 112 (II)). The essence of the Resolution includes: establishment of the United Nations Temporary Commission on Korea (UNTCOK) to facilitate the independence of Korea (A-2); prosecution and observation of an election by the Commission to form the National Assembly (B-2); formation of the National Government by the National Assembly (B-3); constitution of the national security force (B-4-a); the new Korean Government to take over the function of governance from the military commands of the occupying Powers in north and south Korea ((B-4-b); the new Korean Government to arrange the withdrawal of the military forces of the occupying Powers (B-4-c).

28 The United Nations. *United Nations Official Record of the Third Session of the General Assembly Resolutions, Part 1, 21 September-12 December 1948* (Palais de Chaillot, Paris: United Nations Publications, December 1948), Resolution 195 (III), 25. See also *NSC 8/1: The Position of the United States with Respect to Korea,* 7.

29 *Ibid.,* 8.

programs for FY 1949."[30] On the verge of the conclusion of the July 1953 Armistice Agreement, the U.S. government tried to mellow the South Korean president Syng-man Rhee's intransigent opposition to the Armistice with the lure of future economic assistance: "Savings resulting from the Armistice should be diverted to the economic assistance for Korea. Aid Food should be immediately distributed in the event of the Armistice to the needy South Koreans. The U.S. intention of these implementations should be notified to the South Korean president."[31]

After the conclusion of the Armistice in July 1953, U.S. policy makers worried about a possible South Korean unilateral action to renew the war: "The U.S. government needed a summary of courses of action to dissuade or to prevent South Korea from initiating unilateral renewal of the hostilities. Therefore, the U.S. president desired to expedite the program for the South Korean economy's strengthening."[32] These historic anecdotes clearly attest that the United States employed economic assistance as a means of persuading the South Korean leadership, and as a tool of promoting U.S. interests in Korea.

In the military area, the United States had diverse means to exert its influence on South Korea. The means of the U.S. military influence on South Korea fell into three categories: exertion of influence by U.S. military advisory organization; budgetary, material control and intervention through military assistance; and other administrative controls.

Concerning the way of exerting influence by the U.S. military advisory organization, *NSC 8* of 2 April 1948 attests that "after withdrawal of U.S. forces from Korea, a U.S. diplomatic mission should be operational in Korea to protect U.S. interests and to make recommendations on economic policies. The mission should include a military advisory group. This advisory group

---

30 The National Security Council, *NSC 8,* 11.

31 The National Security Council, *NSC Action 860: The Situation in Korea, 23 July 1953* (Washington, D.C.: University Publication of America, Inc., 1980), 6. (Microfilm: Reel V, Frame 0000). This U.S. intention is contained in the segment entitled "Strengthening of the Korean Economy."

32 The National Security Council, *NSC Action 949: U.S. Courses of Action in Korea in the Absence of an Acceptable Political Settlement, 29 October 1953* (Washington, D.C.: University Publication of America, Inc., 1980), 1. (Microfilm: Reel V, Frame 0000).

should use its influence to persuade the new South Korean government to follow policies which would contribute to its own stability and to the advancement of U.S. interests in that area."[33] The U.S. military advisory group materialized as the United States Military Advisory Group in Korea (KMAG), whose advisors were assigned even to the echelon of divisions in the South Korean army in later years. The function of KMAG was grounded on the basic concept of exerting U.S. influence on military matters of South Korea.

Regarding the way of U.S. budgetary and material control, the bulk of defense expenditure for South Korea was borne by the United States in the 1950s. U.S. economic assistance was essential to the maintenance of South Korea's government and domestic economy. On the aspect of material control by the United States in military matters, one U.S. government policy document testifies that: "Six months stockpile for 65,000 ROK forces of military equipment and supplies should be transferred prior to U.S. withdrawal."[34] This military assistance policy meant that the newly created South Korean forces could be sustained and able to function for only six months. The sheer size and predominant role of the U.S. economic and military assistance in South Korea's governance had contributed to the establishment of the unchallengeable U.S. influence on South Korea's politics and military matters.

Pertaining to other administrative way of controls, the United States exercised general planning authority over the creation of the South Korean armed forces, including matters of logistics (weapons, equipment, supplies, re-supplies, etc.). According to *NSC 8/1* of 16 March 1949, the U.S. government visualized the appropriate size of the South Korean armed forces to be a strength of 114,000: army (former constabulary) of 65,000; police force of 45,000; and air force of 12,000.[35] These forces were to equip themselves with U.S.-provided small arms and some old Japanese weapons.

33 The National Security Council, *NSC 8,* 12.

34 The National Security Council, *NSC 8/1, The Position of the United States with Respect to Korea, 16 March 1949* (Washington, D.C.: University Publication of America, Inc., 1980), 17. (Microfilm: Reel 1, Frame 0147). The statement is contained in the segment of the "Conclusions" of the policy document.

35 *Ibid.,* 9.

NSC 8/1 clarified the U.S. intention about the maintenance of the South Korean armed forces: "The effective maintenance of these security forces is and will continue for the foreseeable future to be wholly dependent upon military, economic, and technical assistance from the United States."[36] The U.S. authorities' initial planning, creating, equipping, and maintaining of the South Korean armed forces gave them enormous weight of control and administrative leverage over South Korea's infant military institution.[37]

Further, one could find other detailed administrative controls by the United States government on South Korea's military matters. According to *NSC Action 703* of 29 January 1953, entitled *Additional Republic of Korea Divisions*, "[The U.S.] President at the request of Secretary of Defense approved a recommendation to permit immediate activation of two infantry divisions, in addition to the present twelve, in the Republic of Korea Army, with a consequence of increase in the personnel ceiling from 415,210 to 460,000."[38]

Another evidence of the United States' detailed administrative control over South Korea's military matters appears in *NSC Action 765* of 22 April 1953, which approved the increase of divisions from fourteen to sixteen (attendant increase in personnel ceiling: from 460,000 to 525,000).[39] *NSC Action 787* of 13 May 1953 also testifies to a similar detailed U.S. control in its approval of the increase in number of the South Korean divisions to twenty.[40] These

---

36 *Loc. cit.*

37 The National Security Council, *NSC 8/2, The Position of the United States with Respect to Korea, 22 March 1949* (Washington, D.C.: University Publication of America, Inc., 1980), 15. (Microfilm: Reel I, Frame 0168). In this policy document, one can identify a clearer U.S. motive regarding the creation of the South Korean armed forces: "Training, equipping, and supplying the security forces of ROK serve as a deterrence to external aggression and as a guarantor of internal order."

38 The National Security Council, *NSC Action 703: Additional Republic of Korea Divisions, 29 January 1953* (Washington, D.C.: University Publication of America, Inc., 1980), 3. (Microfilm: Reel V, Frame 0000).

39 The National Security Council, *NSC Action 765: Additional Republic of Korea Divisions, 22 April 1953* (Washington, D.C.: University Publication of America, Inc., 1980), 3. (Microfilm: Reel V, Frame 0000).

40 The National Security Council, *NSC Action 787: Analysis of Possible Courses of Action in Korea, 13 May 1953* (Washington, D.C.: University Publication of America, Inc., 1980), 4. (Microfilm: Reel V, Frame 0000). One can witness the extreme degree

detailed administrative controls guaranteed the substantial, and even unchallengeable, U.S. influence over South Korean military affairs.

Such a wide range of U.S. military assistance and its attendant hegemonic influence and control over South Korea's military affairs had certainly hurt the professional pride of South Korean military cadres. Nevertheless, they had to accept the realities of the time. South Korea's weak status of national strength did not permit building of the needed capability through its own effort, and there was no source of external assistance available except the United States to help South Korea in the struggle of national survival under the pressure of the Northern threat. The South Korean military cadres were certainly aware that the assistance from the United States was fundamentally rooted in, and originated from, U.S. national interests.

One U.S. policy paper openly pronounced: "While supporting the unification of Korea by all peaceful means and maintaining appropriate safeguards against ROK offensive action, [the United States should] continue military and economic assistance programs consistent with U.S. security interest and subject to ROK cooperation."[41]

South Korea's military cadres fully understood the gist and ulterior motive of the statements: 'The United States helps South Korea based on its own strategic interest, and South Korea should not possess an offensive capability that might be employed against U.S. preference. Thus, South Korea should conform with the United States' global political scheme and with its strategic objectives in the region.'

Actual Shape of South Korea's Military Strategy

Another significant aspect of the historical facts and trends is the internal conditions of South Korea in the early 1950s in developing and formulating its military strategy.

In early 1950, the Army Headquarters of South Korea had prepared an

---

of detailed control by the United States government: the personnel ceiling increase of ROK Marine Corps from 19,880 to 23,500; of ROK Navy from 9,402 to 10,000; of ROK Air Force from 7.034 to 9,000.

41 The National Security Council, *NSC 5429/5: Current U.S. Policy toward the Far East, 22 December 1954* (Washington, D.C.: University Publication of America, Inc., 1980) 4. (Microfilm: Reel IV, Frame 0332).

operational plan for defense of the nation.[42] After the air and naval portions were supplemented, the plan was issued on 25 March 1950 as the *Army Operational Order No. 38.* This is believed to be the only document about military planning, or military strategy, in South Korea in that era. There is no other evidence of the existence of either national strategy or military strategy for the purpose of defining national defense effort. The main concept of the plan was simple.

1. The central focus of defense would be the Euijeongbu corridor. The general defense area would be formed along the 38th parallel.
2. The defense area would be composed of the security positions, the main defensive positions, and the reserve positions. If the enemy penetrated the security area and the main defensive positions, the division would restore the defense area by its own counter attack.
3. The reserve positions would be the final line to defend, which must be secured by all available means. If the reserve positions were breached, the army reserve force would be employed to restore them.
4. When hostilities were initiated, the roads and bridges in front of the main defensive positions would be destroyed to delay the enemy's advance. Other obstacles would be installed for the same purpose. During the holding stage of the operations, the three divisions and the Capital Security Command would reinforce the frontal area.

Army Operational Order No. 38 had some features of a military strategy, such as the partial description of deployment of some units. But it did not provide broad consideration of force employment or a detailed study of force development. It lacked the connection between national strategy and military strategy. The *Order* could be a tactical plan for a corps-level unit, not a nation's military strategy.

A nation's military strategy must have two distinct attributes. First, a logical flow of thought from the country's national strategy to its military strategy: identifying national interests, prioritizing the numerous interests, choosing the means to accomplish the prioritized interest, and expressing the

42 The War Commemoration Foundation, *Hanguk Jeonjaeng Sa* (History of the Korean War) (Seoul: Haenglim Publishing Co., 1992), 24.

objective to be achieved by military means.

Second, a coherent focus for military planning and tactical operations: general mode of military employment to achieve the assigned portion of national objectives; the concrete manner of military deployment; force development to fulfill and support the chosen way of force employment and force deployment; and the coordination among the actions of employment, deployment, and development.

The *Order* did not have such desirable attributes of military strategy. South Korea's unsatisfactory and incomplete formulation of national and military strategy was derived from two reasons: the political immaturity of a newly born nation, and the attendant administrative weaknesses of a new government.

Chong Hak Lee cites the political immaturity of South Korea's national leadership as the source of strategy-weakness in his well-known work, *Military Affairs on the Korean Peninsula.*[43] Lee maintains that the then president Syng-man Rhee had a grave political weakness in persuading U.S. authorities on the importance and necessity of strengthening South Korea's military capability, although his deep patriotism and ardent anti-Japanese disposition were widely acknowledged. Rhee should have been able to show the Americans the convergence of national interests between the United States and South Korea in the military situation of the Korean peninsula. Enhancement of South Korea's military strength might have prevented the 1950 Korean War by providing a credible deterrent to the Northern intent of the southward invasion. Instead of such physical deterrence, Rhee and his associates offered the empty rhetoric of "Advance Northward by Force,"[44] which proved to be utterly unrealistic and infeasible.

A semi-official history of South Korea presents a similar criticism: "President Rhee had an outstanding talent as a politician, but he lacked the experience and knowledge in the maintenance and operation of military forces for a new nation. The minister of defense, Shin Sung-mo, should have

43 Chong Hak Lee, *Giro-e Seon Hanbando-eui Gunsa Munjae* (Military Affairs on the Korean Peninsula) (Seoul: Hyeong-seol Publishing Co., 1981).

44 *Ibid.,* 420. The phrase was familiar to the Korean public as *Bukjin Tong-il Lon* in Korean.

filled such vacuum, but he also lacked the ability to command and control the armed forces. Shin's defense-related experience was very limited."[45]

South Korea's administrative weaknesses in formulating national and military strategy were revealed in the following three critical aspects.

First, the South Korean military organization was created hurriedly in its embryonic stage, and experienced rapid expansion after the creation. The original creation plan aimed to activate eight regiments, one regiment from each of eight provinces in South Korea. This original goal of creating eight regiments was achieved by the end of 1946. By the time of the 1950 Korean War, after the mere three years and five months, South Korea's army had grown to 8 infantry divisions (22 regiments).[46] The creation and ensuing expansion of the armed forces were completed within a very short period with hardly any time for calm and professional thinking on military affairs, such as strategy, doctrine, organization, or tactics. Only the imminent task of force-creation mattered.

Second, in its infant stage, South Korea's armed forces experienced numerous communist infiltrations into the new institution, and were troubled by many subversive actions.[47] The incidents of infiltration and subversion hindered a proper development of South Korea's military capability. All energy of the new organization was directed to countering the infiltrations and subversive actions with no latitude to study deeper areas of military affairs or national and military strategies.

Third, due to the rapidity of creation and expansion, the status of training had to remain rudimentary at best. Originally, the unit training of regimental level was intended to be completed by September 1950. But, owing to various impediments, the unit training could not proceed as scheduled. Each division, on the average, faced the June 1950 Korean War

---

45 The War Commemoration Foundation, *History of the Korean War,* 28. The main vocational past of Shin Sung-mo had been the experience of being a captain of some commercial vessels.

46 ROK Ministry of National Defense, *Hanguk Jeonjaeng Sa* (History of the Korean War), Vol. 1 *(Invasion of the Northern Puppet Regime and the Development of War Situation in the Initial Phase),* revised version (Seoul: Ministry of National Defense Publications, 1977), 75.

47 *Ibid.,* 75, 158-160.

after having completed only company-level unit training. An army at such an embryonic stage could not be expected to formulate a rational or competent military strategy: "As the army was coming to maintain eight divisions after the birth of the national government, it directed its effort to enhancing the quality of the cadres and to improving the status of unit training. But, although the officers' ranks were inflated in accordance with the expansion of the army's size, the professional ability and actual experience of officers were definitely insufficient."[48]

Departing from the embryonic stage of the 1950s, the development of South Korea's military strategy in the 1960s may be epitomized with the decision of ROK forces' deployment to Vietnam. The estimation and planning for the overseas deployment began from as early as 1964, and the actual deployment of the bulk of ROK forces (two infantry divisions and one marine brigade) was implemented in the period of 1965-1966.

The Vietnam decision had several meaningful features in the context of South Korea's military strategy. The connection between national strategy and military strategy was clearly visible in the contemplation of the decision. Various South Korean decision-making institutions, such as the president, the cabinet, the National Assembly, the military cadres, and even some impact of public opinion, properly participated in the decision-making. In a similar vein, the overall national interests were rationally contemplated in the decision-making, such as the decision's possible repercussion on the defense of South Korea itself, or its possible contribution to South Korea's future economy. And the external factor, such as the pressure of the U.S. government, exerted a forceful influence on the making of the decision. But, in dealing with the U.S. preference of introducing South Korea's combat forces to Vietnam, the South Korean military cadres learned to take an independent stance from the U.S. influence to promote its own national interests.

South Korea's military strategy in the 1970s may be expressed with the "Self-Reliant National Defense" movement precipitated by the pronouncement of the Nixon Doctrine in July 1969. South Korea's military strategy in the 1970s showed the following theoretically noticeable attributes.

---

48 *Ibid.,* 81.

First of all, the military affairs of South Korea was forced to reflect the giant political wave of U.S. "retrenchment" from the Asia-Pacific region, which was originated from the concept of the Nixon Doctrine. Allies were asked to share equitable defense burden. They should bear their own defense responsibilities as far as practicable, while the United States would provide help in the areas which the indigenous allies could not cover. In this context, the United States government decided to withdraw one of the two divisions stationed in South Korea. South Korea had to contrive a determined military measure, or military strategy, to compensate the deterrent gap caused by the withdrawal of the U.S. division (the 7th Infantry Division). The withdrawal decision aptly represented the impact of external influence on the making of South Korea's military strategy.

Another impact on the making of South Korea's military strategy in the 1970s was the aftermath of the threat posed by North Korea in the late 1960s. In January 1968, a contingent of North Korean commando troops launched a raid on the presidential residence of South Korea to assassinate President Park. This extremely provocative action was not dealt properly by the United States due to its preoccupation to retrieve U.S. naval crews of the USS *Pueblo*, which was kidnapped by the North Korean coastal forces just two days after the commando-style raid. South Korea was compelled to make a novel estimate, and determination, that the defense of a country should be borne by the capability of its own. This renewed resolve was the background of the concept of the self-reliant national defense movement, which demanded new investment of resources, new thinking on defense matters, and establishment of new defense-related institutions.

In a similar logic, the military threat posed by North Korea affected the nature and shape of South Korea's military strategy. For example, Kim Il Sung's Four Major Military Policies significantly affected South Korea's military strategy. The ambitious program of the Northern regime to enhance its military capabilities (arming of the entire population, fortifying the entire territory, cadrezation of all the troops, and modernization of the whole military institutions) triggered a serious warning alert on the part of South Korea. Coupled with the perceived retrenchment of U.S. power from Asia-Pacific, this Northern military enhancement provided a shock, and a new resolve, for South Korea's political and military leadership. In short, the Northern initiative of military capability enhancement contributed to the formulation of South Korea's self-reliant defense movement.

South Korea's military strategy in the 1980s had two features. Basically, it had the nature of continuity with that of the 1970s, especially in the emphasis of self-reliant national defense. The trend of increased defense investment for military modernization continued throughout the 1980s. And catalyzed by the November 1979 activation of the Combined Forces Command (CFC), the military leadership of South Korea in the 1980s participated more actively in the decision-making process of the military matters of the Korean peninsula. The close and regular working contacts between the two countries' military leaders in the CFC provided a unique opportunity to contemplate, contrive, and implement military strategy with respect to the Korean peninsula situation. In other words, the new command provided the chance to enhance the quality and competence of South Korea's military cadres in the area of strategy development.

2. Three Hypotheses

The context of the research is the self-preservation effort of a small, dependent state, South Korea, that has been constantly facing a serious military threat posed by an aggressive communist state, North Korea. To safeguard its national survival, South Korea has received political, economic, and military assistance from the United States, a large, influential, and dominant global power. The research investigates the nature of the security relationship among these three parties: South Korea, North Korea, and the United States, especially, South Korea's self-preserving effort in the intra-Korea struggle, its military strategy.

The three hypotheses of the research are simple and straightforward.

1. *In the relations between two unequal allies, the dominant power and the small and dependent ally, more commonality in their threat perception leads to more congruence in their military strategies.*
2. *The dominant power's overwhelming contribution to the defense of the dependent ally leads to the dependent ally's blind following of the*

dominant power's military strategy.

3. *If the small, dependent ally accumulates enough national strength vis-à-vis that of the threatening adversary, its military strategy tends to become independent from the dominant power's influence.*

3. Theoretical Perspectives

This section analyzes the historical facts and trends against relevant theories. The purpose of this analytic endeavor is to find, firstly, with what theory one can reach a robust understanding and interpretation of the historical trends. Second, the conceptual foundation or framework of the research will be formulated, and one can explain, thereby, whether the conceptual foundation is theoretically harmonious with the relevant theories.

To understand the evolution of South Korea's military strategy in theoretical terms, this section will investigate the applicability and relevance of the theory of military strategy, the realist theory, the neorealist theory, and the necessity for a synthesis of the realist and neorealist theories for a better understanding of the problem.

Applicability of the Theory of Military Strategy

Military strategy is a component of a nation's grand strategy, which subsumes national strategies of other areas, such as political, economic, cultural, or psychological strategies. According to Dennis M. Drew and Donald M. Snow, military strategy is an optimal way for the use of military forces in the effort to achieve the whole, or a certain part of, national objectives.[49]

A nation's grand strategy is a product of a process of determining the nation's broad national interests, the priorities among the different and diverse interests, and selection of available instruments of national power to pursue the prioritized national interest. The process of formulating grand strategy is inevitably political, because it is related to public policy choices,

---

49 Dennis M. Drew and Donald M. Snow, *Making Strategy: An Introduction to National Security Process and Problems* (Maxwell Air Force Base, Alabama: Air University Press, 1988).

such as discerning the interests at stake, determining their intensity, and evaluating the attendant risks. Since military force is normally employed to pursue the vital interest and the interests above the level of vital interest, the process of determining grand strategy and military strategy is always contentious, because the demarcation between the vital interest and the interests below the level of the vital interest is unclear.[50]

Military strategy consists of four elements: force employment, force deployment, force development, and coordination of those three elements.[51] The concept of force employment involves the use of force in a broad, national sense revolving around the perceived threat: Where would force be employed, and against whom? Force deployment concerns the concrete manner, size, intensity, and locality of force employment. The force development is designed in accordance with the requirements from force employment and force deployment. That is, in order to meet the requirements of force employment and force deployment, the content and nature of force development is determined: What sort of military capability should be built from the peacetime? The fourth element is the coordination among the three elements of employment, deployment, and development. This means choosing an optimal candidate from a multitude of courses of action. This element is particularly important since no nation in the world has enough resources or will to use military force for every crisis and contingency it encounters. The normal process and way of formulating military strategy in many advanced states usually follow the sequence suggested below.

1. Identification of national interests is the starting point of the enterprise of formulating strategy.
2. Discernment of priority among the different and diverse interests is the first task of grand strategy.
3. Estimation and choosing of a suitable means from various national power instruments to achieve a certain prioritized national interest is the next step of grand strategy.
4. The task of military strategy commences when grand strategy chooses the

---

50 *Ibid.,* 43.
51 *Ibid.,* 81.

use of military force as the instrument for achieving the whole or a segment of national interests.

5. Military strategy conducts discernment and estimation to choose an optimal candidate among the various available courses of action in the areas of force employment, deployment, development, and coordination.

The theory of military strategy has the unique quality of simplicity and straightforwardness. As Drew and Snow assert, "The fundamentals of military strategy have not changed in recorded history."[52] Minor controversies may arise in two possible areas: first, whether the theory can be applicable to a newly created state, such as South Korea, as it might be applied to the developed, advanced states, and second, whether the theory can be applicable regardless of the attributes of the states, for example, differences of national strength and types of government? These questions reflect the differences in manner, size, intensity, and focus of the application of military force, which are derived from the differences of each state's national interests. The basic theory of military strategy, however, is an expression of a common, universal, and practical wisdom, acceptable for any state. Clausewitz, in his discussion of the moral elements as an important segment of strategy in general, emphasizes the universality and commonality of military practice in the European states of his time.

> Nevertheless it is true that at this time the armies of practically all the European states have reached a common level of training and discipline. To use a philosophic expression: the conduct of war has developed in accordance with its natural laws. It has evolved methods that are common to most armies and that no longer even allow the commander scope to employ special artifices (in the sense, for example, of Frederick the Great's oblique order of battle).[53]

Therefore, in principle, the theory of military strategy can be applicable to

52 *Ibid.*, 1.

53 Carl von Clausewitz, *On War*, ed. and trans. Michael Howard and Peter Paret, indexed edition (Princeton, NJ: Princeton University Press, 1984), 186. Chapter Four, "The Principal Moral Elements," in Book Three *(On Strategy in General)*, is relevant for this discussion.

the evolution of South Korea's military strategy, except for some inconsistencies caused by the immaturity of its statecraft.

Conceptual Foundation and Applicability of the Classical Realist Theory

Analysis of a state's external behavior relies historically on two traditions of thought in international relations: realism and liberalism. The former is based on the age-old concepts such as the importance of power in states, the relevance of national interest, the unavoidability of international anarchy, the wickedness of human nature, or the pessimistic view about the ubiquity of conflict in international arena. The latter, in contrast, is derived from utopian or idealist ideas, such as malleability and essential goodness of human nature, harmony of interest among states in peace, the applicability of ethical norms and standard in international plane, or workability of international institutions in the pursuance of global peace and stability.

The contention between the two Koreas and the attendant development of South Korea's military strategy to safeguard its survival from the Northern threat suggest the relevance of the realist perspective. However, the difference between the classical realist theory and the neorealist theory needs exploration. The thought of classical realism focuses on the role of unit-actors (states), whereas the neorealist thought places more emphasis on the role of the systemic structure than that of unit-actors in explaining international relations.

In Figure 1, the thick, vertical arrow from the box of "NK Military Threat" to the box of "ROK Military Strategy" indicates that South Korea's military strategy has been affected by the intensity of the North Korean military threat. The vertical arrow embodies classical realist thought in explaining the evolution of the ROK military strategy. South Korea had to devote its primary efforts to its survival by countering the Northern military threat. In contrast, the oblique arrow from the box of "U.S. Influence" to the box of "ROK Military Strategy" implies that the exertion of U.S. strategic influence over South Korea has affected the evolution of its military strategy. The oblique arrow shows the applicability of the neorealist thought in analyzing the evolution of the ROK military strategy.

Figure 1. Conceptual Framework of the Research

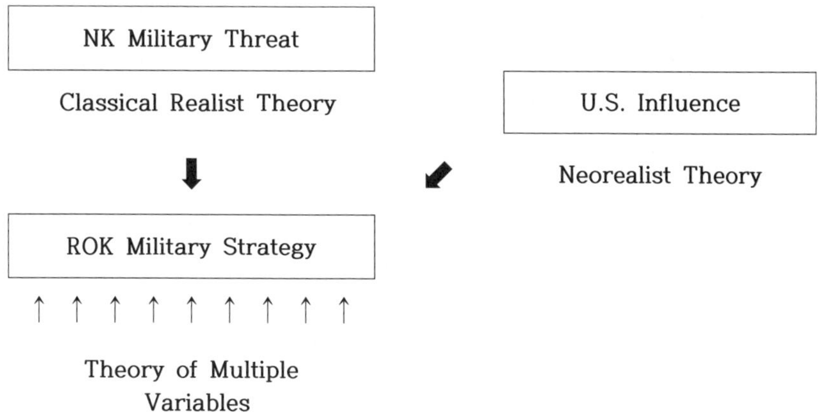

The multiple, thinner arrows beneath the box of "ROK Military Strategy" indicate that South Korea's military strategy is also a product of internal conditions, such as the quality of military leadership or the nation's political environment in a particular period. The theoretical meaning of these thinner arrows could be drawn from the thought of multiple causations in explaining a state's behavior, as suggested by Thucydides when he explained Athens' decisions in the Peloponnesian War.

The applicability of the classical realist thought in analyzing the evolution of South Korea's military strategy can be argued with two grounds. First, the concept of classical realist theory subsumes several central assumptions.[54]

1. States are the primary actors in domestic and international settings.
2. International politics is a conflictual struggle for power in an anarchic setting.
3. States rely on their own capability for their survival with the practice of self-help.
4. A gradation of capabilities exists among states.
5. States are rational and unitary actors.
6. Power is the most important factor in explaining and predicting the states' behavior.

54 Dougherty and Pfaltzgraff, *Contending Theories,* 58.

South Korea had encountered the formidable Northern military threat since its 1948 birth as a nation. It had to find the way to ensure its survival with its own capability. There was no international political referee to curb and check the aggressiveness of North Korea. There was an enormous discrepancy in military strength between North Korea and South Korea, which was always in favor of the former from the outset of their existence. These political and military conditions of the two Koreas suggest that classical realist theory is relevant in assessing the relations between them. In short, the prism of classical realist theory can explain the behavior of South Korea, and concurrently, the making of its military strategy as well.

Second, with the tool of the classical realist theory, the factor of power would allow an assessment of North Korea's behavior toward South Korea. In ancient times of 400 B.C., Thucydides began to forcefully justify the function of a state's preponderant and naked power: "The strong do what they have the power to do and the weak accept what they have to accept."[55]

In modern times, Hans J. Morgenthau asserted that "a political polity seeks either to keep power, to increase power, or to demonstrate power."[56] Classical realism contends that, once a state is formed and functioning, the state tends to use its national power relentlessly and arduously to guarantee its survival in the anarchic setting of international environment. North Korea, in the period of the late 1940s through the early 1950s, presented a classical realist image. The country had successfully constructed military capability far exceeding that of South Korea thanks to Soviet assistance in military material. Kim Il Sung, the leader of the newly consolidated regime, had long retained the ambition to unify Korea under the socialist tenet, which was supported by its socialist patrons, the Soviet Union and the People's Republic of China. The Northern regime had systematically prepared the military invasion to overwhelm South Korea under its political banner. By the evening of 24 June 1950, the offensive preparation was satisfactorily completed to launch a southward attack next dawn. The Northern regime

---

55 Thucydides, *The History of the Peloponnesian War,* ed. M. I. Finley, and trans. Rex Warner (Harmondsworth: England Penguin, 1972).

56 Hans J. Morgenthau, *Politics Among Nations: The Struggle for Power and Peace,* 5th ed., revised (NewYork: Knopf, 1978), 36.

intended to achieve the unification of the entire Korean peninsula by exercising its superior military power. Once the unification be achieved, the power of North Korea would be drastically increased due to the ability to rule the entire peninsula by eliminating the rival political force in the South.

As such, classical realist theory can explain the making of South Korea's military strategy and the background of the aggressiveness of North Korea. Also, the logic of power provides an assessment of the North Korean behavior with a classical realist perspective.

Conceptual Foundation and Applicability of the Neorealist Theory

The oblique arrow in Figure 1 as presented earlier, indicates the impact of U.S. strategic influence on the formulation of South Korea's military strategy. To assess such external influence, the neorealist theory is most suitable.

Two neorealist approaches in understanding international politics and in assessing the causes of a state's external behavior are the reductionist approach and the systemic approach. The reductionist approach scrutinizes the internal attributes of a state (geographic conditions, political and economic systems, qualities of political and military leadership, reigning ideologies, or military strengths) and the interactions among them to find the causes of its external behavior. The aforementioned classical realist thought is also an example of the reductionist approach.

The systemic approach, on the other hand, emphasizes the function and influence of international systemic structure on the behavior of a state. Although the reductionist approach is attractive because of its simplicity and psychological affinity to the general public, the approach is not sufficient to locate the cause of a state's external behavior and to identify the outcome of international politics for two primary reasons. Different states have produced different as well as similar outcomes, and similar states have produced similar as well as different outcomes. In other words, the variety of conditions internal to states is not matched by the variety of their external behaviors. Kenneth N. Waltz disparagingly criticizes the reductionist approach as the "inside-out variety."[57]

---

57 Kenneth N. Waltz, *Theory of International Politics* (Reading, MA: Addison Wesley

According to the neorealist thought, the making of South Korea's military strategy could not be the product of internal attributes alone. Rather, it is also a product of international relations between the United States and South Korea. The United States had wielded tremendous influence on South Korea in every aspect of its national life: political, economic, military, social, cultural, and even religious. Especially in military affairs, South Korea was deeply indebted to the United States for the creation of its army, for the equipping and maintaining of its troops, and for the training of its cadres. Accordingly, the development of military thinking was also influenced by the teaching of the U.S. forces then stationed in South Korea.

Further, North Korea's behavior also had to be a product of international politics and constraints. Kim Il Sung had been decidedly indebted to the support of the Soviet Union in critical aspects of North Korea's national and military strategies: the 1948 inception of its nationhood, the arming of its embryonic armed forces, the Soviet Union's and the PRC's tacit concurrence on the 1950 southward attack, the avoidance of a complete national collapse under the weight of the UN forces' Fall 1950 counter-offense, and the military reversal to the tactical stalemate, which led to the 1953 Armistice. These historic phenomena clearly suggest that North Korean behavior was a product of international power configurations.

Therefore, beyond classical realism, the thought of neorealism can also be logically applied to an analysis of the making of South Korea's military strategy since its national birth in 1948.

Conceptual Foundation and Necessity of Synthesis: The Approach of "Multiple Variables"[58]

The respective theories of classical realism and neorealism contend that

---

Publishing Company, 1979), 18. The essence of neorealist theory in this chapter is the absorption of Waltz's assertion from page 18 to page 40 in the book.

58 The use of the term, *multiple variables,* is introduced by Laurrie M. Johnson Bagby in her article, "Father of International Relations? Thucydides as a Model for the Twenty-First Century" in *Thucydides' Theory of International Relations: A Lasting Possession,* ed. Lowell S. Gustafson (Baton Rouge: Louisiana State University Press, 2000). The author uses the term to emphasize a theoretical need to take a balanced viewing of unit level and systemic structure level in understanding international politics. The term is not used as in the statistical sense.

each alone can explain the behavior of states and their relationship in international politics. But, a trend of development of international relations theory suggests that such contentions seem presumptuous and biased. Each theory explains significant portions of international politics, but not the whole of the relevant phenomena. The two theories' contentions in rigid isolation may lead to the following absurd conclusions: "The making of South Korea's military strategy was only the product of its internal conditions alone;" or "The making of South Korea's military strategy was only the result of U.S. influence on South Korea alone;" or "The making of South Korea's military strategy was affected only by the impact of North Korea's military threat."

However, it seems clear that the shaping of South Korea's military strategy has been affected by the combined effects of U.S. influence, North Korea's threat, and the internal conditions of South Korea. The conceptual foundation of this research, as illustrated in Figure 1, expresses the need of concurrent consideration of these three elements. The North Korean threat is signified with the vertical arrow, the U.S. influence is implied with the oblique arrow, and South Korea's domestic conditions are described with the multiple thinner arrows.

As an ancient example, Thucydides presents a method of explaining international relations with a variety of variables in his book, *The History of the Peloponnesian War.* The internal attributes of states (the democratic regime of Athens vs. the oligarchic regime of Sparta), national characters (Athens' restless energy, innovativeness, and sea-going ventures vs. Sparta's dullness, indolence, conservatism, and agriculture-based economy), and the quality of individual leaders of the respective regimes.[59] He also places a strong emphasis on the importance of the function of alliances: the Hellenic and the Peloponnesian alliances. In an analytical sense, Thucydides seems to have achieved a theoretical synthesis in explaining international politics by combining international factors and domestic elements. Laurrie M. Johnson Bagby comments as follows: "Thucydides' narrative suggests that he thinks the structure must be taken into account as one variable, but there is

59 Thucydides, *The Peloponnesian War,* trans. Steven Lattimore (Indianapolis: Hackett Publishing Company, Inc., 1998), 15. (Book I, Chapter 23).

much left to know and analyze which may even interfere with the initial conclusion drawn from the given structure."[60]

Among contemporary scholars, Barry Buzan, Charles Jones, and Richard Little seek to understand international politics in a balanced manner by combining the levels of unit and systemic structure.[61] Dougherty and Pfaltzgraff succinctly summarized their idea: "They maintain that a theory of international relations requires as great rigor at the unit level as at the system-structure level."[62] What Buzan, *et al.* articulate is that "those decision makers, or agents of the state, face not only the constraints imposed by the structure of international system, but also the constraints imposed by the structure of the state itself."[63] Bagby also agrees with the idea of Buzan, *et al.* in the necessity of balanced consideration in international politics: "They claim that it is only when other variables are brought into analysis that change in the international structure can be accounted for."[64]

This clear trend of taking a combined, balanced approach in today's international politics theory rejects any one-sided tilt to a theory of single-source causation in the analysis of South Korea's military strategy.

However, questions about the relative magnitude of the roles played by the two factors, North Korea's threat and U.S. influence, in shaping South Korea's military strategy not only exceed the scope of this research, but also have a nature of pedantry. The two factors can not be juxtaposed, compared, and weighed, because their natures are inherently different.

Nevertheless, the principles that are relevant in the analysis are clear. Both of the external factors, North Korea's threat and U.S. influence, have clearly affected the evolution of South Korea's military strategy. But when one of the external factors definitely overwhelmed the other, it exerted the decisive impact on the shaping of South Korea's military strategy. At the same time, the quality of South Korea's military strategy was constrained by its internal conditions, such as the ability of the leadership, the history of

60 Bagby, "International Relations," 30.

61 Barry Buzan, Charles Jones, and Richard Little, *The Logic of Anarchy: Neorealism and Structural Realism* (New York: Columbia University Press, 1993).

62 Dougherty and Pfaltzgraff, *Contending Theories,* 86.

63 *Ibid.,* 87.

64 Bagby, "International Relations," 30.

the creation of its armed forces, the material limitations at the time, and the domestic political uniqueness in employing its military force. These principles reflect the logic of balanced, combined viewing as shown in the arguments of Thucydides and Buzan, *et al.*

In assessing the evolution of South Korea's military strategy, the balanced approach of combining internal attributes and external influence, and simultaneous consideration of the two elements of unit-actor and systemic structure, provides the theoretical foundation for the conceptual framework in this research

4. Selection of Variables and Indicators

Clusters of indicators will express the strength and intensity of the three independent variables: the North Korean military threat, U.S. strategic influence, and South Korea's internal conditions. Different indicators, however, should have the attributes of commonality and feasibility for comparison of similar category of activities. Such commonality of comparison permits comparing and contrasting the roles and strengths of similar indicators in different independent variables.

Indicators to Gauge the North Korean Military Threat: The Logic

Before identifying the indicators of the North Korean military threat, one must think about the character and function of the independent variable. Independent variables are the factors that change throughout the considered period. The changes of the factors should be objectively measurable as they affect the formulation of the dependent variable. In this research, accordingly, the changes of the strength in North Korea's military power should constitute one of the three independent variables. The dependent variable should be the development of South Korea's military strategy.

As Table 2 shows, in order to gauge the North Korean military threat, four indicators have been selected. These indicators meet the qualifications mentioned above (that is, "changing" throughout the period, "objectively" measurable, and "exerting effects" on the dependent variable). Although other indicators might also be considered eligible for the selection, (for example, the efficacy of North Korea's military strategy, the superiority of the North Korean forces' ideological fortitude, and the effectiveness of North Korean national leaders' statecraft), these factors have been eliminated in this research because of the infeasibility of measurement in scientific and objective manners.

Table 2. Indicators to Gauge North Korea's Military Threat

Independent Variable	Indicators
NK military threat	1. Military strength 2. Deployment of military forces 3. Mode of exercising command authority 4. Competence of military leadership

The effect of the North Korean military threat (independent variable) on the formulation of South Korea's military strategy (dependent variable) may be explained in the following logic.

1. A more militarily powerful adversary generates more fear in the society of the threatened state. The increasing fear about the prowess of the adversary's military power compels the threatened state to enhance its defense measures through self-help.
2. If the threatened state's leadership is unable or incompetent to perceive the gravity of the adversary's military threat, the defense measures can not be sufficiently effective.
3. If the threatened state is unable to counter the adversary's military threat by its own capability, it tries to acquire the needed defense strength from a foreign source.

Indicators to Weigh the U.S. Strategic Influence on South Korea: The Logic

Table 3 shows below that the United States used diverse means to exert its strategic influence on South Korea.

Table 3. Indicators to Weigh the U.S. Strategic Influence on South Korea

Independent Variable	Indicators
U.S. strategic influence	1. U.S. forces' presence in South Korea: provision of deterrence
	2. Provision of strategic and tactical intelligence
	3. Provision of training for South Korean cadres
	4. Provision of military experience and technology
	5. Provision of equipment and other combat material

One can categorize the nature and means of U.S. influence in the following five classifications: moral persuasion, political military psychological pressures, the power of advanced technology and know-how, material inducements, and physical presence of U.S. forces on the peninsula. From the essence of these five classifications, one can draw the indicators to weigh U.S. strategic influence on South Korea.

The effect of U.S. strategic influence (the independent variable) on the development of South Korea's military strategy (the dependent variable) may be explained with the following logic.

1. When a dominant power exercises its influence over the smaller, dependent ally, the intensity of the former's influence determines the development of the latter's military thinking.
2. When a palpable disparity in national power exists between the former and the latter, the size of discrepancy in their national strength determines the degree of the former's impact on the latter's military thinking.
3. The scope and depth of the former's national interests in the latter's geographic locality determines the degree of the influence on the latter.
4. The latter, in spite of numerous political, economic, and military difficulties in reality, attempts to establish its own indigenous military strategy and to build military capability by its own effort.
5. The latter acquiesces in the former's strategic domination to achieve its essential national interest, survival.

Indicators to Express South Korea's Internal Conditions: The Logic

Two factors, U.S. influence and North Korea's threat, played critical roles as independent variables in shaping South Korea's military strategy, the dependent variable. However, one must also consider a third factor for the development of South Korea's military strategy: its internal conditions. South Korea's internal conditions (political, economic, social, and military circumstances) have affected the development and formulation of its military strategy. In principle, military strategy is a product of a conscious thought process by national and military leaders. The quality and competence of responsible thinkers, or officials in the field of national defense, for formulating military strategy determine the soundness of military strategy. In this context, one should scrutinize the quality of South Korea's military cadres as one of the independent variables.

Table 4. Indicators of South Korea's Internal Conditions Affecting Military Strategy

Independent Variable	Indicators
SK's internal conditions	1. Quality of South Korea's military cadres
	2. Professional competence of military cadres
	3. Circumstances & situations of ROK forces

Table 4 shows three indicators, which describe the intensity and function of South Korea's internal conditions, an independent variable. Other factors may also be eligible for the selection of the indicators, such as the political leaders' perception on the contention between the two Koreas, their ability to manage and control the armed forces, and the status of national economic strength to maintain the armed forces. However, these factors are eliminated because of the difficulty to gauge them in a scientific, objective manner.

5. Analytical Framework

Figure 2 shows the clusters of indicators that are identified in the three independent variables. The independent variable of North Korea's military threat encompasses four indicators. The independent variable of U.S.

influence includes five indicators. Three indicators are located in the independent variable of South Korea's internal conditions.

Figure 2. Concept of the Analytical Framework of Research

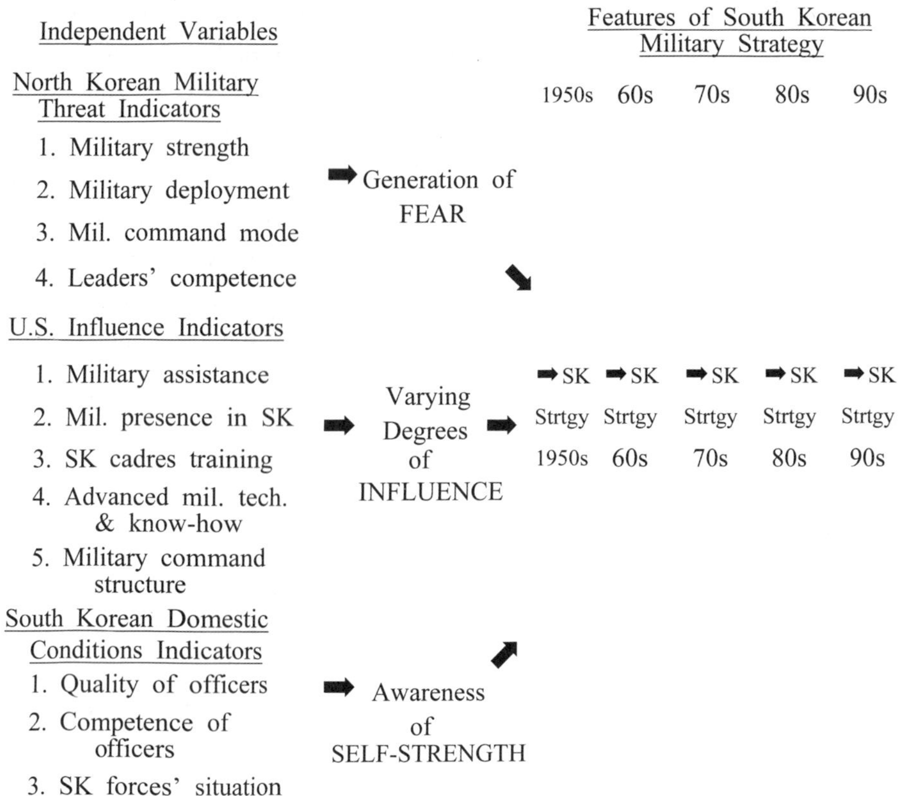

The main theme of the analytical diagram in Figure 2 is sequential, and shows a logical relationship between the three independent variables and the dependent variable.

First, the North Korean threat is materialized through the four indicators, and affects the shaping of South Korea's military strategy. The Northern threat, in turn, arouses a significant degree of fear in the South Korean society. The societal fear, consequently, affects the nature of South Korea's military strategy. In the 1950s, owing to the lack of national power, South Korea had to depend on U.S. capabilities for its national defense. In the

1960s, 1970s, and 1980s, South Korea's military strategy had the attribute of decreasing dependence on U.S. capabilities and shows a trend of increasing self-enhancing effort in its national defense. A general flow of this trend will be investigated through the research.

Second, the exertion of U.S. influence on South Korea would also show another unique trend. The U.S. influence would dominate the matters of South Korea's defense: in the early stage of the 1950s, South Korea depended heavily on U.S. provision of military aid for its national defense. As time progresses into the 1960s, 1970s, and 1980s, the proportion of South Korea's self-enhancing effort for national defense increases, while the proportion of dependence on U.S. military assistance decreases gradually. This trend will also be scrutinized through the process of the research.

Third, South Korea's internal conditions, especially the developing quality of its military cadres and the trend of increasing self-reliance in assuming the national defense burden, would also show a similar trend like the other two areas. The South Korean society feels an acute necessity for self-strengthening, which induces the decreasing trend in dependence on U.S. capabilities for its national defense, and the increasing trend in self-enhancing effort. The research will explore the veracity of this trend.

Each of the three independent variables contributes to constructing a general trend of decreasing U.S. influence and increasing self-enhancing effort. This general trend has significantly affected the shaping of South Korea's military strategy. This is the crux of the analytical framework of the research.

6. Detailed Explanation of Methodology

The research uses the method of controlled comparison as articulated by Alexander L. George.[65] The attributes, or merits, of the method coincide nicely with the schema of the analytical structure of this research and the attendant selection of variables and indicators. The merits of the controlled

65 Alexander L. George, "Case Study and Theory Development: The Method of Structured, Focused Comparison" in *Diplomacy: New Approaches in History, Theory, and Policy,* ed. Paul Gordon Lauren (New York: Free Press, 1979), 50.

comparison are threefold:

First, unlike the configurative-ideographic mode of the statistical method, the disciplined-configurative mode of the controlled comparison method allows the employment of general variables for the purpose of description and explanation. Accordingly, the analytic mode of the method fits well with the research purpose, which is to construct some form of generalization in the security relationship among the United States, North Korea, and South Korea.

Second, rather than investigating all information and data related to the research problem, the method focuses on a certain "class of events" or "type of phenomena" to enable the required analysis.[66] This approach is designed to conduct an intensive analysis in a designated field, which will then provide more cogent explanatory power.

Third, the research can be selective and focused in its treatment of the cases. According to one's interest, the research has the latitude to select the appropriate aspect of the case for description and explanation. By doing so, it is possible to pursue a common focus or a common approach.

To explain the method used in the research, the major concepts of the research must be briefly re-presented here: selection of cases, the conceptual framework and selection of variables, and the analytical framework and the variables and indicators.

The research uses the method of case study. South Korea's military strategies (the dependent variable) of different decades (the 1950s, 1960s, 1970s, and 1980s-1990s) will be investigated to identify their unique nature and features. South Korea's military strategies in different decades are the cases selected for the research.

The conceptual framework is clearly manifested in Figure 2, which clarifies the interactions between the independent variables and the dependent variable. According to the historical trends and personal observation of the author, the shaping of the dependent variable (South Korea's military strategy) has been significantly affected by the exertion of the three independent variables (North Korea's threat, U.S. influence, and South Korea's internal conditions).

---

66 *Ibid.,* 50.

Each independent variable subsumes several indicators. Figure 2 explains clearly the analytic structure of the research: to trace the strength and effect of those independent variables and indicators on the shaping of the dependent variable (South Korea's military strategy) in different decades.

In the research, the major, and realistic, task is to weigh the intensity of the independent variables on the shaping of the dependent variable. Therefore, the major research task will perform three things: investigating the strength of each indicator either in a quantitative or a qualitative manner; totaling the strengths of the indicators to find the aggregate intensity of each independent variable; and comparing each independent variable's intensity on the shaping of the dependent variable. By performing this line of investigation and comparison, the research may construct a relationship between the independent variables and the dependent variable.

7. Conclusion of the Chapter

Since the birth of South Korea as a nation in 1948, three factors have affected the evolution of its military strategy: North Korea's military threat, U.S. strategic influence on South Korea, and South Korea's internal conditions. The way, intensity, and result of these three factors' exertion on the evolution of South Korea's military strategy constitute the major conceptual foundation of the research. In congruence with the conceptual foundation, the military strategy of South Korea will become the dependent variable, and the three factors—North Korean threat, U.S. influence, and South Korea's internal conditions, will function as the independent variables.

Historical trends of the three factors may be summarized as follows.

First, as in the past, North Korea has continued to pose an immense degree of military threat to the survival of South Korea at the present. The gravity of North Korea's continuing military threat has affected the nature and shape of South Korea's military strategy.

Second, the United States has exercised a heavy degree of strategic influence on South Korea's domestic and international behavior with its political, economic, and military assistance. Such dominant U.S. influence has significantly affected the nature and shape of South Korea's military strategy.

Third, departing from the embryonic stage of the 1950s, the quality and competence of South Korea's military leadership in the development of its military strategy is improving. South Korea's military leadership at the present has better understanding of the scope of overall national interests and attendant military role in pursuing the national interest.

These historical trends may be understood with three strands of relevant theories. Classical realism can explain the impact of North Korea's threat on South Korea's development of military strategy. Neorealism can interpret the effect of U.S. influence on South Korea's formulation of military strategy. The synthesized theory of "multiple variables" can assess the outcome of South Korea's military cadres' improvement in quality and competence in the development of its military strategy.

The research tests three hypotheses. First, when there is more commonality on threat perception between the large, dominant power (the United States) and the small, dependent ally (South Korea), the military strategies of both parties tend to become more congruent. Second, if the large, dominant power provides the overwhelming contribution to the defense of the small, dependent ally, the military strategy of the latter tends to follow, or "copy" the former's military strategy. Third, if the small, dependent ally accumulates sufficient national strength vis-à-vis the threatening adversary (North Korea), the military strategy of the small, dependent ally attempts to become independent from the influence of the dominant power.

The impact of the three independent variables on the dependent variable will be gauged and weighed through the investigation of relevant indicators' strengths and intensities. The controlled comparison method articulated by Alexander L. George is chosen for the research, which will allow the comparison between similar kinds of indicators in different independent variables. This research task will be performed with cases selected from different decades: the 1950s, 1960s, 1970s, and 1980s-1990s. Scrutinizing the different decades' cases (i.e., South Korea's military strategies in those decades) with the impacts of independent variables will constitute the research tasks of the ensuing chapters.

Chapter Three
Roles of the Three Independent Variables[1] in the Development of South Korea's Military Strategy in the 1950s

1. Situations around the Korean Peninsula Before and During the 1950s

Historical Background of Korea's Awakening toward the Western World

Before the end of the Pacific War in 1945, the relation between Korea and the United States was remote and alien. The remoteness was derived from their distant geographic locations, and the alienness from the differences in ethnic, cultural, and historical backgrounds. Therefore, the perception of the remoteness and alienness was mutual. Both countries harbored such distant sentiment toward each other. Accordingly, to the eyes of Americans, Japan and China were clearly visible in the region of East Asia, but they seldom noticed the existence of Korea. The strategic nature of the Korean peninsula—a cross junction between land power and maritime force—did not yet catch the attention of the U.S. policy makers.

The geographical condition of the Korean peninsula has dictated its political fate from the dawn of the East Asian history. The peninsula had a unique characteristic of a clash-point between two contending powers from the neighboring areas—the land power from the north and the maritime force from the south. Historical evidence is abundant: the occupation of the

---

1 As explained in the previous chapter, the three independent variables are: (1) North Korea's military threat to the security of South Korea; (2) the strategic influence of the United States over South Korea; and (3) the internal conditions of South Korea at that time. The development of South Korea's military strategy is the dependent variable. The gist of the research is to identify the effect of the three independent variables' function on the development of the dependent variable, South Korea's military strategy

northwestern part of the peninsula by China's Han dynasty in the 2nd century, B.C., the Tang dynasty's interference in the affairs of the peninsula in the 7th century, the invasion of Mongols into Korea in the 13th century, Japan's onslaught into Korea in the late 16th century, and modern Japan's brutal annexation of Yi dynasty Korea at the beginning of the 20th century.

In the recent era, such international power interactions compelled global and regional actors to fight two wars to gain political hegemony over the peninsula: the Sino-Japanese War in 1894 and the Russo-Japanese War in 1904. Those historical clashes of force between land and maritime powers on and around Korea suggest the strategic and geopolitical significance of the peninsula.

However, in the late 19th century, the United States was not in a position to perceive Korea's strategic significance for two simple reasons. The two regional giants in East Asia, China and Japan, dwarfed any American perception on the strategic significance of Korea. And, in fact, Korea had not provided any realistic motivation for the United States to become directly involved, such as trade profits or acquisition of indispensable natural resources needed for its industrialization. U.S. perceptions of the strategic importance of the Korean peninsula produced indifference, inconsistency, and ill-preparedness in its real world policy toward Korea.

The indifferent nature of the U.S. policy toward Korea was palpably manifested in the provisions of the 1905 Portsmouth Treaty, which U.S. President Theodore Roosevelt mediated after the 1904 Russo-Japanese War. The United States officially recognized Japan's paramount political, economic, and military interests on the Korean peninsula. In response, Japan acknowledged the unchallengeable U.S. hegemony in the Philippines. Korea was merely a pawn between the two powers' pursuit of their own national interests.[2]

The inconsistency of the United States' Korea strategy was vividly visible in the episode of the January 1950 Acheson announcement, which excluded

---

[2] James F. Schnabel, *United States Army in the Korean War: Policy and Direction, the First Year* (Washington, D.C.: Office of the Chief of Military History, United States Army, 1972), 1. The word, *pawn,* was used by Schnabel in the title of his first chapter, "Korea, Case History of a Pawn."

the Korean peninsula from America's defense perimeter in the Western Pacific, and its abrupt and massive entry into the Korean War merely five months later. The inconsistency in the United States Korea policy obviously encouraged Kim Il Sung to launch a surprise attack on South Korea in June 1950.

A typical example of U.S. ill-preparedness in its Korea policy appears in the complaint of Lieutenant General Hodge to his superior, who was tasked to prosecute military governance over South Korea after the end of the Pacific War: "General Hodge was given little or no practical guidance by his instructions on such thorny questions as the eventuality of Korean independence, methods of handling various political factions, or severance of Korea from Japanese influence, economic or otherwise. If Washington or GHQ had given much constructive thought to Korean problems, it had not been reflected in orders issued to the XXIV Corps Commander."[3]

Such indifference, inconstancy, and ill-preparedness of the U.S. policy toward Korea produced a policy outcome of oscillation between the two extremes of intervention (e.g., U.S. military forces' advance into Korea in 1945, the abrupt entry into the Korean War in 1950, and stationing of U.S. forces in South Korea after the 1953 armistice) and withdrawal (e.g., U.S. occupation forces' withdrawal from Korea in 1949 and one U.S. division's withdrawal from Korea following the 1969 Nixon Doctrine).

Although the United States was the first Western nation to conclude a formal diplomatic treaty with Korea in 1882, those tenuous relational conditions led to the departure of the U.S. legation from Seoul in 1905, first among the Western missions, when Imperial Japan forcefully subjected Korea to the status of a protectorate. Such an acquiescent attitude of the United States toward Japan's seizure of the Korean peninsula was confirmed in the secret agreement of the Taft-Katsura Memorandum in 1905. Basically, these tenuous relational conditions between Korea and the United States remained intact until the end of the Pacific War in 1945.

---

3 *Ibid.,* 14. The quoted passage was personally approved by LTG Hodge and his corps staff, according to Schnabel's text.

Development of the Cold War

The events unfolding in 1948 and 1949 consolidated American perceptions on the intention of the communist bloc as a threat to the "Free World." The 1948 communization of Czechoslovakia and the blockade of the West's ground access to Berlin by Soviet forces in the same year heightened the perception of a global communist threat. In August 1949 the Soviet Union exploded its first nuclear weapon, years earlier than expected by the West. Also by late 1949, the Chinese Communists completed their conquest of mainland China, which created in appearance a monolithic communist regime stretching from Central Europe to East Asia.

Facing these strategic offensives by the communist bloc, U.S. policy-makers decided to take a stronger position in dealing with the Soviets. Soviet pressures on its neighbors to its west and south, and the existence of exceptionally large Soviet conventional forces caused a wide-spread and increasing concern about the security of Western Europe. As George F. Kennan telegrammed, "A long-term, patient, but firm and vigilant containment of Russian expansive tendencies" seemed to be required.[4] As a result, the North Atlantic Treaty Organization (NATO) was formed in April 1949.

Originally, Kennan recommended a containment of "political and economic" means in vital interest areas. But, in later years, the actual implementation of the policy took the shape of "military containment" throughout the contested areas, as expressed in the *NSC 68.* The 1950 Korean War accelerated this change of emphasis, and accordingly, the nature of NATO was also transmuted to a military and deterrent organization from the originally intended political and confidence-building institution.[5]

In the region of East Asia, the United States also became embroiled in the embryonic Cold War against the Soviet Union from almost immediately after World War II. Japan emerged as more of an important ally than as the former adversary of the Pacific War. If the Soviet Union had acquired the

---

4 For an authoritative account of Kennan's ideas, see John Lewis Gaddis, *Strategies of Containment* (Oxford: Oxford University Press, 1982), Chapters 2 and 3.

5 Terry L. Deibel and John Lewis Gaddis, eds., *Containment: Concept and Policy* (Washington, D.C.: National Defense University Press, 1986), 199.

industrial capacity of Japan, it would have markedly enhanced Soviet war-fighting capability, which might have seriously jeopardized U.S. security interests in the region. Ideally, Japan should be made a pro-American bastion in the Asia-Pacific region. To pursue the policy of remolding Japan along the strategic desires of the United States, the U.S. military authority occupying Japan restricted the activities of labor unions and barred communists from government and university positions during 1947-1950. Former political leaders of the Imperial Japan era were reinstated to maintain stability and anti-communist orientation in the politics of Japan.

Simultaneously, the United States sought to deter the Chinese Communists from a forceful taking of Taiwan by deploying a small number of U.S. naval vessels in the Taiwan Strait. If Taiwan had fallen under the control of the Chinese communists, the communist bloc would have succeeded in controlling the sea-routes from the resource-rich regions of Southeast Asia and the Middle East to the industrial powerhouse of Japan. This prospect was utterly detrimental to the U.S. global scheme of containing the communist expansion. In the mean time, Dean Acheson, U.S. Secretary of State, made a public announcement in January 1950 on the U.S. defense perimeter in Asia-Pacific region, which ran from the Aleutians to Japan, to the Rykyus, and to the Philippines. Apparently, in this defense concept, other areas, such as Korea and Taiwan, were excluded. Acheson added in his announcement that the initial responsibility to resist external invasion in other areas beyond the defense perimeter belonged to the indigenous people attacked. Their security, after such external invasion, would depend on the commitment of the international force in the spirit of the UN Charter.

Many countries, especially South Korea, blamed the Acheson announcement for inducing the 1953 Korean War, by letting Kim Il Sung misinterpret U.S. strategic intentions in dealing with Asia-Pacific situations.

Advent of the U.S. Forces in South Korea and the U.S. Army Military Government in Korea (USAMGIK)

After the international power politics of the Cairo (December 1943), Yalta (February 1945), and Potsdam (July 1945) Conferences and the hurried process by Colonel Charles H. Bonesteel and Major Dean Rusk to divide the

Korean peninsula along the 38th parallel, the military forces of the Soviet Union and the United States advanced to each half of the Korean peninsula in August and September of 1945, respectively. Once in South Korea, the U.S. occupation force, U.S. Army's XXIV Corps, commanded by Lieutenant General John R. Hodge, and composed of the 6th, 7th, and 40th Infantry Divisions, formally launched the United States Army Military Government in Korea (USAMGIK). The USAMGIK governance was the beginning of the United States' exertion of its strategic influence on South Korea. From the establishment of the USAMGIK, numerous political and military processes of trial and error began to emerge—some productive, some utterly irrational—for the future development of South Korea.

First, the XXIV Corps at that time was, in a simple word, definitely ill-prepared to perform the mission of military governance in South Korea. The unit did not receive correct information about the Korean situation. The still-functioning Japanese authorities in Korea sent a message to the Corps commander in Okinawa in early September 1945 to the effect that Korean communists and independence agitators were plotting to subvert peace and order, warning possible sabotage and violence.[6] Even before departing Okinawa, the members of the XXIV Corps had formed a negative impression about the Koreans' anti-colonial motivation and their local politics. The Corps members were induced to believe that the indigenous political actions were triggered by Soviet or communist instigations, which would be certainly inimical to American interest. The Corps did not receive any concrete political guidance, or training, to handle the Korean situation.[7]

Since the Koreans had not been accustomed to politics of self-rule, diverse and irregular political organizations appeared on the scene chaotically. Moreover, all of the Koreans were in an "ecstasy for independence" after the lengthy and harsh colonial rule of Japan. Also, the Korean society at the time was divided almost evenly by political forces of the conservative "right"

---

[6] Carter J. Eckert, *Korea Old and New: A History* (Seoul: Iljokak Publishers, 1990), 337. The remark is contained in Chapter 18, "Liberation, Division, and War, 1945-1953" by Carter J. Eckert.

[7] Carl Berger, *The Korean Knot: A Military-Political History* (London: Oxford University Press, 1964), 48, as quoted in Kim Jung-Ik, *The Future of the U.S.-Republic of Korea Military Relationship* (New York: St. Martin's Press, Inc., 1996), 9.

and the socialist or communist "left." Although the two political factions' ideologies were disparate, both sides retained the earnest hope for the Korea's independence. The USAMGIK, however, did not have a sound, or reasonable, policy to embrace such ardent desire of the Koreans for national independence.

Second, in the viewpoint of the Koreans, the USAMGIK committed a serious political blunder: its attempt to re-utilize the former Japanese officials, mainly for an administrative convenience of maintaining law and order. The USAMGIK's such intention precipitated a nation-wide uproar among the Koreans. In their opinion, reinstating former Japanese officials, even on a temporary basis, was a politically preposterous action. Eventually, the controversy was resolved "by order of President Truman, conveyed through General MacArthur. General Hodge abandoned his original idea and began to replace the Japanese with U.S. or Korean personnel."[8] But the Korean people got the first impression on American military governance as a starkly negative one.

Third, the USAMGIK's creation of the Constabulary was, in contrast, a positive progression in the standpoint of South Korea's national defense. The USAMGIK established on 13 November 1945 an office of the Director of National Defense whose jurisdiction was to control the Bureau of Police and the newly installed Bureau of Military Affairs. In connection with the establishment of the Director of National Defense, it activated the Constabulary of South Korea *(Nam Joseon Gukbang Gyeongbidae)* on 15 January 1946. In conjunction with these creations of the defense-related offices and the Constabulary, the USAMGIK officially abolished various irregular quasi-military organizations (whose number reached almost 30) as of 21 January 1946. Later, the Director of National Defense changed its office-title into the Ministry of National Defense, and likewise, the Constabulary of South Korea into the Constabulary of Korea *(Joseon Gyeongbidae)*.[9]

---

8 Lee Suk Bok, *The Impact of U.S. Forces in Korea* (Washington, D.C.: National University Press, 1987), 10.

9 ROK Ministry of National Defense, *Hanguk Jeonjaeng Sa* (History of the Korean War), Vol. 1, "*Invasion of the Northern Puppet Regime and the Development of the War*

For the size of the Constabulary, Brigadier General Champeny, the Director of National Defense of the USAMGIK, suggested a modest strength of 25,000 as a police reserve, to be trained along infantry lines. Champeny's scheme was embodied in the so-called Bamboo Plan, which envisioned creating a company size unit from each of the eight South Korean provinces.[10] The Bamboo Plan envisaged that the company-size units would be expanded into units of regimental size later. Together with the activation of those security units, the USAMGIK opened the Military Language School *(Gunsa Yeong-eo Hakgyo)* as a cadre-rearing course to provide an orientation for American style military practice and some rudimentary familiarization with military English.

The USAMGIK's security force creation had bequeathed profound legacies for the future development of South Korea's armed forces.

First, the expansion of South Korea's armed forces followed almost the exact path as the Bamboo Plan had conceptualized. Considering the domestic situation of South Korea at that time, the Plan was rational in the sense that the size of the Constabulary was appropriate and the timing of the creation was right. Besides, the method of dispositions of the units was rational. If the Plan had not been implemented, the development of South Korea's armed forces would have taken a far different route and far lengthier duration.

Second, the fact that South Korea's armed forces was conceived by a foreign officer and that they began to function with a status of police reserve have continuously hurt the self-esteem of the South Korean military cadres. Throughout the survival struggle between the South and the North, the Northern regime has taken a propagandizing advantage from the Southern "weakness:" creation of its armed forces by a foreign hand, as a palpable example of being a "lackey," or a "puppet." A young Korean soldier-scholar laments this aspect poignantly: "Many Koreans do not understand why the

---

Situation in the Initial Phase," revised version (Seoul: Ministry of National Defense Publications, 1977), 72.

10 Robert K. Sawyer, *Military Advisors in Korea: KMAG in Peace and War* (Washington, D.C.: Office of the Chief of Military History, U.S. Department of the Army, 1962), 13-14, as quoted in Lee Suk Bok, *The Impact of U.S. Forces in Korea,* 11.

U.S. authority refused to recognize and utilize the Provisional Government of Korea in Exile (which was led by Kim Koo, and had the *Gwangbok-Gun,* the Army of Fatherland Restoration, as its military arm) located in China. This provisional government had been the center of independence activity throughout the years of Japanese colonial rule since 1919. The neglect of this organization was one of the fatal mistakes in the process of establishing the Republic of Korea."[11] If the USAMGIK had recognized the root of the *Gwangbok-Gun* as the precursor of South Korea's national defense force, the ever-lingering problems of legitimacy and status-related psychological malaise might have been resolved earlier.

Third, the 1946 creation of the Constabulary was the beginning of U.S. exertion of its influence on South Korea. The fact that the organizational skeleton was conceived by an American officer, the weapons for the troops were provided by the American authorities, and the Korean cadres of the Constabulary were trained in line with American military doctrine ensured the unchallengeable exertion of U.S. influence on South Korea's military affairs. Moreover, the fact that major decisional positions of the defense offices of the USAMGIK were taken by American officers facilitated the exertion of U.S. influence over South Korea's defense matters.

Emergence of the Two Disparate Regimes: The ROK and the DPRK

Through the processes of international power politics in the final stage of World War II, such as the Cairo (November 1943), Yalta (February 1945), and Potsdam (July 1945) Conferences, the future fate of Korea began to take shape. In general tone, Korea was to become free and independent "in due course" considering "the enslavement of the people of Korea" during the colonial rule of Imperial Japan.[12] However, the main thought of the United States was the conduct of trusteeship for Korea by the Four Powers (the United States, the Soviet Union, Britain, and China) for a certain period, which was a pet concept of U.S. President Franklin D. Roosevelt.[13] Although

---

[11] Lee Suk Bok, *The Impact of U.S. Forces in Korea,* 10.

[12] These wordings are from the text in United States Department of State, *Foreign Relations of the United States* (1945) (Washington, D.C., 1969), 6: 1,098., as quoted in Bruce Cumings, *The Origins of the Korean War: Liberation and the Emergence of Separate Regimes 1945-1947* (Princeton, NJ: Princeton University Press, 1981), 106.

Stalin made a lukewarm verbal concurrence at the Yalta Conference, due to exigencies of the war, the idea of trusteeship for Korea did not develop into a concrete plan.[14]

The trusteeship question was formally addressed again in the Moscow Conference of the Three Foreign Ministers (the United States, the Soviet Union, the Great Britain) in December 1945, which produced an interim agreement of conducting trusteeship for Korea "up to five years." The Moscow agreement, however, met a whirlwind of opposition from both political camps of Korea, the "right" (nationalists) and the "left" (socialists or communists). But, in accordance with the agreement, the United States and the Soviet Union convened the Joint Commission conferences in Seoul during 1946 and 1947 to resolve the Korean division. Due to the disparate strategic interests of the United States and the Soviet Union, no productive results were gained from the Joint Commission conferences.

The impasse to reach a political resolution on the Korean question between the United States and the Soviet Union forced President Truman to direct the entrustment of the Korean question to the platform of the United Nations in September 1947. In an effort to reunite and to end the ever-mounting hostilities between the two Koreas, the United Nations General Assembly passed an essential resolution for the establishment of the Korean government on 14 November 1947.[15] At the same time, the UN General Assembly voted

---

[13] *Ibid.,* 109. According to Cumings's narration, on 8 February 1945 during the Yalta Conference, Roosevelt fondly invoked American experience with the Philippines, which had been estimated to require fifty years of U.S. tutelage to attain the ability of self-rule. In a similar analogy, Korea might need trusteeship of twenty or thirty years by international powers. Roosevelt expressed his opposition to the British and French colonialism. His formula dealing with the post-World War II rearrangement was the prosecution of trusteeship over the former colonies, although his such idea did not materialize due to British and French objections. Meanwhile, Stalin did not eagerly embraced the idea, but he did not raise a passionate objection, either.

[14] The exigencies of war in this time-frame include: the dropping of two atomic bombs on 6 and 9 August 1945 on Japan; the Soviet Union's entering into the Pacific War against Japan on 8 August; the decision to divide the Korean peninsula along the 38th parallel on 11 August; the unexpectedly early collapse of Japan on 15 August; the Soviet and American forces' advance to Korea in August and September, and subsequent implementation of respective military governances on North and South Korea.

to establish a nine-nation United Nations Temporary Commission on Korea (UNTCOK), whose main task was to supervise a general election in Korea to form the National Assembly of Korea, which would proceed to establish the Government of Korea.

Since the Soviet Union vehemently opposed the concept of the UNTCOK and its way of operation, the Commission was refused entry into the Northern territory, which meant it was unable to prosecute its task of conducting a general election in that part of Korea. Accordingly, the election had to proceed where it was deemed possible, that is, only in South Korea, on 10 May 1948. As a result of those complex international power interactions, the Southern political entity, the Republic of Korea (ROK), was formally established and declared on 15 August 1948.

Meanwhile, events in North Korea took a course which seemed to have been guided by a deliberately planned political purpose. Immediately after its advance into North Korea, the Soviet occupation authority began to organize the "People's Committee" in each province of North Korea. Through the process, the "Bureau of Administration of Five Provinces in North Korea" was established on 19 November 1945.[16] It was the precursor of the "Provisional People's Committee of North Korea," which was launched on 8 February 1946.[17] The establishment of this organization reflected the fact that the communist faction had consolidated its political power in North Korea. In the course of establishing the people's governance, the Soviet occupation authority gradually eliminated political elites of nationalist orientation, and utilized political elites of communist orientation. Particularly, the Soviet occupation authority paid a keen attention to upstage Kim Il Sung as the desirable future leader of the regime.

On 25 August 1948, the Provisional People's Committee conducted a

---

15 UN General Assembly Resolution 112 (II) of 14 November 1947, entitled *The Problem of the Independence of Korea*. This resolution embodied the basic formula for Korea's independence and unification. See footnote No. 27 of the previous chapter.

16 ROK Ministry of National Defense, *History of the Korean War,* Vol. 1, 1977, 46. In Korean, the "Bureau of Administration of Five Provinces in North Korea" is *Buk Joseon O-do Haengjeong Guk*.

17 *Ibid.*, 46. In Korean, the "Provisional People's Committee of North Korea" is *Buk Joseon Imsi Inmin Wiwonhoe*.

nation-wide election to choose representatives to form the "Supreme People's Committee," which, in turn, adopted the Northern regime's national constitution and appointed Kim Il Sung as the premier of the political entity.[18] Through these processes of manipulation of internal political forces and political assistance by the Soviet occupation authority, the Northern regime was officially born on 9 September 1948 as the Democratic People's Republic of Korea (DPRK).

Thus, two disparate political entities were established and began to function in both halves of the peninsula from 1948: the communist regime headed by Kim Il Sung in the north and the Republic of Korea led by Syng-man Rhee in the south. The Northern regime received generous political and military aid from the Soviet Union for its national inception. The Southern entity was also indebted to the United States' political, economic, and military assistance for its national birth and later maintenance. Owing to the irreconcilable nature of the respective patrons, the United States and the Soviet Union, the two political entities on the Korean peninsula had the proclivity of hostility and belligerency against each other, regardless of the overall Korean people's ardent aspiration for the reunification of the divided Korea.

Interim Summation: The Korean Question and International Power Configuration

In the estimate of the American policy makers, the Korean question did not exist as a separate or idiosyncratic significance. Rather, its strategic importance had to be related with other international power calculations, such as maintaining a U.S.-friendly Japan, or curbing the Soviet expansiveness in East Asia, or checking the People's Republic of China's regional aggrandizement. Michael Yahuda succinctly summarizes the relationship between Korea's strategic importance and the development of the international situation.

But the disappointment with China had already led to a reconsideration of

---

[18] The War Commemoration Foundation, *History of the Korean War* (Hanguk Jeonjaeng Sa), Vol. 1 (Seoul: Haenglim Publishing Co., 1990), 73.

> the American interest in retaining forces in Korea south of the 38th parallel. Indeed, by 1947-48, it had been decided to withdraw them. Meanwhile the United States had begun to regard Japan not only as a country that had to be encouraged to develop along liberal lines, but also as one that had to undergo reconstruction as a potential ally and as a source of stability in Northeast Asia.[19]

In a similar logic, James E. Dougherty and Robert L. Pfaltzgraff, Jr. have clarified the nature of the relationship between Korea's strategic significance and the surrounding development of international situation.

> It soon became clear that neither power would allow Korea to be united under the auspices of the other. Nevertheless, Washington, not at all eager to assume the full burden of responsibility in South Korea while becoming increasingly preoccupied with the Soviet threat to Western Europe, began to look for a graceful way of phasing out the U.S. presence in Korea. All the same, the Truman administration did not want to see the entire Korean peninsula pass to Communist control, for it was thought that this would have a devastating impact on relation with Japan.[20]

The relativity, or 'secondariness,' of Korea's strategic importance in the eyes of the U.S. policy makers had to be analyzed from the genuine nature of the U.S. interest in Korea. Thomas W. Robinson classifies national interest in four categories: "primary-secondary," to discern their intrinsic nature; "permanent-variable," to discern the applicable time period; "general-specific," to assess their applicable areas; "identical-complementary-conflicting," to discern their applicability among multiple nations.[21] According to Kim Chul-bum's interpretation, the U.S. interest in Korea in the late 1940s and early 1950s could be categorized as "secondary-permanent-general" interest.[22] If Kim's logic is applied to the case of Japan, the U.S.

---

[19] Michael Yahuda, *The International Politics of the Asia-Pacific, 1945-1995* (New York: Routledge, 1996), 24.

[20] James E. Dougherty and Robert L. Pfaltzgraff, Jr., *American Foreign Policy: FDR to Reagan* (New York: Harper & Row, Publishers, Inc., 1986), 79.

[21] Thomas W. Robinson, "National Interest" in *International Politics and Foreign Policy: A Reader in Research and Theory,* ed. James N. Rosenau (New York: The Free Press, 1969), 184-185. Robinson's article is contained as Chapter 17.

interest in Japan could be described as "primary-permanent-specific" one. In other words, to the U.S. strategists, Korea had a meaning and significance only to the extent of its contributions to the "primary-permanent-specific" U.S. interest, such as contribution to the Cold War, or to the maintenance of U.S.-friendly Japan.

The status of Korea's strategic importance can be graded differently by different actors and at different times. For example, the Soviet Union placed a lofty strategic importance on the Korean peninsula after World War II,[23] whereas the United States' perception oscillated in accordance with the changes of political situations, and with the attendant changes in its national priorities.[24]

Nonetheless, several points seem clear. The United States perceived less strategic importance in the Korean peninsula prior to the end of the Pacific War, and the U.S. perception of Korea's strategic importance was determined by the priority of its national interest of the time. Once it placed a high strategic priority on the Korean peninsula, the United States directed its national effort and resources en masse to achieve the prioritized interest in South Korea. Thus, in the course of its pursuit of national interest in South Korea, the United States exercised significant strategic influence over the South Korean society, and South Korea also made every effort to utilize U.S. strategic influence for its own advantage and betterment, including the development in the domain of military affairs.

---

22 Kim Chul-Bum, "The United States' Korea Policy and the Withdrawal of USFIK" in *Hanguk Jeonjaeng Sa* (History of the Korean War), Vol. 2 *(The Source of the Conflict),* The War Commemoration Foundation (Seoul: Haenglim Publications, 1990), 530-531. Kim's article is contained as Chapter 10.

23 Bruce Cumings, *The Origins of the Korean War: Liberation and the Emergence of Separate Regimes 1945-1947* (Princeton, NJ: Princeton University Press, 1981), 245. One can find a high Soviet emphasis on the importance of the Korean peninsula in General Shtikov's (the senior representative of the Soviet Union at the Joint Commission conference on 20 March 1946 in Seoul) opening statement: "The Soviet Union has a keen interest in Korea being a true democratic and independent country, friendly to the Soviet Union, so that in the future it will not become a base for attacking on the Soviet Union."

24 *Ibid.,* 113.

2. The Nature of the North Korean Regime

Basic Characteristics of the Northern Regime

To assess the magnitude or prowess of North Korea's military threat toward South Korea in the 1950s, one must analyze the basic characteristics of the Northern regime at that time. Allegedly, North Korea's military establishment had a deep root in the anti-Japan independence struggle of the 1930s conducted in southern Manchuria. Stephen Bradner analyzes succinctly: "Shaped by his early experience as a guerrilla fighter against the Japanese, Kim Il Sung's world view was something like a cross between Lenin's "fight-talk, fight-talk" dictum and the view expressed in Adolf Hitler's *Mein Kampf* that an organism which does not fight dies. Hence, the centrality of the military mindset can hardly be overemphasized."[25] In their renowned work, *Communism in Korea,* Robert A. Scalapino and Chong-sik Lee defined the relationship between the guerrilla mindset and the attributes of the Northern regime as inseparably connected. In a similar vein, Suk-ho Lee presented an identical assertion on the nature of the Northern regime in his analysis of the Party and military relationship in North Korea.

> Unquestioning loyalty and allegiance were determinants of survival, and the "Party" took an entirely military character, discipline and hierarchy being interwoven with the camaraderie of the small, determined-often desperate-band.[26] From guerrilla to governing Party thus involved more a change of scope than a change of operational pattern of mind.[27]

Bradner further clarifies the perceptions of the North Korean leadership on the roles of the regime and the military forces: "For Kim, the economy was to produce the implements of war, the education to produce capable soldiers,

---

[25] Stephen Bradner, "North Korea's Strategy" in *Planning for a Peaceful Korea,* ed. Henry D. Sokolski (Carlisle, PA: The Strategic Studies Institute, U.S. Army War College Publication and Production Office, Feb. 2001), 23.

[26] Robert A. Scalapino and Chong-Sik Lee, *Communism in Korea.* Part I, the Movement (Berkeley, CA: University of California Press, 1972), 783.

[27] Suk Ho Lee, *Party-Military Relations in North Korea* (Seoul: Research Center for Peace and Unification of Korea, 1989), 231-251.

and the ideology to convince the population of the inevitability of war and the necessity for absolute obedience to a military leader who would ultimately be extolled to the point of infallibility."[28] In short, the statecraft of the Northern regime and the enhancement of its military might can not be distinguished separately. The functions of the two institutions were both grounded on the pervasiveness of the revolutionary, or militaristic, ideology of the Northern regime.

The Northern View on the Southern Government

There is an age-old adage of truth in Korean society: "Ice and coal can not mix together" (*Bing-tan-bul-ga-sang-yong*), which means that even through great effort, it is impossible to reach an accommodation between the two basically disparate substances: ice and coal. The existence of the two regimes, the ROK and the DPRK, in the congested Korean peninsula, is analogous to such a case. Bradner analyzes the relation: "Kim's regime was born and bred in absolute hostility to any political authority in the South. Simply, the South is held to be a U.S. colony, and Southern officials were viewed as nothing more than lackeys of their colonial masters."[29] The Northern regime's such hostile perception on the Southern institutions precipitated its belligerent attitude toward the South: South Korea was nothing but an object to be avoided, an entity to be undermined, and if possible, a target to be destroyed. As a result of such persistent belligerency, "in more than half a century, Pyongyang has never had anything good to say about Southern officialdom, and the government in the South has been seen as only one of many Southern organizations, lacking any particular legitimacy as a government."[30]

The Northern Regime's Emphasis on Creating Its Military Forces

After the 1945 liberation from Japanese colonial rule, the Northern regime undertook three lines of programs for enhancing its national strength in North Korea. According to its own official Korean War history, "To counter the war-preparation schema of the American imperialists and its

---

28 Bradner, "North Korea's Strategy," 24.

29 *Ibid.,* 24.

30 *Loc. cit.*

puppets in the south, the situation requires to enhance the political, economic, and military capabilities of the "revolutionary democratic base" (i.e., North Korea) for the purpose of safeguarding the revolutionary achievements and guaranteeing the forces for unification of the Fatherland."[31] To enhance political capability, the regime endeavored to strengthen the Party's political power in the Northern society. To strengthen the economic capability, it directed its effort to realize the "policy of self-reliance," which would provide an economic foundation for a self-reliant national economy.

Particularly, the regime placed a heavy emphasis on the military area: "The great leader Kim Il Sung inculcated that the enhancement of the strength of the people's army was needed foremost to realize the overall development of the national security capability. He exerted his wise leadership in making the people's army sturdily armed with ideological principle and military-technical expertise. The people's army reared in such way could be made into a revolutionary force of *ildangbaek* proficiency."[32] The enhancement of military capability included two endeavors: ideological indoctrination and military-technological familiari- zation. The former was aimed to transform a normal youngster into a loyal, dedicated revolutionary fighter, while the latter was intended to familiarize the troops with the features and equipment of modern warfare. These lines of political emphasis on enhancement of military power provided the foundation for the KPA's rapid growth after its creation.

3. The Northern Regime's Military Threat to South Korea in the 1950s

Size and Strength of the Korea People's Army (KPA)

The number of troops constitutes an essential factor of combat power of a country's military force. However, the exact number of the adversary force is not easy to acquire due to the difficulty of timely access to such

---

31 Jong-ho Huh, *Joseon Inmin eui Jeong-eui eui Joguk Haebang Jeonjaeng Sa* (History of the Just War of Fatherland Liberation by the People of Korea) (Pyongyang: The Social Science Publications *(Sahoe Gwahak Chulpansa),* 1988), 62.

32 *Ibid.*, 66. The word *ildangbaek* means, literally, "A soldier can win over a hundred opposing troops."

information. The size of North Korea's military forces as of 24 June 1950 was reported as 198,380, according to the official estimation of the South Korean defense authorities.[33] Different sources present different figures.[34] Nevertheless, in an assessment of combat power of a country's military force, what is more important than the absolute figure are these factors: the comparison of total strengths between the adversaries' military forces; the process through which the young recruits are brought into the military units; the quality of the combat equipment; and the status of training and level of morale.

As the first realm of combat power comparison, the strength of the Northern and Southern forces in June 1950 shows a ratio of almost 2:1 in favor of the North (198,380 vs. 105,752) according to South Korea's official estimate. According to Appleman's estimate, the ratio was expressed as 10:7 in favor of the North (135,000 vs. 94,808). Similarly, the Japanese calculation presents the ratio of 10:7 in favor of the North (135,000 vs. 98,000). Although the figures of the strength are different according to different literature, it is clearly evident that the North enjoyed a solid numerical superiority in the total number of military personnel, and especially in the strength of the ground forces. Such numerical superiority of the Northern forces precipitated a wide-spread sense of fear, and accordingly, a grave sense of threat in the Southern society.

One notable aspect in the creation of the Northern regime's military forces was the infusion into the Korea People's Army (KPA) of the Korean veterans *(Dongbuk Euiyong Gun),* who had fought with the People's

33 ROK Ministry of National Defense, *History of the Korean War,* Vol. 1, 1977, 109.

34 The South Korean Army conjectured 174,022 as the total strength of the KPA as of 27 December 1949 according to the above source (footnote No. 11 and 19). As of 12 May 1950, it estimated the total strength of the KPA as 182,400. In the official history of the U.S. Army, Roy E. Appleman presents the figure 135,000 as the strength of the ground force of North Korea immediately prior to the outbreak of the Korean War in his *U.S. Army in the Korean War: South to the Naktong, North to the Yalu* (Washington, D.C.: Office of the Chief of Military History, 1961). (According to the South Korean calculation, the strength of the ground force of North Korea at that time was 182,680.) A Japanese literature presents the figure 135,000 as the strength of the total North Korean armed forces, according to *Josen Senso Si* (History of the Korean War) (Tokyo: The Association of Ground War Analysis and Familiarization, 1972).

Liberation Army (PLA) in the Chinese Civil War in the 1940s. According to Appleman's observation, "The Korean veterans returned from the PLA constituted almost one third of the entire KPA strength, providing the foundation of its combat power. Five divisions (the 1st, 4th, 5th, 6th, and 7th) among the whole eight active divisions received such Korean veterans, who had excelled themselves in the Chinese Civil War. They were infused into the KPA retaining their original ranks of the PLA. They were most numerous in the divisions of the 5th (5,000 from the 164th PLA division), 6th (10,000 from the 166th PLA division), and 7th (12,000 from the 139th, 140th, 141st, and 156th PLA divisions). Other units, such as the 10th, 13th, and 15th divisions, also received a significant number of such Korean veterans from the PLA."[35]

South Korea's official war history reports that North Korea, the People's Republic of China, and the Soviet Union had a secret conference in January 1949 regarding the repatriation of 28,000 Korean veterans to North Korea by the end of September 1949.[36] Prior to this, Kim Il Sung had engaged in private negotiations from March 1947 with the Chinese local authorities in southern Manchuria for the return of the Korean veterans.

As seen above, the Northern regime was clearly successful in repatriating the veterans of Korean descent from the PLA. This effort reflects the importance of the role of seasoned soldiers in conducting war. The initial operational success of the Northern forces in the Korean War in 1950 could be attributed to the contributions of those Korean veterans. Their contribution to the War can be explained in two aspects: provision of the leadership in the still infant military forces,[37] and provision of organizational stability and tactical knowledge for the newly formed Northern units from their earlier combat experiences in China.

Nevertheless, North Korea's official history does not refer to the return and the contribution of the Korean veterans in the Korean War. In a similar vein, the Northern history is reticent about the number of its military forces,

---

35 Appleman, *South to the Naktong, North to the Yalu,* 5.

36 ROK Ministry of National Defense, *History of the Korean War,* 94.

37 *Ibid.,* 94. "The veterans from the PLA were mainly infused into the 1st, 4th, 5th, 6th, and 7th Divisions constituting one third of the puppet army's officer corps."

the aspects of its military equipment, and the way the Soviet forces aided in equipping the KPA, or about its overall war preparation. It merely endeavors to propagandize the revolutionary cause of the Northern military efforts.

Creation of the Northern Forces and Their Afterward Dispositions

Besides the basic factor of troop strength, the process of bringing those soldiers into military organizations was a critical indicator. The Northern regime directed its efforts to establish military organizations as early as 20 October 1945, when it established the "Security Force" *(Boandae),* which superseded and replaced the various irregular security organizations, such as the "Internal Security Units" *(Chiandae)* and the "Self-Protection Units" *(Jawidae)*.[38] The Security Force, whose size was about 2,000, was the precursor of the regular armed forces. An ensuing landmark event in the formation of the North Korean military institution was the creation of the "Security Cadres Training Battalion Headquarters" *(Boan Ganbu Hullyeon Daedae Bu)* on 15 August 1946, whose mission was to command the three already-existing training centers and the cadre academies.[39] The Northern regime's transformation of the Security Cadres Training Headquarters into the "People's Grouped Army" *(Inmin Jipdan Gun)* on 17 May 1947 was an informal beginning of the Northern military forces. This *Inmin Jipdan Gun* subsumed and commanded the precursors of the two infantry divisions (the 1st and the 2nd) and one separate brigade (the 3rd separate composite brigade).

Finally, Kim Il Sung made an official announcement of the creation of the Korea People's Army (KPA) on 8 February 1948. In fact, the official announcement of the creation of its military force was as much as seven months earlier than the national inception itself (9 September 1948). The rapidity and efficacy of establishing the KPA were remarkable. It took a mere nine months to transform the Security Cadres Training Battalion Headquarters to the People's Grouped Army, and another nine months to develop the People's Grouped Army into the Korea People's Army.

---

38 ROK Ministry of National Defense, *History of the Korean War,* 88.

39 *Ibid.,* 90.

After North Korea's national birth on 9 September 1948, the existing divisions were augmented or strengthened into regular divisions. The 1st Infantry Division with three infantry regiments and one artillery regiment was based and deployed in Pyeongnam, Pyeongbuk, and Hwanghae provinces. The 2nd Infantry Division with the same regimental structure was based and deployed in Hamnam, Hambuk, and Pyeongnam provinces. The 3rd Division was augmented from the 3rd Brigade (a separate and composite unit) with the same structure, and was based and deployed in Hamnam and Gangwon provinces. The 4th Division with somewhat different structure was based and deployed in Pyeongnam and Pyeongbuk provinces. In July 1949, the 5th (at Nanam) and the 6th (at Anju) Divisions were created with the infusion of the Korean veterans from the People's Liberation Army (PLA).[40] In March 1950, the 10th (at Sukcheon) and 15th (at Hoeryeong) Divisions were activated, and in April the 7th Division (at Wonsan) was also activated with the Korean veterans from the PLA.[41] The 13th Division (at Sineuiju) was created in July 1950, immediately after the start of the Korean War.

By the time of the Korean War on 25 June 1950, the Northern regime had completed the creation of all of the ten regular infantry divisions, which were based or deployed at tactically important areas throughout the Northern territory.

Excellence of Combat Equipment

The Northern creation of a tank regiment in May 1946 was the most pronounced aspect in the comparison of combat powers between the two Koreas' military forces. The creation of the 115th Tank Regiment was made feasible by the Soviets' provision of tanks, which were transferred to the Regiment by the Soviet forces then stationed in North Korea. By December 1948, the 115th Tank Regiment was fully equipped with 60 T-34 tanks, 30 SU-76 self-propelled guns, 60 side cars, and 40 other utility vehicles. The Soviets also provided 15 advisors, who were competent in tank tactics, to help the operation of the newly created Northern tank unit. This tank

---

40 The Association of Ground War Analysis and Familiarization, *History of the Korean War,* 1972, 6.

41 *Loc. cit.*

regiment became the precursor of the 105 Tank Brigade, which was formed on 16 May 1949. The tank brigade was composed of three tank regiments, each regiment equipped with 36 tanks. Other organic support units were organized under the brigade, such as an SU-76 self-propelled gun battalion (64 pieces), a mobile reconnaissance battalion (200 side cars), a signal battalion, an engineer battalion, and a mechanized infantry regiment.

At the end of April 1950, the tank brigade owned 242 T-34 tanks, 154 SU-76 self-propelled guns, 560 side cars, and 380 other utility vehicles.[42] Immediately after the outbreak of the Korean War, the tank brigade was elevated to a division level unit (the 17th Tank Division) on 5 July 1950.[43] As a stark comparison, the South Korean rival did not have even one single unit of tanks at the start of the Korean War.

Two major factors of combat power are firepower and mobility. In ground warfare, a tank force represents both factors of firepower and mobility, while artillery embodies the factor of firepower. To discern the capability of firepower of the Northern forces, therefore, it is essential to analyze the composition and quality of the Northern artillery. A Northern infantry division was equipped with: 108 61mm mortars (81 60mm mortars in a Southern division, indicating a ratio of 1.3:1 favoring the North); 81 82mm mortars (36 81mm mortars in a Southern division, showing a ratio of 2.3:1 favoring the North); 18 120mm mortars (none in a Southern division). In artillery, a North Korean division operated 12 76mm howitzers (none in a Southern division); 36 76mm guns (none in a Southern division); and, 12 122mm howitzers (none in a Southern division). The only artillery pieces owned by a Southern division were 15 M-3 model 105mm howitzers. The total numbers of artillery pieces between North and South indicated a numerical ratio of 4:1 in favor of the North.

In anti-tank weapons, a North Korean division owned 42 45mm guns, while a Southern division possessed 16 37mm guns, unidentifiable number of 57mm recoilless rifles, and about 200 2.36-inch anti-tank rocket launchers, which proved later to be utterly ineffective in destroying the

---

42 ROK Ministry of National Defense, *History of the Korean War,* 96.

43 The Association of Ground Warfare Analysis and Familiarization, *History of the Korean War,* 1972, 6.

Northern tanks.

Another outstanding development in the enhancement of the KPA's combat capability was the introduction of tactical aircraft from the Soviet Union. The creation of the Northern air force was a salient focus of the Soviets in strengthening the Northern military capability. By the time of the Korean War, North Korea had received 180 aircraft: 40 YAK-9 fighters, 70 IL-10 fighter-bombers, 10 reconnaissance aircraft, and 60 YAK trainers.[44] These aircraft arrived in North Korea in three deliveries. The first delivery followed Kim Il Sung's Moscow conference in March 1949; the second was in April 1950; and the last was on 18 June 1950, one week prior to the outbreak of the Korean War. The aircraft of the last delivery were flown in to Yeonpo airport by the Soviet pilots themselves. With those advanced aircraft, North Korea was able to train 200 pilots and 400 maintenance mechanics by the time of the Korean War.

For the creation of the Northern air force, the Soviet Union was truly active in the provision of high-quality combat equipment. If compared with the Southern air capability at that time (10 light air trainers bought by the Southern people's donation, with the United States being reluctant to provide any sophisticated or offensive equipment), a stark disparity between the two Koreas materialized: "Commanded by Major General Wang Yong, a Soviet Air Academy graduate and World War II bomber pilot, this propeller-driven air force was far superior to that of the Republic of Korea."[45]

Two features seem to have dominated the background of such combat power discrepancy between the two Koreas in the period of the early 1950s.

First, there was a fundamental difference between the United States and the Soviet Union in their Korea policies. The Soviet Union intended to transform North Korea into a potent satellite, which would eventually unify the divided Korea.[46] In view of Japan's firm alignment with the United States after the end of the Pacific War, unification of the Korean peninsula by a socialist force would enhance the Soviet Union's international

44 Harry G. Summers, Jr., *Korean War Almanac* (New York: Facts on File, Inc, 1990), 202.

45 *Loc. cit.*

46 Cumings, *The Origins of the Korean War,* 113.

position in East Asia. In short, the Soviet Union saw Korea as a strategically important area. This strategic importance of the Korean peninsula in the eyes of Soviet policy makers propelled them to provide such generous provision of arms to North Korea, including main battle tanks, battle-tested aircraft, and advanced artillery pieces.

Second, the leadership of the Northern regime had consistently maintained its political goal of the unification of Korea even by use of military force. To achieve that political goal, externally, Kim Il Sung had conducted a series of meetings with the leaders of his larger allies, the Soviet Union and the People's Republic of China. Both allies, eventually and reluctantly, endorsed Kim's schema of the southward surprise attack. Domestically, the Northern regime systematically prepared for the invasion in three ways: increasing its military power, consolidating the Northern "revolutionary base," and instigating subversive activities in South Korea. Kim Il Sung's ardent ambition for unification was related to the issue of political legitimacy in Korean politics. According to his argument, only the warriors who had fought against Japanese colonial rule, like him, were the genuine patriots of the Korean nation. Solely, they were entitled to participate in future politics of Korea. Others, who either collaborated with the Japanese, or served for Americans after the 1945 liberation, were merely the *maegungno* (scoundrels who sold the nation) or *bandong* (anti-revolutionary). Therefore, the Southern leaders falling in the two categories could not have any political standing in Korea's politics: they were merely the targets to be destroyed. These lines of thought drove Kim Il Sung to expedite the enhancement of military might in North Korea.

Spiritual Strength of the Northern Troops

The primary source of the spiritual strength of the KPA lay in the seemingly attractive logic of the Northern regime's world view and the efficient way to indoctrinate the simple masses of North Korea. The Northern regime fervently believed and earnestly propagandized the following.

First of all, the world was an arena of a dire conflict between the revolutionary and the anti-revolutionary forces. The revolutionary force was represented by the socialist countries such as the Soviet Union and the

People's Republic of China. The anti-revolutionary force was epitomized by the former imperialist countries such as the United Kingdom, France, Germany, Italy, and Imperial Japan, whose economic systems mainly took the form of capitalism. After World War II, the United States emerged as the chieftain of the contemporary imperialist, anti-revolutionary force by replacing the former ones.[47]

Second, in the postwar international power configuration, the political force of the socialist countries became stronger, while the power of the capitalist countries became weaker.[48] The United States, as the chieftain of imperialism, earnestly hoped to regain the power of global control by "conquering the world."[49] The region of East Asia, particularly the strategically important Korean peninsula, was the primary target of the United States' global conquest.[50]

Third, the capitalist countries constituted the force of imperialism pursuing colonization of the underdeveloped countries, whereas the socialist countries supported the movement of national liberation of the formerly colonized countries.[51] Therefore, the capitalist force was historically and morally wrong, while the socialist force and the movement of national liberation were historically and morally right.

Last but not least, in the international milieu of the United States being the chieftain of contemporary imperialism and anti-revolutionary force, North Korea pursued the road of national independence by resisting imperialism.[52] It aimed to achieve a socialist revolution by opposing capitalist exploitation and any past or contemporary imperialism. South Korea, in contrast, pursued the road of remaining as a colony, or as a "puppet," under the hegemonic control of the United States.[53]

Therefore, the political positions of the United States and South Korea were morally wrong, and that of the Northern regime was morally right.

---

47 Huh Jong-Ho, *The Just War of Fatherland Liberation by the People of Korea,* 1988, 9.
48 *Ibid.,* 9.
49 *Ibid.,* 15.
50 *Ibid.,* 19.
51 *Ibid.,* 16.
52 *Ibid.,* 4.
53 *Ibid.,* 24.

Accordingly, North Korea had the political legitimacy in the politics of Korea, whereas South Korea could not justify any political legitimacy at all. Hence, history was on the side of the North Korean regime, not on the side of the Southern government.

This reasoning was naive and crude, but it was "salable" to the unsophisticated masses of North Korea in the early 1950s. The Northern regime, in its revolutionary statecraft, placed a high emphasis on the spiritual strength, or political conviction, of the masses. Particularly, in daily performance of military duties, the factor of political conviction received unusually strong emphasis. This logic, however skewed it might have been, helped the Northern soldiers to attain the desired political conviction. Especially, the argument of the righteousness of national liberation and the earnest opposition to imperialism might have attracted the impressionistic minds of young North Korean soldiers, simply because the Koreans had experienced excessive suffering from the rule of Imperial Japan. The philosophy of the North Korean regime and its view on the Korean War were clearly expressed in the outset of its official war history: "The victory of the [Korean] War by the Korean people taught us a priceless truth that, however small the country and the people might be, if the people fight in unity under the great leadership and under the undefeatable Party, they can surely achieve a triumph in the struggle against the imperialists, and can protect the right of national self-determination. The decisive factor which determines the outcome of a war is not the numerical, military-technological preponderance but the supremacy of moral-political and strategic-tactical prowess."[54] The last sentence of the quotation reflects the seriousness of the Northern regime's emphasis on spiritual strength in military affairs.

The political conviction, as a salient factor of the spiritual fortitude, among the soldiers of thc Northern forces could certainly be counted as the most pronounced aspect of its military prowess. Kim Il Sung emphasized repeatedly the spiritual aspect, namely, the revolutionary mindset: "Above anything else, we must arm all of our soldiers with the revolutionary spirit of the Party, which will enable to make our army as the army of revolution, the army of the Party, and the army of the working class. Of course, both

---

[54] *Ibid.,* 5.

tactical training and fortification works are important, but the most important in our army is the enhancement of the political works (i.e., political indoctrination) among the soldiers."[55]

Interim Conclusion: Formidableness of the Northern Military Threat

As analyzed above, the Northern regime's military threat on the security of South Korea in the 1950s was real and formidable, derived from the following political and military developments.

First, the Soviet Union's positive perception on the significance of the Korean peninsula propelled generous political and military support for the Northern regime after the 1945 liberation. Seeing Japan's close alignment with America after the Pacific War, it hoped to establish a robust satellite of socialist orientation on the Korean peninsula. In contrast, the United States' exclusion of Korea from its Western Pacific defense scheme induced the Northern regime's misinterpretation of America's strategic intent in East Asia. Moreover, the Chinese Communists' 1949 triumph in the civil war abetted the ambition of the Northern regime to pursue the unification of Korea even by force.

Second, the Northern regime, under the leadership of Kim Il Sung, had long retained a political ambition to unify Korea even by means of military force. To accomplish the political goal, the regime had systematically prepared for the task. The regime established an effective Party to consolidate its political power in North Korean society; it created and enhanced its military force in remarkable speed and efficiency for the purpose of contributing to the political aim; and it successfully persuaded its larger communist allies on the positive prospect of the eventuality of the southbound invasion.

Third, the Northern military institution produced by such political emphasis

---

55 The History Research Center of the Central Committee of the Korea Workers Party, *Kim Il Sung Jeojak Seonjip* (Selected Works of Kim Il Sung), Vol. 3 (Pyongyang: Korea Workers Party Publications, 1968), 461. Kim Il Sung made an address to the political cadres of military units of regiments and above, on 8 February 1963, under the title of "Our People's Army Is the Army of the Working Class, and the Army of Revolution; Political and Class Indoctrination Program must be Continuously Enhanced."

had several pronounced qualities. The size and strength of the Northern forces were far greater than those of South Korea through a remarkable rapidity. They utilized the combat experience and tactical expertise of the Korean veterans who had fought in the Chinese civil war. In addition, their combat power was incomparably excellent vis-à-vis that of South Korea by virtue of generous Soviet endowment of military material, and they successfully mobilized the youths of North Korea with "salable" political indoctrination.

These developments produced the real and formidable threat posed by the Northern regime on the security of South Korea in the decade of the 1950s.

4. Assertion of the U.S. Strategic Influence on South Korea

Strength of the U.S. Forces Inserted into the Korean Front: Rapidity and Enormity

The chronological explanation of the sequence, strength, and method of U.S. forces' insertion into the Korean front would reveal the magnitude of its strategic influence on Korean affairs. After the U.S. forces' withdrawal from Korea in June 1949, only a handful of American troops were left in Korea as military advisors to help the embryonic South Korean armed forces, as members of the U.S. Military Advisory Group in Korea (KMAG).[56]

Immediately following the outbreak of the Korean War, the first contingent the United States dispatched to Korea was a survey party called GHQ Advance Command and Liaison Group in Korea (ADCOM) headed by Brigadier General John H. Church. It arrived in Korea on 27 June 1950. This contingent was composed of thirteen GHQ general and special staff officers and two enlisted men. Although small in size, the ADCOM was given important functions: assuming control of KMAG, and lending possible assistance to the ROK Army in checking the Northern advance. The first noticeable action of the ADCOM was giving "advice" and "suggestion" to

---

56 According to Roy E. Appleman, *U.S. Army in the Korean War: South to the Naktong, North to the Yalu* (Washington, D.C.: Office of the Chief of Military History, Department of the Army, 1961), 472 U.S. military personnel served out of the 500 KMAG positions in 1950.

General Chae Byong Duk, ROK Army Chief of Staff: to suggest a street fighting in Seoul; to recommend co-locating of Chae's headquarters with the ADCOM office at Suwon; and to recommend installing straggler collecting points between Seoul and Suwon.[57] Church's advices to Chae, as an official representation of the U.S. political and military authority, could be regarded as the first significant exertion of American influence on South Korea in countering the Northern invasion. On 30 June, Church's advice to Chae appeared as an outright ordering: "General Church directed General Chae to counterattack the North Koreans at the water's edge [of the Han River], but enemy artillery prevented the ROK troops from carrying out such order."[58]

The first combat unit the United States dispatched was the Task Force Smith of 406 men, arriving in Korea on 1 July 1950 from Japan via air transportation. The unit, commanded by Lieutenant Colonel Charles B. Smith, commanding officer, 1st Battalion, 21st Infantry Regiment, 24th Infantry Division, was composed of two under-strength rifle companies, one half of headquarters company, one half of a communication platoon, a composite 75mm recoilless rifle platoon of four guns, four 4.2-inch mortars, six 2.36-inch bazooka teams, and four 60mm mortars. Each man had 120 rounds of ammunition for his individual weapon, and C-rations for two days.[59] These hurriedly collected troops were introduced to the Korean front in a tactically unsound manner to fight the formidable North Korean forces. As a logical corollary, it met the destiny of a complete defeat. The unit's defeat and destruction gave the South Korean people a profound dismay and disappointment, who expected a decisive tactical triumph by the military prowess of a global power, the United States. The unit failed, and failed completely, to stem the continuing onslaught of the Northern invaders.

The ensuing reinforcement was an insertion of a larger unit, an infantry division. On 30 June 1950, General MacArthur ordered the 24th Infantry Division, commanded by Major General William F. Dean, to be promptly inserted into the Korean front. The Division's strength, after hurried refilling of vacant positions from other units' personnel, numbered 15,965, and it had

---

[57] *Ibid.,* 43.

[58] *Ibid.,* 55.

[59] *Ibid.,* 61.

4,773 vehicles. But these troops and equipment were not inserted in a single, decisive action. The division's 34th Infantry Regiment (1,981 men) arrived at Busan on 2 July, and committed to the front on 5 July; its 21st Infantry Regiment was committed there on 7 July; and, its 19th Infantry Regiment on 11 July 1950. Although one may criticize the method of such piecemeal insertion of the Division, the effect of delaying the southward advance of the two best North Korean divisions (the 3rd and the 4th) for three days should be positively acknowledged. Considering the situation after the end of the Pacific War (e.g., the expedited demobilization of the U.S. forces after the end of World War II, the peaceful atmosphere of American troops' life in Japan), the U.S. action of inserting its under-prepared combat units into the suddenly appeared Korean front should be recognized as an action of an appropriate tactical quality.

In a similar mode, the 25th Infantry Division in Japan, Major General William B. Kean commanding, was committed to the Korean front. The commanding echelon of the Division arrived at Korea on 8 July; the 27th Infantry Regiment landed at Busan on 10 July; the 24th Infantry Regiment arrived on 12 July; the 35th Infantry Regiment arrived at Busan between 13 and 15 July 1950.

The 1st Cavalry Division, Major General Hobart R. Gay commanding, was committed into the Korean front in a similarly hurried mode, like the two preceding Divisions, the 24th and the 25th. Its 8th Cavalry Regiment and 5th Cavalry Regiment landed at Pohang on 18 July, and the 7th Cavalry Regiment and the 82nd Field Artillery Battalion came ashore on 22 July. Among those three cavalry regiments, only two regiments, the 8th and the 5th, were committed to the defending task, relieving the 21st Infantry Regiment of the 24th Division at Yeongdong, which was located at a close vicinity of Daejeon.

What can one learn from these historical facts of U.S. forces' insertion into the Korean front? Foremost, one must notice the enormity and rapidity of the U.S. military commitment into South Korea. The enormity and rapidity were palpably expressed in the U.S. forces' reinforcing action during the short period of less than a month. As of 19 July 1950, the number of the U.S. forces in Korea shows as follows.

Table 5-1. Number of the U.S. Forces Inserted into the Korean Front as of July 1950

Total	39,439
8th U.S. Army-Korea	2,184
KMAG	473
1st Cavalry Division	10,027
24th Infantry Division	10,463
25th Infantry Division	13,059
Busan Base	2,979
ADCOM	163
Miscellaneous Personnel	91

Source: Roy E. Appleman, *U.S. Army in the Korean War: South to the Naktong, North to the Yalu,* 1961, p. 197.

Considering the previous lukewarm policy stance of the United States vis-à-vis South Korea (e.g., exclusion of Korea from the U.S. defense perimeter in the Western Pacific as announced by Acheson in January 1950), such rapid and enormous actions of inserting U.S. forces into Korea were, indeed, an amazing phenomenon. Especially, the South Korean forces, which had the primary responsibility in the defense of South Korea, were in a state of a virtual collapse. Consequently, the reinforcing U.S. forces had to bear the brunt of the fighting responsibility against the Northern invaders. Therefore, the enormity and rapidity of such U.S. commitment contributed to materializing an unchallengeable American influence on the affairs of South Korea. Further, the status of the United Nations forces on 4 August 1950, merely twenty days after from the previous configuration, demonstrated another enormity and rapidity of the U.S. reinforcement.

Four noticeable aspects invite particular attention in the 4 August 1950 configuration shown in Figure 5-2. Two more units from the U.S. forces (the 2nd Infantry Division and the 1st Marine Brigade) were added to the UN command, and the U.S. forces and ROK forces were approaching comparable sizes (60,000 U.S. troops vs. 80,000 ROK troops). At the same time, significant combat capabilities of the U.S. air assets were introduced into the Korean front, and the United States was taking the bulk of the responsibility in supply or re-supplies for the Korean conflict.

Table 5-2. Number of the U.S. Forces and ROK Forces as of 4 August 1950

Total	59,238
Total Army	50,367
8th U.S. Army-Korea	2,933
KMAG	452
1st Cavalry Division	10,276
2nd Infantry Division	4,922
24th Infantry Division	14,540
25th Infantry Divsion	12,073
Busan Base	5,171
1st Marine Brigade (provisional)	4,713
Far East Air Force (Korea)	4,051
Others	107
ROK Army (estimated)	82,570

Source: Roy E. Appleman, *U.S. Army in the Korean War: South to the Naktong, North to the Yalu,* 264.

The U.S. reinforcing effort as shown in Table 5-3 continued with an unrelenting momentum. For example, the strength of the UN/U.S. forces increased to the level of 90,000 as of 1 September 1950.

Table 5-3. Number of the U.S. Forces and ROK Forces as of 1 September 1950

Total	179,929
Total UN/U.S. Strength	88,233
U.S. 8th Army	78,762
2nd Infantry Division	17,498
24th Infantry Division	14,739
25th Infantry Division	15,007
1st Cavalry Division	14,703
U.S. 1st Marine Brigade	4,290
British 27th Infantry Brigade	1,578
U.S. 5th Air Force	3,603
ROK Army	91,696

Source: Roy E. Appleman, *U.S. Army in the Korean War,* 382.

If one considers the dire tactical predicament of the ROK forces at the time and the preponderance of U.S. combat power in firepower and mobility, the War could be regarded as the one almost exclusively fought by the U.S.

forces. The U.S. forces' taking the bulk of the fighting responsibilities brought forth an enhanced U.S. political and military influence on the military affairs of South Korea.

Especially, General MacArthur's brilliant strategic feat of the 15 September amphibious operation at Incheon resulted in two decisive military and political effects. First, militarily, the Incheon landing provided a decisive momentum of a strategic counter-offensive by achieving a grand tactical envelopment. By virtue of the envelopment, the extended North Korean line of communication from North Korea to its southern front had to be ruptured in the middle. The Northern invaders lost the momentum of further attack in South Korea. The tactical initiative, so far denied to the UN/U.S. forces, was finally regained. In fact, the Northern forces met a fate of military disaster from the time of the amphibious operation at Incheon.

Second, politically, the retaking of the military initiative from the Northern invaders provided a pronounced enhancement of U.S. prestige. On 29 September 1950, MacArthur returned the lost capital, Seoul, to the Korean president Syng-man Rhee. The retaking of South Korea's capital clearly symbolized the effect of U.S. power in both military and political senses. Such enhancement of U.S. prestige resulted in the realistic outcome of an undeniable U.S. influence in South Korean affairs.

Operational Command Mechanism

In accordance with the South Korean president Syng-man Rhee's desire for placing the ROK forces under a unified operational control, the commander of the 8th U.S. Army, Lieutenant General Walton H. Walker, assumed the operational command authority for the entire Korean front as of 13 July 1950. The ROK Army decided to co-locate its headquarters with the command center of the 8th U.S. Army at Daegu. On the same day, as a symbol of becoming a United Nations Command, General Walker received a UN flag, to be displayed at his headquarters building. Also, President Syng-man Rhee forwarded his such desire to General MacArthur on 14 July 1950 in a personal correspondence, who duly embraced the idea of a unified operational control by the senior U.S. general to take overall responsibility for the entire Korean front. As such, a unified command in the Korean theatre, including the control of the entire ROK forces, was materialized and formalized.

The establishment of a unified command exercise over the whole UN forces had several important significances. The rearrangement of the operational command mechanism correctly reflected the tactical reality: the preponderant U.S. role and responsibility in the war-fighting. It ensured efficient and unified conduct of the war in the whole Korean front, and as a result, the United States firmly consolidated its influence on the war-fighting and on South Korea's military affairs.

Magnitude of the U.S. Military Assistance

South Korea had been indebted to the United States in several important aspects during the decade of the 1950s. Foremost, the United States provided overall political assistance in the course of founding the Southern nation. As Sung-joo Han asserts, "Eventually, the United States became the principal sponsor and supporter of the Republic of Korea."[60] Second, the United States provided essential economic aid for South Korea to overcome its intrinsically fragile material conditions. Third, most importantly, the United States came to the defense of South Korea when it was invaded by the Northern forces in June 1950. Even after the War, South Korea has depended upon the presence of U.S. troops stationed in Korea and upon U.S. air and naval power to deter North Korea from attempting another armed invasion. And fourth, "the South Korean armed forces owed their existence and mode of operation almost entirely to the United States before and during the Korean War. The United States gave military assistance in equipment, training, organization, and tactical skills."[61]

Then, how large, and influential, was the U.S. military assistance for South Korea in the 1950s? To answer this question, one might get the magnitude of the U.S. aid from the proportion of U.S. aid in the general revenue of South Korean government at that time, and the proportion of U.S. assistance

---

60 Sung-joo Han, "South Korea and the United States: Past, Present, and Future," in *The U.S.-South Korean Alliance: Evolving Patterns in Security Relations,* eds. Gerald L. Curtis and Sung-joo Han, as chapter 9 (Lexington, MA: LexingtonBooks, D. C. Heath and Company, 1983), 201.

61 *Ibid.,* 202.

in South Korea's defense expenditure in the 1950s. The data in Table 6 (*Summary of Budget: 1954-1964*) prepared by the ROK Economic Planning Board, would show the proportion of US aid in the general revenue of the South Korean government in the years of 1957-1959.

Table 6. Trend of General Revenue of the South Korean Government (in million *won*)

	1957		1958		1959	
	Amount	Pct.	Amount	Pct.	Amount	Pct.
Tax	11,590	27.3%	14,349	30.1%	21,598	47.4%
Others	2,981	7.0%	3,902	8.2%	3,682	8.1%
Total	14,571	34.3%	18,251	38.3%	25,280	55.5%
Bonds	1,526	3.6%	1,800	3.8%	500	1.1%
Industrial Reconstruction Bonds	2,964	7.0%	348	1.8%	210	0.5%
Borrowings	950	2.3%	2,230	4.7%	640	1.4%
Total	5,440	12.8%	4,879	10.2%	1,350	3.0%
Counterpart Funds	22,451	52.9%	24,580	51.5%	18,910	41.5%
Grand Total	42,462	100.0%	47,710	100.0%	45,540	100.0%

Source: ROK Economic Planning Board, *Summary of Budget: 1954-1964*, as quoted by Roy W. Shin, *The Politics of Foreign Aid: A Study of the Impact of United tates Aid in Korea from 1946 to 1966,* his 1969 doctoral dissertation at the University of Minnesota (Ann Arbor, Michigan: University Microfilm, Inc., 1969), 122.

The term, Counterpart Funds, means the Korean *won* currency accrued from the selling of U.S.-provided surplus agricultural grains in the South Korean market, under the Public Law 480. The accrued *won* resources made by selling the surplus U.S. grains were added to the South Korean government's ledger to increase the available size of its general revenue. What Table 6 clearly imparts is that the American aid occupied an astoundingly large proportion in the South Korean government's total revenue in the 1950s: 52.9 percent in 1957; 51.5 percent in 1958; and, 41.5 percent in 1959. Such large proportion of U.S. assistance in the South Korean government's general revenue clearly attests the magnitude of U.S. influence in the governance and politics of South Korea.

The proportion of U.S. aid in South Korea's defense expenditure is viewed with the next information provided by the same source, *Summary of Budget:*

1954-1964, prepared by the ROK Economic Planning Board.

Table 7. Financing Defense Expenditure by Source (in million *won*)

Year	Defense Expenditure	Foreign Aid	Borrowing	Tax and Others
1954	5,992	2,070	2,320	1,602
1955	10,638	5,120		5,518
1957	11,246	4,883	950	5,463
1958	12,732	4,830	2,230	5,672
1959	13,919	5,300	640	7,979

Source: Summary of Budget, 1954-1964, as quoted by Roy W. Shin in his doctoral dissertation, *The Politics of Foreign Aid: A Study of the Impact of United States Aid in Korea from 1946 to 1966,* 128.

The above information demonstrates that, due to the limit of South Korea's financial ability, the United States had the responsibility of paying almost half of South Korea's defense expenditure during the decade of the 1950s. However, the above data does not include the values of the direct military assistance program, such as the provisions of ammunition, small arms, combat and transport vehicles, ships, missiles, and aircraft by the United States.[62] Therefore, the true proportion of the U.S. financial role for South Korea's defense would have been much higher. Such predominant financial role taken by the United States, again, definitely expresses the magnitude of U.S. influence on South Korea's military affairs. Combining the two factors of the direct military assistance and the Defense Support or Security Assistance Program, Young-Sun Ha, a notable Korean scholar in the field of national security, calculated the following table.

62 Roy W. Shin, *The Politics of Foreign Aid: A Study of the Impact of United States Aid in Korea from 1946 to 1966,* 122. Military assistance to the Republic of Korea has taken basically two forms: (1) a Direct Military Assistance, and (2) a Defense Support or Security Assistance Program. The former was composed of military materiel directly provided by the United States, such items as ammunition, small arms, combat vehicles, ships, missiles, and aircraft. The latter was intended to enhance both economic and security capabilities of the recipient country, which was materialized in the form of Counterpart Funds. Counterpart Funds were generated through the selling of surplus U.S. grains in the local market of South Korea.

Table 8. Percentage Share of the U.S. Military Aid in South Korea's Total Military Expenditure: 1955-1981

Year	Domestic Source	U.S. Defense Budget support	U.S. Direct Military Assistance
1955-60	23.2	17.9	58.9
1961	1.0	31.7	67.3
1962	14.3	39.2	46.5
1963	9.0	24.4	66.6
1964	16.4	24.7	58.9
1965	17.9	31.5	50.6
1966	17.3	30.7	52.0
1967	23.0	28.4	48.6
1968	31.0	16.2	52.8
1969	53.5	14.2	32.3
1970	56.8	12.7	30.5
1971	50.3	4.6	45.1
1972	65.2	2.8	32.0
1973	72.4	1.1	26.5
1974	87.7	-	12.3
1975	91.4	-	8.6
1976	95.9	-	4.1
1977	99.7	-	0.3
1978	100.0	-	-
1979-81	100.0	-	-

Source: Young-Sun Ha, "American-Korean Military Relations: Continuity and Change" in *Korea and the United States: A Century of Cooperation*, eds. Youngnok Koo and Dae-Sook Suh (Honolulu: Univ. of Hawaii Press, 1984), 119.

One can discern three meaningful findings from these tabulations. First, the United States took the bulk of the defense burden for South Korea in the 1950s. As in Table 8, the share of the United States for South Korea's defense was extremely high: 76.8% of the total military expenditure between 1955 and 1960. This trend of heavy dependence on the U.S. aid for ROK defense continued until the middle of the 1970s.

Second, the prominent burden-taking by the United States for the South Korean defense, naturally, contributed to the unhindered assertion of strategic influence by the United States over South Korea's military affairs. The preponderant U.S. influence affected not only the areas of war-fighting (e.g., strategy and operations), but also reached the areas of administration (e.g., logistics and personnel management, such as assignments or promotions of the cadres).[63]

Third, the environment of "total dependence"[64] did not permit for the ROK cadres to contrive their own indigenous military strategy. In other words, in the situation of such heavy U.S. preponderance (e.g., the fact that the U.S. authorities created, equipped, trained, organized, and commanded ROK forces), South Korean military cadres were in no position to give a deep thought on the development of their own indigenous military strategy. They had to accommodate, or follow, the strategy of the United States.

Impact of the Mutual Defense Treaty

The conclusion of the July 1953 armistice agreement between the two contending forces in the Korean War was the most meaningful occurrence in the decade of the 1950s for both South Korea and the United States. One can identify the significance of the armistice in following aspects. It terminated the Korean conflict without a clear-cut winner between the Communist forces and the UN/U.S. forces, which duly reflected the nature of the Cold War, a strategic stalemate. But the agreement elevated the status and influence of the People's Republic of China in international politics in both global and regional terms. In fact, the conclusion of the agreement was fundamentally precipitated by the imperatives of U.S. domestic politics, prevention of further blood-shedding of American youngsters. Thus, the armistice was a product of a compromise between the two national wills: the

---

63 The author has an experience of serving at the Office of Personnel Management for General Grade Officers, a staff office of the ROK Army Headquarters, in the late 1960s. He personally witnessed the legacy of the preponderance of American influence in the 1950s. For general grade officers' promotions or prominent assignments, for example, an official concurrence by U.S. side (normally, by KMAG) was required before the ROK authorities made public announcement on the personnel actions.

64 This term, 'total dependence,' has been introduced by Kim Jung-Ik, the author of *The Future of the US-Republic of Korea Military Relations* (New York: St. Martin's Press, Inc., 1996), 31. Kim classifies the nature of South Korea's defense effort in four chronological categories: (1) "total dependence" before, during, and after the Korean War; (2) "self-awakening" after the Vietnam War; (3) "partial dependence" in the era of the reduction of U.S. military assistance and South Korea's force improvement program; and (4) "toward self-reliance" missions for the future.

South Korean government's ardent aspiration for Korean unification and the pragmatic U.S. desire to halt further squandering of American blood and resources.

Also, the agreement altered the understanding of the contemporary international conflict. The concept of "limited war" was accepted as a norm of contemporary warfare, replacing the erstwhile concept of absolute victory over the adversary. The armistice correctly demonstrated the limitation of U.S. power and influence, and simultaneously, it opened a new era for the newly established People's Republic of China to assert its voice and influence as a powerful regional actor.

Amidst such international context, the mutual defense treaty was concluded and signed on 1 October 1953 at Washington. At the beginning of the armistice negotiation, Syng-man Rhee, the South Korean president, adamantly opposed the idea of the armistice, but he was forced to succumb to the powerful U.S. persuasion to achieve it. Eventually, with some compensating enticements, the United States was able to persuade the Rhee government to accept the armistice. The United States proposed four areas of compensation for Rhee's acceptance of the armistice:[65] a conclusion of a mutual defense treaty between South Korea and the United States to deter another Northern invasion; substantive enhancement of the South Korean armed forces' military capabilities; long-term American economic aid; and U.S. agreement to withdraw from the post-armistice political conference after ninety days, should no concrete achievement be made toward peaceful unification of Korea. Therefore, the mutual defense treaty should be viewed as a product of the clash of two national wills, and as the eventual compromise between them.

The essential nature of the mutual defense treaty was that it guaranteed the safety of South Korea from a future Northern invasion. As Article III of the treaty states, "an armed attack in the Pacific area on either of the Parties ... would be dangerous to its own peace and safety." Accordingly, the Article declared that "it would act to meet the common danger in accordance with its constitutional processes."[66] In spite of the limitation (i.e., the

---

[65] Kim Jung-Ik, *U.S.-Republic of Korea Military Relationship,* 15.

[66] The so-called Monroe Doctrine formula—"U.S. commitment will be made in

so-called Monroe Doctrine formula), the treaty has served since its conclusion as a pillar of the Korean security to the present.

On the other hand, such a formal guaranteeing by the United States for South Korea's future security allowed a substantive U.S. leverage to influence political and military affairs of South Korea. Sung-joo Han articulates forcefully: "The United States has often made unilateral policy decisions that had serious consequences for South Korea, and it has exerted considerable influence over South Korea's domestic and foreign policies, as can be seen in the role it played in the resignation of President Syng-man Rhee in 1960, the establishment of a civilian government in 1963, the dispatch of Korean combat troops to Vietnam in 1965, and the cancellation by South Korea of a plan to purchase a nuclear recycling plant from France in 1976."[67]

Also, the mutual defense treaty was used as a convenient tool to assuage any Korean complaints or apprehension on the perceived lack of U.S. commitment for Korea's national security. The treaty was quoted by numerous U.S. presidents to re-convince any Korean uncertainty about the American will to make commitment for South Korean defense.[68]

Interim Conclusion: Pervasiveness of the U.S. Strategic Influence

As viewed above, the United States had exerted its strategic influence in the 1950s over the governance of South Korea deeply and pervasively. The following aspects would explain the United States' assertion of such profound influence on South Korea.

First, the development of the Cold War against the Soviet Union required the United States to commit itself on the Korean peninsula. Unlike the

---

accordance with its constitutional processes"—contained in the Treaty was a target of dissatisfaction among South Koreans, who preferred the North Atlantic Treaty formula, in which the United States would make an automatic commitment.

67 Sung-joo Han, "South Korea and the United States: Past, Present, and Future," 202.

68 Kennedy in November 1961 in a joint communiqué with Chairman Park; Johnson in each year from 1965 to 1968 related with the ROK forces' participation in the Vietnam War; Nixon in a joint communiqué with President Park related with the withdrawal of a U.S. division from Korea; Ford in a joint communiqué with President Park in 1974; Carter in a joint communiqué with President Park in 1979; Reagan in a joint communiqué with President Chun in 1981.

cooperative relations as allies in World War II, the Soviet Union began to show its expansive predisposition from 1948 not only in Central and Eastern Europe but also in East Asia. The United States' policy makers were compelled to perceive the Soviet Union as an utmost adversary in the postwar global power contest. Moreover, the Chinese Communists' conquest of mainland China by 1949 forced U.S. policy makers to perceive the existence of a monolithic communist regime from Central Europe to East Asia. As a counter-measure to such communist expansion, the United States wanted to create friendly political entities both in Japan and in South Korea. Accordingly, departing from erstwhile lukewarm policy stance, the United States made a massive commitment on South Korea when the Northern communist regime launched a southbound surprise attack in June 1950.

Second, the United States forces entered the Korean front from July 1950 with massive manpower and resources. The United States' entering into the Korean War marked as the beginning of its enlarged exertion of strategic influence on South Korea. Not only creating South Korea's security forces, the United States equipped, trained, supplied, and commanded South Korea's new armed forces during the War. Further, the United States provided other needed political, economic, and military assistance for the young nation. The provision of such wide-ranged aid by the United States resulted in the unchallenged assertion of the U.S. influence in multiple corners of the South Korean society—political, economic, military, cultural, and even religious field.

Third, particularly in South Korea's military domain, U.S. influence became wide and deep. Since the military cadres were educated and trained in line with the U.S. military doctrine, the South Korean cadres' thinking on military affairs adopted the tenet of U.S. military tradition. Moreover, the exigencies of South Korea's reality in the 1950s—the communist-instigated internal subversive actions, the nation-wide guerrilla activities by the communists, and the surprise invasion of the Northern regime—prevented the Southern military cadres from concentrating on the professional military affairs such as development of indigenous military strategy. As an expediency for such exigent reality, the Southern military cadres had to accommodate, or blindly follow, the military strategy of the U.S. forces.

5. Beginning of South Korea's Military Forces

Size and Strength of the Southern Forces

According to the official history of the Defense Ministry of South Korea, the total strength of the Southern forces as of 24 June 1950 was 105,752, which encompassed 94,974 ground troops, 7,715 sailors, 1,897 airmen, and 1,166 marines.[69] The ground forces were mainly composed of eight infantry divisions, which subsumed twenty-two infantry regiments. Since each infantry division had either two or three regiments, its unit strength were different: from six thousands to almost ten thousands. There were various support units and units of special functions.

As viewed earlier, the buildup of the South Korean force was a policy outcome of the U.S. Army Military Government in Korea (USAMGIK) in 1946. Especially, the creation of the Southern forces followed Brigadier General Champeny's (the Director of National Defense in the USAMGIK) Bamboo Plan, which envisaged creating a regiment from each of the eight South Korean provinces. Each of the eight regiments later expanded and elevated to the size of a division.

At that time, the Northern forces' total strength was 198,380, which was composed of 182,680 ground troops, 4,700 sailors, 2,000 airmen, and 9,000 marine equivalents.[70] The ground forces were mainly composed of ten infantry divisions (thirty infantry regiments) and other combat and logistic support units. Particularly, the Northern forces had the 105 Tank Brigade equipped with 242 T-34 tanks, which represented a preeminent offensive power later in the Korean War.[71]

The comparative strength of both sides indicated the average ratio of 2:1 in favor of the Northern forces. Particularly, it demonstrated a Northern superiority of 2.6:1 in ground combat strength.[72] The standout preponderance of the Northern combat strength was the key factor in understanding the comparison of the two Koreas' military capabilities. Especially, the Northern

---

69 ROK Ministry of National Defense, *History of the Korean War,* 109.

70 *Loc. cit.*

71 The War Commemoration Foundation, *History of the Korean War,* 115.

72 *Ibid.,* 114.

superiority in the ground combat strength precipitated a societal fear among the South Korean people. In the early stage of the Korean War, the Northern superiority in ground combat strength decidedly contributed to the initial operational success of the Northern forces in the beginning phase of the Korean War.

Quality of the Military Cadres

When the USAMGIK began to organize the national constabulary in 1946, the applicants who wanted to join the officer corps were extremely diverse in their political, ideological, and personal backgrounds. Some had been officers or conscripted soldiers of the Imperial Japanese Army, some the cadres of *Gwangbok-Gun* (the armed organization of the Korean independence movement conducted in China). Some had served in the Chinese Nationalist Army, and some in the Manchurian Army. Those disparate persons were scattered across more than thirty unofficial, quasi-military organizations. Reflecting the society's political trend at that time, they were also divided in their political affinities between the "right" (conservative, nationalist) and the "left" (revolutionary, socialist). Eventually, some of them entered and graduated from the USAMGIK-sponsored Military Language School.[73]

Those personal and ideological diversities inevitably brought serious problems in the spiritual foundation of the new military institution: the spiritual schism among the officers; the question of legitimacy of the new military institution; and the quality and professional ability of the military cadres.

There was a stark spiritual schism between the former officers of the Imperial Japanese Army and the former cadres of *Gwangbok-Gun*. The

---

73 The Military Language School was opened on 5 December 1945 by Colonel Champeny, Director of National Defense of the USAMGIK. The aim of the course was to orient the officer-candidates in American style military performance and to familiarize the candidates in elementary military English. One hundred and ten persons graduated and commissioned as officers. Their personal backgrounds were diverse: 87 from the Imperial Japanese Army (13 Japanese Military Academy graduates, 68 conscripted soldiers, 6 voluntarily applied soldiers); 21 members from the Manchurian Army; and 2 from the Chinese Nationalist Army. These figures are quoted from Ahn Yong Hyon, *Hanguk Jeonjaeng Bisa* (The Unknown History of the Korean War) (Seoul: Gyeong-in Munhwa Sa Publication Company, 1992), 49.

Gwangbok-Gun cadres had a deep, spiritual pride in their past struggle against Japan's imperial rule, and they despised those who had served the Japanese causes. The *Gwangbok-Gun* cadres contended that: "To construct a historical legitimacy for the new nation's military institution, *Gwangbok-Gun* should play the main role in building the new military organization; we can not work together with the former *chinilpa* (persons who served for Japan and profited from the Japanese rule) factions, such as the former officers of the Imperial Japanese Army and the Manchurian Army."[74] However, in reality, the USAMGIK authority preferred to use the former officers of the Imperial Japanese Army, simply because they were better accustomed to modern administrative tasks. The *Gwangbok-Gun* cadres' dislike of other types of officer-candidates, and their eventual reluctance to join the new military institution, resulted in disunity and low efficiency of the new armed forces.

Accordingly, the issue of legitimacy emerged as a keen problem. The people of Korea had suffered from the harsh Japanese rule for the past thirty-five years. It was time to build a new nation and new military force by the Koreans themselves. The new nation and its institutions must be grounded on the conviction of an absolute opposition to the Japanese imperialism. Since the legitimacy of the new nation must be clearly based on an anti-Japanese spirit, the former Japanese Army officers were not appropriate to participate in the establishment of the new military force. In reality, however, majority of the new officer corps was composed of the former Japanese officers. This gap between the cause of new nation-building and the condition of cadres for the task presented a serious dilemma for South Korea's political and military legitimacy. A young soldier-scholar of the ROK Army sharply raised his voice: "The neglect of this organization [the Provisional Government in Exile, which conducted anti-Japanese struggle from the 1930s in China, and had the *Gwangbok-Gun* as its military arm] was one of the fatal mistakes in the process of establishing the Republic of Korea. The exclusion of the Provisional Government diminished the credibility and legitimacy of the new South Korean government."[75]

The issue of cadres' quality and professional ability presented another

---

74 Ahn Yong Hyon, *Hanguk Jeonjaeng Bisa,* 1992, 48.

75 Lee Suk Bok, *Impact of U.S. Forces in Korea,* 1987, 10.

critical problem. According to the official history of South Korea's Joint Chiefs of Staff, the quality and professional ability of the South Korean Army was described as critically wanting: "Among the division commanders of South Korean Army [during the late 1940s and early 1950s], there was no one who had previously experienced the task of company commander or commandership of larger units in modern warfare. Particularly, the Army Chief of Staff [Chae Byung-Duk] had been trained as an ordnance officer of the Imperial Japanese Army, and therefore, he was clearly inappropriate to perform the mission of operational command. There were numerous political elites in South Korea, but competent military cadres able to handle military operation were absolutely non-existent."[76]

Inferiority of the Combat Equipment

In addition to the low-quality of the leadership factor, there was a stark discrepancy in number and quality in combat equipment between the forces of the two Koreas.[77] In the area of ground firepower, the Southern forces owned only 88 105mm (M-3) howitzers, while the North had 172 122mm howitzers, 380 76.2mm guns or howitzers, 176 76.2mm self-propelled guns, and 242 85mm tank guns. The comparison of mortars showed similar inferiority of the Southern forces: the South owned 575 60mm mortars and 384 81mm mortars, while the North had 1,142 61mm mortars, 950 82mm mortars, and 226 120mm mortars. In the area of anti-tank guns, the South owned 140 57mm recoilless rifles, while the North had 1,142 45mm anti-tank guns. In addition, the Northern forces operated 36 85mm or 37mm anti-air guns. In total, the South was in an inferior position of 4:1 in the number of ground firepower equipment. Particularly, the South suffered an absolute inferiority in tank forces—the Northern forces operated 242 T-34 tanks, while the South had not a single unit of tanks. Also, in the area of air-assets, the South had only 22 light or liaison planes while the North owned 211 combat aircraft.

---

[76] ROK Joint Chiefs of Staff, Ministry of National Defense, *Hanguk Jeonsa* (Operational History of the Korean War) (Seoul: Joint Chiefs of Staff Publications, 1984), 325, as quoted in The War Commemoration Foundation, *History of the Korean War,* Vol. 1 (Seoul: Haenglim Publications, 1990), 116.

[77] The War Commemoration Foundation, *History of the Korean War,* Vol. 1, 115.

In addition to the Southern forces' numerical inferiority in combat equipment, there was the problem of quality of the weapons. The quality of the Northern artillery surpassed that of the Southern artillery. The Northern 122mm howitzers had an effective range of 11,710 meters, the 76mm self-propelled guns had that of 11,260 meters, and the 76mm gun had that of 13,090 meters, while the Southern M-3 model 105mm howitzers had an effective range of a mere 6,525 meters. The ratio of the total number of ground firepower equipment between North and South already showed a dangerous numerical disparity of 4:1, but the total amount of fire per minute would indicate a more precarious ratio of more than 10:1 in favor of the North.[78] The mortar ratio of 2.4:1 also had a significant meaning: the hilliness of the Korean topography rendered a favorable condition for tactically effective use of mortars. In addition to the overall numerical ratio of number of artillery pieces (4:1), if the quality factors are considered, one can not make a rational comparison between the artilleries of the North and the South.[79]

Such stark inferiority of South Korea in combat capability vis-à-vis the Northern forces was rooted in the fundamental attitude of the United States toward South Korea. Although the United States Army Military Government in Korea (USAMGIK) began to create a national security force from 1946, due to various political reasons, the newly created security force had to take the status of a police reserve with the name of "Constabulary." This low status of the Southern national force caused a serious problem in morale of troops and cadres. A more unsatisfactory phenomenon was the U.S. reluctance to provide the Constabulary with desirable combat equipment to perform its national defense mission. The USAMGIK, merely, transferred light weapons to the Constabulary for individual armament. Obviously, the United States was concerned about the South Korean forces' attaining of offensive capability out of global strategic calculus. If compared with the Soviet Union's generous provision of high-quality combat equipment for the Northern regime, the United States' transfer of light weapons to South Korea could be labeled as "a great power's undue parsimoniousness toward a small,

---

[78] *Ibid.,* 14.

[79] *Loc. cit.*

needy country." This was the crux of the reason of such stark disparity in combat capability between the North and the South.

Process of the Southern Forces' Creation

Generally viewing, there were three stages in creating the Southern forces. First, the contraption of the original force-creating concept and its implementation by the USAMGIK during the period of 1946-1948. Next, the internal struggle against the communist subversive actions during the period of 1948-1950. And lastly, the rapid expansion after the Northern invasion in 1950.

The first stage covers the initial activities of force creation during the period from 1946 to 1948. From late 1945, the United States government estimated that the creation of Korean internal security force would facilitate an early withdrawal of U.S. forces then stationed in Korea. However, the U.S. strategic concern about the cooperation with the Soviet Union impelled to create a Philippine-style 'Constabulary'—status of a police reserve—instead of a formal, regular military force.[80] As discussed above, such U.S. desire was materialized as the Bamboo Plan, conceptualized by Brigadier General Champeny, Director of National Defense in the USAMGIK, for the creation of South Korea's internal security force. The Plan envisaged activation of a company size unit from each of the eight provinces of South Korea, which would expand into regimental size units later on. Eventually, those regiments expanded into divisions. Generally, the Plan was implemented according to its original concept: activation of 15 regiments by the birth of South Korean government in August 1945. After its birth, the South Korean government additionally created another seven regiments. Within the short duration of three years and five months since the beginning of the creation, the South Korean forces attained in appearance the size of 8 infantry divisions (22 regiments) by the time of the June 1950 Korean War.

In the second stage of 1948-1950, the new South Korean forces suffered from various internal revolts and subversive actions by the communists. The revolts and subversive actions were caused by the hurried way of recruitment, which did not discern the recruits' ideological soundness or

---

80 *Ibid.,* 119.

personal backgrounds. Major examples of those subversions and revolts were:[81] communist-instigated soldiers' revolt against the proper command authority in a regiment in 1946; rejection of a properly appointed regimental commander by communism-influenced soldiers in another regiment in the same year; a communism-tainted regimental commander's attempt to enhance the influence of the communist party *(Namno-dang)* among the cadres of his unit in 1947; a systematic regimental size rebellion instigated by communist cadres which later engulfed almost the whole southern region of South Korea in 1948 (the Yeosu-Suncheon incident); and, two infantry battalions' crossing over the 38th parallel and submission to the Northern regime led by two communism-tainted battalion commanders in 1949. Those revolts, subversions, and rebellions entailed two resultant phenomena: wide-spread communist guerrilla activities in the South as an aftermath of such revolts and rebellions, and the South Korean government's remedial action of "purification" in its new military institution. The cadres and soldiers of communist ideology or their fellow-travelers in the Southern forces were identified and expelled from the institution. The vortex of the purification engulfed the whole institution, which, naturally, impeded the desirable development of South Korean armed forces.

Further, in addition to the South-originated communist guerrillas, the Northern regime inserted its armed guerrillas into South Korea in ten successive times from 1948 to early 1950.[82] The size of those Northern armed guerrillas varied from fifteen to 700. The new South Korean forces were tasked the burdensome mission of quelling the communist guerrilla activities throughout the Southern territory. This situation also hindered the desirable development of the South Korean armed forces.

The third stage covers the period from the June 1950 outbreak of the Korean War to the 1953 conclusion of the mutual defense treaty between the United States and South Korea. South Korea met the Korean War with the original 8 light divisions. In the course of the War, it increased the number of its divisions to 12, to 14 in January 1953, and to 16 in April of the same year. Finally, in May 1953, it further increased the number of its

---

[81] ROK Ministry of National Defense, *History of the Korean War,* 152-155.

[82] *Ibid.,* 160-161.

divisions to 20.

The process of those expansions brought forth two repercussions: the ill-effect of the growth rapidity and the increase of the weight of U.S. support. The rapidity of the Southern forces' growth, naturally, constrained the desirable development of South Korea's armed forces: lack of time for cadres' education, dearth of unit training condition, and difficulty of logistical and administrative preparation. The fact that the needed military materiel to equip the rapidly expanding units had to be provided by the U.S. sources increased the weight of its influence on South Korea's military matters.

Genuine Facet of South Korea's Military Strategy in the 1950s

Because of the domestic and external exigencies confronted by South Korea in the 1950s, one could not expect to find a clearly defined, and well-documented, national strategy or military strategy like the ones developed in advanced countries. Nonetheless, as long as military strategy can be defined as a way of achieving a particular national objective by using force, even though the country is small or newly born, it should be entitled to have its national or military strategy.

In the early 1950, the Army Headquarters of the South Korean Army prepared an operational plan for the defense of the nation.[83] After the air and naval portions were supplemented, the plan was issued on 25 March 1950 as *"Army Operational Order No. 38."* This is believed to be the only historical document about the defense planning, or military strategy, in South Korea in that era. There is no other evidence of the existence of either national grand strategy or military strategy for the purpose of defining national defense effort. The main concept of the plan was simple.

1. The central focus of defense would be the Euijeongbu corridor. The general defense area would be formed along the 38th parallel.
2. The defense area would be composed of security positions, main defensive positions, and reserve positions. If penetration occurred, the division would restore it by its own counter-attack.
3. The reserve positions would be the final line to defend, which must be

83 The War Commemoration Foundation, *History of the Korean War,* 24.

secured by all available means.

4. When hostilities were initiated, the roads and bridges in front of the main defensive positions would be destroyed to delay the enemy's advance. Other obstacles would be installed for the same purpose. During the holding stage of the operation, the three divisions and the Capital Security Command would reinforce the frontal area.

As viewed above, the *Order No. 38* had some partial features of military strategy, such as the description of deployment of some units. But, it did not provide a broad contemplation on the connection between national strategy and military strategy. Nor did it explain the logical requirement for force employment and force development. In short, the plan can be regarded as a tactical plan for a corps-level unit, but it can not be called as a nation's military strategy. Such weakness in formulating military strategy was derived from the unavoidable realistic constraints of South Korea in that time (e.g., the infancy of the military institution, the dearth of leadership and professional ability in military cadres, and the immaturity of national statecraft).

Although it was not scripted in detail or in a formal manner, one can reasonably construct the general outline of South Korea's military strategy as follows. First, to achieve a rapid creation of military force; next, to persuade its powerful ally, the United States, to provide the needed military equipment; and lastly, to attain the capability to deter, and to defend against, the North Korean military threat. Although the sequence of this military strategy was not well-documented as other countries' military strategies, South Korea had diligently pursued to achieve the aims of the strategy.

With respect to the strategy of the rapid creation the military force, South Korea achieved an ostensible success. Starting from the creation of the first regiment on 15 January 1946, in the short duration of three years and five months, it was able to construct a force of eight divisions (twenty-two regiments), at least in outward appearance.[84] This strategy had an outstanding merit. The rapid creation nullified the influence of various quasi-military organizations in the Southern society.

---

84 ROK Ministry of National Defense, *History of the Korean War,* 75.

However, the strategy had some significant weaknesses. The fact that the idea of the force creation had been originated from the USAMGIK's conception can be pointed out as an exertion of external influence, that is, the creation was largely propelled by a foreign initiative. And, unfortunately, the new military institution did not discriminate communists or their followers when they joined the new units. The aspect of such indiscriminate recruitment caused the serious later problems of subversive activities, which, naturally, impeded the desirable development of the new military institution.[85] What's more, due to the shortness of the force creation period, and added by some inherent weaknesses of the cadres' personal ability, the quality of the military leadership was clearly wanting. This leadership weakness was palpably disclosed later in the process of conducting the Korean War.[86]

Regarding the strategy to acquire military material from the United States, it also produced a less-than-ideal result. President Rhee ceaselessly beseeched to the United States government for combat equipment. His personal friend and confidant, Robert T. Oliver testifies that:

> President Rhee's position was that his nation—confronted by a very serious threat to its continuing existence—simply had to have military force sufficient to defend itself against the Soviet-trained and Soviet-armed army, navy, and air force of north Korea. This was the minimum necessity for any sovereign nation. Since the United States was the only source from which south Korea could possibly get the needed training and equipment, President Rhee exerted every pressure he could devise to retain the supplies already in Korea. There seemed to him no other position he could possibly take.[87]

However, due to the difference of opinion between the USAMGIK (LTG

---

85 *Loc. cit.*

86 Robert T. Oliver, *Syngman Rhee and American Involvement in Korea, 1942-1960: A Personal Narrative* (Seoul: Panmun Book Company, Ltd., 1978), 367. The author, a confidant of the South Korean President Rhee, reported that: "General Van Fleet was forced to acknowledge the view of Ridgway that the ROK Army could not be depended upon to hold assigned positions. He did not blame the fighting quality of the South Koreans, however, but their lack of arms, of training, and of trained and experienced leadership."

87 *Ibid.,* 193.

Hodge) and President Rhee about what and how much were needed for the new military organization, the strategy could not produce the intended result. “The principal point of difference,” said Robert T. Oliver, “was simply ‘how much’ the new government would get out of the accumulated military supplies piled up in warehouses in Korea .... President Rhee was anxious to keep as much as possible, while Hodge felt it his duty to preserve as much as possible for elsewhere.”[88] Further, there was the fundamental difference of opinion between the United States and South Korea regarding the ultimate function of the new military institution. “Hodge insisted that much of the military stockpile was useless to the Korean Government inasmuch as the United States would not agree to enlarging the Korean forces—and most specifically would not agree to converting the existing Korean Constabulary into a genuinely balanced military force .... The issue was the very fundamental question of the military status of the Republic of Korea: Should it be empowered with sufficient manpower and supplies to defend itself unaided against an attack from North Korea?”[89] As such, the strategy to acquire the needed combat material from the United States produced an utterly dissatisfactory and unrealistic result (i.e., no tanks, no aircraft, no anti-tank weapons, no heavy artillery—no match to the formidable offensive capability of the Northern force).

As seen above, the United States’ Korea policy did not have a concrete and sure aim. By the time of the 1950 Korean War, the United States could not find an independent, strategic value in the Korean peninsula. Korea’s value lay only in a relative sense, that is, protection and maintenance of Japan as a U.S.-friendly country. Such ambivalent stance of the United States toward Korea produced a policy of lukewarm support to the South Korean armed forces. Looking at the rapid increase of the Northern military capability, the South Korean government dispatched a special envoy, Cho Byong-Ok, to Washington in April 1949 to beseech enhanced American military aid in heavy combat equipment such as tanks and aircraft. The U.S. administration refused the request on the ground that “if heavy combat equipment were provided for South Korea, there would arise a possibility of

---

[88] *Ibid.,* 192.

[89] *Ibid.,* 193.

an all-out war." Instead, the U.S. government provided light equipment for 50,000 South Korean troops and the attendant stock of supplies for next six months.[90]

The perceptional difference between the United States and the Soviet Union on the strategic importance of Korea resulted in the stark North-South disparity in their military capabilities.[91]

Relative to the third strategy of enhancing the professional capabilities of the cadres, South Korea directed substantive efforts to produce positive outcomes. The Korea Military Academy was founded on the previously accumulated military-educational experiences (the Military Language School, and the Korea Constabulary Academy *(Joseon Gyeongbi Sagwan Hakgyo)* to produce able and professional officers. The focus of the cadre-education changed from a short-term (several months) education to a long-term (four years) one. The total graduates numbered 1,237 from class #1 to class #6. The class #8 graduates were extraordinarily large: 1,264.[92] Service branch schools were also opened to train the cadres in particular areas of specialties, such as the schools of infantry, artillery, ordnance, signal, engineers, finance, quartermasters, intelligence, staffs, medical, and heavy weaponry.[93] In addition to these individual education and enhancement of personal capabilities in particular areas of service, unit-training was also emphasized. Although various realistic impediments (e.g., employment in anti-guerrilla operations, the difficulty of translation of U.S. field manuals) hindered a smooth progression of the unit-training as intended, this strategy was basically sound in its emphases on rearing able cadres and on molding combat-prepared units.

---

90 ROK Ministry of National Defense, *History of the Korean War,* 99.

91 The Soviet perceptions on the future path and the strategic importance of Korea was expressed in Shtikov's (the Soviet senior representative) opening statement at the 20 March 1946 conference of the Joint Commission in Seoul. In the speech, Shtikov stressed the proprieties of Korea's independence, cleansing of Japanese influence, and the desirability of elimination of reactionary and anti-democratic groups, appealing to the atmosphere of liberation in Korea in a manner that the Americans never matched. Cumings, *The Origins of the Korean War,* 244-245.

92 ROK Ministry of National Defense, *History of the Korean War,* 79.

93 *Loc. cit.*

Interim Conclusion: Idiosyncrasies of South Korea's Military Strategy in the 1950s

Pressed by the formidable Northern military threat and by the overwhelming U.S. strategic influence, South Korea's military strategy in the 1950s had to have the idiosyncratic nature of dependency, reactiveness, and negativeness.

The nature of dependency was derived from the infancy of the nation's statecraft. South Korea's armed forces began to take form as reserve units of the police force, not as a formal national defense force. Naturally, the status of police reserve influenced adversely on the establishment of the institution's legitimacy of existence and on the morale of the troops. In addition, since the armed forces' creating, training, and equipping were depended upon the endowment of the U.S. military authorities in Korea, the nature of South Korea's military strategy had a ubiquitous tendency of 'combined defense' with the U.S. forces. "When the national forces began to form, the basic objective of national defense was to deter the military threat of the Northern regime in the concept of 'combined defense' with the capabilities of the United States. [Among various force creating tasks], the buildup of the Army's capability received the foremost priority."[94] The term, 'combined defense' purported the unavoidable attribute of dependency in South Korea's military forces on the provision of the United States.

The reactiveness means that South Korea's military strategy has been affected by the changes of the Northern threat. The Northern forces' rapid expansion militated on the defense preparation of South Korea in several ways. Due to South Korea's incomplete intelligence capability, the exact data of the Northern military expansion were not accessible. However, the Southern defense officials were able to perceive, or "smell" the dangerous trend of the Northern military forces' precipitous expansion. The trend of the Northern military enhancement generated a serious fear in the South Korean society. Two lines of countermeasures to cope with the

94 ROK Ministry of National Defense, *Haebang-gwa Geongun* (The Liberation and the Creation of Military Forces), 310, as quoted in the War Commemoration Foundation, *History of the Korean War,* Vol. 2, "The Source of the Conflict" (Seoul: Haenglim Publications, 1990), 504.

Northern military threat emerged: the self-effort to improve the defense capability and the effort to obtain U.S. military assistance. As to the first effort, South Korea intended to enhance its defense capability within its own means. As noted above, the Southern defense authorities endeavored to enhance the competence of their cadres. Together with the improving cadres' individual abilities, unit-training received another heavy emphasis. The original aim of the unit-training was that all South Korean divisions should complete the regimental level unit-training by September 1950.

Enhancement of military forces' combat capability can not be attained only with the internal efforts of education and training; the material aspect must be fulfilled through acquisition of effective combat equipment. However, due to the financial constraints, South Korea could not purchase the needed combat equipment with its own money and in time. The only equipment purchase it could afford was ten T-6 model air trainers. This purchase was made on 14 May 1950 with nation-wide contributions by the general public. The South Korean government, at least symbolically, named those light airplanes with an auspicious name: *Geonguk-ho* (Independence Planes).[95]

The second line of effort was to persuade the United States to support the heavy equipment for South Korea. The government of South Korea directed its major effort to persuade the U.S. government to provide such heavy equipment as tanks and aircraft. As seen above, the South Korean government dispatched a special envoy (Cho Byong-Ok) to Washington in April 1949 to plead for the provision of the badly needed heavy combat equipment. Unfortunately, however, the United States showed a cold response to the South Korean request. Prior to that, the South Korean government repeatedly explained to the U.S. government that, considering the rapid enhancement of the Northern forces' offensive capability, a critical necessity was arising for the Southern forces to acquire heavy combat equipment such as tanks, aircraft, and 155mm howitzers.[96] In October 1949, Shin Sung-Mo, National Defense Minister, perceiving that the Northern forces already possessed T-34s, requested to KMAG to provide 193 M-29 tanks (equivalent of three tank battalions).[97] One of the typical American responses to such

---

95 ROK Ministry of National Defense, *History of the Korean War,* 99.

96 *Ibid.,* 102.

South Korean requests for tanks appears in the argument of Brigadier General William A. Roberts, then chief of KMAG: "The conditions of Korean terrain, such as the topography, the road-nets, and the bridge structure, would not be appropriate to employ tanks effectively in Korea. The tanks owned by the Northern forces seem to be the remnants of the former Japanese army. Therefore, it is needless to worry about them."[98]

South Korea's official war history contains a poignant paragraph lamenting the stringency of U.S. military aid for South Korea in the era of 1948-1949: "The 105mm howitzers and 57mm recoilless rifles were regarded the most potent combat equipment provided by the United States. However, most of them were almost in a condition of 'old and useless.' Not a single piece of the more effective M-2 model 155mm howitzers and 75mm recoilless rifles, which were then in use by the U.S. army, was included in the equipment transfer to South Korea. How could a rich and mighty power be so parsimonious toward a smaller and weaker country, who needed such heavy combat equipment so badly?"[99]

South Korea's military strategy also had the nature of negativeness as its unique feature. Here, the term negativeness means that the strategy of South Korea had its efficacy as long as the context allowed the exploitation of the negative senses. For example, the Rhee government's opposition to the United States' policy aim (e.g., the 1953 armistice) had relevance as long as the United States pursued the aim with an overriding desire. However, after the exigency was over (i.e., after the conclusion of the armistice agreement), such negative strategy of South Korea had to lose its utility and influence.

In the case of threatening to negate the hegemonic power's influence (e.g., Syng-man Rhee's releasing of the anti-communist prisoners of war in June 1953, which incensed the United States), the logic was the same. After the crisis was over, such negative strategy had to lose its utility. Since such negativeness was basically derived from the weakness of South Korea's national strength vis-à-vis that of the United States, its national strategy also

---

97 The Association of Ground Warfare Analysis and Familiarization, *History of the Korean War,* 15.

98 *Loc. cit.*

99 ROK Ministry of National Defense, *History of the Korean War,* 99.

had a similar negative feature. Sung-joo Han succinctly analyzes: "Rhee's power was negative in nature: it existed most effectively in times of crisis. His threats were most probably a means to wage his constant struggle to prevent the world from forgetting South Korean problems. As the immediate crisis passed, such power would no longer play a major role in South Korea's relations with the United States."[100]

6. Overall Analysis: Congruence between Historical Facts and Theoretical Framework

In the previous chapter, the conceptual framework of this research has been presented, whose gist can be explained as follows. Three major factors affect the development of South Korea's military strategy: North Korea's military threat, U.S. strategic influence, and South Korea's internal conditions. In theoretical terms, the role of the North Korean military threat can be interpreted in line with the classical realist theory, the exertion of the U.S. strategic influence can be comprehended with the concept of the neorealist theory, and the effect of South Korea's internal conditions can be understood with the theory of multiple variables.

At this juncture, it would be necessary to identify the degree of congruence between the historical facts presented in this chapter and the conceptual framework expressed previously.

First, North Korea posed serious military threat on the security of South Korea, which could be interpreted with classical realist thought in the following reasoning. Classical realist thought inculcates the primacy of state in anarchical international context. Placing highest value in preserving the revolutionary polity, North Korea had endeavored to maintain the Northern regime with its utmost effort. Classical realist thought, at the same time, respects the role and exercise of power. North Korea prepared an overwhelming amount of military power, which indicated the plausibility of the use of military power to achieve its political ambition. Classical realist thought also accentuates the importance of the increase of power. North Korean leadership openly declared their intention to unify Korea with the use

[100] Curtis and Han, *U.S.-South Korean Alliance,* 206.

of force, which would drastically increase its political power. And the focus on self-help is one of the distinct aspects of classical realist theory. To preserve the national entity, both Koreas resorted to the method of self-help, such as the creation and expansion of their military forces and making of reliable alliances with foreign powers.

On the other hand, the United States had exercised a pervasive strategic influence on South Korea in the 1950s. The impact of the United States' influence on the development of South Korea's military strategy can be comprehended with the aid of the neorealist theory in the following arguments. Neorealism respects international systemic structure's impact on a state's behavior. South Korea's military thought was decidedly affected by the military doctrine, and material provision, of the United States. Neorealism also emphasizes the effect of external constraints on a state's decision-making. The development of South Korea's indigenous military strategy in the 1950s was hindered by the overwhelming presence of U.S. influence. South Korea had to copy the United States' military strategy toward Korea. Thus, the neorealist thought places less importance on the role of a state's internal conditions in deciding its behavior. South Korea's internal conditions affected adversely for the development of South Korea's military strategy, but they were not the singular factors for the meagerness of indigenous strategy development. Other external factors, such as the U.S. influence or the Northern threat, also provided adverse impacts on the strategy development.

Finally, South Korea had experienced significant political and military challenges posed by the external influences and domestic conditions in the 1950s. The development of South Korea's military strategy may be comprehended with the help of the theory of multiple variables. This theory emphasizes theoretical synthesis: amalgamation of both system-structure factor and unit-level factor in deciding a state's behavior. In the 1950s, the development of South Korea's military strategy was found to be minimal. The meagerness of South Korea's indigenous strategy was caused by both international conditions (i.e., U.S. influence, North Korea's threat) and domestic conditions (i.e., low quality of military cadres, immaturity of South Korea's statecraft). Here, the theory of multiple variables maintains that, if one of the external or internal factors definitely overwhelms the other, it exerts a decisive impact on the outcome of the dependent variable. To be sure, South Korea suffered from the incompetence of its military cadres and from the immaturity of its statecraft. However, the external impacts—North Korea's military predominance and the ubiquity of the United State's strategic influence—played a decisive role for the development of South Korea's indigenous strategy.

Therefore, it can be positively stated that the presented historical facts of this chapter and the conceptual framework of the research are theoretically congruent and harmonious. There does not exist any theoretical conflict between them.

7. Conclusion: Veracity of the Three Hypotheses

As viewed so far, the Northern military threat was real and undeniable for South Korea in the 1950s. To counter such overriding military threat, the government of South Korea directed its major effort to enhance its indigenous defense capability, such as building its armed forces in a rapid manner, enhancing the ability of its military cadres, and inducing U.S. military aid to equip and train the new military institutions. Regardless of the resultant efficacy of the strategy, South Korea, at least, directed a conscientious effort to cope with the formidable Northern military threat. Especially, after the start of the Korean War in June 1950, the perceptions of the two allies—the United States and South Korea—reached an identical conclusion: South Korea viewed the Northern military forces as the most serious threat to its national existence, while the United States saw the North Korean invasion as an extension of the Soviet expansionism which would definitely hurt the U.S. global and regional interests. Such congruence of threat perceptions between the two allies precipitated an effectual combined action against North Korea. In this sense, the South Korean situation of the 1950s was harmonious with the first hypothesis: *More commonality in threat perceptions leads to more congruence in their military strategies.*

With respect to the pervasiveness of the U.S. strategic influence on South Korea, the United States played indispensable roles. It sustained South Korea's national economy after the Japanese surrender, built South Korea's armed forces after the liberation, and most critically, aided the establishment of the Southern nationhood in 1948. Particularly, the United States came to rescue South Korea from the imminent national collapse caused by the surprise Northern attack in June 1950. Accordingly, the depth and width of the U.S. influence on South Korea covered almost all of South Korea's societal activities: political, economic, and military areas. Moreover, the unique attribute of the bilateral relationship was the unavoidable one-sidedness. "For the most part, the United States and South Korea have carried on a one-sided, rather than mutual, relationship of assistance and influence. The United States has been the provider of help and South Korea the recipient. The United States also has often made unilateral policy decisions that had serious consequences for South Korea, and it has exerted considerable influence over South Korea's domestic and foreign policies."[101] Therefore, the content of South Korea's military strategy had to be deeply influenced by the impact of the United States military strategy in Korea. All of those U.S.-initiated military actions (applications of the U.S. military doctrine, U.S. mode of training, U.S.-endowed military equipment, U.S.-initiated unit creation, U.S.-led command structure) pervaded in the South Korean military community, and, consequently, determined the way of thinking on military matters. Therefore, the South Korean situation in the 1950s was congruent with the second hypothesis: *Large power's overwhelming contribution to the defense of the small state leads to the small state's 'copying' of the former's military strategy.*

For the rest of the 1950s after the 1953 armistice, South Korea's imminent task was the national recuperation from the war damages. The Northern military threat continued to exist by the facts that the Chinese forces were stationed in North Korea until the latter part of the 1950s, and the Northern regime directed, and succeeded, its major effort to rebuild its military might. In fact, even in the remaining period of the 1950s after the armistice, there still existed a stark disparity in military power between North and South Korea, favoring the former. To balance the disparity of the military power between the two Koreas, the United States decided to station a considerable size of its military forces in South Korea. In addition to its military

---

101 *Ibid.,* 202.

presence, the United States continued to exert its strategic influence on South Korea by its provision of economic and military assistance. In short, the military threat of North Korea still palpably existed and the United States continued to exert an overriding strategic influence on South Korea. South Korea's national recuperating effort did not allow to attain a military equilibrium with the North in the remaining 1950s. Hence, the third hypothesis, *If a small, dependent state garners sufficient national strength vis-à-vis that of the threatening adversary, its military strategy tends to become independent from a large, dominant power's influence,* can not be applicable in the South Korean situation for the remaining 1950s.

Chapter Four
The Three Independent Variables' Impact on the Development of South Korea's Military Strategy in the 1960s

1. Domestic and International Situations on and around the Korean Peninsula in the 1960s

Historical Significance of the Decade: Four Major Changes

The decade of the 1960s revealed four major changes different from the 1950s in domestic and international situations on and around the Korean peninsula.[1] Discussed in this section are the change of balance between the contending parties on the peninsula; the changing U.S. posture in its foreign relations; the Sino-Soviet dispute; and the change in U.S.-China relations.

The most notable change was the transformation of South Korea. South Korea changed itself from an ineffectual, stagnant, and U.S. dependent regime of the 1950s into a militarily improving, economically dynamic, and politically stable national entity. South Korea attained a sort of political stability under the Park Chung Hee government.[2] With the attaining of political stability, South Korea made an impressive economic progress. Its GNP expanded at an average annual growth of 12 percent from 1964. Militarily, South Korea also showed a notable departure from the 1950s. It

---

1 Morton Abramowitz, *Moving the Glacier: The Two Koreas and the Powers,* Adelphi Papers, No. 80 (London: The International Institute for Strategic Studies, 1971), 2-11. The four changing aspects of the decade are borrowed from the Abramowitz's article.

2 The Western liberals criticized Park mainly in the following aspects: (1) the termination of the constitutional civilian governance with his 1961 *coup detat;* (2) his heavy-handed authoritarian way of ruling with the naked power of the military and the intelligence organs; and (3) he planned to perpetuate his authoritarian rule by the 1972 *yushin* reformation. Nevertheless, it must be realistically conceded that South Korea was able to attain a unique kind of political, social stability and economic dynamism, especially in the early part of his rule.

was able to send two and a half divisions to Vietnam in the middle of the 1960s, and it took the responsibility of guarding the entire length of the 155 mile Demilitarized Zone (DMZ) with its own armed forces.

Also, a noticeable change occurred in the Northern regime. Politically, Kim Il Sung was successful in constructing his unchallengeable personal power in the Northern politics. Although its economic performance in the late 1950s far out-paced South Korea, the growth in the 1960s became retarded owing to high military expenditure and bad economic policies. Militarily, although the Northern regime experienced an acute manpower shortage, it achieved significant indigenous capabilities in military industries and markedly enhanced its airpower in the 1960s.[3]

Meanwhile, the United States began to experience two major changes. Americans were disenchanted with foreign involvement, which was precipitated by the demographic change in the society and by the increasing weariness from the burden of the Vietnam War. Also, there arose the people's aspirations for resolving acute domestic problems of poverty, crime, and social inequity. Naturally, these two changes led to serious doubt about U.S. foreign commitments among American public. This need to stress domestic agenda was duly reflected in the 1969 Nixon Doctrine, which emphasized each ally's indigenous defense responsibility rather than the United States' sole overburden in countering external threats. In the case of

---

[3] According to *The Military Balance 1963-1964* (London: The International Institute for Strategic Studies, 1963), 10, "The North Korean Air Force has about 30,000 men and some 500 aircraft, mainly MiG-15s." In *The Military Balance 1965-1966,* 11, the Northern air capabilities were disclosed as "Total strength: 20,000 men; about 500 aircraft. These include MiG-15s, MiG-17s, and Il-28s." In *The Military Balance 1966-1967,* 11, the Northern airpower was expressed as "Total strength: 20,000; about 500 aircraft. Up to 5 fighter divisions equipped with MiG-15s, MiG-17s, with possibly a few MiG-21s, about 50 Il-28 light bombers, An-2 and Li-2 transports, with a few Mi-4 helicopters, Yak-9, Yak-11, Yak-18, MiG-15, and Il-28 trainers." In the next year version, *The Military Balance 1967-1968,* 13, the Northern airpower was explained as "Total strength: 20,000 men; 460 combat aircraft: 40 Il-28 light jet bombers, 25 MiG-21 jet interceptors, Yak-9, Yak-11, MiG-15, and Il-28 trainers." In *The Military Balance 1968-1969,* 13, the Northern airpower was disclosed as "Total strength: 30,000 men; 590 combat aircraft: 60 Il-28 jet light-bombers. 30 MiG-21 interceptors. 50 MiG-19 interceptors. 450 MiG-15 and MiG-17 fighter-bombers, 27 An-2 and Li-2 transports, with 20 Mi-4 helicopters. Yak-9, Yak-11, MiG-15, and Il-28 trainers."

South Korea, those changes inevitably brought forth the issue of withdrawing the U.S. forces from South Korea, which the South Koreans regarded as an essential bulwark for sustaining its national survival from the Northern threat.

As for the development of the Sino-Soviet dispute, it brought two contradictory effects. For South Korea, the dispute diminished the perceived, monolithic communist threat and produced some psychological confidence in countering it, simply because the strength of the communist bloc seemed to become divided. However, the dispute allowed Kim Il Sung to attain a freedom of action between the two larger communist allies. For Kim, it also provided a favorable opportunity to take the needed economic and military assistance from both of its allies. The Soviet Union and the People's Republic of China both contended to establish a closer tie with the Northern regime by concluding the mutual defense treaties.[4] This aspect of closer security ties between North Korea and its larger patron allies seemed to be detrimental to the security of South Korea.

The United States began to contemplate a novel strategic relationship with China. The idea of *rapprochement* with China visualized a benign strategic relationship so far unimaginable, which was a historic departure from the traditional U.S. posture of confrontation. Until recently, most Asian countries had accepted an intensely hostile U.S.-China relationship as a permanent fact of life. The United States hoped to exploit the Sino-Soviet rivalry in splitting the communist strength in the Cold War contention. This sea-change relationship with China brought two positive effects on the security of the two Koreas. For South Korea, the Northern threat was expected to lessen, to a certain degree, by the fact that China would become more prudent in supporting the Northern regime's rash causes, such as unifying the Korean peninsula by use of military force. On the other hands, the Northern regime might have expected a moderation of the "American threat" to its security through China's intermediary influence on the United States' East Asia policy.

---

4 The mutual defense treaty between the Soviet Union and North Korea was concluded on 6 July 1961, and a similar defense treaty with the People's Republic of China was made on 11 July 1961.

Emergence of the Park Government

In South Korea, the decade of the 1960s dawned with the May 1961 military take-over of political power by Major General Park Chung Hee and his army associates. The first president, Syng-man Rhee, was deposed after his reign of twelve years by massive student demonstrations in 1960, which were triggered by the Rhee regime's chronic corruption and the egregious fraud in the March 1960 presidential election. A civilian government led by Chang Myon was established after Rhee was toppled. But the Chang government showed serious weaknesses in its statecraft: the incompetence to articulate political vision and to exercise effective leadership; the administrative weakness to salvage the dire national economy; and the societal chaos resulted from the students' vociferous and illogical interferences in politics.

Park Chung Hee launched the military *coup detat* with several significant aims: to uphold anti-communism as the foremost principle of national statecraft; to construct a strong alliance relationship with the United States; to eradicate corruption and social evils; to create a sound national spirit and fresh societal morale; to build a self-supporting economy; and for the leaders of the *coup detat,* to return to their original military duties after accomplishing those missions, and to turn over the control of the government to a clean and conscientious civilian leadership.[5]

Western scholars and public opinion criticized Park's *coup detat* on the ground of three liberal standards: usurping national political power without due democratic processes; destroying the practice of constitutional, civilian governance; and exercising arbitrary power by the self-appointed military elites without the people's manifest consent. The essence of the criticism was that Park's *coup* could not have the proper political legitimacy in South Korea's politics. To compensate such dearth of political legitimacy, the Park government endeavored primarily in two areas in the 1960s: to salvage and

---

[5] These were the so-called six-point public oaths declared by the military leadership immediately after the 16 May 1961 *coup detat*. The contents of the oaths brought forth heated controversy in both international and domestic forums, especially regarding the sixth pledge (returning to the barracks), because General Park eventually ran as a civilian candidate and won the 1963 presidential election.

enhance the nation's difficult economic condition by implementing series of Five Year Economic Development Plans; and to induce a political endorsement of the United States on the acceptability of the military governance.

From the perspective of Park, there were two understandable arguments to justify his military *coup detat*. First, South Korea needed a decisive political momentum to depart from the chronic poverty, national shame, and historical inertia. Second, the civilian leaders of that time could not provide the desired leadership for such imminent national tasks, as seen in Chang Myon's lukewarm governance. In contrast, the military *coup* initiators had conviction that they had the patriotic resolve, historical foresight, and realistic vision for opening a hopeful future for the nation. In short, they regarded themselves as having an exuberant energy for the new national initiatives.

Militarily, South Korea was continuously under the Northern military threat in the 1960s as it had been in the previous decade. There were abundant examples of such Northern threat: the Northern regime's opting of the formidable Four Major Military Policies from the early 1960s; the January 1968 commando-style raid to assassinate the Southern president; the North Korean seizure of a U.S. naval vessel in the East Sea; the Northern regime's insertion of 130 armed agents into the Southern territory in November of the same year; and its shooting down of a U.S. intelligence-gathering aircraft over East Sea in 1969. Those Northern provocations prompted South Korea to adopt various self-help measures in the latter part of the 1960s: the activation of the Homeland Reserve Forces; the taking of self-reliant defense postures (e.g., the introduction of the special defense tax); and the pursuance of closer security cooperation with the United States (e.g., the dispatch of ROK forces to Vietnam).

On balance, the genuine nature of the political and military situations on the Korean peninsula in the 1960s could be expressed with the phrase, "local intransigence contradicting international trend." That is, the global power contention between the hegemonic states was exploring a way of rapprochement or détente among the former adversaries, but the local confrontation on the peninsula continued to persist without any sign of amicable change.

2. Political and Military Situations of North Korea in the 1960s

Significance of the 1960s in the Northern Politics

Several political, economic, and military occurrences in North Korea revealed the unique nature of the 1960s for the Northern regime. Kim Il Sung consolidated his personal and absolute political power in the Northern politics. He placed an equal emphasis on both economic and military areas in his national statecraft, and he also incepted and implemented the Four Major Military Policies.

At the 4th Congress of the Korea Worker's Party (11-18 September 1961), Kim Il Sung successfully demonstrated the establishment of his absolute, personal power in North Korea by effectively eliminating his political opponents. The following is the official record of the Korea Worker's Party.

> When the respected leader Kim Il Sung created the Party after the 1945 liberation, the anti-Japan revolutionaries had composed the foundation of the Party. Considering the situation of the time, he had to accept many persons of various factions, backgrounds, and localities. In spite of the leader's ceaseless effort to educate them to follow the correct revolutionary line, those factionalists could not shed the vice of factionalism, only to perpetrate, directly or indirectly, the anti-Party, anti-revolutionary actions. Their pernicious actions have posed as major hurdles for the progression of the Party. However, by virtue of the leader's wise leadership, and after lengthy intra-Party struggle since the Third Congress of the Party, the trash of factionalism has been absolutely eliminated to accomplish the desirable outcome: the cleansing of anti-Party, anti-revolutionary factionalists' influence. After the elimination of the influence of such factionalism, the leader's creative policies on Party-building could be proceeded without impediment in attaining the quality of the Party endeavors.[6]

Since the Korea People's Army (KPA) was the armed tool of the Party, Kim Il Sung established himself as the sole arbiter of the Northern military affairs from this time of his preeminence in the

---

6 The Korea Worker's Party, *Joseon Rodong Dang Ryaksa* (Essential History of the Korea Worker's Party) (Pyongyang: The Korea Worker's Party Publications, 1979), 521-522.

Northern politics. From the beginning of the 1960s, therefore, the KPA could be employed and utilized according to Kim's strategic concept and personal intention.

Expansion of the Northern Forces' Strength

For researchers, timely acquisition of information on the changes of the Northern military strength is extremely difficult owing to the Northern regime's strict secrecy-protecting practices. However, a ROK governmental document published by the Ministry of Unification provides a glimpse of the changes on the Northern military strength. According to a confidential source, *A Handbook on North Korea* (in Korean, *Bukhan Pyeonlam*), the changes of the Northern military strength from 1953 to 1972 were as shown in Table 9.

Table 9. Changes of the Northern Forces' Strength, 1953-1972

Year	Ground Force	Navy	Air Force	Total
12/31/1953	377,350	14,400	18,450	410,250
12/31/1954	377,350	14,350	18,450	410,150
12/31/1955	420,650	14,350	20,650	445,650
12/31/1956	417,027	7,384	20,650	445,061
12/31/1957	354,500	7,973	31,000	393,473
12/31/1958	339,900	10,741	31,000	381,641
12/31/1959	343,300	6,340	32,500	382,540
12/31/1960	355,000	7,173	33,000	392,173
12/31/1961	355,300	7,632	35,000	397,932
12/31/1962	346,390	7,932	35,000	389,322
07/ /1963	332,000	8,100	35,000	375,100
12/31/1964	366,786	9,542	35,000	411,542
12/31/1965	366,786	9,542	35,000	411,542
04/01/1966	367,000	9,642	35,000	411,642
09/ /1967	367,000	10,454	35,000	412,302
12/ /1968	387,963	10,500	40,000	438,463
09/ /1969	393,516	12,400	45,000	450,900
12/31/1969	408,577	12,400	45,000	466,072
09/01/1970	408,677	13,585	45,000	467,262
06/01/1972	408,677	14,520	45,000	468,197

Source: ROK Ministry of Unification, *Bukhan Pyeonlam* (A Handbook on North Korea) (Seoul: Ministry of Unification, 1973), 417.

The tabulation shows that the increase of the Northern forces' strength in the 1960s was 83,532: the discrepancy between 466,072 as of 31 December 1969 and 382,540 as of 31 December 1959. Considering North Korea's urgency for recuperation from the damages of the Korean War in the middle of the 1950s, the bulk of the increase had to be achieved during the decade of the 1960s.

On the other hands, *The Military Balance* of the International Institute for Strategic Studies shows the strength of the Northern forces in the 1960s as in Table 10. Based on the tabulation of *The Military Balance,* the Northern forces' increase during the 1960s was 74,000: the discrepancy between 384,000 of 1968-69 and 310,000 of 1963-64.

Table 10. Changes of the Northern Forces' Strength in the 1960s

Year	Army	Navy	Air Force	Total
1963-64	280,000		30,000	310,000
1965-66	325,000	8,800	20,000	353,000
1966-67	340,000	8,000	20,000	368,000
1967-68	340,000	8,000	20,000	368,000
1968-69	345,000	9,000	30,000	384,000

Source: The International Institute for Strategic Studies, *The Military Balance 1963-1964* (London: The International Institute for Strategic Studies, 1963), 10; *1965-1966,* 11; *1966-1967,* 11; *1967-1968,* 13.; *1968-1969,* 13.

Although the annual strength figures were shown differently, both sources indicate a noticeable, identical trend that a substantial expansion of the Northern forces was achieved during the 1960s. According to the above-cited ROK Ministry of Unification data, the increase was 83 thousands, while *The Military Balance* showed the increase of 74 thousands. This clear trend of the Northern forces' expansion in the 1960s generated a serious feeling of threat among the South Korean populace.

Increase in Combat Equipment of the Northern Forces

The Northern regime directed a major effort to the enhancement of its combat power in the 1960s. The above-cited ROK Ministry of Unification data provides a succinct table showing the Northern forces' enhancement in ground combat equipment during the period between 1953 and 1972.

Table 11. Increase of the KPA's Combat Equipment between 1953 and 1971

Kinds	Amount 7/1953	Amount 12/31/1971	Increase/ Decrease
72.6mm		1,162	
100mm		108	
122mm		596	
130mm		360	
203mm		24	
Total	734	2,250	+1,466
82mm MOT		2,242	
120mm MOT		1,483	
160mm MOT		144	
Total	1,269	4,069	+2,800
Tank (towing)		42	
Vehicle (armored)		27	
SU-76/100		451	
T-34/54/55		565	
JS-2/3		36	
PT-76		36	
Total	480	1,257	+777

Source: ROK Ministry of Unification, *Bukhan Pyeonlam,* (Seoul: Ministry of Unification, 1973), 418.

What one can discern from Table 11 is that the Northern forces suffered from a significant depletion in its original ground combat material from the destruction of the 1950-1953 Korean War. So the Northern regime directed its major effort to replenish the destroyed combat equipment in the 1960s, and the focus of the replenishment was directed to the increase of firepower and mobility for its armed forces.

A more spectacular improvement occurred in the area of airpower. A palpable trend of the Northern Air Force's expansion and sophistication can be seen from *The Military Balance* of the 1960s. Table 12 shows the expansion and improvement of the Northern airpower not only in quantity but also in its sophistication. The obsolete aircraft (MiG-15s/-17s) began to be replaced with the combat aircraft of newer versions (MiG-19s/-21s and an increasing number of Il-28s).

Table 12. Expansion of the Northern Air Force's Combat Power

Year	Number of Air Personnel	Kinds and Number of Aircraft
1963-64	30,000	500, mainly MiG-15s
1965-66	20,000	500, mainly MiG-15s/-17s, a few Il-28s
1966-67	20,000	500, mainly MiG-15s/-17s, a few MiG-21s, 50 Il-28s
1967-68	20,000	460 combat aircraft: 400 MiG-15s/-17s, 25 MiG-21s, 40 Il-28s
1968-69	30,000	590 combat aircraft: 60 Il-28s, 30 MiG-21s, 50 MiG-19s, 450 MiG-15s/-17s

Source: The International Institute of Strategic Studies, *The Military Balance 1963-1964; 1965-1966; 1966-1967; 1967-1968; 1968-1969.*

Development of the Northern Regime's Military Strategy in Historical Perspectives

A correct understanding of the Northern regime's military strategy in the 1960s must consider the historical processes through which Kim Il Sung developed his military strategy since the birth of the Northern regime.

The Northern regime's military strategy has been developed through four chronological processes: the experience of the anti-Japanese armed struggle; the almost blind adoption of Soviet-style military doctrines; the poignant experience of the Korean War; and the military lessons identified from the Cuban revolution, the Vietnam War, and the wars in the Middle East.[7] Among those four experiences, the Korean War gave Kim Il Sung the most keen lessons. At the so-called "Byeorori Conference" in December 1950, he frankly confessed the weaknesses of the Northern regime's military practices in conducting the War: the lack of reserve units; the immaturity of military cadres in overcoming tactical difficulties; the general laxity in military discipline; the incorrect emphasis on the blind, frontal advances rather than on the extirpation of enemy capabilities; the inability to develop appropriate

[7] Chong Hak Lee, *Giro-e Seon Hanbando eui Gunsa Munjae* (Military Affairs on the Korean Peninsula) (Seoul: Hyeong-seol Publishing Co., 1981), 121. Chapter 7, "Military Strategy of North Korea and the Intention for Its Enhancement of Military Capabilities."

counter-measures in coping with the enemy's superior air and naval fire powers; the inability to organize a second front in the rear of the enemy with guerrilla forces; the inadequacy of supply and resupplies; and the laxness of political indoctrination for patriotic, revolutionary spirit in military units.[8]

What Kim Il Sung lamented at the conference were two essential points: the deplorable laxness of military discipline when faced with unexpected tactical difficulties (i.e., the UN/U.S. forces' successful counter offensive in the fall of 1950); and the necessity to focus on self-reliant *Juche* spirit in conducting war. The first point, the laxity of military discipline, was the gravest cause for the Fall 1950 tactical debacle. The second point, self-reliant *Juche* style conduct of war, emphasized the exploitation of Korea's own idiosyncratic conditions. Kim stresses the development of idiosyncratic way of fighting and utilization of Korea's unique topographical features. He urged to develop novel ways of fighting in mountainous or fortified areas and new ways of fighting night battles.

Background and Contents of the Four Major Military Policies

Grounded on those hard lessons from the Korean War, Kim Il Sung began to formulate his national and military strategy for the ensuing era. From the beginning of the 1960s, the Northern regime adopted a national policy of simultaneous development in both military and economic areas. The official history of the Korea Worker's Party explains the logic of the simultaneous emphases on economic and military areas with the following arguments.

> As long as there exists imperialism, the phenomena of invasion and threat of war will persist. If a nation pursues a policy that is one-sidedly tilted to economic construction, disregarding the importance of military preparedness, it can neither defend its fatherland nor safeguard the revolutionary achievement from the imperialistic incursions, let alone the building of socialist system. On the other hand, if a nation neglects economic construction under the assumption that everything will be destroyed once war occurs, it would be impossible to accomplish a rich country and to enhance people's living

[8] *Ibid.,* 122. Lee quotes these eight points from Kim Il Sung's address at the December 1950 Byeorori Conference.

standard. Such policy posture is untrue because it would be based on the false logic that the construction of socialism would be impossible as long as imperialism exists in the world.[9]

Also, the Northern regime interpreted the international situations during the 1960s as the catalyst of such dual policy emphases. The Northern regime understood that such international developments as the 1962 Cuban missile crisis, the increased tension in Southeast Asia, and the normalization of diplomatic relations between Japan and South Korea had been instigated by the United States, with its global imperialistic scheme and ambition for dominance in East Asia. Accordingly, the Northern regime felt a serious increase in external threat from those international developments. The Four Major Military Policies were the expression of the Northern regime's realization of such increase in external threat.

In essence, the Policies urged an enhanced national endeavor for military preparedness: to train each soldier to be able to function as a leader; to modernize the practices and equipment of military institutions; to arm the whole populace; and to fortify the entire territory.

Thus, the first emphasis of the Policies was the cadrezation of all soldiers. Modern warfare would demand a large-scale consumption of military leaders in every echelon. To cope with such need of a large number of military leaders, the Policies envisaged producing them in advance for every military echelon: "Once contingencies occur, everyone, from private to general, should be prepared to perform one level higher tasks."[10] The Northern regime intended that, at the outset of the hostilities, those prepared military cadres would be assigned to the reserve units (such as the Red Guards, or *Ronong Jeogwidae* in Korean) to enable the reserve units to function as regular forces in the shortest possible duration.

The second emphasis of the Policies was modernization of the armed forces. The intent of this emphasis was clear: "By virtue of self-reliant bases of defense industries, the people's Army has been sturdily armed with modern weapons and combat equipment. Every member of the Army became

---

[9] The Korea Worker's Party, *Essential History,* 540.

[10] *Ibid.,* 542.

proficient in handling modern weapons. Also, they possessed the ability to deal with modern military techniques and became familiar with modern military science."[11] The emphasis on military modernization, however, together with the policy of simultaneous stress on economy and military, enjoined immense hardship on daily life of the Northern people.

The third and fourth emphases of the Policies were arming the whole populace and fortifying the entire territory. The official Party history openly boasted the results from those Policies: "The state's defense capability has been remarkably enhanced by the effective organization of the Red Guards and by the upgraded effort for politico-military indoctrination. All the people learned military practices and participated actively in military training. Also, strong defensive fortifications were built not only in the frontal and coastal areas but also in the deeper rear areas. The entire country was transformed into an *iron castle*."[12]

Obviously, the Policies of arming the whole populace was rooted in Kim's lamentation on the lack of reserve forces during the Korean War. The Policies of fortifying the entire territory seemed to be a reflection of the overwhelming destruction incurred by the UN/U.S. air bombardment during the War.

Among the four emphases of the Policies, the two emphases, the cadrezation of troops and the modernization of military institutions, became the source of the precipitate growth of the Northern regime's military strength. The Northern regime openly expressed its satisfaction on the success of the two Policies: "Due to the result of the Policies of cadrezation and modernization, our people's Army has attained the ability to defend the achievement of our socialism under any adverse conditions. Our Army has become a cadrezed army of *ildangbaek*[13] with politico-ideological and military-technical preparedness. Our Army has been transformed into an invincible revolutionary army equipped with strengthened offensive and defensive capabilities."[14] Accordingly, such precipitate enhancement of

---

[11] *Loc. cit.*

[12] *Ibid.,* 543.

[13] This Korean phrase can be roughly translated as "Our one soldier is able to fight and win against one hundred enemy soldiers."

military capabilities of the Northern regime presented a serious, and continuing, threat to South Korea's security.

Culmination of the Northern Regime's Military Strategy

The denouement of Kim Il Sung's military strategy in the 1960s was the concept of "combining modern regular warfare and revolutionary guerrilla tactics," which appeared as the authoritative military strategy of the regime. In January 1969, Kim Il Sung maintained that: "The decisive factor for winning a modern warfare is the ability to combine regular mode of warfare and guerrilla style of fighting. We need both large military units and smaller military units. As such, it is important to combine the operations of light infantry units and those of regular forces."[15]

The essence of Kim's strategic concept, the strategy of combination, emerged after serious assessment of external situations and internal conditions he had encountered.

First, from the early 1960s, Kim Il Sung began to feel the weakening of credibility in his main ally, the Soviet Union, with its revisionistic compromise toward the United States, as shown in the 1962 Cuban missile crisis. Moreover, his two major communist allies, the Soviet Union and the People's Republic of China, became mired into an irreconcilable rift and rivalry. Kim estimated that it was an appropriate time to graduate from the Soviet-style military doctrine of "mass, firepower, mobility, encirclement, surprise, and annihilation," and to shed the influence of Mao-style "people's war" strategy as well. He felt a keen necessity for a novel, and self-reliant, military strategy in order to guarantee the security of the Northern regime.

Second, the experience of the Korean War provided an unforgettable lesson for Kim Il Sung: fighting solely with foreign, or Soviet, military doctrine would not produce the desirable result. Korea must fight with its own strategy, which would exploit Korea's idiosyncratic conditions, such as the unique topographic features and particular modes of fighting (night battles, close combat, battles in fortified areas).

Third, the development of Vietnam War gave Kim Il Sung a new vision

---

14 The Korea Worker's Party, *Essential History,* 542-543.

15 Chong Hak Lee, *Military Affairs on the Korean Peninsula,* 124.

for the Korean situation. He came to perceive the possibility that once a domestic resistant political force (i.e., Vietcong) was formed and operationally viable, it could continue a guerrilla warfare against a far-superior opponent (i.e., the U.S. forces), if an outside support (i.e., Vietminh) was sustainable. Kim estimated that the same logic could be applied in the Korean peninsula. That is, if North Korea were transformed into a solid, impregnable revolutionary base, and if a viable anti-government revolutionary forces were able to function in South Korea, the Northern regime could unify the peninsula with its rendering of support to the Southern anti-government revolutionary guerrilla forces.

Fourth, accordingly, the essentials of Kim's combination strategy took the final shape. Kim needed two kinds of military capabilities to achieve his political goal: the strong regular military forces to counter regular forces of the United States and South Korea, and an agile guerrilla-type force that would multiply its tactical effect by inducting the Southern people's resistant strength into the struggle. Combination of those two fighting factors deemed essential to achieve Kim's ultimate political aim, the unification of Korea under his political banner.

Interim Assessment of the Threat Posed by North Korea in the 1960s

As seen above, the Northern regime continued to pose a grave military threat against South Korea in the 1960s. Normally, an adversary's military threat encompasses two factors: the adversary's physical military power and its schematic intention. One can discern the Northern forces' physical military power with their notable expansion and enhancement achieved in the 1960s. The other factor, schematic intention, can be viewed with the Northern forces' military strategy, such as Kim Il Sung's strategy of combination or the Four Major Military Policies. The Northern regime posed a serious military threat against South Korea in both factors.

The domestic and external conditions, such as Kim Il Sung's consolidation of his absolute power in the Northern politics and his interpretation that the international situations were favorable for his regime, contributed to the gravity of the military threat. Moreover, the two facts that Kim could employ the KPA in accordance with his own personal intention, and that the two larger communist allies' competed for closer ties with North Korea, amplified the seriousness of the Northern threat.

Kim Il Sung's military strategy, as exhibited in the Four Major Military Policies, expressed the formidableness of the strategy. Especially, the first two Policies (the cadrezation of the whole troops and the modernization of all the military institutions) stood out in showing the formidableness. The culmination of Kim's military strategy (combination of regular forces' operations and guerrilla-style tactics) impacted the Southern populace with serious security-related worries. Further, the Northern regime not only attained those capabilities and refined its strategy, but also it openly projected power into South Korea, as exhibited in the incidences of January 1968 commando raid to assassinate the Southern president, the kidnapping of the USS *Pueblo* two days later, and the insertion of 130 armed agents into the Southern territory at the end of the same year. For the South Koreans of the 1960s, the security-related worries emerged as a real-life threat to their survival.

Inevitably, such naked demonstration of threat from North Korea drove the Southern government to contrive various self-help counter-measures for national survival and social stability, such as the activation of the Homeland Reserve Forces and introduction of the special defense tax system.

3. Global and Regional Situations Encountered by the United States in the 1960s

International and Domestic Situations in the Kennedy-Johnson Administrations

For the United States, the decade of the 1960s dawned with the advent of the Kennedy administration in 1960, which could be characterized with the term, 'pursuit of idealism.' In the 1960s, the United States continued basically the same global power contention with the Soviet Union as it had done in the 1950s. The 1961 Berlin crisis and the 1962 Cuban missile crisis had the same fundamental nature of a struggle for global pursuit of power. In the course of the 1960 presidential election campaign, John F. Kennedy criticized the policy of the previous Eisenhower administration in countering the Soviet Union. He alleged the existence of a missile gap between the United States and the Soviet Union, in favor of the latter; Eisenhower's failure to break a purely reactive policy making pattern in critical problems of the Cold War; and similar foreign policy reactiveness in dealing with the allies and the less developed countries.[16]

The Kennedy administration encountered two fundamental strategic challenges: the pervasive doubt about the efficacy of the Massive Retaliation strategy of the previous administration, and the necessity to contrive an appealing new policy to embrace the third world countries' aspirations for independence and prosperity. The strategists of the Kennedy administration began to question the efficacy of nuclear exchanges in pursuing every variety of U.S. interests. Hence, they came to propose the concept of the gradations of response in countering various degrees of threat to the United States. Such doubt on the utility of the Massive Retaliation concept and the need to acquire strategic flexibility led to the introduction of the strategy of Flexible Response.

As a strategy to embrace the third world nationalism, the Kennedy administration introduced the philosophy of the New Frontier, which was expressed in the reorganization and revitalization of the Agency for International Development (AID), the introduction of the Alliance for Peace and the Peace Corps, and the implementation of the Public Law 480 to provide food materiel for the needy third world countries through the Food for Peace program. Simultaneously, to combat every ladder of the external threat, and to manage the pervasive third world trend of internal insurgencies, the Kennedy administration explored strategic flexibility through building counter-insurgency capabilities of the special forces. The aspect of strategic flexibility was closely affected by the Soviet Union's patronizing attitude toward the third world. Khrushchev expressed the Soviet Union's patronizing stance toward the third world with the well-known rhetoric, "unreserved assistance to just wars of national liberation."

As a pronounced conceptual heritage for understanding of international relations, the domino theory reigned in the minds of U.S. policy makers,

---

[16] James E. Dougherty and Robert L. Pfaltzgraff, Jr., *American Foreign Policy: FDR to Reagan* (New York: Harpers and Row, Publishers, 1986), 142.

including President Kennedy himself. The theory encompassed the idea that, if a third world country succumbed to the pressure of a communist threat, the adjacent country would be engulfed in a continuing, contagious offensive of the communists. Such strategic belief precipitated reluctant but increasing U.S. aid to South Vietnam to prevent a contagious communist encroachment in the region of Southeast Asia.

In the judgment of U.S. policy makers in the early 1960s, in contrast, the region of Northeast Asia did not pose noticeable challenges. "Relations with Japan did not preoccupy Kennedy at all"[17] and the China issue (its yearly request to enter the United Nations) did not cause much irritation in U.S. regional calculation due to the slowly widening Sino-Soviet rift and the budding U.S.-Soviet détente. Fundamentally, the Johnson administration's foreign policy was a continuation of the previous administration's policy. President Johnson inherited the major policy makers of the previous Kennedy administration. The United States continued to be embroiled in the Cold War against the Soviet Union, and the domino perception continued to reign and affect the U.S. efforts to gain the support of the third world nations. Kennedy bequeathed to the Johnson administration, however, a profound dilemma in the U.S. policy toward Vietnam.

> On the one hand was the ever-increasing political commitment and military involvement of the United States; on the other hand was a projected (or at least vaguely hoped for) phased withdrawal of American forces.[18]

Although Kennedy might have wished to extricate the United States from the Vietnam quagmire,[19] escalation was proceeding rapidly before Johnson took office. Johnson was convinced that he was inheriting Kennedy's strong commitment to prevent communist takeover of Southeast Asia. Johnson's understanding of the situation was another pronounced example of the domino theory's impact on U.S. regional and strategic calculation at that time.

---

17 *Ibid.,* 188.

18 *Ibid.,* 225.

19 *Ibid.,* 225-226

Essentially, Johnson was caught between two contending thoughts in dealing with the Vietnam question: to engage in the war with overwhelming manpower and resources to achieve political predominance in Vietnam? or to disengage from Vietnam still retaining American honor and prestige? The dilemma was the absence of an appropriate middle option between those two extreme alternatives. The Johnson administration was dragged deeper and deeper into the war by the hawk faction's insistence for inserting more troops, firepower, and mobility into South Vietnam, while conducting merciless aerial bombardment against North Vietnam. The United States also endeavored to induce more allies into the war. By 1966, Australian, New Zealander, Philippine, Thai, and South Korean combat units were fighting in South Vietnam.

With respect to the situation in Northeast Asia, the Johnson administration experienced an extreme humiliation in the January 1968 North Korean seizure of the USS *Pueblo* during its routine intelligence-gathering activity in the international waters of the East Sea. Just two days before, on 21 January 1968, the Northern regime infiltrated thirty-one specially trained commandos across the DMZ into the heart of Seoul to assassinate President Park. The process of countering the two provocations palpably disclosed the different threat perceptions retained by the United States and South Korea. The United States was reticent on the Northern regime's outrageous attempt to assassinate the Southern leader, while it eagerly engaged in a direct negotiation with the North, over the shoulders of the South Koreans, to retrieve the eighty-three U.S. sailors.

Despite South Korea's dispatch of its combat units to Vietnam in response to the earnest prodding of the United States, without any consultation with South Korea, the United States acknowledged and openly apologized for the ship's espionage act and its intrusion into the North Korean territorial waters. To the South Koreans, an appropriate punishment, or retaliation, for the North's preposterous provocations was a matter of national survival and prestige, whereas the retrieval of the eighty-three U.S. navy sailors was a critical political matter derived from America's domestic priorities.

Accordingly, the U.S. approach in managing the *Pueblo* incident slighted and hurt the prestige of a close ally, South Korea. The process of dealing with the *Pueblo* incident brought the dichotomy of national priorities between South Korea and the United States to the surface, openly and unequivocally.

Presence of the U.S. Forces in South Korea after the Korean War

The peak size of the U.S. forces that participated in the Korean War was eight divisions with 327,000 troops. After the conclusion of the Mutual Defense Treaty between South Korea and the United States in October 1953, the U.S. forces in Korea began to withdraw partially. Two divisions (the 40th and 45th) withdrew in March and June 1954, and four more divisions were announced to withdraw in August 1954. The first Marine division withdrew in May 1955 as the last unit of the scheduled withdrawal.

The remaining U.S. forces in South Korea after the planned withdrawal were the 2nd Infantry Division (in charge of guarding 18.5 miles of the western segment of the DMZ), the 7th Infantry Division (as a reserve unit located in the rear), the ROK-U.S. 1st Corps Group (as the command echelon), and other combat support and combat service support units, which included one U.S. army missile command, one U.S. air force tactical missile unit, and other U.S. air force units rotating on a continuing basis.[20] As of 1965, the total strength of the U.S. forces in South Korea was about 55,000 men.[21] Although some fluctuation in the level of U.S. forces occurred, basically, this structure of U.S. forces continued to remain in South Korea throughout the decade of the 1960s.

The legal foundation of U.S. forces' stationing in Korea was provided by the Mutual Defense Treaty, which went into force in November 1954. Article IV of the Treaty stated that:

> The Republic of Korea grants, and the United States of America

---

20 U.S. Department of State, Bureau of Public Affairs, Office of Historian, *Foreign Relations of the United States, 1958-1960,* Volume XVIII, Japan/Korea (Washington, D.C.: U.S. Government Printing Office, 1994), 703. This description of U.S. forces in Korea was that of 30 June 1960, but one can logically assume that the same force structure was retained since the 1954-1955 withdrawal of U.S. forces after the Korean War.

21 U.S. Department of State, Bureau of Public Affairs, Office of Historian, *Foreign Relations of the United States, 1964-1968,* Volume XXIX, Part 1, Korea (Washington, D.C.: U.S. Government Printing Office, 2000), 115.

accepts, the right to dispose United States land, air, and sea forces in and about the territory of the Republic of Korea as determined by mutual agreement.

The remaining two U.S. army divisions provided the source of U.S. strategic influence on South Korea, simply because they assured the deterrent against a renewed Northern invasion. Moreover, during the course of U.S. forces' withdrawal in 1953 and 1954, the South Koreans heatedly opposed the withdrawal plan. This fact, a dependent country's (i.e., South Korea) seeking the stationing of the dominant power's (i.e., the United States) military forces in its territory, rendered a clear source of U.S. influence on South Korea.

Reversing Trend of the U.S. Military Assistance in the 1960s: MAP Transfer Program

Since the advent of the Eisenhower administration in 1954, it began to direct its effort to counter the global threat with two distinct concepts: the military strategy of Massive Retaliation and the overall political concept of New Look. Those concepts were necessitated by U.S. domestic situations at that time: the U.S. government's financial constraints and American people's desire to "bring the boys home."

The gist of the strategy was that, in countering the Soviet threat, the United States must take full advantage of its unique strength: its technology. For the United States, technology was inexpensive and readily available, if compared with personnel expenses for sustaining large-sized conventional forces. Instead of the financial burden for maintaining large-sized conventional forces, the concept argued, the United States should rely on the might of its atomic weaponry. Once the adversary initiated an aggression, the United States would retaliate with massive employment of atomic power. In this concept, the enemy would be deterred by the fear of annihilation incurred by the U.S. atomic retaliation *en masse*.

The financial constraints experienced by the U.S. government in the latter part of the 1950s brought a policy change in providing military assistance for smaller countries in the 1960s. The primary purpose of the military assistance in its early years was to build the indigenous military strength sufficiently effective for deterring external aggressions and for subjugating internal subversions. Gradually, as the U.S. military aid projects were progressing, the situation required that they had to be geared to more long-range objectives. The U.S. military aid began to focus not only on safeguarding the nation from external aggressions and internal subversions, but also on its contribution to the development of material and economic progress to support the indigenous armed forces.

In the late 1950s, to the judgment of American policy makers, the size of the ROK armed forces (twenty infantry divisions) was too burdensome for South Korea's weak economy. U.S. policy makers hoped to bring the aid-receiving nations' military capabilities in line with their economic capabilities. The military capability enhancement should have equal importance with other areas of U.S. policy objectives, such as the aid-receiving nation's economic healthiness or social stability. The new policy stance was called as the "New Military Outlook," which was succinctly expressed in Robert J. Donovan's passage.

> The new policy aimed at leveling out the peaks and valleys of military preparedness, as the saying went. Based on the concept of a floating D-day, it called for maintenance of a level of forces and material which would be paid for without staggering the economy and which could be borne for an indefinite period of years.[22]

In accordance with the new way of thinking, U.S. aid officials made a proposal that the South Korean government should assume a greater share of military burden, especially in maintenance cost. Naturally, the South Korean government was reluctant to assume the additional portion of military burden, which had to be shifted from the United States to South Korea. The United States, as a means of indirect pressure to pursue the shift of financial burden, called for implementation of the "MAP (Military Assistance Program) Transfer Program" ever since 1959. The MAP transfer program envisaged to realize a gradual transfer of certain items of U.S. military

---

22 Robert J. Donovan, *Eisenhower: The Inside Story* (New York: Harper and Brothers, 1956), 52. The term "floating D-day" means that a nation's military preparedness should be ready with long-range perspective, not for a fixed and confined period.

assistance to the responsibility of the ROK government, where domestic supplies were available for ROK forces' maintenance.[23]

Despite the South Korean government's unhappiness about the MAP transfer program, it proceeded anyway. $20.5 million in 1961 and $20.5 million in 1962 were respectively transferred to ROK government as a first step. The transfer program was to cover all commodities except oil by 1966. As a final result, the South Korean government took over the financial burden of sustaining the ROK armed forces with approximate $36 million worth of expendable goods during the period of 1965-1970.[24]

If the transfer program went into effect as scheduled, it would have brought an increase in ROK defense expenditure of about $6 million, which was equivalent to 7% of the 1966 original defense budget. If this trend of decreasing U.S. military assistance and MAP transfer continued, there would be no other recourse except the expansion of the ROK defense budget, or the reduction of its military manpower. Considering the magnitude of the Northern threat, the reduction of military manpower was definitely out of the question for South Korea.

An analysis on the progression of the MAP transfer program would provide a significant insight about U.S. strategic influence on South Korea. The United States exerted its influence on South Korea in both cases—an initial case of providing assistance, and a reversed case of reducing assistance. In the first case, when a dominant power provides sumptuous assistance to a needy nation, it is natural to see the dominant power's attainment of influence over the assistance-receiving nation. But, the second case (reducing the already existed assistance size) also allows for the dominant power an advantageous opportunity to influence the dependent nation. In the 1960s, South Korea's situation belonged to the category of the second case, a reduction of U.S. assistance. As such, the United States was able to exercise in both cases its strategic influence over South Korea.

Roy W. Shin makes a sharp conclusion: "Consequently, the ROK

---

23 ROK Economy and Science Council, *Proceedings of ESC* (Seoul: Economy and Science Council, 1964), 9.

24 ROK Bank of Korea, *Economic Statistics Yearbooks, 1961-66* (Seoul: Bank of Korea, 1961-66).

government's foreign policy vis-à-vis the United States in the sixties had as its main objective the obtaining of U.S. guarantee of the continuation of its military and economic assistance."[25]

As a telling example, one of the main results of ROK forces' Vietnam dispatch was the suspension of the MAP transfer program for "as long as there are substantial ROK forces, i.e. at least two divisions in RVN [Republic of Vietnam]."[26]

U.S. Military Strategy in the Asia-Pacific Region in the 1960s

The United States' national and military strategy toward the Asia-Pacific region in the 1960s could be depicted with the following characteristics: the decisional predicament between supporting Asian nationalism and containing the expansion of communism; the continued reigning of the domino theory; the prevarication in decision making on military commitment; the application of limited war concept; and the United States' ill-understanding of the force of Asian nationalism.

First, the choice between idealism (supporting Asian nationalism) and realistic necessity (preventing the expansion of communism) rendered a decisional agony for American policy makers. Rooted in the principle of idealism, the United States was not in favor of seeing the revival of the erstwhile colonialism by European powers, such as the French in Indochina, the Dutch in Indonesia, and the British in South Asia. Nevertheless, the imminent, realistic necessity to prevent communist expansion compelled the United States to provide a reluctant support to the European powers in reestablishing their former colonial rules. The U.S. support for French operations in Vietnam in the 1950s was a typical example of such American dilemma.[27]

---

25 Roy W. Shin, *The Politics of the Foreign Aid: A Study of the Impact of the United States Aid in Korea from 1945 to 1966,* Ph.D. dissertation, University of Minnesota (Ann Arbor, Michigan: University Microfilms Inc., 1969), 252.

26 U.S. Department of State, Bureau of Public Affairs, Office of Historian, *Foreign Relations of the United States 1964-1968,* Vol. XXIX, Part 1, Korea (Washington, D.C.: U.S. Government Printing Office, 2000), 159.

27 Michael Yahuda, *The International Politics of the Asia-Pacific, 1945-1995* (New York: Routledge, 1996), 128. "The latter [U.S. assistance for the French campaign in Vietnam] steadily increased until by 1954 the United States was paying for more than

Second, in conjunction with the above-mentioned decisional agony, the perceptions based on the domino theory continually functioned in the minds of U.S. policy makers, as it had done during the previous decade. Yahuda reports concisely: "As Eisenhower prepared to leave the office, he strongly recommended the incoming Kennedy that he take a stand on Laos as it was the linchpin domino."[28] In essence, Eisenhower's warning was a typical expression of the domino perception. The fall of Indochina to the communists would be followed by the succumbs of Malaysia, Thailand, Burma, and eventually the whole of Southeast Asia to communism.

Third, throughout the whole saga of American involvement in Vietnam, the United States faced with a choice between accommodating the communists' final victory and becoming more deeply and directly involved in the fighting. Prevaricating between the two military alternatives, American policy makers led the United States to deeper involvements in an incremental manner. As seen in the records of the Vietnam War, President Johnson inserted U.S. combat units with a mode of gradual increase. In March 1965, he began a sustained bombing campaign against North Vietnam, in part, to boost the morale of South Vietnam.

Fourth, as in the case of Korea, the United States sought to conduct the Vietnam War in a limited manner. The limited war in Vietnam meant to avoid direct confrontations with the People's Republic of China or the Soviet Union. Accordingly, the United States decided not to invade North Vietnam, not to bomb the southern areas of China, and not to use the nuclear weapons. The only recourse was the graduated escalation of the bombardment in North Vietnam and the increased insertion of U.S. forces into South Vietnam. The United States hoped that North Vietnam would concede the inability to win a final victory with military means, and would agree to come to the negotiating table. But such U.S. hope did not materialize easily.

Fifth, since they had not been subject to imperialism or colonialism by foreign source of power, the Western powers had intrinsic difficulty understanding the tenacity and formidableness of the third world countries'

---

80 percent of the French war effort."

28 *Ibid.,* 129-130.

nationalism: their burning aspiration for independence and recovery of self-esteem. One can witness the tenacity of Asian nationalism in the rising of the People's Republic of China in 1949. Since the 1834 Opium War, the Chinese had long endured the humiliations inflicted upon them by the Western powers. Chinese people's suppressed energy and accumulated rancor exploded in the course of rebuilding their own nation. U.S. policy makers were mainly concerned about the expansion of communism, but in the case of Asian independence movements, the factor of ideology played only a supplementary role. If one opines extremely, the Chinese leadership merely borrowed, and utilized, the communist ideology in the process of China's re-standing. In this sense, the situation of Vietnam in the 1960s was identical with that of China in the 1930s. The policy makers of the Western powers, including the American leaders, had often overlooked this unique and salient aspect: the strength, tenacity, and fortitude of Asian nationalism.

U.S. Military Strategy toward the Korean Peninsula

In the 1960s, the United States directed its general efforts to triumphing over the communist powers in the Cold War, as shown in the strategy of containment of the previous decade. However, the immediate and direct objective of the United States was the prevailing in the ongoing Vietnam conflict. The United States understood that two factors were causing the protraction of the Vietnam conflict. The ideological and material assistance of the Soviet Union and the People's Republic of China to the Hanoi regime continued for sustaining the struggle, and the impact of the domino theory in the global confrontation against the communist powers continued.

Regarding the first factor (the communist powers' assistance to North Vietnam), Robert McNamara, U.S. Secretary of Defense in the 1960s, argued: "The North Vietnamese, supported and egged on by the Chinese Communists, attempted to launch an all-out drive to destroy the Army of South Vietnam and bring down its government. Not only was the infiltration of men and supplies from North Vietnam into South Vietnam accelerated, but regular units of the North Vietnamese Army were brought in for the attack."[29] In ideological terms, the cadres of Hanoi regime were encouraged

[29] U.S. Department of Defense, *Statement of Secretary of Defense Robert S. McNamara*

by the rhetoric of Lin Piao, the PRC's Minister of Defense, who argued for the Chinese version of "Wars of National Liberation."[30] However, by the middle of the 1960s, U.S. policy makers fully realized the significance of the Sino-Soviet split: "The effort [the Soviet scheme to masquerade the Sino-Soviet rift in the open, international forum] has failed and the split between them has become even more wide and bitter."[31]

The second factor (the impact of the domino theory) compelled U.S. policy makers to recognize that America's vital national interests were at stake in the Vietnam conflict. In 1967, U.S. Secretary of Defense McNamara articulated his observation.

> It is also a test case of the Chinese Communist version of the "wars of national liberation," one of a series of conflicts the Chinese hope to sweep the world. If it succeeds, it will encourage the partisans of violent political change to seek to extend their particular method of installing communism over all of the underdeveloped world.[32]

Thus, prevailing in the Vietnam conflict was the foremost objective of the United States and the nucleus of American national and military strategy at that time.

However, the situation of Northeast Asia was progressing rather benignly for U.S. security interests. The cooperation between Japan and the United States continued to flourish, and South Korea and Japan finally agreed to have the formal diplomatic relationship. The rivalry between the Soviet Union and the People's Republic of China also precluded the combined employment of the two communist powers' capabilities against the Free

---

before the House Subcommittee on Department of Defense Appropriations on the Fiscal Year 1967-71 and 1967 Defense Budget (Washington, D.C.: Department of Defense, 1966), 9.

30 U.S. Department of Defense, *Statement of Secretary of Defense Robert S. McNamara before a Joint Session of the Senate Armed Swrvices Committee and Senate Subcommittee on Department of Defense Appropriations on Fiscal Year 1968-72 Defense Program and 1968 Defense Budget* (Washington, D.C.: Department of Defense, 23, January 1967), 8.

31 *Loc. cit.*

32 U.S. Department of Defense, *Statement of Secretary of Defense Robert S. McNamara before the House Subcommittee on Department of Defense Appropriations,* 9.

World. In addition, under the earnest prodding of the United States, South Korea joined the Vietnam War by sending combat forces of more than two divisions. In short, the U.S. perception on the threat in Northeast Asia was innocuous in contrast to that of Southeast Asia.

For the U.S. strategists, the only significant threat in Northeast Asia during the first half of the 1960s was the one emanating from North Korea: "The military threat from North Korea remains substantial; continued violations by the North Koreans of the Demilitarized Zone (DMZ) attest to their militancy. The Red Chinese capability for reintroducing forces into the Korean peninsula can not be ignored."[33]

To counter the North Korean threat, the United States adopted a six-pronged military strategy.[34]

1. To maintain in Korea U.S. combatant and support forces adequate to ensure prompt and effective resistance by the United Nations Command to any Communist aggression in Korea (i.e., stationing two U.S. infantry divisions in South Korea).
2. To continue to observe and support the Korean Armistice Agreement, except where relieved of this obligation by Communist violations (i.e., maintaining the non-hostile state of the Armistice).
3. To maintain security arrangements provided by the ROK-U.S. Mutual Defense Treaty as a continuing promises of the United States' commitment guaranteeing the security of South Korea (i.e., providing security commitment to South Korea).
4. To continue to replace the equipment of U.S. forces with improved models in order to maintain an adequate balance of strength vis-à-vis the

---

33 U.S. Department of Defense, *Statement of Secretary of Defense Robert S. McNamara before a Joint Session of the Senate Armed Services Committee and Senate Subcommittee on Department of Defense Appropriations,* 19.

34 U.S. Department of State, Bureau of Public Affairs, Office of Historian, *Foreign Relations of the United States, 1958-1960,* Volume XVIII, Japan/Korea (Washington, D.C.: United States Government Printing Office, 1994), 703-705. The U.S. military strategy is quoted from *NSC 6018* of 28 November 1960, entitled "Draft Statement of U.S. Policy toward Korea," which encompasses the areas of Objectives and Major Policy Guidance. The quoted military strategy is contained in the segment entitled "Safeguarding the ROK."

Communist force (i.e., upgrading U.S. forces in South Korea).

5. To provide military assistance for the South Korean armed forces, to develop the capacities of ROK military leadership, to reach an agreement with the ROK government on the reduction of ROK military forces as agreeable between the two governments, and to emphasize the appropriate role of armed forces to ROK military cadres, such as political neutrality, support of civilian government, and support of elimination of corruption (i.e., assisting and guiding the South Korean armed forces).
6. To carry out the commitment of prompt resistance, if Communist forces renew hostilities in Korea. And, to take whatever direct military action necessary in order to offer effective resistance and to achieve U.S. objectives, if Communist Chinese military power participates in the renewed hostilities (i.e., willing to fight if deterrence fails).

Such U.S. military strategy toward Korea was derived from U.S. national strategy of the time. The long-range goal of the national strategy was "to establish a unified Korea with a self-supporting economy, possessing a free, independent and representative government oriented toward the United States and capable of maintaining internal security and offering strong resistance in the event of external attack."[35] To support the long-range goal, the following interim objectives were established:[36] first, a strong, stable government meeting popular aspirations, minimizing corruption, and realizing Free World ideals; second, economic progress conducive to lessened dependence on external economic and military assistance; third, a Korea closely allied to the United States and cooperating fully with the United Nations; fourth, ROK membership in the United Nations; fifth, preservation of territorial and political integrity against Communist expansion or subversion; and sixth, ROK armed forces capable of assuring internal security and, together with U.S. forces, deterring Communist aggression in Korea.

On balance, those U.S. policies and strategy were aimed at achieving a reliable deterrent against a renewed Northern attack.

For the South Koreans, the presence of the two U.S. divisions had

---

[35] *Ibid.,* 700.

[36] *Ibid.,* 700-701.

profound significance. The U.S. forces stationed in South Korea would compensate for the tenuousness of the 1953 Mutual Defense Treaty. The wording in Article III of the Treaty did not guarantee an automatic U.S. involvement in renewed, North-initiated hostilities, as in the case of NATO. It merely stated that "each country would act in accordance with its constitutional process." In that context, the South Koreans regarded the U.S. forces in Korea as the next best assurance for deterring a future Northern invasion. When the U.S. forces were deployed astride the invasion avenues, they would function as an automatic "trip wire." The U.S. forces in Korea, accordingly, provided psychological confidence in the matter of deterrence for the Southern people.

At the end of the 1960s, when the Northern regime attempted a series of provocations (the 1968 commando-raid to assassinate the Southern president, the 1968 seizure of the USS *Pueblo*, the insertion of 130 armed agents into the Southern territory in November 1968, the 1969 shooting down of EC-121 intelligence aircraft), those U.S. policy actions proved to be insufficient and ineffective to guarantee the security of South Korea. The reason the United States overlooked such insufficiency and ineffectiveness in Korean security lay in the fact that the main strategic focus of the United States was on winning the Vietnam conflict. But, the victory in the Vietnam War did not materialize as the United States desired, only to bring a deeper dilemma. Clark Clifford, defense secretary under President Johnson, frankly confided in his statement requesting the 1970 defense budget to the Congress.

> In short, while we now can not lose militarily, neither is the total military victory within our grasp. That is why we are in Paris. That is also why the enemy is in Paris. Each side hopes to pursue its objectives at lower costs.[37]

The Vietnam dilemma was reflected in the content of the July 1969 Nixon Doctrine, which could be regarded as a strategic seeking of the solution of the Vietnam quagmire.

An interim assessment can be reached from this discussion of U.S. military

---

37 U.S. Department of Defense, *Statement of Secretary of Defense Clark M. Clifford, the Fiscal Year 1970-74 Defense Program and 1970 Defense Budget* (Washington, D.C.: Department of Defense, 15 January 1969), 12.

strategy toward Korea. The security of Korea had to be merely a part of U.S. global security scheme, and the threat perception toward a certain adversary (e.g., North Korea) could differ according to the viewing positions (e.g., the United States or South Korea). Thus, the dominant power's strategic intention, eventually, tended to override the small ally's desire for national survival and prestige. The tenuous U.S. remedial measures countering the Northern provocations, such as the seizure of the USS *Pueblo* and the commando-raid of 1968, were fundamentally predicated on the United States' reluctance to open a second ground front in Asia.

Interim Assessment of the U.S. Influence on South Korea in the 1960s

Although American strategic focus was directed to the Vietnam War in the 1960s, the United States still exerted an immense degree of strategic influence over South Korea. Such U.S. strategic influence was derived from the following facts. The Mutual Defense Treaty between the United States and South Korea guaranteed a reasonable degree of security for South Korea, and the United States continued to station two U.S. infantry divisions in South Korea as a war-deterring force. Besides, the commander of the U.S. forces in Korea continued to exercise the operational control over the South Korean forces, and the United States provided economic and military assistance for South Korea, although the size of the U.S. aid began to contract from the early 1960s.

In the 1960s, the United States engaged in the global contention against the Soviet Union with the premise of containment as it had done in the previous decade. But the main focus of its strategic aim lay in winning of the ongoing Vietnam conflict. Despite the Northern provocations (the 1968 commando-raid, the 1968 *Pueblo* seizure), to the eyes of U.S. strategists, the region of Northeast Asia did not present a truly menacing threat to U.S. security interests. Accordingly, a stark difference in threat perception began to appear between the United States and South Korea: the United States saw, for example, the 1968 commando-raid as a typical, manageable local incidence, while South Korea regarded it as a life-and-death matter for its national survival.

However, South Korea, a small and dependent ally, had to acquiesce and accommodate the strategy of the large and dominant power. That is, the South Korean desire to retaliate the Northern provocations could not materialize as a viable military strategy, simply because the United States was reluctant, and unable, to open another ground front in Asia.

In spite of the differences in threat perceptions and attendant strategies between the two allies, the United States was able to exert its strategic influence on South Korea continuously. One of the tools of the U.S. influence was economic and military aids to South Korea, although their sizes were contracting significantly. The United States could exert its influence not only in the original course of the provision of aid but also in the reversed process of its contraction. The U.S. ability to persuade South Korea to dispatch its combat forces to Vietnam in 1965 was the evidence of the effectiveness of such U.S. influence on South Korea.

4. Internal Conditions of South Korea in the 1960s

Political and Military Situations of South Korea: The Condition of Its Armed Forces

The spirit of self-dependence or self-reliance could aptly portray the unique characteristics of the 1960s in South Korea's political and military situations. Obviously, the aspiration to be self-dependent was derived from South Korea's long unhappiness about the unavoidable dependence on external powers for its national survival since the 1945 liberation and throughout the Korean War period. President Park earnestly emphasized this aspect of self-dependence: "Several years ago, when I raised my call for national self-dependence *(jaju)* and broached my doctrine of Nationalistic Democracy *(minjokjueuijeok minjujueui),* many believed that self-dependence for us lay at an unattainable distance and we would perish without assistance from others."[38] Although his fervent desire to equip the South Koreans with the spirit of self-help was mainly precipitated by the Northern regime's commando-style raid in 1968 and the incidence of the *Pueblo* seizure two days later, his calling for national spirit of self-help covered not only the

38 Shin Bum Shik, *Major Speeches by Korea's Park Chung Hee* (Seoul: Hollym Corporation Publishers, 1970), 190.

field of military matters but also the area of politics in general. He confided: "Frankly, the politicians then were only concerned with the amount of American aid available for Korea, and showed little interest in the amount of our own exchange earnings."[39]

On military aspect, similarly, the soul-searching on the Southern forces' weakness was widely conducted in the society. Even President Park had a pessimistic view on the defensive capability of the Southern forces. Generally, a similar negative view was shared among the South Korean general public: "Park believed that the Southern army was simply incapable of defending the country by itself with its outmoded arms and equipment, according to Oh Won Chul, who played a key role in enhancing the Southern armed forces' indigenous defense capability as Park's close staff."[40]

Also, South Korea's military strategy countering the Northern threat did not provide a convincing confidence to the Southern populace. In addition, the authority to formulate the strategy lay in the hands of the commander of the U.S. forces in Korea: "The existing plan was an essentially defensive document calling for American and Korean forces, in case of hostilities, to pull back in phases to the Han River, which bisects the capital city."[41]

As the Park government's national policies crystallized his deep-seated self-dependence conviction, significant realistic results began to appear in South Korea's political and military affairs. Park boasted some of the results of the self-help spirit in his new year address on 10 January 1969.

> One of the most remarkable accomplishments was the creation of the 2.5 million man Homeland Reserve Forces to reinforce combat capability against the threat from the Communists. Nobody can deny the key role the Homeland Reserve Forces played in the cracking down on Communist guerrillas who landed at Samcheok and Uljin areas via sea routes late last year. I think the formation of the Homeland Reserve Forces marks a turning point in the history of Korea's national defense.[42]

Park's ardent self-dependence conviction was expressed in a novel term, "self-reliant national defense" *(jaju gukbang)*. He attempted to present the

---

[39] *Ibid.,* 190.

[40] Don Oberdorfer, *The Two Koreas* (New York: Basic Books, 2001), 68.

[41] *Ibid.,* 61.

[42] Shin, *Major Speeches by Korea's Park Chung Hee,* 207.

concept of *jaju gukbang* in a simple and easy explanation.

> In national defense, we have to boost our efforts to achieve self-reliant defense capability. It simply means that villagers have to protect their own villages, and employers should guard their own work places. And in the same mode, we have to defend our own territory. It is the primary duty of the people to defend their country by themselves. When external invasion can not be repelled by themselves, then they may ask for outside assistance. If we keep on fostering our defense capability with such spirit, someday we can defend the country without outside help. This is what I mean by self-reliant defense posture.[43]

As such, South Korea's defense strategy in the 1960s had two distinct features: a clear expression of the self-help spirit; and a manifest disclosing of the Southern "responsiveness" to the intensity of the Northern threat. President Park remarked on 1 April 1968 at the activating ceremony of the Homeland Reserve Forces: "Without referring to the tragedy of the Korean War, it is self-evident that we will not be able to crush the aggression unless we build up our defensive strength. The primary responsibility for our national defense rests on us, and it is a sacred and inescapable duty of each individual citizen. Kim Il Sung and his followers, nursing the delusion that they are able to create the same situation in Korea as exists in Vietnam, are madly pursuing war preparations. In preparation for an all-out war, they have devised partisan warfare, and commando force, nearly 20,000 strong, has already been organized. The armed guerrillas who recently penetrated into the Seoul area are a contingent of this commando force."[44]

Another pronounced characteristic of South Korea's strategy in the 1960s was the high position of military strategy in the overall arrangement of national strategy. The popular societal motto of the 1960s, "Work while fight, fight while work," palpably demonstrated such incorporation of military strategy with national strategy in South Korea's statecraft.

In spite of Park's ardent enthusiasm to be independent, or to be free from foreign influence, the reality of formulating military strategy was not lively

---

43 *Ibid.,* 209.

44 *Ibid.,* 230-231.

enough except the activities and strategies related with ROK forces' dispatch to Vietnam. There was an outstanding reason for such inactiveness in developing South Korea's indigenous military strategy. That is, the authority of operational control lay in the hands of the U.S. forces' commander in Seoul. Since the transfer of operational control authority in July 1950, the UN/U.S. commander in Korea continuously exercised the authority over the frontal defense-related ROK forces throughout the decade of the 1960s. The South Korean armed forces dutifully implemented the American general's overall war-fighting plan, OPLAN 5027. Naturally, this aspect had affected negatively on the development of ROK forces' own military strategy.

Strength of the South Korean Armed Forces in the 1960s

In the 1960s, South Korea maintained a level of military personnel similar to that at the time of the 1953 Armistice. A joint Ambassador/CINCUNC message dated 4 April 1958 suggested the strength of the ROK armed forces in the 1960s as in Table 13-1, which the United States was willing to support and which was agreed by both South Korea and the United States.

Table 13-1. Strength of the ROK Armed Forces in the 1960s as Suggested by U.S. Ambassador and CINCUNC[45]

Total	630,000
Army	566,960
Navy	16,680
Marine Corps	24,000
Air Force	22,440

Source: U.S. Dept. of State, *Foreign Relations of the United States, 1958-1960,* Vol. XVIII, Japan/Korea (Washington, D.C.: U.S. Government Printing Office, 1994), 452.

[45] The figures are contained in the "Telegram from the Commander in Chief, United Nations Command to the Department of State" dated 4 April 1958. In the telegram, General Decker, the CINCUNC, discussed the size, composition, and the ceiling of ROK military personnel. But, the figures did not indicate fixed ones. The ROK government could make minor shifts in the number among the four services after the consultation with CINCUNC provided that the maximum number did not exceed 630,000. The figures included the number of the Korean Augmentation troops with the U.S. Army (KATUSA, about 2,000) and the Korean Services Corps (about 8,000). One can grasp the general composition of ROK military personnel with the quoted data.

The Military Balance, however, presents slightly different figures in Table 13-2 for the strength of South Korea's armed forces in the 1960s.

Table 13-2. Strength of South Korea's Armed Forces in the 1960s Reported by *The Military Balance*

Total	620,000
Army	550,000
Navy	17,000
Marine	23,000
Air Force	23,000

Source: The International Institute for Strategic Studies, *The Militay Balance 1968-1969* (London: The International Institute for Strategic Studies, 1968).[46]

The main reason of the difference in ROK military personnel strength between the above-cited official telegram and *The Military Balance* seemed to be the different ways of calculation: adjustment of the numbers of KATUSA and the Korean Services Corps.

With these military personnel, South Korea organized and maintained 19 active divisions (18 army's and 1 marine's) and 10 reserve divisions in the ground forces. The ROK navy was pursuing the goal of 79 ships, which were loaned from the United States. The ROK air force was progressing to build a tactical force of two fighter-bomber wings (150 jet fighter aircraft), one tactical control group (29 single engine conventional aircraft), and one tactical reconnaissance squadron (10 jet aircraft).[47] Other units of combat support and combat service support were organized and maintained to

46 Different year versions of *The Military Balance* have shown different figures for annual ROK military strength. For example, *The Military Balance 1963-1964:* Total Armed Forces, 627,000; Army, 570,000; Navy, 17,000; Marines, 25,000; Air Force, 15,000. *The Military Balance 1965-1966:* Total Armed Forces, 604,000; Army, 540,000; Navy, 17,000; Marines, 27,000; Air Force, 20,000. *The Military Balance 1966-1967:* Total Armed Forces, 571,600; Army, 500,000; Navy, 16,600; Marines, 30,000; Air Force, 25,000. *The Military Balance 1967-1968:* Total Armed Forces, 612,000; Army, 540,000; Navy, 17,000; Marines, 30,000; Air Force, 25,000. *The Military Balance 1968-1969:* Total Armed Forces, 620,000; Army, 550,000; Navy, 17,000; Marines, 23,000; Air Force, 23,000.

47 U.S. Department of State, *Foreign Relations of the United States 1958-1960,* 453-454.

provide support for those combat units. Until the activation of three additional divisions in the late 1960s to compensate for ROK forces' dispatch to Vietnam, the level of the South Korean forces remained almost static.

Three aspects are relevant in analyzing the growth of the South Korean forces in the 1950s and 1960s. First, during the course of the South Korean forces' expansion, the United States government exercised its influence through the administrative control of "personnel ceiling" on ROK forces.[48] The United States was able to exert its influence on South Korea's military affairs through such administrative controls. Second, the South Koreans seldom expressed noticeable resistance to the conscription system for troops mobilization, which coerced a large number of youths into military units. The pervasive atmosphere of anti-communism in the Southern society condoned such a large size of military mobilization. Third, the collective memory of the Korean War was still vivid in the 1960s and the Northern military threat continued to generate serious security-related apprehension among the South Koreans.

Development of South Korea's Indigenous Military Strategy

Unlike the decade of the 1950s, South Korea's national and military strategy of the 1960s became more assertive and more purposeful or rational, especially in the matters related with ROK forces' dispatch to Vietnam. In the 1960s, South Korea encountered two distinct external challenges: progressive reduction of the U.S. assistance and increasing worries about the reduction of U.S. security commitment toward South Korea due to its entanglement in Vietnam.

---

48 *Ibid.,* 452-453. Notice the following wordings in the document: (1) "The United States will assist in supporting the following maximum number of ROK military personnel beginning in the calendar year 1959." (2) "The strength, organization and composition of each Republic of Korea military service ... shall be jointly reviewed by the MND and CINCUNC, and the composition of all Republic of Korea forces shall be established and maintained in accordance with service component tables of organization ... which are acceptable to CINCUNC." In a similar context, as witnessed in the previous chapter, the U.S. government expanded the personnel ceiling of ROK forces from 415,210 to 460,000 by the *NSC Action* of 29 January 1953. Similarly, the *NSC Action 765* of 22 April 1953 permitted another expansion from 460,000 to 525,000.

Sung-joo Han succinctly describes the contraction of the U.S. assistance: "U.S. military assistance to Korea had been getting progressively smaller, down to $214 million in FY 1964 (1963-1964), an all time low since 1956. The average amount of annual U.S. military aid, which had been $232 million during FY 1956-1961 period, dropped to $154 million for the FY 1962-1965 period."[49] Also, there were reports of U.S. plans for a possible transfer to Vietnam of one or more U.S. divisions stationed in South Korea if allies' troops were unavailable for combat in South Vietnam.[50]

South Korea had to contrive a new national and military strategy to resolve those serious security worries. The strategy had to meet two requirements: preserving the existing U.S. military capabilities for South Korea's defense; and enhancing the indigenous capabilities of ROK forces in the future. Sending ROK forces to Vietnam emerged as a solution to these security requirements, and as an essential component of the national and military strategy at that time.

Two main themes constituted the essence of South Korea's military strategy in the 1960s: the taking of self-reliant and self-assertive counter-measures in national defense, and the continuing cooperation with, and reliance on, the United States' military efforts toward South Korea. With respect to the theme of self-reliance, the Southern government took various self-reliant counter-measures, such as the activation of the Homeland Reserve Forces, the introduction of the special defense tax system, and the effort to rationalize the pay levels of military personnel.

With respect to self-assertiveness, President Park's February 1968 letter to President Johnson would attest the logic of, and the necessity for, the retaliation against the Northern regime for its egregious provocations (the commando raid and the *Pueblo* seizure).

> In other words, I think the situation which we are facing today has resulted from our inaction to meet effectively the violations of the

---

[49] Sung-joo Han, "South Korea and the United States: Past, Present, and Future" in *The U.S.-South Korean Alliance: Evolving Patterns in Security Relations,* eds. Gerald L. Curtis and Sung-joo Han (Lexington, MA: LexingtonBooks, D. C. Heath and Company, 1983), 209.

[50] Princeton N. Lyman, "Korea's Involvement in Vietnam," *Orbis* (Summer 1968), 564.

> [Armistice] Agreement by the north Koreans. To the north Koreans, therefore, we should show our resolute stand and determination that they can not commit an aggressive act free of punishment. It should be remembered that this alone will provide a corrective measure for the habitual aggressiveness of the north Koreans.[51]

Although the retaliation against the North did not materialize due to U.S. reluctance to open another ground front in Asia, Park's argument to punish the Northern regime sounded eloquent as an expression of assertive strategy.

Also, South Korea's earnest concern and effort to rationalize the Status of Forces Agreement (SOFA) would show such assertiveness. President Park and his defense minister Kim Sung Eun continuously and forcefully raised the issue with the U.S. policy makers.[52] Except the problems of criminal jurisdiction and Korean laborers' right to strike, both sides reached a reasonable level of agreement. The Southern leader's emphasis on the sovereign right of a nation clearly illustrated the assertiveness of its military strategy in the 1960s.

Regarding the theme of cooperation with, and reliance on, the United States, South Korea still could not avoid the realistic constraints, which forced it to depend on U.S. economic and military assistance. President Park expressed this point succinctly.

> President Park said the Republic of Korea had 600,000 men in its armed forces. He wanted President Johnson to realize that these forces really formed

---

[51] U.S. Department of State, Bureau of Public Affairs, Office of Historian, *Foreign Relations of the United States 1964-1968,* Volume XXIX, Part 1, Korea (Washington, D.C.: U.S. Government Printing Office, 2000), 330. The letter was dated 5 February 1968, immediately following the Northern commando raid (21 January 1968) and the *Pueblo* seizure (23 January 1968). In the letter, President Park strongly argued the necessity of retaliation for the U.S. vessel. Park palpably showed his anger and frustration over U.S. stance of acquiescence in countering the crises.

[52] *Ibid.,* 101. Memorandum of Conversation between the visiting ROK side and the U.S. officials, including the Secretary of State Rusk, is contained in this page. During his visit to Washington in May 1965, President Park strongly raised the issue of the Status of Forces Agreement with key U.S. officials, including President Johnson. Except the two issues of criminal jurisdiction for perpetrating American soldiers and the striking right of ROK laborers working in U.S. units, they reached a reasonable level of agreement. This aspect was a clear expression of ROK assertiveness.

part of U.S. forces ready to fight against Communism. In a fight they would be with the United States; but at the same time they were dependent on U.S. assistance.[53]

In this context, the related defense issues (U.S. assurance not to withdraw its armed forces from South Korea, U.S. support of South Korea's armed forces, U.S. help to implement the pay raise for ROK military personnel) compelled South Korea to continue the stance of dependence on the United States.[54]

As seen above, several unique features in South Korea's military strategy in the 1960s could be contrasted with that of the 1950s, especially in dealing with these two security concerns. First, in contriving the strategy, a wider national participation materialized. President Park noted on 9 February 1965 at the farewell ceremony for ROK forces' departure to Vietnam: "Fortunately, the National Assembly, which is constitutionally empowered to decide such grave national issues as this [dispatch of ROK forces to Vietnam], has approved our request. Thus, the dispatch of Korean troops to Vietnam was decided by national consensus."[55] Not only the National Assembly but also other public organs, including the press and academia, were closely involved throughout the debate on the ROK forces' dispatch to Vietnam. The involvement of other public organs was significant, at least in appearance, if not in essence.

Second, a connection between national strategy and military strategy was clearly visible. Due to the immaturity of South Korea's statecraft and the exigencies of the Korean War, the national strategy had not been well defined in the former governments of Syng-man Rhee and Chang Myon, and the national strategy could not provide a clear guidance to military strategy.

---

53 *Ibid.,* 107-108. Memorandum of Conversation between President Johnson and President Park on 18 May 1965 in Washington.

54 *Ibid.,* 107. Note this passage: "President Johnson said that the previous day President Park and he had covered a number of topics which he had thought were of greatest interest to President Park and to the Korean people. The topics had included the Status of Forces Agreement, Korean unification, economic assistance, support for the Korean forces, and assurances that the United States would not withdraw armed forces from Korea, at least without first obtaining the understanding of the Korean government."

55 Shin, *Major Speeches by Korea's Park Chung Hee,* 237.

In the 1960s, however, the national planning process began to take some desirable shape. The Park government contemplated broad national interests regarding the dispatch of ROK troops to Vietnam, and the political, military, and economic consequences of the dispatch were closely analyzed. Thus, the Park government established an assertive negotiating strategy with the U.S. government, and South Korea earned not only political and military advantages but also sizable economic benefits.

Third, throughout the course of the negotiation with the United States, South Korea adopted an assertive stance. Unlike the operational control mechanism in Korea, ROK forces in Vietnam exercised its operational control authority in South Vietnam, although limited for local operations. The tangible results produced from such an assertive negotiating tactics were substantial. The United States agreed with the following.[56]

1. To provide over the next few years complete equipment for three newly established divisions and to expedite the modernization of the 17 existing army divisions and one marine division.
2. To provide all equipment including weapons to the forces deployed in Vietnam and finance to relieve any financial burden on the South Korean budget.
3. To improve ROK anti-infiltration capability.
4. To provide necessary equipment to expand ROK ammunition production in South Korea, noting that a considerable portion of present ammunition supplies for the ROK forces were supplied by the United States.
5. To provide communication facilities for communication between the ROK government and its forces in Vietnam.
6. To suspend the MAP transfer programme for as long as substantial ROK forces remained in Vietnam, and to purchase South Korean products, supplies, services, and equipment in US dollars, not American products, for the use of ROK forces in Vietnam to increase the South Korean foreign currency reserve.

---

[56] U.S. Congress, Senate, Committee on Foreign Relations, Subcommittee on United States Security Agreements and Commitments, *United States Security Agreements and Commitments Abroad: Republic of Korea: Hearing before the Subcommittee on United States Security Agreements and Commitments,* 91st Cong., 2nd sess., 7 December 1970.

7. To buy goods from South Korea for rural construction, pacification, relief, logistics and administration for use in South Vietnam.
8. To provide to South Korean contractors expanded opportunities to participate in the various construction projects undertaken by the United States in South Vietnam.
9. To provide additional AID loans to South Korea.
10. To expand technical assistance to South Korea to support export promotion and to provide a $15 million program for support of South Korean exports to South Vietnam.

Fourth, and most importantly, South Korea was successful in acquiring a promise from the United States that it would not reduce or withdraw its Korea-stationed forces. General Dwight E. Beach, the U.S. forces commander in Korea, and William G. Brown, U.S. Ambassador to the Republic of Korea, assured in their joint letter: "The U.S. decision that there would be no reduction in U.S. forces levels remained unchanged, and no U.S. troops would be withdrawn without prior consultation with the Republic of Korea."[57]

Finally, South Korea's handling of the dispatch of its forces to Vietnam in the 1960s showed the formal beginning of its national and military strategy. The Park government followed logical steps in conducting national statecraft. It analyzed various national interests related with the issues. It contemplated various available options and consequences. It assigned proper missions to the military forces. And it earned substantial, positive results.

Throughout the pursuance of the South Korean national strategy and military strategy regarding the ROK combat forces' dispatch to Vietnam, two positive aspects were demonstrated: enhancing self-confidence and acquiring material advantage. The boost in self-confidence emerged from the singular factor: the ROK forces in Vietnam demonstrated their capabilities to fight, to manage, and to command as professionally as the U.S. forces and other allies did. Such self-confidence exerted a positive influence on the ROK military community for later development of South Korea's indigenous military strategy.

---

57 Stanley Robert Larsen and James Lawton Collins, Jr., *Allied Participation in Vietnam* (Washington, D.C.: Department of the Army, 1975), 125-127.

Mechanism of Operational Control Authority in the 1960s

In the 1960s, the mechanism for exercising operational control authority remained unchanged from that of the 1950s. According to the Daejeon Agreement of July 1950, the senior U.S. general serving in South Korea exercised the operational command authority over all UN forces stationed on the Korean peninsula, including the indigenous South Korean armed forces. However, the 16 May 1961 *coup detat* led by Park Chung Hee precipitated unprecedented negotiations about the operational command authority between the UN/U.S. commander and the South Korean government.

General Carter B. Magruder, commander of the UN/U.S. forces in 1961, was perturbed by the fact that some of the ROK units, theoretically under his command, had been employed in the military *coup detat,* without his knowledge and consent. The representative of Park's revolutionary group presented a forceful explanation that the units had been used to meet a purely circumstantial necessity that had to do with an internal problem of South Korea. After repeated negotiations, the U.S. side and Park's revolutionary government reached the following agreement:

1. The Commander in Chief of the UN/U.S. command would exercise the operational command authority in the defense of Korea against communist invasion.
2. The ROK marine brigade and the ROK XI Corps artillery, which had been employed in the revolution, would be returned to their original defense mission in accordance with the UN command's operational plan.
3. The UN/U.S. command would agree to place the Capital Security Command, which would be activated later, under the direct control of the South Korean government.

The agreement between the UN/U.S. commander and the South Korean government had two implications. An exceptional case in the U.S.-led command mechanism appeared through the course of Park's military *coup detat,* and a collision between internal political factors and the international military agreement led to a mutual accommodation and compromise, as shown above.

Interim Assessment of South Korea's Internal Conditions

Although South Korea continued to be under the Northern military threat as discussed so far, from the early 1960s, the society of South Korea became replete with the spirits of political self-dependence, economic self-reliance, social rejuvenation, and military awakening. Those initiatives were articulated, and prosecuted later, by the leadership of the Park government. The essence of the spirits was to re-invigorate the South Korean society by shedding its chronic weaknesses, such as poverty, inertia, and dependency on foreign powers. However, due to various realistic constraints, such as the immaturity of national statecraft and the weak foundation in the country's economy, the outcomes from the innovative spirits were not as fruitful as intended.

One notable outcome from the spirits of self-dependence and societal re-invigoration appeared in the area of national and military strategy. Facing the task of ROK forces' dispatch to Vietnam, the South Korean leadership began to focus on national and military strategy, albeit in an embryonic stage. They calculated overall national interests, contemplated various selectable options, tried to choose the most optimal alternative after weighing the risks and costs, and finally, assigned missions to suitable implementing institutions in the government, including the military forces. The military cadres, in turn, contrived viable tactics for negotiation with the dominant power's policy officials.

In other words, the connection between national strategy and military strategy began to emerge for the first time in South Korea's national statecraft. Due to the constraining impacts of external and internal conditions (i.e., the binding international agreement with the United States, and the immaturity of South Korea's national statecraft), the final results of the strategy formulation were not as detailed, refined, or inclusive as those of the advanced countries. But, as we saw in the process of ROK forces' Vietnam dispatch, the results from the dispatch negotiation were quite substantial for a new nation and young military.

One positive aspect from the Vietnam dispatch was, as discussed above, the South Korean military cadres' acquisition of mental confidence. They found that ROK forces were as competent as other allied forces in fighting the Vietnam War. This mental confidence constituted a base for future development of the indigenous military strategy of South Korea.

5. Overall Analysis: Congruence between Historical Facts and Theoretical Framework

Previously in Chapter Two, the theoretical framework of the research has been presented, and its gist can be condensed as follows. Three major factors have affected the development of South Korea's military strategy: the North Korean military threat, U.S. strategic influence on South Korea, and the internal conditions of South Korea. In theoretical terms, the classical realist thought explains the function of the Northern military threat, the concept of neorealist theory describes the exertion of the U.S. influence, and the theory of multiple variables clarifies the effect of South Korea's internal conditions on the development of its military strategy.

First, North Korea continued to pose serious military threat to the security and survival of South Korea in the 1960s. The Northern military threat can be interpreted with classical realist thought with the following reasoning. Classical realist thought heavily stresses maintaining, increasing, and demonstrating power in the process of national survival in an anarchic international setting. North Korea directed major efforts to the enhancement of its military power in the 1960s, particularly through the ambitious Four Major Military Policies and the precipitate enhancement of its air power.

The classical realist paradigm places high emphasis on the exercise of power. In January 1968, the Northern regime initiated a daring commando raid to assassinate the Southern president. It even seized a U.S. naval vessel that was performing a routine mission in international waters. It inserted more than hundred armed guerrillas into the Southern territory to cause societal chaos in the South. As such, the Northern regime did not hesitate to demonstrate, or project, its military power toward the South in a most provocative manner.

Second, the United States continued to exercise significant influence on South Korea. The U.S. influence may be comprehended with the aid of the neorealist theory. Neorealism respects the function of external factors in deciding a nation's behavior, particularly in its external policy and strategy. The United States pressed South Korea to dispatch its combat units to South Vietnam. South Korea had to contrive its own hegemony-countering strategy to cope with such external pressure. As a final result, South Korea accommodated the wishes of the United States, and dispatched combat units of two and a half divisions to South Vietnam. South Korea, however, gained accompanying security advantages (retention of the U.S. forces in South Korea, U.S. military aid for ROK forces' improvement) and economic benefits (betterment of ROK foreign exchange status, ROK firms' participation in the rehabilitation projects of South Vietnam).

Neorealist thought places less emphasis on the importance of internal conditions than on the significance of external effects. In the situation of the 1960s, South Korea's internal resolve to punish the Northern regime for its egregious provocations could not materialize owing to the United States' overriding strategic priorities (U.S. unwillingness to open a second ground front in Asia, its desire to avoid confrontation with the USSR and the PRC).

Finally, the development of South Korea's military strategy was affected not only from the exertion of external impetus, but also from the function of internal conditions. The theory of multiple variables represents this argument of dual causation, internal and external, in developing a nation's military strategy. Under the leadership of President Park, South Korea achieved a relative stability in its traditionally volatile politics, which allowed ROK military cadres to direct their professional efforts to the improvement of the military institutions. As the chronic factionalism among military cadres began to subside, a professional officer corps also began to emerge. Corrupt senior generals of the old generation were forced to retire and important responsibilities were given to a new group of young officers. Thus, a base condition to develop military strategy was formed during the decade.

With the dispatch of the ROK forces to Vietnam, South Korean military cadres also had the chance to widen their view on military affairs, which, consequently, contributed to the refinement of its military strategy. South Korean civilian and military officials for the first time had the opportunity to argue for their national and military interests with the officials of the dominant power on an equal standing. To fulfill national interests, South

Korea's military cadres had to focus their thinking on military strategy, as an effective way to achieve national interests.

The United States, however, continued to exert its ubiquitous influence on South Korea. South Korea's desire to retaliate the Northern provocations could not materialize due to American reluctance to open a second ground front in Asia and its domestic priority to retrieve the U.S. naval crew from the Northern seizure. In addition, U.S. military aid still played a significant role. The United States was able to exert its influence even in the course of contracting the size of its military assistance to South Korea.

As discussed, the development of a nation's military strategy depends not only on external impetus but also on internal conditions. To reach a rational understanding of the development of a nation's military strategy thus requires a synthesized theory, an amalgamation of both internal and external factors.

In sum, the historical facts of South Korea's situation in the 1960s were congruent with the presented theoretical framework of the research. That is, the development of South Korea's military strategy traced the exact path shown by the conceptual framework of the research.

6. Conclusion: Veracity of the Three Hypotheses

The unfolding of the political and military situations on the Korean peninsula in the 1960s provides a suitable opportunity to analyze the first hypothesis of the research: *More commonality in threat perception leads to more congruence in military strategy between the allies*. Since the United States was engulfed in the quagmire of the Vietnam War in the decade, its government established national priorities focusing on winning the War, and on resolving domestic problems arising from the War burden. South Korea, in contrast, faced serious Northern provocations, such as the 1968 commando raid to assassinate its President, or the aggressiveness shown in seizing the USS *Pueblo*.

The Northern provocations were a matter of national survival to the Southern government, whereas they represented merely a local or secondary significance to the United States. As such, the United States and South Korea did not share a common threat perception or a common estimate of the global and regional situations. Difference in threat perception led both allies to produce different military strategies. The United States focused on the Vietnam War and on recovering the kidnapped *Pueblo* crew; South Korea concentrated on an appropriate punishment or reprisal against the Northern regime. (In reality, however, South Korea had to embrace the United States' policy stance with acquiescence in solving the *Pueblo* problem.)

Since the difference in threat perception produced the difference between the two allies' military strategies, a corollary from the first hypothesis emerges: *Different threat perceptions between allies lead to their different military strategies.* Although the corollary is generally supportive of the original theme of the first hypothesis, it does not exactly prove the first hypothesis' absolute veracity. In other words, the corollary supports that "the first hypothesis is not false." Therefore, although the corollary is not exactly identical with the first hypothesis, it can be safely pronounced that the evolution of the situations in the 1960s was generally harmonious with the theme of the first hypothesis.

The second hypothesis predicts that *a dominant power's overwhelming contribution to the defense of a small ally leads to the small ally's blind following or copying of the military strategy of the former.* Although the magnitude of U.S. economic and military assistance in the 1960s continued to play a significant role in South Korea's national existence, its impact on South Korea's statecraft was not as great as it had been in the 1950s. Three reasons can explain such contraction of the U.S. influence. South Korea achieved a remarkable economic growth from 1964, and so the United States began to contract its military assistance for South Korea with the program of MAP transfer. Thus, the share of South Korea in the national defense effort became larger than its share in the 1950s.

Further, among South Koreans, the equivocal attitude of the United States in the incidence of the 1968 commando raid brought frustration and dismay toward the firmness of American resolve in countering the provocateurs. To South Koreans, the commando raid was a matter of national survival, but it was a small, local incidence for the United States, who was then mired in the abyss of the Vietnam conflict. The gap between the respective threat perceptions and their priorities in coping with the evolving situation was palpably disclosed between the strategies of the United States and South Korea in the 1960s.

In short, South Korea began to show its embryonic stance of independence from U.S. influence in its 1964 negotiation with the United States on ROK forces' dispatch to Vietnam. Therefore, as in the case of the first hypothesis, another corollary emerges from the second hypothesis: *A dominant power's contracting assistance induces a small ally's initial movement to become independent from the former.* Again, although the corollary is not identical with the second hypothesis, it still supports the general premise of the second hypothesis. Therefore, the situation of the 1960s can be regarded as harmonious with the second hypothesis.

The third hypothesis argues that: *If a small nation garners enough national strength vis-à-vis its threatening adversary, the small nation's military strategy tends to become independent from the dominant power's influence.* In the 1960s, South Korea continued to face the evidences of still menacing Northern threat. Kim Il Sung succeeded in consolidating his personal, unchallengeable political authority, and the Northern air power achieved a formidable growth due to the support from the communist patron allies. Besides, Kim Il Sung completed his unique and fearsome military strategy—the Four Major Military Policies and the guerilla-regular force combination tactics. Although South Korea directed its national resources and energy to become equal with the Northern rival, it could not construct the desired equilibrium in military capabilities.

Therefore, the third hypothesis can not be applied in the case of the 1960s, and, accordingly, its veracity can not be proved.

Chapter Five
Roles of the Three Independent Variables in the Development of South Korea's Military Strategy in the 1970s

1. Significance of the 1970s in International Relations

Unlike in the previous era, the United States and South Korea encountered a definitely different international environment in the decade of the 1970s.[1]

First, the number of countries had increased precipitously since the end of World War II: 51 in 1945 to 130 in 1968. The pattern of international communication changed drastically. Instantaneous transmission of information became the norm, and every political entity on the globe had to become almost immediately involved in the development of the global situations.

Second, the emergence of additional global powers (Japan, Western Europe, the People's Republic of China) brought a new international structure in the concept of the pentapolar international system (the United States, the Soviet Union, China, Western Europe, Japan). The new structure was further broken into two functional categories: the triangular strategic political relationship (the United States, the Soviet Union, China) and the trilateral economic relationship (the United States, Western Europe, Japan).

Third, the United States experienced a relative diminution of economic and military power, reached a strategic parity in military capability with the Soviet Union, and was frustrated and weakened through the unwinnable Vietnam War. The protracted war in South East Asia precipitated a very strong wave of anti-War, anti-foreign-involvement sentiment among the American public.

---

1 See James E. Dougherty and Robert L. Pfaltzgraff, Jr., *American Foreign Policy: FDR to Reagan* (New York: Harper and Row, Publishers, Inc., 1986), 240-244. The authors provide a comprehensive explanation on the new international structure in the 1970s and the background of the Nixon Doctrine's development.

Fourth, a bitter schism and rivalry emerged between the two communist powers, the Soviet Union and the People's Republic of China, which had been unthinkable according to the monolithic nature of the communist ideology. The United States estimated that the rift could be exploited to its own advantage, as a possibility to construct a more benign strategic relationship with China. The United States' new strategic relationship with China would strengthen the contending position of China vis-à-vis that of the Soviet Union in their internecine conflict.

Fifth, the United States estimated that a more mature relationship with the Soviet Union could be developed, from confrontation to détente. Over time, the United States would be able to alter the behavior of the Soviet Union by offering or withholding various political, economic and cultural rewards.

Thus, the structural change in the 1970s occurred essentially in three aspects: the diffusion and diversification of global power; the relative diminution of the U.S. military and economic power; and the United States' advantageous position as a superpower having both economic and military capabilities. The Soviet Union and China had political, strategic, and military might but they did not possess the economic capabilities as the United States did.

These changes compelled the United States to take a more realistic attitude in its foreign policy: pursuance of a balance-of-power politics in global contention. The Nixon administration, which came to office in 1969, opened a new initiative for U.S. foreign policy to cope with the changes in the international situation. Departing from its unilateral, hegemonic foreign policy of post World War II, U.S. foreign policy in the 1970s took a stance of realistic accommodation and adroit exploitation. In essence, the United States' foreign policy stance could be crystallized in a concise phrase, "became weak, but still intends to be influential."[2] The United States pursued this delicate approach with realistic accommodation to international

[2] This phrase is not a quotation from other scholars. The researcher contrived this phrase after a deep pondering on the international relations of the 1970s. The points of the contrivance were: (1) there should be a succinct phrase to depict the complex international environment of the 1970s; and (2) the phrase should express the delicate, or difficult, condition of the United States in the 1970s.

conditions (e.g. strategic relationship with China) and prudent economizing of its national resources (e.g., moderation of its military commitments to third world countries). These international, structural changes constituted the uniqueness of the international relations in the 1970s and the background of the Nixon Doctrine.

Then, what did these structural changes mean for the smaller and dependent nations of the third world like South Korea? South Korea inevitably faced the following four attendant changes.

First, as the Japanese aptly characterized the United States' sudden *rapprochement* with the People's Republic of China with a colloquial cliché, "Nixon shock," the South Koreans, similarly, felt an abrupt befuddlement in seeing its primary and most reliable ally becoming a "friend" of the erstwhile archenemy overnight. It took quite a long time for South Korea to comprehend the genuine meaning of the new international configuration for its national security.

Second, the main theme of the Nixon Doctrine was to rationalize U.S. foreign commitment and economize its attendant resources. For South Korea, this premise meant a possible withdrawal or reduction of U.S. forces stationed in Korea. Traditionally, the South Koreans had depended psychologically on the U.S. defense commitment against the Northern threat, as evidenced in the presence of the U.S. forces in Korea. This credibility toward the United States began to diminish as the United States implemented the Nixon Doctrine's concrete measures.

Third, as a logical corollary of these two aspects, the issue of self-reliance in national defense arose actively in the Southern society. The belief that a nation should depend on its own strength for national defense, not solely on the hegemonic power, spread like a wild fire. This sentiment or necessity for self-reliant national defense played a notable and positive role in developing South Korea's indigenous military strategy.

Fourth, eventually, the United States' rapprochement with China catalyzed a mini-*détente* on the Korean peninsula between the Northern and Southern polities, as revealed in the 4 July 1972 Joint Communique between the two Koreas. Regrettably, however, the seemingly peaceful mood between the two contenders did not last long owing to both parties' deep-seated suspicion, different political goals, and disparate national interests.

2. North Korea's Political and Military Situations in the 1970s

North Korea's Assessment of Domestic and International Situations

In the 1970s, the Northern regime retained the same revolutionary world view as it had in the previous decade. It perceived the struggle between the "progressive force" (the communist-socialist force) and the "imperialist-reactionary force" (the liberal democratic-capitalist power led by the United States) as the main feature of the developments in the global situation. It regarded, especially in Asia, the anti-imperialist, anti-reactionary struggle as a historically righteous endeavor. The Northern regime regarded itself as a champion of the anti-imperialist, anti-reactionary struggle. The regime understood that the imperialist-reactionary force became pronouncedly weaker due to the setback in Vietnam. It interpreted America's Asian efforts in the 1970s as an exploration of a new policy direction to overcome the failure in Southeast Asia. The Northern regime understood that the United States was pursuing new policies in its Asian efforts, for example, the "New Asia Policy" or "Peace Strategy."[3]

In a similar context, the Northern regime continued to see South Korea as a colony of U.S. imperialism. It saw the Southern government as a lackey or puppet, blindly obeying the United States' imperialistic directives. The Northern regime regarded the Southern government as an object to be destroyed. Accordingly, the Northern regime accepted two historical missions: to expel and terminate "U.S. occupation" of South Korea, and to destroy the Southern polity. The Northern regime estimated that the revolutionary force

[3] The History Research Center of Social Science Academy, *Complete History of Korea* (in Korean, *Joseon Jeonsa*) 32, Modern Era, (History of Socialist Construction) (Pyongyang: Science Encyclopedia Publishers, 1982), 17. What the authors call America's "New Asia Policy" (in Korean, *Sae Asia Jeongchaek*) seems to indicate the new U.S. foreign policy as expressed in the Nixon Doctrine of the 1970s after the demise of the Vietnam conflict. On page 16, the authors refer to Nixon's détente with the Soviet Union and his rapprochement with the People's Republic of China as America's "Peace Strategy" (in Korean, *Pyeonghwa Jeonlyak*).

in the Southern society had grown to inflict serious damages to the Southern government in the past decade. In the 1970s, the Northern regime continued to place a high policy priority on supporting the revolutionary force's anti-government struggle in South Korea.[4]

Three points dominated North Korea's internal situation in the 1970s: culmination of Kim Il Sung's personal power and official adoption of his political ideas in Northern statecraft; achievement of a basic capacity in manufacturing industries; and simultaneous emphasis on both national economy and military preparedness in its statecraft.

The first point (culmination of Kim's power, officiation of his political ideas) was clearly expressed in the new "Constitution based on Socialist Principles"[5] adopted in 1972. The new Constitution defined the official role of Kim Il Sung as the Leader *(Suryeong)* of North Korea, and it also adopted his *Juche* ideology as the official philosophy of the Northern regime.

> The installation of the position of the President *(Juseok)*[6] in the new Constitution has an extraordinary meaning. The installation of President reflects the required position and historical role of the Leader in the development of the nation. The position of President completely ensures for the Leader to exercise his exclusive leadership. In order to ensure the Leader's exclusive leadership, the Constitution defines the prerogatives of the President. The President inculcates and guides the Central People's Committee; He convenes the Cabinet as needed; and, He leads and commands the entire national armed forces in the capacity of their Supreme Commander, and as the Chairman of the Defense Committee.[7]
>
> Our Republic, inheriting the brilliant revolutionary tradition of the respected Leader, has adopted the ever-perpetuating *Juche* ideology as the main guidance for its national activities. This aspect expresses the essential nature

---

4 *Ibid.,* 13.

5 *Ibid.,* 120. The full title of the Constitution was "The Socialist Constitution of the Democratic People's Republic of Korea" (in Korean, *Joseon Minjujueui Inmin Gonghwaguk Sahoejueui Heonbop*).

6 The term *Juseok* is not exactly identical with *President.* Rather, *Juseok* imparts a connotation of a combination of Chairman, Ultimate Decider, and Consummate Leader. The researcher, however, chose the term *President* for the term *Juseok.*

7 *Ibid.,* 126.

of our Republic as an independent and self-reliant socialist nation.[8]

As viewed above, the decade of the 1970s saw an absolute concentration of political power in the person of Kim Il Sung, and his *Juche* ideology penetrated every aspect of political life in the Northern society. The concentration of power in Kim Il Sung was also confirmed in the course of the 5th Party Congress of the Korea Worker's Party (2-13 November 1970, at Pyongyang). The new Constitution confirmed Kim Il Sung's extraordinary position and power, in official and legal terms.

Then, what sort of military implications did the power concentration effect on the North-South contention? By such power concentration in "one-man," the Northern military forces could now be employed in accordance with Kim Il Sung's world view, political objectives, and strategic concepts, the crux of which was destruction of the Southern polity. Accordingly, the Northern military forces, as Kim's political tool, came to pose a grave threat to Southern existence.

With respect to the second point (the growth of the Northern industrial capacity), North Korea's attainment of basic industrial capability was clearly revealed in the objectives of the six-year economic plan (1971-1976). The Northern regime established the detailed objectives for 1976: 2.8-3.0 billion kilowatt hours of electricity; 50-53 million tons of coal; 3.5-3.8 million tons of iron; 3.8-4.0 million tons of steel; 2.8-3.0 million tons of pressed steel; 2.8-3.0 million tons of chemical fertilizers; 7.5-8.0 million tons of cement; 500-600 million meters of textiles; 1.6-1.8 million tons of fisheries; 7.0-7.5 million tons of grains; and 21 thousand unit of farming tractors.[9] (Most of those objectives were met before the prescribed schedules.) The Northern regime's official history boasted of the "spectacular" achievement of the previous seven-year economic plan (1963-1969): "Modern manufacturing factories and other enterprises began to produce their respective products. The press-machines of 6,000 ton capacity, the 25 ton motor vehicles, other large capacity machines, and various precision machines were produced by the creative efforts of the working class even before the 1970 Fifth Party

[8] *Ibid.,* 121.

[9] *Ibid.,* 29-30.

Congress of the Korea Worker's Party."[10]

The Northern regime's capabilities to manufacture basic machinery implied the enhancement of its military weapon production. The capabilities to produce motor vehicles, precision machines, and farming tractors were directly related to the production of similar military equipment (tanks, artillery pieces, vehicles, and communication equipment). North Korea's manufacturing capabilities in producing military weapons posed another undeniable threat to South Korea's security.

The third point (simultaneous emphasis on national economy and military preparation) could be explained as follows. Compelled by its estimate of the Asian situation as a contention between two antagonistic forces, the Northern regime had to adopt the policy of simultaneous emphasis. As a member of the socialist force, North Korea felt military threat from the "imperialist-reactionary force." Although economic development was important for the Northern people's livelihood, military preparedness should not be neglected due to the primacy of national security. Kim Il Sung assessed: "The Southern authorities have uttered lip-services of 'peaceful unification,' but, in actuality, they are pursuing war-preparation and military provocations. They are introducing various modern weaponries and offensive equipment under the guise of 'modernization of armed forces.' To hurt the stability of the Republic in the North, they are ceaselessly daring military provocations and exercises for war-initiation. We are facing a grave situation of war, which may break out at any, imminent moment. Behind the Southern belligerent scheme, the United States is controlling and manipulating the development of the situation."[11]

Basically, such an estimate induced the adoption of the "Four Major Military Policies" from the 1960s. As explained in the previous chapter, the Policies subsumed the efforts of the cadrezation of the troops, the arming of the whole population, the fortification of the entire territory, and the modernization of military forces.[12]

As a natural corollary from such an estimate, Kim Il Sung concluded:

---

10 *Ibid.,* 18.

11 *Ibid.,* 369-370.

12 *Ibid.,* 372-373.

"While endeavoring for the construction of socialist economy to the maximum, we must direct our ceaseless effort for the enhancement of national defense capability in order to counter the enemy's unexpected assault on us."[13]

Palpable results of Kim's policy emphasis on military preparedness were revealed on the 40th anniversary celebration of the Korea People's Army (25 April 1972). The official history of the Northern regime reported: "The formidable and invincible military units and weaponry participated in the military parade: the high quality multiple rocket launchers, anti-tank guns, mortars, howitzers and guns, anti-air artilleries, the rocket units, automatic river-crossing units, amphibious armored personnel carriers, tank units, and the women's anti-air artillery units."[14] Beyond the exhibition of those numerous combat materials, what frightened the South more was that most of those combat equipments were produced by North Korea's indigenous military industry: "Our defense industry has become able to produce large numbers of modern weapons and combat equipment with our own effort, technology, and base materials, which certainly accelerated the modernization of our Army."[15]

Strength of the Northern Forces: The Trend of Its Expansion

A January 1978 report to the Committee on Foreign Relations of the United States Senate by Senators Hubert H. Humphrey and John Glenn on the issue of the U.S. forces withdrawal from South Korea clearly illustrates the trend of the Northern forces' expansion during the 1970s.[16]

---

13 *Ibid.,* 370.

14 *Ibid.,* 374-375.

15 *Ibid.,* 374.

16 Senators Hubert H. Humphrey and John Glenn, *U.S. Troop Withdrawal from the Republic of Korea,* a report to the Committee on Foreign Relations, United States Senate (Washington, D.C.: U.S. Government Printing Office, 1978), 27. Originally, the strength of the Southern forces was juxtaposed to the strength of the Northern forces to make a comparison, but the researcher borrowed only the portion of the Northern forces for the purpose of finding its expanding trend from 1970 to 1977. The note, "Deleted," was used to protect the classified contents in the original report.

Table 14. Trend of the Northern Forces' Expansion in the 1970

	1970	1977
Personnel		
Active forces	400,000	520,000
Reserve forces	1,200,000	1,800,000
Maneuver divisions	20	25
Ground Balance		
Tanks	600	1950
APCs	120	750
Assault guns	300	105
Anti-tank	[Deleted]	24,000
Shelling Capability		
Artillery/MRL	3,300	4,335
Surface-to-surface missiles (battalions)	[Deleted]	2-3
Mortars	[Deleted]	9.000
Air Balance		
Jet combat aircraft	555	655
Other military aircraft	130	320
AAA guns	2,000	5,500
SAMs (Bns/Sites)	[Deleted]	38-40
Navy Combat Vessels	190	424-450

Source: Senators Hubert H. Humphrey and John Glenn, *U.S. Troop Withdrawal from the Republic of Korea,* p. 11.

The Northern forces achieved a remarkable increase in military personnel, ground combat equipment, and air and naval capabilities. Military personnel increased from 400 thousand in 1970 to 520 thousand in 1977. Tanks increased from 600 in 1970 to 1,950 in 1977. Artillery pieces showed another large increase: from 3,300 in 1970 to 4,335 in 1977. Jet combat aircraft increased from 555 in 1970 to 655 in 1977. Naval vessels also showed an increase, from 190 in 1970 to 425 or 450 in 1977.

Accordingly, the report made a telling conclusion after analyzing the Northern expansion: “A [North-South] comparison of total mobile assault weapons (tanks, APCs, assault guns) and shelling capability (artillery, MRLs, mortars) shows that North Korea enjoys a nearly two-to-one advantage in both categories. The North also enjoys a two-to-one advantage in combat jet aircraft and a more than four-to-one advantage in anti-aircraft guns and navy combat vessels.”[17]

Thus, the expansion of the Northern forces in the 1970s presented a serious, and real, threat to the Southern existence.

The Northern Regime's Military Strategy in the 1970s[18]

Fundamental Objectives of the Northern Regime's National Strategy

The most important component of a strategy is the defining of its objective. After defining the objective, strategists consider the means to fulfill the objective, selection of an appropriate institution to handle the task, allocation of resources for the task, and various ways or approaches to implement the task. Concurrently, they also analyze the risks accompanying the task and compare different results from different ways or approaches of implementation.

As such, it is imperative to understand the fundamental objectives of the Northern regime's national and military strategy in the 1970s.

The fundamental objectives of the Northern regime did not change in essence from those of the previous decades: to unify the entire Korean peninsula under its political tenet. The fundamental objectives encompassed three concrete aims: "to build up the northern half of the Republic into a reliable base of the revolution, a base of communism;"[19] "to support the south Korean people in their anti-fascist democratic struggle in every way possible so that they overthrow the military fascist dictatorship and drive out the American imperialists;"[20] and "to strengthen solidarity with the revolutionary forces of the world."[21]

---

17 *Ibid.,* 27.

18 On this topic, Chung Min Lee presents a detailed and informative discussion. See Chung Min Lee, *Prevailing in a Future Conflict: Conventional Deterrence and Defense Strategies with a Special Reference to the Defense Planning of the Republic of Korea,* a doctoral dissertation in July 1988 of the Fletcher School of Law and Diplomacy, Tufts University, Medford, MA 02155, 252.

19 Kim Il Sung, *Kim Il Sung Works,* Volume 32 (January-December 1977) (Pyongyang: Foreign Language Publishing House, 1988), 481. Kim Il Sung delivered an address on 30 November 1977 at the Seventh Congress of Agitators in the Korea People's Army, which was entitled "Let Us Build Up the Strength of the People's Army through Effective Political Work." The three aims were contained in the address.

20 *Ibid.,* 482.

21 *Ibid.,* 484.

The Northern regime's military strategy had been developed to achieve these fundamental objectives and aims. The 1970s did not deviate from this logic. Kim Il Sung's phrase, "in every way possible," certainly connotes his unreserved willingness even to use force in unifying Korea.

General Emphasis in Kim Il Sung's Military Strategy

Beginning with the Fifth Party Congress of the Korean Worker's Party in November 1970, Kim Il Sung began to emphasize the importance of the "unity," or "combination," in military practices and in overall war preparations.[22]

First, the North Korean military institution must hold fast to the principle of increasing the political-ideological awareness of the soldiers, combining it correctly with military-technological works.

Second, the Northern regime should continue to uphold the Four Major Military Policies of arming all the people, turning the entire country into a fortress, converting the entire army into army of cadres, and modernizing it from top to bottom.

Third, emphasis must be placed on taking full advantage of topographical conditions by employing the tactics of mountain warfare. The tactics of combining large units and small units and the skills to amalgamate the regular warfare and the guerrilla tactics should also be stressed.

Fourth, the combat training of the Korea People's Army should be conducted in such a way that the troops master the art of war best suited to the actual conditions of the country. Also, the KPA should fully develop military science and technology unique to the Northern situation.

As discernible from the above statements, Kim Il Sung began to stress the fortification of the entire country under the unique blend of Marxism-Leninism and the *Juche* ideas. Until the late 1960s, Kim had stressed the political-ideological dimension of warfare ahead of the modern aspects of warfare such as technology and doctrine. But a transformation began to occur from the early 1970s when he put the emphasis on the professionalization of the KPA so that a "totally modernized" force could be built.

---

22 Kim Il Sung, *Selected Works,* Vol. 5 (Pyongyang: Foreign Language Publication House, 1972), 430-432, 466-468.

The Northern Forces' Operational Strategy to Overwhelm South Korea

To execute its military strategy, the Northern regime would adopt the following attack scenario.

> In an attack upon the South, North Korea would have the advantage of choosing the time and place. It could concentrate its already great firepower advantage and attack the South Korea's I Corps with [deleted] divisions giving little or no warning. Military analysts believe that a North Korean attack would probably use the Gaeseong-Munsan-Seoul corridor with secondary attacks through the Cheorwon valley and diversionary attacks to the east. The North Korean attack would place heavy reliance upon the shock effect and firepower of its nearly 2,000 tanks.[23]

The Northern forces' strategists would exploit thirteen principal military advantages. Included here were more ground combat divisions, greater ground firepower, more armor assets, superior naval forces, more air assets, better air defense system, larger logistical production, greater military production, capability of surprise, ability to concentrate attacking forces, the short distance to Seoul, more commando-type forces, and the proximity of major allies.[24] Exploiting these advantages of military conditions, the Northern forces' military strategy came to fruition known as the "Strategy of Overwhelming South Korea in Seven Days."[25]

Interim Assessment of the Northern Military Threat in the 1970s

As discussed above, the Northern regime rendered a real and undeniable military threat to the security of South Korea in the following three aspects. First, the regime continued to uphold the political goal of unifying Korea even with use of force, guided by the uninhibited personal power of Kim Il Sung. Second, the regime achieved an enhancement of formidable, offensive military capabilities, including the notable buildup of the industrial capacity in military production. Third, the regime perfected the way of employing its military forces, its offensive military strategy, to unify Korea.

---

23 *Ibid.,* 28-29.

24 *Ibid.,* 28.

25 This operational strategy of the Northern forces was widely known, and discussed, by the cadres of the Southern military community.

The Southern people had particularly serious worries about the Northern leader. Kim Il Sung seemed to have a clear grasp of the essentials of North Korea's military matters. His statements in various occasions indicated that, although the KPA had been indebted for its creation to the generous military aid of the Soviet Union in the 1940s, in fact, it was Kim Il Sung who masterminded the forming, developing, and improving of the combat quality of the KPA. Kim Il Sung ardently pursued the political goal of defeating the Southern rival and unifying the entire Korean peninsula under his political banner. Such relentless pursuance of the political goal clearly demonstrated the starkness of the Northern military threat on South Korea. Thus, contrary to the common understanding of the rigidity of communist countries' leadership, Kim Il Sung showed a reasonable degree of mental agility to adapt to the new surroundings. He boldly spurned the old Mao style emphasis on political-ideological aspects of warfare to embrace the importance of technological, professional aspects of warfare and the importance of military modernization.

3. Situations Encountered by the United States in the Western Pacific in the 1970s

Nixon Doctrine: A Pronounced Characteristic in International Relations in the Western Pacific

The decade of the 1970s dawned with the Nixon Doctrine in the international relations of the western Pacific nations, which President Nixon promulgated in July 1969 at Guam. The essence of the Doctrine subsumed three essential points. The United States would honor its security commitments to its allies of the region, and would provide the shield of its nuclear umbrella if a nuclear power threatened the freedom of a U.S. ally. In addition, in cases of other types of aggression, the United States would furnish military and economic assistance, but countries directly threatened were supposed to assume the primary responsibility for their own defense.[26]

26 Subcommittee on International Organizations of the Committee on International Relations, House of Representatives, *Investigation of Korean-American Relations,* 95th Cong., 2nd Sess., 22 June 1977 (Washington, D.C.: Government Printing Office, 1978), 59.

As noted above, the concept of the Nixon Doctrine was rooted in several significant changes in international relations that had occurred during the previous decade. After the United States had a bitter experience in the Vietnam War in the 1960s, a novel strategic scheme was contrived to exploit the new development of Sino-Soviet rivalry. As a corollary of the two previous aspects, there arose a need in international relations to establish some sort of strategic relationship with the People's Republic of China. Nixon revealed his rethinking in his 1967 article, "America After Vietnam" in *Foreign Affairs,* which envisaged a new direction for United States' East Asia policy. The Doctrine was an expression of Nixon's astute understanding of a new opportunity in international relations and of his keen perception of domestic priorities derived from the American people's aspirations.

Immediately after the pronouncement of the Doctrine, the South Koreans had some sort of misunderstanding about it. Due to the special relations between the United States and South Korea in the past (the Korean War and South Korea's participation in Vietnam War), the Southern leadership expected that application of the Doctrine might be exempted for South Korea. Related with the Doctrine, South Korea had five security-related apprehensions at that time: the future U.S. stance as a strong ally; the Doctrine's implication for U.S. aid; the U.S. position toward North Korea; U.S. attitude toward the Northern provocations; and the future U.S. stand in Vietnam.[27]

But the ensuing events unfolded to the contrary to the South Korean understanding of the Doctrine. The United States intended to apply the Doctrine on South Korea as a first and exemplary case. Accordingly, the Doctrine provided an acute impact on South Korea: the withdrawal of 20,000 U.S. troops stationed in South Korea in 1971. The strategic intent of the United States was understandable, but it was intriguing to the South Koreans: "In order for the United States to remove itself from Vietnam without appearing to retreat, it had to be able to say that the Guam Doctrine applied to all of Asia ..., that the foremost reason for the timing of the reduction was to legitimize the Guam Doctrine, and that Korea seemed the best possibility for implementing the Doctrine outside Vietnam."[28]

---

[27] *Ibid.,* 60.

[28] *Loc. cit.*

As such, the decade of the 1970s could be characterized with a tug of war between the United States and South Korea revolving around the issue of the U.S. forces' withdrawal and the entailing remedial measures by both sides.

U.S. Forces' Personnel Strength by Global, Regional, and On-Peninsula Deployment

Table 15. U.S. Forces' Strength by Global, Regional, and On-Peninsula Deployment from 1948 to 1980 (unit: thousand)

Year	Global total	CONUS	Overseas sub-total	Asia-Pacific (Korea)	Europe	Middle East (& Africa)	Americas	Others
1948	1,445.0	1,044.2	400.8	227.8 (33.5)	145.3	2.4	31.9	3.2
1950	1,460.3	1,117.4	342.9	180.0 (0.5)	124.1	8.1	23.8	6.9
1953	3,555.1	2,338.4	1,216.7	655.7(325.3)	436.1	22.1	70.7	32.4
1955	2,935.1	2,067.8	867.3	337.5 (85.5)	457.9	20.6	42.8	8.5
1956	2,806.4	1,993.6	812.8	301.7 (74.6)	456.0	18.9	30.0	6.3
1957	2,795.8	1,996.6	799.1	277.1 (69.8)	438.1	20.4	53.8	9.6
1958	2,600.6	1,867.0	733.6	230.7 (51.9)	446.1	20.4	29.7	6.6
1959	2,504.3	1,805.3	699.0	199.3 (50.3)	429.7	19.7	28.1	22.1
1960	2,476.4	1,778.9	697.5	190.2 (56.1)	428.0	16.4	31.2	31.8
1961	2,483.8	1,780.7	703.0	207.7 (57.9)	430.7	15.1	30.5	18.8
1962	2,807.8	2,037.9	769.9	224.9 (57.3)	474.8	14.5	29.8	25.9
1963	2,699.7	1,937.8	761.9	233.3 (57.0)	445.3	12.9	41.4	28.9
1964	2,687.4	1,932.5	754.9	253.1 (62.7)	431.4	9.3	35.3	25.9
1965	2,655.4	1,877.3	788.1	278.4 (61.6)	415.6	8.7	36.9	38.6
1966	3,094.1	2,080.7	1,013.3	543.3 (52.1)	380.1	8.1	45.1	36.8
1969	3,460.2	2,264.7	1,195.5	851.4 (56.0)	319.1	10.0	25.0	-
1970	3,066.3	1,996.6	1,069.7	700.9 (60.0)	304.9	10.0	25.0	34.4
1971	2,715.0	1,880.3	834.7	448.8 (43.0)	298.9	4.2	21.0	37.8
1972	2,323.1	1,694.9	628.6	286.0 (41.0)	301.0	3.0	21.0	17.2
1973	2.252.8	1,673.8	579.0	215.2 (42.0)	322.0	1.0	20.0	20.9
1975	2,127.0	1,630.0	497.0	155.0 (42.0)	311.0	1.0	15.0	15.0
1976	2,081.0	1,618.1	462.9	132.1 (40.4)	297.9	2.0	15.8	15.1
1977	2.074.0	1,584.0	490.0	143.5 (40.5)	315.7	1.8	15.9	13.1
1979	2,025.0	1,544.3	480.7	131.6 (39.0)	327.2	0.4	15.1	6.4
1980	2,045.0	1,542.4	502.6	124.4 (38.8)	333.8	1.3	14.9	28.2

Source: Charles H. Murphy and Gary Lee Evans, *U.S. Military Personnel Strength by Country of Location Since World War II, 1948-1980,* 1-10.

As in Table 15, the U.S. forces were deployed in four overseas theatres, the U.S. homeland, and several isolated locations from 1948 through 1980.[29]

The strength of the U.S. forces in Korea (USFK) shows a steady contraction from the peak of 325.3 thousand in 1953 to the lowest level of 38.8 thousand in 1980. The average personnel strength of the USFK maintained a level of 60 thousand during the 1960s. It fell by 20 thousand in the early 1970s to an average level of 40 thousand by the impact of the Nixon Doctrine. The U.S. military presence in Europe was about two times larger than that of the Asia-Pacific region. Due to the protracted Vietnam War, the U.S. force strength fluctuated widely in the Asia-Pacific region, while a rather constant of 300 thousand remained in Europe during the 1960s and 1970s. This trend indicates the U.S. perception and policy priority in its global commitments. That is, Europe had a constant importance to U.S. national priorities, whereas the significance of Asia varied according to times and situations.

United States Military Strategy in the 1970s

Global and Regional Perspective

The changes in international situations in the 1970s brought forth a significant change in the U.S. strategic concept from that of the 1960s. In his FY 1975 annual defense report, James R. Schlesinger, the Secretary of Defense, explained the context and content of the change.

> In the 1960s, we adopted a strategy and force structure that purportedly enabled us to deal simultaneously with the initial stages of a war in Europe, a war in Asia, and a minor contingency elsewhere. Since 1969, with explicit acknowledgement of the Sino-Soviet split and the President's opening of detailed negotiations with both the USSR and the PRC, the strategic concept has been changed in the following respects .... We now plan our forces to deal with a major conflict in Europe or Asia and to respond simultaneously to a minor contingency elsewhere. Thus, we have dropped one of the big contingencies for which we must be simultaneously prepared and have adopted a 1 1/2 war strategy instead of the 2 1/2 war strategy of the 1960s.[30]

---

29 Charles H. Murphy and Gary Lee Evans, U.S. Military Personnel Strength by Country of Location since World War II, 1948-1980 (Washington, D.C.: Congressional Research Service, 13 November 1980), pp. 1-10.

According to this strategic concept, the United States assumed two major threats: an attack on NATO by the Warsaw Pact nations, and an attack in either Northeast or Southeast Asia with the direct involvement of the forces of the major powers.[31] With respect to Asia, Schlesinger explained the events after the change in strategic concept: "Beginning in 1969, significant reductions in the size of our forces in Asia have taken place. These reductions stem from major changes in our relations with Asian powers in the last few years, especially with the PRC; the withdrawal of the United States forces from South Vietnam; and the growth in capabilities of our Asian allies."[32] The policy actions attendant to the change of the strategic concept included the reduction of U.S. forces. The number of active Army divisions was reduced from 16 1/3 in 1964 to 13 in 1973.

However, this concept did not call for a complete and automatic disengagement of U.S. military commitments from Asia. Instead, the United States wanted to retain flexibility in its engagement in the region. The continuing instabilities in Asia could certainly involve the United States, and having a visible capability to act could help to avoid, through deterrence, the need for future military commitments. The United States assumed that a further large-scale or rapid reduction of U.S. forces in the Western Pacific would have unsettling effects in the region. Schlesinger reached a conclusive estimate on Korea: "Therefore, we continue to deploy one Army division to South Korea."[33]

In the latter 1970s, this flow of U.S. defense thinking was reflected in the Carter administration's military strategies. First, the Swing Strategy, which called for the transfer of the United States' Asia-oriented forces to the European theater if a contingency occurred there. Second, the concept of the Rapid Deployment Force, which would be prepared with an adjustment of the existing forces to counter newly arisen lesser contingencies. Eventually, with the Soviet Union's incursion into Afganistan in 1980, the U.S. defense

---

30 U.S. Department of Defense, "Report of the Secretary of Defense James R. Schlesinger to the Congress on the FY 1975 Defense Budget and FY 1975-79 Defense Program" (Washington, D.C.: U.S. Government Printing Office, March 4 1974), 85.

31 *Ibid.,* 86.

32 *Ibid.,* 91.

33 *Ibid.,* 92.

concept developed into the Carter Doctrine, which pronounced that the U.S. nuclear force would retaliate against the Soviet Union, if it attempted to infringe on the oil-rich Middle Eastern region. Due to the Carter's defeat in the 1980 presidential election, his Doctrine did not have an opportunity for actual application.

U.S. Military Strategy in Korea: Forward Defense Strategy

The military strategy of the UN/U.S. forces prior to 1974 was passive. It assumed a phased withdrawal to the Han River line and even allowed a temporary loss of Seoul, which would be retaken after the UN/U.S. forces regrouped and counterattacked.

However, the situation had changed in the 1960s due to South Korea's national development. Seoul became the hub of economic activities and the habitat of one fourth of the entire population. A necessity arose to reflect Seoul's political importance on military strategy: "In 1974, Generals Hollingsworth and Stilwell developed a forward defense concept designed to defeat the enemy before it reaches Seoul. The development of this forward defense strategy has several important consequences. It has accentuated the need for strong, indepth reinforced defensive positions, massive firepower, mobility, excellent communications, tactical air support, better air defense and substantial warning time before an enemy attack. It has also made any temporary occupation [loss] of Seoul more unacceptable, both psychologically and in terms of the ability of ROK forces to regroup."[34]

Nevertheless, in reality, only the U.S. forces in Korea, not the ROK forces, could provide many of the following ingredients needed to make the forward defense concept viable.

1. Intelligence gathering and analysis ability to guarantee the early warning.
2. Highly mobile reserve armor and anti-armor capabilities to offset ROK firepower disadvantages.
3. Air power capable of gaining air superiority and providing vital tactical air support.
4. Experienced forward air controllers who can direct air strikes without communication problems.

---

[34] *Ibid.,* 39.

5. Effective communications and logistics operations.
6. Ability to call in reserve ground, naval and air forces from outside South Korea.
7. Commanders experienced in high intensity, modern combat.[35]

An interim assessment of the U.S. military strategy in Korea during the 1970s suggests that Seoul emerged as a politically indispensable locality to lose to the enemy even in a temporary duration. Thus, the UN/U.S. command contrived a desirable, rational forward defense strategy to deny Seoul to the enemy. South Korea's indigenous capability, however, did not allow the implementation of such forward defense concept, and, therefore, two things were essential for South Korea's defense: retention of the U.S. defense capability in Korea, and enhancement of South Korea's indigenous military capacity.

The keen need to retain U.S. military capability for South Korea's defense contributed to the United States' ability to exert continuously its influence over South Korea. This flow of logic, inevitably, induced the controversy of Carter's 1977 force withdrawal plan and the Southern initiative of self-reliant defense in the latter 1970s.

U.S. Forces in Korea: A Means of Strategic Influence

During the 1970s, the United States Forces in Korea (USFK) did not show a noticeable change in quantity, but it achieved a significant improvement in quality. The USFK adopted the concept of air-land battle as a form of offensive defense, which emphasized strikes deep into the enemy's rear echelon. To fulfill this air-land battle concept, the USFK enhanced its capabilities: fielding of the Lance missile with a range of 120 kilometers; introduction of MLRS (Multiple Rocket Launcher System); issuance of newer version of tanks; upgrading of army aviation assets; enhancement of air-support ability; and automation of C^3I systems (Command-Control-Communication-Intelligence).[36] The U.S. Air Force in Korea also enhanced

---

35 *Loc. cit.* The seven "ingredients for the forward defense strategy" are contained in the page, in slightly different wordings, but the researcher borrowed the main points with simpler expressions.

36 Robert W. Sennewald, "General Sennewald's Statement to the House Armed Services

its capability with the introduction of F-16s, A-10s, and OA-37 forward control aircraft. In East Asia, the naval capacity of the U.S. 7th Fleet increased under the strategic concept of pressing the Soviet Union with opening a second front, if it initiated a war in Europe or in Middle East.

Then, what strategic functions did the USFK perform on the Korean peninsula and in the region of East Asia? The USFK had three functions to perform: deterrence, defense, and control. The primary function of the USFK was to deter conflict on the Korean peninsula. The United States pursued deterrence by stationing U.S. forces on the Korean peninsula as stipulated by the 1953 Mutual Defense Treaty between the two countries. By deterring conflict in Korea, the USFK would contribute to checking the expansion of Soviet military influence in the region. Checking Soviet military influence would maintain a favorable military balance for the United States in East Asia. Simultaneously, deterrence on the Korean peninsula contributed to the protection of Japan from external threat, which, in turn, prevented Japan's remilitarization. The function of deterrence required two things: a U.S. responsibility for maintaining the armistice mechanism on the Korean peninsula and a U.S. acceptance of automatic involvement, if hostilities transpired on the peninsula.

The second function was to repel aggression, should deterrence fail. The USFK was manned, equipped, trained, and prepared for this function. In both areas of deterrence and defense, the United States had the responsibility for providing defense assistance to South Korea.

The third function was to control any unilateral, uncoordinated military actions toward the North by the Southern government.[37] The military command mechanism agreed during the Korean War (the 'operational control' authority mechanism afterward) reflected the serious American worries about the escalation of local conflict into a global war. The national interests of the United States and South Korea were fundamentally disparate. The United States aimed to achieve global stability, while South Korea sought survival in the local contention. Through the presence of U.S. forces and the

---

Committee," *U.S. Policy Series,* No. 4 (Seoul: USIS, April 1983).

37 Senators Hubert H. Humphrey and John Glenn, *U.S. Troop Withdrawal from the Republic of Korea,* 41-42.

provision of political, military, and economic aid, the United States wanted to attain the ability to control independent actions by the Southern military forces.

With the three functions of the USFK, the United States was able to exercise its strategic influence over South Korea. The Southern government had to accept the uneven bilateral relationship, which was derived from the huge power disparity between the two countries.

U.S. Military Assistance to South Korea in the 1970s

Table 16. U.S. Military Assistance to South Korea, 1971-1980 (in million of dollars, fiscal years)

Items	71	72	73	74	75	76	77	78	79	80	81
Grants	541.2	515.2	338.8	100.6	82.6	59.4	5.5	800	0	0	0
FMS Loans	15.0	17.0	24.2	56.7	59.0	126.0	286.5	275	275	275	275
Total	556.2	532.2	363.0	157.3	141.6	185.4	292.0	1,075	275	275	275

Source: Senators Hubert H. Humphrey and John Glenn, *U.S. Troop Withdrawal from the Republic of Korea*, p. 44.

In the 1970s, although its size showed a steady contraction, the United States continued to exert its influence over South Korea with the economic and military assistance programs.[38] One can draw a trend from Table 16. The grant portion of the U.S. military assistance had been continuously contracting from FY 1971 and almost terminated after FY 1978, while the portion of FMS loans in the U.S. military assistance increased from FY 1971. The FMS loans were a form of borrowing from the United States government, which should be repaid in later years with prescribed interest. However, the FMS was still a salient tool of American influence leverage, because small nations were able to acquire the needed military equipment without the ready ability of cash.

One of the outstanding phenomena of U.S. direct military assistance in the 1970s was the U.S. compensation for the withdrawal of the U.S. 7th Infantry Division in 1971. The Division withdrew from Korea as one of the implementations of the Nixon Doctrine. Accordingly, the United States and

[38] *Ibid.,* 44.

South Korea agreed to a five-year (1971-1975), $1.5 billion Force Modernization Plan (MOD) to compensate for the Division's withdrawal as shown in Table 17.[39]

Table 17. Force Modernization Plan Compensating for the Withdrawal of the U.S. 7th Infantry Division (in million US$)

Items	1971-75	1976-77	Total
Grants	918	70	988
FMS Loans	116	412	528
Total	1,034	482	1,516
Progress (%)	69	31	100

Source: Senators Hubert H. Humphrey and John Glenn, *U.S. Troop Withdrawal from the Republic of Korea,* p. 44.

Although the South Korean government expressed its dissatisfaction on the progress of the MOD plan (the plan's delay for two years, larger portion being FMS instead of grants), it was a precursor of the ROK forces' improvement and modernization. U.S. military assistance in the 1970s showed a trend which was indentical to that of the 1960s. The United States was able to exercise the same influence on South Korea in the reversed circumstances (withdrawal of forces, contraction of aid) as in the initial commitments (insertion of its forces, provision of substantial aid).

The Matter of Operational Control: Creation of the Combined Forces Command (CFC)

Before the November 1978 activation of the Combined Forces Command (CFC), the U.S. chain of command had exercised exclusively the 'military command authority' over the entire U.S. and ROK forces. (The concept of 'command authority' was changed later into 'operational control authority.') The U.S. chain of command ran from the President of the United States to the Secretary of Defense, to the Joint Chiefs of Staff, to the Pacific Command, and finally to the United Nations Command (UNC) in Korea. The commander of the UNC, in turn, exercised operational command over all

[39] *Loc. cit.*

South Korean forces. The next echelon commander, Commanding General of the 1st ROK-U.S. Corps Group, exercised operational command over the bulk of the South Korean forces responsible for the defense of the western Demilitarized Zone (DMZ). Since the commanders of the UNC and the ROK-U.S. 1st Corps Group were U.S. generals, the matter of operational command was decided by the strategic intent of the United States and executed through the U.S. command channel, without any Korean participation. President Syng-man Rhee had requested such an extraordinary military command mechanism to General MacArthur in July 1950 amidst the exigencies of the Korean War (the Daejeon Agreement).

The activation of the Combined Forces Command on 7 November 1978 had several strategic implications for security arrangements and military command mechanisms in Korea.

First, the activation of the CFC implied a change of dimension in security matters on the Korean peninsula. Previously, although as a mere nominal formality, the United Nations was in charge of conducting military command authority. Now, the UNC relinquished the operational command authority to the CFC. That is, the establishment of the CFC changed the command mechanism into a solely bilateral relationship between the United States and South Korea: a departure from the involvement of the United Nations. The UNC was left only to be responsible for maintaining the Armistice Agreement on the Korean peninsula. This aspect reflected the political necessity to transform the Armistice system into some sort of permanent peace system on the peninsula with attendant termination of the UN's nominal influence.

Second, the establishment of the CFC opened a small window of opportunity for South Korean military cadres to participate in the operational control matters. The CFC was to receive strategic directives and missions from the Military Committee (MC), which would receive political and military guidances from both national command authorities of the United States and South Korea. The Military Committee was to be composed of five participants: U.S. and ROK Chairmen of the Joint Chiefs of Staff, another ROK representative, the commanders of the Pacific Command and the Combined Forces Command. Through this configuration, South Korea could insert its strategic desires into the operation of the CFC.

Third, the establishment of the CFC reflected the oscillating security relations between South Korea and the United States. The concept of the CFC developed from two situations: the Carter administration's intent to withdraw U.S. forces from Korea and the Korean initiative for self-reliant defense. U.S. strategists wanted to develop a control mechanism for placing the ROK forces continuously under the U.S. operational control even after the disengagement of U.S. forces from South Korea and diminution of the UN façade in the affairs of Korean defense. Chae-Jin Lee and Hideo Sato analyzed critically: "The CFC also permitted the United States to continue its operational influence over South Korean forces even after withdrawal of its own ground combat forces. As General Vessey suggested, the CFC was a psychological move to show that the United States was not deserting South Korea after all."[40] The making of the CFC was a manifestation of these U.S. wishes. Also, the CFC mechanism was designed to allay the intensity of South Korea's nationalism with the small opening of ROK participation in the matters of operational control.

Interim Assessment of the U.S. Influence on South Korea in the 1970s

In the 1970s, the United States underwent a significant change of strategic concept in global terms: rapprochement and détente with erstwhile adversaries; rationalization of its overseas military commitments; and realistic emphasis on the allies' indigenous defense responsibilities. These strategic concepts were duly embodied in the Nixon Doctrine.

In the course of the Doctrine's concrete implementations, however, South Korea had to experience a series of security-related difficulties. The United States reduced the size of its Korea-stationed forces and contracted the amount of its economic and military assistance. Thus, as a remedial action for the force reduction and aid contraction, the United States attempted to undertake an ad hoc military aid to compensate for them.

The unique feature of the 1970s was the continuous exertion of U.S. influence on South Korea despite the negative measures by the United States

---

40 Chae-Jin Lee and Hideo Sato, *U.S. Policy Toward Japan and Korea: A Changing Influence Relationship* (New York: Praeger Publishers, 1982), 122.

(the reduction of forces, the contraction of assistance). For example, South Koreans heatedly opposed the 1971 withdrawal of the 7th U.S. Division, which, in an opposite sense, abetted the continued exertion of U.S. influence on South Korea. Also, South Koreans objected the contraction of U.S. assistance, which, again, militated for the continuation of U.S. influence.

The United States created another opportunity to exert its influence when it executed the ad hoc measures (e.g., the above-explained MOD program) to compensate for the negative measures.

Thus, the magnitude of U.S. influence on South Korea in the 1970s remained significant as in the previous decade.

4. Political and Military Situations Faced by South Korea in the 1970s

South Korea's Internal Conditions in the 1970s

Political Situation in General

While the 1960s appeared as a decade for consolidating Park's political power through trial and error, the 1970s was a period to perpetuate Park's political power. Although Park had taken unstable political paths after his 1961 military *coup detat,* he won two presidential elections in 1963 and 1967 as a civilian candidate, although with narrow margins. The highly unorthodox constitutional amendment in September 1969 legally established a third presidential term, which was later ratified by national referendum. In 1971, Park ran and was reelected for the third and final term of the presidency by the Constitution in force at that time.

Through those presidential elections, Park experienced serious "inconvenience and ineffectiveness," which he found troubling for efficient national statecraft. He felt that the democratic processes (elections) squandered valuable national energy, resources, and time. Most of all, the liberal movements, such as the students' anti-government demonstrations and the political resistances by the intellectuals and labor organizations, rendered a serious opposition to the mode of his rule.

Moreover, Park had deep worries about the external development in such security matters as the 1969 Nixon Doctrine, which called for more indigenous defense effort by Asian allies and led to the 1971 withdrawal of the 7th U.S. Division from South Korea. Park also worried about the new U.S. strategy of *rapprochement* with China in 1972, the accompanying normalization of China-Japan relations, the severing of ties between Japan and Taiwan, the deteriorating military situation in South Vietnam, and, most of all, the Northern regime's ruling efficacy learned during the course of the 1971-1972 North-South dialogue. Park's spokesman, Kim Song-Jin, asserted: "We must have unity in order to have a dialogue with the North. South Korea can not afford to risk political unity when the Northern regime has a complete control over everything its people say and do."[41]

Economic Condition: The Relation with Defense Expenditures

The condition of South Korea's national economy continued to improve in the 1970s, as it did in the past decade. Per capita income rose from less than $100 in 1961 to $700 in 1976; the proportion of the manufacturing sector rose from 11 percent of GNP in 1961 to 35 percent in 1976; and export expanded from $175 million in 1965 to $8 billion in 1976. In fact, South Korea adopted a low wage, high export development strategy, which resulted in a remarkable economic improvement.

South Korea's economic success had been the fruition of the series of Five-Year Economic Development Plans initiated by the Park government. The rate of economic growth accelerated from a 7.7 percent average for the 1st Five-Year Plan (1962-1966), to a 10.5 percent average for the 2nd Five-Year Plan (1967-1971), to a 10.9 percent average for the 3rd Five-Year Plan (1972-1976). The 4th Five-Year Plan was aimed to attain a steady 9 percent growth and the continuation of social development.

While North Korea was known to allocate 14 to 30 percent of its GNP on military spending, South Korea devoted a far smaller portion of its GNP on its defense expenditure as shown in Table 18.

The U.S. forces in Korea had decisively contributed to deter another war by the Northern belligerency. The deterrence rendered by the U.S. forces in Korea warranted relatively low proportion of defense expenditure in the South Korean GNP. South Korea's steady economic growth in the 1970s was

41 *The New York Times,* 20 October 1972.

feasible owing to such low defense burdens. However, the external situations (the Nixon Doctrine, the U.S. forces' withdrawal, the Northern military enhancement) were pressing South Korea to devote more resources for the defense, which would certainly hinder the steady economic growth intended by the Southern economic plans.[42]

Table 18. Percentage of Defense Expenditures in the ROK GNP in the 1970s (million US$)

Year	Defense Expenditures	Percent to GNP
1970	239	4.3
1971	387	4.4
1972	442	4.9
1973	461	3.1
1974	734	4.0
1975	914	4.7
1976	1,525	6.5
1977 (estimated)	2,005	6.5

Source: Senators Hubert H. Humphrey and John Glenn, *U.S. Troop Withdrawal from the Republic of Korea*, p. 75.

In short, the external and internal situations in the 1970s forced South Korea to choose between economic growth and national security, both of which were indispensable for its national existence.

The 1972 Yushin System of the Park Government

All these developments militated for Park's decision to adopt the *Yushin* Constitution in October 1972. Several political features dominated the *Yushin* system. First, the presidency possessed greatly expanded power, which

---

42 Senators Hubert H. Humphrey and John Glenn, *U.S. Troop Withdrawal from the Republic of Korea,* 75. The Humphrey-Glenn Report succinctly analyzed the relation between economic growth and defense spending in South Korea: "Continued GNP growth is necessary to secure critical foreign loan commitments. Moreover, an estimated annual 9 percent real growth in GNP is necessary just to keep unemployment from rising above current levels .... U.S. officials estimate that if currently planned 1978 ROK defense budget of $2.6 billion were increased to $3.6 billion (9 percent of GNP), real GNP growth would drop to well below 9 percent .... Such a decline would adversely affect employment rates, with possible implications for political stability and internal security."

dominated and overwhelmed other branches of the government. The president was to be elected, indirectly and without opposition, by a titular body called the National Conference for Unification for a six-year term. Presidential terms of office were unlimited by the new Constitution. Second, the president had the legal prerogative to nominate one third of the members of the National Assembly. Third, the president had the power to declare the Emergency Measures, which had equal legal weight with the laws. Under the 1974 Emergency Measures (especially, the Emergency Measure No. 9), any criticism on the *Yushin* system was prohibited, as were any forms of unauthorized political activities by the students.

The Park government justified these measures with the imperative of guarding the nation from the Northern threat. This argument had a degree of persuasiveness. But the South Korean public began to feel dubious exploitation of national security in Park's political ambition. Also, these measures brought a clash with American political values and practices.

Park's Northern Approach: The Rationale

In the early 1970s, South Korea initiated a non-hostile and mature northern approach, as revealed in the following examples. President Park's 15 August Declaration on 15 August 1970, the North-South Red Cross Meetings in August 1971, the 23 June Declaration in 1973, the formation of North-South Coordination Committee in 1972, and, as a culmination of this pacific approach, the pronouncement of the South-North Joint Communiqué on 4 July 1972.

The gist of the 15 August Declaration was that South Korea was willing to deal with the North in realistic and mature terms, if the Northern regime forwent its policies of revolution by force and unification under socialist tenet. The 1971 South-North Red Cross Meetings materialized from this realistic stance. The 23 June Declaration introduced several pacific concepts of the Southern statecraft: non-interference between South and North in their internal affairs; simultaneously joining the UN organizations; and discarding the Holstein principles in the Southern foreign policy. The installation of the South-North Coordination Committee in 1972 and the attendant 4 July South-North Joint Communique were intended to institutionalize such tension relaxation mechanism on the Korean peninsula.

Several international and domestic developments catalyzed those unique initiatives by the Southern government. Through its economic achievements in the early 1970s ($10 billion export, $1,000 per capita income), the Park government attained some degree of self-confidence in its statecraft. Thus, South Korea began to explore a new momentum for its national development, since the rigid South-North confrontation would impede further development of the nation, if it continued. In addition, recent international trends (e.g., *détente* with the Soviet Union, *rapprochement* with China) required a departure from the confrontational world view of the past. A relaxation of tension on the Korean peninsula, the Southern leadership assessed, would be more helpful for a desirable political and economic development of the nation.

Growth of Military Capabilities of the South Korean Forces

The Southern forces experienced oscillating military capabilities in the 1970s, which were affected by the changing security situations around the Korean peninsula and by the challenges from the Northern regime. A comprehensive assessment of the Southern military capabilities of the decade must consider the turmoils in the early 1970s: the 1971 withdrawal of the 7th U.S. Division, the 1971-1975 Force Modernization Program to compensate for the withdrawal (the MOD plan with $1.5 billion military aid package by the United States), the Carter administration's withdrawal controversies from 1976, and the Southern government's self-reliant defense efforts, including the 1974-1981 Force Improvement Plan (FIP) designed to counter the changes in external conditions.

The comparison of South Korea's military capabilities between the ends of the 1960s and the 1970s would express the improvement of defense capabilities made by the Southern efforts in the decade.[43] Table 19 shows the strength of military personnel and major-unit compositions of the Southern forces in the two periods.

---

43 The International Institute for Strategic Studies, *The Military Balance 1968-1969* (London: Adlard & Son LTD., Bartholomew Press, Dorking, 1968), 38, and *The Military Balance 1979-1980* (1979), 68.

Table 19. Comparison of South Korea's Military Capabilities between the 1960s and the 1970s

1979-80	1968-69
Total Armed Forces: 619,000	620,000
Army: 520,000	550,000 (including 46,000 in SV)
1 mechanized division	
17 infantry divisions	19 front-line infantry divisions
2 armored brigades	2 armored brigades with M-47/-48 tanks
5 special forces brigades	4 other tank battalions in reserve
2 air defense brigades	40 artillery battalions
7 tank battalions	1 battalion with *Honest John* rockets
30 artillery battalions	2 SAM battalions with *HAWK*
1 SSM battalion with *Honest John*	1 SAM squadron with *Nike-Hercules*
2 SAM brigades with *HAWK* & *Nike-Hercules*	2 infantry divisions, engineering units in SV
Navy: 47,000	17,000
9 ex-U.S. destroyers	3 destroyers, 4 destroyer-escorts
7 ex-U.S. frigates	4 frigates
6 ex-U.S. corvettes	3 fast transports
10 large patrol craft	
23 coastal patrol craft	15 coastal escorts
8 MSC 268/294 coastal minesweepers	11 coastal minesweepers
22 ex-U.S. landing ships	20 tank/medium landing ships
Marines: 20,000	30,000
1 division	1 newly formed division
2 brigades	1 brigade in SV
LVTP-7 APCs	
Air Force: 32,000	23,000
254 combat aircraft	195 combat aircraft:
9 fighter-bomber squadrons:	54 F-5 tactical fighters
3 with 37 F-4D/Es	36 F-86D intercepters with *Sidewinder* missiles
4 with 135 F-5Es	
2 with 50 F-86Es	95 F-86F intercepters
1 recon sqdrn with 12 RF-5As	10 RE-86F reconnaissance aircraft
Sidewinder, Sparrow AAM	
Reserve: 2,800,000 Homeland Defense Reserve Force	A militia with a proposed strength of 2,000,000 was being formed

Source: The International Institute for Strategic Studies, *The Military Balance 1968-1969* (London: Adlard & Son Ltd., Bartholomew Press, Dorking, 1968) p. 38; and *The Military Balance 1979-1980* (1979), p. 68.

South Korea also made a noticeable improvement in the ground combat equipment in the 1970s, both in quantities and qualities.[44] Table 20 shows that South Korea made a substantial improvement in defense capabilities, including the increase of anti-armor and anti-aircraft equipment in absolute numbers. This improvement was derived from the Southern government's determined self-help efforts including the 1974-1981 Force Improvement Plan (FIP), the 1975 introduction of the special defense tax, and the 1968 activation of the Homeland Defense Reserve Force. In addition, although delayed by two years, the Modernization Plan (MOD) of 1971-1975 also contributed to the Southern forces' enhancement in defense capabilities.

Table 20. Growth of the South Korean Forces' Combat Equipment in the 1970s

60 M-60 tanks and 880 M-47/-48 medium tanks
500 M-113/577 APCs and 20 *Fiat* 6614 APCs
2,000 105mm, 155mm, 175mm, 203mm towed guns
76 M-109 155mm howitzers and 12 M-107 175mm howitzers
16 M-110 203mm self-propelled guns and howitzers
5,300 82mm mortars and 107mm mortars
Honest John SSMs
80 M-18 76mm and 100 M-36 90mm self-propelled anti-tank guns
57mm, 75mm, 106mm recoilless rifles
TOW and *LAW* anti-tank guided weapons
66 20mm *Vulcans*
40 40mm anti-air guns
80 *HAWK* and 45 *Nike-Hercules* surface-to-air missiles

Source: The IISS, *The Military Balance 1979-1980,* 68.

In essence, two factors militated on the improvement of the Southern forces: South Korea's indigenous defense efforts and the military assistance from the United States. The financial burden for the FIP was met by 76.8 percent indigenous sources and 23.3 percent external sources (FMS).

However, the Northern regime still enjoyed numerous military advantages: more ground combat divisions, greater ground firepower, more armor assets,

[44] *Ibid., (The Military Balance 1979-1980),* 68.

more air assets, better air defense system, more commando type forces, the ability to concentrate attacking forces, and, most of all, the capability of surprise.[45]

Regarding the factor of surprise, the Humphrey-Glenn report stressed that, "Warning time is the single most critical factor in the military equation."[46] Although its military capability improved substantially in the 1970s, South Korea still lacked in both capabilities: strategic warning capability for broad political and military indicators, and tactical warning capability for precise evidence of imminent attack.

The North enjoyed its quantitative air superiority over the South in the 1970s. The comparison of the Northern and Southern air forces in the 1970s is shown in Table 21.[47] Although the Southern pilots might have had some training-hour advantage, still the quantity mattered seriously. Since the flying distances from the Northern bases to the Southern targets were so short (a matter of minutes), if the North employed some 500 aircraft in a preemptive strike, the attack would have a devastating effect on the Southern defense. In this tactical context, the imperative of warning time and the rapidity of the external U.S. reinforcement arose again. The requirements of warning time and external reinforcement could only be met by the retention of the U.S. forces in Korea.

Table 21. Comparison of the Two Koreas' Air Assets in the 1970s

	North Korea		South Korea	
Old Models	MiG-15/-17s	328	F-86Fs	100
	Mig-19s	118	F-5A/Bs	70
Newer Models	MiG-21s	121	F-5Es	72
	SU-7s	22	F-4D/Es	45

Source: Senators Hubert H. Humphrey and John Glenn, *U.S. Troop Withdrawal from the Republic of Korea,* p. 30.

---

45 Senators Hubert H. Humphrey and John Glenn, *U.S. Troop Withdrawal from the Republic of Korea,* 28.

46 *Ibid.,* 30.

47 *Ibid.,* 28.

South Korea's Military Strategy: Force Improvement Program and the Growth of the Defense Industry

A nation's military strategy is composed of four distinct elements: force development, force deployment, force employment, and coordination of those three elements.[48] Force development is directly affected and delineated by the elements of force employment and force deployment: "what needs to be done, where it needs to be done, and how it should be done."[49] Accordingly, the strategy of force development concerns resources: "how much, what kind, and how these resources are molded and shaped into a force structure are the principal concerns of force development."[50]

In this context, South Korea's two decisions embodied its military strategy: to undertake the Force Improvement Plan (FIP) covering the period of 1974-1981 and to initiate an indigenous defense industry in the early 1970s. In the unique military environment of South Korea, where the United States had traditionally played predominant decisional roles in strategic matters, the U.S. military authorities took charge of the element of force employment and force deployment. That is, while the U.S. side was responsible for the concrete use of military force, the South Korean side was mainly concerned with the portion of force development.

Background and Contents of the Force Improvement Program

The development of international and on-peninsula situations, such as the commando raid by the Northern forces to assassinate President Park, the seizure of the USS *Pueblo,* and the insertion of 130 Northern armed agents into the Southern territory (all of them occurred in 1968), catalyzed South Korea's self-reliant force improvement program (FIP). When the Carter administration's intent to withdraw the U.S. forces from Korea began to appear from 1976, the Southern society had a vivid memory of its bewilderment from the 1971 withdrawal of one U.S. infantry division, which

---

48 Dennis M. Drew and Donald M. Snow, *Making Strategy: An Introduction to National Security Process and Problems* (Maxwell Air Force Base, Alabama: Air University Press, 1988), 81.

49 *Ibid.,* 85.

50 *Loc. cit.*

had been precipitated by the 1969 Nixon Doctrine. Amidst those adverse external and local situations, South Korea's negative estimation of military imbalance between the two Koreas compelled South Korea to undertake the FIP program as shown in Table 22. The Southern military capability was only 50.8 percent of that of the Northern forces in the early 1970s.

Table 22. Objectives of the Force Improvement Program 1976-1980

Categories	Total Cost (million *won*)
Army	[deleted]
Air defense equipment	
Armor/anti-armor	
Small arms/equipment improvement	
Artillery	
Communications	
Surveillance equipment	
Reserve projects	
Navy	[deleted]
Vessels	
Missiles and ammunitions	
Anti-submarine warfare aircraft	
Communications	
Base improvements	
Equipment improvements	
Reserve projects	
Air Force	[deleted]
Aircraft	
Early warning radars	
Other radars	
War reserve material and electronics	
Communications and electronics	
Air Force base/tactical constructions	
Other Air Force	
Reserve projects	
General	[deleted]
Equipment replacement, etc.	

Source: Senators Hubert H. Humphrey and John Glenn, *U.S. Troop Withdrawal from the Republic of Korea*, p. 45.

The relative weaknesses of the Southern forces were clear: "The U.S. 1st Corps Commander [Lieutenant General Cushman] believes the ROK needs: greater quantities of anti-armor weapons, tanks, artillery, and hardened communications, command and control facilities .... Other improvements needed include better forward defense positions, early mine-field emplacement, improved road nets, improved logistics capability, better intelligence capability, better air-land battle coordination and enhanced battle field flexibility in the ROK general staff."[51] To counter the Northern threat, the ROK forces should improve everything in their military establishment, from material conditions to spiritual elements.

President Park launched the FIP program on 19 April 1973 to enhance ROK military capability in the period from 1974 to 1981. The objectives of the program included all services' needs as shown in Table 22.[52] To achieve those objectives of enhancement of military capabilities, the South Korean government devoted substantial amounts of resources in the period of 1974-1981: total 3,607 billion *won* for the eight year FIP program, which comprised 2,770 billion *won* directly from the ROK government's national revenue and 837 billion *won* from FMS loans. After repaying the interest on the FMS loans (467 billion *won*), the portion of real investment for military capability enhancement was 3,140 billion *won*.[53] Thus, the real investment portion occupied 31.2 percent of total defense expenditure. One must notice the high proportion of "investment," which was a reflection of President Park's strong will not to squander the valuable resources on "maintenance" of the existing forces.

These figures imply two major findings. The domestic revenue covered the bulk of the force improvement expenses (76.8%) and South Korea still needed American cooperation in implementing the program (the FMS portion showing 23.2% of the expenses). Together with President Park's strong will for self-reliant national defense, South Korea's outstanding economic development

51 Senators Hubert H. Humphrey and John Glenn, *U.S. Troop Withdrawal from the Republic of Korea,* 43.

52 *Ibid.,* 45.

53 The Research Center for National Defense and Military Affairs, *Geongun Osimnyeonsa* (History of 50 Years Since the Activation of the ROK Armed Forces) (Soul: The Research Center for National Defense and Military Affairs, 1983), 30.

from the past decade made possible such an ambitious force improvement program. The ROK government took accompanying self-reliant measures, such as the introduction of the special defense tax in 1975 and the activation of the Homeland Defense Reserve Forces in 1968.

South Korea obtained U.S. agreement to cooperate with this concept of ROK forces' improvement. Further, the United States promised a sizeable military equipment transfer (currently used by the 2nd U.S. Division) when the unit left Korea according to the Carter withdrawal plan. The FIP program brought forth substantial results as in Table 23.[54]

Table 23. Results of trhe Force Improvement Programs

Army	M-16 rifles
	M-60 machine guns
	M 48 A3/A5 tanks
	Beginning to field indigenous ROKIT tanks
	Artillery pieces of newer versions
	Army aviation assets
Navy	Destroyers of ROK indigenous model
	Introduction of new frigates
	High-speed missile boats (PGM, PKM, PK)
	Improvement of underwater surveillance
	Aircraft for anti-submarine warfare
	Helicopters for anti-submarine warfare
Air Force	Introduction of F-4 D/E
	In-country co-production of F-5 E/F
	Beginning of F-16 acquisition
	Laser-guided missiles
	CBU bombs and *Maverick* bombs
	*Sidewinder*s and *Sparrows*
	Chaffs
	Automation of air defense system

Source: ROK Ministry of National Defense, *The Past and Present of the Force Improvement Program,* 36-37.

54 The enumeration of the FIP results is a reconstruction of the following two sources: ROK Ministry of National Defense, *The Past and Present of the Force Improvement Program,* 36-37; and the Research Center for National Defense and Military Affairs, *History of 50 Years Since the Activation of the ROK Forces,* 303. The exact quantities are not disclosed for an obvious reason of protecting the classified figures.

Although it achieved significant results, the FIP was not a perfect, consummate program. It experienced numerous trials and errors and redundancy in investment. It drew criticism for its blind pursuance to overtake the Northern capabilities mechanically. The ratio of relative military balance did not improve despite the sustained investment of valuable resources. The relative ratio still remained in the 60 percent level vis-à-vis the Northern military strength after the eight years' force improvement efforts.

Development of South Korea's Indigenous Defense Industry

The impetus to develop the indigenous defense industry was the same as the motivation to undertake the Force Improvement Program. The 7th U.S. Division's withdrawal in 1971 accentuated that the international situation in the 1970s was not favorable for South Korea's security. The Nixon Doctrine articulated that allies in Asia-Pacific region should assume more responsibility for their national defense. Moreover, the Carter administration broached another withdrawal of U.S. forces from 1976-1977. But the combat equipment of the Southern forces was still obsolete, typified in M-1 rifles and carbines of World War II vintage for infantry troops, while the Northern regime applied relentless military pressure from the late 1960s on the South in the 1968 incidents of the commando raid to assassinate President Park and the *Pueblo* seizure in the Eastern Sea. In addition, the Northern regime had achieved the ability to produce indigenously most of the combat equipment it needed from the early 1960s. Accordingly, the Southern government faced an exigent situation to embark on the development of a self-reliant defense industry.

By 1978, South Korea achieved substantial successes in producing M-16 rifles, small caliber mortars, AN/PRC-77 portable radios, AN/VRC-12 vehicle-mounted command radios, SB-22 switch boards, and small arms ammunition. Prototypes of the 105mm and 155mm howitzers were manufactured in 1973 and 1974. But, significant defects in manufacturing, material, and quality control appeared in those prototype artillery weapons due to lack of technical coordination between the U.S. manufacturers and ROK producers. When South Korea considered improving or converting ROK armor assets, the bulk of conversion material and technical assistance were to be purchased from the United States. But South Korea would produce up to 30 percent of the conversion components. To co-produce aircraft, South Korea began to co-assemble the F-5 fighters with the cooperation of three U.S. companies. Improving helicopters, 25 Hughes 500 MD were to be equipped with *TOW* missile-launch capabilities from 1976. Also, South Korea developed the depot-level maintenance capabilities for *HAWK* and *Nike-Hercules* air defense missile systems from 1972.

South Korea, of course, encountered numerous strategic problems and realistic impediments in developing its defense industry, including the needs to diversify the sources of defense equipment, to sell the saturated defense products to other countries, to acquire technology from the original sources, and to resolve the controversies about the rights and obligations of licensed production. The development of the indigenous defense industry expressed the South Korean will to take charge of its own national defense, and demonstrated a facet of South Korea's indigenous military strategy.

Operational Control of the ROK Forces: The Meaning of the Activation of the Combined Forces Command (CFC)

As seen above, a significant change appeared in the mechanism of exercising operational command authority in the Korean theatre in the late 1970s. Since the Korean War, the operational command authority had been exercised solely by the UN/U.S. commander under the aegis of the U.S. government's unilateral intent and decision. The Combined Forces Command activated in November 1978 allowed the ROK military cadres' participation in the exercise of operational command authority, albeit partial.

The function and organization of the CFC had several positive aspects for South Korean standpoint. First, the installation of the deputy commander position with a South Korean general enabled to input strategic desires of the Southern national command authority in the military decision process. Second, an equal number of officers from both U.S. and ROK armed forces composed the Command staff, which permitted ROK staff officers' to participate in the matters of strategic decision and operational tactics on the Korean peninsula theatre. Third, although the main decisional authority lay in the hands of American officers, the Southern officers' participation in the Command staff allayed the Southern cadres' nationalistic grievances and their crave for self-decision to a certain degree.

Those positive aspects of the CFC configuration provided an impetus for the Koreans to develop the indigenous military strategy and operational tactics. The Southern military cadres had an opportunity to view, critically and objectively, the way of estimation, planning, decision-making, and execution conducted by U.S. staff officers, together with their military management techniques. Especially, the Southern cadres paid a keen attention to the weakness areas of the Southern forces, such as intelligence, command and control, and advanced weapon technologies. The creation of the CFC rendered a profitable occasion for the Southern military cadres to learn from the advanced foreign armed forces and to renew their resolve to improve the indigenous military establishment.

Interim Assessment of the Impact of South Korea's Internal Conditions on the Development of Military Strategy

First of all, what kind of effect did the illiberal *Yushin* political system of the 1970s impact on the matters of national defense? The political leader's personal influence definitely dominated the military establishment. President Park occupied an overwhelming position in making military decisions. Generally, he himself introduced a defense-related concept, and, then, he supervised the ensuing implementation. This phenomenon was a typical manifestation of a "one-man show." Fortunately, most of his policy orientation about defense matters were sound and reasonable, such as the need to take a self-reliant defense posture and to proceed with the Force Improvement Program. But, ideally, other military cadres' voluntary participation would have contributed more to ROK military development including the development of military strategy.

Second, as a positive corollary of the above phenomenon, unity between national strategy and military strategy was achieved. Since President Park personally managed both national strategy and military strategy, there was no room for schism between the two strategies. His past military career and personal temperament for effective management contributed to the development of a viable military strategy, particularly, in the approaches of the Force Improvement Program and the defense industry.

Third, the strong will and personal administrative capability of President Park himself should be acknowledged for the implementation of South Korea's military strategy, especially in the proceeding of the FIP and the defense industry, irrespective of his illiberal political orientation. For example, he strongly emphasized the importance of more than 31 percent real investment out of the annual defense expenditure into the Force Improvement Program in enhancing military capability, which he enforced to the utmost. He abhorred squandering the valuable resources on routine maintenance of the forces.

5. Overall Analysis: Congruence between Historical Facts and Theoretical Framework

In the previous chapters, the theoretical framework of the research has been presented and its gist may be condensed as follows. Three major factors affect the development of South Korea's military strategy: the military threat posed by North Korea, the United States' strategic influence over South Korea, and the internal conditions of South Korea. Three theories provide explanations about the three factors' impact on the development of South Korea's military strategy. The classical realist thought explains the function of the North Korean military threat, the neorealist theory describes the exertion of the United States' strategic influence on South Korea, and the theory of multiple variables supports clarifying the effect of South Korea's internal conditions.

First, North Korea continued to pose a serious military threat to the existence of South Korea in the 1970s. Classical realist thought can easily explain the impact of the Northern threat on the development of the Southern military strategy.

Classical realist thought articulates the primacy of a state in an anarchical international setting. In the 1970s, North Korea continued to strengthen and enhance its statehood and endeavored to maintain its independent position in the midst of the rivalry between the USSR and the PRC. As an essential foundation of statehood, the Northern regime directed its major efforts to consolidating the revolutionary base in North Korea and continued to assert its political and historical legitimacy as the only legitimate state on the peninsula representing all the people of North and South Korea.

Classical realist thought calls for maintaining, increasing, and demonstrating power. In the 1970s, North Korea attempted to enhance its national power with a series of multi-year economic plans, which enabled it to achieve a basic industrial capability. Supported by such indigenous industrial capability, North Korea achieved offensive-oriented military might. Thus, with the support of the accumulated military might, the Northern regime did not hesitate to demonstrate its power in the 1976 axe-murder incident at Panmunjom and other provocations.

Second, the United States continuously exerted its strategic influence on South Korea in the 1970s. The neorealist theory explains the exertion of U.S. influence over South Korea.

The neorealist theory values the impact of international systemic structure on the behavior of a state. The changes in the international situation in the 1970s affected the orientation of South Korea's military endeavors. The United States' establishment of a new strategic relationship with China and the attendant withdrawal of U.S. forces from Asia (initiated by the Nixon Doctrine) immediately prompted South Korea to take appropriate counter-measures of adopting a novel military strategy: the undertakings of the Force Improvement Program and the indigenous defense industry.

Neorealist theory places less importance on the internal conditions of a state than on the external circumstances in deciding a state's behavior. Being at an early stage of economic development, South Korea had to devote a major portion of its resources to economic growth. Nevertheless, it also had to allocate a significant portion of its resources for national defense expenditures. The impetus of external circumstances overwhelmed the needs of internal necessity, as the neorealist theory maintains.

Neorealist thought also appreciates the function of external constraints in forming a state's policies. The main tool of U.S. influence, its economic and military assistance, showed a steady trend of contraction in the 1970s. Nevertheless, the United States was able to maintain its influence through the logic of reversed assistance. (Despite the contraction of the amount of U.S. aid, the United States was still able to exercise a significant degree of influence over smaller allies). Henceforth, South Korea had to heed the United States' military strategy toward Korea. As a telltale example, South Korea wholeheartedly participated in the new command mechanism of the 1978 Combined Forces Command.

Finally, the Force Improvement Program and the indigenous defense industry embodied South Korea's military strategy in the 1970s. The theory of multiple variables would aptly explain South Korea's adoption of such military strategy. First, the FIP and the defense industry were not the products of a single impetus. Rather, they materialized from two causes: external urges and internal conditions. The international constraints of the 1970s (the Nixon Doctrine's emphasis on indigenous defense responsibilities, U.S. forces' withdrawal from Asia) and the internal conditions (South Korea's economic capacity accumulated from the 1960s, and its leader's estimate of the situations) both affected the choosing of such military strategy.

The multiple-variables theory maintains that, if one of the external or internal factors overwhelms the other, the overwhelming factor exerts a decisive impact on the behavior of a state. Since the South Korean economy in the 1970s was in the stage of initial take-off, the bulk of resources should have been devoted to further economic development. The Nixon Doctrine, however, applied enormous pressures on smaller allies in the 1970s, which a small state like South Korea had no power to resist. Despite South Koreans' vehement objections, the 7th U.S. Infantry Division withdrew from South Korea in 1971. As an inexorable result, South Korea had to allocate a significant portion of the valuable resources to the FIP and the indigenous defense industry.

As analyzed so far, a theoretical congruence exists between the historical facts presented in the chapter and the conceptual framework of the research. Therefore, it can be safely announced that the theories chosen for the research are applicable in analyzing the historical facts of the 1970s. Also, the development of South Korea's military strategy traced the path shown by the theoretical structure of the research.

6. Conclusion: Veracity of the Three Hypotheses

The first hypothesis of the research is: *More commonality in threat perception leads to more congruence in military strategy between the allies.* In the historical experiences of the 1970s, the United States and South Korea did not share a common threat perception or common estimate of international situations. While the United States was bent on opening new strategic relationships with the PRC and the Soviet Union, South Korea was still focusing on countering the in-peninsula threat. This difference in strategic estimate between the United States and South Korea brought the difference in respective military strategies. The United States adopted the strategy of rapprochement or détente toward the communist powers, but South Korea was forced to choose the strategy of self-reliant defense against the Northern military threat.

As in the case of the 1960s, here emerges a reversed corollary: *Different threat perceptions lead to different military strategies between the allies.* Although generally supportive of the premise, this reversed corollary does not prove the absolute and timeless truth of the first hypothesis. (The corollary confirms that the first hypothesis is *not false,* but it does not declare that the first hypothesis is *always and completely true.*) However, although the reversed corollary is not identical with the first hypothesis, it can be safely acknowledged that the situations of the 1970s were generally harmonious with, and embracing, the premise of the first hypothesis.

The second hypothesis states that: *A dominant power's overwhelming contribution to the defense of a small ally leads to the small ally's blind following of the military strategy of the former.* Although the United States still retained considerable influence over South Korea, there emerged two distinctly negative trends in U.S. actions toward Asian allies in the 1970s. First, urged by the Nixon Doctrine, the United States began to disengage from continental Asia, including South Korea. Second, U.S. economic and military aid to South Korea also showed a precipitate contraction. Contrary to the situation in the Korean War, in the 1970s, U.S. military presence and assistance toward South Korea were not overwhelming in nature; rather they were contracting in their sizes.

This trend of negative U.S. contributions to South Korea's defense (i.e., disengaging military presence, and contracting its economic and military aid) induced the two allies to choose different military strategies, respectively. While the United States adopted a disengagement strategy in continental Asia, South Korea still maintained a strategy of military vigilance against the Northern threat. Hence, a reversed corollary appears again: *The dominant power's contracting contribution to the defense of the small ally leads to choosing of different military strategies between the allies.* Although the reversed corollary is not identical with the second hypothesis, as in the case of the first hypothesis, this reversed corollary should be accepted as the verification of the second hypothesis itself.

The third hypothesis predicts that: *If a small nation accumulates enough strength vis-à-vis its threatening adversary, its military strategy tends to become independent from the dominant power's influence.* In the 1970s, South Korea was still facing the formidable military threat from the North. Kim Il Sung solidified his personal power in North Korea, clinging to his formidable political goal of unifying Korea even with use of force. But, South Korea assessed the comparative military balance as still negative in the early 1970s, since the Southern military capability was estimated to be merely 58 percent of the Northern one. As reviewed in this chapter, the Northern regime achieved a notable enhancement of offensive military capabilities during the decade.

The third hypothesis, therefore, can not be applied in the case of the situations in the 1970s, and accordingly, its veracity can not be proved or attested.

Chapter Six
Roles of the Three Independent Variables in the Development of South Korea's Military Strategy in the 1980s and 1990s[1]

1. Description of the Characteristics of the Two Recent Decades

Changes in the Strategic Environment and Attendant Strategic Thinking in the 1980s

In the early 1980s, at the start of the Reagan administration, many scholars of international relations observed that the United States began to experience damages in its erstwhile national power and prowess. They argued that the United States' role as world policeman, banker, businessman, and teacher had been debilitated. After the long process of retrenchment in the 1970s, as evidenced in the implementations of the U.S. withdrawal from Vietnam, the Nixon Doctrine, and Carter's force withdrawal attempt from Korea, the United States should reassert itself as a rejuvenated and potent global power. The Reagan administration rejected the view that the United States was overcommitted and its military overstretched. The "Reagan Doctrine"[2] emphasized that the U.S. policy would not only defend the states

---

1 As explained in the previous chapters, the three independent variables are: (1) North Korea's military threat to the security of South Korea; (2) the United States' strategic influence over South Korea's national affairs; and (3) the internal condition of South Korea influencing the formulation of its military strategy. The dependent variable is the development of South Korea's military strategy. In essence, this research explores the impact of the three independent variables on the development of South Korea's military strategy in the past decades, from the 1950s to the 1990s.

2 James M. Scott, *Deciding to Intervene: The Reagan Doctrine and American Foreign Policy* (Durham and London: Duke University Press, 1996), 14-21. The Reagan Doctrine inherited the conservative ideology of James Burnham of the 1950s, who advocated the pursuit of victory over the Soviet Union, rather than the "passive" containment policy, which he deemed weak and defeatist. He advocated winning back of the Soviet-dominated areas, especially Eastern Europe. President Reagan and his advisors inherited Burnham's conservative viewpoint, which, essentially, divided the world into two camps, the good and the evil. And, the evil empire of the Soviet

threatened by communist insurgency, but also it would actively support anti-communist freedom fighters everywhere. The Doctrine stressed that it was America's duty not only to contain but also to eliminate communism, since it was a product of "evil" ideology. In fact, the Reagan administration pursued a diplomatic stance of a "position of strength" in dealing with the Soviet Union.

As such, the major political atmosphere of the 1980s was replete with the feelings of U.S. military vulnerability vis-à-vis the Soviet Union, and some serious concern about America's capabilities for national security and defense. The fact that Reagan, a neo-conservative candidate, triumphed over Carter in the 1980 presidential election reflected such apprehension in the society of the United States. Accordingly, both candidates (Reagan and Carter) argued a policy of a new way of containment against the Soviet Union, which would be similar to the Cold War era's containment policy. Hence, the international system of the early 1980s could be characterized as a temporary Cold War system or a new Cold War system. This return to the stance of confrontation was, particularly, precipitated by the Soviet Union's invasion into Afghanistan in 1979. Nevertheless, the intensity of the confrontation did not destroy the fundamental international structure of détente and multi-polarization of the 1980s.

The goal of the Reagan administration toward the Korean peninsula was to decrease tension and to prevent another outbreak of hostilities. The United States pledged itself to strengthen the combined ROK-U.S. capabilities to defend South Korea. The Reagan administration confirmed that there would be no further Carter-style force withdrawal from Korea. The United States under the Reagan administration wanted its friend (South Korea) and foe (North Korea) to understand that there would be no relaxation in the firmness of its military commitment to South Korea. To vindicate this point,

---

Union posed a serious threat to the security and prosperity of the United States. As the first enunciation of the Doctrine's concrete policy to the Third World, National Security Decision Directive [NSDD] 75 of 1983 clarified that "U.S. policy will seek to weaken, and where possible, undermine the existing links between Soviet Third World allies and the Soviet Union. U.S. policy will include active efforts to encourage democratic movements and forces to bring about political change inside these countries."

South Korea's President Chun Doo Hwan was officially invited to White House as the first foreign head of state in the new administration, even before inviting the Japanese prime minister. (Traditionally, the new U.S. administrations invited the Korean presidents after the Japanese prime ministers were invited.)

As a symbol of the Reagan administration's resolute perception on South Korea, in the joint communiqué from the 1983 ROK-U.S. summit conference, President Reagan used the term "vital" in characterizing South Korea's strategic value in national interests of the United States. Further, in the joint communiqué, he also clarified that South Korea's security was directly connected with that of the United States.

Changes in the Strategic Environment and Attendant Strategic Thinking in the 1990s

One of the most momentous experiences in contemporary history was the disintegration of the communist bloc by the early 1990s and the entailing termination of the contention between the United States and the Soviet Union. The fundamental cause of the Soviet demise lay in its inability to feed its people and to sustain its military competition with the United States. The stagnation and rigidity of the Soviet command economy could not match the agile and competitive dynamics of capitalist economy. The Reagan administration's new Cold War initiatives in the past decade, which provoked multifaceted strategic challenges, such as exploitation of the weaknesses of Soviet political and economic systems and the technology-immersed SDI program, precipitated the revelation of Soviet inability to continue the race with the United States. Eventually the Soviet leadership was forced to acknowledge the communist system's impotence and defeat from the latter part of the 1980s. With this admission, economic reform became the first and inevitable focus in the statecraft of the Soviet Union, which led to a rethinking about its military expenditure and strategy. Soviet military expenditure, an estimated 15-17 percent of the GNP, came to be regarded as the main culprit for its past economic sluggishness. Henceforth, a significant reduction in military expenditure was unavoidable, together with a reformulation of the military strategy into a more conservative and defensive mode.

As a result of the new strategic thinking, the Soviets completed their troop withdrawal from Afghanistan in February 1989, and cut the Sino-Soviet border troops by 200,000 in 1990. Likewise, Vietnam, the key Soviet ally in Southeast Asia, withdrew the entire 26,000 troops from Cambodia. Also, as a part of the INF treaty, the Soviets removed 436 intermediate nuclear missiles from the region of East Asia, including 200 SS-20s, which had threatened China, Japan, and other countries in the region.

In short, due to the sudden demise of the Soviet Union, the United States emerged as the sole superpower in the international arena, the configuration of which can be defined with the term "New World Order." In the region of East Asia, a considerable degree of tension reduction and enhancement of stability became feasible owing to the termination of the Cold War. However, with the end of the Cold War, the United States had to face new and diverse security threats.

> Ethnic conflict is spreading and rogue states pose serious danger to regional stability in many corners of the globe. The proliferation of weapons of mass destruction represents a major challenge to our security. Large-scale environmental degradation, exacerbated by rapid population growth, threatens to undermine political stability in many countries and regions. And the threat to our open and free society from the organized forces of terrorism, international crime and drug trafficking is greater as the technological revolution, which holds such promise, also empowers these destructive forces with novel means to challenge our society. These threats to our security have no respect for boundaries and it is clear that American security in the 21st Century will be determined by the success of our response to forces that operate within as well as beyond our borders.[3]

In essence, the nature of the threat changed from a clear and manifest one to unknowable and unpredictable one. In the past, it was possible to deter the threat, since its nature was clear and visible, as in the case of the Soviet Union's military threat against the United States. After the end of the Cold

---

3 The White House, *A National Security Strategy of Engagement and Enlargement* (Washington, D.C.: U.S. Government Printing Office, February, 1996), i.

War, however, the security threats became unfathomable and unpredictable as in the cases of international terrorism, local ethnic conflicts, and the proliferation of weapons of mass destruction. Hence, the nature of the threat altered to the unknowable, unpredictable, invisible, and therefore, undeterrable one.

In the Korean peninsula, the end of the Cold War brought a new development for South Korea's security. To the South Koreans, the Soviet Union had been regarded as a serious threat to their security, since the Soviets had fostered the Northern military capabilities from the end of the Pacific War in 1945. Moreover, Kim Il Sung's June 1950 southward invasion was approved, if tacitly, and generously supported by the Soviet Union. The South Koreans worried about a Soviet support or instigation for a future Northern attempt to unify Korea by force. Given this historical background, the demise of the Soviet Union alleviated South Korea's security-related worries to a certain degree. Moreover, South Korea's conclusion of formal diplomatic relationships in 1991 and 1992, respectively, with the Soviet Union and the People's Republic of China significantly reduced the worries about its security, which had been emanated mainly from the Northern regime's military threat and belligerency.

However, despite its economic predicament in the 1990s, the relative military superiority of the Northern regime and its offensive orientation remained unchanged as in the previous decades, which caused South Korea's continuing apprehension about its national safety and security. Furthermore, the Northern regime's attempt to develop an indigenous capability to produce nuclear weaponry doubled South Korea's security worries. This saliency of the local threat made South Korea continuously focus more on the peninsula-originated security challenges than on the novel and diverse global security threats of the post-Cold War era, such as terrorism, international crimes, etc. The United States, in contrast, directed significant efforts to counter such novel global security threats in the post-Cold War era. This dichotomy in threat perception between the United States and South Korea had been the defining characteristic of the relationship between the two allies in the 1990s.

2. Impact of North Korea's Military Threat on South Korea' s Military Strategy

Political and Military Developments in North Korea in the 1980s and 1990s

Unlike in the 1960s and 1970s, from the decade of the 1980s, the Northern regime began to experience three kinds of serious predicaments in its statecraft: the beginning of its traditional allies' demise; the retardation of its national economy;[4] and the continued progression of South Korea's economy vis-à-vis the stagnancy of the Northern one. By the mid-1980s, North Korea began to fall behind the South in every realm of economic indicators.

As a result of this trend, two noticeable phenomena appeared in the political and military situation in North Korea. The first was the termination of its patron ally's economic assistance: "Soviet aid to North Korea fell from $260 million in 1980 to no aid at all in 1990."[5] Second, the sizes of the economies of the North and the South showed a considerable disparity. The South Korean GDP in 1992 was $296 billion while that of the North was $21 billion, indicating 14:1 superiority for the South.[6]

Despite such international and domestic difficulties, the Northern regime continued to maintain military superiority vis-à-vis South Korea in the 1980s: two to one in combat battalions, three to one in tanks, more than two to one in numbers of artillery, two to one in numbers of combat aircraft, and three to one in naval combatant vessels.[7] North Korea's such superiority in

---

4 North Korea's economic predicament in the 1990s was originated from three sources: the rigidity of its command economy, the termination of Soviet economic aid and contraction of trade with it, and natural disasters such as large-scale floods. The economic retardation appeared in several aspects in the early 1990s: repeated negative annual growths, shortages of food, energy, and hard currency, contraction of transportation capacity, shortage of fertilizers, and idling of manufacturing factories. Eric Cornell, *North Korea under Communism: Report of an Envoy to Paradise* (New York: Routledge-Curzon, 2002), 138-139.

5 David Kang, "North Korea: Deterrence Through Danger" in *Asian Security Practice: Material and Ideational Influences,* ed. Muthiah Alagappa (Stanford, CA: Stanford University Press, 1998), 244.

6 *Ibid.,* 245.

military strength was the result of the Northern regime's relentless effort to buildup its military power despite its economic predicament.

The Northern regime countered the political and economic hardship with renewed security-focused efforts, which included attempts to obtain a security guarantee from the United States, to pursue its traditional strategy of military superiority vis-à-vis its Southern rival, to utilize terror tactics against the South to hurt its political position, and to direct a pronounced effort for the development of indigenous nuclear weaponry.

On balance, the Northern military power continued to impose a real and serious threat to the existence and security of South Korea in the 1980s. Especially, the Northern behavior to perpetrate terrorist acts against the Southern elites and populace brought a definite antipathy among the Southern people against the North.

As palpable evidences of the Northern belligerency, the special agents of the North Korea detonated a bomb in August 1983 to eliminate the visiting Southern top officials in Rangoon, Burma, which caused seventeen high-ranking casualties (including seven fatalities of cabinet level officials). In 1987, to disrupt the South-hosted 1988 Olympic Games in Seoul, two Northern agents exploded the Korea Air Line flight 858 in mid air, returning from Abu Dhabi to Seoul, with passengers of about two hundred South Korean laborers who had worked in Middle East countries. What was more worrisome for the South about those Northern belligerencies was that Kim Jong Il, the eldest son of Kim Il Sung, had been appointed to take charge of such commando-style operations. Kim Jong Il had been able to consolidate his personal political power in Northern politics from the early 1980s, despite the widely known facts of his irrationality, audacity, and peculiarity in decision makings.

All in all, the Northern regime continued to pose a serious military threat to South Korea in the 1980s, which could be explained in the following three aspects. First, historically viewing, North Korea accomplished self-sufficiency in weapons for individuals and small units in the 1950s. In the 1960s, it had succeeded to produce offensive weaponries indigenously,

---

7 Peter Polomka, *The Two Koreas: Catalyst for Conflict in East Asia?* (London: The International Institute for Strategic Studies, 1986), Adelphi Papers, No. 208, 15.

such as large caliber guns, howitzers, and multiple rocket launchers. In the 1970s, it became able to produce more sophisticated and destructive weapons such as tanks and missile systems. If the fact that South Korea started to produce its indigenous tanks (Type 88s) in the mid-1980s is considered, the Northern military industry could be regarded more than ten years ahead of the Southern one. Hence, the North could be regarded as possessing enough strength to launch and support a general war on the South, at least in the area of indigenous defense production.

Second, the disposition of its military forces continued to express strategic and tactical offensiveness. The bulk of its ground forces were deployed along the northern border of the demilitarized zone (DMZ), which was certainly aiming at achieving a tactical surprise.

Third, the Northern regime was successful in attaining the capabilities to produce chemical and biological weaponries. Further, in spite of the heated international pressure, the Northern regime was directing a vigorous effort to develop basic capabilities for the production of nuclear weapons.

In the decade of the 1990s, North Korea showed a similar trend of political and military development. But, a significant change in its leadership hierarchy occurred with the death of Kim Il Sung in July 1994. In the Northern politics, Kim's departure imparted three crucial meanings. First, he was the architect and foundation of all the areas of the Northern system: ideological, political, military, economic, societal, and international relations. Therefore, it would be reasonably anticipated that the Northern system of post-Kim Il Sung era would function in the same manner as in his life time. Second, since he groomed his son, Kim Jong Il, as his successor from the late 1970s, there would not be a succession conflict in the Northern politics. Third, similar with the above, since the Korean Workers' Party (KWP) had been the base and source of the political power in North Korea, which Kim Il Sung himself had created and reared, the main direction of the Northern statecraft would remain unchanged in its policy actions. That is, in the 1990s, despite the facts of the Soviet Union's demise, its economic woes, and the death of the "Great Leader," the Northern regime's military threat against South Korea would remain unchanged as in the time of Kim Il Sung's tenure.

Size and Power of the Northern Military Forces in the 1980s

One can acquire from Table 24 a reasonably accurate picture of the Northern armed forces' growth during the 1980s with a comparison between the 1980-1981 *Military Balance* and the 1988-1989 version.

Table 24. Growth of the Northern Forces in the 1980s

	1980-1981	1988-1989
Total Armed Forces	678,000	842,000
Army	600,000	750,000
Composition of the Units	8 corps HQs 2 tank divisions 3 motorized inf divs 35 infantry divs 3 AA artillery divs 4 armored brigades 4 reconnaissance bdes 4 infantry bdes 8 light inf bdes 22 special forces bdes (commandos) 2 indep tank regts 5 indep inf regts 100 arty battalions 82 rocket battalions 4 ssm battalions with *FROGs*	1 armored, 3 mechanized, 8 all-arms corps HQs 1 mot infantry division 25 infantry divisions 15 armored brigades 20 motorized infantry bdes 4 independent infantry bdes 1 Special Purpose Corps (80,000: 25 brigades including 3 cdo, 4 recce, 1 river-crossing regiment, 3 amphibious battalions, 3 airborne bns, 22 light inf bns) Artillery Command (2 heavy arty, 2 mot regts, 6 ssm bns, 4 bdes including 122mm/152mm SP, MRL 2AA divs, 7 AA regts)
Navy	31,000 16 submarines 4 *Najin* frigates 342 patrol & coastal combat boats	39,000 21 submarines 5 *Najin* frigates 365 patrol & coastal combat boats
Air Force	47,000 615 combat aircraft 85 IL-28s 20 Su-7s 340 MiG-15/-17/-19s 120 MiG-21s 50 MiG-19s	53,000 800 combat aircraft 80 IL-28s 20 Su-7s, 10 Su-25s 280 Ch J-2/-4s 100 J-6/Q-5s, 60 J-6s, 160 MiG-21s, 46 MiG-23s

Source: The International Institute for Strategic Studies, *The Military Balance 1980-1981* (London: The IISS, 1980), 70; and *The Military Balance 1988-1989,* 167.

Even a cursory glance at Table 24, one can notice several key features of the military enhancement achieved by the Northern regime in the 1980s. First, the size of the total active armed forces personnel increased by 154,000 from 678,000 in 1980 to 842,000 in 1988. The bulk of the increase occurred in the ground forces, which would play a major role in a future invasion. Second, the Northern forces underwent a critical reorganization to implement its offensive strategy. For example, the increase and diversification of the kind and number of the Northern forces' Corps attested such ambitious reorganization (from regular 8 Corps in 1980 to 12 Corps composed of 1 armored, 3 mechanized, and 8 all arms Corps in 1988).

Moreover, one should pay a keen attention to the 1988 composition of the Special Purpose Corps of 80,000 troops: 25 special purpose brigades including 3 commando brigades, 4 reconnaissance brigades, 1 river-crossing regiment, 3 amphibious and 3 airborne battalions, and 22 light infantry battalions. The kind of brigades in the Corps clearly expressed the Northern forces' offensive intention in the tactical employment of the Corps.

The transformation of armored units (from 2 tank divisions to 15 armored brigades) also indicated the Northern force's pursuance of offensive strategy and tactical adaptability to surmount and exploit the unique topography of the Korean peninsula: hilliness, lack of maneuverable road-nets, difficulty to traverse open fields (due to rice paddies along the road-side). Of the enhancement of military capability in the 1980s, the Northern Air Force's upgrading invites the most noticeable attention. Relegating the obsolete MiG-15/-17/-19 assets, the Northern Air Force was able to acquire the advanced MiG-23s in the 1980s.

Thus, the military enhancement of the Northern regime in the 1980s triggered a grave apprehension among the Southern populace on national defense matters. In fact, the growth in the Northern military capability brought forth an acute feeling of insecurity and threat among the Southern people.

Size and Power of the Northern Military Forces in the 1990s

Similarly with the 1980s, one can acquire the prowess of the Northern military capability in the 1990s from *The Military Balance* quoted in Table 25.

Table 25. Growth of the Northern Forces in the 1990s

	1991-1992	2000-2001
Total	1,111,000	1,082,000
Army	1,000,000	950,000
	17 corps (1 armored, 5 mech, 1 infantry, 8 all-arms, 2 artillery)	20 corps (1 armd, 4 mech, 12 infantry, 2 artillery, 1 Capital Defense)
	15 armored brigades	15 armored brigades
	25 inf & mot inf divisions	27 infantry divisions
	30 motorized inf brigades	14 infantry brigades
	3 independent inf brigades	21 artillery brigades
		9 MRL brigades
	1 Special Purpose Corps: 60,000	1 Special Purpose Corps: 88,000
Navy	41,000	46,000
Air Force	70,000	86,000
	150 MiG-17s, 100 MiG-19s	107 MiG-17s, 159 MiG-19s
	120 MiG-21s, 46 MiG-23s	130 MiG-21s, 46 MiG-23s
	30 MiG-29s	56 MiG-29s
	20 Su-7s, 30 Su-25s	18 Su-7s, 35 Su-25s

Source: The International Institute for Strategic Studies, *The Military Balance 1991-1992* (London: The IISS, 1980), 168; and *The Military Balance 2000-2001, 202.*

With Table 25 above, one can easily perceive the enhancement of the capability of the Northern forces in the 1990s, which can be elaborated further in four areas: the increase of the number of Corps in the ground forces, the establishment of the Capital Defense Corps, the large-scale introduction of sophisticated weaponry such as MiG-25s, and the increase in the strength of the Special Purpose Corps.

First, since a Corps is the central actor in a tactical operation, the increase in number of Corps (from 17 in 1991 to 20 in 2000) imparted a critical significance. The overall campaign commander could employ the Corps according to his operational intention, such as in the tactical roles of frontal attack, envelopment, pursuit, defense, or reserve. Having more available Corps means having more resources to conduct the combat operations for the success of the given mission.

Second, the creation of the Capital Defense Corps expressed similar importance. Since offense and defense are both faces of a coin, enhancing defense capability with a new Corps would contribute to a significant increase in offense capability. That is, if defensive measures be enhanced, the offensive force could exclusively and resolutely concentrate its energy on the offensive operations without worrying about its rear.

Third, although the initial introduction of MiG-29s began from early 1990s, one could find a larger-scale availability of them in the latter part of the 1990s (from 30 MiG-29s in 1991 to 56 of them in 2000).[8] This air power enhancement was especially significant since the Northern regime had been concerned about the control of air from the earliest phase of the combat operation.

Fourth, the increase in the strength of the Special Purpose Corps (from 60,000 in 1991 to 88,000 in 2000)[9] presented a critical threat to South Korea. This commando-style use of force had been an idiosyncratic strength of the Northern military doctrine. The Northern regime had attempted to employ them for subjugation of the Southern government numerous times in the past, such as the 1968 attempt to assassinate the Southern president and the intrusion of 130 armed agents in Uljin-Samcheok area of the Southern territory in the same year.

As such, in spite of the Northern regime's economic predicament in the 1990s, the ominous trend of the Northern forces' growth continued as in the previous decade. The growing trend caused security worries among the Southern populace as it did before. Although the ostensible external changes,

---

8 According to *The Military Balance 2000-2001* (London: The International Institute for Strategic Studies, 2000), the number of MiG-29 was: "1 regiment with 16 MiG-29s; 1 regiment with 35 Su-25s, 30 MiG-29s (25 -As, 5 -Us), and 10 more being assembled to start replacing J-5s and J-6s." The researcher reached the number 56 by totaling 16, 30 and 10.

9 The strength of the Special Purpose Corps varies according to different year versions of *The Military Balance.* No concrete number appears in the 1980-1981 version; 100,000 in the 1982-1983 version; 80,000 in the 1985-1986 version; 112,000 in the 1986-1987 version; 80,000 in the 1988-1989 version; 60,000 in the 1991-1992 version; 88,000 in the 2000-2001 version. This researcher accepts the numbers as they appear in the specific year versions of *The Military Balance.*

such as South Korea's concluding of diplomatic relations with the Soviet Union and the People's Republic of China in the early 1990s, alleviated security worries to a certain degree, the physical feeling of being threatened by the North remained unchanged in the Southern society.

The Northern Regime's Military Strategy in the 1980s and 1990s

Basically, the military strategy of the Northern regime did not change from that of the 1960s and 1970s. Under the fundamental political goals of survival of the Northern regime and reunification of the Korean peninsula, its military strategy emphasized two strategic aspects: the concept of two-front war and the combination strategy, both of which had been introduced by Kim Il Sung himself from the 1960s.

Two-front war meant the desirability to open a second front in the rear of the Southern frontal defenders by inserting the Northern special forces and having the indigenous Southern revolutionaries join the conflict after the initiation of the frontal attack.

The second element of the Northern strategy, the combination strategy, stressed the combined employment of the regular and irregular forces, the large and small units, and the conventional and unconventional weaponries for maximum impacts in the operations.

To implement such military strategy, the Northern regime directed salient efforts in the policy areas: the Four Major Military Policies and the Three Revolutionary Forces for Reunification. As discussed in previous chapters, the Four Major Military Policies emphasized arming of the whole population, fortification of the entire territory, cadrezation of all the soldiers, and modernization of all the military institutions. The emphasis on the Three Revolutionary Forces for Reunification was referring to the utilization of the three forces in the process of reunification war: the revolutionary force in the North, the revolutionary force in the South, and, the international revolutionary force. The combined might of those Three Revolutionary Forces would contribute to achieving the reunification of the Korean peninsula under the Northern political ideology, *Juche*.

Accordingly, the Northern regime's military strategy stressed two outstanding elements: the unflagging resolve to defend the regime from external invasion; and, the complete overwhelming of the Korean peninsula within 30 days from the beginning of hostilities.[10] Based on the achieving of the first element (defense), the second element (rapid seizure of the Southern territory) expressed the genuine nature of the Northern regime's operational doctrine: the *blitzkrieg*. The Northern style *blitzkrieg* would unfold in the following manner.

The Northern forces would initiate a massive attack across the demilitarized zone (DMZ) utilizing overwhelming fire power and violence, including surprise air-bombardment, without allowing enough warning time for the ROK and U.S. defenders. Concurrent with this attack, it will use a limited scope of chemical weapons against the targets in the frontal area. It would prosecute ballistic missile strikes on key U.S. and South Korean military facilities (C^3I functions, air bases, ports, logistic storages, sea-lines of communications, ground nets of transportation). Its well-groomed special forces would attempt to open a second front in the rear of the Southern defenders together with the indigenous Southern revolutionaries' uprising against the Southern governance. In the course of these offensive operations, Seoul would be isolated or surrounded, while the other Southern territories would be quickly occupied prior to the U.S. reinforcement from out-of-peninsula, which would create a military and international political situation of *fait accompli* for the Northern invasion.

All these modes of operations would duly reflect the application of Kim Il Sung's combination strategy. As in the past, the element of operational speed received urgent emphasis, particularly after the 1991 Gulf War.

> In its latest iteration, this strategy is known as 'Occupying South Korea, All the Way to Busan, in Three Days.' It was reportedly drawn up at the direction of Kim Jung Il in 1992 following an intensive evaluation of Operation Desert Storm. The KPA leadership understands that, while it is unrealistic to believe they can occupy the ROK in three days, they do believe that, if political and military conditions are favorable, the KPA can achieve this goal within three to four weeks.[11]

---

10 Joseph S. Bermudez, Jr., *The Armed Forces of North Korea* (New York: I. B. Tauris & Co. Ltd., 2001), 9.

11 *Ibid.*, 12.

All of the above-mentioned development of the Northern military strategy in the 1980s and 1990s came to pose a real and grave threat to the security of South Korea, which inevitably propelled the Southern forces to adjust its military strategy, compelling them to adopt the strategy of achieving self-reliant defense posture and capabilities.

Interim Assessment of North Korea's Military Threat against South Korea in the 1980s and 1990s

The Northern regime's military threat in the 1980s and 1990s can be summarized in the following five aspects: its use of terrorist tactics in the 1980s; the pronounced increase in strengths of its total armed forces, ground forces, and the Special Purpose Corps; continuous maintaining of its offensive strategy; reorganization of major combat units in the 1990s; and introduction of sophisticated weaponries and its nuclear gambit in the latter part of the 1990s.

First, the Northern regime boldly adopted terrorist tactics to weaken the Southern position in the 1980s. Two palpable examples of such terrorist acts occurred. The 1983 Rangoon bomb attack by special agents of the Northern regime killed many Southern government officials who were paying an official visit to Burma, and the 1987 explosion of a South Korean commercial air flight in mid air which was returning to Seoul from Middle East killed more than 200 passengers. The Rangoon attack incurred seventeen casualties including seven fatalities of cabinet level officials, and the aim of the explosion of the commercial plane was to disrupt South Korea's hosting of the 1988 Seoul Olympic Games.

Second, the Northern regime accomplished a series of drastic increase in the strengths of total armed forces, ground forces, and the Special Purpose Corps during the 1980s and 1990s. The strength of the total armed forces made a quantum jump from 678,000 in 1980 to 1,082,000 in 2000, while the ground forces increased from 600,000 in 1980 to 950,000 in 2000 and the Special Purpose Corps increased from 60,000 in 1991 to 88,000 in 2000.

Third, as in the previous decades, the Northern regime continued to retain its offensive oriented strategy in the 1980s and 1990s. As explained above, the Northern regime's offensive strategy subsumed the argument for the two-front war, adoption of the combination strategy, utilization of the Three Revolutionary Forces for reunification, and the implementation of *blitzkrieg* in combat operations.

Fourth, in the 1980s and the 1990s, the Northern regime reorganized its major combat units in order to enhance their combat efficiency. Since a corps plays an essential tactical role in combat operations, the increase in the number of corps imparts a significant operational meaning: from 8 in 1981 to 17 in 1991 and to 20 in 2000. The composition of the corps invites one's particular attention. The 8 corps in 1980 were regular, infantry heavy, ones. But the 20 corps in 2000 were composed of one armored corps, 4 mechanized corps, 12 infantry corps, 2 artillery corps, and one Capital Defense Corps. In short, such composition of corps clearly expressed the Northern will and readiness for another war.

Fifth, as discussed above, the Northern regime introduced sophisticated weaponries such as MiG-29s from the early 1990s. The number of MiG-29s in 2000 reached 56. Moreover, the North attempted to play a nuclear gambit. With the bluff of producing indigenous nuclear weaponry, the Northern regime pursued enormous political and military gains in its international position.

All of these five aspects compelled South Korea to feel the Northern military posture as a real, present, and unavoidable threat during the 1980s and 1990s.

3. U.S. Influence on South Korea's Military Strategy in the 1980s and 1990s

America's Novel Perception on Its Security after the Cold War

The United States encountered a novel security environment as the long contention with the Soviet Union terminated with the disintegration of the Eastern bloc in the early 1990s. Official U.S. strategists openly boasted: "The central security challenge of the past half century—the threat of communist expansion—is gone."[12] However, it came to confront new, and diverse, threats such as appearances of long-suppressed ethnic conflicts, rogue

12 The White House, *National Security Strategy,* i.

states' posing of regional instability, proliferation of weapons of mass destruction, environmental degradation, and spates of terrorism, international crimes, and drug-trafficking.

On the other hand, the United States began to enjoy unprecedented new opportunities based on the facts that its military might was unchallengeable as it owned the merits of dynamic economy as well as powerful and persuasive political ideals and enjoyed the merit of its people's creativeness.[13] Further, the United States was heartened and encouraged to witness the Eastern European nations' adopting of democratic values, institutions, and market economy.

However, in the Cold War situation, the adversary's threat to the security of the United States was visible and calculable, but in the post-Cold War landscape, the nature of the threat became blurred and ambiguous. In other words, the threat to U.S. security became uncertain and unpredictable.

Size and Potency of the U.S. Forces in Korea

Basically, the U.S. forces stationed in South Korea maintained the same size and structure as in the previous decade: "Our standing combat posture in Korea will include the 2nd Infantry Division which includes two heavy maneuver brigades and one combat aviation brigade. In addition, the United States deploys the 17th Aviation Brigade and the 7th U.S. Air Force with a strength of one tactical fighter wing."[14]

According to a Japanese publication, the size and major equipment of the U.S. Forces in Korea (USFK) were described as seen in Table 26.[15] The USFK had several unique attributes, which ensured to perform its given mission—deterrence and defense against the Northern military ambition for reunification of the Korean peninsula by force.

---

13 *Loc. cit.*

14 U.S. Department of Defense, *United States Security Strategy for the East Asia-Pacific Region* (Washington, D.C.: Office of International Security Affairs, Department of Defense, February 1995), 28.

15 Kim Won Bong, *The Entire Picture of the Most Up-to-Date Military Information* (Tokyo: Kodansha, 2000), 227, as quoted in Kim Il Young and Cho Sung Yol, *Juhan Migun: Yeoksa, Jaengjeom, Jeonmang* (U.S. Forces in Korea: Retrospect, Issues, and Prospect) (Seoul: Hanwool Academy, 2003), 170.

Table 26. Size and Major Equipment of the U.S. Forces in Korea

Total Strength: 37,489

Army: 28,300

1 infantry division

140 new version M1A1 tanks, 170 M2 *Bradley* fighting vehicles, 30 new version 155mm self-propelled guns, 30 227mm MLRSs

2 aviation brigades

165 utility helicopters,

70 AH64 *Apache* attack helicopters,

120 CH47/UH60 transportation helicopters

1 surface-to-air missile battalion

48 *Patriot* surface-to-surface missiles,

300 rounds of ATAKIMS, 30 *Avenger* anti-air missiles

1 theater support command

1 medical support command

1 military police brigade

Air Force: 8,706

2 combat wings

70 F-16s, 20 A-10 ground attackers (tank killers),

3 U-2 reconnaissance aircraft

1 special operation squadron

5 special purpose helicopters

Navy: 400 (support and liaison)

Marines: 80 (support and liaison)

Source: Kim Won Bong, *The Entire Picture of the Most Up-to-Date Military Information* (Tokyo: Kodansha, 2000), p. 227.

Although the size of the USFK was relatively small (37,489), it showed a potent combat power in the areas of firepower and mobility. The fact that the USFK was operating the sophisticated weapon systems clearly expressed its combat potency, such as the new version M1A1 tanks, MLRSs, advanced attack helicopters, *Patriot* anti-air missiles, and F-16 fighters.

Due to its potency in combat power, the USFK played an indispensable role in deterring the Northern military ambition. Although the Southern forces had directed earnest efforts for their force improvement programs, they still lacked some essential combat capabilities needed for deterring the North, in such areas as firepower, mobility, early warning, intelligence, and reinforcements. The USFK's compensation for the weaknesses of the Southern forces contributed clearly to the deterrence of another war on the Korean peninsula.

Accordingly, the indispensability of the USFK for the deterrence and defense enabled the United States to exercise its strategic influence on political and military affairs in South Korea.

Also, intelligence capability is an essential element for the successful accomplishment of a given military mission. In the military situation of the Korean peninsula, the intelligence function had mostly been operated by the USFK's staff, technique, and assets. Thus far, such USFK intelligence capability significantly contributed to the achievement of deterrence against the Northern military ambition.

Lastly, the stationing of the U.S. forces on the Korean peninsula had not only the meaning of local deterrence but also imparted an important regional significance, such as prevention of Japan's remilitarization and a measure to watch China's expansiveness. As such, the USFK was fulfilling the primary premise of the United States' grand strategy, that is, the strategy of forward presence.

U.S. National and Military Strategies in the 1980s

With the advent of the Reagan administration in 1981, the United States' grand strategy and military strategy were reformulated with a new assessment of national interests, threat perception, and political will in order to achieve a triumph in the new Cold War contention.

The Reagan administration defined U.S. national interests in the following manner: "America's paramount national interests are peace, freedom, and prosperity for ourselves and for others around the world. We seek international order that encourages self-determination, democratic institutions, economic development, and human rights."[16] The new administration

16 U.S. Department of Defense, *Report of the Secretary of Defense Casper W. Weinberger to the Congress on the FY 1986 Budget, FY 1987 Authorization Request and FY 1986-90 Defense Program* (Washington, D.C.: U.S. Government Printing Office, 4 February 1985), 13.

perceived external threats becoming more acute and diverse. The nuclear and conventional balance were tilting in favor of the Soviet Union, and the Soviets were achieving the ability to project their power to the regions far from their borders. In addition, the Soviet military doctrine was continuously maintaining its traditional offensive orientation even in the environment of nuclear confrontation. Other threats such as international terrorism and drug-trafficking, local warfare disrupting world resource supplies, and insurgent groups seeking to overthrow U.S.-friendly nations also challenged the security and safety of the United States.

Based on those perceptions of national interests and external threats, American strategists came to formulate the United States' grand national strategy of the 1980s. The fundamental aims of the grand strategy may be presented by the following eight precepts: 1) Safeguard the United States and its allies from aggression and coercion; 2) Ensure continued U.S. access to the oceans and the space; 3) Protect American citizens abroad; 4) Protect U.S. economic interests worldwide by maintaining steady access to energy supplies, other critical resources, and foreign markets; 5) Inhibit the expansion of Soviet control and military presence throughout the world; 6) Support the development and preservation of democratic political institutions in other nations; 7) Limit the Soviet military advantages by strengthening the U.S. and allied military capabilities; and 8) Pursue an equitable and verifiable arms reduction to create a stable and secure military balance.[17]

To accomplish these aims in the grand strategy, the strategists in the Reagan administration formulated the U.S. military strategy of the 1980s. Fundamentally, it was comprised of two crucial elements: deterrence and defense.

The concept of deterrence was succinctly presented in the U.S. defense secretary's 1986 annual report to the Congress: "Deterrence is the core of U.S. military strategy. It seeks to provide security by convincing the potential aggressor not to commit aggression. The possible adversary must be persuaded that the risks and costs of aggression will exceed the gains."[18] For successful deterrence, the United States must have the following three

---

[17] *Ibid.,* 25.

[18] *Ibid.,* 26.

military capabilities: the ability to conduct effective defense, the ability to threat with the prospect of escalation, and the ability to launch a devastating retaliation. These military capabilities are the foundation to convincingly persuade the adversary not to attack the United States.

The second element of U.S. military strategy, defense, sought the earliest termination of conflict on terms favorable to the United States, its allies, and its national aims manifested in the grand strategy, should deterrence fail. The term "favorable" implied a "winning" in the act of hostilities. This defense strategy contained three important points.

First, the United States must buildup its military capability to be able to respond to two or more regional conflicts simultaneously. The Soviet Union was believed to possess the ability to conduct such multiple conflicts in different regions of the world.

Second, the strategy stressed the forward deployment of the U.S. forces in pivotal areas such as Western Europe, East Asia, and Southwest Asia. The purpose of the forward deployment of U.S. forces included the following: to defend the United States far more effectively than relying on the "Fortress America" concept; to deter aggression in a more convincing way than could be done without a visible local presence; to increase the U.S. ability to respond effectively and quickly; to reassure U.S. allies by assisting them in resisting intimidation and having them contribute to the collective security; to discourage regional instabilities and low intensity aggressions; and to provide more stable environment for constructive diplomacy.[19]

Third, the strategy emphasized flexibility and sufficiency in employing U.S. forces. It was the U.S. government's unchanging preference to limit the conflict in scope and intensity. But, if situation required unavoidably, the U.S. government should employ the forces in flexible and sufficient manner to ensure the retention of vital areas.

There was a pronounced difference in military strategies between the Reagan administration and the previous Carter administration. The difference was, simply, the degree of determination to prevail over the communist adversary in the new Cold War contention. An official record attests this.

---

[19] *Ibid.,* 27.

> The principal difference between the Reagan administration's defense program and its immediate predecessor's is our determination to ensure balance of forces adequate for credible deterrence. The largest problem with the defense posture and strategy we inherited arose from a 20-year Soviet arms buildup that had been accompanied in the decade of the 1970s by a 20 percent reduction in the U.S. defense effort. The global military balance was shifting in favor of the Soviet Union.[20]

If one assesses those matters of U.S. military strategy in a more theoretical manner, there were, fundamentally, two strands of thought in the early 1980s: "Peripheral Strategy" and "Continental Strategy."[21] The Peripheral Strategy was predicated on the U.S. central responsibility to cope with a wide variety of contingencies throughout the globe. Since the United States had the responsibility to safeguard wide range of global security, it should focus on the buildup of central military strengths, such as enhanced nuclear capability, strengthened transportation capacity, larger naval capability, and increased mobility and firepower for the central ground forces. Together with such central strengthening, U.S. allies should be responsible to take charge of the regional contingencies. The Nixon Doctrine of the 1970s represented this school of thought. In accordance with this strategic concept, Japan and Western Europe were requested to assume more responsibility in maintaining regional security.

The Continental Strategy (also known as Forward Defense Strategy), on the other hand, stressed the need to deploy substantial U.S. military forces both in Western Europe and Northeast Asia to cope with superior number of mobilized Soviet capabilities. This strategy argued that the growth of the Soviet Union required a commensurate increase in U.S. military capabilities. The increased capabilities of U.S. military forces should be deployed for the forward defense. However, the increase of allies' military strength, in reality,

---

20 U.S. Dept. of Defense, *Report of the Secretary of Defense Caster W. Weinberger to the Congress on the FY 1987 Budget, FY 1988 Authorization Request and FY 1987-1991 Defense Program* (Washington, D.C.: Department of Defense, 5 February 1986), 37.

21 James E. Dougherty and Robert L. Pfaltzgraff, Jr., *American Foreign Policy: FDR to Reagan* (New York: Harpers and Row, Publishers, 1986), 342-343.

could not compensate for the need of U.S. forces' forward presence. If the U.S. military presence vacated completely from a certain region, it would show the erosion of U.S. political will and defense commitment, particularly, in the nations of Western Europe and East Asia. Especially, the U.S. allies in Western Europe would become the target of the Soviet military onslaught because the military balance would show an unfavorable tilt to the West.

All in all, the Reagan administration attempted to choose a strategy that embraced elements of both strategies: to develop and preserve the means needed for global security by the United States; to deny the encroachment by the Soviet Union or other hostile forces in Western Europe and the maritime periphery (e.g., Japan, Taiwan, the Philippines, South Korea); and to foster and emphasize the vulnerabilities of the Soviet system, such as the rigidity of Soviet political system and its shortcomings in the command character of its economic system.

U.S. National and Military Strategies in the 1990s

To cope with the changed strategic environment and security threats following the Cold War's end, active discussions about the desirable nature of future U.S. security strategy ensued among American scholars of international relations. As a typical example of such debates, Barry Posen and Andrew Ross presented four alternatives for U.S. grand strategy entailing the end of the Cold War: neo-isolationism, selective engagement, cooperative security, and primacy.[22]

Neo-isolationism argued that, since potential competitors were much weaker, the United States should stay out of foreign conflicts. This strategy called for an end to U.S. participation in NATO and other alliances, together with a dramatic reduction of the U.S. conventional military capabilities. The second alternative, selective engagement, insisted that the United States should use military power to prevent wars among world's great powers, including Russia, China, Japan, and Germany. This strategy also emphasized preventing the spread of nuclear weapons to states that might threaten the

22 Barry R. Posen and Andrew L. Ross, "Competing Visions of U.S. Grand Strategy" in *America's Strategic Choices,* eds. Michael E. Brown, Owen R. Cote, Jr., Sean M. Lynn-Jones, and Steven E. Miller (Cambridge, MA: The MIT Press, 1997), 2.

United States, such as Iran, Iraq, or North Korea. The third strategy, cooperative security, rested on classical liberal internationalist premises: the United States had an overriding interest in preserving global peace. In this concept, international institutions would play a key role in curbing rogue aggressor states, in maintaining arms control, in constructing confidence-building regimes, and in preventing nuclear proliferation. The fourth strategic alternative, primacy, meant that the United States should maintain a preponderance of power in the arena of global politics. This strategy was aimed at preventing the rise of any great powers that could compete with the United States.

To adjust to the new post-Cold War security environment and threats, the strategists in the U.S. government contrived a new national strategy with three goals: enhancing the U.S. security with military forces that are ready to fight and with effective representation abroad; bolstering America's economic revitalization; and promoting democracy abroad.[23] These three goals in the Clinton administration's national strategy were a reasonable reflection of Posen and Ross' three alternatives: selective engagement, cooperative security, and primacy.

To deal with the new security environment, and to fulfill the vital national interests of the United States in the post-Cold War environment, U.S. strategists formulated a new military strategy of the 1990s, whose main pillars were strategic deterrence and defense, forward presence, crisis response, and reconstitution.[24] Also, the strategy emphasized a prudent preparedness to prevent proliferation of weapons of mass destruction, and to counter international terrorism, drug-trafficking, and international criminal activities.

The strategy of strategic deterrence and defense meant that, although there occurred a significant reduction of the nuclear arsenal after the end of the Cold War, the former Soviet Union and other potential adversaries were still possessing large quantities of nuclear weapons. The United States should maintain, and be prepared to employ, modern, fully capable, and reliable strategic deterrent nuclear forces. To defend against the ballistic missile

---

23 The White House, *National Security Strategy,* i.

24 *Ibid.,* 6-7.

threats, the United States intended to employ the tool of Global Protection Against Limited Strikes (GPALS), which was lesser in scope, and more regionally oriented, than the original SDI concept.

The forward presence strategy purported that the U.S. forces deployed throughout the world would protect and promote America's vital interests in the region. Such overseas force deployment would express American commitment and credibility to the allies, and enhance regional stability. Also, it would provide crisis response capability and ability to exert U.S. influence over the region.

The strategy of crisis response was aimed at retaining the capability to address regional contingencies. U.S. forces should be prepared to respond rapidly to deter and, if necessary, to fight regional conflicts. The strategy of reconstitution was intended to retain the capability to forestall any potential adversary from competing militarily with the United States. This reconstitution strategy meant to deter such a power from its ambitious militarizing and, if deterrence failed, to provide a global war fighting capability for the United States military forces.

Compared with the traditional military strategy of erstwhile era, there were several unique emphases in the post-Cold War military strategy: counter-terrorism, war on drug-trafficking, prevention of weapons of mass destruction, and participation in peace operations. These emphases in the U.S. military strategy of the 1990s reflected the new security environment and the novel nature of threats after the end of the Cold War.

Receiving guidance from the above-mentioned national strategy and military strategy, the United States completed the regional strategy for East Asia and the Pacific region. This regional strategy had three pillars: pursuance of security, requirement of open markets, and emphasis on the spread of democracy.

To achieve the desirable security, the first pillar of the regional strategy, the United States would maintain an active presence, such as the U.S. forces in Korea, which would contribute to deterring regional aggression and guarantee the pursuance of U.S. interests. The United States would respect and observe the existing bilateral security ties with such allies as South Korea, Japan, Australia, Thailand, and the Philippines. Also, this strategy stressed the curtailing of proliferation of weapons of mass destruction, as seen in its efforts to halt North Korea's nuclear gambit with the 1994 Agreed Framework. To fulfill the regional strategy, the United States would actively participate in new regional dialogues, such as the ASEAN Regional Forum (ARF) to meet common security challenges. Simultaneously, the United States would pursue a diplomatic road of comprehensive engagement designed to integrate China into the international community as a responsible member of the community.

The second pillar, the emphasis of open market, was designed to pursue continuing economic prosperity in the region, which was expressed in the following positive economic facts. The region produced $13 trillion of goods; it exported $1.7 trillion merchandises; the United States exported $150 billion worth of merchandises to the region in 1994, which was equivalent to 2.9 million jobs; and the United States directly invested $108 billion worth of capital in the region in total.[25]

The third pillar, the emphasis on democracy, was the United States' traditional, normative emphasis in its relations with other countries, since democracy and human rights were universal values and yearnings.

Key Issues of the U.S. Military Strategy in the 1990s

To establish a nation's military strategy in the uncertain security environment of post-Cold War era, it was essential to re-identify the nation's national interests. Robert J. Art articulated U.S. national interests in two distinct categories: the "vital" and the "desirable." According to him, the vital interests were the protection of the U.S. homeland from attack and destruction, the preservation of U.S. economic prosperity, the prevention of great power wars on the Eurasian continent, and the assured access to the Persian Gulp oil.[26] A state would direct its utmost effort to fulfill the vital interests, even engaging in the act of war. Art's desirable interests included retarding the spread of weapons of mass destruction, fostering the spread of democracy and free market system, and promoting human rights in

---

25 *Ibid.,* 41.

26 Robert J. Art, "A U.S. Military Strategy for the 1990s: Reassurance and Without Dominance," *Survival,* Vol. 34, No. 4 (Winter 1992-93), 5.

non-democratic states.[27] To fulfill the desirable interests, a state would employ less-than-utmost means, such as the tools of diplomacy, coercion, persuasion, or even compromise. However, delineating vital interests and desirable interests is not as clear-cut as discerning between apples and pears.

A U.S. Joint Chiefs of Staff publication, *National Military Strategy of the United States, January 1992,* identified U.S. national interests as follows. First, the United States should survive as a free and independent nation, with its fundamental values intact and its institutions and people secure. Second, a healthy and growing U.S. economy would ensure the opportunity for individual prosperity and resources for national endeavors at home and abroad. Third, healthy, cooperative, and politically vigorous relations with allies and friendly nations are required. Fourth, a stable and secure world, where political and economic freedom, human rights, and democratic institutions must flourish.[28] Although U.S. interests thus worded by the Joint Chiefs of Staff and Robert J. Art were not alike, their essential contents could be deemed identical.

Then, what was the keenest issue in formulating the U.S. military strategy after the Cold War? And, what was the effect of America's new post-Cold War military strategy toward the Korean peninsula? Several theoretical topics should be addressed.

First, the age-old contention between the two extreme poles in U.S. security policy should be examined, that is, isolationist retreat and unbridled liberal internationalism. Both arguments had some merits and demerits on their own rights.

If the United States chose the strategy of isolationist retreat, the U.S.-initiated contemporary international order would be ceased to exist. The United States would lose its prestige, resources, and influence among world states. Hence, such retreat would be detrimental in achieving U.S. national interests.

If the United States opted the strategy of unbridled internationalism, it

---

27 *Ibid.,* 5.

28 U.S. Joint Chiefs of Staff, Colin L. Powell, Chairman, *National Military Strategy of the United States, January 1992* (Washington, D.C.: U.S. Government Printing Office, January 1992), 5.

would squander the limited amount of available resources, such as manpower, financial capability, and material endowment. Although the archrival disappeared from the international arena, the post-Cold War security situation still required the United States' military preparedness and overseas commitments. In short, it would be extremely important to strike a balance between the two poles of thinking. The military strategy contained in the *National Military Strategy of the United States, January 1992* attempted to choose a balanced and prudent standing.

Second, students of international relations should understand what had been changed in the post-Cold War U.S. military strategy and what had remained unchanged. The changed quality of the U.S. military strategy may be enumerated as follows: regional orientation, threat of the uncertain and unknown adversaries, a smaller total force—the 'base force,' theater CINCs' drive of the planning process, adaptive plans, strategic agility, and decisive force.[29]

The strategy of regional orientation was necessitated by the demise of the Soviet Union. The main strategic focus in the Cold War era was directed to the containment of the Soviet expansive power, but the focus in the post-Cold War era had to be oriented toward the regional adversaries, especially if they were seriously relevant with the vital interests of the United States (e.g., Iran and Iraq for their possession of vast oil reserves, North Korea for prevention of nuclear proliferation)

The factor of uncertain and unknown threat was a natural corollary of the end of the Cold War. During the Cold War era, the tight bipolar control of the United States and the Soviet Union had prevented the occurrences of minor political contentions such as smaller ethnic conflicts or struggles by non-governmental forces (e.g., terrorists, international crime perpetrators). The behaviors of such minor, non-governmental actors, naturally, had the quality of uncertainty and unpredictability.

The contraction of U.S. military force had also been a result of the termination of the Cold War. As the formidability of the adversary disappeared, there must be an adjustment in size and volume of the U.S. military forces. The concept of the contracted U.S. forces, aptly named as

29 U.S. Joint Chiefs of Staff, *National Military Strategy of the United States,* 26.

the “base force,” emerged after the Cold War. Robert J. Art condensed the contraction of the U.S. military forces after the end of the Cold War in the following manner.

> To respond to the changed political landscape in Europe, it [the U.S. administration] made plans to cut U.S. troop deployments in Europe from 300,000 to 150,000. In East Asia, it made plans to withdraw more than 35,000. To respond to domestic demands for reduced defense spending, it proposed a force structure—the base force—that would cut the army’s active and reserve divisions by 36%, the air force’s active and reserve tactical fighter wings by 24%, the navy’s carrier battle groups by 20% and its ships by 16% and total military personnel by 20-25%.[30]

The East Asia Strategic Initiative (EASI I) expressed and embodied such adjustment of the U.S. military after the end of the Cold War in the region of Asia-Pacific Rim.[31] The gist of the EASI I was that the U.S. forces in East Asia would be readjusted with a three-phased withdrawal from the early 1990s. In the first phase of the withdrawal, 15,250 U.S. troops were withdrawn from the region by December 1992.

In the case of the USFK, the first phase (1990-92) withdrawal was 6,987 troops from the 1990’s 44,400, which made the 1992 size of the USFK 37,413. The second phase (1993-95) withdrawal was planned to be 6,500 troops, to make the 1995 USFK size 30,913. However, due to the Northern regime’s nuclear gambit in the early 1990s, the implementation of the strategy was suspended by Dick Cheney, the Secretary of Defense.

Accordingly, a necessity to revise the strategy was arisen in 1992, which resulted in the publication of EASI II.[32] The essence of EASI II was similar with that of EASI I, but it presented a readjusted plan for troop withdrawal from Asia. Also, it clarified the U.S. perception that the military presence in Asia would positively contribute to the promotion of U.S. interests in the region. After the EASI II, the first comprehensive U.S. military strategy for

---

30 Art, “A U.S. Military Strategy,” 5.

31 U.S. Department of Defense, *A Strategic Framework for the Asia-Pacific Rim: Looking toward 21st Century* (Washington, D.C.: U.S. Government Printing Office, April 1990).

32 U.S. Department of Defense, *A Strategic Framework for the Asia-Pacific Rim: Report to the Congress 1992* (Washington, D.C.: U.S. Department of Defense, May 1992).

post-Cold War era, the Bottom-Up Review (BUR)[33] was published, which clearly asserted that the United States would opt the global strategy of win-and-win instead of erstwhile era's win-hold-win strategy.

In 1995, the East Asia Strategic Report (EASR)[34] was published, which was a revised version of the second EASI II. The essence of EASR was that the United States would maintain the strength of 100,000 troops in Asia, and it would fully participate in economic, diplomatic, and military affairs of the region. The Report stressed the strategic importance of Japan to the United States, U.S. Forces in Japan, deterrence on the Korean peninsula, alliance with South Korea, and promotion of democratic ideals in the region.

The other post-Cold War changes in U.S. military strategy (CINCs' initiative for planning process, adaptive plans, strategic agility, and decisive force) were a mere extension or reiteration of the three strategic changes explained so far.

Third, what did not change in the U.S. military strategy in the post-Cold War era was the factor of 'forward presence.' Official statements from the security-handling offices of the U.S. government attested the importance of the concept of forward presence in various critical regions of the world.

> Over the past 45 years, the day-to-day presence of US forces in regions vital to US national interests has been key to averting crises and preventing war. Our forces deployed throughout the world show our commitment, lend credibility to our alliances, enhance regional stability while promoting US influence and access.[35]

> Since World War II, the United States has been the predominant power in the Asia-Pacific region. During the Cold War, our national security objectives centered on defending American territory as far forward as possible, global containment of the Soviet Union, and protecting friends and allies. Our military strategy, dictated largely by the distances involved transiting the

---

33 U.S. Department of Defense, the Secretary of Defense Les Aspin, *Report of the Bottom-Up Review* (Washington, D.C.: U.S. Department of Defense, October 1993).

34 U.S. Department of Defense, Office of International Security Affairs, *United States Security Strategy for the East Asia-Pacific Region* (Washington, D.C.: U.S. GPO, February 1995).

35 U.S. Joint Chiefs of Staff, *National Military Strategy of the United States,* 7.

Pacific Ocean, was to forward station forces to permanent bases, primarily in Japan, Korea, and Southeast Asia.[36]

The strategy of forward presence was backed by mutual defense treaties between the states in the region and the United States. South Korea, like Japan, Taiwan, and the Philippines, had concluded the Mutual Defense Treaty with the United States in October 1953. Accordingly, the strategy had critical relevance with the defense of South Korea against the possible Northern attack. The fact that U.S. military strategy of forward presence continued even after the end of the Cold War had two notable meanings: one, the U.S. forces stationed in South Korea would function as a crucial deterrent against the offensive scheme of the Northern regime; and, two, the United States would be able to exert its political, strategic, and military influence over South Korea, continuously.

Interim Assessment of the U.S. Strategic Influence over South Korea after the Cold War

The continuation of U.S. strategic influence on South Korea may be explained with the following four aspects. The unique powerful composition of the U.S. Forces in Korea had the quality to compensate for the South Korean forces' tactical, intelligence, and technological weaknesses. The USFK could provide technological assistance for South Korea's Force Improvement Programs, and possessed decisive capabilites to deter the Northern ambition to launch another war. After all, the U.S. forces stationed in South Korea meant the unchanged U.S. emphasis on its 'forward presence' strategy.

When one looks at the composition of the U.S. forces in South Korea, it shows several unique qualities. Although its total size was relatively small (37,489), it operated massive combat power, which included 140 new version M1A1 tanks, 70 AH64 *Apache* attack helicopters, 30 227mm MLRSs, 48 *Patriot* surface-to-air missiles, 70 F-16s, and 20 A-10 tank killers; and significant intelligence collection and assessment capability including 3 U-2 reconnaissance aircraft. These unique qualities compensated for the chronic weaknesses of the South Korean forces: the lack of intelligence capability;

---

36 U.S. Department of Defense, Office of International Security Affairs, *United States Security Strategy,* 5.

the dearth of firepower and mobility; the insufficiency of anti-air combat power; and less-development of military technology. In reality, the U.S. forces' above-listed capabilities compensated for those weaknesses of the South Korean forces. This compensation by the U.S. forces for the local forces' weaknesses was regarded indispensable for the Southern forces in performing their defense mission. Accordingly, the United States was in a definitely advantageous position to exercise its military influence over South Korea's military affairs.

South Korea had devoted its valuable resources for its force improvement programs. But, the success of force improvement depended on U.S. attitude to provide technological and policy assistances (such as U.S. government's agreement to sell F-16s to South Korea) in a timely manner. Therefore, in this case again, the United States retained an advantageous position to assert its strategic influence over South Korea.

Thanks to such military prowess, the U.S. forces in Korea played an indispensable role in deterring Northern regime's launching of another attack. This aspect produced another definite advantage for the United States to assert its influence on South Korea.

And finally, due to the unchanged orientation of U.S. intention, namely, the forward presence strategy, most of South Koreans firmly believed that the U.S. forces would be continuously stationed in Korea in the future. This public notion in Korean society helped to create an atmosphere favorable for the United States to exercise its strategic influence over South Korea.

As discussed above, the United States was able to continuously exert its strategic influence over the military affairs of South Korea, including the area of military strategy, even in the era of post-Cold War.

4. Impact of South Korea's Internal Conditions on Its Military Strategy in the 1980s and 1990s

Description of South Korea's Internal Political Development in the 1980s

In South Korea, the 1980s dawned with the assassination of President Park Chung Hee in October 1979 by Kim Jae Kyu, the chief of the Korea

Central Intelligence Agency. Park's unexpected demise affected the South Korean society in two aspects. The South Koreans expected earlier abolition of the illiberal *Yushin* system,[37] which would inevitably bring about more benign, liberal political system. They also paid a keen attention, with considerable apprehension, on future political role that South Korea's military might play in domestic political arena in coming days.

The *Yushin* system of the late President Park underwent a slow but expected process of abolishment. Acting President Choi Kyu Ha repealed Park's emergency decree, which was notorious in the senses of political propriety and liberal norms. The decree had even forbidden criticism on the defects of the *Yushin* constitution. A typical example of the constitutional defects was the massing of political power in the hand of the president, such as the president's prerogative to appoint up to one third of the members of the legislative body, the National Assembly.

As suspected by many South Koreans, the younger military elites, led by Major General Chun Doo Hwan, embarked on taking political power through three steps. First, they took the initiative to sway the military establishment with the 12 December 1979 incident, through which the older and corrupt generations of military leadership were eliminated. Second, the younger military elites attained political power by nullifying the existing societal order and political practices. They resorted to various extraordinary measures: taking key national intelligence positions; dissolving the National Assembly; promulgating martial law decrees; closing universities and colleges; banning students' demonstrations; prohibiting political discussions

---

[37] The 1972 *Yushin* system was an unprecedented enhancement of the Park government's executive power. Through the process of the North-South dialogue in 1972, President Park found that: (1) the inefficacy and wastefulness of the "Western-style" democracy in the Southern politics; (2) the Northern regime's spectacular efficacy in concentration of its national power in pursuing the statecraft objectives; and, accordingly, (3) the acute necessity to combine and concentrate all aspects of national strength for the Southern survival. To overcome such weaknesses in South Korea's political practice, Park acted on drastic changes in constitution in October 1972, which included: (1) the presidential authority to declare emergency decrees of same legal effect as a law; (2) the power to appoint one third of the legislative body, the National Assembly; and (3) the presidency to be elected by a titular body of the National Conference of Unification (*Tong'il Juche Gungmin Hoe-eui*) without limit of terms.

and actions; and, ultimately, pacifying the May 1980 Gwangju Democratization Movement with military force. Third, as a denouement of the taking of political power, they introduced a new governing structure called the Special Committee for National Security Measures on 31 May 1980. In those flows of events, the civilian president Choi Kyu Ha was pressured to resign on 16 August 1980, and in the same month, Chun was elected as president by a titular body, the National Conference of Unification. In October 1980, the constitution was revised, and Chun was reelected as president by the new constitution in February 1981 for a single seven-year term.

To compensate for their taking power by force, Chun's military elites directed their utmost effort for attaining political legitimacy and public acceptance in the 1980s. Similar with Park Chung Hee's case in the 1960s, they hoped to achieve political legitimacy with promises of economic growth, prevention of corruption, and materialization of social justice and probity. Together with these basic approaches, they introduced some cosmetic, quasi-liberal reforms to earn public acceptance, such as abolition of curfews and changes of the rigid high school dress codes.

The South Korean society had experienced enormous socio-economic changes since 1961 (the year of Park's *coup detat*). Economic growth was taken for granted, greater political freedom and economic equity were aspired, and the people wanted to participate in national politics in a genuinely democratic mode.

In other words, the Chun government encountered two distinct challenges in its statecraft. One was the people's ardent desire for democratization and political development, and the other was security threat emanated from external sources, particularly from the Northern regime. To resolve such external and domestic challenges, the Chun government contrived three strands of national objectives in its statecraft: to strive for national security and survival, to pursue economic prosperity, and to establish a solid alliance relationship with the United States.

In the wake of Chun's taking political power, the traditional U.S.-South Korean alliance managed the imminent military crisis safely and well. The ROK and U.S. forces were placed on higher degree of alert, and a U.S.

aircraft carrier task force was ordered to Korean waters as a show of force. In addition, two airborne warning and surveillance radar planes (AWACS) were brought in to monitor the movement of the Northern forces. As in the past, the element of U.S. influence over South Korea worked effectively in this domestic political crisis of the late 1979. The Northern regime did not show any significant provocative, or offensive, movement to exploit the power vacuum in South Korea.

However, a notable change in South Koreans' perception toward the United States occurred during the period, the expanding phenomenon of an anti-American sentiment,[38] particularly among the younger generations. They lamented the fact that the United States authorities in Korea did not mediate the clash between the civilian dissenters and the ROK government forces. If the United States had mediated the clash, people believed, it might have prevented the unnecessary civilian fatalities. But the U.S. authorities were believed to have condoned, or acquiesced, the employment of ROK military forces in quelling the 1980 Gwangju Democratization Movement. People also said that the United States accorded political legitimacy to Chun's militaristic rule with the Reagan administration's invitation of Chun as the first foreign head of state visit to Washington. These lamentations became the seed of, eventually developed into, the serious anti-Americanism later.

---

38 Traditionally, South Koreans have boasted that South Korea is the sole country in the world where no "Yankee Go Home" is sounded. Such U.S.-friendly phenomenon has obviously been derived from the South Korean people's genuine appreciation for the U.S. military helps during the Korean War. A talented South Korean scholar agrees: "He [Gi-Wook Shin] found that Korean anti-Americanism was neither an ideological rejection of the United States as a representative of capitalism and modernity nor a rejection of American culture. Rather, 'national consciousness' and 'nationalist concerns' served as the primary political source of anti-Americanism." The issues of the irrationality in the SOFA agreement, American soldiers' repeated maltreatment of Korean women, and the inconveniences caused by American forces' stationing in the Southern territory triggered such national consciousness and concerns. The American acquiescence on the use of the South Korean military forces in quelling the 1980 Gwangju Democratization Movement precipitated the peak of the anti-Americanism at that time. Gi-Wook Shin, "South Korean Anti-Americanism: A Comparative Perspective" in *Asian Survey,* 36, No. 8 (1996), as quoted in Katherine H. S. Moon, "Korean Nationalism, Anti-Americanism, and Democratic Consolidation" in *Korea's Democratization,* ed. Samuel S. Kim (New York: Cambridge Univ. Press, 2003), 135.

The initial response of the United States to South Korea's new political development was cool and negative but it was compelled to acquiesce and recognize the Chun government. The United States' recognition of South Korea's new power consolidation was symbolically expressed in President Reagan's invitation of President Chun to Washington as the new U.S. administration's first official guest of foreign head of state. The invitation contributed substantially to allaying Chun's lingering political agony, and to the political legitimacy of his government in the international community and among the people of South Korea.

In spite of the Chun government's excellent record in conducting South Korea's statecraft, such as the scorecard of economic development, it confronted in the latter part of the 1980s a series of severe anti-military, anti-Chun resistances from the students and the general public. By the people's unabated pressure, Chun's ruling party was finally succumbed in 1987 to accept the people's direct choosing of the president. Although having the disadvantage of being Chun's hand-picked successor and his close confident in the military life, Roh Tae Woo managed to win the presidential race against the two civilian candidates in 1987. The sorry rift between the leading civilian candidates, Kim Young Sam and Kim Dae Jung, decidedly helped to result in another military-reared president.

One of the defining characteristics of the Roh Tae Woo government was that it did not suffer from the legitimacy problem of the sort the former Chun government had experienced, since the Roh presidency was ostensibly a product of a popular election. However, the Roh government encountered different kinds of challenges: domestic pressure to establish a rational political order and stability; external challenge to adjust to the changing international conditions; and the urgent need to enhance the nation's economic standing.

To resolve such challenges in a single stroke, the Roh government undertook the so-called Northern Diplomacy, whose aim was to open a diplomatic relationship with the communist powers, such as the Soviet Union and the People's Republic of China. Latently, the Northern Diplomacy was a grand and indirect scheme aiming at a definite lessening of the military threat from North Korea. Domestically, the Northern Diplomacy was a policy measure to counter the growing domestic voices from the "left" or the "progressive force"[39] in the Southern society, who argued a more benign stance toward North Korea. Also, South Korea's business community who desired to explore a new opportunity to overcome the economic sluggishness at that time eagerly participated in the initiative of the Roh government. The Northern Diplomacy harvested reasonably good results: establishing diplomatic relationships with the Soviet Union in 1991, and with the PRC in 1992.

Internal Political Development since the Democratization in the 1990s

The advent of the Kim Young Sam government in 1993 represented the fruition of the long struggle for democratization in the past decades. The new Kim government introduced revolutionary domestic policies. Included here were the elimination of military elites' power and influence in Korean politics, the introduction of drastic reforms in economic field such as the "System of Financial Transactions in Real Names,"[40] and the implementation of democratic processes in almost every aspects of Korean politics, including the empowering of the local governments. However, the new government did not depart from the orientation of the earlier military-based governments' security and defense policies. It still emphasized the necessity to maintain the strong alliance with the United States and a firm and resolute stance in countering the Northern belligerency.[41]

---

[39] Traditionally, two political forces of disparate ideology contended in Korea's politics: the conservative (or nationalist, the 'right') faction and the progressive (or socialist, the 'left') faction. The two factions had maintained symmetric or balanced strengths in the South Korean political arena before the Korean War. However, when the South Korean governments' authoritarian grip became loose in the post-Rhee and post-Park eras, the voice of the progressive faction tended to become more vocal and powerful. The era of President Roh Tae Woo was a similar case of such progressive faction's ascending power, due to the Southern society's pervasive atmosphere for liberalization.

[40] In South Korea's economic practices in prior eras, financial transactions by other persons' names, or by a fictitious name, were allowed, which had become the primary source of corruption or illegal dealings. The earlier Chun government attempted to correct the serious societal irregularity, but, due to the irrepressible counter-pressure from the "haves," it could not succeed to do so. Thanks to the popular support, the Kim Young Sam government boldly accomplished the historical feat of making a condition for "clean" and transparent financial transactions in the Southern society.

In contrast, the Kim Dae Jung government, which came to office in February 1998, introduced a sea change in South Korea's security and defense policies from those of earlier governments. The so-called "Sunshine Policy" of the new Kim government was predicated on several strategic assumptions.

> The central premise of this policy is that North Korea is not on the verge of collapse any time soon, and that its transformation into a market economy is inevitable, as the world witnessed in China and Vietnam, not to mention Eastern Europe and Russia. It also presupposes that, unless North Korea changes fundamentally, its bellicose doctrine of threat against South Korea will not change.[42]

The emotional backdrop of this North-embracing policy can be condensed in the following five points. First, the Kim government's angle of viewing the Northern regime was definitely different from the traditional, conservative standpoint. The Northern regime was not to be the target of enmity or competition but a brotherly partner to cooperate for peace and mutual prosperity.[43]

Second, considering the Northern regime's economic woes, such as chronic shortages of food, energy, and hard currency, the policy addressed North Korea's economic and humanitarian needs rather than the Northern regime's historical posing of military threat against the South. Third, the policy attempted to make a differentiation between resolvable tasks and problems (e.g., aiding the North with food and energy) and those of intractable issues

---

41 Victor Cha, "Security and Democracy in South Korean Development" in *Korea's Democratization,* ed. Samuel S. Kim (New York: Cambridge University Press, 2003), Chapter 8, 201-219. Cha presents a historical analysis on the traditional way of Koreans' thinking on security: (1) a hard realpolitik view derived from the past security challenges posed by surrounding powers; (2) bilateralism such as a close alignment with the dominant power (China or the United States); (3) the predominant concept of zero-sum game in dealing with the adversary (North Korea). Accordingly, it was natural, and understandable, that the new Kim Young Sam government opted the traditional stance in security matters.

42 Sung Chul Yang, "South Korea's Sunshine Policy: Progress and Predicaments" in *The Fletcher Forum of World Affairs,* Vol. 25:1 (Medford, MA: The Fletcher School of Law and Diplomacy, Tufts University, Winter 2001): 33.

43 *Ibid.,* 32.

(e.g., military confrontation on the peninsula). Fourth, it encouraged the allies and friends of South Korea to engage North Korea. This concept stressed that the international community should positively engage with North Korea (such as establishing diplomatic relations), not to let the Northern regime be discarded as an international pariah.

Fifth, the architect of the policy, President Kim, originally envisaged a two-tracked approach in implementing the policy: dialogue and deterrence. That is, the concept of this North-embracing policy stressed the use of both *carrot* (reward) and *stick* (deterrence), not *carrot-or-stick*, toward North Korea.

However, the South Korean society found illogicalities and problems in this North-embracing policy as it was being implemented. First of all, there arose the issue of the correctness of the fundamental attitude toward the Northern regime. The traditional viewpoint of the Southern society had regarded the Northern regime as the invader of the 1950-1953 Korean War, the perpetrator of numerous terrorist acts against the South, and most of all, the responsible actor for unspeakable national tragedies and sufferings in the past decades. Without the Northern regime's single utterance of apology or, at the least, recognition or acknowledgment of such responsibilities, how could the Northern regime be suddenly transformed into an amicable partner for peace and prosperity?[44]

Second, the soundness of the basic assumptions for the policy was also challenged. Nobody could be definitely sure about the way the Northern regime would open its society, or about the prospect it would adopt the system of market economy. The South Korean government introduced a rosy prospect about North Korea's future opening, or mellowing, with an arbitrary and wishful thinking.

Third, the South Korean government disregarded the iron principle of reciprocity in international diplomacy in its dealing with North Korea. Without any gaining in return from the North, the South Korean government

---

[44] Of course, South Korea's earlier governments attempted to achieve dialogues with North Korea, such as the Park government's achieving of the South-North Joint Communique in 1972, and the Roh government's achieving of the Basic Agreement on Reconciliation in 1991. But, the real and ulterior intention of the Southern governments invariably was the pursuit of political advantage over North Korea, not the limitless or unconditional concession to the North.

kept providing material and financial aid to the North one-sidedly. And the process of the decision to provide money and help to the North was not decided by a proper, lawful decision process, such as by the debate at the National Assembly.

When one viewed such irregular, inappropriate implementation of the policy, it did not balance the engagement initiative with 'carrot and stick,' as President Kim initially envisioned and professed. Rather, the South Korean government seemed to indulge in the practice of 'carrots and carrots.' That is a stark example of violation of the principle of reciprocity in international diplomacy.

Fourth, most critically, the sudden change of the policy toward North Korea brought forth an utterly negative impact on the national defense matters. The Southern forces lost its mental focus on the "main enemy."[45] To the Southern forces, the Northern regime and its military forces had been the main culprits who intended, and relentlessly acted on, to destroy the Southern values and institutions. Now, due to the unsubstantiated argument of the sudden North-embracing policy, the Northern regime and its military forces were to become an ambiguous being, neither foe nor friend, in the minds of the Southern troops. That is, the Southern forces lost the sense of orientation in performing their defense missions.

In the final analysis, the South Korean government lost the sense of resoluteness in the matters of the national defense. It just tried to pursue the vaguely defined North-embracing policy in spite of North Korea's repeated and continued military provocations, such as the June 1998 submarine

---

[45] Traditionally, South Korea viewed the Northern regime and its military forces as the "main enemy" as expressed in the first section, the third version, of the 2000 *Defense White Paper:* "The mission of our armed forces is to safeguard the nation from external threat and military intrusion. This means to defend the nation from North Korea's attack, which is our main enemy." The Northern regime raised a heated criticism on the use of the term "main enemy." The South Korean government meekly acquiesced to the Northern protest; it declared postponing of the publication of the 2001 *Defense White Paper.* The government seemed worrying that the scheduled publication of the 2001 *Defense White Paper* (in December 2001, continuously using the term "main enemy") might bring about another heated political protest from the North. Further, the government announced that it would postpone indefinitely the 2002 version of the *Defense White Paper.*

incursion, the July 1998 infiltration incident, and the August 1998 Daepodong missile test.[46]

All of the South Koreans had ardently wished avoidance of another Korean War and an eventual, peaceful national reunification. Therefore, the security policy or unification policy should not be a monopoly of an individual or a single political policy group; the people should participate in deciding and adopting the security and unification policies. The North-embracing policy should have been proceeded through proper public contemplations and debates.

As explained so far, the development of South Korea's internal politics in the late 1990s, particularly the sudden adoption of the North-embracing policy as a national strategy in dealing with North Korea, significantly hampered the desirable development of South Korea's security-related military strategies and defense affairs.

Size and Capability of the Southern Forces in the 1980s in Comparison with the Northern Forces

To comprehend the state of the South Korean military capability in the 1980s, one should look at the data in Table 27 provided by *The Military Balance 1988-1989* from the authoritative International Institute for Strategic Studies. If the Southern data be compared to those of the Northern forces, a clear picture of the relative strengths between the South and the North, and South Korea's security anxiety thereof, would be acquired.

As in the previous decades, a stark disparity continued to exist in the 1980s in military capabilities of the two Koreas, which clearly favored the North. The Southern forces' inferiority vis-à-vis the Northern forces can be illustrated in the following three aspects: the Southern forces' numerical inferiority in the strengths of the total armed forces and ground forces, the Southern forces' inferiority in the number of major combat equipment, and the Southern forces' smaller number of combat units such as corps, divisions, and brigades.

46 Victor Cha, "Security and Democracy in South Korean Development" in *Korea's Democratization*, ed. Samuel S. Kim (New York: Cambridge University Press, 2003), 211.

Table 27. Comparison of Military Capabilities between the Two Koreas' Forces in the 1980s

	North	South
Total Forces	842,000	629,000
Army	750,000	542,000
Major Units	1 armored, 3 mechanized, 8 all-arms corps HQs	2 armies, 7 corps
	1 Special Purpose Corps Artillery Command	
	1 motorized infantry division 25 infantry divisions	2 mech infantry divisions 19 infantry divisions
	15 armored brigades	1 independent infantry brigade
	20 mot infantry brigades	7 special warfare brigades
	4 independent infantry brigades	
Major Combat Equipment	MBT: 3,000 T-34/-54/-55/-62s, 175 Type-59s Light tanks: 300 T-63/-62s	Main battle tanks: 1,500 (Type-88, M-47, M-48 A5)
	MICV: 150 BMP-1s	MICV: 200 (KIFV)
	APC: 1,400 BTR-40/-50/-60/-152s	APC: 450 (M-113, *Fiat* 6614)
	Towed artillery: 1,600 (100/122/130/152mm)	Towed artillery: 3,100 (105mm, 155mm, 203mm)
	Self-propelled artillery: 2,300 (122/130/152/180mm)	SP artillery: 100 (155mm, 175mm, 203mm)
	MRL: 2,500 (107/122/130/140/200/240mm)	MRL: 140 (130mm)
	SSM: 54 (*FROG*-3/-5/-7s), 15 *Scud-Bs* (rumored)	SSM: 12 *Honest Johns*
Navy	39,000	54,000
Major Combat Equipment	Submarines: 21 (Ch Type-031, Sov. *Whiskey*)	Submarines: 3 Destroyers: 11
	Frigates: 5 (*Najins*)	Frigates: 18
	Patrol/coastal cbts: 365	Ptrl/cstl combat boats: 105
Air Force	53,000	33,000
Major Combat Equipment	80 Il-28s, 30 Su-7/-25s 280 Ch J-2/-4s, 100 J-6/Q-5s 160 MiG-21s, 46 MiG-23s	24 F-16s 260 F-5A/B/E/Fs 68 F-4s

Source: The International Institute for Strategic Studies, *The Military Balance 1988-1989* (London: The IISS, 1988), pp. 167-169.

Table 27 shows that there was a pronounced numerical disparity in 1988 in the strength of total armed forces between the South and the North: the South's 629,000 vs. the North's 842,000. Similarly, the South's ground forces had less strength than that of the North: the South's 542,000 vs. the North's 750,000.

The Southern forces also had smaller number of major combat equipment when compared with that of the North: the South's 1,500 vs. the North's 3,300 in main battle tanks; the South's 3,340 vs. the North's 6,400 in towed and self-propelled artillery tubes and MRLs; the South's 12 vs. the North's 59 in surface-to-surface missiles; and the South's 352 vs. the North's 696 in combat aircraft.

In addition, the composition of the combat units in the Southern forces showed less prowess than the North's: the South's 21 divisions vs. the North's 26 divisions; the South's 8 brigades vs. the North's 39 brigades (among them 15 were armored brigades); and the South's 7 corps vs. the North's 10 corps.

As such, the Northern forces continued to pose ominous military threat against the South in the 1980s. The palpable Northern military threat impelled the Southern forces to take the strategy of "catching up" with the Northern military capability, which was disclosed in the series of the Force Improvement Programs undertaken by the Southern government.

Size and Capability of the Southern Forces in the 1990s in Comparison with the Northern Forces

To understand the continuing military threat posed by the North against the South in the 1990s, one should compare the military capabilities of the two Koreas as in Table 28. Although, the Southern military showed some result of its defense-enhancing effort in catching-up the capability of the Northern forces in the 1990s, there still remained a vast disparity in numerical comparison favoring the North, despite the economic predicament of the Northern regime in the decade. The disparity was especially pronounced in the following aspects: the Southern forces' numerical inferiority in the strengths of total armed forces, army, and the Special Purpose Corps' troops; the Southern forces' inferiority in ground mobility and firepower such as tanks, artillery pieces, and missiles; the Southern air force's inferiority in number of combat aircraft; and the Southern forces' smaller number of tactical corps.

Table 28. Comparison of Military Capabilities between the Two Koreas' Forces in the 1990s

	North	South
Total	1,082,000	672,000
Army	950,000	560,000
Major Units	20 corps (1 armored, 4 mechanized, 12 infantry, 2 artillery, 1 Capital Defense)	11 corps 3 mechanized inf divisions
	27 infantry divisions	19 infantry divisions
	15 armored brigades	2 independent inf brigades
	14 inf brigades	3 counter-infiltration brigades
	21 artillery brigades	3 SSM bns with NHK-I/II
	9 MRL brigades	3 air defense brigades
	1 Special Purpose Forces Command (88,000)	7 special forces brigades
Major Equipment	3,500 main battle tanks (T-34/-54/-55/-62, Type-59)	2,130 tanks (800 Type-88s, 80 T-80Us, 400 M-47s, 850 M-48s)
	2,500 APCs (BTR-40/-50/-60)	2,500 APCs (KIFV, M-113, M-577, *Fiat*)
	10,500 total artillery (less mortar)	4,696 total artillery (less mortar)
	3,500 towed artillery	3,500 towed artillery
	4,700 self-propelled artillery	1,040 SP artillery
	2,300 MRLs	156 MRLs
	7,500 mortars	6,000 mortars
	24 *FROG*-3/-5/-7 missiles	12 NHK-I/II missiles
	Some 30 *Scud-C, Rodong*	
	11,000 air-defense guns	600 air-defense guns
Navy	46,000	60,000
Air Force	86,000	52,000
	593 combat aircraft	488 combat aircraft
Major Equipment	107 MiG-17s, 159 MiG-19s	195 F-5E/Fs, 130 F-4D/Es
	130 MiG-21s, 46 MiG-23s	88 F-16C/Ds
	16 MiG-29s	
	18 Su-7s, 35 Su-25s	

Source: *The Military Balance 1999-2000* (London: The IISS, 1999), pp. 193-196.

The comparison of the strength of total armed forces indicated the South inferiority almost two to one favoring the North: the South's 672,000 vs. the North's 1,082,000. The comparison of ground force's strength showed the South's inferiority in a similar ratio of two to one in favor of the North: the South's 560,000 vs. the North's 950,000. In the area of the Special Purpose

Forces, the South fell far behind the unchallengeable Northern number: the South's mere seven special force brigades vs. the North's 88,000.

The comparison of firepower by the number of artillery tubes indicated similar Southern inferiority with the North-favoring ratio of 2 to 1: the South's 4,696 vs. the North's 10,500. The disparity in the number of tanks was contracted considerably, but there still existed large numerical inferiority on the part of the South: the South's 2,130 vs. the North's 3,500. The number of the Southern combat aircraft fell behind that of the North by more than 100 planes: the South's 488 vs. the North's 593.

Most of all, since a corps is the essential tactical unit in combat operations (the commander of a campaign employs corps according to his tactical intention in various ways: to attack frontally, to envelop or pursue the enemy, to assign a certain area to defend, or to keep it as a reserve), the South's smaller number of corps caused a particular apprehension: the South's 11 vs. the North's 20.

As such, although North Korea experienced significant economic hardship in the 1990s, the Northern military prowess continued to threat South Korea's security.

Military Strategy of the Southern Forces in the 1980s and 1990s

The Southern forces' military strategy of the 1980s showed a significant difference from that of the 1970s. It emphasized operational activeness, or offensiveness, in its basic thinking. The 1980s military strategy established its strategic objective as follows. "In peace time, the Southern forces pursue three tasks: enhancing military strength, maintaining tactical readiness, and neutralizing enemy's subversive intent and actions. In war time, the Southern forces will counter the Northern attack by destroying its main body of the attacking forces north of Seoul. Following the brief, initial phase of defense, an offensive operations will be entailed immediately, which would contribute to the restoration of the lost territory."[47] Thus, the strategy

---

47 The Research Center for National Defense and Military Affairs, *Geongun Osimnyeon Sa* (The 50 Years of History Since the Creation of the Armed Forces) (Seoul: The Research Center for National Defense and Military Affairs, 1998), 354-356. Here, the term "lost territory" means the territory under the Northern regime's administrative jurisdiction, i.e., North Korea.

subsumed three essential concepts. The aim of the strategy was deterrence of all-out war and prevention and neutralization of enemy's subversive provocations in peace time, and guaranteeing of the capital area's safety in war time. So, the enhancement of military capabilities by self-reliant effort received a high emphasis as an essential portion of the strategy. And, as a concrete content of the operational strategy, the strategy of active defense-offense was opted. In Korean, the strategy was named as *Jeugeung Bangyeok Jeonlyak,* which could be literally translated as "the strategy of counter-offensive immediately following the defensive phase."

Essentially, the strategy of the 1990s was not different with that of the 1980s. However, one should remember that the formulation of a nation's military strategy is based upon its perception about the degree of physical threat posed by the adversary. As seen above, the Southern perception on the Northern military threat in the 1990s was continuously stark, especially, in comparison of military strengths of both sides. The North showed superiority in every military area: total armed forces (the North's 995,000 vs. the South's 655,000), the number of ground forces (the North's 868,000 vs. the South's 540,000), the number of army units (the North's 49 divisions and 65 brigades vs. the South's 49 divisions and 16 brigades), the number of tanks (the North's 3,600 vs. the South's 1,550), the number of artillery tubes (the North's 9,500 vs. the South's 4,300), and the number of tactical aircraft (the North's 850 vs. the South's 520).[48] In addition to those superiorities in actual numbers of troops and combat equipment, the North also enjoyed advantages in cumulative defense investment, indigenous capabilities of weapons production, and, particularly, the maintaining of its large-sized commando forces. All of these Northern military superiorities posed serious worries about national security among the Southern populace.[49]

The 1991 *Defense White Paper* of South Korea condensed the Southern military strategy as follows. "In peace time, the three efforts receive high emphases: deterring enemy's provocation of war; ensuring nation's security and prosperity; and contributing to peaceful reunification of the nation. In

---

48 *Ibid.,* 108-113. The compared figures do not necessarily match those of *The Military Balance 1991-1992* by the IISS.

49 *Ibid.,* 107-120.

war times, the task of defending the nation will receive the utmost emphasis with the accomplishment of earlier neutralization of enemy's will to conduct the war, together with promotion of national interests by managing other conflicts appropriately."[50]

To paraphrase the above-presented statement, South Korea's military strategy in the 1990s was composed of three components: maintenance of present readiness, pursuit of deterrence with coordination of U.S. military capabilities, and quest for self-reliant defense capability.

First, present readiness was required in consideration of the Northern military strategy, *blitzkrieg*. The South anticipated that the Northern forces would attempt a rapid overwhelming of Southern territory with tactical elements of surprise, mass, speed, and firepower, together with opening of a second front in the rear area by inserting its commando troops and having Northern guerrillas operating in the Southern territory join the conflict.

To counter the anticipated threat, the Southern forces cultivated three concepts for maintenance of present readiness: quick-response operational posture, emphasis on the defense of the capital area, and emphasis on the early warning system. Quick response operational posture meant the effort to integrate the functions of command, control, communication, and intelligence to shorten the response time. This concept also stressed that defense installations and ground barriers had to be prepared from "peace time"[51] to deal with the threat effectively. As for the defense of the capital area, it was located very close to the DMZ and its defense was crucial for the success of the overall defense of the nation. Therefore, it was imperative to contain and neutralize the Northern forces before they could reach Seoul, on or near the front lines. And the emphasis on the early warning system was a natural corollary of the tactical situation and terrain condition. The Northern forces were deployed in a manner not to allow sufficient warning time when

---

50 ROK Ministry of National Defense, *Defense White Paper 1991-1992* (Seoul: Ministry of National Defense Publications, 1991), 165-166.

51 According to the 1953 Armistice Agreement, the Korean peninsula has been technically in a state of suspension of hostile engagement between the contending parties, the Communist forces and the UN forces, not in a state of a confirmed, permanent "peace." But the term "peace time" has been widely used in referring to the contemporary elapsing of time after the conclusion of the Armistice Agreement.

launching a war. Therefore, an utmost effort had to be directed to detect every unusual activity of the Northern forces from the peace time.

The second component of South Korea's military strategy in the 1990s—pursuit of deterrence with the coordination of U.S. military capabilities—was grounded on three pillars: the 1953 ROK-U.S. Mutual Defense Treaty, the ROK-U.S. Security Consultation System which started in 1968, and the military command structure of the ROK-U.S. Combined Forces Command. Although South Korea had devoted a substantial amount of resources for the improvement of its defense capabilities, there were still many areas that needed U.S. cooperation, such as strategic and tactical intelligence, firepower, communications, mobility, air combat power, out-of-peninsula reinforcements, logistic requirements, and military technologies. South Korea hoped to compensate and supplement its weaker areas with the USFK's contribution.

With the third component of its military strategy in the 1990—quest for self-reliant defense capabilities—South Korea continued to undertake the endeavor of the Force Improvement Programs (FIP) as it did in the 1980s. Following the first FIP (1974-81) and the second FIP (1982-186), the South Korean military proceeded another 5-year FIP (1987-192). The size of the investment for the FIPs was substantial. In 1991, the ROK defense budget was 7,542.4 billion *won*, representing 27.6% of the national budget, 26,979.8 billion *won*. The amount of investment for force improvement was 2632.3 billion *won*, or 34.9% of the entire defense budget.[52] The focus of the FIP was to gain a self-reliant defense capability in three categories: to secure early warning systems, to achieve substantial improvement in combat capabilities, and to acquire advanced weapon systems.

About the early warning capability, "the planned role changes of the USFK [from a leading role to a supporting role] requires us to establish our own strategic early warning system .... For this, we plan to acquire reconnaissance aircraft and intelligence gathering equipment."[53]

The improvement of the ground forces included the enhancing of each division's combat capability: introduction of greater artillery firepower, armor and anti-armor assets, and airborne-mobile capability. The upgrading in air

---

52 ROK Ministry of National Defense, *Defense White Paper,* 1991, 205.

53 *Ibid.,* 174.

force, following the co-production of F-5s in the 1980s and the replacement of F-86s with F-4s and F-5s in the 1960s, resulted in several achievements: introduction of F-16s, upgrading of air operation support system, and the beginning of the Korea Fighter Program (KFP).

The 1991 Gulf War gave serious lessons about the need for advanced weapons and precision munitions systems. South Korea's three services were planning to acquire those improved weapons and munitions within their budgetary confines.

In the level of operational strategy, the essence of the strategy can be explained in the following three aspects. First, the Southern forces would counter the Northern attack with an immediate offensive actions after a brief defensive phase. Second, the safety and stability of the capital area would be ensured by the transit to immediate offensive actions. Third, the means to fulfill such strategy subsumed two factors: the self-reliant, indigenous defense capability and the combined defense capability of the South Korean forces and the U.S. forces.

To ensure a successful execution of such operational strategy, as discussed above, the enhancement of the following military capabilities would be required, which should be duly reflected in the force improvement programs: early warning capability to detect enemy's surprise actions and intent; relentless readiness and alertness to counter enemy's provocative moves; the tactical ability to immediately respond to enemy's operational speed; and the measures to guarantee satisfactory domestic mobilization and to accommodate the U.S. forces' timely reinforcements.[54]

Interim Assessment of the Impact of South Korea's Internal Conditions on the Development of Its Military Strategy in the 1980s and 1990s

As seen above, South Korea's internal conditions significantly affected the development of its military strategy in the 1980 and 1990s, in the following three aspects. First, the growing importance of the capital area induced the opting of the active defense-offense strategy in the 1980s. Second, the Northern military enhancement precipitated the heavy emphasis on the Force Improvement Programs in South Korea's military strategy from the 1980s

---

[54] *Ibid.,* 165-166.

through the 1990s. And third, the ambiguous North-embracing grand strategy of the Korean government in the late 1990s brought forth bewilderment and retardation in military thinking and strategy.

First, one could find an undeniable relationship between the societal development and the change in strategic thinking. Due to the economic development of the past decades, the capital area (Seoul and its vicinity) became an indispensable area in the 1980s. One fourth of the entire South Korean population resided in the capital area, and the majority of South Korea's manufacturing enterprises were located in the area. In addition, the area accommodated political and societal centers and their leaderships, and most of South Korean cultural and educational activities were conducted in the capital area. In short, the capital area was the center of gravity for South Korea. In this situation, it would be unimaginable to adopt the traditional defensive military strategy, that is, to concede the space in order to gain the time. In short, South Korea could not give up the capital area at the time of the Northern regime's launching of an all-out attack. Therefore, the only option in South Korea's military strategy was to transit to offensive operations immediately after a brief defensive phase. This was the background of South Korea's opting of the active defense-offense strategy (in Korean, *Jeugeung Bangyeok Jeonlyak*) in the 1980s.

Second, as discussed above, the Northern regime directed relentless efforts to upgrade its offense-oriented military capabilities. To counter such enhancement of the Northern military threat, South Korea had to choose a strategy of "catching up" with the Northern military capabilities. Accordingly, the strategy of force improvement became an essential part of South Korea's military strategy. Throughout the decades of the 1980s and the 1990s, the South Korean government energetically prosecuted the Force Improvement Programs (FIP) with considerable devotion of national resources: the first FIP (1974-1981), the second FIP (1982-1986), and the third FIP (1987-1992).

Third, the sudden change of the national grand strategy in the latter part of the 1990s produced bewilderment, confusion, and retardation in military thinking and strategy. The Kim government, which came to office in 1998, championed a North-embracing policy as its national grand strategy. The essence of the strategy, as mentioned already, argued that the Northern regime was not to be seen simply as the actor who had consistently intended to destroy the Southern values and institutions, or as the heinous perpetrator of past national disasters and tragedies. Rather, the Northern regime was to be seen as a brotherly entity, to whom South Korea should provide every possible assistance. Such sudden "friendly" stance toward North Korea brought forth the debate of "main enemy" among the Southern military community. The cadres and troops of the Southern forces were bewildered by such an unrealistic notion toward the archenemy. They also lost the proper mental focus on the concept of the main enemy. Such bewilderment and confusion caused for the Southern forces a loss of orientation in performing their traditional defense mission. Naturally, this phenomenon affected negatively in two aspects. The development of South Korea's military strategy was hindered by its losing of proper orientation, and a less-ideal cooperation with the United States had to follow, who had consistently retained the traditional, resolute stance against North Korea.

5. Overall Analysis: Congruence between Historical Facts and Theoretical Framework

As analyzed in previous chapters, the formulation of South Korea's military strategy was influenced by three factors: the magnitude of North Korea's military threat, the pervasiveness of U.S. strategic influence over South Korea, and the impact of South Korea's internal conditions on the development of its indigenous military strategy.

The three factors' impacts on South Korea's military strategy may be discussed in terms of three strands of theories. The classical realist thought explains the impact of North Korea's military threat on the development of South Korea's military strategy. The neorealist theory describes the gravity of U.S. strategic influence on the formulation of South Korea's military strategy. And the theory of multiple variables delineates the effect of South Korea's internal conditions on its military strategy development.

The classical realist thought stresses the element of power in statecraft: a state directs its main endeavor to maintain, increase, and demonstrate its power. In the 1980s, North Korea attempted to increase its power by weakening its Southern rival. The Northern regime intended to weaken the Southern government with the 1983 terrorist bomb-attack in Rangoon, which aimed to eliminate the visiting Southern political elites. The attack was a palpable example that tried to weaken the South, and by doing so, to increase its own political power. In 1987, the Northern regime's two special agents destroyed a South Korean commercial airplane packed with Southern laborers who were returning home after their Middle East works. The attack was intended to disrupt South Korea's hosting of the 1988 Olympic Games. It was also another act to increase the Northern power by hurting the Southern rival's prestige.

Although the Northern regime could not attempt ostensible attacks in the 1990s due to its economic predicament and changes in international situations such as the end of the Cold War, it continued to expand its military power by enhancing its offensive capabilities. Several pronounced examples of such enhancement of the offensive capability included the expansion of the special forces troops from 60,000 to 88,000, the increase of the number of sophisticated weaponry such as the acquisition of 54 MiG-29s, and the increase of the number of the ground maneuver corps from 17 to 20.

Further, regardless of its economic woes, the Northern regime continued to stress its offensive military intention in the 1990s. The continued strategic emphases on the concept of two-front war, the Three Revolutionary Forces for Reunification, Kim Il Sung-initiated 'combined strategy,' and the Four Major Military Policies clearly attest the offensive orientation of the Northern strategy in the 1990s. The offensive strategy, ultimately, contributed to the achievement of military prowess and power.

As introduced in the previous chapters, the classical realist thought sufficiently supports the gravity of the Northern military threat and its impact on the development of South Korea's military strategy.

The neorealist theory stresses the effect of international influence on a state's decision on its domestic and external behavior. In the 1980s, the Reagan administration drastically enhanced U.S. influence over South Korea by two policy actions: official canceling of Carter's plan to withdraw the U.S. forces from Korea, and inviting the South Korean president Chun to

Washington as the first head of state visit for the new Reagan administration. From such U.S. policy actions, two prominent aftermaths appeared in South Korea's domestic politics: the commuting of the dissident Kim Dae Jung's summary execution to life-sentence, and the alleviation of legitimacy agony of President Chun, which was precipitated by the fact that he was not elected by popular vote but acquired power by the back-up of the military. In the military domain, Reagan's decision to officially cancel Carter's troop withdrawal plan produced a tremendous societal relief and sense of security. Accordingly, the degree of the U.S. influence on South Korean military affairs, including the area of military strategy, had to increase substantially.

In the 1990s, the United States exerted its influence over South Korea by directly dealing with North Korea regarding the prevention of nuclear proliferation. The direct U.S.-North Korea contacts were transpired to prevent North Korea from acquiring the nuclear weapons, while excluding South Korea's participation in the negotiation. The direct contacts produced a means of convoluted, but increased, U.S. influence on South Korea. That is, with the good pretext of nuclear non-proliferation, South Korea was kept in the dark about the contents of the negotiation, while the two parties—its primary ally and its archrival on the peninsula—conducted the negotiation directly. Ostensibly, South Korea could monitor the proceeding of the direct U.S.-North Korea negotiation and insert its policy desires in a timely manner by the close and real-time cooperation of the United States. However, South Korea had to lose the initiative for resolving the local security dilemma. As such, the United States was able to increase its strategic influence over South Korea, even in the reversed occasion of dealing with the adversary.

As discussed above, the neorealist theory does explain the U.S. exertion of its influence on South Korea's national and military strategies.

The theory of multiple variables argues that a state's behavior, including its military strategy, is decided by both external impact and internal conditions. The gist of South Korea's military strategy in the 1980s was the pursuance of a self-reliant defense posture as evidenced by several five-year Force Improvement Programs (FIP). Thanks to the prescience of political leadership on defense affairs (i.e., Presidents Park in the 1970s and

Chun in the 1980s), South Korea propelled the Programs forcefully and effectively. The proportion of investment for the force improvement showed a remarkable sense of dedication: 31.2% of the entire defense budget in the first FIP (1974-1981), 30.5% in the second FIP (1982-1986), and 35.8% in the third FIP (1987-1992). The proportion of more than 30 percent of the defense budget was the reflection of the strong will and zeal of South Korea's political leadership for the Program.

However, with the advent of the Kim Dae Jung government in the late 1990s, a quite different concept appeared in South Korea's grand strategy and military strategy. The Kim government's viewing angle toward the Northern regime was starkly different from the traditional one. Traditionally, the Northern regime was a politically illegitimate entity, whose sole intention was on the destruction of South Korea. The Northern regime had to bear the entire responsibility for the unspeakable national sufferings and tragedies in the past. That is, the Northern regime was the archenemy of South Korea.

But, President Kim unfolded an entirely different logic with his North-embracing policy. That is, the Northern regime is a "blood-relative" in the Korean nation (i.e., people); so, the construction of a brotherly relationship with the North is desirable for the security of Korea, and the traditional alliance with the United States should be relegated to a secondary importance in consideration of the Northern brotherhood; therefore, South Korea should direct every possible effort to provide political, economic, diplomatic, and financial support to salvage the Northern regime from its various predicaments, without expecting any affirmative reciprocal actions from it.

The sudden change of the concept of "main enemy" brought forth a bewilderment in South Korea's military community in the following senses. First, the Southern military elites' supposition on the primary adversary became murky. That is, there appeared a mental confusion on the nature of the Northern regime—as to whether it was a threatening adversary, or a friendly entity, or a neutral polity.

Second, the Southern troops began to feel a serious gap between the daily frontline reality and the authoritative defense policy. The Northern forces kept perpetrating numerous provocations in the DMZ, but the authoritative defense policy could not explain them to the troops with sufficient persuasiveness. The Southern military commanders could not take appropriate actions to counter such Northern provocations.

Third, the Southern defense officials could not erect a rational logic between the nation's grand strategy and the nation's military strategy. Since the birth of the nation in 1948, South Korea's military strategy had been based on solid assumptions: the Northern regime was an illegitimate political entity; it had persistently acted to destroy the Southern government; and, therefore, it had to be the main enemy to the Southern military. With the sudden adoption of the North-embracing policy as a national strategy, however, the Southern military had to lose its fundamental assumptions. Accordingly, there appeared tremendous difficulties in defining the nature and contents of South Korea's military strategy.

In short, South Korea's military strategy suffered a serious setback because of the conceptual gap between the traditional notion of the nation's main enemy and a novel concept of it. In other words, it is now theoretically proved that a nation's decision on its behavior (i.e., the making of South Korea's military strategy) was significantly affected by the nation's internal conditions (i.e., new political urges derived from the North-embracing policy).

Thus, one could find a solid congruence between the historical facts of the 1980s and 1990s and the theoretical framework of this research. That is, the three theories employed in this research can explain, and accommodate, the security-related historical facts of the two decades.

6. Conclusion: Veracity of the Three Hypotheses

The first hypothesis of this research is: *More commonality in threat perception leads to more congruence in military strategy between the two allies.* This hypothesis is aptly applicable in the case of the 1980s. The Reagan administration saw the Soviet Union as a critical threat to the security of the United States. The new U.S. administration, therefore, pursued a strategy to prevail over the communist threat with various means, including the strengthening of U.S. central military capabilities and the solidifying of the alliance relationship.

South Korea, on the other hand, was suffering from the Northern belligerency in the 1980s, such as the 1983 terrorist act of the Rangoon bomb-attack and the 1987 destruction of a South Korean commercial air carrier in mid air. The military balance on the peninsula still exhibited an undeniable Northern superiority, which incurred for the South Koreans a continued feeling of being threatened by the North.

In short, the United States and South Korea shared a similar threat perception in the 1980s, although the scope might have been different. Accordingly, the U.S. military strategy of the 1980s (countering communist threat with resolute actions, supporting smaller allies to fight communist insurgencies) and that of South Korea (a self-reliant effort for national defense, an active defense-offense operational strategy) were congruent in nature, since they shared a common threat perception emanated from the expansiveness of the communist regimes. Therefore, it would be safe if we declare that the validity of the first hypothesis has been proved in the case of the politico-military environment in the 1980s.

The second hypothesis of this research is: *A dominant power's overriding contribution to the defense of a small ally leads to the small ally's blind following of the dominant power's military strategy.* Since U.S. economic and military assistance for South Korea ceased to exist from the late 1970s, this hypothesis can not be literally applicable in the cases of the 1990s. Rather, the inversed version of the hypothesis *(A dominant power's contracting contribution to the defense of a small ally leads to opting of different military strategies by the two allies)* could be utilized in the case of the 1990s. As discussed in the previous chapters, although the original hypothesis and the inversed version are not exactly identical, the inversed version generally supports the premise of the original hypothesis. In the 1990s, the United States experienced the post-Cold War security environment and encountered new threats. Further, the United States no longer provided overwhelming assistance for South Korea's defense, as its military and economic aid for South Korea had ceased from the late 1970s. In contrast, South Korea had accumulated considerable national power through its repeated implementation of the five-year economic development plans. Externally, South Korea established formal diplomatic relations with the

Soviet Union and China in the early 1990s, who had closely supported the Northern regime since 1945. Accordingly, while the U.S. military strategy in the post-Cold War era focused on unconventional threats (terrorism, ethnic conflicts, wars on resources, regional hegemons), South Korea still directed its main effort to counter the Northern threat, which was resulted from the vast, North-favoring disparity in military capabilities. So, it could be logically announced that the second hypothesis is vindicated in the case of the 1990s.

The third hypothesis is: *If a small ally accumulates enough strength vis-à-vis its threatening adversary, the military strategy of the small ally tends to become independent from the dominant power's influence.* It is true that, in the case of the 1980s and 1990s, South Korea achieved a relative superiority in almost all realms of the economic indicators (GDP, GDP per capita, volume of trade, people's amount of consumption) vis-à-vis North Korea. Although economic superiority can not be directly interpreted as superiority in national and military power, South Korean government in the late 1990s initiated a North-embracing strategy backed by such accumulated economic strength.

The North-embracing grand strategy, at the same time, brought forth a military strategy of ambiguous nature, which would not openly identify the true nature of the Northern regime, who, historically, had attempted to destroy South Korea's values and institutions. This murkiness in South Korea's military strategy had to clash with the United States' traditional, conservative strategy of viewing the Northern regime as a classical adversary on the Korean peninsula. The clash on threat perceptions, and on the true nature of the Northern regime, between South Korea and the United States expresses the validity of the third hypothesis.

Thus, the South Korean political leadership attempted to make South Korea's military strategy become independent from the traditional strategic influence of the United States. Such Southern attempt was solely possible by the fact that the South had achieved superiority in national economic strength vis-à-vis the North by the time of the late 1990s. Therefore, it would be safe to profess that the third hypothesis is vindicated in the case of the politico-military situations in the late 1990s.

Chapter Seven
Conclusion

1. Overview of the Research

Since the inception of the two Korean states on the Korean peninsula in 1948, the Republic of Korea in the south and the Democratic People's Republic of Korea in the north, by the tutelage of respective patron powers, the two disparate political entities have engaged in a dire struggle for their survival and political legitimacy. They showed relentless enmities toward each other because of their antithetic political beliefs.

The two regimes activated respective armed forces and utilized them as a tool in their national struggle for survival. The Northern forces were activated under a consistent political goal of defeating the Southern rival and unifying the Korean peninsula. The Northern forces acquired stronger combat power thanks to the Soviets' generous military assistance. The Southern forces were created by the initiative of the U.S. Military Government in South Korea, but their combat power was far below that of the Northern rival due to America's stringent military assistance to them.

With its stronger military power, the Northern regime launched a surprise attack on the South in 1950 to unify Korea under its political tenet of socialism. In the brink of South Korea's national collapse, the United States intervened with massive military strength. When the Northern forces were forced to retreat northward to the Korea-China border, the armed forces of the People's Republic of China came to salvage the Northern regime.

The war now became an international conflict between the military might of the United States and China. The war continued indecisively for three years until the 1953 Armistice Agreement. Since then, the two antagonistic political entities have engaged in a life-and-death competition for their national survival, political legitimacy, military supremacy, and better economic position.

In terms of theory, the contention between the two Koreas can be explained with classical realist thought. The two political entities pursued respective national survival with the principle of self-help. The theory of neorealism supports their ceaseless attempts to increase and demonstrate power through the making of alliances with their patron powers. The theory of multiple variables can describe the conditions and processes of creating and maintaining the respective armed forces.

2. South Korea's Military Strategy in the 1950s

Due to the infancy of the nation, South Korea did not, or could not, have a military strategy worthy of the name in the 1950s. Conceptually, however, South Korea's military strategy could be expressed in three points: to achieve a rapid creation of military force; to persuade the United States to provide military materiel; and to attain the capability to deter and defend against the Northern military threat. But these points were not clearly or officially documented.

A 'documented' example of South Korea's military strategy in the 1950s was the *"Army Operation Order No. 38"* of 25 March 1950. But, it merely delineated some roles of certain front line units. It did not deal with the elements of force employment, force deployment, force development, and the coordination of the three elements, which constitute the required segments of a nation's military strategy. The *Order* only had a nature of a corps-level unit's tactical plan.

Three factors caused the relative incompleteness of South Korea's military strategy. First, the North Korea achieved a rapid military growth due to the Soviet forces' generous military assistance: training of cadres and technicians, and provision of combat materiel and military advisors. Also, the infusion of the veteran soldiers of Korean descent, who fought with the People's Liberation Army of the PRC in the Chinese civil war in the 1940s, contributed to the rapid expansion of the Northern forces.

Further, the Northern regime's leadership had long attained a political ambition and philosophy to unify Korea even by force. The Northern regime consolidated its political power with the leading role of the communist party. For effective mobilization, it successfully indoctrinated the North Korean youths by 'selling' its unique communist political ideology.

In short, the Northern forces showed a two-to-one superiority in manpower, an incomparable superiority in combat equipment, and a far more competent military leadership vis-à-vis the Southern one.

On the other hand, the policy of the U.S. Military Government (USAMGIK) affected adversely the development of South Korea's military strategy. It did not receive appropriate political guidance from its higher echelon to conduct effective military governance over South Korea after its advance to the Korean peninsula in September 1945. Thus, it did not have the required administrative preparations for a smooth military governance. Unlike the Soviets' perception of North Korea's strategic importance, U.S. perception of the Korean peninsula was ambiguous and unclear.

The USAMGIK initiated a plan to create the Southern armed forces from 1946. But the created units merely had a status of a police reserve for the purpose of maintaining internal order and stability. After the outbreak of the Korean War in 1950, the vast influence of the massively committed U.S. forces had the military initiative to conduct the War, which prevented an organizational independence of the South Korean forces. Moreover, the Southern government devolved the authority to command the Southern forces to General MacArthur, the UN/U.S. forces' commander, in July 1950.

South Korea's internal conditions also functioned adversely on the desirable formulation of its military strategy. After the 1945 liberation, South Korean society was split between the political forces of the "right" (conservative, nationalist) and the "left" (revolutionary, socialist). The applicants who wanted to join the USAMGIK-initiated Southern forces had diverse military and personal backgrounds: some from the former Japanese Imperial Army, some from the Manchurian Army, some from the Chinese Nationalist Army, and some from the Independence Movement Army *(Gwangbok-Gun)*. Some had the status of former officers, and some were student conscripts to the Japanese Imperial Army. In short, the cadre-applicants for the new armed forces were divided ideologically, spiritually, and in personal backgrounds.

Those internal conditions hindered the desirable development of military strategy in the Southern forces. Further, the rapid growth of the Northern forces dictated a speedy Southern response: the hurried creation of the

Southern forces, which rendered an unfavorable condition to contemplate on military strategy in a stable and professional manner. Every effort was directed only to the urgent matter of force creation.

After the 1950 outbreak of the Korean War, the rapid expansion of the Southern forces provided another reason to experience slowness in the development of military strategy. The ranks of cadres inflated but their professional qualities could not match the inflated ranks.

The theoretical standing of the three research hypotheses is analyzed as follows. The situation of the 1950s was harmonious with the first hypothesis *(More commonality in threat perceptions between allies leads to more congruence in their military strategies.)* in the sense that both South Korea and the United States took an antagonistic military strategy against North Korea. South Korea saw North Korea as the critical threat to its national *survival,* and the United States viewed it as a serious infringement to U.S. national interests in contesting the Soviet expansiveness.

The South Korean situation in the 1950s was congruent with the second hypothesis *(The dominant power's overriding contribution to the defense of a small ally leads to the small ally's blind following of the former's military strategy.)* in the sense that South Korea had to follow the United States' military strategy since the United States was the sole provider of security help and South Korea was the one-sided recipient.

However, the third hypothesis *(If a small ally accumulates sufficient national strength vis-à-vis the threatening adversary, the small ally's military strategy tends to become independent from the influence of the dominant power.)* can not be applicable since South Korea was still far behind North Korea in national strength, particularly in military capabilities, in the 1950s.

3. South Korea's Military Strategy in the 1960s

Unlike in the 1950s, South Korea's national and military strategy of the 1960s became more assertive and purposeful, particularly in its dispatch of forces to Vietnam. Two main themes constituted the essence of South Korea's military strategy in the 1960s: the taking of self-reliant and self-assertive measures in national defense, and the continuing cooperation with, and reliance on, the United States' military efforts toward South Korea.

Regarding the theme of self-reliance, South Korea took various self-reliant measures, such as the activation of the Homeland Reserve Forces, the introduction of the special defense tax, and the effort to rationalize the pay levels of military personnel.

With respect to self-assertiveness, the president of South Korea argued the propriety of retaliation against the Northern regime's provocations (the January 1968 Blue House raid attempted by the Northern commandos to assassinate the Southern president, the seizure of the USS *Pueblo* in the same month, the November 1968 insertion of 130 armed agents into the Southern territory, and the shooting down of EC-121 in 1969). The president's argument, however, did not materialize due to the United States' urgent agenda of rescuing the crew of the USS *Pueblo*.

About the issue of cooperation with the United States, South Korea needed various types of U.S. support: its assurance not to withdraw U.S. troops from South Korea; attenuation of MAP transfer program by the U.S. government; its accommodating stance in the negotiation of the Status of Forces Agreement; and its military support for South Korea's armed forces.

Three factors affected the nature and contents of South Korea's military strategy in the 1960s. First, the Northern regime posed a continuous threat to South Korea's security and stability. The Northern regime successfully replenished its loss incurred from the Korean War to achieve a manifest superiority in military strength vis-à-vis that of the Southern forces. It increased military personnel strength by 83,000 during the 1960s. It also enhanced military capability considerably in the areas of ground combat equipment and air assets. In addition, it honed its indigenous offensive military strategies as seen in the Four Major Military Policies and in the Strategy of Combination, both of which were initiated by Kim Il Sung.

In domestic politics of North Korea, Kim Il Sung was successful to consolidate his absolute political power, which allowed him to use the Northern forces in accordance with his own unification intention.

Internationally, the Vietnam War gave Kim Il Sung a new vision in the Korean contention. If a domestic resistant force (indigenous revolutionary guerrilla force in South Korea) was formed and became viable, and if an outside source provided sustained external support (support from the Northern regime), the smaller resistant force could engage, and prevail over, a stronger adversary (the forces of the United States and South Korea) successfully.

Further, the Northern regime opted for an offensive strategy as seen in the 1968 commando raid to assassinate the Southern leadership, the seizure of the USS *Pueblo* in the high seas two days later, the insertion of 130 armed agents into the Southern territory later in the same year, and the shooting down of EC-121, an American intelligence-gathering aircraft, in 1969. The provocative strategy of the Northern regime precipitated South Korea to adopt a self-reliant and self-help measures in its military strategy.

The second factor that affected the nature of South Korea's military strategy in the 1960s was that the United States was completely immersed in the quagmire of the Vietnam War. It encountered a serious strategic dilemma. There was not a middle option between the two extreme alternatives: to engage in the War with overwhelming military strength, or to disengage from Vietnam still retaining American honor and prestige.

Since the United States was deeply committed in the Vietnam War, it could not open another ground front in East Asia. Accordingly, its response to the Northern regime's provocative actions in the 1960s, as cited above, had to be lukewarm.

A stark difference between South Korea and the United States in opting military priority surfaced. South Korea wanted to retaliate against the Northern regime's provocative actions, while the United States could not condone such retaliatory action. But, the United States still exerted an immense degree of strategic influence on South Korea via four mechanisms: the Mutual Defense Treaty, the U.S. forces stationed in Korea, the military command authority in the hands of the commander of U.S. forces in Korea, and U.S. economic and military assistance, although its size was contracting.

To solve the intractable problem of the Vietnam War, the United States prodded South Korea to dispatch its troops to Vietnam. Since South Korea was extremely concerned about the weakening of the defense capability on the Korean peninsula (the rumored pulling out of the U.S. forces from Korea to reinforce the Vietnam front), it finally agreed to dispatch its combat units to Vietnam. Nevertheless, in the course of negotiating the troop dispatch with the United States, South Korea showed considerable degree of assertiveness.

Also, in the 1960s, the United States was insisting on the contraction of its military aid to South Korea (the MAP transfer program) due to the U.S. government's financial constraints. U.S. aid officials advised that the South Korean government should assume a greater share of the defense burden. In the course of the discussion on the aid-contraction, the United States could also exert its influence on South Korea, just as it did in the occasion of the initial provision of the aid. As such, despite the fact that the United States was immersed in the Vietnam quagmire and U.S. aid to South Korea was contracting, the United States still exerted significant influence over South Korea's national affairs, including military matters.

The third factor that affected South Korea's military strategy in the 1960s was that South Korean society was replete with the spirit of political self-dependence, economic self-reliance, social rejuvenation, and military awakening under the leadership of the Park government. One notable outcome from such self-dependent spirit was the reappraisal of national and military strategy.

Encountering the task of force dispatch to Vietnam, South Korea began to focus on its national and military strategy. It calculated overall national interests, contemplated various selectable options, tried to choose the most optimal alternatives after weighing the risks and costs, and assigned the missions to suitable governmental institutions. Simultaneously, South Korea's military cadres cultivated a viable negotiation tactics in dealing with the U.S. policy officials over the ROK forces' Vietnam dispatch.

In other words, the link between national strategy and military strategy began to appear for the first time in the history of South Korea's national statecraft. An attendant positive aspect that resulted from the Vietnam dispatch was the acquisition of self-confidence by South Korea's military cadres. They found that ROK forces were as competent as any other allied forces, including the U.S. forces, in fighting the Vietnam War.

The theoretical standing of the three hypotheses can be analyzed as follows. The United States and South Korea did not share the common threat perception in the 1960s. While South Korea regarded the Northern provocations as the most critical threat for its national survival, the United States saw them as a marginal threat to its national interests, since it mainly focused on the problem of the Vietnam War. Hence, a corollary form of the first hypothesis *(Different threat perceptions between allies lead to their different military strategies.)* had to be applied in the situation of the 1960s. The corollary form is not exactly identical with the original first hypothesis *(More commonality in threat perceptions between the allies leads to more congruence in their military strategies.),* but one can still accept it as having the same value of the original one in the case of the 1960s.

In the 1960s, U.S. influence on South Korea began to reduce because of South Korea's remarkable economic growth, United States' intention to contract its military assistance, and South Korea's assumption of larger defense burden. Accordingly, South Korea began to show an embryonic stance of independence from the United States' influence. As such, the second hypothesis also has to take a corollary form *(The dominant power's contracting contribution induces the small ally's initial movement to become independent from the influence of the former.).* Again, the corollary form is not absolutely identical with the original hypothesis *(The dominant power's overriding contribution to the defense of the small ally leads to the small ally's blind following of the military strategy of the former.),* but it still supports the general premise of the original one.

In the 1960s, South Korea continued to face the still menacing Northern threat: Kim Il Sung's firm consolidation of his personal power in the Northern politics, a formidable growth of the Northern air power, and the completion of Kim Il Sung's fearsome military strategy. Although South Korea achieved some remarkable economic success, its overall national power could not match that of North Korea, especially in the area of military capabilities. Thus, the third hypothesis *(If a small ally accumulates sufficient national strength vis-à-vis the threatening adversary, the small ally's military strategy tends to become independent from the dominant power's influence.)* can not be applicable in the situation of the 1960s. Hence, the third hypothesis can not be corroborated and verified in the situation of the 1960s.

4. South Korea's Military Strategy in the 1970s

The essence of South Korea's military strategy in the 1970s can be expressed with two aspects: the undertaking of the Force Improvement

Program (FIP) covering the period of 1974-1981, and the initiation of an indigenous defense industry in the early 1970s. The strained occurrence of the Northern provocations in the 1960s, as cited above, prompted South Korea's initiation of self-reliant defense programs.

Politically, President Park's predominance in the Southern politics—the *Yushin* system—made possible the establishment of the desirable connection between national strategy and military strategy. Also, the strong will and the administrative competence of his government ensured the effective implementation of the self-reliant military strategy, especially in the pursuance of the FIP programs and the construction of indigenous defense industry.

Internationally, the Carter administration's plan to withdraw U.S. forces from South Korea, which began to appear in 1976, triggered the movement of self-reliant military strategy.

Three factors impacted on the nature and contents of South Korea's military strategy in the 1970s: Northern regime's military threat, U.S. strategic influence, and the internal conditions of South Korea.

First, the Northern regime's traditional worldview on the struggle between the "progressive force" and the "imperialist-reactionary force" did not change from the previous decades. It regarded the anti-imperialist, anti-reactionary struggle in Asia as a historically righteous endeavor, and it regarded itself as a champion of such historical struggle.

The Northern regime continued to see the Southern government as a lackey of the United States. Henceforth, the Northern regime self-enjoined two historical missions on itself: to terminate the "U.S. occupation" in South Korea, and to destroy the "illegitimate" polity of South Korea.

Domestically, three factors affected the nature and contents of the Northern military strategy: the culmination of Kim Il Sung's personal power in the Northern politics, the achievement of basic manufacturing capacity, and the dual emphases on national economy and military preparedness. Those three factors had the following military implications. First, the Northern military forces could be employed in accordance with Kim's personal world view and intention. Second, the Northern regime now had the capability to produce basic military weaponries. Third, the Northern regime continued to direct its relentless effort to enhance its military capability, together with the effort of uplifting its economic condition.

The Four Major Military Policies (fortification of the entire territory, cadrezation of the whole troops, militarization of all the population, and modernization of the military institutions) started in the 1960s. They were initiated by Kim Il Sung as a logical outcome of the Northern regime's situation estimate. Thus, in actuality, the Northern forces achieved a remarkable increase in personnel, combat equipment, and air/naval capabilities in the 1970s, to attain the average superiority ratio of two to one vis-à-vis the Southern forces.

In sum, the Northern military threat appeared in the following three aspects. First, the Northern regime continued to uphold the political goal of unifying Korea even with use of force, guided by the uninhibited personal power of Kim Il Sung. Second, the regime enhanced its formidable offensive military prowess including the notable increase of industrial capacity for military production. Third, the regime perfected the way of employing its military forces, namely, its offensive military strategy. Thus, the Northern regime's military prowess prompted South Korea to opt for a self-reliant military strategy in the 1970s.

Second, due to the agony of the defeat in the Vietnam War and the need to exploit the novel international situations (i.e., the Sino-Soviet rivalry), the United States introduced a completely different scheme of international relations in the 1970s in the form of the Nixon Doctrine. The Doctrine emphasized three points. First, the United States would honor its security commitments to its allies. Second, it would provide the shield of nuclear umbrella if an ally was threatened by a nuclear attack. Third, in case of other types of attack, it would furnish military and economic assistance, but the countries directly threatened should assume the primary responsibility of their own defense.

According to the concept of the Doctrine, the United States withdrew the 7th Infantry Division of 20,000 troops (one of its two divisions stationed in South Korea) in 1971. South Korea vehemently opposed the withdrawal, but the United States attempted to attenuate South Korea's opposition with a five-year, 1.5 billion-dollar force modernization assistance (MOD).

The gist of the Doctrine underscored three things. First, the United States should retain a decisional flexibility when it should involve itself in another Asian ground conflict. Second, the threatened allies should shoulder the basic defense burdens. Third, the United States should establish a new strategic, almost ally-like, relationship with China to exploit the rivalry between the Soviet Union and the People's Republic of China. The United States' unilateral and surprise actions compelled South Korea to rethink America's defense commitment, that is, the necessity to choose military strategy of self-reliance.

Further, Seoul's strategic importance resulting from the industrialization of South Korea from the 1960s made the U.S. generals in Korea revise the defense plans from a passive withdrawal to a firm forward defense, that is, to neutralize the enemy attack before it could reach Seoul.

Thus, the United States was still in an advantageous position to exercise its strategic influence on South Korea in the 1970s, although its forces partially withdrew and its aid to South Korea began to contract.

Third, the formulation of South Korea's military strategy in the 1970s was also influenced decisively by three domestic factors: President Park's leadership, the growth of South Korean economy, and the Southern military cadres' participation in the newly established Combined Forces Command.

The *Yushin* system, which was promulgated in October 1972, vastly expanded the executive power of President Park, which drew severe criticism from the liberal force of both domestic and international sources. However, in the affairs of national defense, the expansion of Park's political power rendered a positive contribution to the development of military strategy. Due to Park's expanded and consolidated political power, a solid linkage between national strategy and military strategy appeared in South Korea's statecraft. Park's strong will and his preference for flawless administration made possible the uninhibited progression of the FIP programs and the construction of the defense industry.

Meanwhile, South Korean economy showed a remarkable growth and achievement after a series of 5-Year Economic Development Plans: a 7.7% annual growth during the period of 1962-66; a 10.5% annual growth during 1967-71; a 10.9% annual growth during 1972-76; and an average 9% annual growth in the remaining 1970s and the early 1980s. Since the

U.S. military aid to South Korea virtually terminated in the late 1970s, only the enlarged economy of South Korea was responsible to sustain almost all of the nation's defense expenditures.

As for the ROK-U.S. Combined Forces Command, it was activated in 1978. Since the 1950 Korean War, the operational command authority over the Southern forces had been solely exercised by the UN/U.S. commander, under the aegis of the U.S. government's unilateral intent and decision. However, with the creation of the CFC, the ROK military cadres almost coequally participated in the decision making process on military matters of the Korean peninsula. Their participation in the CFC mechanism had three merits. They could input the South Korean government's strategic desire into the military command channel; they became familiar with the matters of strategic decision and operational concept; and they allayed their own grievances for lack of self-decision in military affairs.

The theoretical standing of the three hypotheses is analyzed as follows. The first hypothesis of the research *(More commonality in threat perceptions leads to more congruence in military strategies between two allies.)* can not be applicable in the case of the 1970s. The United States and South Korea did not share a common threat perception or common estimate of international situations. While the United States was bent on opening a new strategic relationship with the PRC and the Soviet Union, South Korea was still focusing on the on-peninsula threat posed by the Northern regime. That is, the United States adopted the strategy of rapprochement or détente toward the communist powers, but South Korea was compelled to choose the strategy of self-reliant defense against the Northern military threat. Therefore, the reversed corollary *(Different threat perceptions lead to different military strategies between two allies.)* should be applied. Although the original hypothesis and the reversed corollary are not exactly identical, the reversed corollary can be understood, and accepted, as the original hypothesis.

In the 1970s, the United States showed negative policy attributes toward South Korea: disengaging its military presence from South Korea and contracting its economic and military aid. Therefore, the second hypothesis *(The dominant power's overriding contribution to the defense of a small ally leads to the small ally's blind following of the military strategy of the former.)* can not be applied directly. Hence, a reversed corollary *(The dominant power's contracting contribution to the defense of a small ally leads to different military strategies between two allies.)* should be applied in the case of the 1970s. Again, the original hypothesis and the reversed corollary are not perfectly identical, but the reversed corollary can be theoretically accepted as the original hypothesis.

Although South Korea devoted considerable resources for the enhancement military capabilities, it was still in a situation of unfavorable military balance; the South attained merely 58 percent of the North's military strength in the 1970s. Hence, the third hypothesis *(If a small nation garners enough strength vis-à-vis the threatening adversary, the small ally's military strategy tends to become independent from the dominant power's influence.)* can not be applied or corroborated in the case of the 1970s.

5. South Korea's Military Strategy in the 1980s and 1990s

South Korea's military strategy in the 1980s showed a significant departure from that of the earlier decades. That is, South Korea opted for an active defense-offense strategy in the 1980s, which was characterized by a nature of operational activeness, or a certain degree of operational offensiveness. In Korean, it was expressed as *Jeugeung Bangyeok Jeonlyak,* which can be translated as the "strategy of counter-offensive immediately following the defensive phase." This new strategic orientation meant that an offensive action would immediately follow the initial, brief phase of defense. The operational activeness was dictated by the fact that the capital area began to have a growing strategic importance—Seoul and its vicinity accommodated one fourth of the total South Korean population and the majority of the nation's manufacturing industries. Erstwhile strategy of mere defensive mode could not guarantee the safety of the capital area in the occasion of a Northern surprise attack.

Basically, and in official writings, South Korea's military strategy in the 1990s was identical with that of the 1980s in the sense that it continuously stressed the strategic importance of the capital area. Nonetheless, the military strategy of the 1990s placed more emphasis on the acquisition of early warning capability and the self-reliant defense capability. The change of the U.S. forces' role in Korean defense (from a leading role to a supporting role) was the background cause of the renewed emphasis on early warning and self-defense capabilities.

However, the national strategy of the democratized-civilian leaders of the late 1990s brought forth a serious bewilderment in implementing military strategy. The authors of the North-embracing policy attempted to view the Northern regime as a "blood-brethren," rather than as the historical "archenemy" of the Southern polity. For a new socio-political purpose, they seemed to be disregarding the fact that the Northern regime had invariably, and relentlessly, endeavored to destroy the Southern values and institutions since the 1948 birth of the two Koreas. In essence, the North-embracing policy would not clarify the true, and belligerent, nature of the Northern regime. As such, the confusing nature of the national strategy could not provide correct guidance to military strategy. Accordingly, the nation's military strategy could not focus on, and counter, the "main enemy," the Northern regime and its armed forces.

Three factors affected the development of South Korea's military strategy in the 1980s and 1990s. First, as in the previous decades, the Northern regime provided a persistent military threat to South Korea in the following five senses: its use of terrorist tactics in the 1980s; the pronounced increase in the strength of total armed forces, ground forces, and the Special Purpose Corps; its continuous maintaining of an offensive strategy; reorganization of major combat units in the 1990s; and introduction of sophisticated weaponries and the nuclear gambit in the latter part of the 1990s.

The Northern regime's terrorist tactics in the 1980s was clearly expressed in the examples of the 1983 Rangoon bomb attack and the 1987 destruction of South Korea's commercial air flight. It increased its total armed forces from 678,000 in 1980 to 1,082,000 in 2000. The strength of ground forces also showed a quantum increase: 600,000 in 1980 to 950,000 in 2000. The Special Purpose Corps showed a similarly spectacular increase: 60,000 in 1991 to 88,000 in 2000. The regime's offensive strategy was disclosed in its intent to implement the concepts of the two-front war, combination strategy, the Three Revolutionary Forces, and the blitzkrieg in combat operations. To enhance the tactical efficacy, the Northern regime completed a significant reorganization of its major combat units, introducing a large amount of sophisticated weaponry such as MiG-29s. To top it off, it attempted to play a nuclear gambit to gain enormous political and military advantages.

All of these five aspects affected South Korea's military strategy to adopt the concept of operational activeness, or a certain degree of operational offensiveness, in the 1980s and the direction of self-reliant defense capabilities in the 1990s.

Second, the United States continued to exercise its strategic influence over South Korea in the 1980s and 1990s. In the beginning of the 1980s, the United States felt that external threats were becoming more acute and diverse as the nuclear and conventional balance was tilting in favor of the Soviet Union. The Soviets were attaining the ability to project power to the regions far from their borders, and the Soviet military doctrine was continuously maintaining its traditional offensive tenet even in the case of the nuclear confrontation. Other threats also challenged the United States, such as terrorism and drug-trafficking, local warfare disrupting world resource supplies, and insurgent groups attempting to overthrow U.S.-friendly nations. To counter these threats, the United States chose a military strategy of deterrence and defense. The defense portion of the strategy demanded three things: to build up military capability able to handle two or more regional conflicts simultaneously; to stress the forward deployment of U.S. forces; and, flexibility and sufficiency in employing U.S. forces.

In the 1990s, however, the United States encountered novel strategic environments. While the central threat of communist expansion was gone, diverse new challenges began to emerge: the appearance of long suppressed ethnic conflicts, rogue states' posing regional instability, proliferation of weapons of mass destruction, environmental degradation, and spates of terrorism, international crime, and drug-trafficking. The security threats of the Cold War era were visible and calculable, but the new challenges in the post-Cold War era appeared in unfathomable and unpredictable modes. To counter those new threats, the United States opted for a new kind of military strategy of the following attributes: regional orientation, uncertain and unknown threats, smaller total force, strategic agility, and adaptive planning.

Nonetheless, the strategic emphasis on the 'forward presence' remained unchanged, which meant that the U.S. military forces would continuously be deployed in Northeast Asia, including the Korean peninsula. And it would play an important security role in the region.

Concretely, the continuing U.S. influence over South Korea was feasible by the following four reasons: the unique capability of the U.S. forces in South Korea, which had the quality to compensate for the South Korean forces' weaknesses; the U.S. forces' decisive capability to deter the Northern military ambition; the United States' unchanged emphasis on the 'forward presence' of its forces; and the unique U.S. ability to provide technological assistance for South Korea's Force Improvement Programs. Because of these reasons, the United States exercised its strategic influence, even in the post-Cold War environment, on South Korea's military affairs.

Third, South Korea's internal conditions of the 1980s and 1990s influenced the development of its military strategy in the following three aspects. The growing strategic importance of the capital area contributed to the choosing of an active defense-offense strategy from the 1980s, and the enhancement of the Northern forces' capabilities prompted a heavy emphasis on the Force Improvement Programs in South Korea's military strategy in the 1980s and 1990s. However, in the late 1990s, the sudden appearance of the North-embracing national strategy with a novel concept of the main enemy brought forth bewilderment and retardation in military thinking and strategy.

Due to the economic development in the past decades, the capital area became an indispensable locale in the 1980s. One fourth of the entire South Korean population resided in the area, and the majority of South Korea's manufacturing enterprises were located there. Also, the area accommodated political, economic, cultural, and societal activities and their leaderships. In short, the capital area was the center of gravity for South Korea's national existence. It now became unthinkable to abandon the area—however brief it might be—under the pressure of the Northern attack. Henceforth, the past strategy of a passive withdrawal became untenable. The only option in South Korea's military strategy was to transit to offensive actions immediately after a brief defensive phase, that is, before the enemy could reach Seoul.

The Northern regime, on the other hand, suffered from economic hardships resulting from the rigidity of its command economy, but it directed relentless efforts to upgrade its offensive-oriented military capabilities. To counter such Northern military growth, South Korea had to choose a strategy of "catching up" with the Northern military capabilities. Accordingly, the strategy of force improvement became an essential part of South Korea's military strategy in the 1980s and 1990s. Hence, South Korea pursued a series of Force Improvement Programs (FIP) devoting considerable national resources for the first FIP (1974-81), the second FIP (1982-86), and the third FIP (1987-92).

As mentioned above, South Korean government's national strategy in the late 1990s produced serious bewilderment and confusion in military strategy. The sudden "friendly" stance toward the North brought forth a mission-disorientation among the Southern forces' cadres and troops. In the past, the Northern regime and its forces had invariably been the "main enemy" of the Southern forces. But the newly-defined national strategy caused the Southern forces to lose their proper orientation in performing the defense mission. This unwelcome phenomenon affected negatively on the development of military strategy. The nation's military strategy lost its key orientation about the main enemy, and a friction in threat perception occurred between the two allies—South Korea and the United States.

The theoretical standing of the three hypotheses can be analyzed as follows. The first hypothesis *(More commonality in threat perceptions leads to more congruence in military strategy between two allies.)* is aptly applicable in the case of the 1980s in the sense that both South Korea and the United States felt the security threat posed by the communist states. The Reagan administration saw the Soviet Union as the critical threat to the security of the United States. Therefore, the new U.S. administration pursued a strategy to prevail over the communist threat with various means: strengthening of U.S. central military capabilities and solidifying of the alliance relationship.

Similarly, South Korea was suffering from the Northern belligerency in the 1980s, such as the Rangoon terrorist attack in 1983 and the destruction of South Korea's commercial air carrier in 1987. Accordingly, there appeared similarities in the military strategies in the 1980s between the United States (countering communist threat with resolute actions, supporting smaller allies to fight communist insurgencies) and South Korea (self-reliant defense efforts against North Korea's threat, an active defense-offense operational strategy).

Since the U.S. economic and military assistance for South Korea ceased to exist from the early 1970s, the second hypothesis *(The dominant power's overriding contribution to the defense of a small ally leads to the small ally's blind following of the former's military strategy.)* can not be literally applicable in the case of the 1990s. Rather, the reversed version of the hypothesis *(The dominant power's contracting contribution to the defense of a small ally leads to different military strategies by the two allies.)* should be applied in the case of the 1990s. In the 1990s, the United States encountered novel security threats after the demise of the primary adversary in the Cold War era. Hence, the United States opted a new military strategy, which mainly focused on the diverse post-Cold War threats, such as proliferation of weapons of mass destruction, wars on resources, regional hegemons, and international terrorism. South Korea, on the other hand, still directed its main efforts to counter the Northern military threat, which was the result of the military balance on the peninsula favoring the North.

The third hypothesis *(If a small ally garners enough strength vis-à-vis the threatening adversary, the small ally's military strategy tends to become independent from the dominant power's influence.)* is applicable in the cases of the 1980s and 1990s. South Korea achieved a relative superiority in almost all realms of economic indicators (GDP, GDP per capita, volume of trade, people's amount of consumption) vis-à-vis North Korea. Although economic superiority can not be directly interpreted as superiority in national and military power, South Korean government initiated a North-embracing strategy which was backed by such accumulated economic strength. The North-embracing national strategy resulted in South Korea's military strategy of an ambiguous nature. South Korea's ambiguous military strategy, in turn, was not harmonious with the traditionally conservative strategy of the United States, which viewed the Northern regime as a classical adversary on the Korean peninsula. Following the clash of the threat perceptions between South Korea and the United States, there appeared South Korea's attempt to become independent from the traditional U.S. military influence in the 1990s. Thus, the third hypothesis is vindicated in the case of the late 1990s.

6. Final Conclusion: The Three Hypotheses Vindicated

As discussed so far, the first hypothesis *(More commonality in threat perceptions leads to more congruence in military strategies between two allies.)* and the second hypothesis *(The dominant power's overriding contribution to the defense of a small ally leads to the small ally's blind following of the former's military strategy.)* are clearly corroborated and vindicated through the cases of the 1950s, 1960s, 1970s, and 1980s-1990s.

The third hypothesis *(If a small ally garners enough national strength vis-à-vis the threatening adversary, the small ally's military strategy tends to become independent from the dominant power's influence.)* is not applicable in the cases of the 1950s, 1960s, and 1970s. Such inapplicability is not grounded on the fallibility of the hypothesis, but is caused by South Korea's objective political, economic, and military conditions in those decades. However, it is positively corroborated and vindicated in the case of the 1980s and the 1990s as South Korea was successful in achieving a significant national and military strength vis-à-vis that of North Korea.

As such, it can be firmly pronounced that the three hypotheses of the research are fully corroborated and vindicated by a scientific research manner. From this research, a new theory of the following conclusion has emerged.

> *More commonality in threat perceptions leads to more congruence in military strategies between two allies. The dominant power's overriding contribution to the defense of a small ally leads to the small ally's blind following of the former's military strategy. And, if a small ally accumulates sufficient national strength vis-à-vis the threatening adversary, the small ally's military strategy tends to become independent from the dominant power's influence.*